"十三五"国家重点出版物出版规划项目
面向可持续发展的土建类工程教育丛书

钢 结 构

主 编 陈志华
副主编 刘红波 赵 欣
参 编 乔义涛 赵建波 刘占省 陆征然
　　　　曲秀姝 周 婷 孙国军 秦 颖
　　　　吴 辽 严仁章 赵中伟 刘佳迪
　　　　杜颜胜
主 审 刘锡良

机械工业出版社

本书是"十三五"国家重点出版物出版规划项目中"面向可持续发展的土建类工程教育丛书"立项教材之一,内容参照全国高校土木工程学科专业指导委员会审定通过的"钢结构"课程知识单元和知识点,结合了行业相关新规范,融入了行业新技术、新进展。

全书分上、下两篇,上篇为钢结构设计原理,共7章,内容包括绪论,钢结构的材料,钢结构的连接,轴心受力构件,受弯构件,拉弯和压弯构件,钢结构的节点设计;下篇为钢结构设计,共6章,内容包括轻型门式刚架结构设计,重型工业厂房钢结构设计,大跨度房屋钢结构设计,多层及高层房屋钢结构设计,钢板剪力墙设计,钢结构的制作、安装与防护。

本书可作为高等学校土木工程专业学生的教材,也可作为土木工程相关从业者提供参考。

图书在版编目(CIP)数据

钢结构/陈志华主编.—北京:机械工业出版社,2019.6(2021.7重印)
(面向可持续发展的土建类工程教育丛书)

"十三五"国家重点出版物出版规划项目

ISBN 978-7-111-62293-2

Ⅰ.①钢… Ⅱ.①陈… Ⅲ.①钢结构-高等学校-教材 Ⅳ.①TU391

中国版本图书馆 CIP 数据核字(2019)第 050735 号

机械工业出版社(北京市百万庄大街22号 邮政编码100037)
策划编辑:林 辉 责任编辑:林 辉 刘丽敏
责任校对:王明欣 封面设计:张 静
责任印制:单爱军
北京虎彩文化传播有限公司印刷
2021年7月第1版第2次印刷
184mm×260mm・32.75印张・810千字
标准书号:ISBN 978-7-111-62293-2
定价:79.00元

电话服务　　　　　　　　　网络服务
客服电话:010-88361066　　机 工 官 网:www.cmpbook.com
　　　　　010-88379833　　机 工 官 博:weibo.com/cmp1952
　　　　　010-68326294　　金 书 网:www.golden-book.com
封底无防伪标均为盗版　　　机工教育服务网:www.cmpedu.com

钢结构教材编委会

主　　任：陈志华
副 主 任：刘红波　赵　欣
委　　员：王小盾（天津大学）
　　　　　乔文涛（石家庄铁道大学）
　　　　　赵建波（燕山大学）
　　　　　刘占省（北京工业大学）
　　　　　陆征然（沈阳建筑大学）
　　　　　曲秀姝（北京建筑大学）
　　　　　周　婷（天津大学）
　　　　　孙国军（北京工业大学）
　　　　　秦　颖（东南大学）
　　　　　吴　辽（贵州大学）
　　　　　严仁章（重庆交通大学）
　　　　　赵中伟（辽宁工程技术大学）
　　　　　刘佳迪（天津大学）
　　　　　杜颜胜（天津大学）
　　　　　孙　涛（中国人民解放军陆军勤务学院）
　　　　　安　琦（青岛理工大学）
　　　　　余玉洁（中南大学）
　　　　　刘燕燕（南京林业大学）
　　　　　张　旺（石家庄铁道大学）
　　　　　熊清清（石家庄铁道大学）

前 言

本书是"十三五"国家重点出版物出版规划项目中"面向可持续发展的土建类工程教育丛书"立项教材之一。天津大学的"钢结构"课程是国家级精品课程。天津大学钢结构教研室教师继承和发扬老一辈专家学者（汪象箴、孙国梁、左明生、刘锡良、任兴华等）的优良传统，坚持产学研紧密结合，注重理论联系实际，力求把最新研究成果反映到钢结构课程的本科教学实践中。

2002年，按照教育部土木工程专业指导委员会关于调整相关课程设置的精神，天津大学将"钢结构"课程分为"钢结构设计原理"和"建筑钢结构设计"两门课程。2003年起，课程组开设了土木工程专业桥梁课群组的专业课——钢桥设计课程。"钢结构"课程教材分原理和设计两本教材。但原理与设计内容紧密联系，分开后给教师教学、学生学习带来了诸多不便，故本书再次将两部分内容合在一本书内，以便学生在学习设计的过程中复习和查阅原理的相关知识。

全书分为上、下两篇，上篇为钢结构设计原理，共7章，内容包括绪论，钢结构的材料，钢结构的连接，轴心受力构件，受弯构件，拉弯和压弯构件，钢结构的节点设计；下篇为钢结构设计，共6章，内容包括轻型门式刚架结构设计，重型工业厂房钢结构设计，大跨度房屋钢结构设计，多层及高层房屋钢结构设计，钢板剪力墙设计，钢结构的制作、安装与防护。为了便于学生理解和掌握，每一章开头设置了学习目标，结尾还设计了思考题与习题，部分章节配套有拓展阅读材料或工程案例分析，以期达到更好的教学效果。

本书知识体系完整，内容丰富，融入了行业新规范、新技术、新进展，可作为高等学校土木工程专业的"钢结构"课程教材，也可为土木工程从业者提供参考。

本书由天津大学陈志华教授主编，具体编写分工为：第1~13章分别由周婷、赵中伟、陆征然、刘占省、孙国军、赵欣、秦颖、赵建波、乔文涛、严仁章、刘红波、吴辽、曲秀姝等编写。本书在编写过程中，得到了刘佳迪和杜颜胜博士的帮助，参考了书后所列参考文献中的内容，在此向提供帮助的教师以及参考文献的相关作者表示衷心的感谢。

本书由天津大学刘锡良教授主审。他对本书提出了许多宝贵意见和建议，在此表示衷心的感谢！感谢机械工业出版社，该社对本书的出版给予了大力支持与帮助。

由于作者水平有限，书中难免存在不足之处，敬请读者批评指正。

编 者

目 录

前言

上篇　钢结构设计原理

- 第1章　绪论 ………………………………… 2
  - 学习目标 …………………………………… 2
  - 1.1　钢结构的特点 ………………………… 2
  - 1.2　钢结构的结构形式和应用范围 ……… 4
  - 1.3　钢结构的破坏形式 …………………… 6
  - 1.4　钢结构的设计方法 …………………… 7
  - 1.5　钢结构的发展方向 …………………… 11
  - 1.6　我国钢结构的法规性文件 …………… 13
  - 思考题与习题 ……………………………… 13
- 第2章　钢结构的材料 ……………………… 14
  - 学习目标 …………………………………… 14
  - 2.1　钢结构用钢材概述 …………………… 14
  - 2.2　钢材的主要性能和指标 ……………… 16
  - 2.3　影响钢材性能的主要因素 …………… 19
  - 2.4　复杂应力作用下钢材的屈服条件 …… 21
  - 2.5　钢材的种类、规格及其选用 ………… 23
  - 思考题与习题 ……………………………… 28
- 第3章　钢结构的连接 ……………………… 30
  - 学习目标 …………………………………… 30
  - 3.1　钢结构的连接方法 …………………… 30
  - 3.2　焊接连接的特性 ……………………… 32
  - 3.3　焊缝的构造与计算 …………………… 38
  - 3.4　焊接残余应力和残余变形 …………… 60
  - 3.5　焊接梁翼缘焊缝的计算 ……………… 65
  - 3.6　螺栓及铆钉连接构造 ………………… 67
  - 3.7　普通螺栓连接的计算 ………………… 69
  - 3.8　高强度螺栓连接的计算 ……………… 80
  - 思考题与习题 ……………………………… 89
- 第4章　轴心受力构件 ……………………… 92
  - 学习目标 …………………………………… 92
  - 4.1　概述 …………………………………… 92
  - 4.2　轴心受力构件的强度和刚度 ………… 93
  - 4.3　轴心受压构件的整体稳定 …………… 95
  - 4.4　实腹式轴心受压构件的局部稳定 …… 104
  - 4.5　实腹式轴心受压构件的截面设计 …… 109
  - 4.6　格构式轴心受压构件的计算 ………… 112
  - 思考题与习题 ……………………………… 123
- 第5章　受弯构件 …………………………… 124
  - 学习目标 …………………………………… 124
  - 5.1　概述 …………………………………… 124
  - 5.2　梁的弯曲 ……………………………… 126
  - 5.3　梁的扭转 ……………………………… 131
  - 5.4　梁的弯扭 ……………………………… 135
  - 5.5　梁的整体稳定性 ……………………… 135
  - 5.6　梁的局部稳定和加劲肋的设计 ……… 149
  - 5.7　考虑腹板屈曲后强度的设计 ………… 161
  - 5.8　型钢梁截面设计 ……………………… 164
  - 5.9　组合梁截面设计 ……………………… 166
  - 5.10　梁的拼接连接 ………………………… 176
  - 思考题与习题 ……………………………… 178
- 第6章　拉弯和压弯构件 …………………… 180
  - 学习目标 …………………………………… 180
  - 6.1　拉弯和压弯构件的特点 ……………… 180
  - 6.2　拉弯和压弯构件的强度 ……………… 182
  - 6.3　压弯构件的稳定 ……………………… 185
  - 6.4　压弯构件（框架柱）的设计 ………… 196
  - 思考题与习题 ……………………………… 199
- 第7章　钢结构的节点设计 ………………… 200
  - 学习目标 …………………………………… 200
  - 7.1　概述 …………………………………… 200
  - 7.2　柱-柱连接的节点设计 ………………… 201

7.3 梁-梁连接的节点设计 ············ 204
 7.4 梁-柱连接的节点设计 ············ 206
 7.5 柱脚设计 ························ 214
 思考题与习题 ························ 221

下篇　钢结构设计

第8章　轻型门式刚架结构设计 ······ 223
 学习目标 ···························· 223
 8.1 概述 ···························· 223
 8.2 结构形式与结构布置 ············ 226
 8.3 荷载与荷载效应组合 ············ 232
 8.4 结构设计 ························ 235
 8.5 设计实例 ························ 256
 思考题与习题 ························ 256

第9章　重型工业厂房钢结构设计 ···· 258
 学习目标 ···························· 258
 9.1 结构构成与结构布置 ············ 258
 9.2 结构的荷载计算与内力分析 ······ 261
 9.3 厂房屋盖钢结构设计 ············ 262
 9.4 厂房吊车梁钢结构设计 ·········· 279
 思考题与习题 ························ 293

第10章　大跨度房屋钢结构设计 ····· 294
 学习目标 ···························· 294
 10.1 概述 ··························· 294
 10.2 钢管桁架结构 ················· 300
 10.3 空间网格结构 ················· 315
 10.4 悬索结构 ····················· 330
 10.5 薄膜结构 ····················· 339
 10.6 索穹顶结构 ··················· 347
 10.7 张弦（弦支）结构体系 ········ 356
 思考题与习题 ························ 372

第11章　多层及高层房屋钢结构设计 ···························· 374
 学习目标 ···························· 374
 11.1 多层及高层房屋钢结构体系 ····· 374
 11.2 多层及高层房屋钢结构的结构布置 ························ 381
 11.3 多层及高层房屋钢结构的力学分析 ························· 385
 11.4 楼盖布置与设计 ··············· 408
 11.5 框架柱设计 ··················· 418
 11.6 支撑设计 ····················· 424
 11.7 连接设计 ····················· 433

 11.8 多层框架设计算例分析 ········· 444
 思考题与习题 ························ 445

第12章　钢板剪力墙设计 ············ 446
 学习目标 ···························· 446
 12.1 绪论 ························· 446
 12.2 钢板剪力墙的构成与优缺点 ····· 446
 12.3 钢板剪力墙分类 ··············· 447
 12.4 钢板剪力墙简化分析模型 ······· 452
 12.5 钢板剪力墙保温系统构造 ······· 453
 12.6 钢板剪力墙的工程应用 ········· 455
 思考题与习题 ························ 459

第13章　钢结构的制作、安装与防护 ···························· 460
 学习目标 ···························· 460
 13.1 钢结构的制作 ················· 460
 13.2 钢结构的安装 ················· 469
 13.3 钢结构的防火 ················· 477
 13.4 钢结构的防腐 ················· 483
 思考题与习题 ························ 486

附录 ································ 487
 附录A 钢材性能及连接性能指标 ···· 487
 附录B 螺栓的最大、最小容许间距 ··· 450
 附录C 角钢上螺栓或铆钉线距表 ····· 450
 附录D 工字钢和槽钢腹板上螺栓线距表 ··························· 450
 附录E 工字钢和槽钢翼缘上螺栓线距表 ··························· 451
 附录F 单个高强度螺栓的预拉力设计值 P ······················ 451
 附录G 钢材摩擦面的抗滑移系数 μ ··· 451
 附录H 涂层连接面的抗滑移系数 ····· 451
 附录I 轴心受压构件的稳定系数 ······ 492
 附录J 型钢表 ······················ 495
 附录K 截面塑性发展系数表 ········· 506
 附录L 结构或构件的变形容许值 ····· 507
 附表M 柱的计算长度系数 ··········· 507

参考文献 ···························· 517

上篇
钢结构设计原理

第1章

绪 论

学习目标

掌握钢结构的特点、应用及其破坏形式；了解钢材的性能，能根据结构的具体设计条件、工作环境和不同种类钢材的性能，正确选用钢材牌号，并提出相应的性能指标要求；掌握焊缝连接和螺栓连接的特点，能正确选用合理的连接方法，并进行设计计算；掌握钢结构基本受力构件（轴心受力构件、受弯构件、偏心受力构件）的计算理论、设计方法和构造要求。

1.1 钢结构的特点

我国钢产量自1996年达到1亿t之后，已连续18年位居世界首位（截至2014年），2014年更是超过8亿t，其中2014年全球主要钢铁生产企业钢产量排名前十的企业中，中国就占据了五位，成为名副其实的钢铁大国。钢结构在满足国家基础设施建设、推进国民经济发展方面起到了举足轻重的作用。

钢结构具有强度高、自重轻、抗震性能好、施工速度快、地基费用省、占用面积小、工业化程度高、外形美观等一系列优点，同时能够实现钢材的循环利用，降低能耗和不可再生资源消耗量以及碳排放量，符合我国可持续发展战略以及节能环保型社会创建的理念，属于绿色环保建筑体系。钢结构在房屋建筑领域被广泛采用。由于钢结构已经成为国内外建筑业发展的主流和趋势，预计未来几年钢结构行业将快速扩张。

我国钢结构经历了从节约用钢国策到1985年鼓励用钢和1998年推广建筑用钢，再到如今节能减排、可持续发展理念深入人心的演变。2015年11月，国务院常务会议明确提出：结合棚改和抗震安居工程等，开展钢结构建筑试点，扩大绿色建材等的使用；2016年3月，《政府工作报告》中提出：积极推广绿色建筑和建材，大力发展钢结构和装配式建筑，提高建筑工程标准和质量。这是在国家的层面上发出了推广应用钢结构的声音，给钢结构在建筑领域的应用提出了明确的政策导向，建筑钢结构的应用范围将不断扩大。

建筑钢结构以房屋钢结构为主要对象。按传统的耗钢量大小来区分，大致可分为普通钢结构、重型钢结构和轻型钢结构。其中重型钢结构指采用大截面和厚板的结构，如高层钢结构、重型厂房和某些公共建筑等；轻型钢结构指采用轻型屋面和墙面的门式刚架房屋、多层钢结构等，网架、网壳等空间结构也属于轻型钢结构范畴。以上是钢结构主要类型，另外还有索结构、组合结构、复合结构等。

钢结构在工程中得到广泛应用和发展,是由于钢结构与其他结构比较有下列特点。

1. 材料强度高

钢的质量密度虽然较大,但强度却高得更多,与其他建筑材料相比,钢材的质量密度与屈服强度的比值最小。在相同的荷载和约束条件下,采用钢结构时,结构的自重通常较小。当跨度和荷载相同时,钢屋架的重量只有钢筋混凝土屋架重量的1/4~1/3,若用薄壁型钢屋架或空间结构则更轻。由于重量较轻,便于运输和安装,钢结构特别适用于跨度大、高度高、荷载大的结构,也最适用于可移动、有装拆要求的结构。

2. 钢材的塑性和韧性好

钢材质地均匀,有良好的塑性和韧性。由于钢材的塑性好,钢结构在一般情况下不会因偶然超载或局部超载而突然断裂破坏;钢材的韧性好,则使钢结构对动荷载的适应性较强。钢材的这些性能对钢结构的安全可靠提供了充分的保证。

3. 钢材更接近于均质等向体,计算可靠

钢材的内部组织比较均匀,非常接近均质体,其各个方向的物理力学性能基本相同,接近各向同性体。在使用应力阶段,钢材属于理想弹性工作,弹性模量高达206GPa,因而变形很小。这些性能和力学计算中的假定符合程度很高,所以钢结构的实际受力情况与计算结果最相符合。因此,钢结构计算准确、可靠性较高,适用于有特殊重要意义的建筑物。

4. 建筑用钢材焊接性良好

由于建筑用钢材的焊接性好,使钢结构的连接大为简化,可满足制造各种复杂结构形状的需要。但焊接时产生很高的温度,温度分布很不均匀,结构各部位的冷却速度也不同。因此,不但在高温区(焊缝附近)材料性质有退化的可能,而且还产生较高的焊接残余应力,使结构中的应力状态复杂化。

5. 钢结构制造简便,施工方便,具有良好的装配性

钢结构由各种型材组成,都采用机械加工,在专业化的金属结构厂制造。制作简便,成品的精确度高。制成的构件可运到现场拼装,采用螺栓连接,具有良好的装配性。因结构较轻,故施工方便,建成的钢结构也易于拆卸、加固或改建。

钢结构的制造虽需较复杂的机械设备和严格的工艺要求,但与其他建筑结构比较,钢结构工业化生产程度最高,能成批大量生产,制造精确度高。采用工厂制造、工地安装的施工方法,可缩短周期、降低造价、提高经济效益。

6. 钢材的不渗漏性适用于密闭结构

钢材本身因组织非常致密,当采用焊接连接,其至铆钉或螺栓连接时,都易做到紧密不渗漏,因此钢材是制造容器,特别是高压容器、大型油库、气柜、输油管道的良好材料。

7. 钢材易于锈蚀,应采取防护措施

钢材在潮湿环境中,特别是处于有腐蚀性介质的环境中容易锈蚀,必须用油漆或镀锌加以保护,而且在使用期间还应定期维护。这就使钢结构的维护费用比钢筋混凝土结构高。

我国已研制出一些高效能的防护漆,其防锈效能和镀锌相同,但费用却低得多。同时,国内已研制成功喷涂锌铝涂层及氟碳涂层新技术,为钢结构的防锈提供了新途径。

8. 钢结构的耐热性好,但防火性差

众所周知,钢材耐热而不防火,随着温度的升高,强度降低。温度在250℃以内时,钢的性质变化很小；温度达到300℃以后，强度逐渐下降；达到450~650℃时，强度为零。因此，钢结构的防火性较混凝土结构差。当周围环境存在辐射热，温度在150℃以上时，就须采取遮挡措施。一旦发生火灾，因钢结构的耐火时间不长，当温度达到500℃以上时，结构可能瞬时全部崩溃。为了提高钢结构的耐火等级，通常采用包裹的方法。但这样处理既提高了造价，又增加了结构所占的空间。我国研制成功了多种防火涂料，当涂层厚达15mm时，可使钢结构耐火极限达1.5h，增减涂层厚度，可满足钢结构不同耐火极限的要求。

1.2 钢结构的结构形式和应用范围

在工程结构中，钢结构是应用比较广泛的一种建筑结构。一些高度较高或跨度较大的结构、荷载或起重机起重量很大的结构、有较大振动的结构、高温车间的结构、密封要求很高的结构、要求能活动或经常装拆的结构等，可考虑采用钢结构。按其应用钢结构形式，可分为以下11类。

1. 单层厂房钢结构

单层厂房钢结构一般用于重型车间的承重骨架，例如冶金工厂的平炉车间、初轧车间、混铁炉车间，重型机械厂的铸钢车间、水压机车间、锻压车间，造船厂的船体车间，电厂的锅炉框架，飞机制造厂的装配车间，以及其他工厂跨度较大车间的屋架、吊车梁等等。我国鞍钢、武钢、包钢和上海宝钢等几个著名的冶金联合企业的许多车间都采用了各种规模的钢结构厂房，上海重型机器厂、上海江南造船厂中都有高大的钢结构厂房。

以上提到的冶金工业、重型机器制造工业以及大型动力设备制造工业等的很多厂房都属于重型厂房。厂房中备有100t以上的重级或中级工作制起重机，厂房高度达20~30m，其主要承重结构（屋架、托架、起重机架、柱等）常全部或部分采用钢结构。对于有强烈辐射热的车间也经常采用钢结构。

2. 大跨钢结构

大跨结构在民用建筑中主要用于体育场馆、会展中心、火车站房、机场航站楼、展览馆、影剧院等。其结构体系主要采用桁架结构、网架结构、网壳结构、悬索结构、索膜结构、开合结构、索穹顶结构、张弦结构等。

在各类大跨度结构体系中，网架结构由于平面布置灵活、结构空间工作性能好、用钢量省、设计施工技术成熟等优点，20世纪80年代以来得到迅速发展，我国网架结构的覆盖面积达到世界第一。

近年来，张弦结构体系和索穹顶结构凭借其优美的外观和高效的承载性能，得到了快速发展，建造了一批代表性工程，如世界跨度最大的张弦桁架结构（跨度148m）——黄河口模型试验大厅；世界跨度最大的圆形弦支穹顶结构（跨度122m）——济南奥体中心体育馆；世界首个采用滚动式张拉索节点的大跨度弦支穹顶结构——山东茌平体育馆；国内第一个百米级新型复合式索穹顶结构——天津理工大学体育馆。

3. 多层、高层钢结构

钢结构本身具有自重轻、强度高、施工快捷等突出优点，多层、高层，尤其是超高层建筑，采用钢结构尤为理想。因而自1885年美国芝加哥建起第一座高55m的钢结构大楼（Home Lnsurance Building）以来，一幢幢高层、超高层钢结构建筑如雨后春笋一般拔地而起。

目前已建成的钢建筑，如巴黎的埃菲尔铁塔、东京的东京塔、芝加哥的西尔斯大厦、纽约的帝国大厦，国内天津高银117大厦（高621m，目前世界高度排名第六）、天津津湾广场9号楼、香港中银大厦等，它们既是大都市的标志性建筑，又是建筑钢结构应用的代表性实例。1996年马来西亚建成的高达450m的双塔石油大厦（KLCC），当时号称世界最高，也是纯钢结构建筑。

4．塔桅结构

钢结构还用于高度较大的无线电桅杆、微波塔、广播和电视发射塔架、高压输电线路塔架、化工排气塔、石油钻井架、大气监测塔、旅游瞭望塔、火箭发射塔等。我国在20世纪60~70年代建成的大型塔桅结构有：200m高的广州电视塔、210m高的上海电视塔、194m高的南京跨越长江输电线路塔、325m高的北京环境气象桅杆、1990年落成的212m高的汕头电视塔、260m高的大庆电视塔等都是钢结构。

这些结构除了自重较轻、便于组装外，还因构件截面小，从而大大减小了风荷载，取得了更大的经济效益。

5．板壳结构的密闭压力容器

用于要求密闭的容器，如大型储液库、煤气库等炉壳要求能承受很大内力，另外温度急剧变化的高炉结构、大直径高压输油管和煤气管道等均采用钢结构。上海在1958年就建成了容积为54000m^3的湿式贮气柜。上海金山及吴泾等石油、化工基地有众多的容器结构。一些容器、管道、锅炉、油罐等的支架也都采用钢结构。

6．桥梁结构

由于钢桥建造简便、迅速，易于修复，因此钢结构广泛用于中等跨度和大跨度桥梁。我国著名的杭州钱塘江大桥（1934—1937年）是最早自主设计的钢桥，此后，武汉长江大桥（1957年），南京长江大桥（1968年）均为钢结构桥梁，其规模和难度都举世闻名，标志着我国桥梁事业已步入世界先进行列。上海市政建设重大工程之一的黄浦江大桥也是采用钢结构。

7．移动结构

钢结构可用于装配式活动房屋、水工闸门、升船机、桥式起重机和各种塔式起重机、龙门起重机、缆索起重机等。这类结构随处可见，近年来高层建筑的发展，也促使塔式起重机像雨后春笋般地矗立在街头。我国已制定了各种起重机系列标准，促进了建筑机械的大发展。

需要搬迁或拆卸的结构，如流动式展览馆和活动房屋等，采用钢结构最适宜。不但重量轻，便于搬迁，而且由于采用螺栓连接，还便于装配和拆卸。

8．轻钢结构

在中小型房屋建筑中，冷弯薄壁型钢结构、圆钢结构及钢管结构多用在轻型屋盖中。此外还有用薄钢板做成折板结构，把屋面结构和屋盖主要承重结构结合起来，成为一体的轻钢屋盖结构体系。

荷载特别小的小跨度结构及高度不大的轻型支架结构等也常采用钢结构，因为对于这类结构，结构自重起重要作用。例如，采用轻屋面的轻钢屋盖结构，耗钢量比普通钢结构低25%~50%，自重减小20%~50%。与钢筋混凝土结构相比，用钢指标接近，而结构自重却减轻了70%~80%。

9. 受动力荷载作用的结构

直接承受起重量较大或跨度较大的桥式起重机的吊车梁，由于钢材具有良好的韧性，故采用钢结构。此外，对于具有较大锻锤或动力设备的厂房，以及对于抗震性能要求高的结构，都常采用钢结构。

10. 其他构筑物

运输通廊、栈桥，各种管道支架以及高炉和锅炉构架等也采用钢结构。如宁夏大武口电厂采用了长度为60m的预应力输煤钢栈桥，已于1986年建成使用。近年来，某些电厂的桥架也都采用了钢网架结构等。

11. 住宅钢结构

据住建部统计，我国1998年兴建住宅4.76亿 m^2，1999年增至5.0亿 m^2，其中绝大部分为黏土砖砌体结构，部分为现浇混凝土结构。面对黏土砖生产破坏耕地、水泥生产破坏植被将造成严重的大气污染，而我国的人均耕地面积和人均耕地植被面积均位居世界榜尾、钢材生产过剩的现实，国务院于1999年颁发了72号文件，提出要发展钢结构住宅产业，在沿海大城市限期停止使用黏土砖。这无疑是一项十分必要和适时的重大决策，对促进我国国民经济的持续发展，推动住宅产业的技术进步，改善居住质量和环境保护将产生积极影响。

1.3 钢结构的破坏形式

钢结构的破坏形式多种多样，按其破坏原因可分为强度破坏、失稳破坏、疲劳破坏、脆性断裂破坏四类。

(1) 强度破坏　在保证结构整体稳定和局部稳定的情况下，当钢结构某些构件截面内力达到其承载能力的极限状态时，该构件便会发生强度破坏。强度破坏是轴心受拉构件的主要破坏形式。

(2) 失稳破坏　在荷载作用下，钢结构的外力与内力必须保持平衡。但这种平衡状态有持久的稳定平衡状态和极限平衡状态，当结构处于极限平衡状态时，外界轻微的扰动就会使结构或构件产生很大的变形而丧失稳定性，这种现象就是钢结构的失稳破坏。失稳破坏又可分为整体失稳破坏和局部失稳破坏。

(3) 疲劳破坏　钢材在持续反复荷载作用下，在其应力远低于强度极限，甚至还低于屈服极限的情况下也会发生破坏，这种现象称为钢材的疲劳破坏。能够导致钢结构疲劳的荷载是动力的或循环性的活荷载，如桥式起重机对吊车梁的作用，车辆对桥梁的作用等。钢结构在疲劳破坏之前并没有明显的变形，疲劳破坏是一种突然发生的断裂，断口平直，所以疲劳破坏属于反复荷载作用下的脆性破坏。

(4) 脆性断裂破坏　在结构各种可能的破坏形式之中，结构的脆性断裂破坏是最危险的破坏形式。脆性断裂破坏是突然发生的，在破坏前没有任何的预兆，发生破坏时钢材的应力也往往小于其屈服应力，上文提到的疲劳破坏就是一种典型的脆性断裂破坏。造成脆性断裂破坏的原因有很多，低温工作环境、钢材材质的缺陷以及焊接结构的焊缝缺陷等都会增加钢结构发生脆性断裂破坏的可能。

1.4 钢结构的设计方法

设计钢结构时，必须满足一般的设计准则，即在充分满足功能要求的基础上，做到安全可靠、技术先进、确保质量和经济合理。结构计算的目的是保证结构构件在使用荷载作用下能安全可靠地工作，既要满足使用要求，又要符合经济要求。结构计算是根据拟定的结构方案和构造，按所承受的荷载进行内力计算，确定出各杆件的内力，再根据所用材料的特性，对整个结构和构件及其连接进行核算，看其是否符合经济、安全、适用等方面的要求。但从一些现场记录、调查数据和试验资料来看，计算中所采用的标准荷载和结构实际承受的荷载之间、钢材力学性能的取值和材料性能实际数值之间、计算截面和钢材实际尺寸之间、计算所得的应力值和实际应力值之间，以及估计的施工质量与实际质量之间，都存在着一定的差异，所以计算的结果不一定很安全可靠。为了保证安全，结构设计时的计算结果必须留有余地，使之具有一定的安全度。建筑结构的安全度是保证房屋或构筑物在一定使用条件下，连续正常工作的安全储备。有了这个储备，才能保证结构在各种不利条件下的正常使用。

1.4.1 设计思想

钢结构设计应在以下设计思想的基础上进行。

1) 钢结构在运输、安装和使用过程中必须有足够的强度、刚度和稳定性，整个结构必须安全可靠。

2) 应从工程实际情况出发，合理选用材料、结构方案和构造措施，应符合建筑物的使用要求，具有良好的耐久性。

3) 尽可能节约钢材，减轻钢结构重量。

4) 尽可能缩短制造、安装时间，节约劳动工日。

5) 结构要便于运输、便于维护。

6) 可能条件下，尽量注意美观，特别是外露结构，有一定建筑美学要求。

根据以上各项要求，钢结构设计应该重视、贯彻和研究充分发挥钢结构特点的设计思想和降低造价的各种措施，做到技术先进、经济合理、安全适用、确保质量。

1.4.2 技术措施

为了体现钢结构的设计思想，可以采取以下的技术措施。

1) 尽量在规划结构时采用尺寸模数化、构件标准化、构造简洁化，以便于钢结构制造、运输和安装。

2) 尽量采用新的结构体系，例如用空间结构体系代替平面结构体系，结构形式要简化、明确、合理。

3) 尽量采用新的计算理论和设计方法，推广适当的线性和非线性有限元方法，研究薄壁结构理论和结构稳定理论。

4) 尽量采用焊缝和高强度螺栓连接，研究和推广新型钢结构连接方式。

5) 尽量采用具有较好经济指标的优质钢材、合金钢或其他轻质高强金属，使用薄壁型钢。

6) 尽量采用组合结构或复合结构，如钢—混凝土组合梁、钢管混凝土构件及由索组成的复合结构等。

钢结构设计应因地制宜、量材使用，切勿生搬硬套。上述措施不是在任何场合都行得通的，应结合具体条件进行方案比较，采用技术经济指标都好的方案。此外，还要总结、创造和推广先进的制造工艺和安装技术，任何脱离施工的设计都不是成功的设计。

1.4.3 钢结构计算方法

我国钢结构计算方法曾经有过4次变化，即：建国初期到1957年，采用总安全系数的容许应力计算法；1957年到1974年，采用3个系数的极限状态计算方法；1974年到1988年，采用以结构的极限状态为依据，进行多系数分析，用单一安全系数的容许应力计算法；目前新的钢结构设计规范，采用以概率论为基础的一次二阶矩极限状态设计法。

1957年前，钢结构采用容许应力的安全系数法进行设计。安全系数为定值且都凭经验选定，因而设计的结构和不同构件的安全度不可能相等，这种设计方法显然是不合理的。

20世纪50年代，出现一种新的设计方法——按照极限状态的设计法，即根据结构或构件能否满足功能要求来确定它们的极限状态。一般地规定有两种极限状态。第一种是结构或构件的承载力极限状态，包括静力强度、动力强度和稳定等计算。达此极限状态时，结构或构件达到了最大承载能力而发生破坏，或达到了不适于继续承受荷载的巨大变形。第二种是结构或构件的变形极限状态，或称为正常使用极限状态。达此极限状态时，结构或构件虽仍保持承载能力，但在正常荷载作用下产生的变形使结构或构件已不能满足正常使用的要求（静力作用产生的过大变形和动力作用产生的剧烈振动等），或不能满足耐久性的要求。各种承重结构都应按照上述两种极限状态进行设计。

极限状态设计法比安全系数设计法要合理些，也先进些。它把有变异性的设计参数采用概率分析引入了结构设计中。根据应用概率分析的程度可分3种水准，即半概率极限状态设计法、近似概率极限状态设计法和全概率极限状态设计法。

我国采用的极限状态设计法属于第一种水准，即半概率极限状态设计法。只有少量设计参数，如钢材的设计强度、风雪荷载等，采用了概率分析确定其设计采用值，大多数荷载及其他不定性参数由于缺乏统计资料而仍采用经验值；同时结构构件的抗力（承载力）和作用效应之间并未进行综合的概率分析，因而仍然不能使所设计的各种构件得到相同的安全度。

20世纪60年代末，国外提出了近似概率设计法，即第二种水准。主要是引入了可靠性设计理论。可靠性包括安全性、适用性和耐久性。把影响结构或构件可靠性的各种因素都视为独立的随机变量，根据统计分析确定失效概率来度量结构或构件的可靠性。

1.4.4 承载力极限状态

1. 近似概率极限状态设计法

结构或构件的承载力极限状态方程可表达为

$$Z = g(x_1, x_2, \cdots, x_n) = 0 \tag{1-1}$$

式中　x_n——影响结构或构件可靠性的各物理量，都是相互独立的随机变量，如材料抗力、几何参数和各种作用产生的效应（内力）。

各种作用包括恒载、可变荷载、地震、温度变化和支座沉陷等。

将各因素概括为两个综合随机变量，即结构或构件的抗力 R 和各种作用对结构或构件产生的效应 S，式（1-1）可写成

$$Z=(R, S)=R-S=0 \tag{1-2}$$

结构或构件的失效概率可表示为

$$p_f=g(R-S<0)=\int_{-\infty}^{0}f_Z(z)\mathrm{d}z \tag{1-3}$$

设 R 和 S 的概率统计值均服从正态分布（设计基准期取 50 年），可分别算出它们的平均值 μ_R、μ_S 和标准差 σ_R、σ_S，则极限状态函数 $Z=R-S$ 也服从正态分布，它的平均值和标准差分别为

$$\begin{cases}\mu_Z=\mu_R-\mu_S\\ \sigma_Z=\sqrt{\sigma_R^2+\sigma_S^2}\end{cases} \tag{1-4}$$

图 1-1 表示极限状态函数 $Z=R-S$ 的正态分布。图中由 $-\infty$ 到 0 的阴影面积表示 $g(R-S)<0$ 的概率，即失效概率 p_f，需采用积分法求得。由图可见，平均值 μ_Z 等于 $\beta\sigma_Z$，显然 β 值和失效概率 p_f 存在着如下对应关系

$$p_f=\Phi(-\beta) \tag{1-5}$$

这样，只要计算出 β 值就能获得对应的失效概率 p_f，见表 1-1。β 称为可靠指标，由下式计算

$$\beta=\mu_Z/\sigma_Z=(\mu_R-\mu_S)/\sqrt{\sigma_R^2+\sigma_S^2} \tag{1-6}$$

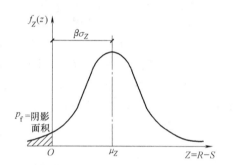

图 1-1　$Z=R-S$ 的正态分布

当 R 和 S 的统计值不按正态分布时，结构构件的可靠指标应以它们的当量正态分布的平均值和标准差代入式（1-6）来计算。

表 1-1　失效概率与可靠指标的对应值

β	2.5	2.7	3.2	3.7	4.2
p_f	5×10^{-3}	3.5×10^{-3}	6.9×10^{-4}	1.1×10^{-4}	1.3×10^{-5}

由于 R 和 S 的实际分布规律相当复杂，我们采用了典型的正态分布，因而算得的 β 和 p_f 值是近似的，故称为近似概率极限状态设计法。在推导 β 公式时，只采用了 R 和 S 的二阶中心矩，同时还做了线性化的近似处理，故又称"一次二阶矩法"。

这种设计方法只需确定 R 和 S 的平均值和标准差或变异系数，就可计算构件的可靠指标 β 值，使 β 值满足规定值即可。我国采用的可靠指标为：Q235 钢 $\beta=3.0\sim3.1$，对应的失效概率 $p_f\approx0.001$；Q345 钢 $\beta=3.2\sim3.3$，对应的失效概率 $p_f\approx0.0005$。

由上列公式可见，此法把构件的抗力（承载力）和作用效应的概率分析联系在一起，以可靠指标作为度量结构构件可靠度的尺度，可以较合理地对各类构件的可靠度做定量分析比较，以达到等可靠度的设计目的。但是这种设计方法比较复杂，较难掌握，很多人也不习惯，因而仍宜采用广大设计人员所熟悉的分项系数设计公式。

2. 分项系数表达式

因为

$$S=G+Q_1+\sum_{i=2}^{n}\psi_{ci}Q_i$$

取
$$G = \gamma_G C_G G_k$$
$$Q_1 = \gamma_{Q1} C_Q Q_{1k}$$
$$Q_i = \gamma_{Qi} C_Q Q_{ik}$$

引入结构重要性系数,则

$$S = \gamma_0 (\gamma_G C_G G_k + \gamma_{Q1} C_Q Q_{1k} + \sum_{i=2}^{n} \psi_{ci} \gamma_{Qi} C_Q Q_{ik}) \tag{1-7}$$

式中　γ_0——结构重要性系数。把结构分成一、二、三3个安全等级,分别采用1.1、1.0和0.9;

　　　C——荷载效应系数,即单位荷载引起的结构构件截面或连接中的内力,按一般力学方法确定(其角标G指永久荷载,Q指各可变荷载);

G_k和Q_{ik}——永久荷载和各可变荷载标准值,见 GB 50009—2012《建筑结构荷载规范》;

　　　ψ_{ci}——第i个可变荷载的组合系数,取 0.6,只有一个可变荷载时取 1.0;

　　　γ_G——永久荷载分项系数,一般采用 1.2,当永久荷载效应对结构构件的承载力有利时,宜采用 1.0;

γ_{Q1}和γ_{Qi}——第 1 个和其他第i个可变荷载分项系数,一般情况可采用 1.4。

式中,Q_1是引起构件或连接最大荷载效应的可变荷载效应。对于一般排架和框架结构,由于很难区分产生最大效应的可变荷载,可采用以下简化式计算

$$S = \gamma_0 (\gamma_G C_G G_k + \psi \sum_{i=1}^{n} \gamma_{Qi} C_{Qi} Q_{ik}) \tag{1-8}$$

式中　ψ——荷载组合系数,取值为 0.85。

构件本身的承载能力(抗力)R是材料性能和构件几何因素等的函数。

$$R = f_k \cdot A / \gamma_R = f_d A \tag{1-9}$$

式中　γ_R——抗力分项系数,Q235 钢取 1.090,Q390 钢和 Q345 钢取 1.125;

　　　f_k——材料强度的标准值,Q235 钢第一组为 235MPa,Q345 钢第一组为 345MPa,Q390 钢第一组为 390MPa;

　　　f_d——结构所用材料和连接的设计强度;

　　　A——构件或连接的几何因素(如截面面积和截面抵抗矩等)。

考虑到一些结构构件和连接工作的特殊条件,有时还应乘以调整系数。例如,施工条件较差的高空安装焊缝和铆钉连接,应乘 0.9;单面连接的单个角钢按轴心受力计算强度和连接时,应乘 0.85 等。

将式(1-7)、式(1-8)和式(1-9)代入式(1-2),可得

$$\gamma_0 (\gamma_G C_G G_k + \gamma_{Q1} C_Q Q_{1k} + \sum_{i=2}^{n} \psi_{ci} \gamma_{Qi} C_Q Q_{ik}) \leqslant f_d A \tag{1-10}$$

及

$$\gamma_0 (\gamma_G C_G G_k + \psi \sum_{i=1}^{n} \gamma_{Qi} C_{Qi} Q_{ik}) \leqslant f_d A \tag{1-11}$$

为了照顾到设计工作者的习惯,将式(1-10)和式(1-11)分别再改写成应力表达式

$$\gamma_0 (\sigma_{Gd} + \sigma_{Q1d} + \sum_{i=2}^{n} \psi_{ci} \sigma_{Qid}) \leqslant f_d \tag{1-12}$$

及

$$\gamma_0(\sigma_{Gd}+\psi\sum_{i=1}^{n}\sigma_{Qid})\leq f_d \tag{1-13}$$

式（1-13）就是现行 GB 50017—2017《钢结构设计标准》中采用的计算公式。

式中 σ_{Gd}——永久荷载设计值 G_d 在结构构件的截面或连接中产生的应力，$G_d=\gamma_G G_k$；

σ_{Q1d}——第 1 个可变荷载的设计值（$Q_{1d}=\gamma_{Q1}Q_{1k}$）在结构构件的截面或连接中产生的应力（该应力大于其他任意第 i 个可变荷载设计值产生的应力）。

σ_{Qid}——第 i 个可变荷载设计值（$Q_{id}=\gamma_{Qi}Q_{ik}$）在结构构件的截面或连接中产生的应力。

其余符号同前。

各分项系数值是经过校准法确定的。所谓校准法是使按式（1-10）计算的结果，基本符合按式（1-6）要求的可靠指标 β。不过当荷载组合不同时，应采用不同的分项系数，才能符合给定的可靠指标要求，这给设计带来困难。因此，用优选法对各分项系数采用定值，而使各不同荷载组合计算结果的 β 值相差为最小。

当考虑地震荷载的偶然荷载组合时，应按 GB 50011—2010《建筑抗震设计规范》的规定进行。

对于结构构件或连接的疲劳强度计算，由于疲劳极限状态的概念还不够确切，只能暂时沿用容许应力设计法，还不能采用上述的极限状态设计法。

式（1-12）和式（1-13）虽然是用应力计算式表述，但和过去的容许应力设计方法根本不同，是比较先进的一种设计方法。不过由于有些因素尚缺乏统计数据，暂时只能根据以往设计经验来确定。还有待于继续研究和积累有关的统计资料，才能进而采用更为科学的全概率极限状态设计法（水准三）。

1.4.5 正常使用极限状态

结构构件的第二种极限状态是正常使用极限状态。钢结构设计主要控制变形和挠度，仅考虑短期效应组合，不考虑荷载分项系数。

$$v=v_{Gk}+v_{Q1k}+\sum_{i=2}^{n}\psi_{ci}v_{Qik}\leq [v] \tag{1-14}$$

式中 v_{Gk}——永久荷载标准值在结构或构件中产生的变形值；

v_{Q1k}——第 1 个可变荷载的标准值在结构或构件中产生的变形值（该值大于其他任意第 i 个可变荷载标准值产生的变形值）；

v_{Qik}——第 i 个可变荷载标准值在结构或构件中产生的变形值；

$[v]$——结构或构件的容许变形值，按《钢结构设计标准》的规定采用。

有时只需要保证结构和构件在可变荷载作用下产生的变形能够满足正常使用的要求，这时式（1-14）中的 v_{Gk} 可不计入。

1.5 钢结构的发展方向

我国钢产量还在不断增加，钢结构的建造技术应该迅速提高，钢结构的应用也会有更大的发展。通过对国内外的现状分析可知，钢结构未来发展方向有以下几点。

1. **高强度钢材和高性能钢材的研究和应用**

"十一五"期间，我国粗钢总产量超过 26 亿 t，我国已成为全球钢铁产量大国。但是伴随而来的是产能过剩、产品结构不合理和高能耗的压力。当行业面临淘汰时，发展高强度钢材和高性能钢材将成为行业突破资源、环境制约以及提升竞争力，实现产业结构升级的重要手段。

国外高强度钢材发展很快，1969 年美国规范列入屈服强度为 685MPa 的钢材，1975 年苏联规范列入屈服强度为 735MPa 的钢材。我国在高强度钢材应用方面，Q390、Q420、Q460 等高强度钢材已经有大量工程应用，如国家体育场、中央电视台新台址主楼钢结构等采用了国产 Q460 钢材；更高强度的钢材正在逐步开展研究，如 Q550、Q690、Q960。今后，随着冶金工业的发展，研究强度更高的钢材及其合理的使用将是重要的课题。

2. **结构和构件计算的研究和改进**

现在已广泛应用新的计算技术和测试技术，对结构和构件进行深入计算和测试，为了解结构和构件的实际性能提供了有利条件。但目前建筑钢结构多采用弹性设计，对结构稳定设计采用二阶段设计方法，即结构整体稳定设计和杆件局部稳定设计。未来需要进一步研究同时考虑结构整体稳定和杆件局部稳定的高等分析方法，并逐步研究建筑钢结构的塑性设计理论，从而提高结构设计效率和结构合理性，降低建造成本。

3. **空间钢结构体系研究与示范应用**

近年来，钢管混凝土组合结构、型钢混凝土组合结构、张弦结构等新型结构形式得到快速发展，这些结构适用于高层建筑和高耸结构、轻型大跨屋盖结构等，对减少耗钢量有重要意义。

未来需要进一步研发适用于工业建筑、民用建筑、城市桥梁等基础设施领域的高性能钢结构体系；研究高性能钢结构高效连接和装配化安装技术；研究高性能钢结构体系的受力机理、精细化计算理论、全寿命期设计理论与设计方法；研发高性能钢结构体系防灾减灾、检测评价等关键技术。

4. **既有建筑钢结构诊治与性能提升关键技术**

我国大量既有工业与民用建筑钢结构随着使用年限的增加出现了结构性能退化、安全性和耐久性降低的问题，工业建筑钢结构的腐蚀和疲劳损伤问题尤其突出，建筑钢结构受地震、火灾和暴风雪等自然和人为灾害的作用，也造成了既有建筑钢结构不同程度的破损，部分建筑年久失修，存在安全隐患，且使用功能不完善，房屋舒适性低，亟待更新改造和功能提升。我国的建筑钢结构已进入改造和新建并重阶段，提出了发展对既有建筑钢结构安全性检测评定与加固改造新技术的战略需求。

因此，未来需要进一步研究复杂环境下基于性能的既有建筑鉴定评估方法，建立既有工业建筑结构可靠性评价指标及全寿命评价关键技术；研究基于远程监控和大数据技术的既有工业建筑结构诊治数据平台；研究工业建筑结构加固改造、减隔振和寿命提升技术，研究工业建筑绿色高效围护结构体系及节能评价技术，研究存量工业建筑非工业化改造技术，开展工程示范。

5. **基于 BIM 技术的建筑钢结构预拼装与施工管理应用技术**

住建部发布的《2011—2015 建筑行业信息化发展纲要》中，明确指出：在施工阶段开展 BIM 技术的研究应用，推进 BIM 技术从设计阶段向施工阶段的应用延伸，降低信息传递过程中的衰减;研究基于 BIM 技术的 4D 项目管理信息系统在大型复杂工程施工过程中的应用,实现对建筑工程的有效可视化管理。可见,未来 BIM 技术将在大型复杂建筑钢结构的施工中快速发展和应用,亟须研发基于 BIM 模型的建筑钢结构部件计算机辅助加工(CAM)技术及生产管理系统;研发基于 BIM 的空间钢结构预拼装理论技术和自动监控系统;研发基于 BIM 模型和物联网的建筑钢结构运输、智能虚拟安装技术与施工现场管理平台。

6. 极端服役环境中钢结构建造技术

随着人类科技进步,对深海、太空和极地等地区的开发力度逐渐增大,这些环境中的钢结构服役环境极为恶劣,如深海油气输送管道结构,其服役环境为高温、高压和高腐蚀环境;极地钢结构服役环境为极端低温。因此,亟须开展极端服役环境中钢结构的建造技术,为国家科技发展提供支撑。

1.6 我国钢结构的法规性文件

随着我国钢结构行业的快速发展,相应的法规性文件也在逐步地出台与完善。我国现有的钢结构法规性文件主要有以下几类:

(1) 设计标准　此类规范规定了钢结构建筑设计时必须遵守的基本原则,如 GB 50017—2017《钢结构设计标准》、GB 50018—2012《冷弯薄壁型钢结构技术规范》等。

(2) 施工标准　此类规范规定了钢结构建筑施工时必须遵守的基本原则,如 GB 50205—2020《钢结构工程施工质量验收标准》、GB 50755—2012《钢结构工程施工规范》等。

(3) 板材标准　此类规范对钢结构板材的基本参数及选取标准做出了规定,如 GB/T 700—2006《碳素结构钢》、GB/T 709—2006《热轧钢板和钢带的尺寸、外形、重量及允许偏差》等。

(4) 连接件标准　此类规范对钢结构连接件的基本参数及选取标准做出了规定,如 GB/T 16939—2016《钢网架螺栓球节点用高强度螺栓》、GB/T 19804—2005《焊接结构的一般尺寸公差和形位公差》等。

(5) 防腐防火标准　此类规范对不同用途钢结构的防腐防火设计、施工及防腐防火材料的选取做出了规定,如 CECS 24—1990《钢结构防火涂料应用技术规范》、GB 51249—2017《建筑钢结构防火技术规范》等。

思考题与习题

1. 同传统结构相比,钢结构有哪些优点?
2. 钢结构有哪些结构形式?它们的主要特点是什么?
3. 钢结构的破坏形式有哪些?什么是钢材的疲劳?
4. γ_0、γ_G、γ_R 分别代表什么?在计算过程中该如何取值?
5. 按承载能力极限状态和正常使用极限状态进行钢结构设计时,应考虑的荷载组合分别是什么?

第 2 章

钢结构的材料

学习目标

了解结构用钢材的种类及规格,熟悉其选用原则;掌握钢材主要力学性能及影响钢材力学性能的主要因素。

2.1 钢结构用钢材概述

2.1.1 钢材的冶炼

钢是由生铁冶炼而成的。钢和铁都是铁碳合金,钢中碳的质量分数在 2% 以下,而生铁中碳的质量分数大于 2%。另外,钢中杂质的质量分数也少于生铁。生铁有炼钢生铁和铸造生铁之分。钢的冶炼就是将熔融的生铁进行氧化,使碳的质量分数降低到规定范围,其他杂质的质量分数也降低到允许范围之内。根据炼钢设备所用炉种不同,炼钢方法主要可分为平炉炼钢、氧气转炉炼钢、电炉炼钢三种,见表 2-1。

(1) 平炉炼钢 它以熔融状或固体状生铁、铁矿石或废钢铁为原料,以煤气或重油为燃料。利用铁矿石中的氧或鼓入空气中的氧使杂质氧化。可用于炼制优质碳素钢和合金钢等。

(2) 氧气转炉炼钢 以熔融的铁水为原料,由转炉顶部吹入高纯度氧气,能有效地去除有害杂质,并且冶炼时间短(20~40min),生产效率高,所以氧气转炉钢质量好,成本低,应用广泛。

(3) 电炉炼钢 以电为能源迅速将废钢、生铁等原料熔化,并精炼成钢。电炉又分为电弧炉、感应炉和电渣炉等。

表 2-1 炉种的影响及氧化程度

炉型	原料	吹入气体	冶炼时间	钢材质量	成本	应用
平炉	生铁、铁矿石等	空气	5~12h	好	高	同上及特殊用途的钢
氧气转炉	熔融铁水	氧气	15~30min	好	低	优质碳素钢及合金钢
电炉	废钢、生铁	空气	短	最好	高	同上

根据上述要求,结合多年的实践经验,《钢结构设计标准》主要推荐碳素结构钢中的 Q235 钢、低合金高强度结构钢中的 Q345 钢(16 锰钢)、Q390 钢(15 锰钒钢)和 Q420 钢

（15MnVN 钢），可作为结构用钢。随着研究的深入，必将有一些满足要求的其他种类钢材可供使用。若选用《钢结构设计标准》还未推荐的钢材时，需有可靠的依据，以确保钢结构的质量。

冶炼后的钢水中含有以 FeO 形式存在的氧，FeO 与碳作用生成 CO 气泡，并使某些元素产生偏析（分布不均匀），影响钢的质量。所以必须进行脱氧处理，方法是在钢水中加入锰铁、硅铁或铝等脱氧剂。

根据脱氧程度的不同，钢可分为沸腾钢、镇静钢、特殊镇静钢三种，见表2-2。

（1）沸腾钢　弱脱氧剂脱氧，下注法浇铸。脱氧不完全，浇铸时残存的氧和碳发生反应，有气体逸出，如同沸水，铸锭后钢锭内残留气孔，轧制时可焊合。成材率高，成本低。但组织不致密，力学性能不够均匀，适合轧制板材、管材和线材。

（2）镇静钢　强脱氧剂锰铁、硅铁、铝块，浇铸时不发生碳氧反应，钢液平静，凝固后上部有集中缩孔，钢锭组织致密，成分均匀，力学性能好。孔缩要切除，故成材率低、成本高，一般用于有重要用途的钢。

（3）特殊镇静钢　特殊镇静钢比镇静钢脱氧程度更充分彻底，质量最好，适用于特别重要的结构工程。

表 2-2　脱氧程度及钢材质量

钢种	脱氧程度	冷却情况	钢材质量
沸腾钢	不充分	浇铸时有大量 CO 逸出	差
镇静钢	充分	平静冷却，无 CO 逸出	组织致密、成分均匀、机械性能好
特殊镇静钢	最充分	平静冷却，无 CO 逸出	最好

2.1.2　建筑用钢材的力学性能需求

《钢结构设计标准》规定：承重结构采用的钢材应具有屈服强度、抗拉强度、断后伸长率和硫、磷含量的合格保证，对焊接结构尚应具有碳当量的合格保证。焊接承重结构以及重要的非焊接承重结构采用的钢材还应具有冷弯试验的合格保证。对直接承受动力荷载或需要验算疲劳的构件所用钢材尚应具有冲击韧性的合格保证。

钢材的种类繁多，碳素钢有上百种，合金钢有 300 余种，性能差别很大，符合钢结构要求的钢材只是其中的一小部分。用于建筑钢结构的钢材称为结构钢，它必须满足下列要求：

1）较高的屈服强度和抗拉强度。屈服强度是根据拉伸试验确定的。钢材下屈服强度受试件的加载速度，截面形状和测量技术的影响较小，对同一种钢材有较稳定的数值，故以下屈服强度作为钢材的屈服强度。在非弹性工作阶段时，钢材屈服并暂时失去继续承受荷载的能力，并且会产生很大的变形。因此，钢结构设计时常把屈服强度作为构件应力可以达到的极限，即把屈服强度作为钢材强度承载能力极限状态的标志。

抗拉强度是钢材破坏性能的极限。钢材屈服强度与抗拉强度的比值称为屈强比。屈强比的大小表明设计强度储备的多少。钢结构设计时，既要求满足结构安全可靠，又要求满足经济合理。所以，在要求钢材具有一定的屈服强度的同时，也要求钢材具有适当的抗拉强度。

2）良好的塑性和韧性。塑性和韧性好的钢材在静载和动载作用下有足够的应变能力，既可减轻结构脆性破坏的倾向,又能通过较大的塑性变形调整局部应力,使应力得到重分布,提高构件的延性,从而提高结构的抗震能力和抵抗重复荷载作用的能力。

3) 良好的加工性能。材料应适合冷、热加工,具有良好的焊接性,不致因加工而对结构的强度、塑性和韧性等造成较大的不利影响。

此外,建筑用钢材还宜具有良好的耐久性、便宜的价格,根据结构的具体工作条件,有时还要求钢材具有适应低温、高温等环境的能力。

2.2 钢材的主要性能和指标

2.2.1 抗拉性能

由低碳钢受拉的应力-应变关系图(图 2-1)可知,低碳钢受拉过程可划分为以下 4 个阶段。

(1) 弹性阶段(O—A) 在 OA 范围内应力与应变成正比例关系,如果卸去外力,试件则恢复原来的形状,这个阶段称为弹性阶段。弹性阶段的最高点 A 所对应的应力值称为弹性极限 σ_p。当应力稍低于 A 点时,应力与应变成线性正比例关系,其斜率称为弹性模量,用 E 表示,$E = \sigma/\varepsilon = \tan\alpha$。

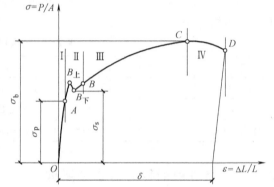

图 2-1 低碳钢受拉的应力-应变关系图

(2) 屈服阶段(A—B) 当应力超过弹性极限 σ_p 后,应力和应变不再成正比关系,应力在 $B_上$ 至 $B_下$ 小范围内波动,而应变迅速增长。在 σ-ε 关系图上出现了一个接近水平的线段。如果卸去外力已出现塑性变形,AB 称为屈服阶段。$B_下$ 所对应的应力值称为屈服极限 σ_s。

钢材受力达屈服后,虽然尚未破坏,但变形发展迅速,已经不能满足使用要求,所以设计中一般以屈服强度作为钢材强度取值的依据。

对于外力作用下屈服现象不明显的钢材,如中、高碳钢,规定卸载后产生 0.2% 塑性应变时的应力值作为屈服强度,用 $\sigma_{0.2}$ 表示,如图中、高碳钢的应力-应变图(图 2-2 曲线)。

(3) 强化阶段(B—C) 当应力超过屈服强度后,由于钢材内部组织产生晶格扭曲、晶粒破碎等原因,阻止了塑性变形的进一步发展,钢材抵抗外力的能力重新提高。

在图 2-1 所示的 σ-ε 关系图上,BC 段为上升曲线,钢材所处的这一阶段被称为钢材的强化阶段。

对应于最高点 C 的应力称为抗拉强度,用 σ_b 表示,它是钢材所能承受的最大应力。

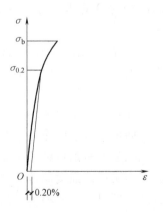

图 2-2 中、高碳钢的应力-应变图

抗拉强度在工程中不能直接利用,但屈服强度与抗拉强度的比值(屈强比,用σ_s/σ_b表示)是评价钢材受力特征的一个参数,屈强比越小,表明材料的安全性和可靠性越高,材料越不容易发生危险的脆性破坏,但屈强比过小,钢材强度的利用率偏低,不够经济。

建筑钢材合理的屈强比一般为 0.6~0.75。

(4)缩颈阶段(C—D) 当应力达到抗拉强度σ_b后,在试件薄弱处的断面将显著缩小,塑性变形急剧增加,产生"缩颈"现象并很快断裂。

将断裂后的试件拼合起来,量出标距两端点间的距离,按下式计算出伸长率δ

$$\delta = \frac{L_1 - L_0}{L_0} \times 100\% \qquad (2-1)$$

伸长率是反映钢材塑性变形能力的一个重要指标,在工程中具有重要意义,δ越大,说明材料的塑性性质越好,破坏前会有较大的塑性变形,可防止突发性的破坏。

工程上一般规定$\delta>5\%$的材料为塑性变形;$\delta<5\%$的材料为脆性材料。

试件拉断后,其缩颈处横截面面积减缩量占原横截面面积的百分率,称为材料的截面收缩率(用ψ表示),截面收缩率也是反映钢材塑性变形程度的一个指标,计算公式如式

$$\psi = \frac{A_0 - A_1}{A_0} \times 100\% \qquad (2-2)$$

2.2.2 冲击韧性

钢材的冲击韧性是指钢材在冲击荷载作用下断裂时吸收机械能的一种能力,是衡量钢材抵抗因低温、应力集中、冲击荷载作用等所导致的断裂能力的一项机械性能。它是用试验机摆锤冲击带有 U 形缺口的标准试件的背面,将其折断后试件单位截面积上所消耗的功,作为钢材的冲击韧性指标,以α_k表示(J/cm^2)。α_k值越大,表明钢材的冲击韧性越好(图2-3)。

现行标准规定采用国际上通用的 V 型缺口试件,试件折断消耗的功能C_V表示(单位为 J)。

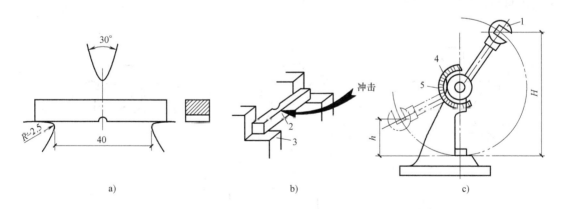

图 2-3 冲击韧性试验图

a)试件尺寸 b)试验装置 c)试验机

1—摆锤 2—试件 3—试验台 4—刻度盘 5—指针

影响钢材冲击韧性的因素很多,钢的化学成分、组织状态、温度、时间,以及冶炼、轧制质量都会影响冲击韧性。

2.2.3 疲劳强度

钢材在交变应力的反复作用下,往往在应力远小于其抗拉强度时就发生破坏,这种现象称为疲劳破坏。

疲劳破坏的危险应力用疲劳极限来表示,它是指疲劳试验时试件在交变应力作用下,于规定周期基数内不发生断裂所能承受的最大应力。

一般认为,钢材的疲劳破坏是由拉应力引起的,抗拉强度高,其疲劳极限也较高。钢材的疲劳极限与其内部组织和表面质量有关。

2.2.4 硬度

硬度是指钢材抵抗较硬物体压入产生局部变形的能力。测定钢材硬度常用布氏法。

布氏法是用一直径为 D 的硬质钢球,在荷载 P 的作用下压入试件表面,经规定的时间后卸去荷载,用读数放大镜测出压痕直径 d,以压痕表面积(mm^2)除荷载 P,即为布氏硬度值 HB。HB 值越大,表示钢材越硬(图2-4)。

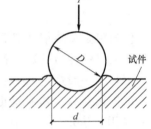

图 2-4 布氏硬度测定示意图

2.2.5 冷弯性能

冷弯性能是指钢材在常温下承受弯曲变形的能力,是建筑钢材的重要工艺性能。钢材的冷弯性能是指钢材在常温下弯曲加工发生塑性变形时对产生裂纹抵抗能力的一项指标,不仅是检验钢材的冷加工能力和显示钢材的内部缺陷状态的一项指标,也是考虑钢材在复杂应力状态下发展裂纹变形能力的一项指标。

钢材的冷弯性能指标是用弯曲角度和弯心直径来对试件厚度(直径)的比值来衡量的。试验时采用的弯曲角度越大,弯心直径对试件厚度(直径)的比值越小,表示对冷弯性能的要求越高,如图2-5所示。

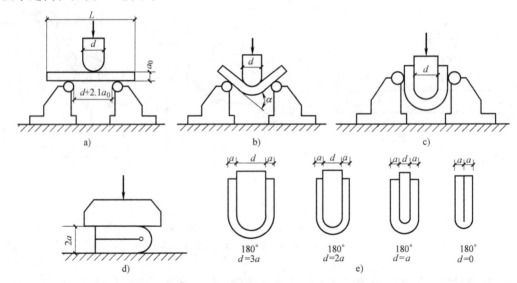

图 2-5 钢材冷弯
a)试样安装 b)弯曲90° c)弯曲180° d)弯曲至两面重合 e)规定弯心

钢材的冷弯性能和伸长率都是塑性变形能力的反映。冷弯性能取决于钢材的质量,并和试验所取弯心直径与钢材厚度的比值有关。

2.2.6 钢材的冷加工

钢材经冷加工产生一定塑性变形后,其屈服强度、硬度提高,而塑性、韧性及弹性模量降低,这种现象称为冷加工强化。钢材的冷加工方式有冷拉、冷拔和冷轧。以钢筋的冷拉为例(图2-6),图中 $OBCD$ 为未经冷拉时的应力-应变曲线。

冷拉钢筋冷拉后屈服强度可提高 15%~20%,冷拔后屈服强度可提高 40%~60%。冷拔是将外形为光圆的盘条钢筋从硬质合金拔丝模孔中强行拉拔(图2-7),由于模孔直径小于钢筋直径,钢筋在拔制过程中既受拉力又受挤压力,使强度大幅度提高但塑性显著降低。

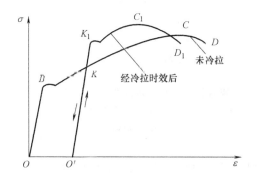

图 2-6 钢筋经冷拉时效后应力-应变图的变化

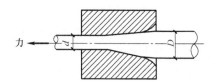

图 2-7 冷拔模孔

冷轧是将圆钢在轧钢机上轧成断面按一定规律变化的钢筋,可增大钢筋与混凝土间的粘结力,提高钢筋的屈服强度。钢筋在冷轧时,纵向与横向同时产生变形,因此能较好地保持塑性性质及内部结构的均匀性。

2.2.7 钢材的时效

钢材经冷加工后,随时间的延长,钢材屈服极限和强度极限逐渐提高而塑性和韧性逐渐降低的现象,称为时效。经过冷拉的钢筋在常温下存放 15~20d,或加热到 100~200℃ 并保持一定时间,这个过程称为时效处理,前者为自然时效,后者为人工时效。

一般强度较低的钢材采用自然时效,而强度较高的钢材则采用人工时效。

2.3 影响钢材性能的主要因素

2.3.1 化学成分对钢材性能的影响

(1)碳 碳是决定钢材性能的主要元素之一。碳对钢材的强度、塑性、韧性和焊接性有决定性的影响,如图2-8所示,随着碳含量的增加,钢的抗拉强度和硬度提高,塑性和韧性下降。但当碳含量大于 1.0% 时,由于钢材变脆,强度反而下降,特别是低温冲击韧性降低,焊接性也变坏,所以钢材中的碳含量不能过高。

(2) 硫 硫不溶于铁,和铁化合成 FeS,FeS 和 Fe 形成低熔点的共晶体。当钢材温度在 800~1200℃时,共晶体熔化,晶粒分离,使钢材沿晶界破裂,这种现象称为钢材的热脆。硫使钢的焊接性变坏,还将降低钢的塑性和冲击韧性。

(3) 磷 磷能使钢的强度、硬度提高,但显著降低钢材的塑性和韧性,特别是在低温状态下,钢材的冲击韧性下降更为明显。磷使钢材在低温时韧性降低并容易产生脆性破坏的现象,称为冷脆。高温时,磷也使钢的塑性变差。

(4) 硅、锰 硅能使钢中纯铁体晶粒细小和均匀分布,是一种熔炼有较好性能镇静钢的脱氧剂,适量的硅可以提高钢的强度,而对钢的塑性、冷弯性能和冲击韧性及焊接性无显著不良影响,过量的硅会降低钢的塑性和冲击韧性,恶化钢材的抗腐蚀性和焊接性。锰是结构钢的合金元素,当含量不多时能显著提高钢的冷脆性能。屈服强度和抗拉强度而又不过多地降低塑性和冲击韧性,锰对钢中的有害元素的含量具有降低作用,能减小硫的有害作用,但过量时会使钢材变脆和塑性降低。硅和锰可以与钢中有害成分 FeO 和 FeS 发生化学反应,形成的 SiO_2、MnO 和 MnS 作为钢渣排出,起到脱氧、降硫的作用。硅可以导致钢材的冷脆,锰可以消除钢材的热脆。

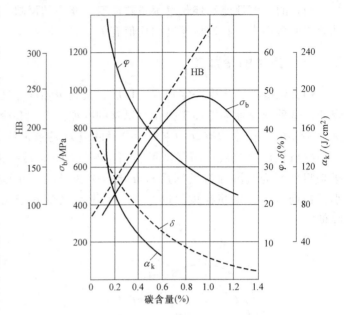

图 2-8 碳含量对热轧碳素钢性质的影响

σ_b—抗拉强度　α_k—冲击韧性　HB—硬度
δ—伸长率　φ—面积缩减率

(5) 氧、氮 未除尽的氧、氮大部分以化合物的形式存在,如 FeO、Fe_4N 等。这些非金属化合物、夹杂物降低了钢材的强度、冷弯性能和焊接性能。氧有害作用同硫,增加钢的脆性。氧还使钢的热脆性增加,氮使冷脆性及时效敏感性增加。氮作用类似于磷,会显著降低钢的塑性和冲击韧性并增大其"冷脆"性。

(6) 铝 铝作为脱氧剂或合金化元素加入钢中,铝脱氧能力比硅、锰强得多。铝在钢中的主要作用是细化晶粒、固定钢中的氮,从而显著提高钢的冲击韧性,降低冷脆倾向和时效倾向性。

(7) 钛、钒、铌 它们是钢的强脱氧剂和合金元素,能改善钢的组织、细化晶粒、改善韧性,并显著提高强度。

2.3.2 冶炼缺陷对钢材性能的影响

钢冶炼后因浇铸方法不同可分为沸腾钢、半镇静钢、镇静钢和特殊镇静钢,钢材的冶炼缺陷越少,质量越好,主要的冶炼缺陷有:偏析、非金属夹杂、裂纹和起层等。

(1) 偏析　偏析是钢材中的某些杂质元素分布不均匀即杂质元素集中在某一部分，偏析将严重影响钢材的性能，特别是硫、磷等元素的偏析将会使钢材的塑性、冲击韧性、冷弯性和引炉性变差。

(2) 非金属夹杂　如夹杂的硫化物、氧化物等对钢材的性能产生恶劣的影响。

(3) 裂纹和起层　在厚度方向分成多层，但仍然相互连接而并未分离称为分层。分层降低了钢材的冷弯性能、冲击韧性、疲劳强度和抗脆断能力。

2.3.3　其他影响钢材性能的因素

(1) 热处理的作用　经过适当的热处理可显著提高钢材的强度并保持良好的塑性和韧性。

(2) 残余应力的影响　残余应力是由钢材在加工过程中温度不均匀冷却引起的，是一种自相平衡的应力，它不影响构件的静力强度，但降低了构件的刚度和稳定性。

(3) 温度的影响

1) "蓝脆"现象：一般在200℃以内钢材的性能变化不大，但在250℃左右钢材的抗拉强度有所提高，而塑性、冲击韧性变差，钢材变脆，钢材在此温度范围内破坏时常呈脆性破坏特征，称为"蓝脆"（表面氧化呈蓝色）。

2) 低温冷脆：当温度从常温开始下降时，钢材的强度稍有提高，但脆性倾向变大，塑性和冲击韧性下降，当温度下降到某一数值时，钢材的冲击韧性突然显著下降，使钢材产生脆性断裂，该现象称为低温冷脆。

(4) 应力集中的影响　应力集中在荷载作用下截面突变处的某些部位将产生高峰应力，其余部位应力较低且分布不均匀，这种现象为应力集中。钢构件承受荷载时，荷载引起的应力将与截面残余应力叠加，使构件某些部位提前达到屈服强度并发展塑性变形。如继续增加荷载，只有截面弹性区承受荷载的增加值，而塑性区的应力不再增加。所以，构件达到强度极限状态时的截面应力状态与没有残余应力时完全相同，即残余应力不影响构件强度。

由于构件截面塑性区退出受力和发展塑性变形，残余应力将降低构件的刚度和稳定性。

残余应力特别是焊接残余应力与荷载应力叠加后，常使钢材处于二维或三维的复杂应力状态下受力，将降低其抗冲击断裂和抗疲劳破坏的能力。

2.4　复杂应力作用下钢材的屈服条件

2.4.1　复杂应力下的等效应力

三向应力作用下，钢材由弹性状态转变为塑性状态（屈服）的条件：$\sigma_{zs} < f_y$ 钢材弹性阶段；$\sigma_{zs} > f_y$ 钢材塑性阶段。

如图2-9所示，以应力分量表示

$$\sigma_{zs} = \sqrt{\sigma_x^2 + \sigma_y^2 + \sigma_z^2 - (\sigma_x \sigma_y + \sigma_y \sigma_z + \sigma_z \sigma_x) + 3(\tau_{xy}^2 + \tau_{yz}^2 + \tau_{zx}^2)} \qquad (2\text{-}3)$$

以主应力表示

$$\sigma_{zs} = \sqrt{\frac{1}{2}[(\sigma_1 - \sigma_2)^2 + (\sigma_2 - \sigma_3)^2 + (\sigma_3 - \sigma_1)^2]} \qquad (2\text{-}4)$$

平面应力作用下

$$\sigma_z = 0, \quad \tau_{yz} = \tau_{zx} = 0, \quad \sigma_{zs} = \sqrt{\sigma_x^2 + \sigma_y^2 - \sigma_x \sigma_y + 3\tau_{xy}^2}$$

一般的梁单元中

$$\sigma_y = 0, \quad \sigma_x = \sigma, \quad \tau_{xy} = \tau, \quad \sigma_{zs} = \sqrt{\sigma^2 + 3\tau^2}$$

纯剪时

$$\sigma = 0, \quad \sigma_{zs} = \sqrt{3\tau^2} = \sqrt{3}\tau \leqslant f_y$$

$$\tau \leqslant \frac{1}{\sqrt{3}} f_y = 0.58 f_y$$

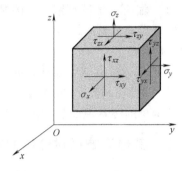

图 2-9 三维应力状态

剪应力达到屈服强度的 0.58 倍时，钢材进入塑性状态。所以，钢材的抗剪屈服强度为抗拉屈服强度的 0.58 倍。

钢材在双向拉力作用下，屈服强度和抗拉强度提高，伸长率下降；双向拉力越接近，伸长率下降越多（图 2-10）。钢材在异号双向应力作用下，屈服强度和抗拉强度降低，伸长率增大（图 2-11）。钢材在三向受拉作用下，钢材塑性比双向受拉进一步下降，趋向于零，表现为脆性破坏。

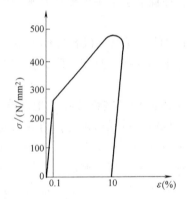

图 2-10 双向拉力下应力-应变曲线

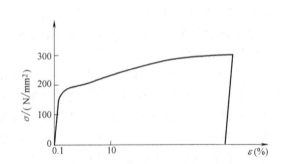

图 2-11 异号双向应力下应力-应变曲线

2.4.2 需考虑折算应力的典型情况

图 2-12 所示简支梁 1-1 截面腹板与翼缘交界 A 点的应力

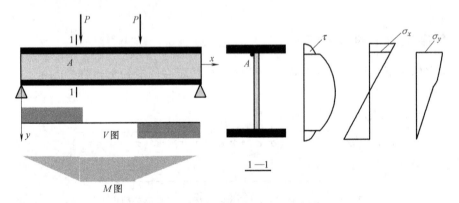

图 2-12 集中荷载作用下钢梁应力

$$\sigma_{zs} = \sqrt{\sigma_x^2 + \sigma_y^2 - \sigma_x\sigma_y + 3\tau_{xy}^2} \leqslant f_y \tag{2-5}$$

一般的梁，只存在正应力和剪应力（图2-13），则

$$\sigma_{zs} = \sqrt{\sigma_x^2 + 3\tau_{xy}^2} \leqslant f_y \tag{2-6}$$

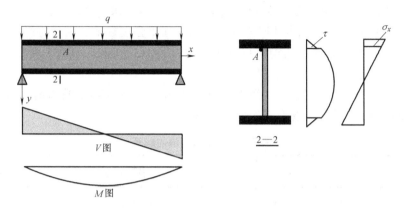

图 2-13 均布荷载作用下钢梁应力

图 2-14 所示 3-3 截面仅有剪力，弯矩、局部压力均为零，故该截面除剪应力外，正应力均为零，即为纯剪状态。

$$\sigma_{zs} = \sqrt{3}\,\tau \leqslant f_y, \quad \tau \leqslant \frac{f_y}{\sqrt{3}} \approx 0.58 f_y = f_{vy} \tag{2-7}$$

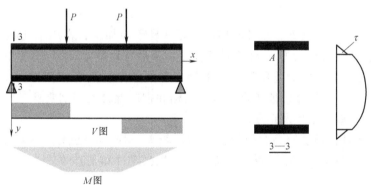

图 2-14 纯剪状态下钢梁应力

2.5 钢材的种类、规格及其选用

建筑工程中需要消耗大量的钢材，按用于不同的工程结构类型可分为钢结构用钢、组合结构用钢和钢筋混凝土工程用钢。

钢结构用钢包括各种型钢、钢板、钢管等。钢筋混凝土工程用钢包括如各种钢筋和钢丝。钢-混凝土组合结构用钢包括各种型钢，也包括钢筋。

从材质上分主要有普通碳素结构钢和低合金结构钢，也用到优质碳素结构钢。

2.5.1 普通碳素结构钢

普通碳素结构钢简称碳素结构钢，化学成分主要是铁，其次是碳，故也称铁-碳合金。其碳含量为 0.02%~2.06%，此外尚含有少量的硅、锰和微量的硫、磷等元素。

《碳素结构钢》具体规定了它的牌号表示方法、技术要求、试验方法、检验规则等。

碳素结构钢的牌号：由代表屈服强度的字母、屈服强度数值、质量等级符号、脱氧程度符号四部分按顺序组成。碳素结构钢可分为 Q195、Q215、Q235、Q255 和 Q275 五个牌号。其他各符号含义见表 2-3。

如 Q235—A·F，表示屈服强度为 235MPa，质量等级为 A 级的沸腾钢。Q235—B，表示屈服强度为 235MPa，质量等级为 B 级的镇静钢。

表 2-3 碳素结构钢的牌号

名称	符号	名称	符号
屈服强度	Q	镇静钢	Z
质量等级	A、B、C、D	特殊镇静钢	TZ
沸腾钢	F		

碳素结构钢的选用：

碳素结构钢随牌号的增大，碳含量增加，其强度和硬度提高，塑性和韧性降低，冷弯性能逐渐变差。

Q195、Q215 号钢强度低，塑性和韧性较好，易于冷加工，常用于轧制薄板和盘条，制造钢钉、铆钉、螺栓及钢丝等。Q215 号钢经冷加工后可代替 Q235 号钢使用。

Q235 号钢是建筑工程中应用最广泛的钢，属低碳钢，具有较高的强度，良好的塑性、韧性及焊接性，综合性能好，能满足一般钢结构和钢筋混凝土用钢要求，且成本较低，大量被用作轧制各种型钢、钢板及钢筋。

Q255、Q275 号钢强度较高，但塑性、韧性较差，焊接性也差，不易焊接和冷弯加工，可用于轧制钢筋、制作螺栓配件等，但更多用于机械零件和工具等。

2.5.2 低合金高强度结构钢

一般是在普通碳素钢的基础上，添加少量的一种或几种合金元素而成低合金高强度结构钢。常用的合金元素有硅、锰、钒、钛、铌、铬、镍及稀土元素。目的是提高钢的屈服强度、抗拉强度、耐磨性、耐蚀性及耐低温性能等。

低合金高强度结构钢综合性能较为理想，尤其在大跨度、承受动荷载和冲击荷载的结构中更适用，而且与使用碳素钢相比，可节约钢材 20%~30%，但成本并不很高。

牌号：牌号的表示方法由屈服强度字母 Q、屈服强度数值、质量等级三个部分组成，屈服强度数值共分 355MPa、390MPa、420MPa、460MPa 等种，质量等级按照硫、磷等杂质含量由多到少分为 B、C、D、E、F 五级。如 Q355B 表示屈服强度为 355MPa 的 B 级钢。

低合金高强度结构钢应用：

Q355、Q390号钢综合力学性能好，焊接性能、冷热加工性能和耐蚀性能均好，C、D、E级钢具有良好的低温韧性，主要用于工程中承受较高荷载的焊接结构。

Q420、Q460号钢强度高，特别是在热处理后有较高的综合力学性能，主要用于大型工程结构及荷载大的轻型结构。

2.5.3 钢筋混凝土用钢筋、钢丝

钢筋按外形分为光圆钢筋和带肋钢筋。光圆钢筋的横截面为圆形，且表面光滑。带肋钢筋表面上有两条对称的纵肋和沿长度方向均匀分布的横肋。

横肋的纵横面呈月牙形且与纵肋不相交的钢筋称为月牙肋钢筋；横肋的纵横面高度相等且与纵肋相交的钢筋称为等高肋钢筋，如图2-15所示。

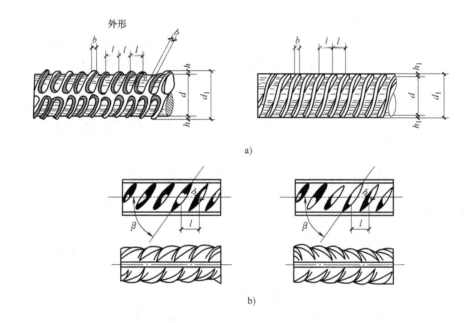

图2-15 带肋钢筋
a）等高肋钢筋 b）月牙肋钢筋

1. 热轧带肋钢筋

（1）热轧钢筋的牌号表示方法与技术要求 GB/T 1499.1—2017根据《钢筋混凝土用钢 第1部分：热轧光圆钢筋》及GB/T 1499.2—2017《钢筋混凝土用钢 第2部分：热轧带肋钢筋》的规定：热轧光圆钢筋（Hot Rolled Plain Steel Bar）的级别为Ⅰ级，强度等级代号为HPB235。热轧带肋钢筋的牌号由HRB和屈服强度最小值表示。热轧带肋钢筋（Hot Rolled Ribbed Steel Bar）有HRB335、HRB400、HRB500三个牌号。

（2）热轧钢筋的应用 热轧光圆钢筋的强度较低，但塑性及焊接性能很好，便于各种冷加工，因而广泛用作普通钢筋混凝土构件的受力筋及各种钢筋混凝土结构的构造筋；HRB335和HRB400钢筋强度较高，塑性和焊接性能也较好，故广泛用作大、中型钢筋混凝

土结构的受力钢筋;HRB500钢筋强度高,但塑性和焊接性能较差,可用作预应力筋。RRB代表余热处理钢筋(Remained Heat Ribbed Steel Bars)。

2. 冷轧带肋钢筋

冷轧带肋钢筋是低碳钢热轧圆盘条经冷轧后,在其表面带有沿长度方向均匀分布的三面或两面横肋的钢筋。

(1) 冷轧带肋钢筋的牌号表示方法 根据《冷轧带肋钢筋》的规定,冷轧带肋钢筋的牌号由CRB(Cold Rolled Ribbed Steel Bar)和抗拉强度最小值表示,有CRB550、CRB650、CRB800、CRB970、CRB1170五个牌号。

(2) 冷轧带肋钢筋的应用 冷轧带肋钢筋既具有冷拉钢筋强度高的特点,同时又具有很强的握裹力,混凝土对冷轧带肋钢筋的握裹力是同直径冷拔低碳钢丝的3~6倍,大大提高了构件的整体强度和抗震能力。

冷轧带肋钢筋适用于中、小型预应力混凝土结构构件和普通钢筋混凝土结构构件。

3. 预应力混凝土用热处理钢筋

预应力混凝土用热处理钢筋是用热轧的螺纹钢筋经淬火和回火的调质热处理而成的。按其螺纹外形分为有纵肋和无纵肋两种。其代号为RB150,RB表示热处理,150表示抗拉强度不小于$150 kgf/mm^2$。

根据《预应力混凝土用热处理钢筋》的规定,热处理钢筋有$40Si_2Mn$、$48Si_2Mn$和$45Si_2Cr$三个牌号,直径有6mm、8.2mm和10mm三种规格,钢筋热处理后应卷成盘形供应,开盘后钢筋能自动伸直。

热处理钢筋经过调质热处理而成,具有强度高、韧性高、粘结力高和塑性降低小等优点,特别适用于预应力混凝土构件。

4. 预应力混凝土用钢丝

(1) 分类及代号 根据《预应力混凝土用钢丝》的规定,预应力混凝土用钢丝按加工状态分为冷拉钢丝(代号为WCD)和消除应力钢丝两类。消除应力钢丝按松弛性能又分为低松弛级钢丝(代号为WLR)和普通松弛级钢丝(代号为WNR)。

冷拉钢丝是用盘条通过拔丝模或轧辊经冷加工而成产品,以盘卷供货的钢丝。

低松弛钢丝是指钢丝在塑性变形下(轴应变)进行短时热处理而得到的,普通松弛钢丝是指钢丝通过矫直工序后在适当温度下进行短时热处理而得到的。

预应力混凝土用钢丝按外形分为光圆钢丝(代号为P)、螺旋肋钢丝(代号为H)和刻痕钢丝(代号为I)三种。螺旋肋钢丝表面沿着长度方向上有规则间隔的肋条。刻痕钢丝表面沿着长度方向上有规则间隔的压痕。

(2) 预应力混凝土用钢丝的应用 预应力混凝土用钢丝质量稳定、安全可靠、强度高、无接头、施工方便,主要用于大跨度的屋架、薄腹架、吊车梁或桥梁等大型预应力混凝土构件,还可用于轨枕、压力管道等预应力混凝土构件。

5. 预应力混凝土用钢绞线

预应力混凝土用钢绞线是以数根圆形断面钢丝经绞捻和消除内应力的热处理后制成。

根据《预应力混凝土用钢绞线》的规定,钢绞线按捻制结构分为三种结构类型:1×2、1×3和1×7,分别用2根、3根和7根钢丝捻制而成,如图2-16所示。

钢绞线按其应力松弛性能分为两级:Ⅰ级松弛和Ⅱ级松弛,Ⅰ级松弛即普通松弛级,Ⅱ

级松弛即低松弛级。

钢绞线具有强度高，与混凝土粘结好，断面面积大，使用根数少，在结构中排列布置方便，易于锚固等优点，主要用于大跨度、大荷载的预应力屋架、薄腹梁等构件。

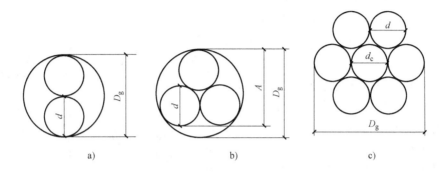

图 2-16　预应力钢绞线截面图

a）1×2 结构钢绞线　b）1×3 结构钢绞线　c）1×7 结构钢绞线

6. 大跨度钢结构用钢拉索

大跨度钢结构用钢拉索主要分为钢绞线、钢丝绳或平行钢丝束，其中钢绞线和平行钢丝束最为常用。下面简单介绍几种常用的钢拉索形式。

（1）高强钢丝　高强钢丝是组成钢绞线、钢丝绳和平行钢丝束等各类缆索的基本材料，是由经过退火处理的优质碳钢盘条（碳含量在 0.5% 以上）经多次连续冷拔而成。高强钢丝的抗拉强度为 $1370 \sim 1860 \text{N/mm}^2$（标准值），通常钢丝越拉越细，抗拉强度越高。采用细钢丝绞合成的钢索较柔软，因为施工方便，在索弯曲部位的受力也比较均匀；缺点是钢丝耐腐蚀能力较弱。结构用缆索一般对柔软性的要求不高，但要求耐腐蚀性要好，故宜选用直径较粗的钢丝制造。

（2）钢绞线　钢绞线是由多根高强钢丝呈螺旋形绞合而成，具有破坏力大、柔韧性好、施工安装方便等特点，因而在张力结构应用中最为广泛。目前国内使用最多的是 7 丝钢绞线，它是由 6 根外层钢丝围绕 1 根中心钢丝按同一方向捻制而成，标记为 1×7（或 1+6）。在此基础上，为了提高钢绞线的破坏力，还可以进一步增加绞合钢丝的层数，制成 1×19(1+6+12)、1×37(1+6+12+18)、1×61(1+6+12+18+24) 等多种截面规格。钢绞线的捻制方向有左捻和右捻之分。左捻是钢丝从钢绞线的右侧向左侧缠绕，右捻是钢丝从钢绞线的左侧向右侧缠绕。对于多层钢绞线，最外层钢丝的捻向应与相邻内层钢丝的捻向相反，以便减小承受张力时的扭矩。

（3）钢丝绳　钢丝绳是由多股钢绞线围绕一根核心绳（芯）捻制而成，核心绳可以是纤维芯（如麻绳或塑料绳），也可以是金属芯（如钢绞线或小的钢丝绳）。纤维芯的特点是柔软性好，便于施工；但强度较低，且不能承受高温和横向压力。当纤维芯受力后直径会缩小，导致索伸长，从而降低索的力学性能和耐久性，所以结构用索一般采用金属芯。常用的钢丝绳断面形式有 7×7 和 7×19 两种。前者由七股（1+6）的钢绞线捻成；后者则有七股（1+6+12）的钢绞线捻成。其他的钢丝绳标记方式也可依此类推。钢丝绳中每股绞线的捻向与每股绞线中钢丝的捻向方向相反，也可以相同，前者称为交互捻，如图 2-17 所示，最明显的特征是外表面钢丝与绳的纵轴平行；后者称为同向捻，其外表面钢丝是倾斜的。依据每股绞线的捻向不同，又可以将这两种捻法再细分为交互右捻、交互左捻、同向右捻和同向左捻等。结构用钢丝绳多采用交互捻，因为它在受力时不易松开。

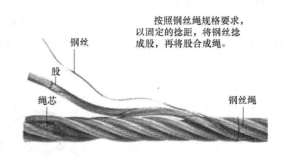

（4）平行钢丝束 平行钢丝束是由若干相互平行的钢丝压制集束或外包防护套制成，断面呈圆形或正六角形，如图2-18所示。常用制索钢丝直径有 5mm 和 7mm 两种，采用光面钢丝或镀锌钢丝。索中钢丝呈蜂窝状排列，根数有 7 根、19 根、37 根、61 根等。这种钢索的钢丝结构紧凑，受力均匀，接触应力低，能够充分发挥高强钢丝材料的轴向抗拉强度；同时，由于不会发生因绞合而产生的附加伸长，因此弹性模量也与单根钢丝接近。为了提高平行钢丝束的抗拉承载力，最直接的方式就是增加钢丝根数或者增大单根钢丝的截面。但是如果钢丝根数过多会造成集束加工的量明显减少，因而加工较为方便；同时由于每股钢绞线是由若干根（通常 7 根）细直径的高强钢丝组成，因而材料的极限抗拉强度不会降低，甚至有所提高。施工中，通常对每股钢绞线进行单独锚固，从而保证了各股之间的受力均匀。有时也可采用填充材料（如水泥砂浆）将各股钢绞线间的缝隙填实，以提高其防腐性能，增强各股钢绞线间的整体性。

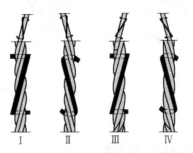

图 2-17　钢丝绳组成示意图

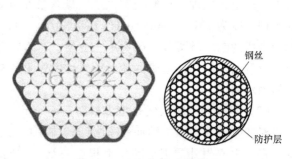

图 2-18　平行钢丝束横截面

思考题与习题

1. 简述钢材的主要机械性能及其指标的概念。
2. 简述钢材的冷弯性能和冲击韧性的概念、试验方法。
3. 简述钢材出现材质硬化的两种情况及原因。
4. 简述常用钢材的钢号和轧成钢材的规格。
5. 简述各化学成分和冶炼、浇铸、轧制对钢材性能有什么影响？
6. 残余应力是怎样产生的？对钢结构构件有什么影响？
7. 简述温度对钢材性能的影响。什么叫脆性转变温度，应怎样选择钢材以避免发生冷脆？

8. 冷加工和时效硬化、应力集中对钢材有何影响？
9. 简述碳素结构钢和低合金结构钢的表示方法和意义，选材的原则和考虑因素。
10. 钢材的强度设计值与钢材的厚度或直径有什么关系？
11. 钢材的设计强度根据以下哪个指标确定？
  A. 弹性极限　　　B. 屈服强度　　　C. 抗拉强度　　　D. 比例极限
12. 下面几项中不显著影响钢材疲劳强度的是
  A. 应力比　　　　B. 应力幅　　　　C. 钢种　　　　　D. 循环次数
13. 钢材具有的哪项特性使得其具有较强的适应动力荷载的能力。
  A. 良好的塑性　　B. 较高的强度　　C. 良好的韧性　　D. 各向同性

第3章

钢结构的连接

学习目标

了解钢结构连接的种类和各种连接方式的特点；了解焊缝连接的工作性能，掌握对接焊缝和角焊缝的计算方法和构造要求；了解焊接的残余应力和焊接变形；了解螺栓连接的工作性能，掌握普通螺栓和高强度螺栓的计算方法。

3.1 钢结构的连接方法

钢结构是由钢板、型钢通过必要的连接组成构件，各构件再通过一定的安装连接而形成整体结构。连接在钢结构中占有很重要的地位，连接设计的好坏将直接影响钢结构的使用性能和经济指标。连接部位应有足够的强度、刚度及延性。连接的设计应符合安全可靠、节省钢材、构造简单、安装方便等原则。钢结构的连接方法可分为焊缝连接、铆钉连接和螺栓连接（图3-1）。

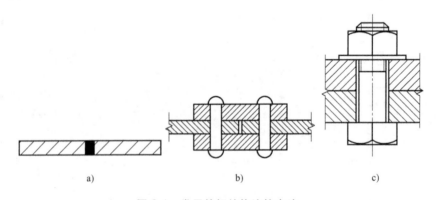

图 3-1 常用的钢结构连接方法
a）焊缝连接 b）铆钉连接 c）螺栓连接

1. 焊缝连接

焊缝连接是钢结构最主要的连接方法。目前，在钢结构中应用最多的是电弧焊和自动（或半自动）埋弧焊；较少特殊情况下可采用电渣焊和电阻焊等。

（1）焊缝连接的优点 焊接件间可以直接相连，构造简单。不需要在钢材上开孔，不削弱构件截面，节省材料；易于实现自动化操作，提高生产效率；焊缝连接的刚度较大，密闭性较好。

（2）焊缝连接的缺点　焊缝附近的钢材因焊接的高温作用而形成热影响区，其金相组织和力学性能发生了变化，导致局部材质变脆。焊接残余应力和残余变形会对结构的承载力、刚度和使用性能产生不利的影响。焊缝连接对裂纹较为敏感，局部裂纹一旦产生便容易扩展到整体。与铆钉连接和高强度螺栓连接相比，焊缝连接的塑性和韧性较差、脆性较大、疲劳强度较低。

2. 铆钉连接

铆钉连接的优点是塑性、韧性和整体性较好，连接变形小，传力可靠，质量易于检查，承受动力荷载时的疲劳性能好，特别适用于重型和直接承受动力荷载结构的连接。但是，铆钉连接的构造复杂，用钢量大，施工麻烦。因此，铆钉连接目前已很少采用。

3. 螺栓连接

螺栓连接可分为普通螺栓连接和高强度螺栓连接。螺栓连接的优点是施工简单、拆装方便，特别适用于工地安装连接以及需要经常拆装结构的连接。其缺点是需要在钢材上开孔，削弱构件截面，且被连接的板材需要相互搭接或另加其他零件用于连接，用钢量大。

（1）普通螺栓连接　普通螺栓又可以分为A、B、C三级。其中，A、B级为精制螺栓，C级为粗制螺栓。按照材料性能等级的不同，C级螺栓分为4.6级和4.8级，A级和B级螺栓分为5.6级和8.8级。螺栓的材料性能等级通常用"$m.n$"表示，小数点前面的数字m表示螺栓成品的抗拉强度不小于$m \times 100\text{N/mm}^2$，小数点及小数点后的数字$n$表示螺栓材料的屈强比，即屈服强度（高强度螺栓取材料条件屈服强度）与抗拉强度之比。例如，材料性能等级为4.8级的C级螺栓，表示此种螺栓的抗拉强度不小于400N/mm^2，屈强比为0.8，即屈服强度不小于320N/mm^2。

1）C级螺栓连接。C级螺栓一般用Q235钢制成，C级螺栓加工粗糙，尺寸不很准确，只要求Ⅱ类孔，通常孔径比螺栓杆直径大1~2mm。由于螺栓杆与螺孔之间存在较大的间隙，当C级螺栓连接所受剪力超过被连接件之间的摩擦力时（通常采用普通螺栓连接的板件之间摩擦力较小），板件间将发生较大的相对滑移变形。但是，C级螺栓传递拉力的性能较好，所以C级螺栓广泛用于承受拉力的安装连接、次要或可拆卸结构的受剪连接或用作安装时的临时连接。

2）A、B级螺栓连接。A、B级螺栓一般用45钢和35钢制成。A、B两级的尺寸和加工要求有所区别，其中A级包括$d \leq 24\text{mm}$且$L \leq 150\text{mm}$的螺栓，B级包括$d > 24\text{mm}$或$L > 150\text{mm}$的螺栓，d为螺栓杆直径，L为螺杆长度。此外，A级螺栓的加工精度要求更高。A、B级螺栓需要采用机械加工，螺栓杆表面光滑，尺寸准确，要求Ⅰ类孔，螺栓杆直径与孔径的公称尺寸相同，容许偏差为0.18~0.25mm。

由于A、B级螺栓的加工精度高、尺寸准确，螺栓杆与孔壁接触紧密，因此可用于承受较大剪力、拉力的安装连接，其受力性能和抗疲劳性能较好，且连接的变形较小。但其制造和安装都较复杂，且价格昂贵，主要用于直接承受较大动力荷载的重要结构的受剪连接，而在其他地方较少采用。

（2）高强度螺栓连接　高强度螺栓一般采用45钢、40B钢、35VB钢和20MnTiB钢等加工制作而成，具有很高的强度。常用的高强度螺栓有8.8级和10.9级两种，两者的抗拉强度分别不低于800N/mm^2和1000N/mm^2，屈强比分别为0.8和0.9。

与普通螺栓连接相比,高强度螺栓除了其材料强度高以外,在施工时还要给螺栓杆施加很大的预拉力,使被连接构件的接触面之间产生挤压力。按照设计和受力要求的不同,高强度螺栓抗剪连接分为摩擦型连接和承压型连接两种。前者以两构件间产生相对滑移作为承载能力的极限状态,后者的极限状态和普通螺栓连接相同。

1) 摩擦型连接。这种连接在受剪时,依靠由高强度螺栓拧紧力所提供的被连接板件间的强大摩擦力来承受外力,以剪力达到板件接触面间的最大摩擦力为承载能力极限状态。为了提高此种连接板件间的摩擦力,通常要对被连接件之间的接触面进行特殊处理。

2) 承压型连接。对于这种连接,当受到的剪力不超过板件接触面间的最大摩擦力时,其受力性能和摩擦型相同;当剪力超过板件接触面间的最大摩擦力时,被连接板件间将发生相对滑移,螺栓杆与孔壁接触,依靠螺栓杆的抗剪能力以及孔壁的承压能力承担外荷载。当发生螺栓杆剪切破坏或孔壁承压破坏时,即达到此种连接的承载能力极限状态。

高强度螺栓摩擦型连接只利用板件间摩擦传力,板件间不发生相对滑移,因而具有连接紧密、受力可靠、耐疲劳、变形小、安装简单以及动力荷载作用下连接不易松动等优点,主要用于直接承受动力荷载结构的安装连接以及构件的现场拼接和高空安装连接的一些部位。将其应用于栓焊桁架桥、重级工作制厂房的吊车梁系统和重要建筑物的支撑连接中已被证明具有明显的优越性。

高强度螺栓承压型连接的工作状态可以分为两个阶段,第一个阶段由板件间的摩擦传力,当摩擦力被克服以后,进入第二阶段,第二个阶段则依靠螺栓杆抗剪以及螺栓孔壁承压传力。因此,其承载能力比摩擦型的高,可以节约钢材。但这种连接在摩擦力被克服后产生的剪切变形较大,只能应用于承受静力荷载或间接承受动力荷载的结构。

3.2 焊接连接的特性

3.2.1 常用的焊接方法

焊接连接是建筑钢结构中最主要的连接方法。目前,常用的焊接方法有电弧焊、电渣焊、电阻焊和气体保护焊等。

1. 电弧焊

电弧焊可分为焊条电弧焊、自动或半自动埋弧焊。电弧焊操作方便且焊接质量容易保证,因此,是钢结构中最常用的焊接方法。

焊条电弧焊采用电焊机进行(图3-2),在电焊机的一端连有电焊钳。施焊时,电焊钳夹着焊条接近焊件的待焊部位,通电将在焊条端部产生高温电弧,电弧产生的强大热量使焊条和焊件边缘部位的金属熔化,两者熔融在一起,冷却后结成焊缝。在焊接过程中,由焊条的药皮形成的熔渣和气体,将熔融金属与空气隔离,防止空气中的氧、氮等有害气体与熔化后的金属接触而形成脆性易裂的化合物,以保证焊缝的质量。

焊条电弧焊中所采用的焊条要与焊件钢材强度相适应,Q235钢材采用E43系列型焊条,Q345和Q390钢材采用E50系列型焊条,Q420和Q460钢材采用E55系列型焊条。对不同钢种的钢材进行焊接时,宜采用与低强度钢材相适应的焊条。

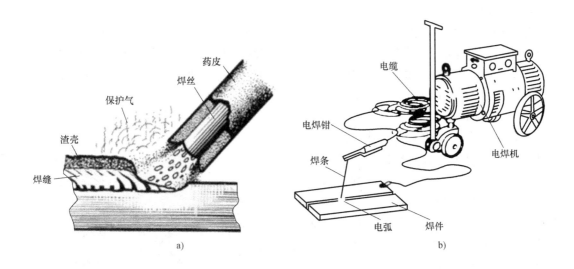

图 3-2 焊条电弧焊

焊条电弧焊设备简单、操作方便、适用性和可达性强,特别适合在高空和野外进行施焊。但是其生产效率较低,焊接质量受焊工的技术水平影响较大。

自动(或半自动)埋弧焊是焊接过程机械化的一种主要方法,主要采用电焊机进行(图3-3)。焊丝采用成盘连续的光焊丝,焊接时按照一定的速度通过送丝机构自动下送。采用散粒状的焊剂代替焊条的药皮,放入焊剂漏斗中。焊接过程中,焊剂在重力作用下堆落于焊接前方,焊完通过回收管自动回收。整个焊接过程中,电弧始终埋在焊剂层下,从而使得熔化后的焊剂浮在熔化金属表面,使之与外界空气隔离,有时焊剂还可供给焊缝必要的合金元素,以改善焊缝质量。

自动焊通常采用焊车式或悬挂式焊机,按规定速度自动均匀前进,适用于有规则的较长焊缝。半自动焊则焊接前进仍是依靠手持焊枪

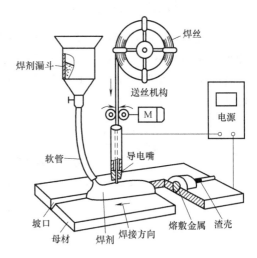

图 3-3 半自动埋弧焊

移动,较适用于不规则的焊缝或间断短焊缝,其余过程与自动焊相同,其焊缝质量介于自动焊与手工焊之间。

2. 电渣焊

电渣焊的工作原理是利用电流通过熔渣时产生的电阻热把金属熔合在一起,在操作上采用自动焊。焊接时焊丝自动地送入被焊接板件的边缘处,首先在焊剂的保护下形成电弧,将焊剂熔化形成熔渣池。焊丝作为电极伸入并穿过渣池,使渣池产生电阻热并使其温度超过金属的熔点,从而将焊件金属及焊丝熔化,沉积于渣池中,堆积形成一条焊缝。

3. 电阻焊

钢结构中有时采用电阻焊。其工作原理是利用电流通过焊件接触点表面的电阻所产生的热量将金属熔化，再通过压力使其焊合在一起。在一般钢结构中，电阻焊只适用于板叠厚度不大于 12mm 的焊接。对冷弯薄壁型钢构件，电阻焊可用来叠合壁厚不超过 3.5mm 的构件，如将两个冷弯槽钢或C形钢组合为I形截面构件。

4. 气体保护焊

利用焊枪中喷出的 CO_2 或其他惰性气体代替焊剂作为保护介质的焊接方法称为气体保护焊（图3-4）。它依靠 CO_2 或其他惰性气体在电弧周围形成局部保护层，避免熔化的金属与空气接触，防止有害气体侵入。此种焊接方法具有电弧加热集中、熔化深度大、焊接速度快、焊缝强度高、塑性好等优点。但气体保护焊在操作时对环境要求较高，焊接时应采取避风措施，否则容易出现焊坑、气孔等缺陷。

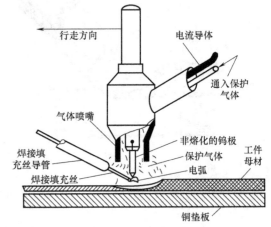

图 3-4 气体保护焊

3.2.2 焊缝缺陷及质量检验

焊接过程中，在焊缝金属或热影响区内钢材表面、内部产生的缺陷，称为焊缝缺陷。常见的焊缝缺陷有裂纹、气孔、焊瘤、弧坑、烧穿、咬边和未焊透等（图3-5）。其中，裂纹是焊缝连接中最危险的缺陷，缺陷处会产生严重的应力集中，并容易使裂纹扩展，进而导致构件断裂。

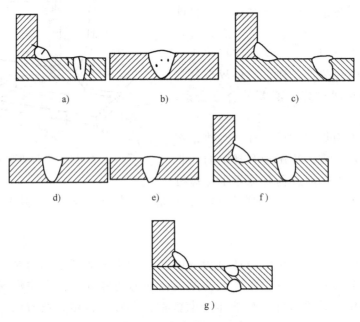

图 3-5 焊缝缺陷
a) 裂纹 b) 气孔 c) 焊瘤 d) 弧坑 e) 烧穿 f) 咬边 g) 未焊透

焊缝缺陷的存在会降低连接的承载力和使用性能。因此，焊缝的质量检验尤为重要。

焊缝的质量检验可分为外观检验和内部无损检验。前者主要检查焊缝的实际尺寸是否符合设计要求以及有无可见的裂纹、咬边等缺陷。后者用于检查焊缝的内部缺陷，目前，广泛采用超声波检测仪进行检验，此仪器使用灵活、方便、较经济，对内部缺陷反应灵敏且能够确定缺陷的位置，但不易识别出缺陷的类型。若想进一步明确缺陷的类型，可采用 X 射线或 γ 射线进行探伤检测。

按照《钢结构工程施工质量验收规范》的规定，钢结构焊缝的质量检查标准分为三级。第三级只要求对全部焊缝做外观检查。对于重要结构或要求焊缝金属强度等于被焊金属强度的对接焊缝，必须进行一级或二级质量检查，即在外观检查的基础上再做内部无损检验。第二级要求采用超声波检测仪检验每条焊缝 20% 的长度。第一级则要求检验每条焊缝全部长度，以便揭示焊缝存在的内部缺陷。

3.2.3 焊缝和焊缝连接形式

1. 焊缝形式

钢结构中，焊缝主要有角焊缝和对接焊缝两种形式。角焊缝的基本形式如图 3-6 所示。采用角焊缝连接的板件，板件边缘无须加工成坡口，焊缝金属直接填充在被连接板件接触边缘的直角或斜角区域内。

图 3-6 角焊缝的基本形式

如图 3-7 所示，角焊缝按照其受力方向与位置的关系可以分为正面角焊缝、侧面角焊缝和斜焊缝。正面角焊缝的焊缝长度方向与作用力方向垂直，侧面角焊缝的焊缝长度方向与作用力方向平行，斜焊缝的焊缝长度方向与作用力方向斜交。

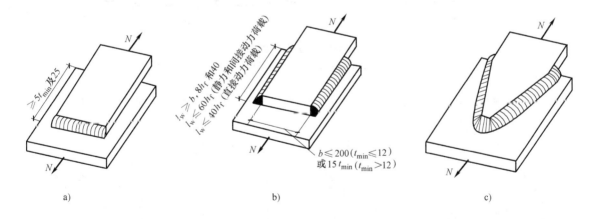

图 3-7 直角角焊缝的形式

a) 正面角焊缝　b) 侧面角焊缝　c) 斜焊缝

图 3-8 所示为由正面角焊缝、侧面角焊缝及斜焊缝共同组成的混合焊缝，通常称为围焊缝。

角焊缝按其沿长度方向分布的不同,可以分为连续角焊缝和断续角焊缝(图 3-9)。连续角焊缝受力性能较好,为主要的角焊缝形式。断续角焊缝容易引起应力集中,重要的结构中应避免采用,它只用于一些次要构件的连接或次要焊缝中。

对接焊缝的基本形式如图 3-10 所示。采用对接焊缝时,焊件边缘应加工成适当形式和尺寸的坡口,以便焊接时有必要的焊条运转的空间,焊缝金属填充在坡口内。对接焊缝按照其受力方向与位置的关系可以分为对接正焊缝和对接斜焊缝(图 3-11)。

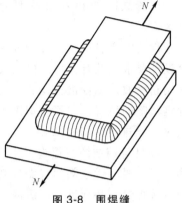

图 3-8 围焊缝

 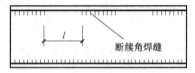

图 3-9 连续角焊缝和断续角焊缝

图 3-10 对接焊缝的基本形式

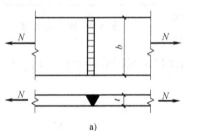 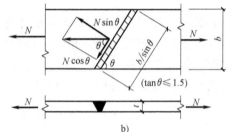

a) b)

图 3-11 对接焊缝形式

a) 对接正焊缝 b) 对接斜焊缝

焊缝按施焊位置分,有俯焊(平焊)、立焊、横焊、仰焊几种(图 3-12)。俯焊的施焊

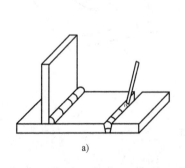 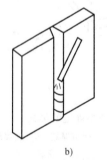 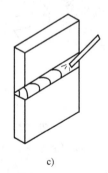 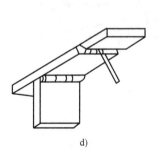

a) b) c) d)

图 3-12 焊缝施焊位置

a) 俯焊 b) 立焊 c) 横焊 d) 仰焊

工作方便，质量最易保证。立焊、横焊的质量及生产效率比俯焊的差一些。仰焊的操作条件最差，焊缝质量不易保证。因此，应尽量避免采用仰焊焊缝。

2. 焊缝连接的形式

焊缝连接的形式按照被连接构件间的相对位置分为平接、搭接、T形连接和角接四种（图 3-13）。这些连接所采用的焊缝形式主要有对接焊缝和角焊缝。

平接连接主要用于厚度相同或相近的两构件的连接。图 3-13a 所示为采用对接焊缝的平接连接，由于相互连接的两板件位于同一平面内，因而传力均匀平缓，没有明显的应力集中。

图 3-13b 所示为采用双层拼接板和角焊缝的平接连接，这种连接传力不均匀、费料，但施工简便，对被连接两板的间隙大小无须严格控制。

图 3-13c 所示为采用顶板和角焊缝的平接连接，施工简便，用于受压构件时连接性能较好。在受拉构件中，为了避免层间撕裂，则不宜采用这种连接。

图 3-13d 所示为采用角焊缝的搭接连接，这种连接传力不均匀、费料，但构造简单、施工方便，目前仍被广泛应用。

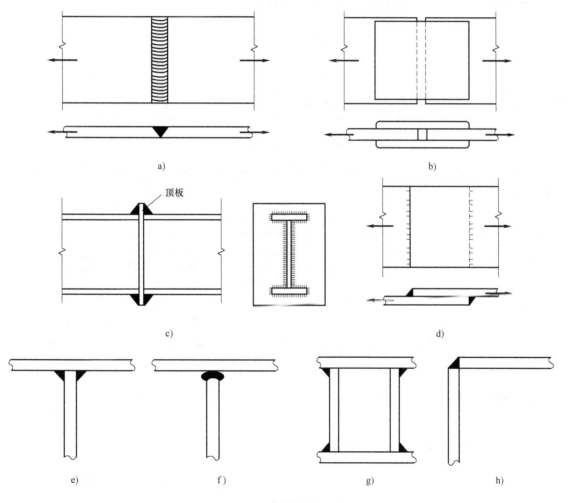

图 3-13 焊缝连接形式

T形连接省工省料，常用于制造组合截面。图3-13e所示为采用角焊缝的T形连接，由于焊件间存在缝隙，且存在截面突变，因而应力集中现象较严重，受力性能较差，疲劳强度较低，但构造简单，在不直接承受动力荷载的结构中应用较广泛。

图3-13f所示为焊透的T形连接，其性能与对接焊缝相同。对于重要的结构以及直接承受动力荷载的结构，用它来代替图3-13e所示的连接。

图3-13g、h所示为采用角焊缝和对接焊缝的角接连接，主要用于箱形截面构件的制作。

3.2.4 焊缝代号

在钢结构施工图上，焊缝应该采用焊缝代号标明其形式、尺寸和辅助要求。焊缝代号由引出线和表示焊缝截面形状的基本符号组成，必要时可加上辅助符号、补充符号和焊缝尺寸符号。引出线由带箭头的斜线和基准线组成。基准线一般应与图纸的底边相平行，特殊情况也可与底边相垂直，用于标注焊缝的基本符号和焊缝尺寸。当引出线的箭头指向焊缝所在的一面时，应将焊缝符号标注在基准线的实线一侧；当箭头指向对应焊缝所在的另一面时，应将焊缝符号标注在基准线的虚线一侧，如图3-14所示。

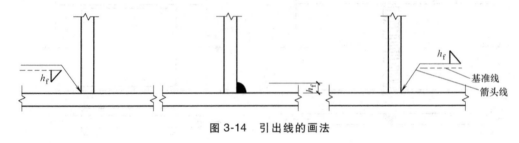

图3-14 引出线的画法

基本符号用以表示焊缝的截面形状，符号的线条宜粗于引出线，常用的焊缝基本符号见表3-1。

表3-1 常用焊缝基本符号

名称	封底焊缝	对接焊缝					角焊缝	塞焊缝或槽焊缝	点焊缝
		I形焊缝	V形焊缝	单边V形焊缝	带钝边V形焊缝	带钝边U形焊缝			
符号	⌣	‖	V	V	Y	Y	⊿	⊓	○

注：单边V形与角焊缝的竖边画在符号的左边。

3.3 焊缝的构造与计算

3.3.1 角焊缝的构造与受力性能

按照两个焊脚边夹角 α 的不同，角焊缝可以分为直角角焊缝和斜角角焊缝（图3-15、图3-16）。

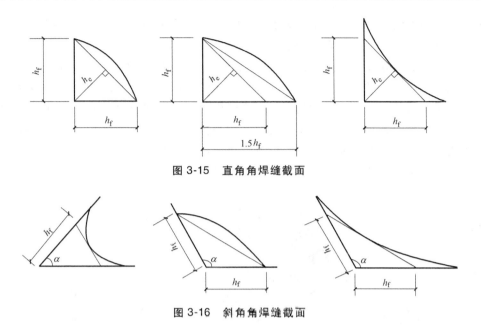

图 3-15 直角角焊缝截面

图 3-16 斜角角焊缝截面

两焊脚间的夹角 $\alpha=90°$ 时称为直角角焊缝。普通的直角角焊缝截面为表面微凸或者微凹的等腰直角三角形，两个直角边长 h_f 称为角焊缝的焊脚尺寸，不计凸出部分的斜高 $h_e=0.7h_f$ 称为直角角焊缝的有效厚度。在直接承受动力荷载的结构中，为了改善焊缝的受力性能，角焊缝表面应做成凹形。

当两焊脚间的夹角 $\alpha \neq 90°$ 时称为斜角角焊缝。斜角角焊缝通常用于管结构的连接中，对于夹角 α 大于 135°或小于 60°的斜角角焊缝，除钢管结构外，不宜用作受力焊缝。直角角焊缝两个焊脚边的长度也可以不相等，对正面角焊缝焊脚尺寸比例宜为 1 : 1.5（长边顺内力方向）。

侧面角焊缝的长度方向与受力方向平行，因此主要承受剪力作用。在弹性变形阶段，应力沿焊缝长度方向分布不均匀，两端的剪应力较大，中间较小（图 3-17）。

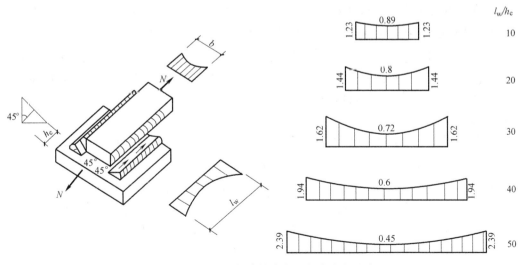

图 3-17 侧面角焊缝的应力沿长度方向分布

随着焊缝长度的增加，焊缝内剪应力分布不均匀的程度越来越严重。由于钢材的剪切变形模量小于其弹性模量，因此侧面角焊缝的强度较低、受力时变形较大，但塑性较好。随着两端逐渐出现塑性变形，应力发生了重分布，在规范规定的长度范围内，应力分布可趋于均匀。

正面角焊缝的受力状态如图 3-18 所示，比侧面角焊缝复杂，两个焊脚截面 AB 和 AC 上都有正应力和剪应力，且分布不均匀。由于力线弯折，焊缝截面内产生较大的应力集中，在焊缝根部最为严重，此处经常最先出现裂纹，进而扩展至整个焊缝截面。试验证明，正面角焊缝的刚度较大，受力时纵向变形较小，其强度要比侧面角焊缝大，一般大 1/3 左右。但沿焊缝长度的应力分布则比较均匀，两端的应力略微比中间的低。

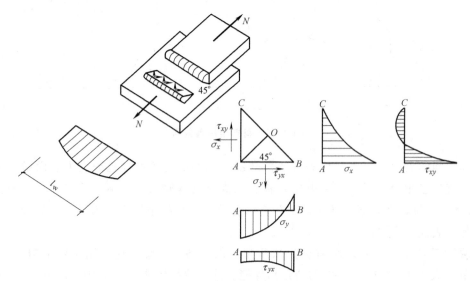

图 3-18 正面角焊缝的应力分布

3.3.2 角焊缝的尺寸限制

1. 最小焊脚尺寸

规定角焊缝的最小焊脚尺寸 h_f，一方面是为了保证焊缝的承载能力，另一方面是为了防止焊缝因冷却过快而产生裂纹。焊缝最小焊脚尺寸 h_f 与焊件厚度紧密相关。相关规范规定：角焊缝的焊脚尺寸 $h_f \geq 1.5\sqrt{t_{max}}$，其中，$t_{max}$ 为较厚焊件的厚度（单位为 mm）；对于自动焊，其熔深较大，最小焊脚尺寸可减小 1mm；T 形连接的单面角焊缝应增加 1mm；当焊件厚度小于 4mm 时，则取与焊件厚度相同。

2. 最大焊脚尺寸

角焊缝的焊脚尺寸 h_f 不能过大，否则施焊时热量过多，焊缝收缩时将产生较大的残余变形和残余应力，且热影响区扩大，容易产生脆性断裂。此外，焊脚尺寸 h_f 过大，容易使较薄的焊件烧穿。因此，相关规范规定：角焊缝的焊脚尺寸 $1.5\sqrt{t_{max}} \leq h_f \leq 1.2t_{min}$（图 3-19a），其中，$t_{max}$ 为较厚焊件的厚度，t_{min} 为较薄焊件的厚度，单位为 mm。对于钢管结构，h_f 可以酌量增大，可增至管壁厚度的 2 倍。但对于板件（厚度为 t）边缘的角焊缝（图 3-22b），最大焊脚尺寸 h_f 尚应符合下列要求：当 $t \leq 6mm$ 时，$h_f \leq t$；当 $t > 6mm$ 时，$h_f = t-(1\sim 2mm)$。

当两焊件厚度相差很大，采用等焊脚尺寸无法满足最大、最小焊脚尺寸要求时，可用不等焊脚尺寸，此时应满足图 3-19c 所示要求。

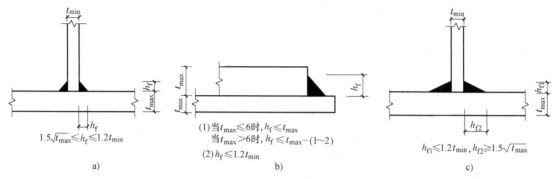

图 3-19 焊缝的最大和最小焊脚尺寸

3. 角焊缝的计算长度

对于角焊缝的计算长度 l_w 也有最大和最小的限制：当焊缝的长度过小时，焊件局部加热严重，且起弧、灭弧引起的弧坑相距太近，此外，焊缝中还可能产生一些其他的缺陷，使焊缝不够可靠。因此，侧面角焊缝或正面角焊缝的计算长度 l_w 不得小于 $8h_f$ 和 40mm。另外，如前所述，侧面角焊缝的应力沿其长度分布并不均匀，两端大、中间小；焊缝越长，应力分布不均匀的现象越显著。当焊缝长度超过某一限制时，在荷载作用下，焊缝端部应力有可能会先达到极值而发生破坏，而中部焊缝还未充分发挥其承载能力。这种现象对承受动力荷载的构件尤为不利。因此，通常规定侧面角焊缝的计算长度 l_w 不宜大于 $60h_f$。如大于上述数值，其超过部分在计算中不予考虑。但内力若沿侧面角焊缝全长分布，其计算长度 l_w 则不受此限制。例如，梁及柱的翼缘与腹板的连接焊缝、屋架中弦杆与节点板的连接焊缝、梁的支承加劲肋与腹板的连接焊缝即属于这种情况。

3.3.3 角焊缝的其他构造要求

当杆件与节点板之间采用焊缝连接时（图 3-20），通常采用两条侧面角焊缝的连接形式，对角钢杆件也可用 L 形围焊。

当板件仅用两条侧面角焊缝连接时，如图 3-20 所示，焊缝的承载力与两侧焊缝之间的距离 b 和焊缝计算长度 l_w 有关。为了避免受应力传递过分弯折而产生应力不均的影响，宜使焊缝计算长度 $l_w \geq b$，同时，为了避免因焊缝横向收缩时引起板件平面外的拱曲太大，宜使 $b \leq 16t$（$t>12$mm 时）或 200mm（$t \leq 12$mm 时），其中，t 为较薄焊件的厚度。

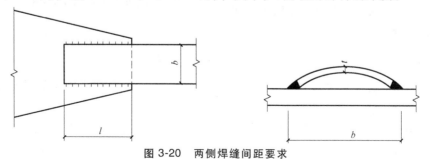

图 3-20 两侧焊缝间距要求

当 b 不满足上述规定时，应增加正面角焊缝采用三面围焊的方式，或加槽焊或塞焊。此外，为了避免施焊时在转角处起灭弧而出现弧坑或咬边等缺陷，从而加剧应力集中，所有围焊的转角处必须连续施焊。即便是非围焊情况，当角焊缝的端部在构件转角处时，可连续地实施长度为 $2h_f$ 的绕角焊，以改善焊缝的受力状态。

在搭接连接中，不能仅用一条正面角焊缝传力。此外，当仅采用正面角焊缝时，（图3-21）两板件的搭接长度不得小于较小焊件厚度的 5 倍，同时不得小于 25mm。

图 3-21　搭接连接要求

注：t 为 t_1 和 t_2 中的较小值；h_f 为焊脚尺寸，按照设计要求取值。

在一些次要构件或受力较小的连接中，可以采用断续角焊缝。每段断续角焊缝的长度 l 不得小于 $10h_f$ 和 50mm。断续角焊缝间的净距离 e 不宜过长，以免潮气侵入使得构件锈蚀，因而规定断续角焊缝之间的净距 e 不应大于 $15t$（对受压构件）或 $30t$（对受拉构件），t 为较薄焊件的厚度（图3-22）。

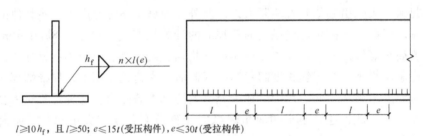

$l \geqslant 10h_f$，且 $l \geqslant 50$；$e \leqslant 15t$(受压构件)，$e \leqslant 30t$(受拉构件)

图 3-22　断续角焊缝的尺寸限制

3.3.4　角焊缝强度计算基本公式

大量试验表明，角焊缝连接的破坏通常发生在沿 45°方向厚度最小的截面上，此截面称为角焊缝的有效截面。如图3-23所示，作用于有效截面 $BCDE$ 上的应力包括垂直于焊缝长度方向的正应力 $\sigma_\perp$、垂直于焊缝长度方向的剪应力 $\tau_\perp$ 以及沿焊缝长度方向的剪应力 $\tau_{//}$。

此外，角焊缝在复杂应力作用下的强度条件可以和母材一样用下式表示

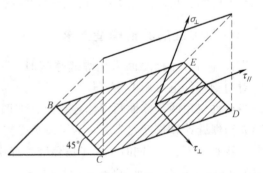

图 3-23　角焊缝有效截面上的应力分布

$$\sqrt{\sigma_\perp^2 + 3(\tau_\perp^2 + \tau_{//}^2)} \leqslant \sqrt{3} f_f^w \tag{3-1}$$

式中　f_f^w——角焊缝的强度设计值，根据抗剪条件确定，乘以 $\sqrt{3}$ 后视为角焊缝的抗拉强度设计值。

如图 3-24a 所示，假设直角角焊缝承受平行于焊缝轴线方向的剪力 V 以及垂直于焊缝轴线方向的拉力 N_x 和 N_y 共同作用，以此为例说明角焊缝强度计算基本公式的推导过程。计算

过程中不考虑各外力的偏心作用,且认为各力在有效截面上产生的应力均匀分布。

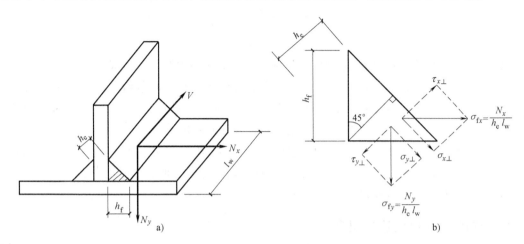

图 3-24 角焊缝有效截面上应力分量的转化

轴心拉力 N_x 和 N_y 分别在有效截面上产生垂直于焊缝直角边的应力 σ_{fx} 和 σ_{fy},剪力 V 在有效截面上产生平行于焊缝长度方向的剪应力 τ_f。

$$\sigma_{fx}=\frac{N_x}{h_e l_w},\ \sigma_{fy}=\frac{N_y}{h_e l_w},\ \tau_f=\frac{V}{h_e l_w} \tag{3-2}$$

这两个应力对于有效截面来说既不是正应力,也不是剪应力。想要得到有效截面上的正应力和剪应力,需要对上述应力进行分解。

由图 3-24b 可知

$$\sigma_\perp = \sigma_{x\perp}+\sigma_{y\perp}=\sigma_{fx}/\sqrt{2}+\sigma_{fy}/\sqrt{2} \tag{3-3}$$

$$\tau_\perp = \tau_{x\perp}-\tau_{y\perp}=\sigma_{fx}/\sqrt{2}-\sigma_{fy}/\sqrt{2} \tag{3-4}$$

$$\tau_{//}=\tau_f \tag{3-5}$$

将式 (3-3) 代入式 (3-1),化简得

$$\sqrt{\frac{\sigma_{fx}^2+\sigma_{fy}^2-\sigma_{fx}\sigma_{fy}}{1.5}+\tau_f^2} \leqslant f_f^w \tag{3-6}$$

式中,下角标 x、y 分别代表由 N_x 和 N_y 所产生。

我国《钢结构设计标准》中并未给出式(3 6),只考虑了轴心拉力 N_x 单独作用,并未考虑 N_x 与 N_y 同时作用。在式(3-6)的基础上,我国《钢结构设计标准》给出了以下直角角焊缝的强度计算公式。

1. 在通过焊缝形心的拉力、压力或剪力作用下

当力垂直于焊缝长度方向时,即 σ_{fx}(或 σ_{fy})= τ_f = 0 时,为正面角焊缝受力情况

$$\sigma_f=\frac{N}{h_e l_w} \leqslant \beta_f f_f^w \tag{3-7}$$

当力平行于焊缝长度方向时,即 $\sigma_{fx}=\sigma_{fy}=0$ 时,为侧面角焊缝受力情况

$$\tau_f=\frac{N}{h_e l_w} \leqslant f_f^w \tag{3-8}$$

2. 在各种力的综合作用下，σ_f 和 τ_f 共同作用处

$$\sqrt{\left(\frac{\sigma_f}{\beta_f}\right)^2 + \tau_f^2} \leqslant f_f^w \tag{3-9}$$

式中 β_f——正面角焊缝的强度设计值增大系数，对承受静力荷载和间接承受动力荷载的直角角焊缝取 $\beta_f = 1.22$；对直接承受动力荷载的直角角焊缝，鉴于正面角焊缝的刚度较大，变形能力低，把它和侧面角焊缝一样看待取 $\beta_f = 1.0$；对斜角角焊缝，不论静力荷载或动力荷载，一律取 $\beta_f = 1.0$；

  l_w——角焊缝的计算长度，每条焊缝取实际长度减去 $2h_f$，以考虑施焊时起弧和灭弧处形成的弧坑缺陷的影响，对圆孔或槽孔内的焊缝，取有效厚度中心线实际长度。

  h_e——角焊缝的有效厚度，对于直角角焊缝等于 $0.7h_f$。

3.3.5 常用的角焊缝连接计算

在不同的受力情况下，直角角焊缝连接的计算方法有所区别。下面根据角焊缝受力状态的不同，结合例题对常用连接形式下的角焊缝强度进行相应的计算。需要注意的是，在计算角焊缝强度的同时，其必须满足相关规范规定的各种尺寸限制和构造要求。

1. 轴心力作用下的角焊缝连接计算

（1）采用拼接板连接时的角焊缝计算 当焊件受轴心力作用且轴力通过连接焊缝群的形心时，焊缝有效截面上的应力可认为是均匀分布的。用拼接板将两焊件连成整体，需要计算拼接板和连接一侧的角焊缝强度。拼接板连接通常采用侧面角焊缝连接、正面角焊缝连接、矩形拼接板三面围焊连接、菱形拼接板三面围焊连接四种连接方式，如图 3-25 所示。

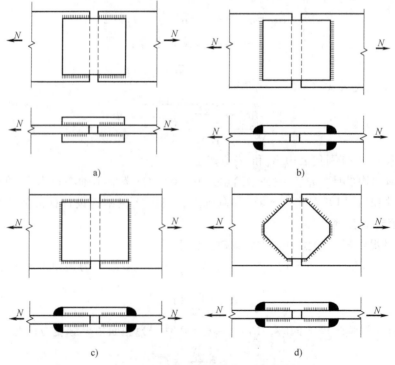

图 3-25 轴心力作用下的角焊缝连接

1)图 3-25a 所示为采用矩形拼接板将两焊件通过侧面角焊缝进行连接的形式。此时,外力与焊缝长度方向平行,可按下式计算

$$\tau_f = \frac{N}{h_e \sum l_w} \leqslant f_f^w \tag{3-10}$$

式中 $\sum l_w$——连接一侧角焊缝的计算长度之和。在图 3-25a 中,需要注意连接一侧正反面共有 4 条焊缝,角焊缝的计算长度要考虑起弧和灭弧的影响,焊缝的计算长度不能超过规定的最大限值。

2)图 3-25b 所示为采用矩形拼接板将两焊件通过正面角焊缝进行连接的形式。此时,外力与焊缝长度方向垂直,可按下式计算

$$\sigma_f = \frac{N}{h_e \sum l_w} \leqslant \beta_f f_f^w \tag{3-11}$$

3)图 3-25c 所示为采用矩形拼接板将两焊件通过三面围焊进行连接的形式。可先按式(3-11)计算出正面角焊缝所承担的荷载 N_1,剩余的荷载 $N_2 = N - N_1$ 由侧面角焊缝承担,并按式(3-10)计算侧面角焊缝的强度。

如三面围焊受直接动力荷载,由于 $\beta_f = 1.0$,则按轴力由连接一侧角焊缝有效截面面积平均承担计算,即

$$\frac{N}{h_e \sum l_w} \leqslant f_f^w \tag{3-12}$$

式中 $\sum l_w$——连接一侧所有角焊缝的计算长度之和。

4)为了减小矩形拼接板转角处的应力集中,使得传力线平缓过渡,可改用菱形拼接板(图 3-25d)。在菱形拼接板的连接焊缝中,包括正面角焊缝、侧面角焊缝和斜焊缝。先计算出正面角焊缝承担的荷载 N_1 及斜焊缝承担的荷载 N_2,最后计算侧面角焊缝的承载力。

对于如图 3-26 所示计算长度为 l_w 的斜焊缝的计算,可以采用以下方法:

将斜焊缝承担的轴力 N 分解为垂直于焊缝长度方向上的分力 $N_x = N\sin\theta$ 和沿焊缝长度方向上的分力 $N_y = N\cos\theta$,则

$$\begin{cases} \sigma_f = \dfrac{N\sin\theta}{h_e \sum l_w} \\ \tau_f = \dfrac{N\cos\theta}{h_e \sum l_w} \end{cases} \tag{3-13}$$

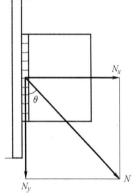

图 3-26 斜焊缝的受力情况

将式(3-13)代入式(3-9)中,得到

$$\sqrt{\left(\frac{N\sin\theta}{\beta_f h_e \sum l_w}\right)^2 + \left(\frac{N\cos\theta}{h_e \sum l_w}\right)^2} \leqslant f_f^w \tag{3-14}$$

取 $\beta_f^2 = 1.22^2 \approx 1.5$,得

$$\frac{N}{h_e \sum l_w}\sqrt{\frac{\sin^2\theta}{1.5} + \cos^2\theta} = \frac{N}{h_e \sum l_w}\sqrt{1 - \frac{\sin^2\theta}{3}} \leqslant f_f^w \tag{3-15}$$

令 $\beta_{f\theta} = \dfrac{1}{\sqrt{1-\dfrac{\sin^2\theta}{3}}}$，则斜焊缝的承载力为

$$\dfrac{N}{h_e \sum l_w} \leq \beta_{f\theta} f_f^w \tag{3-16}$$

【例 3-1】 如图 3-27 所示的两块钢板，采用矩形拼接板对接连接。已知钢板宽度 $B = 270\text{mm}$，厚度 $t_1 = 26\text{mm}$，拼接板厚度 $t_2 = 16\text{mm}$，该连接承受设计值为 1400kN 的轴向拉力 N 作用，钢材为 Q235，采用焊条电弧焊，焊条为 E43 型。

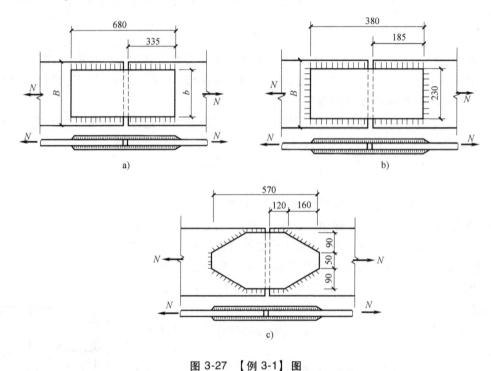

图 3-27 【例 3-1】图

【解】 对于采用拼接板的对接连接进行设计，主要有两种方法：一种方法是根据尺寸限制和构造要求假定焊脚尺寸，求出焊缝长度，再由焊缝长度确定拼接板的尺寸；另一种方法是对焊脚尺寸和拼接板的尺寸均预先假定，然后利用相应的公式对焊缝的承载力进行验算。如果假定的焊缝尺寸不能满足承载力要求，则应调整焊缝尺寸后再进行验算，直到满足承载力要求为止。

1) 采用侧面角焊缝连接时（图 3-27a）。

角焊缝的焊脚尺寸 h_f 应根据构造要求确定。由于焊缝在板件边缘施焊，且拼接板厚度 $t_2 = 16\text{mm} > 6\text{mm}$，$t_2 < t_1 = 26\text{mm}$，故

$$h_{f\min} = 1.5\sqrt{t_1} = 1.5 \times \sqrt{26}\text{mm} = 7.6\text{mm}，\quad h_{f\max} = t_2 - (1 \sim 2\text{mm}) = 14 \sim 15\text{mm}$$

这里取 $h_f = 10\text{mm}$，查附录 A 得角焊缝强度 $f_f^w = 160\text{N/mm}^2$。

连接一侧所需要的焊缝总计算长度按式（3-10）计算得到

$$\sum l_{w} = \frac{N}{h_{e}f_{f}^{w}} = \frac{1400 \times 10^{3}}{0.7 \times 10 \times 160} \text{mm} = 1250 \text{mm}$$

此对接连接中,采用了上下两块拼接板,一侧共有 4 条侧面角焊缝,考虑起弧和灭弧的影响,一条侧面角焊缝的实际长度为

$$l_{1} = \frac{\sum l_{w}}{4} + 2h_{f} = \frac{1250}{4} \text{mm} + 2 \times 10 \text{mm} = 332.5 \text{mm} < 60h_{f} = 60 \times 10 \text{mm} = 600 \text{mm}$$

且 $l_{1} > \max(8h_{f}, 40 \text{mm})$

所需拼接板长度为

$L = 2l_{1} + 10 \text{mm} = 2 \times 332.5 \text{mm} + 10 \text{mm} = 675 \text{mm}$,取 680mm

式中,10mm 为两块被连接钢板之间的间隙。拼接板的宽度 b 就是两条侧面角焊缝之间的距离,应根据强度条件和构造要求确定。根据强度条件,在钢材种类相同的情况下,拼接板的截面面积 A' 不应小于被连接钢板的截面面积。

选定拼接板宽度 $b = 230 \text{mm}$,则拼接板的截面面积 A' 为

$$A' = 230 \text{mm} \times 2 \times 16 \text{mm} = 7360 \text{mm}^{2} > A = 270 \text{mm} \times 26 \text{mm} = 7020 \text{mm}^{2}$$

根据构造要求,拼接板尺寸应满足 $b = 230 \text{mm} < \frac{l_{w}}{4} = \frac{1250}{4} \text{mm} = 312.5 \text{mm}$

且 $b = 230 \text{mm} < 16t_{2} = 16 \times 16 \text{mm} = 256 \text{mm}$ (满足要求)

根据强度条件,拼接板的强度设计值 $f = 215 \text{N/mm}^{2}$ ($t_{2} = 16 \text{mm} \leq 16 \text{mm}$)

$$\sigma = \frac{N}{A'} = \frac{1400 \times 10^{3}}{7360} \text{N/mm}^{2} = 190.2 \text{N/mm}^{2} < f = 215 \text{N/mm}^{2} (满足要求)$$

故选定拼接板尺寸为 680mm×230mm×16mm。

2) 采用矩形拼接板三面围焊连接时(图 3-27b)。

与仅用两条侧面角焊缝连接的方式相比,采用三面围焊可以减小两侧侧面角焊缝的长度,进而减小拼接板的尺寸。假设拼接板的宽度和厚度与采用侧面角焊缝时相同,仅需要重新设计拼接板的长度。

已知正面角焊缝的长度 $l_{w} = b = 230 \text{mm}$,则一侧正面角焊缝所能承受的内力

$$N_{1} = 2h_{e}l_{w}\beta_{f}f_{f}^{w} = 2 \times 0.7 \times 10 \times 230 \times 1.22 \times 160 \text{N} = 628544 \text{N}$$

剩余的荷载 $N_{2} = N - N_{1}$ 由侧面角焊缝承担,则连接一侧所需要的侧面角焊缝总计算长度为

$$\sum l_{w} = \frac{N_{2}}{h_{e}f_{f}^{w}} = \frac{N - N_{1}}{h_{e}f_{f}^{w}} = \frac{1400 \times 10^{3} - 628544}{0.7 \times 10 \times 160} \text{mm} = 688.8 \text{mm}$$

连接一侧共有四条侧面角焊缝,且在三面围焊转角处必须连续施焊,每条侧面角焊缝只有一端可能起弧或灭弧,因此,每条侧面角焊缝的实际长度为

$$l_{1} = \frac{\sum l_{w}}{4} + h_{f} = \frac{688.8}{4} \text{mm} + 10 \text{mm} = 182.2 \text{mm},采用 185 \text{mm}$$

拼接板的长度为

$$L = 2l_{1} + 10 = 2 \times 185 \text{mm} + 10 \text{mm} = 380 \text{mm}$$

3）采用菱形拼接板三面围焊连接时（图 3-27c）。

当矩形拼接板的宽度较大时，改用菱形拼接板可以减小角部的应力集中，从而使连接的工作性能得到改善。菱形拼接板的连接焊缝由正面角焊缝、侧面角焊缝和斜焊缝组成。设计时，通常先假定拼接板的尺寸，然后对焊缝强度进行验算。菱形拼接板的尺寸如图 3-27c 所示，仍取 $h_f = 10\text{mm}$，则各部分焊缝的承载力如下：

正面角焊缝

$$N_1 = 2h_e l_{w1} \beta_f f_f^w = 2 \times 0.7 \times 10 \times 50 \times 1.22 \times 160\text{N} = 136640\text{N}$$

斜焊缝：斜焊缝与外力 N 之间的夹角 $\theta = \arctan\left(\dfrac{90}{160}\right) = 29.4°$

$$\beta_{f\theta} = \dfrac{1}{\sqrt{1-\dfrac{\sin^2\theta}{3}}} = \dfrac{1}{\sqrt{1-\dfrac{\sin^2 29.4°}{3}}} = 1.043$$

$$N_2 = 4h_e l_{w2} \beta_{f\theta} f_f^w = 4 \times 0.7 \times 10 \times 183 \times 1.043 \times 160\text{N} = 855093.12\text{N}$$

侧面角焊缝：侧面角焊缝有一端可能起弧或灭弧，则

$$N_3 = 4h_e l_{w3} f_f^w = 4 \times 0.7 \times 10 \times (120-10) \times 160\text{N} = 492800\text{N}$$

连接一侧所有焊缝能够承受的力为

$$N' = N_1 + N_2 + N_3 = 136640\text{N} + 855093.12\text{N} + 492800\text{N} = 1484.53\text{kN} > N = 1400\text{kN}（满足要求）$$

（2）采用角钢连接时的角焊缝计算　钢屋架中的双角钢腹杆通过节点板与屋架的上、下弦相连，角钢腹杆与节点板之间通常采用侧焊缝或三面围焊连接，特殊情况下也允许采用 L 形围焊，如图 3-28 所示。腹杆受轴心力作用，为了避免焊缝偏心受力，焊缝所传递的合力的作用线应与角钢杆件的轴线重合。

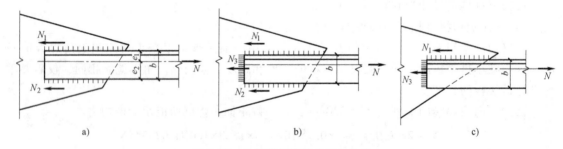

图 3-28　角钢腹杆与节点板的连接

1）当角钢与节点板之间采用侧面角焊缝连接时，如图 3-28a 所示，虽然轴心力通过角钢截面形心，但角钢的肢背焊缝和肢尖焊缝到形心的距离 $e_1 \neq e_2$ 不相等，因此两焊缝受力大小也不相等。设肢背焊缝受力为 N_1，肢尖焊缝受力为 N_2，由平衡条件得

$$N_1 = \dfrac{e_2}{e_1 + e_2} = K_1 N \tag{3-17}$$

$$N_2 = \dfrac{e_1}{e_1 + e_2} = K_2 N \tag{3-18}$$

式中　K_1、K_2——角钢肢背、肢尖焊缝的内力分配系数，按表 3-2 采用。

表 3-2　角钢角焊缝内力分配系数

角钢类型	连接形式	肢背 K_1	肢尖 K_2
等边角钢		0.7	0.3
不等边角钢	长肢水平	0.75	0.25
不等边角钢	长肢垂直	0.65	0.35

2) 当角钢与节点板之间采用三面围焊连接时，如图 3-28b 所示，通常先假定正面角焊缝的焊脚尺寸 h_f，并计算出正面角焊缝所能承受的外力 N_3

$$N_3 = 0.7 h_f \sum l_{w3} \beta_f f_f^w \tag{3-19}$$

再通过平衡条件，分别计算出肢背及肢尖焊缝承受的外力 N_1、N_2

$$N_1 = \frac{e_2 N}{e_1 + e_2} - \frac{N_3}{2} = K_1 N - \frac{N_3}{2} \tag{3-20}$$

$$N_2 = \frac{e_1 N}{e_1 + e_2} - \frac{N_3}{2} = K_2 N - \frac{N_3}{2} \tag{3-21}$$

3) 当角钢与节点板之间采用 L 形焊缝连接时，如图 3-28c 所示，包括正面角焊缝和角钢肢背上的侧面角焊缝，令式（3-21）中肢尖焊缝承受的外力 $N_2 = 0$，即得到正面角焊缝所能承受的外力

$$N_3 = 2 K_2 N \tag{3-22}$$

再计算得到肢尖焊缝承受的外力

$$N_1 = N - N_3 \tag{3-23}$$

依前述方法求出各条焊缝所受的外力后，按照构造要求假定肢背和（或）肢尖的焊缝尺寸，求出焊缝的计算长度。此外，计算焊缝的实际长度时还要考虑到每条焊缝两端起弧、灭弧的影响，对于采用两条侧面角焊缝的连接方式，实际焊缝长度为计算长度加 $2h_f$；对于三面围焊及 L 形围焊，考虑到在杆件转角处连续施焊，每条焊缝只有一端可能起弧或灭弧，故焊缝的实际尺寸为计算长度加 h_f。

2. 弯矩作用下的角焊缝连接计算

当仅有弯矩作用且弯矩作用平面与角焊缝所在平面垂直时，如图 3-29 所示，在焊缝有效截面上产生应力 σ_f，其方向与焊缝长度方向垂直，并呈三角形分布，边缘处应力最大，其焊缝强度计算公式为

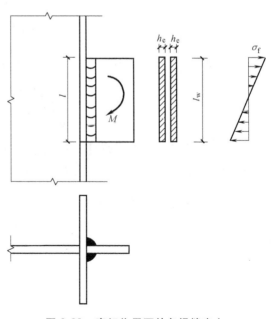

图 3-29　弯矩作用下的角焊缝应力

$$\sigma_f = \frac{M}{W_e} \leq \beta_f f_f^w \qquad (3\text{-}24)$$

式中 W_e——角焊缝有效截面的截面模量。

3. 扭矩作用下的角焊缝连接计算

（1）焊缝群受扭　当角焊缝受到如图 3-30 所示的扭矩作用时，在计算角焊缝强度时采取下述假定：被连接件在扭矩作用下绕焊缝的有效截面形心 O 旋转，焊缝有效截面上任一点的应力方向垂直于该点与形心 O 的连线，应力大小与其到形心的距离 r 成正比。

按上述假定，焊缝有效截面上距形心 O 最远点 A 处的应力最大，为

$$\tau_A = \frac{T \cdot r}{I_p} \qquad (3\text{-}25)$$

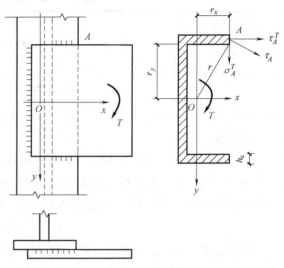

图 3-30　扭矩作用下的角焊缝应力

式中 I_p——角焊缝有效截面绕形心 O 的极惯性矩，$I_p = I_x + I_y$，其中 I_x、I_y 分别为角焊缝有效截面绕 x、y 轴的惯性矩；

T——扭矩设计值；

r——计算点与形心 O 的距离。

通过式（3-25）计算得到的角焊缝应力与焊缝长度方向成斜角，需要把它分解为 x 轴方向（沿焊缝长度方向）和 y 轴方向（垂直焊缝长度方向）的分应力，分别为

$$\tau_A^T = \frac{T \cdot r_y}{I_p} \qquad (3\text{-}26)$$

$$\sigma_A^T = \frac{T \cdot r_x}{I_p} \qquad (3\text{-}27)$$

将式（3-26）、式（3-27）代入角焊缝强度验算公式，得到

$$\sqrt{\left(\frac{\sigma_A^T}{\beta_f}\right)^2 + (\tau_A^T)^2} \leq f_f^w \qquad (3\text{-}28)$$

（2）环形角焊缝受扭　如图 3-31 所示，在扭矩作用下，环形角焊缝有效截面上沿切线方向（环向）上的剪应力按照下式进行计算

$$\tau_f = \frac{T \cdot D}{2 I_p} \qquad (3\text{-}29)$$

式中 I_p——环形角焊缝有效截面的极惯性矩，当焊缝的有效厚度 $h_e <$ $0.1D$ 时，$I_p = \frac{1}{4} \pi h_e D^3$；

D——可近似地取为圆环的外径。

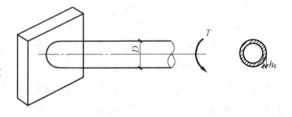

图 3-31　扭矩作用下的环形角焊缝

4. 复杂受力状态下的角焊缝连接计算

在实际工程中，角焊缝可能同时承受弯矩、轴向力、剪力、扭矩等几种简单荷载形式的共同作用，在这种情况下，应当分别计算出在每种单独荷载形式下的焊缝应力分布，然后利用叠加原理找到焊缝中受力最大的点，称为控制点，对此点进行焊缝承载力的验算。

（1）剪力、扭矩和轴向力共同作用下的角焊缝连接计算　图 3-32 所示为采用三面围焊的搭接连接，该角焊缝承受竖向剪力 V 以及水平轴向力 N 的作用，由于竖向剪力 V 与焊缝有效截面形心 O 之间存在偏心距，因此，除了剪力 V 及轴向力 N 以外，焊缝还承受扭矩 $T=V(e+a)$ 的作用。通过分析，找到了焊缝中的 A 点为设计控制点。

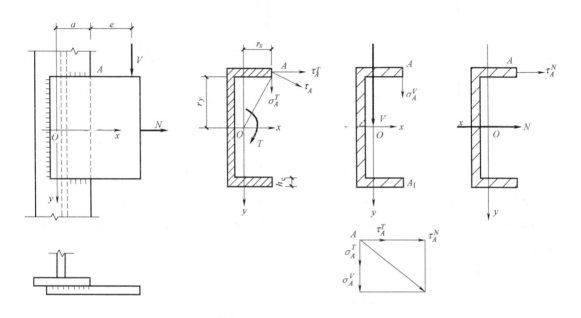

图 3-32　受剪力、扭矩、轴向力共同作用的角焊缝应力

分别计算剪力 V、轴向力 N 以及扭矩 T 单独作用下控制点 A 处的应力如下：

剪力 V 作用下

$$\sigma_A^V = \frac{V}{h_e \sum l_w} \tag{3-30}$$

轴向力 N 作用下

$$\tau_A^N = \frac{N}{h_e \sum l_w} \tag{3-31}$$

扭矩 T 作用下

$$\begin{cases} \tau_A^T = \dfrac{Tr_y}{I_p} \\ \sigma_A^T = \dfrac{Tr_x}{I_p} \end{cases} \tag{3-32}$$

验算控制点 A 处的承载力

$$\sqrt{\left(\frac{\sigma_A^T+\sigma_A^V}{\beta_f}\right)^2+(\tau_A^T+\tau_A^N)^2} \leq f_f^w \qquad (3\text{-}33)$$

【例 3-2】 如图 3-33 所示，一钢板通过三面围焊与柱搭接连接，$l_1=300\text{mm}$，$l_2=400\text{mm}$，剪力 V 的设计值为 200kN，钢材为 Q235B，焊条为 E43 系列型，采用焊条焊接，剪力 V 与柱边缘的距离为 $e=300\text{mm}$，设钢板厚度为 12mm，试设计此连接的角焊缝。

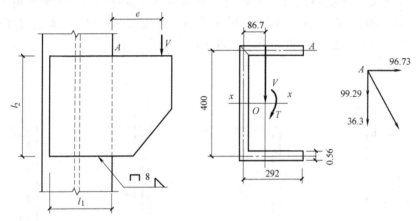

图 3-33 【例 3-2】图

【解】 设三边焊脚尺寸 h_f 相同，取 $h_f=8\text{mm}$，近似地按照钢板与柱的搭接长度计算角焊缝的有效截面。因水平焊缝和竖向焊缝在转角处均连续施焊，在计算焊缝长度时，仅在水平焊缝端部考虑起弧、灭弧的影响，减去 h_f，竖向焊缝的长度不减少。

计算角焊缝有效截面的形心位置

$$x = \frac{2 \times 0.7 \times 0.8 \times \frac{29.2^2}{2}}{0.7 \times 0.8 \times (2 \times 29.2 + 40)} \text{cm} = 8.67\text{cm}$$

计算角焊缝有效截面的惯性矩

$$I_x = 0.7 \times 0.8 \times \left(\frac{40^3}{12} + 2 \times 29.2 \times 20^2\right) \text{cm}^4 = 16068\text{cm}^4$$

$$I_y = 0.7 \times 0.8 \times \left[40 \times 8.67^2 + \frac{2 \times 29.2^3}{12} + 2 \times 29.2 \times \left(\frac{29.2}{2} - 8.67\right)^2\right] \text{cm}^4 = 5158\text{cm}^4$$

$$I_p = I_x + I_y = (16068 + 5158)\text{cm}^4 = 21226\text{cm}^4$$

焊缝承担的扭矩为

$$T = V \cdot (e + l_1 - x) = 200\text{kN} \times (30 + 30 - 8.67)\text{cm} = 10266\text{kN} \cdot \text{cm}$$

扭矩 T 在角焊缝有效截面上 A 点处的产生应力为

$$\tau_A^T = \frac{T \cdot r_y}{I_p} = \frac{10266 \times 10^4 \text{N} \cdot \text{mm} \times 200\text{mm}}{21226 \times 10^4 \text{mm}^4} = 96.73\text{N/mm}^2$$

$$\sigma_A^T = \frac{T \cdot r_x}{I_p} = \frac{10266 \times 10^4 \text{N} \cdot \text{mm} \times (292-86.7)\text{mm}}{21226 \times 10^4 \text{mm}^4} = 99.29\text{N/mm}^2$$

剪力 V 在角焊缝有效截面上 A 点处产生的应力为

$$\sigma_A^V = \frac{V}{h_e \sum l_w} = \frac{200 \times 10^3 \text{N}}{0.7 \times 0.8 \times (40+29.2 \times 2) \times 10^2 \text{mm}^2} = 36.3 \text{N/mm}^2$$

$$\sqrt{\left(\frac{\sigma_A^T + \sigma_A^V}{\beta_f}\right)^2 + (\tau_A^T)^2} = \sqrt{\left(\frac{99.29+36.3}{1.22}\right)^2 + 96.73^2} \text{N/mm}^2 = 147.3 \text{N/mm}^2 < f_f^w = 160 \text{N/mm}^2$$

（2）弯矩、剪力和轴向力共同作用下的角焊缝连接计算　如图 3-34 所示的双面角焊缝连接，该角焊缝承受竖向剪力 V 以及水平轴向力 N 的作用，由于竖向剪力 V 与焊缝有效截面形心之间存在偏心距 e，因此，除了剪力 V 及轴向力 N 以外，焊缝还承受弯矩 $M = V \cdot e$ 的作用。对焊缝有效截面上的应力分布状态进行分析，找到焊缝中的设计控制点。

在弯矩作用下，焊缝有效截面上的应力呈三角形分布，方向与焊缝长度方向垂直。竖向剪力 V 在焊缝有效截面上产生沿焊缝长度方向均匀分布的应力。轴向力 N 产生垂直于焊缝长度方向均匀分布的应力。将以上三种应力状态进行叠加，找到了焊缝中 A 点为设计控制点，其受力状态如图 3-34 所示，对其进行强度验算。

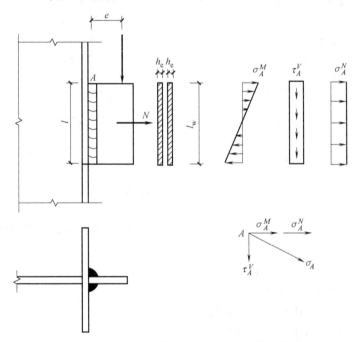

图 3-34　弯矩、剪力和轴向力共同作用下的角焊缝应力

弯矩 M 在角焊缝有效截面上 A 点处产生的应力为

$$\sigma_A^M = \frac{M}{W_e} = \frac{6M}{2h_e l_w^2} \tag{3-34}$$

轴向力 N 在角焊缝有效截面上 A 点处产生的应力为

$$\sigma_A^N = \frac{N}{h_e \sum l_w} \tag{3-35}$$

竖向剪力 V 在角焊缝有效截面上 A 点处产生的应力为

$$\tau_A^V = \frac{V}{h_e \sum l_w} \tag{3-36}$$

式中 l_w——角焊缝的计算长度，考虑施焊时起弧和灭弧的影响，每条焊缝取实际长度减去 $2h_f$。

验算控制点 A 处的承载力为

$$\sqrt{\left(\frac{\sigma_A^M+\sigma_A^N}{\beta_f}\right)^2+(\tau_A^V)^2} \leq f_f^w \qquad (3-37)$$

当连接承受动力荷载作用时，取 $\beta_f=1.0$。

【例 3-3】 如图 3-35 所示，牛腿与钢柱采用角焊缝连接，钢材为 Q235，焊条为 E43 系列型，采用焊条焊接，荷载设计值 $N=350\text{kN}$，偏心距 $e=350\text{mm}$，焊脚尺寸 $h_{f1}=8\text{mm}$，$h_{f2}=6\text{mm}$，焊缝的有效截面如图 3-35b 所示，试验算此角焊缝的强度。

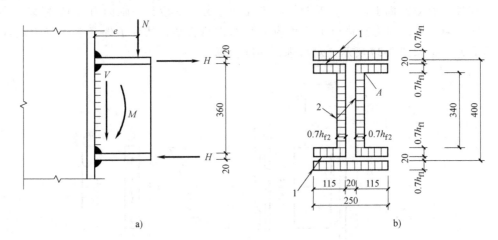

图 3-35 【例 3-3】图

【解】 竖向力 N 在角焊缝的形心处引起剪力 $V=N=350\text{kN}$，弯矩 $M=N\cdot e=350\text{kN}\times 0.35\text{m}=122.5\text{kN}\cdot\text{m}$

下面将采用两种方法对焊缝强度进行计算。

（1）考虑腹板焊缝参与传递弯矩

为了方便计算，将图中尺寸尽可能取为整数。

全部焊缝有效截面对中和轴的惯性矩为

$$I_w=2\times\frac{0.42\times 34^3}{12}\text{cm}^4+2\times 25\times 0.56\times 20.28^2\text{cm}^4+4\times 11.5\times 0.56\times 17.28^2\text{cm}^4=21959\text{cm}^4$$

翼缘焊缝的最大应力为

$$\sigma_{f1}=\frac{M}{I_w}\cdot\frac{h}{2}=\frac{122.5\times 10^6}{21959\times 10^4}\times(0.5\times 400+0.7\times 8)\text{N/mm}^2=114.7\text{N/mm}^2$$

$$\leq \beta_f f_f^w=1.22\times 160\text{N/mm}^2=195.2\text{N/mm}^2$$

腹板焊缝中由弯矩 M 产生的弯曲应力为

$$\sigma_{f2}=114.7\times\frac{170}{205.6}\text{N/mm}^2=94.8\text{N/mm}^2$$

剪力 V 在腹板焊缝中产生的平均剪应力为

$$\tau_f = \frac{V}{\sum h_{e2} l_{w2}} = \frac{350 \times 10^3}{2 \times 0.7 \times 6 \times 340} \text{N/mm}^2 = 122.5 \text{N/mm}^2$$

则腹板焊缝控制点 A 处的强度为

$$\sqrt{\left(\frac{\sigma_{f2}}{\beta_f}\right)^2 + \tau_f^2} = \sqrt{\left(\frac{94.8}{1.22}\right)^2 + 122.5^2} \text{N/mm}^2 = 145.1 \text{N/mm}^2 \leq f_f^w = 160 \text{N/mm}^2 (满足要求)$$

(2) 不考虑腹板焊缝参与传递弯矩

翼缘焊缝所承受的水平力为

$$H = \frac{M}{h} = \frac{122.5 \times 10^6}{380} \text{N} = 322.4 \text{kN} (h 值近似取为翼缘中线间距离)$$

翼缘焊缝强度为

$$\sigma_f = \frac{H}{h_{e1} l_{w1}} = \frac{322.4 \times 10^3}{0.7 \times 8 \times [(250 - 2 \times 8) + 2 \times (115 - 8)]} \text{N/mm}^2 = 128.5 \text{N/mm}^2$$

$$\leq \beta_f f_f^w = 1.22 \times 160 \text{N/mm}^2 = 195.2 \text{N/mm}^2$$

腹板焊缝强度为

$$\tau_f = \frac{V}{h_{e2} l_{w2}} = \frac{350 \times 10^3}{2 \times 0.7 \times 6 \times 340} \text{N/mm}^2 = 122.5 \text{N/mm}^2 \leq f_f^w = 160 \text{N/mm}^2 (满足要求)$$

3.3.6 对接焊缝的构造与计算

对接焊缝包括焊透的对接焊缝、部分焊透的对接焊缝、T 形对接与角接组合焊缝、部分焊透的 T 形对接与角接焊缝等。按坡口的形式不同，对接焊缝可分为 I 形焊缝、V 形焊缝、带钝边单边 V 形焊缝、带钝边 V 形焊缝（也叫 Y 形焊缝）、带钝边 U 形焊缝、带钝边双单边 V 形焊缝和双 Y 形焊缝等，后二者过去分别称为 K 形焊缝和 X 形焊缝，各种不同坡口形式的对接焊缝如图 3-36 所示。

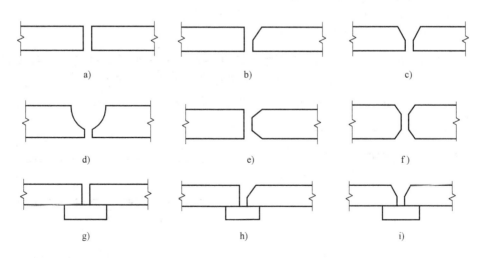

图 3-36 对接焊缝坡口形式

a) I 形焊缝 b) 带钝边单边 V 形焊缝 c) Y 形焊缝 d) 带钝边 U 形焊缝 e) 带钝边双单边 V 形焊缝
f) 双 Y 形焊缝 g) 加垫板的 I 形焊缝 h) 加垫板的带钝边单边 V 形焊缝 i) 加垫板的 Y 形焊缝

1. 对接焊缝的构造要求

当板件厚度很小（$t \leqslant 10mm$）时，可采用不切坡口的 I 形焊缝。对于一般厚度（$10mm \leqslant t \leqslant 20mm$）的板件，可采用有斜坡口的带钝边单边 V 形焊缝或 Y 形焊缝，以便斜坡口和焊缝根部共同形成一个焊条能够运转的施焊空间，使焊缝易于焊透。当板件厚度较大（$t>20mm$）时，可采用带钝边 U 形焊缝、带钝边双单边 V 形焊缝或双 Y 形焊缝。对于 Y 形焊缝和带钝边 U 形焊缝的根部还需要清除焊根并进行补焊。对于没有条件清根和补焊者，要事先加垫板（图 3-36 中 g、h、i），以保证焊透。关于坡口的形式与尺寸可参考《建筑钢结构焊接技术规程》。

对于宽度（或厚度）不相等的两焊件，采用对接连接时，为了减少应力集中，应将板的一侧或两侧做成具有一定坡度的斜坡，形成平缓过渡。对承受静荷载的结构，其坡度不大于 1∶2.5；对于承受动荷载或需要进行疲劳计算的结构，其坡度不大于 1∶4（图 3-37a、b、c）。当两对接焊件厚度相差不大于 4mm 时，可不做斜坡（图 3-37d）。对接焊缝的计算厚度按照较薄板件的厚度取值。为消除对接焊缝起弧和灭弧处缺陷的影响，应采用引弧板（图 3-38），且在施焊时将焊缝的起点和终点延伸至引弧板上，焊后将引弧板切除，并用砂轮将表面磨平。当特殊情况下无法采用引弧板时，应在每条焊缝的计算长度中减去 $2t$（t 为较薄焊件的厚度），以消除缺陷的影响。

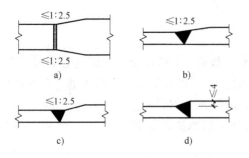

图 3-37 不同宽度或厚度的钢板拼接

a) 钢板宽度不同 b)、c) 钢板厚度不同 d) 不做斜坡

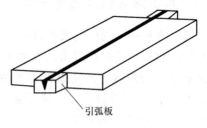

图 3-38 引弧板

对于焊透的 T 形连接焊缝，其构造要求如图 3-39 所示。钢板的拼接采用对接焊缝时，纵横两方向的对接焊缝可采用十字形交叉或 T 形交叉。当采用 T 形交叉时，交叉点应分散，其间距不得小于 200mm，且各拼接板的长度和宽度均不得小于 300mm，如图 3-40 所示。

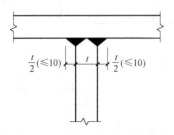

图 3-39 焊透的 T 形连接焊缝

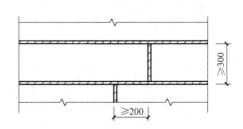

图 3-40 钢板拼接焊缝示意

在直接承受动荷载的结构中，为提高疲劳强度，应将对接焊缝的表面磨平，打磨方向应

与应力方向平行。垂直于受力方向的焊缝，应采用焊透的对接焊缝，不宜采用部分焊透的对接焊缝。

2. 焊透的对接焊缝计算

对接焊缝的应力分布情况基本上与焊件原来的情况相同，设计时可采用与焊件强度计算相同的方法。对于重要的构件，按照一、二级标准对焊缝质量进行检验，且要求焊缝与主体钢材强度相等，即只要主体钢材强度经过计算能够满足设计要求，则对接焊缝的强度同样也能满足要求，不必另行计算。因此，只有对三级标准的对接焊缝，才需要专门进行焊缝抗拉强度的计算。

（1）轴向力作用下的对接焊缝计算 如图 3-41 所示，受轴向力作用的对接直焊缝，应按下式计算其强度

$$\sigma = \frac{N}{l_w t} \leq f_t^w \text{ 或 } f_c^w \tag{3-38}$$

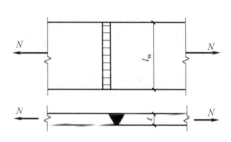

图 3-41 轴向力作用下的对接直焊缝

式中　N——轴向拉力或压力的设计值；
　　　l_w——焊缝的计算长度；
　　　t——在对接连接中为较薄连接件的厚度，在 T 形连接中为腹板厚度；
　　　f_t^w、f_c^w——对接焊缝的抗拉、抗压强度设计值（见附录 A）。

对于对接直焊缝，若采用式（3-38）计算的焊缝强度不满足要求时，可采用如图 3-42 所示的对接斜焊缝。《钢结构设计标准》中规定，当斜焊缝与作用力方向之间的夹角 θ 满足 $\tan\theta \leq 1.5$ 时，可不计算焊缝强度。

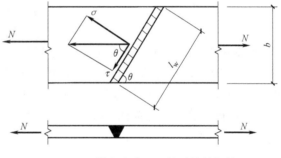

图 3-42 轴向力作用下的对接斜焊缝

（2）弯矩、剪力共同作用下的对接焊缝计算 如图 3-43a 所示的矩形截面对接焊缝，承受弯矩、剪力的共同作用，截面上的正应力与剪应力的分布状态如图 3-43b 所示。

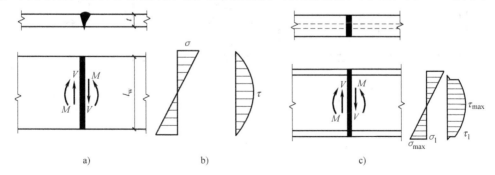

图 3-43 弯矩、剪力共同作用下的对接焊缝

应分别按照下式计算最大正应力和最大剪应力，并应满足强度条件

$$\sigma = \frac{M}{W_w} \leqslant f_t^w \tag{3-39}$$

$$\tau = \frac{VS_w}{I_w t} \leqslant f_v^w \tag{3-40}$$

式中 W_w——焊缝截面的截面模量；

I_w——焊缝截面对其中和轴的惯性矩；

S_w——焊缝截面在计算点处以上部分对中和轴的面积矩；

f_v^w——对接焊缝的抗剪强度设计值（见附录A）。

如图 3-43c 所示的工字形或 H 形构件，当采用对接焊缝时，在腹板与翼缘交接处，焊缝截面同时承受较大的正应力 σ_1 和剪应力 τ_1。对于此种截面形式的对接焊缝，除应按式（3-39）、式（3-40）分别验算焊缝截面最大正应力和最大剪应力是否满足要求外，还应按照下式验算截面的折算应力

$$\sqrt{\sigma_1^2 + 3\tau_1^2} \leqslant 1.1 f_t^w \tag{3-41}$$

式中 σ_1、τ_1——焊缝截面验算处的正应力和剪应力。

（3）弯矩、剪力、轴向力共同作用下的对接焊缝计算　当弯矩、剪力、轴向力共同作用时，对接焊缝的最大正应力应为轴向力和弯矩引起的应力之和，按式（3-42）计算，剪力按式（3-40）验算，折算应力仍按式（3-41）验算。

$$\sigma = \frac{N}{l_w t} + \frac{M}{W_w} \leqslant f_t^w \tag{3-42}$$

【例 3-4】　如图 3-44 所示，已知工字形截面牛腿翼缘宽度为 260mm，厚度为 16mm，腹板高度为 380mm、厚度为 12mm。牛腿承受竖向荷载 F，其设计值为 550kN，偏心距 $e = 300mm$。钢材为 Q355，焊条为 E50 系列型，焊条焊。焊缝质量标准为三级，施焊过程中采用引弧板。试计算牛腿与钢柱对接焊缝的强度。

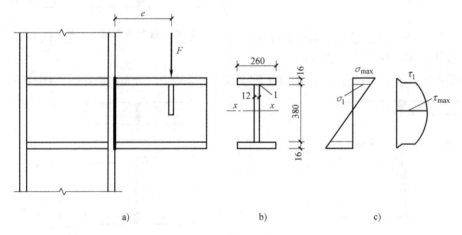

图 3-44　【例 3-4】图

【解】　因施焊过程中采用引弧板，各条焊缝的计算长度无须考虑起弧、灭弧的影响，故此对接焊缝的有效截面与牛腿的截面尺寸相同，如图 3-44b 所示。

焊缝的有效截面惯性矩为

$$I_x = \frac{1}{12} \times 260 \times (380 + 2 \times 16)^3 \text{mm}^4 - \frac{1}{12} \times (260 - 12) \times 380^3 \text{mm}^4 = 3.81 \times 10^8 \text{mm}^4$$

中和轴以上焊缝截面对中和轴的面积矩为

$$S_x = 260 \times 16 \times \frac{1}{2} \times (380 + 16) \text{mm}^3 + \frac{1}{2} \times 380 \times 12 \times \frac{1}{4} \times 380 \text{mm}^3 = 1.04 \times 10^6 \text{mm}^3$$

验算点 1 处以上截面对中和轴的面积矩为

$$S_{x1} = 260 \times 16 \times \frac{1}{2} \times (380 + 16) \text{ mm}^3 = 8.24 \times 10^5 \text{mm}^3$$

焊缝承受的剪力 $V = F = 550 \text{kN}$，弯矩 $M = F \cdot e = 550 \times 0.3 \text{kN} \cdot \text{m} = 165 \text{kN} \cdot \text{m}$

翼缘板上边缘承受的最大正应力为

$$\sigma_{max} = \frac{M \cdot \frac{h}{2}}{I_x} = \frac{165 \times 10^6 \times \left(\frac{1}{2} \times 380 + 16\right)}{3.81 \times 10^8} \text{N/mm}^2 = 89.21 \text{N/mm}^2 < f_t^w = 260 \text{N/mm}^2 \text{（满足要求）}$$

焊缝截面中和轴处的最大剪应力为

$$\tau_{max} = \frac{V \cdot S_x}{I_x \cdot t} = \frac{550 \times 10^3 \times 1.04 \times 10^6}{3.81 \times 10^8 \times 12} \text{N/mm}^2 = 125.11 \text{N/mm}^2 \leqslant f_v^w = 180 \text{N/mm}^2 \text{（满足要求）}$$

验算点 1 处的正应力为

$$\sigma_1 = \sigma_{max} \times \frac{380}{380 + 2 \times 16} = 82.28 \text{N/mm}^2$$

验算点 1 处的剪应力为

$$\tau_1 = \frac{V \cdot S_{x1}}{I_x \cdot t} = \frac{550 \times 10^3 \times 8.24 \times 10^5}{3.81 \times 10^8 \times 12} \text{N/mm}^2 = 99.13 \text{N/mm}^2$$

验算点 1 处同时承受较大的正应力和剪应力，应验算其折算应力

$$\sqrt{\sigma_1^2 + 3\tau_1^2} = \sqrt{82.28^2 + 3 \times 99.13^2} \text{N/mm}^2 = 190.40 \text{N/mm}^2 \leqslant 1.1 f_t^w = 286 \text{N/mm}^2 \text{（满足要求）}$$

3. 部分焊透的对接焊缝计算

在钢结构设计中，有时会遇到板件较厚但板件间的连接焊缝受力较小的情况，若采用焊透的对接焊缝，则焊缝的强度不能得到充分发挥，从而造成浪费。此时，可以采用部分焊透的对接焊缝，如图 3-45 所示。例如，当用四块较厚的钢板焊成的箱形截面轴心受压柱时，焊缝主要起联系作用，受力较小。在此情况下，无须采用如图 3-45a 所示的焊透对接与角接组合焊缝，而采用如图 3-45b 所示的角焊缝外形不能平整，采用如图 3-45c 所示的部分焊透的对接与角接组合焊缝适宜。

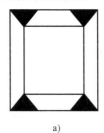
a)
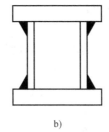
b)
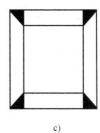
c)

图 3-45 部分焊透的对接焊缝

当受到垂直于焊缝长度方向荷载作用时，因部分焊透处将产生应力集中，会对连接带来不利影响。因此，当直接承受动力荷载时，不宜采用此种焊缝形式。但当受到平行于焊缝长度方向荷载作用时，其影响较小，可以采用。

部分焊透的对接焊缝，由于它们未焊透，只起类似于角焊缝的作用，设计中应按角焊缝的计算公式，即式（3-3）~式（3-5）进行强度计算，取 $\beta_f = 1.0$，但在受垂直于焊缝长度方向的压力作用时，可取 $\beta_f = 1.22$。各种不同截面形式下的部分焊透对接焊缝的有效厚度取值方法如下：

1）V 形坡口（图 3-46a），当 $\alpha \geq 60°$ 时，$h_e = s$；当 $\alpha < 60°$ 时，$h_e = 0.75s$。s 为坡口根部到焊缝表面的最短距离（不考虑余高），α 为 V 形坡口的夹角。

2）单边 V 形和 K 形坡口（图 3-46b、c），$\alpha = 45° \pm 5°$，$h_e = s - 3$。

3）U 形及 J 形坡口（图 3-46d、e），$h_e = s$。

当熔合线处截面边长等于或接近于最短距离 s 时（图 3-46b、c、e），其抗剪强度设计值应采用角焊缝的强度设计值乘以 0.9。

部分焊透对接焊缝的有效厚度 h_e 不得小于 $1.5\sqrt{t}$，t 为坡口所在焊件的较大厚度，单位为 mm。

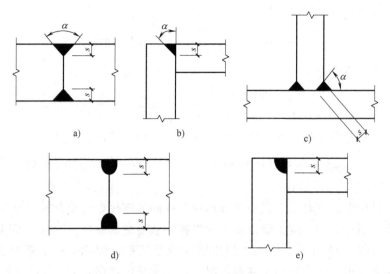

图 3-46 部分焊透对接焊缝的截面形式

3.4 焊接残余应力和残余变形

钢材焊接时在焊件上产生局部高温的不均匀温度场，焊接中心处温度可达 1600℃ 以上。高温部分钢材要求向外膨胀伸长，但由于受到邻近钢材的约束，从而在焊件内引起较高的温度应力，并在焊接过程中随时间和温度不断变化，这种应力称为焊接应力。焊接应力较高的部位将达到钢材屈服强度而发生塑性变形，因而钢材冷却后将有残存于焊件内的应力，称为焊接残余应力。在焊接和冷却过程中由于焊件受热和冷却都不均匀，除产生应力外，还会产生变形。焊件在焊接时产生的变形称为热变形，冷却后残存于焊件内的变形称为焊件残余变形。焊件残余应力和残余变形将影响构件的性能,应当引起足够重视,并注意在设计时加以控制。

3.4.1 焊接残余应力

按照产生的原因不同,焊件内的残余应力大致可以分为以下几类。

1. 沿焊缝长度方向的纵向残余应力 σ_x

在焊接过程中,焊件上会产生不均匀的温度场,焊接区以远高于周围区域的速度被急剧加热,并局部熔化;在焊缝区以外,温度则急剧下降。不均匀的温度场将使得钢材产生不均匀的膨胀。焊接区的钢材膨胀最大,由于受到周围温度较低、膨胀较小区域的钢材限制,使得焊缝区钢材产生纵向压应力(称为热应力)。钢材在600℃以上时呈塑性状态(称为热塑状态),因而高温区的这种压应力将使得焊缝区的钢材产生塑性压缩变形,当温度下降、压应力消失时,这种塑性压缩变形是不能恢复的。焊缝冷却时,被塑性压缩的焊缝区将比周围区域相对缩短、变窄或减小,这种变形将受到两侧钢材的限制,使得焊缝区产生纵向拉应力 σ_x。在低碳钢和低合金钢中,这种拉应力经常可高达其屈服强度。应当注意,焊接残余应力是构件未受到荷载作用而早已残存在构件内的应力,因而残余应力必须在焊件内部自相平衡。既然在焊缝区内有残余的拉应力,则在焊缝区以外的区段内必然存在残余压应力,并且在横截面上,上述应力的数值和分布应当满足静力平衡条件。图3-47所示为两块钢板以对接焊缝连接时的纵向残余应力分布示意图。图中,A_t 表示横截面上产生残余拉应力区域的图形面积,A_c 表示横截面上产生残余压应力区域的图形面积。其中,$A_t = A_c$,且图形必对称于焊缝轴线。

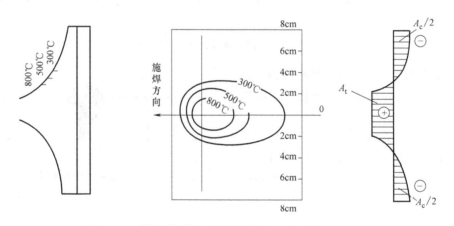

图 3-47 施焊时焊缝及其附近的温度场和焊接残余应力

2. 垂直于焊缝长度方向的横向残余应力 σ_y

当两块钢板采用对接焊缝连接时,除了产生上述沿焊缝长度方向的纵向残余应力外,还将产生垂直于焊缝长度方向的横向残余应力 σ_y。产生横向残余应力的原因有以下两方面:

1)由于焊缝的纵向收缩,使得两块钢板趋向于形成反方向的弯曲变形(图3-48)。但实际上,由于两块钢板通过焊缝连接在一起,不能分开,于是便在焊缝中部产生垂直于焊缝长度方向的横向拉应力,而在焊缝两端产生横向压应力(图3-48a、b)。

2)由于焊缝的横向收缩引起横向残余应力。焊接过程中,焊缝的形成有先有后,先焊接的部分先冷却,先冷却的焊缝将限制后冷却焊缝的横向收缩,继而产生了横向残余应力(图3-48)。

焊缝的横向残余应力是上述两种原因产生的应力最后相叠加的结果，图 3-48f 就是图 3-48b 和图 3-48c 应力合成的结果。其中，由于焊缝的横向收缩引起的横向应力与施焊方向和施焊顺序有关（图 3-48c、d、e）。图 3-48c 所示是当从钢板的一端焊接到另一端时横向应力的分布。焊缝结束处因后焊而受到焊缝中间先焊部分的约束，从而出现拉应力，中间部分则产生压应力。开始焊接端最先焊接，图中显示该处出现残余拉应力是由于需要满足弯矩的平衡条件所致。

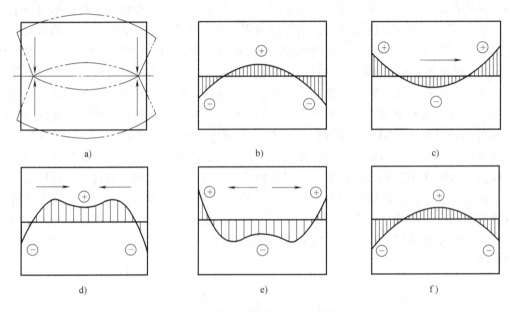

图 3-48 横向残余应力产生的原因

3. 沿焊缝厚度方向的焊接残余应力 σ_z

较厚的钢材在焊接时，焊缝需要多层施焊。因此，除有纵向和横向焊接残余应力 σ_x、σ_y 外，还存在着沿钢材厚度方向的焊接残余应力 σ_z。上述 σ_x、σ_y 及 σ_z 形成同号三向应力，如图 3-49 所示，使得结构连接的塑性大大降低。

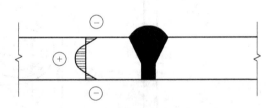

图 3-49 厚板中的焊接残余应力

3.4.2 焊接残余应力对结构性能的影响

1. 对结构静力强度的影响

对于具有一定塑性变形能力的钢材（没有低温、动力荷载等使钢材变脆的不利因素），在静力荷载作用下，焊接残余应力是不会影响结构强度的。图 3-50a 所示为外荷载 $N=0$ 时横截面上纵向残余应力的分布，此时，焊缝处的残余拉应力已经达到屈服强度 f_y。当施加轴心拉力 N 时，焊缝处的应力不再增加，拉力 N 就仅由受压的弹性区域承担。焊缝两侧受压区的应力由原来的受压逐渐转变为受拉，直至最后的应力也达到屈服强度 f_y，此时全截面的应力均达到 f_y。如图 3-50b 所示，钢板所承担的外力 $N=N_y=(abca+efde)t$，由于焊接残余应力在焊件内自相平衡，残余压应力的合力必然等于残余拉应力的合力，即面积（$aa'c'+$

$ee'd'$)与面积 $c'cdd'$ 相等,故面积($abca+efde$)与面积 $a'bfe'$ 相等,都等于 hf_y。因此,有焊接残余应力构件的承载能力与没有焊接残余应力者完全相同,即焊接残余应力不影响结构的静力强度。

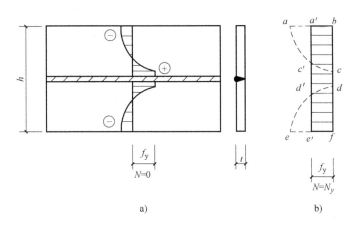

图 3-50 残余应力对静力强度的影响

2. 对结构刚度的影响

焊接残余应力会降低结构的刚度。现仍以轴心受拉构件为例加以说明(图 3-51)。由于截面 $bcde$ 部分的拉应力已经达到屈服强度 f_y,这部分的刚度为零。当构件受到拉力 N 作用时,图 3-51a 中塑性区面积 $bcde$ 逐渐增加,其高度 a 逐渐增大,两侧的弹性区总高度 m 逐渐减小。由于弹性区总高度 m 小于截面高度 h,因此,构件在受到拉力 N 作用时,有残余应力时对应的应变增量 $\Delta\varepsilon=N/(mtE)$ 必然大于无残余应力时的拉应变 $\Delta\varepsilon'=N/(htE)$,即焊接残余应力使得构件的变形增大,刚度降低。两者间的差异如图 3-51b 所示。

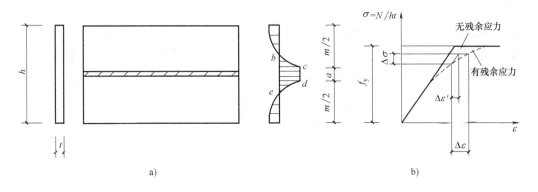

图 3-51 有残余应力时的应力与应变

3. 对结构稳定性的影响

焊接残余应力使得构件截面的有效面积和有效惯性矩减小,即构件的刚度减小,从而必定降低其稳定承载能力。

4. 对低温冷脆的影响

在厚板和具有交叉焊缝(图 3-52)的情况下,将产生三向焊接残余应力,阻碍了塑性变形的发展,在低温下使得裂纹更加容易产生和发展,加速了钢材的脆性破坏。

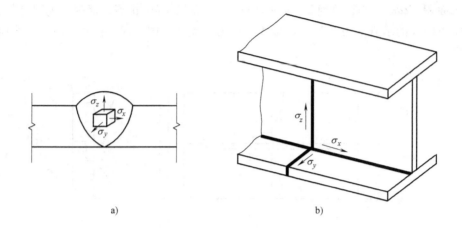

图 3-52 三向焊接残余应力

5. 对结构疲劳强度的影响

焊缝及其近旁区域内的残余拉应力通常会达到钢材的屈服强度,因而此部位容易使得疲劳裂纹产生和发展。因此,焊接残余应力对构件的疲劳强度有明显不利的影响。

3.4.3 焊接残余变形

在施焊时,由于焊缝的纵向和横向受到热态塑性压缩,将使得构件产生一些残余变形。常见的焊接残余变形如图 3-53 所示,包括纵向收缩(图 3-53a)、横向收缩(图 3-53b)、弯曲变形(图 3-53e)、角变形(图 3-53d)和扭曲变形(图 3-53f)等。焊接残余变形如果超过《钢结构工程施工质量验收规范》的规定,则必须加以矫正,以免影响构件在正常使用条件下的承载能力。

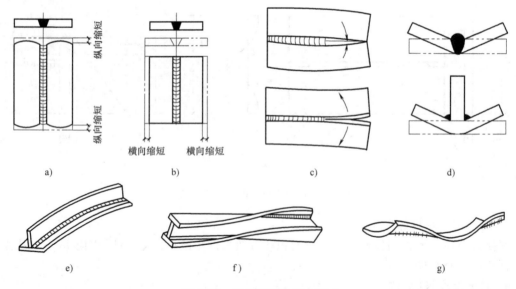

图 3-53 焊接变形的基本形式
a)纵向收缩 b)横向收缩 c)翘曲变形 d)角变形 e)弯曲变形 f)扭曲变形 g)波浪变形

3.4.4 减小焊接残余应力和焊接残余变形的方法

1. 构造措施

1) 合理布置焊缝位置，尽可能使焊缝对称于构件截面重心，以减小焊接变形。

2) 选择适当的焊缝尺寸。在允许范围内，通过采用减小焊脚尺寸、增加焊缝长度的方式保持所需焊缝总面积不变，这样可以避免因焊脚尺寸过大而引起较大的残余应力。此外，焊缝过厚还可能引起施焊时烧穿、过热等现象。

3) 焊缝不宜过分集中。

4) 应尽量避免两向或三向焊缝相交。必要时可中断次要焊缝，以保证主要焊缝连续通过。

5) 要考虑钢板的分层问题，避免在垂直于板面的方向上传递拉力。

此外，为了保证焊接结构的质量，还应注意以下问题：

1) 考虑施焊时，焊条是否易于到达并且有合适的运转空间和角度。

2) 焊缝连接构造要尽可能避免仰焊。

2. 工艺措施

1) 采用合理的施焊次序。例如，钢板对接时采用分段退焊（图3-54a），厚焊缝采用分层焊（图3-54b），工字形截面按对角跳焊（图3-54c），钢板分块拼接（图3-54d）等。

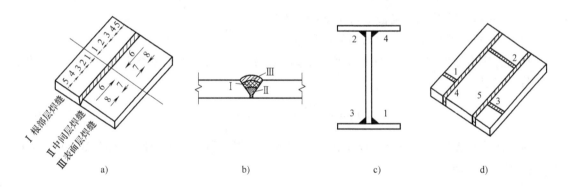

图3-54 合理的施焊次序

2) 预加反变形。在施焊前给构件一个与焊接变形方向相反的预变形，使之在焊接后与焊接变形相互抵消，从而达到减小焊接残余变形的目的。

3) 对于小尺寸焊件，在施焊前预热，或施焊后回火（加热至600℃左右，然后缓慢冷却），可以消除焊接残余应力。也可以采用机械方法或氧乙炔局部加热反弯以消除焊接变形。

3.5 焊接梁翼缘焊缝的计算

由三块钢板焊接而成的工字形截面梁如图3-55a所示。若两翼缘板与腹板间没有焊缝连接，则当各板件之间接触面上的摩擦力被克服之后，各板件之间将产生相互错动。因此，必须通过焊缝对各板件进行连接以保证梁截面整体工作。通过以上分析可知，翼缘板与腹板间的连接焊缝将承受板件之间的剪力作用，而这种剪力是由弯矩沿梁长发生变化所产生的。

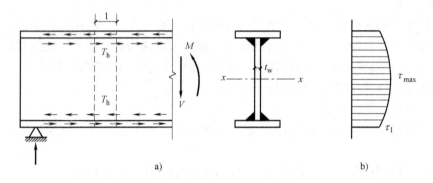

图 3-55 翼缘焊缝所受剪力

工字形截面梁弯曲剪应力在腹板上呈抛物线状分布，如图 3-55b 所示，翼缘板与腹板交点处的剪应力为

$$\tau_1 = \frac{V \cdot S_1}{I_x \cdot t_w} \tag{3-43}$$

式中　　V——所计算截面处梁的剪力；

　　　　I_x——所计算截面处梁截面对 x 轴的惯性矩；

　　　　S_1——翼缘板对梁截面中和轴的面积矩。

根据剪应力互等定理，工字形截面梁翼缘与腹板接触面间沿梁轴线方向单位长度上的水平总剪力 T_h 为

$$T_h = \frac{V \cdot S_1}{I_x \cdot t_w} \cdot t_w \cdot 1 = \frac{V \cdot S_1}{I_x} \tag{3-44}$$

为了保证翼缘板和腹板的整体工作，应使两条角焊缝所承受的剪应力 τ_f 不超过角焊缝的强度设计值 f_f^w，即

$$\tau_f = \frac{T_h}{2h_e \times 1} = \frac{V \cdot S_1}{1.4 h_f I_x} \leqslant f_f^w \tag{3-45}$$

由此可得到角焊缝的焊脚尺寸应满足

$$h_f \geqslant \frac{V \cdot S_1}{1.4 f_f^w I_x} \tag{3-46}$$

对于图 3-56 所示的具有双层翼缘板的梁，当计算外层翼缘板与内层翼缘板之间的连接焊缝强度时，式（3-46）中的 S_1 应取外层翼缘板对梁中和轴的面积矩；计算内层翼缘板与腹板之间的连接焊缝强度时，S_1 则应取内外两层翼缘板面积对梁中和轴的面积矩之和。

当梁的翼缘板上受到移动集中荷载作用或虽受到固定集中荷载但并未设置支承加劲肋时，翼缘板与腹板间的连接焊缝不仅承受前述由于梁弯曲而产生的水平剪力 T_h 的作用（图 3-57），同时还将承受由集中压力 F 所产生的垂直剪力 T_v 的作用。单位长度上的垂直剪力 T_v 可按照下式进行计算

$$T_v = \sigma_c \cdot t_w \cdot 1 = \frac{\psi \cdot F}{t_w \cdot l_z} \cdot t_w \cdot 1 = \frac{\psi \cdot F}{l_z} \qquad (3\text{-}47)$$

式中 σ_c——腹板计算高度边缘处的局部压应力；

F——集中荷载，对动力荷载应考虑动力系数；

ψ——集中荷载增大系数，对重级工作制吊车梁取 $\psi=1.35$，其他梁取 $\psi=1.0$；

l_z——集中荷载在腹板计算高度边缘的假定分布长度。

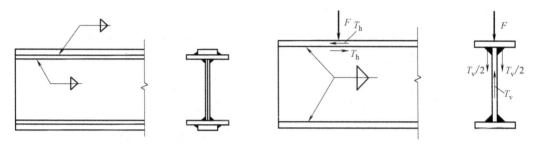

图 3-56 双层翼缘板梁的连接焊缝 图 3-57 双向剪力作用下的翼缘焊缝

在 T_v 作用下，两条焊缝相当于正面角焊缝，其应力计算公式为

$$\sigma_f = \frac{T_v}{2h_e \times 1} = \frac{\psi \cdot F}{1.4 h_f l_z} \qquad (3\text{-}48)$$

因此，在 T_h 和 T_v 共同作用下，应满足

$$\sqrt{\left(\frac{\sigma_f}{\beta_f}\right)^2 + \tau_f^2} \leqslant f_f^w \qquad (3\text{-}49)$$

将式（3-45）和式（3-48）代入式（3-49），整理可得焊缝的焊脚尺寸应满足

$$h_f \geqslant \frac{1}{1.4 f_f^w} \sqrt{\left(\frac{\psi F}{\beta_f l_z}\right)^2 + \left(\frac{V S_1}{I_x}\right)^2} \qquad (3\text{-}50)$$

设计时，通常事先假定某一焊脚尺寸 h_f，然后再进行验算。

3.6 螺栓及铆钉连接构造

3.6.1 螺栓、螺栓孔及铆钉的符号

在钢结构的施工图中，需要对螺栓种类以及螺栓孔的施工要求进行正确标注，以便施工人员能够按照图样正确施工。常用的螺栓、铆钉和孔的符号如图 3-58 所示，图中"+"表示中心点的定位线，在图中还应标注或统一说明螺栓的直径和孔径。

3.6.2 螺栓及铆钉的排列和构造要求

螺栓及铆钉在构件上的排列可以分为并列和错列（图 3-59）两种方式。螺栓在排列时应考虑下列要求：

（1）受力要求 为避免钢板端部发生剪断破坏，在沿内力作用的方向上，螺栓的端距

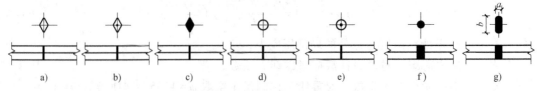

图 3-58　螺栓、铆钉和孔的符号

a）永久普通螺栓　b）安装普通螺栓　c）高强度螺栓　d）车间铆钉
e）工地铆钉　f）螺栓或铆钉圆孔　g）长圆孔

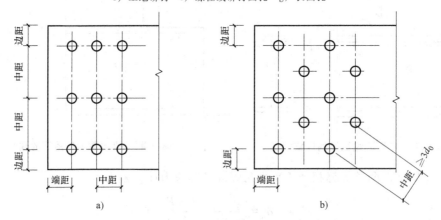

图 3-59　钢板上的螺栓（铆钉）排列

a）并列　b）错列

不应小于 $2d_0$，d_0 为螺栓的孔径。在垂直于内力作用方向上，对于最小边距的规定，依照钢板边缘采用的切割方式以及所采用螺栓的种类不同而有所差别，详见附录 B。此外，对于受拉构件，各排螺栓的中距不应过小，否则螺栓周围应力集中相互影响较大，且对钢板的截面削弱过多，从而会降低其承载能力。对于受压构件，沿作用力方向的螺栓的中距不宜过大，否则被连接板件间容易出现张口或鼓曲现象。对铆钉排列的要求与螺栓类同。

（2）构造要求　若螺栓中距或边距过大，被连接构件间接触面不够紧密，潮气容易从接触面间的缝隙侵入，使钢材发生锈蚀。

（3）施工要求　要保证有一定的操作空间，便于转动扳手拧紧螺母。

根据以上要求，相关规范规定钢板上螺栓和铆钉的允许距离如图 3-59 及附录 B 所示。角钢、普通工字钢、槽钢上螺栓的线距应满足图 3-60、图 3-61 以及附录 C～附录 E 的要求。H 型钢腹板上的 c 值可参照普通工字钢，翼缘上的 e 值或 e_1、e_2 值可根据外伸宽度参照角钢相关尺寸。

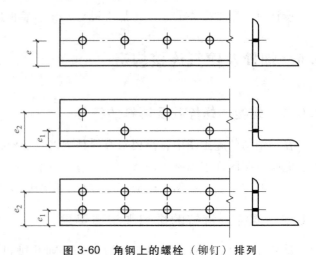

图 3-60　角钢上的螺栓（铆钉）排列

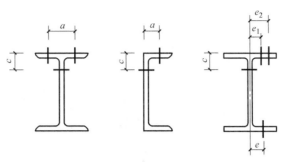

图 3-61　型钢上的螺栓（铆钉）排列

3.7　普通螺栓连接的计算

3.7.1　抗剪螺栓连接

普通螺栓连接按力的传递方式不同，可分为抗剪螺栓连接和抗拉螺栓连接。在抗剪螺栓连接中，由于板件间的摩擦力很小，剪力主要依靠螺栓杆的抗剪以及螺栓杆对孔壁的承压传递垂直于螺栓杆方向的剪力。图 3-62 所示为抗剪螺栓连接的几种常见破坏形式。

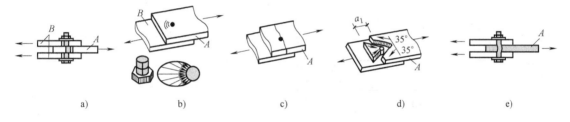

图 3-62　抗剪螺栓连接的常见破坏形式
a) 螺栓杆剪断　b) 孔壁承压破坏　c) 钢板拉断　d) 钢板剪断　e) 螺栓弯曲

图 3-62a 所示为螺栓杆被剪断，当被连接板件厚度较大且螺栓杆直径较小时，多出现此种破坏形式。图 3-62b 所示为钢板孔壁承压破坏，当被连接板件较薄而螺栓杆直径较大时，容易出现此种破坏形式。图 3-62c 所示为被连接板件沿螺栓孔中心被拉断，出现这种现象，主要是由于螺栓孔的设置使得板件截面削弱过多。图 3-62d 所示为钢板端部受剪撕裂，这种破坏模式主要是由于布置螺栓时端距过小造成的，这种情况可以通过使得螺栓的排列满足构造要求，即螺栓端距 $a_1 \geq 2d_0$ 来避免。图 3-62e 所示为当被连接板件的叠加厚度过大致使螺栓杆过长而发生了弯曲破坏，通常限制被连接板件总厚度不超过螺栓直径的 5 倍时，就可避免此种破坏形式。

综上所述，在抗剪螺栓连接的五种常见破坏形式中，前三种需要通过强度计算予以避免，而后两种破坏形式则可以通过采用构造措施予以避免。

1. 单个螺栓的受剪承载力

单个螺栓的受剪承载力由螺栓杆横截面的受剪承载力以及螺栓与孔壁之间的受压承载力共同决定，因此，单个螺栓的受剪承载力应按式（3-51）、式（3-52）分别计算，并取两者中的较小值：

受剪承载力设计值

$$N_v^b = n_v \frac{\pi d^2}{4} f_v^b \tag{3-51}$$

受压承载力设计值

$$N_c^b = d \sum t f_c^b \tag{3-52}$$

单个螺栓的受剪承载力取 N_v^b 和 N_c^b 中的最小值，即

$$N_{\min}^b = \min\{N_v^b, N_c^b\} \tag{3-53}$$

式中　n_v——螺栓受剪面数，其取值方法如图 3-63 所示；

　　　d——螺栓杆直径，对铆钉连接取孔径 d_0；

　　　$\sum t$——在同一方向承压构件总厚度的较小值，如图 3-63 所示；

　　　f_v^b、f_c^b——螺栓的抗剪、承压强度设计值，对铆钉连接取 f_v^r、f_c^r。

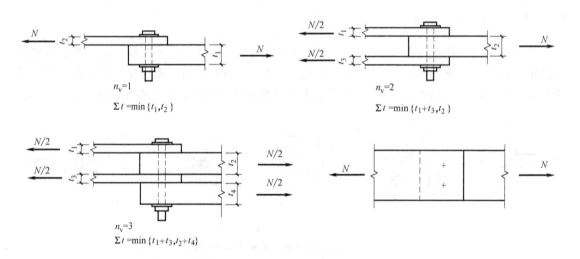

图 3-63　螺栓的受剪面数和承压厚度

2. 被连接板件的承载力计算

下面以图 3-64 所示的连接形式为例来说明如何对被连接板件进行承载力的计算。图中左边板件承受轴向拉力 N，通过左侧螺栓群将拉力传至上、下两块拼接板，再由两块拼接板通过右侧螺栓群将拉力传至右边板件。在力传递的过程中，各部分构件受力情况如图 3-64c 所示。从图中可以看出，被连接板件在截面 1-1 处承受全部轴向拉力 N，在截面 1-1 和截面 2-2 之间只承受 $2N/3$ 的轴向拉力，其余 $N/3$ 的拉力已经通过第一排螺栓传给了拼接板。

由于螺栓孔削弱了被连接板件的横截面，因此，为了防止被连接板件发生拉断破坏，需要采用下式验算板件净截面的强度

$$\sigma = \frac{N}{A_n} \leqslant f \tag{3-54}$$

式中　A_n——被连接板件或拼接板的净截面面积。

如图 3-64a 所示采用并列螺栓连接的板件，以左半部分为例，截面 1-1、截面 2-2 和截面 3-3 的净截面面积均相同。通过对被连接板件进行受力分析，截面 1-1 承受的拉力为 N，截

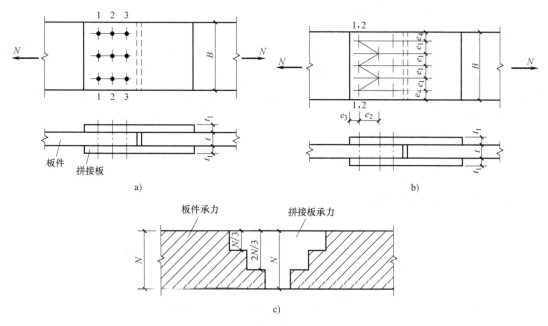

图 3-64 力的传递及净截面面积

面 2-2 承受的拉力为 $\left(1-\dfrac{n_1}{n}\right)N$,截面 3-3 承受的拉力为 $\left(1-\dfrac{n_1+n_2}{n}\right)N$,截面 1-1 受力最大,其净截面面积为

$$A_n = t(B - n_1 d_0) \tag{3-55}$$

对拼接板进行受力分析,可以发现截面 3-3 受力最大,其净截面面积为

$$A_n = 2t_1(B - n_3 d_0) \tag{3-56}$$

式中 n——左半部分螺栓总数;
n_1、n_2、n_3——截面 1-1、截面 2-2 和截面 3-3 处的螺栓数;
d_0——螺栓孔直径。

对于如图 3-64b 所示的错列螺栓群连接,被连接板件不仅需要考虑沿截面 1-1(正交截面)有发生断裂破坏的可能,其净截面面积按式(3-55)计算。同时,还要考虑沿截面 2-2(折线截面)也可能发生断裂破坏。此时,折线截面 2-2 的净截面面积为

$$A_n = t\left[2e_4 + (n_2-1)\sqrt{e_1^2 + e_2^2} - n_2 d_0\right] \tag{3-57}$$

式中 n_2——折线截面 2-2 上的螺栓数。

3. 普通螺栓群的受剪计算

(1)轴向力作用下的受剪计算 试验表明,普通螺栓群在轴向剪力作用下,当连接处于弹性变形阶段时,螺栓群中的各螺栓受力不相等,两端的螺栓受力大而中间的受力小。当超过弹性变形阶段进入弹塑性变形阶段后,因内力发生了重分布而使得各螺栓受力趋于均匀。因此,当沿受力方向的连接长度 $l_1 \leqslant 15d_0$(螺栓孔直径)时,可以认为由于内力重分布而使得剪力由各个螺栓平均分担,即受轴向剪力作用的普通螺栓群所需要的最少螺栓数按下式计算

$$n = \dfrac{N}{N_{\min}^b} \tag{3-58}$$

式中 N——作用于螺栓群的轴向剪力设计值;

N_{min}^b——单个螺栓的受剪承载力设计值。

但当构件节点处或拼接缝一侧的螺栓很多,且沿受力方向的连接长度过长时,将使得各螺栓受力不均匀,两端大而中间小,如图 3-65 所示。这将导致端部的螺栓因受力过大而首先破坏,随后依次向内发展逐个破坏。为防止端部螺栓过早发生破坏,规范规定当螺栓沿受力方向的连接长度 $l_1>15d_0$ 时,应将螺栓的承载力乘以下折减系数

$$\beta = 1.1 - \frac{l_1}{150d_0} \qquad (3-59)$$

式中 d_0——螺栓孔的孔径。

当 $l_1>60d_0$,取上述折减系数 $\beta=0.7$。

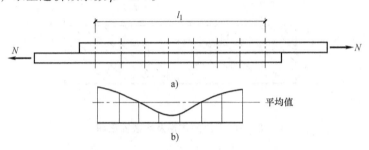

图 3-65 长螺栓连接中各螺栓的受力大小

a) 长螺栓连接 b) 各螺栓受力大小示意图

在此种情况下,普通螺栓群所需要的最少螺栓数

$$n = \frac{N}{\beta N_{min}^b} \qquad (3-60)$$

(2) 扭矩作用下的受剪计算 如图 3-66 所示,普通螺栓群承受扭矩 T 的作用。在此种受力情况下螺栓群受剪计算步骤与前述轴向剪力作用下的不同,通常事先假定所需螺栓数目并确定螺栓的排列位置,再验算受力最大的螺栓强度是否满足要求。此外,计算扭矩 T 对螺栓群的作用力时,采用弹性分析法,并假定被连接板件为绝对刚性的,而螺栓则为弹性的。并且,在扭矩作用下,每个螺栓所承受剪力的大小 N_i^T 与该螺栓中心到螺栓群形心 O 的距离 r_i 成正比,力的方向垂直于此螺栓中心至螺栓群形心 O 的连线。

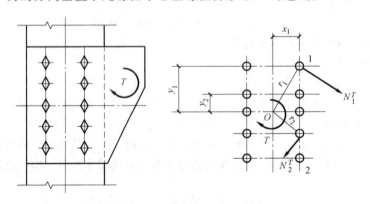

图 3-66 扭矩作用下的普通螺栓群

由力的平衡条件可知，各螺栓承受的剪力 N_i^T 对螺栓群形心的力矩总和应等于外扭矩 T，故有

$$T = N_1^T r_1 + N_2^T r_2 + N_3^T r_3 + \cdots + N_n^T r_n \tag{3-61}$$

且由每个螺栓所承受剪力的大小 N_i^T 与该螺栓中心到螺栓群形心 O 的距离 r_i 成正比，得到

$$\frac{N_1^T}{r_1} = \frac{N_2^T}{r_2} = \frac{N_3^T}{r_3} = \cdots = \frac{N_n^T}{r_n} \tag{3-62}$$

因而

$$N_2^T = N_1^T \frac{r_2}{r_1}, N_3^T = N_1^T \frac{r_3}{r_1}, \cdots, N_n^T = N_1^T \frac{r_n}{r_1} \tag{3-63}$$

将式（3-63）代入式（3-61），得到

$$T = \frac{N_1^T}{r_1}(r_1^2 + r_2^2 + r_3^2 + \cdots + r_n^2) = \frac{N_1^T}{r_1} \sum r_i^2 \tag{3-64}$$

$$N_1^T = \frac{Tr_1}{\sum r_i^2} = \frac{Tr_1}{(\sum x_i^2 + \sum y_i^2)} \tag{3-65}$$

为了计算简便，当螺栓布置呈狭长带时，如当 $y_1 > 3x_1$ 时，r_1 趋近于 y_1，$\sum x_i^2$ 与 $\sum y_i^2$ 比较可忽略不计。因此，式（3-65）可简化为

$$N_1^T = \frac{Ty_1}{\sum y_i^2} \tag{3-66}$$

设计时，受力最大的一个螺栓所承受的剪力设计值应不大于螺栓的抗剪承载力设计值 $N_{\min}^b$，即

$$N_1^T \leqslant N_{\min}^b \tag{3-67}$$

（3）轴向力、扭矩、剪力共同作用下的受剪计算　如图 3-67 所示，普通螺栓群承受轴向力 N、扭矩 T 以及剪力 V 的共同作用。同前述螺栓群仅承受扭矩作用的计算步骤相同，需事先假定所需螺栓数并确定螺栓的排列位置，再进行相应螺栓强度验算。

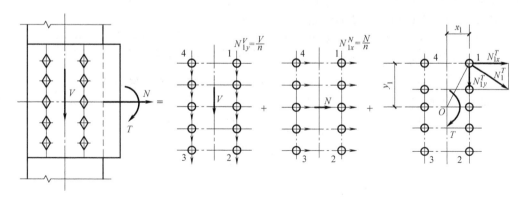

图 3-67　轴向力、扭矩、剪力共同作用下的普通螺栓群

对此螺栓群进行受力分析，可以发现，在扭矩 T 作用下，离螺栓群形心 O 距离最远的

1、2、3、4号螺栓受力最大，设为 N_1^T，其在 x、y 轴方向上的分力分别为

$$N_{1x}^T = N_1^T \frac{y_1}{r_1} = \frac{Ty_1}{\sum x_i^2 + \sum y_i^2} \qquad (3\text{-}68)$$

$$N_{1y}^T = N_1^T \frac{x_1}{r_1} = \frac{Tx_1}{\sum x_i^2 + \sum y_i^2} \qquad (3\text{-}69)$$

在轴向力 N 和剪力 V 的作用下，各螺栓均匀受力，每个螺栓承受的力为

$$N_{1y}^V = \frac{V}{n} \qquad (3\text{-}70)$$

$$N_{1x}^N = \frac{N}{n} \qquad (3\text{-}71)$$

以上各外力的作用效果都是使螺栓受剪，因此，将上述螺栓内力进行叠加，叠加过程中需要注意力的方向，故受力最大的螺栓 1 承受的合力 N_1 应满足其数值不超过螺栓的受剪承载力设计值的要求，即

$$N_1 = \sqrt{(N_{1x}^T + N_{1x}^N)^2 + (N_{1y}^T + N_{1y}^V)^2} \leqslant N_{\min}^b \qquad (3\text{-}72)$$

【例 3-5】 试设计图 3-68 所示的钢板对接接头。已知钢板为 -18×600，采用双层拼接板和 C 级普通螺栓连接。钢材为 Q235，拼接接头所承受的荷载设计值为：扭矩 $T = 48\text{kN}\cdot\text{m}$，轴向力 $N = 320\text{kN}$，剪力 $V = 250\text{kN}$，螺栓直径 $d = 20\text{mm}$，螺栓孔直径 $d_0 = 21.5\text{mm}$。

【解】 1）首先确定拼接板的尺寸。拟采用 -10×600 的钢板两块，作为上、下拼接板，其横截面面积为 $600\text{mm}\times10\text{mm}\times2 = 12000\text{mm}^2$，其值大于被连接钢板的横截面面积 $600\text{mm}\times18\text{mm} = 10800\text{mm}^2$。

2）布置螺栓。布置螺栓时，在允许的螺栓距离范围内，螺栓的水平间距尽量取较小值，以减小拼接板的长度；竖向间距尽量取较大值，以避免板件截面被过多地削弱。按照上述分析以及附录 B 中对螺栓间允许距离的要求，拟定的螺栓布置方式及位置如图 3-68 所示。

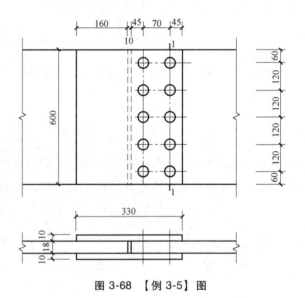

图 3-68 【例 3-5】图

3）螺栓强度验算。查附录 A 知 $f_v^b = 140\text{N/mm}^2$，$f_c^b = 305\text{N/mm}^2$，故单个螺栓的受剪承载力设计值为

$$N_v^b = n_v \frac{\pi d^2}{4} f_v^b = 2 \times \frac{3.1416 \times 20^2}{4} \times 140\text{N} = 87964.8\text{N}$$

$$N_c^b = d \sum t f_c^b = 20 \times 18 \times 305\text{N} = 109800\text{N}$$

单个螺栓的受剪承载力取 N_v^b 和 N_c^b 中的最小值，即 $N_{\min}^b = \min\{N_v^b, N_c^b\} = 87964.8\text{N}$

4）螺栓的受力计算。在扭矩 T 作用下，最外侧螺栓受剪力最大，其沿 x、y 轴方向的分

力为

$$N_{1x}^T = \frac{Ty_1}{\sum x_i^2 + \sum y_i^2} = \frac{48\times10^6 \times 240}{10\times35^2 + 4\times(120^2+240^2)}\text{N} = 38368\text{N}$$

$$N_{1y}^T = \frac{Tx_1}{\sum x_i^2 + \sum y_i^2} = \frac{48\times10^6 \times 35}{10\times35^2 + 4\times(120^2+240^2)}\text{N} = 5595.3\text{N}$$

在剪力 V 和轴向力 N 作用下,每个螺栓承受的剪力分别为

$$N_{1y}^V = \frac{V}{n} = \frac{250\times10^3}{10}\text{N} = 25000\text{N}$$

$$N_{1x}^N = \frac{N}{n} = \frac{320\times10^3}{10}\text{N} = 32000\text{N}$$

$$\begin{aligned}N_1 &= \sqrt{(N_{1x}^T + N_{1x}^N)^2 + (N_{1y}^T + N_{1y}^N)^2}\\ &= \sqrt{(38368+32000)^2 + (5595.3+25000)^2}\text{ N}\\ &= 79781.3\text{N} < N_{\min}^b = 87964.8\text{N}\end{aligned}$$

5) 钢板净截面强度验算。钢板在截面 1-1 处受力最大,但净截面面积最小,因此应对截面 1-1 进行强度验算。

截面 1-1 的净面积

$$A_n = t(b - n_1 d_0) = 18\times(600 - 5\times21.5)\text{mm}^2 = 8865\text{mm}^2$$

毛截面惯性矩

$$I = \frac{tb^3}{12} = \frac{18\times600^3}{12}\text{mm}^4 = 324000000\text{mm}^4$$

净截面惯性矩

$$I_n = 324000000\text{mm}^4 - 18\times21.5\times(120^2+240^2)\times2\text{mm}^4 = 268272000\text{mm}^4$$

净截面模量

$$W_n = \frac{I_n}{300} = 894240\text{mm}^3$$

面积矩

$$S = \frac{tb}{2}\cdot\frac{b}{4} = 18\times\frac{600^2}{8}\text{mm}^3 = 810000\text{mm}^3$$

钢板截面最外边缘处正应力

$$\sigma = \frac{T}{W_n} + \frac{N}{A_n} = \frac{48\times10^6}{894240}\text{N/mm}^2 + \frac{320\times10^3}{8865}\text{N/mm}^2 = 89.8\text{N/mm}^2 < f = 215\text{N/mm}^2$$

钢板截面靠近形心处的剪应力

$$\tau = \frac{VS}{It} = \frac{250\times10^3 \times 810000}{324000000\times18}\text{N/mm}^2 = 34.7\text{N/mm}^2 < f_v = 125\text{N/mm}^2$$

钢板截面靠近形心处的折算应力

$$\sigma_z = \sqrt{\sigma^2 + 3\tau^2} = \sqrt{\left(\frac{320\times10^3}{8865}\right)^2 + 3\times34.7^2} = 70.1\text{N/mm}^2$$

$$< 1.1f = 1.1\times215\text{N/mm}^2 = 236.5\text{N/mm}^2 (满足要求)$$

3.7.2 受拉力作用的螺栓连接

1. 单个螺栓的受拉承载力

在螺栓连接中，拉力使得构件之间有逐步脱开的趋势，由于螺栓的存在阻止其脱开，从而拉力即通过被连接板件传递给了螺栓，使得螺栓受到了沿螺栓杆轴线方向的拉力作用，最终的破坏形式为螺栓杆被拉断。据此，可以得到单个普通螺栓的受拉承载力设计值为

$$N_t^b = \frac{\pi d_e^2}{4} f_t^b \tag{3-73}$$

式中　d_e——普通螺栓的有效直径，对铆钉连接取孔径 d_0；

　　　f_t^b——普通螺栓抗拉强度设计值，对铆钉取 f_t^r。

在图 3-69 所示的采用普通螺栓的 T 形连接中，若被连接板件的刚度较小，则当其受到拉力 $2N$ 作用时，在垂直于拉力作用方向上板件将产生较大的弯曲变形，使得螺栓受拉时犹如杠杆一样在端板外角点附近产生撬力 Q，螺栓杆实际所受到的总拉力将增加到 $N_t = N+Q$。

撬力的大小与板件厚度、螺栓直径及螺栓位置等因素相关，很难精确计算。为了简化，《钢结构设计标准》规定，将普通螺栓抗拉强度设计值 f_t^b 取为钢材抗拉强度设计值 f 的 80%（$f_t^b = 0.8f$），即通过将螺栓抗拉强度设计值降低 20% 来近似考虑撬力的不利影响。

此外，在实际施工中，可以在构造上采取一些措施，如设置加劲肋或增加端板厚度等来减小或消除撬力的影响。

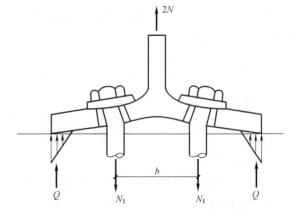

图 3-69　受拉力作用的螺栓连接中的撬力

2. 普通螺栓群的受拉计算

（1）轴向力作用下的受拉计算　如图 3-70 所示，轴向力 N 通过螺栓群的形心并使螺栓受拉，假定各螺栓平均承担外力，则每个螺栓承受的拉力应满足

$$N_1 = \frac{N}{n} \leqslant N_t^b \tag{3-74}$$

式中　N——作用于螺栓群形心的轴向拉力设计值；

　　　N_1——每个螺栓所承受的拉力；

　　　n——螺栓群中的螺栓个数。

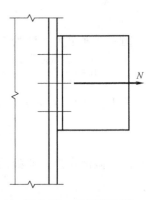

图 3-70　普通螺栓群承受轴向拉力

（2）弯矩作用下的受拉计算　图 3-71 所示为牛腿与柱之间通过普通螺栓连接的构造。在牛腿（T 形板）底部与柱连接处设置承托板，承托板与 T 形板之间采用刨平顶紧的方式连接。在此种情况下，螺栓群仅承受弯矩 M 的作用，而剪力 V 则通过承托板传递给柱身。按照弹性设计方法，在弯矩作用下，距离中和轴越远的螺栓受到的拉力越大，而压力则由弯矩指向一侧的部分端

板承受。设中和轴至端板受压边缘的距离为 c (图 3-71)。分析此类连接的特点可以发现,拉力仅由几个孤立的螺栓承受,而压力则由具有较大宽度、矩形截面的一部分端板承受。当以螺栓群的形心位置作为中和轴时,所求得的端板受压区高度 c 总是很小,中和轴通常在弯矩指向的一侧(受压区)最外排螺栓附近的某个位置。因此,在实际计算中,可近似地认为中和轴位于最下排螺栓 O 处,即认为连接变形为绕 O 处水平轴的转动,螺栓拉力与从 O 点算起的纵坐标 y 成正比,即

$$\frac{N_1}{y_1} = \frac{N_2}{y_2} = \frac{N_3}{y_3} = \cdots = \frac{N_n}{y_n} \tag{3-75}$$

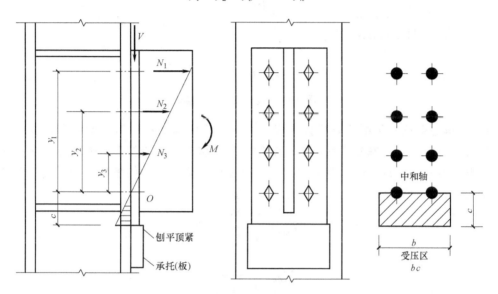

图 3-71 弯矩作用下的普通螺栓群

列弯矩平衡方程,由于端板受压区部分对 O 处水平轴的力臂很小,可以偏于安全地忽略此部分压力所产生的力矩,则可以得到

$$\begin{aligned}M &= N_1 y_1 + N_2 y_2 + N_3 y_3 + \cdots + N_n y_n \\ &= \frac{N_1}{y_1} y_1^2 + \frac{N_1}{y_1} y_2^2 + \frac{N_1}{y_1} y_3^2 + \cdots + \frac{N_1}{y_1} y_n^2 = \frac{N_1}{y_1} \sum y_i^2\end{aligned} \tag{3-76}$$

第 i 个螺栓承受的拉力为

$$N_i = \frac{M y_i}{\sum y_i^2} \tag{3-77}$$

离 O 处水平轴距离最远的最外排螺栓 1 所受的拉力最大,设计时要求其不能超过单个螺栓的受拉承载力设计值,即

$$N_1 = \frac{M y_1}{\sum y_i^2} \leqslant N_t^b \tag{3-78}$$

(3) 轴向力、弯矩共同作用下的抗拉计算 如图 3-72 所示的牛腿与柱的连接,螺栓群连接承受偏心拉力的作用,将拉力移至螺栓群的形心,则可以看出此螺栓群承受轴心拉力 N 和弯矩 $M = Ne$ 的共同作用。按照弹性设计法,根据轴心拉力 N 对形心偏心距的大小,可以

出现小偏心受拉和大偏心受拉两种工况，下面分别进行分析和计算。

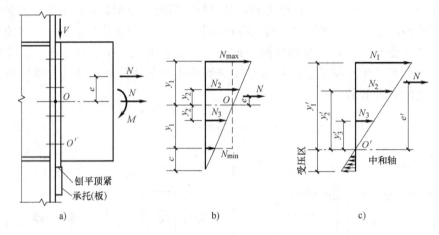

图 3-72 偏心受拉的螺栓群

1) 小偏心受拉。在小偏心受拉工况下，所有螺栓均受拉，但各螺栓所承受的拉力不同。轴心拉力 N 由各个螺栓平均承担，而弯矩 M 则引起以螺栓群形心 O 处水平轴为中和轴的三角形应力分布（3-72b），将上述两应力叠加后，受力最小的螺栓仍承受拉力作用，则受力最大和最小的螺栓所受拉力应当满足如下条件

$$N_{\max} = \frac{N}{n} + \frac{Ney_1}{\sum y_i^2} \leqslant N_t^b \tag{3-79}$$

$$N_{\min} = \frac{N}{n} - \frac{Ney_1}{\sum y_i^2} \geqslant 0 \tag{3-80}$$

式（3-79）表示对于受力最大的螺栓，其承受的拉力不超过单个螺栓的受拉承载力设计值；式（3-80）则表示全部螺栓均受拉，不存在受压区，这是式（3-79）成立的前提条件。由式（3-80）可以得到在小偏心受拉工况下，拉力的偏心距应满足

$$e \leqslant \frac{\sum y_i^2}{ny_1} \tag{3-81}$$

2) 大偏心受拉。当拉力的偏心距较大，即 $e > \dfrac{\sum y_i^2}{ny_1}$ 时，端板底部将出现受压区（图 3-72c）。为了计算方便，偏于安全地认为中和轴位于最下排螺栓 O' 处，此时需按照新的中和轴位置重新计算螺栓群承受的 $M = Ne'$ 以及各个螺栓与 O' 的距离 y_i'，并列出相应的弯矩平衡方程

$$\frac{N_1}{y_1'} = \frac{N_2}{y_2'} = \frac{N_3}{y_3'} = \cdots = \frac{N_n}{y_n'} \tag{3-82}$$

$$\begin{aligned} M &= N_1 y_1' + N_2 y_2' + N_3 y_3' + \cdots + N_n y_n' \\ &= \frac{N_1}{y_1'} y_1'^2 + \frac{N_2}{y_2'} y_2'^2 + \frac{N_3}{y_3'} y_3'^2 + \cdots + \frac{N_n}{y_n'} y_n'^2 = \frac{N_1}{y_1'} \sum y_i'^2 \end{aligned} \tag{3-83}$$

则受力最大的最上排 1 号螺栓承受的拉力为

$$N_1 = \frac{Ne'y'_1}{\sum y'^2_i} \leqslant N^b_t \tag{3-84}$$

【例 3-6】 如图 3-73 所示，一刚接屋架下弦节点，竖向力由承托板承受，采用 C 级螺栓连接，此连接承受设计值 $N=300\text{kN}$ 的偏心拉力，其偏心距 $e=50\text{mm}$，螺栓布置如图所示，请设计此连接。

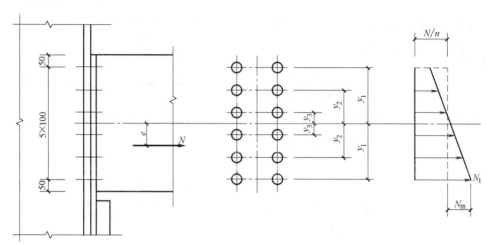

图 3-73 【例 3-6】图

【解】

$$\frac{\sum y^2_i}{ny_1} = \frac{4\times(50^2+150^2+250^2)}{12\times 250}\text{mm} = 116.7\text{mm} > e = 50\text{mm}$$

属于小偏心受拉工况，应按式（3-79）计算

$$N_{\max} = \frac{N}{n} + \frac{Ney_1}{\sum y^2_i} = \frac{300}{12}\text{kN} + \frac{300\times 50\times 250}{4\times(50^2+150^2+250^2)}\text{kN} = 35.7\text{kN}$$

需要的螺栓有效截面面积为

$$A_e = \frac{N_1}{f^b_t} = \frac{35.7\times 10^3}{170}\text{mm}^2 = 210\text{mm}^2$$

采用 M20 螺栓，其有效截面面积 $A_e = 245\text{mm}^2 > 210\text{mm}^2$。

【例 3-7】 若图 3-73 中采用的是 C 级 M22 螺栓，所承受的偏心拉力设计值 $N=200\text{kN}$，其偏心距 $e=300\text{mm}$，试验算螺栓的承载力是否满足要求。

【解】

$$\frac{\sum y^2_i}{ny_1} = \frac{4\times(50^2+150^2+250^2)}{12\times 250}\text{mm} = 116.7\text{mm} < e = 300\text{mm}$$

属于大偏心受拉工况，偏于安全地取中和轴位于最上排螺栓处，而最下排螺栓受到的拉力最大，此时各螺栓至中和轴的距离为

$$y'_1 = 500\text{mm}, y'_2 = 400\text{mm}, y'_3 = 300\text{mm}, y'_4 = 200\text{mm}, y'_5 = 100\text{mm}, e' = 550\text{mm}$$

最下排螺栓受到的拉力为

$$N_1 = \frac{Ne'y'_1}{\sum y'^2_i} = \frac{200 \times 550 \times 500}{2 \times (100^2 + 200^2 + 300^2 + 400^2 + 500^2)} \text{kN} = 50 \text{kN}$$

一个 M22 螺栓的受拉承载力为

$$N_t^b = f_t^b A_e = 170 \times 303 \text{N} = 51.51 \text{kN} > N_1 = 50 \text{kN}$$

故螺栓的承载力满足要求。

3.7.3 受剪力、拉力共同作用的螺栓连接

实际情况中，螺栓可能同时承受剪力和拉力，如图 3-74 所示。此种受力情况下，螺栓可能出现两种破坏形式：螺栓杆在拉剪作用下破坏或孔壁承压破坏。

试验研究结果表明，螺栓在拉剪作用下，$\dfrac{N_t}{N_t^b}$ 和 $\dfrac{N_v}{N_v^b}$ 两者间的相关曲线近似呈圆形，由此，规范中给出了普通螺栓在同时受剪拉作用时，应满足以下两个验算公式

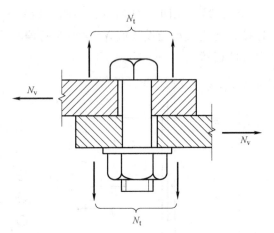

图 3-74 剪力、拉力共同作用下的螺栓受力情况

$$\sqrt{\left(\frac{N_t}{N_t^b}\right)^2 + \left(\frac{N_v}{N_v^b}\right)^2} \leqslant 1.0 \qquad (3-85)$$

$$N_v \leqslant N_c^b \qquad (3-86)$$

3.8 高强度螺栓连接的计算

3.8.1 高强度螺栓连接的工作性能及构造要求

按照受力特性的不同，高强度螺栓连接可以分为摩擦型连接和承压型连接。高强度螺栓摩擦型连接仅依靠被连接板件间的摩擦力传递剪力，当剪力等于摩擦力时，即达到了承载力的极限状态。在高强度螺栓承压型连接中，当剪力超过被连接板件间的摩擦力时，板件间将发生相对滑移，螺栓杆与螺栓孔壁接触，并通过与孔壁间的挤压作用承受剪力，最终以螺栓杆被剪断或孔壁发生承压破坏作为承载力极限状态，其可能出现的破坏形式与普通螺栓连接相同。对于同一规格的螺栓，高强度螺栓承压型连接的受剪承载力高于高强度螺栓摩擦型连接。

1. 高强度螺栓的预拉力

（1）预拉力施加方法　高强度螺栓的预拉力是通过拧紧螺母来实现的。通常采用扭矩法、转角法或扭剪法来控制螺栓的预拉力。

1）扭矩法。采用可直接显示出扭矩的特制扳手，根据事先测定的扭矩与螺栓预拉力之间的关系，见式（3-87），通过控制施加在高强度螺栓上的拧紧力矩来控制螺栓的预拉力，并计入必要的超张拉值。此种方法往往由于螺纹条件、螺母下的表面情况及润滑情况等因素的变化，而使得扭矩和预拉力之间的关系变化幅度较大。所需扭矩值 T 应按照下式计算

$$T = KdP \tag{3-87}$$

式中 K——扭矩系数，事先由试验测定；

d——螺栓直径；

P——设计时规定的高强度螺栓预拉力。

2）转角法。采用此法对高强度螺栓施加预拉力时，可以分为两步：初拧和终拧。先用普通扳手对高强度螺栓进行初拧，使得被连接板件间紧密贴合；然后再以初拧位置为起点，将螺母继续旋转一个预定角度，即达到了设计时所需的预拉力。

3）扭剪法。扭剪型高强度螺栓的受力特征与一般的高强度螺栓相同，只是在施加预拉力时所采用的方法为用拧断螺栓梅花切口处的截面来控制预拉力数值，此方法简单且准确。

(2) 预拉力值的计算　高强度螺栓的设计预拉力值由材料强度和螺栓的有效截面共同决定，此外还需要考虑以下因素的影响：a. 拧紧螺栓时，扭矩使螺栓中产生的剪应力将降低螺栓的承拉能力，因此将材料的抗拉强度除以系数 1.2，以考虑扭矩对螺杆的不利影响；b. 施工时为了补偿预拉力的松弛，通常要对高强度螺栓超张拉 5% ~ 10%，故乘以一个超张拉系数 0.9；c. 考虑螺栓材料抗力的离散性，引入一个折减系数 0.9；d. 由于以螺栓的抗拉强度为准，偏于安全地再引入一个附加的安全系数 0.9。这样，高强度螺栓预拉力设计值由下式计算

$$P = 0.9 \times 0.9 \times 0.9 \times \frac{f_u A_e}{1.2} = 0.608 f_u A_e \tag{3-88}$$

式中 f_u——高强度螺栓的抗拉强度；

A_e——高强度螺栓的有效截面面积。

对于 8.8 级的高强度螺栓，$f_u = 830 \text{N/mm}^2$，对于 10.9 级的高强度螺栓，$f_u = 1040 \text{N/mm}^2$。各种规格的高强度螺栓预拉力 P 取值见附录 F。

2. 高强度螺栓摩擦面抗滑移系数

抗滑移系数 μ 的大小与被连接构件接触面的处理方法和钢材的强度有关。《钢结构设计标准》推荐采用的接触面处理方法主要有喷硬质石英砂或铸钢棱角砂、喷砂、喷砂后生赤锈等。与各种处理方法相应的抗滑移系数 μ 的数值详见附录 G。

国内外研究表明，当被连接板件间设有涂层时，摩擦型连接的抗滑移系数 μ 与构件表面处理工艺和涂层厚度有关。《钢结构设计标准》中给出了不同表面处理方法和涂层类别下的抗滑移系数值，详见附录 H。

3.8.2 单个高强度螺栓的受剪承载力

1. 高强度螺栓摩擦型连接

如前所述，高强度螺栓摩擦型连接以剪力等于摩擦力作为受剪承载力的极限状态。而摩擦阻力的大小与施加在螺栓上的预拉力 P、被连接构件接触面间抗滑移系数 μ、传力的摩擦面数量以及螺栓孔型有关。因此，单个高强度螺栓摩擦型连接的受剪承载力设计值应按下式计算

$$N_v^b = 0.9 k n_f \mu P \tag{3-89}$$

式中 k——孔型系数，标准孔取 1.0，大圆孔取 0.85，当内力与槽孔长方向垂直时取 0.7，平行时取 0.6；

n_f——传力的摩擦面数量;

μ——被连接构件接触面间抗滑移系数,按附录 G 和附录 H 取值;

P——单个高强度螺栓上的预拉力设计值,按附录 F 取值。

2. 高强度螺栓承压型连接

高强度螺栓承压型连接受剪时,其极限承载力由杆身受剪和孔壁承压决定,最后破坏形式与普通螺栓相同,即螺栓杆被剪断或螺栓孔处发生挤压破坏,因此其计算方法也与普通螺栓连接相同。单个高强度螺栓承压型连接的受剪承载力设计值仍按式(3-51)、式(3-52)计算,只是 f_v^b、f_c^b 采用高强度螺栓的强度设计值。此外,还需注意的是,对于高强度螺栓承压型连接,当剪切面在螺纹处时,其受剪承载力设计值应按螺纹处的有效面积计算。但对于普通螺栓连接,其抗剪强度设计值是根据试验数据统计得到的,试验中不分剪切面是否在螺纹处,故不存在此问题,计算时均采用公称直径。

3.8.3 单个高强度螺栓的受拉承载力

1. 高强度螺栓摩擦型连接

图 3-75 所示为高强度螺栓受拉连接的受力状况。从图 3-75a 中可以看出,高强度螺栓在受外拉力作用前,螺栓杆中受到预拉力 P,根据平衡条件可知,其与被连接构件接触面间的总压力 C 相平衡,即

$$P = C \tag{3-90}$$

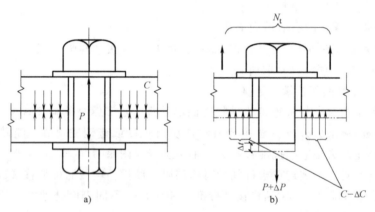

图 3-75 高强度螺栓受拉连接

从图 3-75b 中可以看出,当在螺栓上施加外力 N_t 时,螺栓伸长 Δ_t,被连接构件所受压力减小,变形恢复量为 Δ_e。若螺栓杆中拉力增量为 ΔP,则被连接板件所受压力 C 减小 ΔC。根据平衡条件可得

$$P + \Delta P = N_\mathrm{t} + C - \Delta C \tag{3-91}$$

将式(3-90)代入式(3-91),得

$$\Delta P = N_\mathrm{t} - \Delta C \tag{3-92}$$

由于螺栓的伸长量和被连接构件的压缩变形恢复量相同,则有

$$\Delta_\mathrm{t} = \Delta_\mathrm{e} \tag{3-93}$$

假定螺栓和被连接构件的弹性模量均为 E,有效截面面积分别为 A_b 和 A_p,被连接构件

的厚度为 t，则有

$$\Delta_t = \frac{\Delta P}{A_b E} t \tag{3-94}$$

$$\Delta_c = \frac{\Delta C}{A_p E} t \tag{3-95}$$

将式（3-94）、式（3-95）分别代入式（3-93），有

$$\frac{\Delta P}{A_b E} t = \frac{\Delta C}{A_p E} t \tag{3-96}$$

将式（3-92）代入式（3-96），有

$$\Delta P = \frac{N_t}{1 + \dfrac{A_p}{A_b}} \tag{3-97}$$

由于被连接构件间的接触面积远大于螺栓的截面面积，即 $A_p \gg A_b$，如取 $A_p = 10 A_b$，则有

$$\Delta P = 0.09 N_t$$

分析结果表明，只要被连接构件间的接触压力没有完全消失，螺栓中的拉力只能增加 5%~10%。因此，在受拉连接中，外拉力的增加几乎只能使得被连接构件间的压力减小，而对螺栓杆的预拉力影响不大。但当外拉力过大（$N_t > 0.8P$）时，螺栓将发生松弛现象，螺栓中的预拉力减小，不利于保证螺栓的抗剪性能。因此，为了避免螺栓松弛并留有一定的预紧力，相关规范规定施加于螺栓的外拉力 N_t 不得大于 $0.8P$，即单个高强度螺栓的受拉承载力设计值应按下式计算

$$N_t^b = 0.8P \tag{3-98}$$

2. 高强度螺栓承压型连接

单个承压型高强度螺栓的受拉承载力设计值的计算方法与前述普通螺栓相同，仍按式（3-73）计算，只是公式中的 f_t^b 采用高强度螺栓的抗拉强度设计值。

3.8.4 受剪力、拉力共同作用的高强度螺栓

1. 高强度螺栓摩擦型连接

如前所述，当螺栓所受的外拉力 $N_t \le 0.8P$ 时，虽然螺栓杆中的预拉力 P 基本不变，但被连接构件间的预压力 C 将减小，此外，被连接构件接触面的抗滑移系数 μ 也有所降低，而且 μ 值随 N_t 的增大而减小。试验研究表明，$\dfrac{N_v}{N_v^b}$ 和 $\dfrac{N_t}{N_t^b}$ 两者呈线性关系。考虑以上因素，对同时承受剪力、拉力作用的高强度螺栓摩擦型连接，单个螺栓的承载力应符合下式要求

$$\frac{N_v}{N_v^b} + \frac{N_t}{N_t^b} \le 1 \tag{3-99}$$

式中 N_v、N_t——单个螺栓所承受的剪力和拉力；

N_v^b、N_t^b——单个螺栓的受剪、受拉承载力设计值。

2. 高强度螺栓承压型连接

对同时承受剪力、拉力作用的高强度螺栓承压型连接，单个螺栓的承载力应符合下列公式的要求

$$\sqrt{\left(\frac{N_v}{N_v^b}\right)^2 + \left(\frac{N_t}{N_t^b}\right)^2} \leq 1 \quad (3\text{-}100)$$

$$N_v \leq \frac{N_c^b}{1.2} \quad (3\text{-}101)$$

式中　N_v、N_t——单个螺栓所承受的剪力和拉力；

N_v^b、N_t^b、N_c^b——单个螺栓的受剪、受拉、受压承载力设计值。

高强度螺栓承压型连接在施加预拉力后，被连接构件的孔前就有较高的三向应力，使其承压强度大大提高，因而其受压承载力设计值 N_c^b 比普通螺栓高很多。但当施加外拉力后，板件间的挤压力 C 随外拉力增大而减小，螺栓的承压强度 N_c^b 也随之降低，且随外力而变化。为计算简便，规范规定当高强度螺栓受到外拉力作用时，将承压强度设计值 N_c^b 除以降低系数 1.2 以考虑其影响。

3.8.5　高强度螺栓群的连接计算

1. 受剪力作用的螺栓群计算

（1）轴心力作用

1）高强度螺栓受剪承载力计算。高强度螺栓群受轴心剪力作用时，其承载力应按下式计算

$$N_1 = \frac{N}{n} \leq N_{min}^b \quad (3\text{-}102)$$

式中　N_{min}^b——不同连接类型的单个高强度螺栓受剪承载力最小值，对于摩擦型连接，N_{min}^b 应按照式（3-89）计算，对于承压型连接，N_{min}^b 应分别按照式（3-51）、式（3-52）计算，并取两者中的最小值；

　　　N——作用于连接上的轴心剪力；

　　　n——连接一侧的高强度螺栓个数；

　　　N_1——单个螺栓受到的剪力。

2）被连接构件净截面的强度验算。对于承压型连接，构件净截面强度验算和普通螺栓连接相同。对于摩擦型连接，可以认为由于摩擦阻力均匀分布于螺栓孔的四周，一半剪力已经由孔前接触面传递了（图3-76）。因此，最外排螺栓截面Ⅰ-Ⅰ处净截面传递的剪力为

$$N' = N\left(1 - \frac{0.5n_1}{n}\right) \quad (3\text{-}103)$$

式中　n_1——所计算截面处的螺栓数量；

　　　n——连接一侧的螺栓总数。

则截面Ⅰ-Ⅰ处的净截面强度应按下式计算

$$\sigma = \frac{N'}{A_n} \leq f \quad (3\text{-}104)$$

对于高强度螺栓摩擦型连接，除了需要按照式（3-104）计算净截面强度外，还应按下式验算毛截面强度

$$\sigma = \frac{N}{A} \leqslant f \tag{3-105}$$

式中　A——毛截面面积。

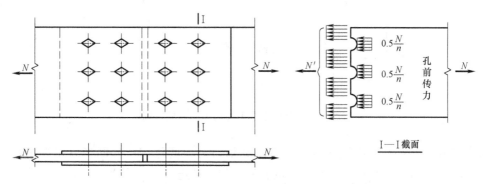

图 3-76　轴心力作用下的高强度螺栓摩擦型连接

（2）扭矩或扭矩、剪力共同作用　高强度螺栓群在扭矩、剪力及轴心力共同作用时的受剪承载力计算，其方法与普通螺栓群相同，即计算出受力最大的单个螺栓所受的总剪力，其数值应不超过高强度螺栓的受剪承载力设计值。

2. 受拉力作用的螺栓群计算

（1）轴心拉力作用　高强度螺栓群受轴心拉力作用时，其承载力应按下式计算

$$N_1 = \frac{N}{n} \leqslant N_t^b \tag{3-106}$$

式中　N——作用在连接上的拉力；

　　　n——连接一侧的螺栓总数；

　　　N_1——单个螺栓受到的拉力；

　　　N_t^b——单个高强度螺栓受拉承载力设计值，对于摩擦型连接，应按式（3-98）计算，对于承压型连接，应按式（3-73）计算。

（2）弯矩作用　在弯矩作用下，单个高强度螺栓中受到的外力均小于最初施加给螺栓的预紧力 P。因此，被连接构件接触面之间一直保持紧密贴合。由此可以认为高强度螺栓连接的中和轴位于螺栓群的形心轴上，如图 3-77 所示。

此时，最外排螺栓受力最大，应按下式对其进行受拉承载力的计算

$$N_{t1} = \frac{My_1}{\sum y_i^2} \leqslant N_t^b \tag{3-107}$$

式中　N_{t1}——受力最大的螺栓所承受的拉力设计值；

　　　y_1——最外排螺栓到中和轴的距离；

　　　y_i——第 i 排螺栓到中和轴的距离；

　　　M——作用在高强度螺栓群上的弯矩设计值；

　　　N_t^b——单个高强度螺栓受拉承载力设计值。

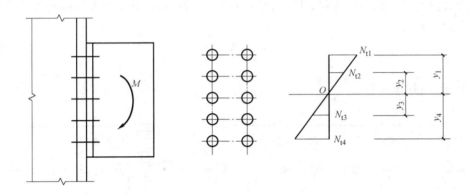

图 3-77　弯矩作用下的高强度螺栓连接

（3）弯矩、轴心拉力共同作用　在弯矩和轴心力共同作用下，同样由于单个高强度螺栓中受到的外力均小于最初施加给螺栓的预紧力 P，被连接构件在受力过程中始终保持紧密接触，不会产生分离现象，仍然可以认为中和轴位于螺栓群的形心轴上。对于高强度螺栓摩擦型及承压型连接，均按照普通螺栓群在小偏心受拉工况下的计算公式进行计算，即受力最大的螺栓的承载力应满足下式的要求。

$$N_{t1} = \frac{N}{n} + \frac{My_1}{\sum y_i^2} \leqslant N_t^b \tag{3-108}$$

（4）拉力、弯矩、剪力共同作用

1）高强度螺栓摩擦型连接。对于高强度螺栓摩擦型连接，被连接构件间的压紧力和接触面间的抗滑移系数 μ 与连接所承受的拉力大小有关，且随着拉力的增加而减小。单个螺栓在受到拉力和剪力的共同作用时，可采用式（3-99）进行计算，该式可以进一步转化为下式

$$N_v \leqslant N_v^b \left(1 - \frac{N_t}{N_t^b}\right) \tag{3-109}$$

将 $N_v^b = 0.9 n_f \mu P$，$N_t^b = 0.8P$ 代入式（3-109），即可以得到考虑拉力作用时的高强度螺栓摩擦型连接的受剪承载力计算公式

$$N_v \leqslant 0.9 n_f \mu (P - 1.25 N_t) \tag{3-110}$$

在弯矩和拉力的共同作用下，高强度螺栓群中各螺栓受到的拉力各不相同，与中和轴距离最远的螺栓，其受到的拉力最大。

$$N_{ti} = \frac{N}{n} \pm \frac{My_i}{\sum y_i^2} \tag{3-111}$$

拉力的存在将对高强度螺栓的受剪承载力产生影响，因此，还应对螺栓群的受剪承载力进行验算，即其受剪承载力应满足

$$V \leqslant \sum_{i=1}^{n} 0.9 n_f \mu (P - 1.25 N_{ti}) \tag{3-112}$$

或

$$V \leqslant 0.9 n_f \mu \left(nP - 1.25 \sum_{i=1}^{n} N_{ti}\right) \tag{3-113}$$

式中，当 $N_{ti}<0$ 时，取 $N_{ti}=0$。

式（3-112）和式（3-113）只考虑了螺栓的拉力对其受剪承载力的不利影响，并未考虑被连接构件间的压紧力对受剪承载力的有利影响，故计算是偏于安全的。此外，螺栓受到的最大拉力应满足

$$N_{ti} \leq N_t^b \quad (3-114)$$

2）高强度螺栓承压型连接。对于高强度螺栓承压型连接，以螺栓杆被剪断或被连接构件在螺栓孔处发生承压破坏作为承载力的极限状态。当螺栓群形心处承受拉力、弯矩和剪力的共同作用时，首先按照普通螺栓群在小偏心受拉工况下的计算公式计算得到受力最大的螺栓所承受的拉力，然后利用式（3-100）验算螺栓在剪力和拉力共同作用下的承载力是否满足要求，此外，还应利用式（3-101）验算被连接构件在螺栓孔处的承压强度。

【例 3-8】 如图 3-78 所示，柱翼缘与 T 形板间采用高强度螺栓摩擦型连接，被连接构件的钢材型号为 Q235B，采用 10.9 级的 M20 螺栓，被连接构件接触面间采用喷砂处理，节点承受的荷载：剪力 $V=750$ kN，弯矩 $M=106$ kN·m，轴向力 $N=400$ kN，试验算此连接的承载力是否满足要求。

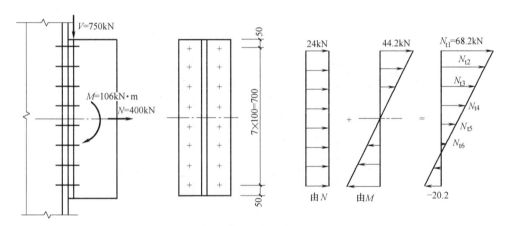

图 3-78 【例 3-8】图

【解】 通过查附录 F、附录 G 得到螺栓的预拉力 $P=155$ kN，抗滑移系数 $\mu=0.45$。

受力最大的螺栓承受的拉力为

$$N_{t1}=\frac{N}{n}+\frac{My_1}{\sum y_i^2}=\frac{400}{16}\text{kN}+\frac{106\times 10^3\times 350}{4\times(350^2+250^2+150^2+50^2)}\text{kN}=25\text{kN}+44.2\text{kN}=69.2\text{kN}<0.8P=124\text{kN}$$

其余各排螺栓承受的拉力 N_{ti} 可以按照比例关系求得

$$N_{t2}=\frac{400}{16}\text{kN}+\frac{44.2\times 250}{350}\text{kN}=25\text{kN}+31.6\text{kN}=56.6\text{kN}$$

$$N_{t3}=\frac{400}{16}\text{kN}+\frac{44.2\times 150}{350}\text{kN}=25\text{kN}+18.9\text{kN}=43.9\text{kN}$$

$$N_{t4}=\frac{400}{16}\text{kN}+\frac{44.2\times 50}{350}\text{kN}=25\text{kN}+6.3\text{kN}=31.3\text{kN}$$

$$N_{t5}=\frac{400}{16}\text{kN}-\frac{44.2\times 50}{350}\text{kN}=25\text{kN}-6.3\text{kN}=18.7\text{kN}$$

$$N_{t6} = \frac{400}{16}\text{kN} - \frac{44.2 \times 150}{350}\text{kN} = 25\text{kN} - 18.9\text{kN} = 6.1\text{kN}$$

N_{t7}、N_{t8} 均小于 0，故取 $N_{t7} = 0$，$N_{t8} = 0$。

则

$$\sum_{i=1}^{n} N_{ti} = (69.2 + 56.6 + 43.9 + 31.3 + 18.7 + 6.1)\text{kN} \times 2 = 451.6\text{kN}$$

按照式（3-113）验算螺栓群的受剪承载力

$$0.9 n_f \mu (nP - 1.25 \sum_{i=1}^{n} N_{ti}) = 0.9 \times 1 \times 0.45 \times (16 \times 155 - 1.25 \times 451.6)\text{kN} = 775.8\text{kN}$$

$$> V = 750\text{kN}（满足要求）$$

【例 3-9】 如图 3-79 所示，两个工字形梁通过端板使用高强度螺栓承压型连接，端板的钢材型号为 Q235B，厚度均为 22mm，$f_c^b = 470\text{N/mm}^2$。采用 10.9 级的 M20 螺栓，其有效面积 $A_e = 245\text{mm}^2$，$f_v^b = 310\text{N/mm}^2$，$f_t^b = 500\text{N/mm}^2$，已知承受的荷载设计值：剪力 $V = 300\text{kN}$，弯矩 $M = 90\text{kN} \cdot \text{m}$，试验算高强度螺栓连接的承载力是否满足要求。

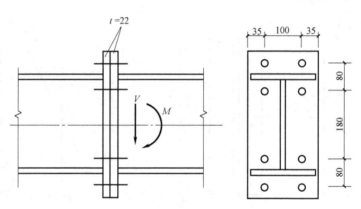

图 3-79 【例 3-9】图

【解】 从图中可知，最上排螺栓受力最大，其所承受的拉力和剪力分别为

$$N_t = \frac{My_1}{\sum y_i^2} = \frac{90 \times 10^3 \times (0.5 \times 180 + 80)}{4 \times [90^2 + (0.5 \times 180 + 80)^2]}\text{kN} = 103.4\text{kN}$$

$$N_v = \frac{V}{n} = \frac{300}{8}\text{kN} = 37.5\text{kN}$$

$$N_v^b = n_v A_e f_v^b = 1 \times 245 \times 310\text{N} = 75950\text{N} = 75.95\text{kN}$$

$$N_t^b = A_e f_t^b = 245 \times 500\text{N} = 122500\text{N} = 122.5\text{kN}$$

$$N_c^b = d \sum t f_c^b = 20 \times 22 \times 470\text{N} = 206800\text{N} = 206.8\text{kN}$$

代入式（3-100）得到

$$\sqrt{\left(\frac{N_v}{N_v^b}\right)^2 + \left(\frac{N_t}{N_t^b}\right)^2} = \sqrt{\left(\frac{37.5}{75.95}\right)^2 + \left(\frac{103.4}{122.5}\right)^2} = 0.98 < 1$$

代入式（3-101）得到

$$N_v = 37.5 \text{kN} < \frac{N_c^b}{1.2} = \frac{206.8}{1.2} \text{kN} = 172.3 \text{kN}（满足要求）$$

思考题与习题

1. 简述钢结构连接的种类及各自特点。
2. 焊接残余应力是如何产生的？残余应力对结构将会产生哪些影响？
3. 在焊接连接设计中，采用哪些方法可以减少焊接残余应力的影响？
4. 在偏心拉力作用下，普通螺栓连接和高强度螺栓摩擦型连接的计算有哪些区别？
5. 已知某钢结构节点采用角焊缝连接，如图3-80所示，承受的偏心静力荷载设计值 $F = 120 \text{kN}$，角焊缝的焊脚尺寸 $h_f = 10 \text{mm}$，钢材采用Q235B，手工焊接，焊条为E43型，$f_f^w = 160 \text{N/mm}^2$，试验算此焊缝强度是否满足要求。

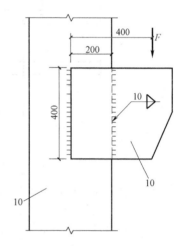

图3-80 思考题与习题5图

6. 如图3-81所示的单槽钢牛腿与柱的连接，采用三面围焊，水平角焊缝的焊脚尺寸 $h_f = 8 \text{mm}$，竖向角焊缝的焊脚尺寸 $h_f = 6 \text{mm}$，钢材为Q235B，采用E43型焊条手工焊。试根据焊缝强度确定该牛腿所能承受的最大静力荷载 F 的设计值。

7. 如图3-82所示的连接中，已知采用的是C级螺栓，直径 $d = 20 \text{mm}$，螺栓及构件的钢材均为Q235，被连接板与柱翼缘的厚度均为 $t = 12 \text{mm}$，螺栓群承受的荷载设计值：扭矩 $T = 20 \text{kN} \cdot \text{m}$，剪力 $V = 50 \text{kN}$。试验算此连接的强度是否满足要求。

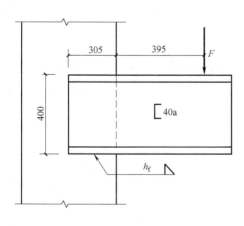

图3-81 思考题与习题6图

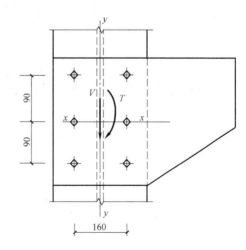

图3-82 思考题与习题7图

8. 如图 3-83 所示，采用普通螺栓的临时性连接，构件钢材为 Q235，承受的轴心拉力设计值 $N=600$kN，螺栓直径 $d=20$mm，孔径 $d_0=21.5$mm，试验算此连接是否安全。

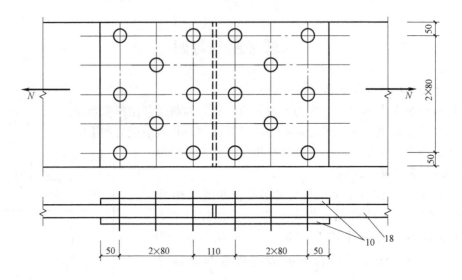

图 3-83 思考题与习题 8 图

9. 如图 3-84 所示，两块钢板截面厚度为 20mm，宽度为 190mm，两面用厚度为 12mm 的盖板连接，构件钢材为 Q235，承受轴心拉力作用，采用 8.8 级的 M20 高强度螺栓摩擦型连接，接触面采用喷砂处理，螺栓孔径 $d_0=21.5$mm，试计算此连接能够承受的最大轴心力设计值。

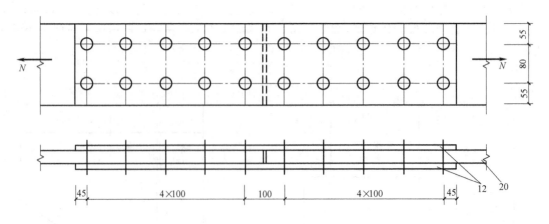

图 3-84 思考题与习题 9 图

10. 如图 3-85 所示，已知节点板与连接板采用 4 个 8.8 级的 M16 高强度螺栓承压型连接，剪切面不在螺纹处，孔径 $d_0=17$mm，节点板厚度为 10mm。8mm 厚连接板在垂直于受力方向上的宽度为 150mm，其螺栓孔的端距、边距和间距均满足构造要求，节点板与连接板的钢材均为 Q235B，试验算此连接的承载力能否满足要求。

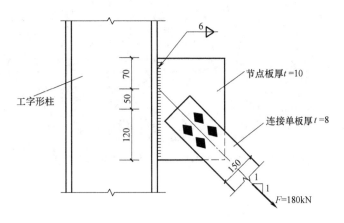

图 3-85 思考题与习题 10 图

第4章

轴心受力构件

学习目标

了解轴心受力构件的概念及种类;掌握轴心受力构件刚度和强度的计算方法;掌握轴心受力构件的整体和局部稳定计算方法;了解格构式轴心受力构件的计算方法。

4.1 概述

轴心受力构件是指承受通过截面形心轴的轴向力作用的一种受力构件。当这种轴心力为拉力时,称为轴心受拉构件或轴心拉杆;当这种轴心力为压力时,称为轴心受压构件或轴心压杆。

在钢结构中轴心受力构件的应用十分广泛,如桁架、塔架、网架及网壳等杆件体系。这类结构通常假设节点为铰接连接,当无节间荷载作用时,只受轴向力(轴向拉力或轴向压力)的作用,称为轴心受力构件(轴心受拉构件或轴心受压构件)。

轴心受力构件的截面形式很多,其常用截面形式可分为型钢截面和组合截面两种。实腹式构件制作简单,与其他构件连接也较方便,其常用截面形式很多。可直接选用单个型钢截面,如圆钢、钢管、角钢、T型钢、槽钢、工字钢、H型钢等(图4-1a);也可选用由型钢或钢板组成的组合截面(图4-1b);一般桁架结构中的弦杆和腹杆,除T型钢外,常采用角

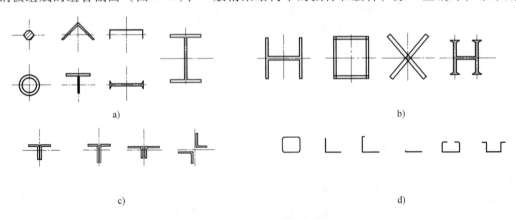

图4-1 轴心受力构件的截面形式

a) 单个型钢截面　b) 组合截面　c) 角钢组合截面　d) 冷弯薄壁型钢截面

钢或双角钢组合截面（图 4-1c）；在轻型结构中则采用冷弯薄壁型钢截面（图 4-1d）。以上这些截面中，截面紧凑（如圆钢和组成板件宽厚比较小的截面）或对两主轴刚度相差悬殊者（如单槽钢、工字钢），一般只能用于轴心受拉构件。而受压构件通常采用较为开展、组成板件宽而薄的截面。

在进行轴心受力构件设计时，应同时满足第一极限状态和第二极限状态的要求。对于承载能力的极限状态，受拉构件一般以强度控制，而受压构件需同时满足强度和稳定的要求。对于正常使用极限状态，是通过保证构件的刚度（限制其长细比）来达到的。因此，按其受力性质的不同，轴心受拉构件的设计需分别进行强度和刚度的验算，而轴心受压构件的设计需分别进行强度、稳定和刚度的验算。

4.2 轴心受力构件的强度和刚度

4.2.1 轴心受力构件的强度

1. 轴心受拉构件

（1）截面无削弱时的强度 在截面无削弱的轴心受拉构件中，截面的拉应力是均匀分布的。当拉应力的值达到截面的屈服强度 f_y 时，钢材进入强化阶段，轴心受拉构件仍能够继续承载，直到截面上的拉应力达到材料的极限强度 f_u 时，构件被拉断。而实际上，当截面上的拉应力超过钢材屈服强度 f_y 后，虽然构件还能够继续承载，但其伸长量将明显增加，结构由于变形过大实际上已经不能再继续使用。《钢结构设计标准》规定强度计算以截面上的拉应力到达屈服强度 f_y 作为轴心受拉构件的强度准则。钢材的应力-应变关系如图 4-2 所示。工程设计时，考虑各种安全度的因素后，应采用钢材的设计强度 f 进行计算，即轴心受拉构件的强度计算公式为

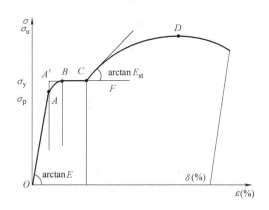

图 4-2 钢材的应力-应变关系

$$\sigma = \frac{N}{A} \leqslant f \tag{4-1}$$

式中 N——构件的轴心拉力设计值；

A——构件的截面面积；

f——钢材的强度设计值。

（2）截面有削弱时的强度 截面有削弱的轴心受拉构件将在截面削弱处产生应力集中（图 4-3）。在弹性阶段，孔洞边缘应力很大，材料屈服进入塑性阶段后，截面将产生塑性应力重分布，直到截面上的拉应力达到材料的极限强度 f_u 时，构件被拉断。

对于截面有削弱的轴心受拉构件强度可按下式进行计算

$$\sigma = \frac{N}{A_n} \leqslant f \tag{4-2}$$

式中　N——轴心受拉构件的轴心压力设计值；
　　　A_n——轴心受拉构件的净截面面积；
　　　f——材料的强度设计值。

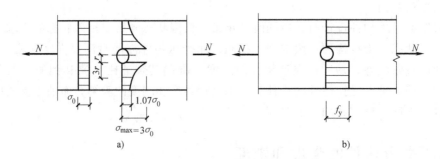

图 4-3　孔洞处截面应力分布

2. 轴心受压构件

轴心受压构件的强度计算与轴心受拉构件原理一样，通常以截面的平均应力达到材料的屈服强度 f_y 为其强度破坏准则。设计时，以截面的平均应力达到材料的强度设计值 f 时的轴心压力作为轴心受压构件的强度承载力设计值。

$$\sigma = \frac{N}{A_n} \leq f \tag{4-3}$$

式中　N——轴心受压构件的轴心压力设计值；
　　　A_n——轴心受压构件的净截面面积；
　　　f——材料的强度设计值。

当截面应力超过屈服强度后，截面应变会迅速增加，使得受压构件产生压弯破坏，受压板件产生局部失稳或构件的整体失稳。通常轴心受压构件的承载力由构件的稳定控制。

4.2.2　轴心受力构件的刚度

为满足结构的正常使用要求，避免在制作、运输、安装和使用过程中构件出现刚度不足的现象，轴心受力构件不应过分柔细，而应具有一定的刚度，以保证构件不会产生过度的变形。

当构件的长细比过大，会产生以下不利的影响：
1）在运输和安装过程中产生弯曲或过大的变形。
2）使用期间因自重而明显下挠。
3）在动力荷载下发生较大的振动。
4）当压杆的长细比过大时，除具有以上各种不利因素外，还会使得构件的极限承载力降低，同时，初弯曲和自重产生的挠度也将对构件的整体稳定带来不利影响。

受拉和受压构件的刚度是以保证构件的计算长度 l_0 与构件截面回转半径 i 的比值，即构件的长细比不超过构件的容许长细比来实现的，即

$$\lambda = \frac{l_0}{i} \leq [\lambda] \tag{4-4}$$

式中 λ——构件的最大长细比；
l_0——构件的计算长度；
i——截面的回转半径；
$[\lambda]$——构件的容许长细比。

受拉、受压构件的容许长细比分别见表 4-1 和表 4-2。计算构件长细比时，应分别考虑围绕截面两个主轴即 x 轴和 y 轴的长细比 λ_x 和 λ_y，都不应超过构件的容许长细比。

表 4-1 受拉构件的容许长细比

项次	构件名称	承受静力荷载或间接承受动力荷载的结构		直接承受动力荷载的结构
		一般建筑结构	有重级工作制吊车的厂房	
1	桁架的杆件	350	250	250
2	吊车梁或吊车桁架以下的柱间支撑	300	200	—
3	其他拉杆、支撑、系杆等（张紧的圆钢除外）	400	350	—

注：1. 除对腹杆提供平面外支点的弦杆外，承受静力荷载的结构中，可仅计算受拉构件在竖向平面内的长细比。
2. 在直接或间接承受动力荷载的结构中，计算单角钢受拉构件的长细比时，应采用角钢的最小回转半径；但在计算交叉杆件平面外的长细比时，可采用与角钢肢边平行轴的回转半径。
3. 中级、重级工作制吊车桁架下弦杆的长细比不宜超过 200。
4. 在设有夹钳或刚性料耙等硬钩起重机的厂房中，支撑（表中第二项除外）的长细比不宜超过 300。
5. 受拉构件在永久荷载和风荷载组合作用下受压时，其长细比不宜超过 250。
6. 跨度等于或大于 60m 的桁架，其受拉弦杆和腹杆的长细比不宜超过 300（承受静力荷载）或 250（承受动力荷载）。

表 4-2 受压构件的容许长细比

项次	构件名称	容许长细比
1	柱、桁架和天窗架构件	150
	柱的缀条、吊车梁或吊车桁架以下的柱间支撑	
2	支撑（吊车梁或吊车桁架以下的柱间支撑除外）	200
	用以减少受压构件长细比的杆件	

注：1. 桁架（包括空间桁架）的受压腹杆，当其内力等于或小于承载能力的 50%时，容许长细比值可取为 200。
2. 计算单角钢受压构件的长细比时，应采用角钢的最小回转半径，但在计算交叉杆件平面外的长细比时，可采用与角钢肢边平行轴的回转半径。
3. 跨度等于或大于 60m 的桁架，其受压弦杆和端压杆的容许长细比值宜取为 100，其他受压腹杆可取为 150（承受静力荷载）或 120（承受动力荷载）。

4.3 轴心受压构件的整体稳定

4.3.1 概述

在荷载作用下，钢结构的外力和内力必须保持平衡。但这种平衡状态有持久的稳定平衡状态和极限平衡状态，当结构或构件处于极限平衡状态时，外界轻微的扰动就会使结构或构件产生很大的变形而丧失稳定性。

失稳破坏是钢结构工程的一种重要的破坏形式，国内外因压杆失稳破坏导致钢结构倒塌的事故已有多起。近年来，随着钢结构构件截面形式不断丰富和高强钢材的应用，使得受压构件向着轻型、壁薄的方向发展，但却更容易引起压杆失稳。因此，对受压构件稳定性的研究就显得更加重要。

4.3.2 理想轴心受压构件的屈曲形式

轴心压杆的稳定问题是最基本的稳定问题。以欧拉为代表的众多科学家进行了深入的研究，研究过程中对轴心受压杆件做出了如下假设：

1) 杆件为等截面理想直杆。
2) 压力作用线与杆件形心轴重合。
3) 材料为均质、各向同性且无限弹性，符合胡克定律。
4) 无初始应力影响。

实际上，轴心压杆并不完全符合以上条件，且它们都存在初始缺陷（初始应力、初偏心、初弯曲等）的影响。因此，把符合以上条件的轴心受压构件称为理想轴心受压杆件。这种构件的失稳也称为屈曲。弯曲屈曲是理想轴心压杆最简单最基本的屈曲形式。

根据构件的变形情况，屈曲分为图 4-4 所示的三种形式：

1) 弯曲屈曲。构件只绕一个截面主轴旋转而纵轴由直线变为曲线的一种失稳形式，这是双轴对称截面构件最基本的屈曲形式。
2) 扭转屈曲。构件各个截面均绕其纵轴旋转的一种失稳形式。当双轴对称截面构件的轴力较大而构件较短时或开口薄壁杆件，可能发生此种失稳屈曲。
3) 弯扭屈曲。构件发生弯曲变形的同时伴随截面的扭转。这是单轴对称截面构件或无对称轴截面构件失稳的基本形式。

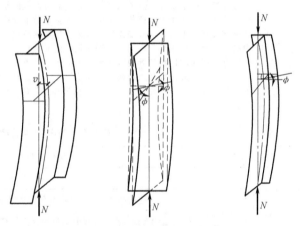

图 4-4 轴心压杆的屈曲变形

4.3.3 理想轴心压杆整体稳定临界力的确定

1. 理想轴心压杆的弹性弯曲屈曲——欧拉公式

对于理想的两端铰接的轴心压杆，根据图 4-5 所示计算简图，建立压杆平衡微分方程

$$EI\frac{d^2y}{dx^2}+Ny=0 \tag{4-5}$$

解方程（4-5），可得两端铰接的轴心压杆的临界力和临界应力：

欧拉临界力 N_E
$$N_{cr}=N_E=\frac{\pi^2 EI}{l_0^2}=\frac{\pi^2 EA}{\lambda^2} \tag{4-6}$$

欧拉临界应力
$$\sigma_{cr}=\sigma_E=\frac{\pi^2 E}{\lambda^2} \tag{4-7}$$

式中　I——截面绕屈曲轴的惯性矩；
　　　E——材料的弹性模量；
　　　l_0——对应方向的杆件的计算长度；
　　　λ——与回转半径 i 对应的压杆的长细比；

$i = \sqrt{\dfrac{I}{A}}$——截面绕屈曲轴的回转半径。

根据理想轴心压杆符合胡克定律的假设，要求临界应力 σ_{cr} 不超过材料的比例极限，即

$$\sigma_{cr} = \frac{\pi^2 E}{\lambda^2} \leq f_P \qquad (4\text{-}8)$$

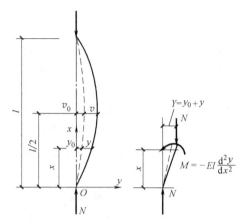

图 4-5　两端铰接的轴心压杆计算简图

解得　　$\lambda \geq \pi \sqrt{\dfrac{E}{f_P}} = \lambda_p \qquad (4\text{-}9)$

符合上述条件时轴心压杆处于弹性屈曲阶段。

对于常见的支撑条件，可按表 4-3 选用。

表 4-3　计算长度系数 μ_x、μ_y

支承条件		μ_x、μ_y
弯曲变形	两端简支	$\mu_x = \mu_y = 1.0$
	两端固定	$\mu_x = \mu_y = 0.5$
	一端简支、一端固定	$\mu_x = \mu_y = 0.7$
	一端固定、一定自由	$\mu_x = \mu_y = 2.0$
	两端嵌固，但能自由移动	$\mu_x = \mu_y = 1.0$

2. 理想轴心压杆的弹塑性弯曲屈曲

对于长细比 $\lambda < \lambda_p$ 的轴心压杆发生弯曲屈曲时，截面应力已经超过材料的比例极限，进入弹塑性状态，由于截面应力与应变的非线性关系，这时确定构件的临界力比较困难。试验表明，应用切线模量理论能够较好地反映轴心压杆在弹塑性屈曲时的承载能力。此时，理想轴心压杆的弹塑性屈曲临界力和临界应力分别是

$$N_{cr} = \frac{\pi^2 E_t I}{l_0^2} \qquad (4\text{-}10)$$

$$\sigma_{cr} = \frac{\pi^2 E_t}{\lambda^2} \qquad (4\text{-}11)$$

式中　E_t——切线模量。

4.3.4　实际轴心压杆的整体稳定

实际轴心压杆与理想轴心压杆有很大区别。实际轴心压杆都带有多种初始缺陷，如杆件的初弯曲、初扭曲、荷载作用下的初偏心、制作引起的残余应力，材性的不均匀等。这些初始缺陷对失稳极限荷载值都会有影响。因此，实际的轴心压杆的稳定极限荷载值不再是长细比 λ 的唯一函数。

1. 残余应力的影响

残余应力是杆件受荷之前,残存于杆件截面内且能自相平衡的初始应力。残余应力产生的原因主要有:焊接时的不均匀加热和冷却;型钢热轧后的不均匀冷却;板边缘经火焰切割后的热塑性收缩;构件冷校正后产生的塑性变形。其中,以热残余应力的影响最大。

残余应力对轴心受压构件稳定性的影响与截面上残余应力的分布有关。实测的残余应力分布较复杂而离散,分析时常采用其简化分布图,如图4-6所示。其中,以双轴对称工字型钢短柱为例,说明残余应力对轴心受压构件的影响,为了说明问题方便,对受力性能影响不大的腹板部分略去,假设柱截面集中于两翼缘,如图4-7所示。

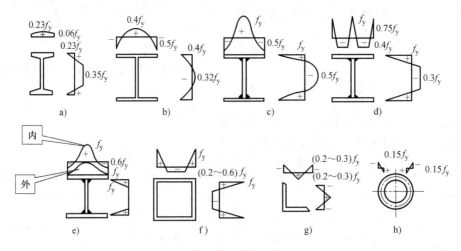

图 4-6 典型截面的残余应力

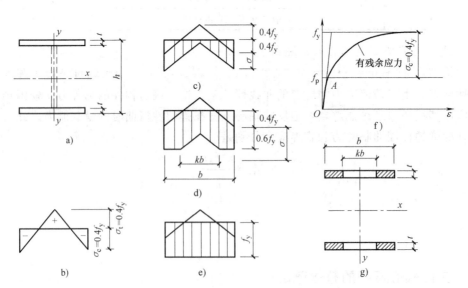

图 4-7 残余应力对双轴对称工字型钢短柱的影响

H型钢轧制时,翼缘端出现纵向残余压应力(图4-7中的阴影,称为1区),其余部分存在纵向拉应力(称为2区),并假定纵向残余应力最大值为$0.4f_y$。由于轴心压应力与残余应力相叠加,使得1区先进入塑性状态而2区仍工作于弹性状态,图4-7反映了弹性区域的变化过程。

1区进入塑性状态后其截面应力不可能再增加,能够抵抗外力矩(屈服弯矩)的只有截面的弹性区,此时构件的欧拉临界力和临界应力分别为

$$N_{cr} = \frac{\pi^2 E I_e}{l_0^2} = \frac{\pi^2 E I}{l_0^2} \cdot \frac{I_e}{I} \tag{4-12}$$

$$\sigma_{cr} = \frac{\pi^2 E I}{\lambda^2} \cdot \frac{I_e}{I} \tag{4-13}$$

式中 I_e——截面弹性区惯性矩(弹性惯性矩);
I——全截面惯性矩。

由于 $I_e/I<1$,因此残余应力使得轴心受压杆件的临界力和临界应力降低了。图4-8是仅考虑残余应力的柱子曲线。

残余应力的影响,对杆件的强轴和弱轴是不一样的。

对强轴屈曲时

$$\sigma_{crx} = \frac{\pi^2 E I}{\lambda_x^2} \cdot \frac{I_{ex}}{I_x} = \frac{\pi^2 E}{\lambda_x^2} \cdot \frac{2t(kb) \cdot h^2/4}{2tb \cdot h^2/4} = \frac{\pi^2 E}{\lambda_x^2} \cdot k \tag{4-14}$$

对弱轴屈曲时

$$\sigma_{cry} = \frac{\pi^2 E I}{\lambda_y^2} \cdot \frac{I_{ey}}{I_y} = \frac{\pi^2 E}{\lambda_y^2} \cdot \frac{2t(kb)^3/12}{2t \cdot b^3/12} = \frac{\pi^2 E}{\lambda_y^2} \cdot k^3 \tag{4-15}$$

比较上两式,由于 $k<1$,当 $\lambda_x = \lambda_y$ 时,$\sigma_{crx} > \sigma_{cry}$,可以看出,残余应力对弱轴的影响要比对强轴的影响大。

根据力的平衡条件再建立一个截面平均应力的计算公式

$$\sigma_{cr} = \frac{2btf_y - 2kbt \times 0.5 \times 0.8kf_y}{2bt} = (1 - 0.4k^2)f_y \tag{4-16}$$

联立以上各式,可以得到与长细比 λ_x 和 λ_y 对应的屈曲应力 σ_x 和 σ_y。可将其画成轴心受压柱 σ_{cr}-λ 无量纲曲线如图4-8c所示。

2. 初弯曲的影响

初弯曲的形式是多样的,对两端铰接的轴心压杆,可假设初弯曲为半波正弦曲线,且最大初始挠度为 v_0(图4-9),则

$$y_0 = v_0 \sin\left(\frac{\pi z}{l}\right) \tag{4-17}$$

在轴心力的作用下,杆件的挠度增加 y,则轴心力产生偏心力矩为 $N(y+y_0)$,截面内力抵抗矩为 $-EIy''$,根据平衡条件可建立如下平衡条件

$$-EIy'' = N(y+y_0) \tag{4-18}$$

对于两端铰接的压杆,在弹性阶段有

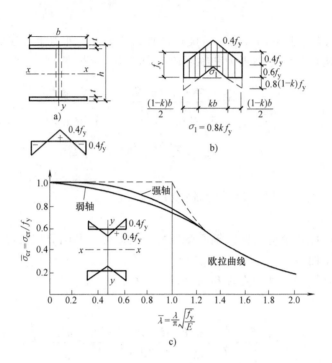

图 4-8 轴心受压柱 σ_{cr}-λ 曲线

$$y = v_1 \sin\left(\frac{\pi z}{l}\right) \quad (4\text{-}19)$$

式中 v_1——新增挠度的最大值（杆件长度中点所增加的最大挠度）。

联合求解上面各式，可得

$$\sin\left(\frac{\pi z}{l}\right)\left[-v_1 \frac{\pi^2 EI}{l_0^2} + N(v_1 + v_0)\right] = 0$$

解得

$$v_1 = \frac{Nv_0}{N_E - N}$$

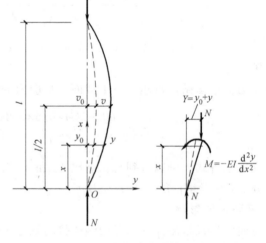

图 4-9 具有初弯曲的轴心受压构件

则杆长中点的总挠度为

$$v = v_0 + v_1 = \frac{N_E v_0}{N_E - N} = \frac{1}{1 - N/N_E} \cdot v_0 = \beta \cdot v_0 \quad (4\text{-}20)$$

式中 β——挠度放大系数。此即杆件中点总挠度的计算式。

根据式（4-20）可绘制出 N-v 变化曲线，如图 4-10 所示，实线为无限弹性体理想材料的挠度变化曲线，虚线为非无限弹性体材料弹塑性阶段的挠度变化曲线。

由图 4-10 可以看出：

1) 当轴心压杆较小时，总挠度增加较慢，之后挠度增加加快。

2) 当轴心压力小于欧拉临界力，杆件处于弯曲平衡状态，这与理想轴心压杆的直线平衡状态不同。

3) 对于无限弹性材料，当轴压力达到欧拉临界力时，总挠度无限增大，而实际材料是当轴压力达到某值时，杆件中点截面边缘纤维屈服而进入塑性状态，杆件挠度增加，而轴力减小，构件开始弹性卸载。

4) 初弯曲越大，其压杆的临界压力越小，即使很小的初弯曲，其杆件临界力也将小于欧拉临界力。

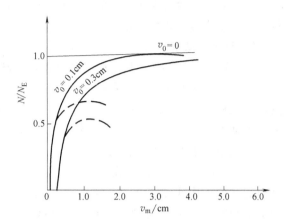

图 4-10　有初弯曲压杆的压力挠度曲线

若以边缘屈服作为极限条件，即根据"边缘屈服准则"，对于无残余应力只有初弯曲的轴心压杆截面，开始屈服的条件为

$$\frac{N}{A}+\frac{Nv}{W}=\frac{N}{A}+\frac{N}{W}\cdot\frac{N_E v_0}{N_E-N}=f_y \tag{4-21}$$

令 $\varepsilon_0=\dfrac{Av_0}{W}$，$\sigma_E=\dfrac{N_E}{A}$，$\sigma=\dfrac{N}{A}$，代入可解得轴心压杆以截面边缘作为准则的临界应力为

$$\sigma_{cr}=\frac{f_y+(1+\varepsilon_0)\sigma_E}{2}-\sqrt{\left[\frac{f_y+(1+\varepsilon_0)\sigma_E}{2}\right]^2-f_y\sigma_E} \tag{4-22}$$

式中　ε_0——初始曲率；

　　　σ_E——欧拉临界应力；

　　　W——截面模量。

式 (4-22) 称为柏利 (Perry) 公式，按此式算出的临界应力 σ_{cr} 均小于 σ_E。

由于初偏心与初弯曲的影响类似，各国在制定设计标准时，通常只考虑其中一个来模拟两个缺陷都存在的影响。故在此不再介绍初偏心的影响。

4.3.5　轴心受压柱的稳定计算

1. 按柱的极限强度理论计算实际轴心受压柱的失稳

1) 受压柱由于各自因素的影响，一开始受压即产生挠度，其挠度曲线如图 4-11 所示，与理想直杆的完全不同。

2) 它在挠度增大到一定程度时，由于轴力和弯矩的共同作用，很快使柱的截面边缘开始屈服，由此产生不断增加的塑性区，使压力未达到 N_E 之前即破坏。

3) 当压力达到曲线的 C 点之前受压柱仍然处于平衡状态，到达 C 点后平衡即不稳定，要保持平衡必须减少荷载。这一点即为临界平衡状态。

所以具有初始缺陷的实际轴心压杆的失稳是按柱的极限强度理论计算的。

2. 计算公式的确定

1）实际轴心受压柱不可避免地存在几何缺陷和残余应力，同时柱的材料还可能不均匀。轴心受压柱的极限承载力 N_u 将取决于柱的初始弯曲、荷载的初始偏心、材料的不均匀性、截面形状和尺寸、残余应力的分布峰值等因素。

2）由于影响受压柱承载力的这些因素不会同时出现，计算中主要考虑初始弯曲和残余应力两个最不利因素，将相对初始弯曲的矢高取柱长的 1/1000 作为"换算的几何缺陷"，对残余应力则根据杆件的加工条件确定。

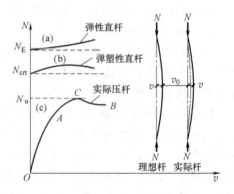

图 4-11 轴心受压柱的失稳挠度曲线

3）将其视为压弯杆件对待，采用数值积分法算出它的承载极限，并以截面平均极限应力 σ_u 与屈服强度的比值 $\overline{\sigma}_u = \dfrac{\sigma_u}{f_y} = \dfrac{N_u}{A f_y}$ 为纵坐标，以长细比 $\overline{\lambda} = \lambda \sqrt{\dfrac{f_y}{235}}$ 为横坐标，借用上述柏利公式的关系曲线，称为柱子曲线。

4）轴心受压构件所受应力应不大于整体稳定的临界应力，考虑抗力分项系数 γ_R 后，即为

$$\sigma = \frac{N}{A} \leqslant \overline{\sigma}_u / \gamma_R = \frac{N_u}{A f_y} \cdot \frac{f_y}{\gamma_R} = \varphi \cdot f \quad (4\text{-}23)$$

《钢结构设计标准》对轴心受压构件的整体稳定计算采用下列形式

$$\sigma = \frac{N}{A\varphi} \leqslant f \quad (4\text{-}24)$$

式中　N——轴心受压构件的压力设计值；

　　　A——构件的毛截面面积；

　　　φ——轴心受压构件的稳定系数（取截面两主轴稳定系数中的较小者），根据构件的长细比（或换算长细比）、钢材屈服强度和表 4-4、表 4-5 的截面分类，按附录 I 采用；

　　　f——钢材的抗压强度设计值。

表 4-4　轴心受压构件的截面分类（板厚 $t<40\text{mm}$）

截面形式		对 x 轴	对 y 轴
	轧制	a 类	a 类

(续)

截面形式		对 x 轴	对 y 轴
轧制（工字形，b、h 标注）	$b/h \leqslant 0.8$	a 类	b 类
	$b/h > 0.8$	a^* 类	b^* 类
轧制等边角钢		a^* 类	a^* 类
焊接、翼缘为焰切边	焊接（圆形）	b 类	b 类
轧制		b 类	b 类
轧制、焊接(板件宽厚比>20)	轧制或焊接	b 类	b 类
焊接	轧制截面和翼缘为焰切边的焊接截面	b 类	b 类
格构式	焊接，板件边缘焰切	b 类	b 类
焊接，翼缘为轧制或剪切边		b 类	c 类
焊接，板件边缘轧制或剪切	轧制、焊接（板件宽厚比≤20)	c 类	c 类

注：1. a^* 类含义为 Q235 钢取 b 类，Q345、Q390、Q420 和 Q460 钢取 a 类；b^* 类含义为 Q235 钢取 c 类，Q345、Q390、Q420 和 Q460 钢取 b 类。
2. 无对称轴且剪心和形心不重合的截面，其截面分类可按有对称轴的类似截面确定，如不等边角钢采用等边角钢的类别；当无类似截面时，可取 c 类。

表 4-5 轴心受压构件的截面分类（板厚 $t \geqslant 40\text{mm}$）

截面形式		对 x 轴	对 y 轴
轧制工字形或H形截面	$t<80\text{mm}$	b 类	c 类
轧制工字形或H形截面	$t \geqslant 80\text{mm}$	c 类	d 类
焊接工字形截面	翼缘为焰切边	b 类	b 类
焊接工字形截面	翼缘为轧制或剪切边	c 类	d 类
焊接箱形截面	板件宽厚比 >20	b 类	b 类
焊接箱形截面	板件宽厚比 $\leqslant 20$	c 类	c 类

各种不同截面形式和不同屈曲方向形成了不同的 φ-$\bar{\lambda}$ 曲线（柱子曲线），如图 4-12 所示。

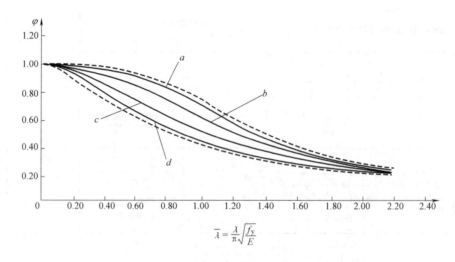

图 4-12 轴心受压构件稳定系数

4.4 实腹式轴心受压构件的局部稳定

轴心受压构件都是由一些板件组成的，一般板件的厚度与宽度相比都比较小，截面设计除考虑强度、刚度和整体稳定外，还应考虑局部稳定问题。例如，实腹式轴心受压构件一般由翼缘和腹板等板件组成，在轴心压力作用下，板件都承受压力。如果这些板件的平面尺寸很大，而厚度又相对很薄时，就有可能在构件丧失整体稳定或强度破坏之前发生屈曲，板件偏离原来的平面位置而发生波状鼓曲。因为板件失稳发生在整体构件的局部部位，所以称之为轴心受压构件丧失局部稳定或局部屈曲。局部屈曲有可能导致构件较早地丧失承载能力（由于部分板件因为局部屈曲退出受力将使其他板件受力增大，有可能使对称截面变得不对称）。另外，格构式轴心受压构件由两个或两个以上的分肢组成，每个分肢又由一些板件组成。这些分肢和分肢的板件，在轴心压力作用下也有可能在构件丧失整体稳定之前各自发生屈曲，丧失局部稳定。

轴心受压构件中板件的局部屈曲（图 4-13），实际上是薄板在轴心压力作用下的屈曲问题，相连板件互为支承。例如，工字形截面柱的翼缘相当于单向均匀受压的三边支承、一边自由的矩形薄板，纵向侧边为腹板，横向上下两边为横向加劲肋、横隔或柱头、柱脚；腹板相当于单向均匀受压的四边支承的矩形薄板，纵向左右两侧边为翼缘，横向上下两边为横向加劲肋、横隔等。以上支承中，有的支承对相连板件无约束转动的能力，可以视为简支；有的支承对相邻板件的转动起部分约束（嵌固）作用。由于双向都有支承，板件发生屈曲时表现为双向波状屈曲，每个方向呈一个或多个半波。轴心受压薄板也会存在初弯曲、初偏心和残余应力等缺陷，使其屈曲承载能力降低。缺陷对薄板性能影响比较复杂，而且板件尺寸与厚度之比较大时，

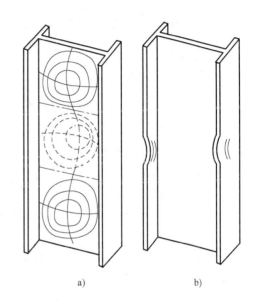

图 4-13　轴心受压构件局部屈曲

还存在屈曲后强度的有利因素。有初弯曲和无初弯曲的薄板屈曲后强度相差很小。目前，在钢结构设计中，一般仍多以理想受压平板屈曲的临界应力为准，根据试验或经验综合考虑各种有利和不利的影响。

4.4.1　单向均匀受压薄板的屈曲

1. 弹性屈曲

一块四边简支的矩形薄板，坐标参照轴心受压构件腹板左边选取，承受纵向均匀压力 N。处于弹性屈曲时，其微弯曲曲面变形形状如图 4-14 所示，根据薄板弹性稳定理论，其弯曲平衡微分方程为

$$D\left(\frac{\partial^4 u}{\partial z^4}+2\frac{\partial^4 u}{\partial z^2 \partial y^2}+\frac{\partial^4 u}{\partial y^4}\right)+N\frac{\partial^2 u}{\partial z^2}=0$$

$$D=\frac{Et^3}{12(1-\mu^2)}$$

(4-25)

式中　u——薄板的挠度；

　　　N——单位板宽的压力；

　　　D——板的柱面刚度（抗弯刚度）；

$\dfrac{t^3}{12}$——单位板宽绕中面的惯性矩,t 为板厚,μ 为泊松比。

式(4-25)与轴心受压构件弯曲屈曲微分方程 $EI\dfrac{d^2 y}{dz^2}+Ny=0$ 对 y 再求导二次后相似,只是由于屈曲是在两个方向弯曲,平衡方程中改用双向偏导数,即 $\dfrac{\partial^4 u}{\partial z^4}$,$\dfrac{\partial^4 u}{\partial y^4}$。此外,还多了由于扭转产生的 $\dfrac{\partial^4 u}{\partial z^2 \partial y^2}$ 项,柱面刚度 D 相当于 EI,由于板为双向应力状态,出现了 μ。

对四边简支矩形板,式(4-25)中的挠度 u 的解可用双重三角级数表示,即

$$\sum_{m=1}^{\infty}\sum_{n=1}^{\infty} A_{mn} \sin\dfrac{m\pi z}{a}\sin\dfrac{n\pi y}{b} \qquad (4\text{-}26)$$

式中 a、b——板的长度和宽度;

m、n——相应的纵向 z 和横向 y 屈曲半波数目(图 4-14 中 $m=2$,$n=1$),并满足 $z=0$ 和 $z=a$,$y=0$ 和 $y=b$ 时挠度为零和弯矩为零的边界条件。

将式(4-26)带入式(4-1)求解,得单位宽度的临界压力。当 $n=1$ 时,可得最小临界力 N_{cr}

$$N_{cr}=\dfrac{\pi^2 D}{a^2}\left(m+\dfrac{a^2}{b^2 m}\right)^2 \qquad (4\text{-}27)$$

或

$$N_{cr}=\dfrac{\pi^2 D}{b^2}\left(\dfrac{mb}{a}+\dfrac{a}{bm}\right)^2 \qquad (4\text{-}28)$$

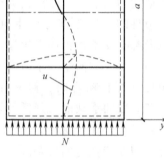

图 4-14 薄板在单向均匀压力下的屈曲

从式(4-27)看出,右边括号中第一项与两端铰接轴心受压构件的临界力相当,第二项则表示由于侧边支承对板变形的约束作用而对四边简支板临界力 N_{cr} 的提高部分,a/b 越大,N_{cr} 提高越多。

令 $\beta=\left(\dfrac{mb}{a}+\dfrac{a}{mb}\right)^2$,则式(4-28)可写成

$$N_{cr}=\beta\dfrac{\pi^2 D}{b^2} \qquad (4\text{-}29)$$

对 β 求导可知,当 $m=a/b$ 时 β 最小,即 $\beta_{\min}=4$。实际中 m 为整数,按照 $m=1$、2、3、4、$\cdots$,将 $\beta\text{-}(a/b)$ 关系绘于图 4-15。

从图 4-15 可以看出,四边简支板单向均匀受压时,相应于最小临界力的屈曲变形为横向一个半波($n=1$)、纵向多个半波的正方形或接近正方形波形区格(图 4-14);图 4-15 中实线表示可能出现的 β 值随 a/b 的变化情况。当 $a/b \geqslant 1$ 时,β 值变化不大,可取 $\beta=4$。除非使 $a<b$ 时,就轴心受压构件而言,横向加劲肋很密,才有可能使 N_{cr} 有较大的提高。从式(4-29)可知,减小 b 是增加 N_{cr} 的有效方法。

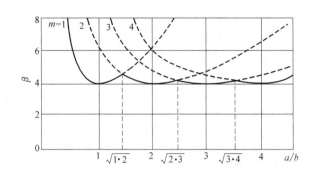

图 4-15 $\beta-(a/b)$ 关系

将 N_{cr} 除以板厚 t 可得临界应力 σ_{cr}（单位为 N/mm^2），并将柱面刚度 $D=\dfrac{Et^3}{12(1-\mu^2)}$ 代入，按照 Q235 钢 $E=2.06\times10^5 N/mm^2$，$\mu=0.3$，整理后得

$$\sigma_{cr}=\frac{\beta\pi^2 E}{12(1-\mu^2)}\left(\frac{t}{b}\right)^2=18.6\beta\left(\frac{100t}{b}\right)^2 \tag{4-30}$$

前文述及，构件中相连板件除相互支承外，有的还起部分约束（弹性嵌固）作用，使其相邻板件不能像理想简支那样完全自由转动，嵌固的程度取决相连板件的相对刚度。嵌固作用的影响可在四边简支板的临界应力公式中引入一个弹性嵌固系数 χ 来考虑，$\chi\geqslant1$。则式 (4-30) 变为

$$\sigma_{cr}=\frac{\chi\beta\pi^2 E}{12(1-\mu^2)}\left(\frac{t}{b}\right)^2=18.6\chi\beta\left(\frac{100t}{b}\right)^2 \tag{4-31}$$

式 (4-30) 和式 (4-31) 不仅适用于四边简支板，对于其他不同支承条件的单向均匀受压的板也适用，只是系数 β 值不同。如果单向均匀受压的三边简支、一边自由的矩形板，系数 $\beta\approx0.425+b^2/a^2$；当 $a\gg b$ 时，可取 $\beta\approx0.425$，如工字形截面的翼缘。

2. 弹塑性屈曲

轴心受压构件板件的临界压应力常常超过比例极限 f_p，薄板进入弹塑性受力阶段。单向受压板沿受力方向的弹性模量 E_t。此时，薄板为正交异性板，可以按式 (4-31)，以 $E\sqrt{\eta}$ 代替 E，采用下列近似公式计算临界应力 σ_{cr}，即

$$\sigma_{cr}=\frac{\chi\beta\pi^2 E\sqrt{\eta}}{12(1-\mu^2)}\left(\frac{t}{b}\right)^2=18.6\chi\beta\sqrt{\eta}\left(\frac{100t}{b}\right)^2 \tag{4-32}$$

4.4.2 板件的宽厚比

板件的宽厚比有两种考虑方法：

1）不允许板件屈曲先于构件的整体屈曲。目前，《钢结构设计标准》就是从不允许局部屈曲先于构件整体屈曲角度来限制板件的宽厚比。

2）允许板件屈曲先于整体屈曲。虽然板件屈曲会降低构件的承载能力，但由于构件的截面较宽，整体刚度好，从节约钢材角度来说反而合算，冷弯薄壁型钢结构就是基于这样的考虑。有时对于一般钢结构的部分板件，如大尺寸的焊接组合工字形截面的腹板，也允许其先有局部屈曲。

本节内容对板件宽厚比的规定是基于局部屈曲不先于整体屈曲考虑的。根据板件临界应力和构件临界应力相等的原则，确定板件的宽厚比，即由式（4-30）或式（4-31）得到的 σ_{cr} 应该等于或大于构件的 $\varphi_{min} f_y$。

1. 翼缘的宽厚比

翼缘为三边简支、一边自由，$\beta = 0.425$；腹板对翼缘嵌固作用很小，取 $\chi = 1$，代入式（4-32），并使其大于等于 φf_y，同时将 f_y 表达为 $\dfrac{f_y}{235}$。在弹性工组范围内，如果都不考虑缺陷对板件和构件的影响，根据等稳定性原则，可以得到

$$\frac{\beta \pi^2 E}{12(1-\mu^2)} \left(\frac{t}{b_1}\right)^2 \geqslant \frac{\pi^2 E}{\lambda^2} \tag{4-33}$$

式中　b_1——翼缘的外伸宽度；
　　　t——其厚度。

如图 4-16 所示，$\beta = 0.425$，$\mu = 0.3$。这样 $b_1/t \leqslant 0.2\lambda$。对常用杆件，当 $\lambda = 75$ 时，由上式得到 $b_1/t \leqslant 15$。实际上轴心受压杆是在弹塑性阶段屈曲的，因此最好由下式确定 b_1/t 之值

$$\frac{0.425\sqrt{\eta}\pi^2 E}{12(1-\mu^2)} \left(\frac{t}{b_1}\right)^2 \geqslant \varphi_{min} f_y \tag{4-34}$$

以式（4-33）可得 η 值和规范中 b 类截面的 φ 值代入式（4-34）后，可以得到 b_1/t 与 λ 的关系曲线，规范采用

$$\frac{b_1}{t} \leqslant (10+0.1\lambda) \sqrt{\frac{235}{f_y}} \tag{4-35}$$

式中，λ 取构件两个方向长细比的较大者。而当 $\lambda < 30$ 时，取 $\lambda = 30$；当 $\lambda \geqslant 100$ 时，取 $\lambda = 100$。

2. 腹板的高厚比

工字形截面的腹板为两边简支、两边弹性嵌固，$\beta = 4$；翼缘对腹板的嵌固作用较大，取 $\chi = 1.3$，代入式（4-32），并使其大于等于 φf_y，可得腹板计算高度 h_0 与厚度 t_w 之比为

$$\frac{1.3 \times 4\sqrt{\eta}\pi^2 E}{12(1-\mu^2)} \left(\frac{t_w}{h_0}\right)^2 \geqslant \varphi_{min} f_y \tag{4-36}$$

式中，腹板的高度 h_0 与厚度 t_w 如图 4-16 所示。

由式（4-36）所得 h_0/t_w 与 λ 的关系曲线，规范采用了下列直线式

$$\frac{h_0}{t_w} \leqslant (25+0.5\lambda) \sqrt{\frac{235}{f_y}} \tag{4-37}$$

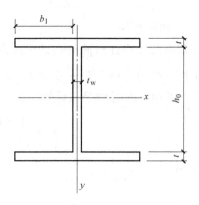

图 4-16　板件尺寸

式中，λ 取构件中长细比的较大者。而当 $\lambda < 30$ 时，取 $\lambda = 30$；当 $\lambda \geqslant 100$ 时，取 $\lambda = 100$。

$$\frac{h_0}{t_w} \leqslant 40 \sqrt{\frac{235}{f_y}} \tag{4-38}$$

双腹壁箱形截面的腹板高厚比取不与构件的长细比发生关系即式（4-38），偏于安全。

3. 圆管的径厚比

工程结构中圆钢管的径厚比也是根据管壁的局部屈曲不先于构件的整体屈曲确定的。对无缺陷的局部屈曲，在均匀轴心压力作用下，根据管壁弹性屈曲应力理论，可得

$$\varphi_{cr} = 1.21 \frac{Et}{D} \tag{4-39}$$

式中 D——管径；

　　　t——壁厚。

但是管壁缺陷，如局部凹凸，对屈曲应力的影响很大，而管壁越薄，这种影响越大。根据理论分析和试验研究，因径厚比 D/t 不同，弹性屈曲应力要乘以折减系数 $0.3 \sim 0.6$，而且一般圆管都按照弹塑性状态下工作设计。所以，要求圆管的径厚比不大于下式计算值

$$\frac{D}{t} \leq 100 \times \frac{235}{f_y} \tag{4-40}$$

4.5 实腹式轴心受压构件的截面设计

设计轴心受压实腹构件的截面时，应先选择构件的截面形式，再根据构件整体稳定和局部稳定的要求确定截面尺寸。

4.5.1 轴心受压实腹构件的截面形式

轴心受压实腹构件一般采用双轴对称截面，以避免弯扭失稳。常用的截面形式有型钢和组合截面两种。

选择截面形式时不仅要考虑用料经济，而且还要尽可能构造简便，制造省工和便于运输。为使用料经济一般选择壁薄而宽敞的截面，这样的截面有较大的回转半径，使构件具有较高的承载能力；不仅如此，还要使构件在两个方向的稳定系数接近相同，当构件在两个方向的长细比相同时，虽然有可能属于不同类别而它们的稳定系数不一定相同，但其差别一般不大。因此，可用长细比 λ_x 和 λ_y 相等作为考虑等稳定的方法。这样，选择截面形状时还要和构件的计算长度 l_{0x} 和 l_{0y} 联系起来。

单角钢截面适用于塔架、桅杆结构和起重机臂杆，轻型桁架也可用单角钢做成。双角钢便于在不同情况下组成接近于等稳定的压杆截面，常用于由节点板连接杆件的平面桁架。

热轧普通工字钢虽然有制造省工的优点，但因为两个主轴方向的回转半径差别较大，而且腹板又较厚，一般并不经济，因此很少用于单根压杆。轧制宽翼缘 H 型钢的宽度与高度相同时，对强轴的回转半径约为弱轴回转半径的 2 倍，对中点有侧向支撑的独立支柱最为适宜。

焊接工字形截面最为简单，利用自动焊可以做成一系列定型尺寸的截面，腹板按局部稳定的要求，可以做得很薄以节省钢材，应用十分广泛。为使翼缘与腹板便于焊接，截面高度和宽度做的大致相同。工字形截面的回转半径与截面轮廓尺寸的近似关系是：$i_x = 0.43h$，$i_y = 0.24b$。所以，只有两个主轴方向的计算长度相差一倍时，才有可能达到等稳定的要求。

十字形截面的两个主轴方向的回转半径是相同的，对于重型中心受压柱，当两个方向的计算长度相同时，这种截面较为有利。

圆钢管截面轴心受压杆件的承载能力较高。但是轧制钢管取材不易，应用不多。焊接圆管压杆用于海洋平台结构，因其腐蚀面小又可做成封闭构件，比较经济合理。

方管或由钢板焊成的箱形截面，因其承载能力和刚度都较大，虽然连接构造困难，但可以用作高大的承重支柱。

在轻型钢结构中，可以灵活地应用各种冷弯薄壁型钢截面组成的压杆，从而获得经济效果。冷弯薄壁方管是轻型钢屋架中常用的一种截面形式。

4.5.2 轴心压杆实腹构件的计算步骤

在确定钢材的强度设计值、轴心压力的设计值、计算长度以及截面形式以后，可以按照下列步骤设计轴心压杆实腹构件的截面尺寸。

1）先假定杆件的长细比 λ，求出需要的截面面积 A。根据设计经验，荷载小于 1500kN、计算长度为 5~6m 的受压杆件，可以假定 $\lambda=80\sim100$；荷载为 3000~3500kN 的受压构件，可以假定 $\lambda=60\sim70$。再根据截面形式和加工条件查知截面分类，而后查出相应的稳定系数 φ，则所需要的截面面积为

$$A = \frac{N}{\varphi f} \tag{4-41}$$

2）计算出对应于假定长细比两个主轴的回转半径 $i_x = l_{0x}/\lambda$；$i_y = l_{0y}/\lambda$。利用截面回转半径和其轮廓尺寸的近似关系 $i_x = \alpha_1 h$ 和 $i_y = \alpha_2 b$ 确定截面的高度和宽度，即

$$h \approx \frac{i_x}{\alpha_1}, b \approx \frac{i_y}{\alpha_2} \tag{4-42}$$

并根据等稳定条件、便于加工和板件稳定的要求确定截面各部分的尺寸。截面各部分的尺寸也可以参考已有的设计资料确定，不一定都从假定杆件的长细比开始。

3）计算出截面特性。先验算杆件的整体稳定，如有不合适，对截面尺寸加以调整并重新计算截面特性；当截面有较大削弱时，还应验算净截面强度。

4）局部稳定性验算。轴心受压实腹构件的局部稳定是以限制其组成板件宽厚比来保证的。对热轧型钢截面，由于板件宽厚比较小，一般都能满足要求，可以不必验算，对于组合截面，则应根据式（4-35）、式（4-37）、式（4-38）及式（4-40）对板件的宽厚比进行验算。

5）刚度验算。轴心受压实腹构件的长细比还应符合规范所规定的容许长细比和最小截面尺寸的要求。事实上，在进行整体稳定验算时，构件的长细比已经预先求出或假定，以确定整体稳定系数 φ，因而杆件的刚度验算和整体稳定验算应同时进行。

4.5.3 轴心压杆实腹构件的构造要求

轴心受压构件中，一般是由于构件初弯曲、初偏心或偶然横向力作用才在截面中产生剪力。当轴心压力达到极限承载力时，剪力达到最大，但数值也并不大。因此，焊接实腹式轴心受压构件中，翼缘与腹板之间的剪力很小，其连接焊缝一般按构造取 $h_f = 4\sim8$mm。当实腹式构件的腹板高厚比 h_0/t_w 较大，规范规定：当 $h_0/t_w \geq 80\sqrt{235/f_y}$ 时，应采用横向加劲肋加强（图 4-17），其间距不得大于 $3h_0$，这样可以提高腹板的局部稳定性，增大构件的抗扭刚度，防止制造、运输和安装过程中截面变形。横向加劲肋通常在腹板两侧成对配置，其尺寸应满足：

$$t_s \geq \frac{b_s}{15} \quad (4-43)$$

外伸宽度

$$b_s \geq \frac{h_0}{30} + 40\text{mm} \quad (4-44)$$

此外，为了保证构件截面几何形状不变、提高构件抗扭刚度、传递必要的内力，对大型实腹式构件，在受有较大横向力处和每个运送单元的两端，还应设置横隔。构件较长时，并设置中间横隔，横隔的间距不得大于构件截面较大宽度的9倍或8m。

【例4-1】 选择Q235钢的热轧普通工字钢，该工字钢用于上下端均为铰接的带支撑的支柱，支柱长度为9m，如图4-18所示，在两个三分点处均有侧向支撑，以阻止柱在弱轴方向过早失稳。构件承受的最大设计压力 $N = 250\text{kN}$，容许长细比取 $[\lambda] = 150$。

【解】 已知 $l_x = 9\text{m}$，$l_y = 3\text{m}$，$f = 215\text{N/mm}^2$。

（1）由于作用于支柱的压力很小，先假定长细比 $\lambda = 150$。查附录I得绕截面强轴和弱轴的稳定系数 $\varphi_x = 0.339$，$\varphi_y = 0.308$。

支柱所需截面面积为

$$A = \frac{N}{\varphi f} = \frac{250 \times 10^3}{0.308 \times 215}\text{mm}^2 \approx 3775\text{mm}^2 \approx 37.8\text{cm}^2$$

截面所需回转半径为

$$i_x = \frac{l_x}{\lambda} = \frac{900}{150}\text{cm} = 6\text{cm}, \quad i_y = \frac{l_y}{\lambda} = \frac{300}{150}\text{cm} = 2\text{cm}$$

与上述截面特性比较接近的工字钢20a，从附录J查得

$A = 35.5\text{cm}^2$，$i_x = 8.19\text{cm}$，$i_y = 2.11\text{mm}$

（2）验算支柱的整体稳定、刚度和局部稳定

先计算长细比，得

$$\lambda_x = \frac{900}{8.19} = 109.89, \quad \lambda_y = \frac{300}{2.11} = 142.18$$

由附录I查得

$$\varphi_x = 0.559, \quad \varphi_y = 0.339$$

比较这两个值后，取 $\varphi = \min\{\varphi_x, \varphi_y\} = 0.339$，得

$$\frac{N}{\varphi A} = \frac{250 \times 10^3}{0.339 \times 35.5 \times 10^2}\text{N/mm}^2 \approx 207.3\text{N/mm}^2 < 215\text{N/mm}^2$$

截面符合对柱的整体稳定和容许长细比要求。因为轧制型钢的翼缘和腹板一般都比较厚，都能满足局部稳定的要求。

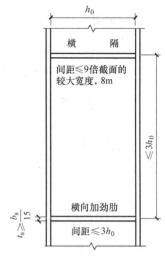

图 4-17 实腹式构件的横向加劲肋和横隔

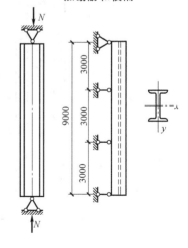

图 4-18 【例 4-1】图

4.6 格构式轴心受压构件的计算

4.6.1 格构式轴心受压构件的组成及应用

1. 格构式轴心受压构件的组成（图 4-19）

格构式轴心受压构件主要是由两个或两个以上相同截面的肢件用缀件相连而成，肢件的截面常为热轧槽钢、热轧工字钢和热轧角钢等。肢件的截面分类如图 4-20 所示。缀件把肢件连成整体，并能承担剪力。缀件主要有缀条和缀板两种形式，如图 4-21 所示。

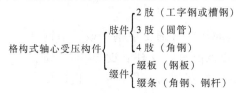

图 4-19 格构式轴心受压构件的组成

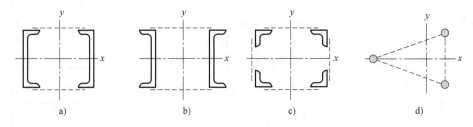

图 4-20 肢件的截面分类

a）槽钢型 b）H 型钢型 c）角钢型 d）圆钢型

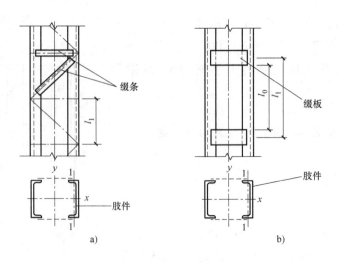

图 4-21 缀条和缀板

a）缀条柱 b）缀板柱

截面的虚实轴：在柱的横截面中垂直于分肢的形心轴称为实轴，垂直于缀件平面的形心轴称为虚轴。

2. 格构式轴心受压构件的适用范围

当荷载比较小时，优先选用型钢截面，如 H 型钢；荷载较大时，可选择焊接工字钢；荷载较大，柱子又比较高大时，应选择格构式柱，在用料相同的情况下，格构柱可以增大截面的惯性矩和回转半径，提高柱子的抗弯刚度和稳定性。

格构式柱的分肢轴线间距可以根据需要进行调整，使截面对虚轴有较大的惯性矩，因而适用于荷载不大而柱身高度较大时。当格构式柱截面宽度较大时，因缀条柱刚度较缀板柱为大，宜采用缀条柱。

4.6.2 格构式轴心受压构件的稳定性能

1. 对实轴的整体失稳计算

轴心受压的格构式构件当绕其截面的实轴失稳时，稳定性能与实腹式构件无异，稳定验算条件与实腹柱相同，因此可用对实轴的长细比查得稳定性系数。

2. 对虚轴的整体失稳计算

当绕其截面的虚轴失稳时，由于两分肢之间不是实体连接，构件在缀件平面内的抗剪刚度较小，构件的稳定性将受到剪切变形的影响。如不考虑这个影响，计算结果将会产生较大的误差。

考虑剪切变形影响的欧拉公式

$$N_{cr} = \frac{N_E}{1 + \frac{nN_E}{AG}} = \frac{N_E}{1 + \gamma_1 N_E} \tag{4-45}$$

式中　N_E——不考虑剪切应变影响的欧拉临界力，即 $N_E = \pi^2 EI/l_0^2$；
　　　γ_1——单位剪切作用下的剪应变。

实腹柱中一般取 $\gamma_1 = 0$，因而 $N_{cr} = N_E$。格构式柱中 $\gamma_1 > 0$，因而 $N_{cr} < N_E$。若把（4-45）改写为

$$N_{cr} = \frac{N_E}{1 + \frac{nN_E}{AG}} = \frac{\pi^2 EA}{\lambda_0^2} \tag{4-46}$$

$$\lambda_0 = \lambda\sqrt{1 + \gamma_1 N_E} \tag{4-47}$$

式中　λ_0——换算长细比。

用换算长细比代替欧拉公式中的长细比 λ，则得到考虑剪力影响的欧拉公式。

我国设计规范中对用缀件连接的双肢柱的换算长细比分别规定为

缀板柱　　　　　　　　　　$\lambda_{0y} = \sqrt{\lambda_y^2 + \lambda_1^2}$ 　　　　　　　　　　（4-48）

缀条柱　　　　　　　　　　$\lambda_{0y} = \sqrt{\lambda_y^2 + 27A/A_{dy}}$ 　　　　　　　（4-49）

式中　λ_y——整个构件对虚轴（y 轴）的长细比；
　　　λ_1——分肢对其自身最小刚度轴 1-1 的长轴比，其计算长度取为：焊接时，为相邻两缀板的净距；螺栓连接时，为相邻两缀板边缘螺栓的距离；
　　　A——整个构件的毛截面面积；
　　　A_{dy}——构件同一横截面中垂直于虚轴 y 的各斜缀条毛截面面积之和。

格构式轴心受压构件绕虚轴的稳定系数 φ 应由换算长细比确定。我国规范中还对四肢格构式柱和三肢格构式柱的换算长细比给出了计算公式，可参阅规范。

分析缀板柱在缀板平面内的变形时，一般都把缀板柱看作一单跨多层刚架，并假设缀板为刚架的横梁，具有无限刚度，柱的两分肢分别为单跨刚架的两个柱子。当刚架发生侧移时，柱肢上的反弯点假设位于柱肢的中点，如图 4-22 所示。在单位剪力作用下，每一柱肢在反弯点处弯矩为零但承受水平剪力 1/2。把反弯点以下的柱肢看作一自由端受集中荷载的悬臂梁，则由材料力学的悬臂梁自由端的挠度为

$$\Delta = \frac{Pl^3}{3EI_1} = \frac{\frac{1}{2}\left(\frac{a}{2}\right)^3}{3EI_1} = \frac{a^3}{48EI_1} \quad (4\text{-}50)$$

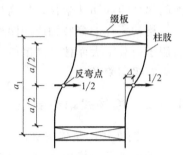

图 4-22 缀板柱在缀板平面内的侧移变形

式中 I_1——格构式柱分肢对其自身形心弱轴的惯性矩；
a——当缀板与柱肢焊接时相邻两缀板间的净距。

缀板平面内的单位剪应变为

$$\gamma_1 = \frac{\Delta}{\frac{a}{2}} = \frac{a^2}{24EI_1} \quad (4\text{-}51)$$

由式（4-51）得

$$\lambda_0 = \lambda\sqrt{1+\gamma_1 N_E} = \sqrt{\lambda^2 + \frac{a^2}{24EI_1}(\pi^2 EA)} = \sqrt{\lambda^2 + \frac{2\pi^2}{24}\lambda_1^2} \approx \sqrt{\lambda^2 + \lambda_1^2} \quad (4\text{-}52)$$

$$\lambda_1 = a/i_1$$

式中 λ_1——分肢对其最小刚度轴 1-1 的长细比。

$I_1 = A_1 i_1^2$，$A = 2A_1$；近似取 $2\pi^2/24 \approx 1$。

由此得：

当 x 轴为虚轴时

$$\lambda_{0x} = \sqrt{\lambda_x^2 + \lambda_1^2} \quad (4\text{-}53)$$

当 y 轴为虚轴时

$$\lambda_{0y} = \sqrt{\lambda_y^2 + \lambda_1^2} \quad (4\text{-}54)$$

分析缀条柱在缀条平面内的变形时，一般都把缀条柱看作一竖向桁架，柱的两分肢分别为此桁架的两弦杆，而斜缀条和横缀条则为桁架的腹杆，如图 4-23 所示。可以找出单位剪力作用下剪应变 γ_1 如下：

在单位剪应力作用下，斜缀条的伸长变形由材料力学公式为

$$\Delta_d = \frac{\frac{1}{\sin\alpha}\cdot\frac{a_1}{\cos\alpha}}{EA_d} = \frac{a}{EA_d \sin\alpha\cos\alpha} \quad (4\text{-}55)$$

式中 α——斜缀条与柱轴线间的夹角；

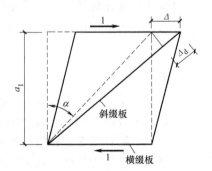

图 4-23 缀条柱的侧移变形

A_d——前后两斜缀条的正截面面积。

因水平变形为
$$\Delta = \frac{\Delta_d}{\sin\alpha} \tag{4-56}$$

故单位剪应变
$$\gamma_1 = \frac{\Delta}{a_1} = \frac{1}{EA_d \sin^2\alpha\cos\alpha} \tag{4-57}$$

代入公式得
$$\lambda_0 = \lambda\sqrt{1+\gamma_1 N_E} = \sqrt{\lambda^2 + \gamma_1 \pi^2 EA} = \sqrt{\lambda^2 + \frac{\pi^2}{\sin^2\alpha\cos\alpha} \cdot \frac{A}{A_d}} \tag{4-58}$$

当 α 在 45°左右时，$\pi^2/(\sin^2\alpha\cos\alpha) \approx 27$ 于是得

$$\lambda_0 = \sqrt{\lambda^2 + 27\frac{A}{A_d}} \tag{4-59}$$

当 x 轴为虚轴时
$$\lambda_{0x} = \sqrt{\lambda_x^2 + 27\frac{A}{A_{dx}}} \tag{4-60}$$

当 y 轴为虚轴时
$$\lambda_{0y} = \sqrt{\lambda_y^2 + 27\frac{A}{A_{dy}}} \tag{4-61}$$

此即前述公式。

4.6.3 格构式柱分肢的稳定性

对格构式构件，除验算整个构件对其实轴和虚轴两个方向的稳定性外，还应考虑其分肢的稳定性。在理想情况下，轴心受压构件两分肢的受力是相同的，即各承担所受轴力的一半。但在实际情况下，由于初弯曲和初偏心等初始缺陷，两分肢的受力是不等的。同时，分肢本身又可能具有初弯曲等缺陷。这些因素都对分肢的稳定性不利。因此，对分肢的稳定性不容忽略。

分肢稳定性应如何验算？在我国设计规范中未作明文规定。欧洲钢结构协会（ECCS）的《欧洲钢结构建议》中对此有较完善的规定。

我国在制定设计规范过程中，曾对格构式轴心受压构件的分肢稳定进行了大量计算。最后规定：对缀条柱，分肢的长细比 λ_1 应不大于构件两方向长细比（对虚轴换算长细比）的较大值 λ_{max} 的 0.7 倍；对缀板柱，λ_1 不应大于 40，并不应大于 λ_{max} 的 0.5 倍。

当满足要求时，分肢的稳定可以得到保证，因而就无需再计算分肢的稳定性。设计规范中也就未给出分肢稳定的验算方法。

4.6.4 格构式轴心受压构件的截面设计

格构式轴心受压构件的截面设计步骤如下：

1）根据轴心力的大小、两主轴方向的计算长度、使用要求及供料情况，决定采用缀板柱或缀条柱。缀件面剪力较大或宽度较大的宜用缀条柱，即大型柱。中小型柱采用缀板柱或缀条柱。

2）根据对实轴稳定性的计算，选择柱肢截面，方法与实腹式柱的计算相同。

3）根据对虚轴稳定性的计算，决定分肢间距（肢件间距）。

按等稳定性条件，即以对虚轴的换算长细比相等，$\lambda_{0y} = \lambda_x$ 代入换算长细比公式得：

缀板柱对虚轴的长细比

$$\lambda_y = \sqrt{\lambda_{0y}^2 - \lambda_1^2} = \sqrt{\lambda_x^2 - \lambda_1^2} \tag{4-62}$$

计算时可假定 λ_1 为 30~40，且 $\lambda_1 \leq 0.5\lambda_x$。

缀条柱对虚轴的长细比

$$\lambda_y = \sqrt{\lambda_{0y}^2 - 27\frac{A}{A_1}} = \sqrt{\lambda_x^2 - 27\frac{A}{A_1}} \tag{4-63}$$

可假定 $A_1 = 0.1A$。

按上述得出 λ_y 后，求虚轴回转半径

$$i_y = \frac{l_{0y}}{\lambda_y} \tag{4-64}$$

可得柱在缀件方向的宽度，也可由已知截面的几何量直接算出柱的宽度 $B = \frac{i_y}{\alpha_2}$。一般按 10mm 进级，且两肢间距宜大于 100mm，便于内部刷漆。

4) 验算。按选出的实际尺寸对虚轴的稳定性和分肢的稳定性进行验算，如不合格进行修改再验算，直至合适为止。

5) 计算缀板或缀条，并应使其符合上述构造要求。

6) 按规定设置横隔。

【例 4-2】 设计两槽钢组成的格构式柱，柱的轴心压力 $N = 1500\text{kN}$，$l_{0x} = l_{0y} = 6\text{m}$，采用 Q235 钢材。

【解】

1. 初选截面

按对实轴进行稳定计算。设 $\lambda_x = 70$，属于 b 类截面，查附录 I 得 $\varphi_x = 0.751$，查附录 A 得 $f = 215\text{N/mm}^2$，则需要的截面积为

$$A_T = \frac{N}{\varphi_x f} = \frac{1500 \times 10^3}{0.751 \times 215}\text{mm}^2 = 9289\text{mm}^2 = 92.9\text{cm}^2$$

回转半径

$$i_x^T = \frac{l_{0x}}{\lambda_x} = \frac{600}{70}\text{cm} = 8.57\text{cm}$$

试选 [28b，查附录 J 得 $A = 2 \times 45.62\text{cm}^2 = 91.24\text{cm}^2$，$i_x = 10.6\text{cm}$，$z_0 = 2.02\text{cm}$，$I_1 = 241.5\text{cm}^4$。

验算整体稳定性

$$\lambda_x = \frac{l_{0x}}{i_x} = \frac{600}{10.6} = 56.6 < [\lambda] = 150$$

查附录 I，并利用内插法计算 φ_x 得

$$\varphi_x = 0.833 - \frac{0.833 - 0.807}{60 - 55} \times (56.6 - 55) = 0.825$$

$$\sigma = \frac{N}{\varphi_x A} = \frac{1500 \times 10^3}{0.825 \times 91.24 \times 10^2}\text{N/mm}^2 = 199.3\text{N/mm}^2 < f = 215\text{N/mm}^2$$

2. 采用缀板柱时

(1) 初定柱宽 B 假定 $\lambda_1 = 0.5 \times 56.6 = 28.3$，取 $\lambda_1 = 28$。

由 $\lambda_{0y} = \sqrt{\lambda_y^2 + \lambda_1^2} = \lambda_x$ 可得

$$\lambda_y = \sqrt{\lambda_x^2 - \lambda_1^2} = \sqrt{56.6^2 - 28^2} = 49.2$$

$$i_y = \frac{l_{0y}}{\lambda_y} = \frac{600}{49.2}\text{cm} = 12.2\text{cm}$$

而 $i_y = 0.44b$，则 $B = \dfrac{i_y}{0.44} = \dfrac{12.2}{0.44}\text{cm} = 27.7\text{cm}$，取 $B = 28\text{cm}$。

（2）截面验算 整个截面对虚轴的数据如下：

$$a = \frac{B}{2} - Z_0 = 14\text{cm} - 2.02\text{cm} = 11.98\text{cm}$$

由平行移轴公式知 $I_y = 2\times\left[I_1 + A\cdot\left(\dfrac{a}{2}\right)^2\right] = 2\times(241.5 + 45.62\times 11.98^2)\text{cm}^4 = 13578\text{cm}^4$

$$i_y = \sqrt{\frac{I_y}{A}} = \sqrt{\frac{13578}{91.24}}\text{cm} = 12.2\text{cm}$$

刚度验算

$$\lambda_{0y} = \sqrt{\lambda_y^2 - \lambda_1^2} = \sqrt{49.2^2 - 28^2} = 56.6 < [\lambda] = 150$$

整体稳定性验算

由 $\lambda_x = 56.6$，查附录Ⅰ得 $\varphi = 0.825$，则

$$\frac{N}{\varphi A} = \frac{1500\times 10^3}{0.825\times 91.24\times 10^2}\text{N/mm}^2 = 199.3\text{N/mm}^2 < f = 215\text{N/mm}^2（满足要求）$$

（3）缀板计算

1）柱身承受的横向剪力

$$V = \frac{Af}{85}\sqrt{\frac{f}{235}} \approx \frac{9124\times 215}{85}\text{N} = 23078.4\text{N} = 23.1\text{kN}$$

2）肢件对自身轴 1-1 的 $i = 2.3\text{cm}$，则缀板的净距即计算长度

$$l_0 = \lambda_1 i_1 = 28\times 2.3\text{cm} = 64.4\text{cm}$$

3）按构造要求取缀板尺寸

$b \geq \dfrac{2}{3}a = \dfrac{2}{3}\times 23.96\text{cm} = 15.97\text{cm}$，取 $b = 18\text{cm}$；

$t \geq \dfrac{a}{40} = \dfrac{23.96}{40}\text{cm} = 0.6\text{cm}$，取 $t = 8\text{mm}$。

缀板长度一般取两虚轴之间的宽度，即 240mm。

缀板尺寸为 240mm×180mm×8mm。

4）缀板中距。

$$l_1 = l_0' + b = 65\text{cm} + 18\text{cm} = 83\text{cm}$$

因柱高 6m，设 8 块缀板，中距约取 85cm。

柱分肢线刚度

$$K_1 = \frac{I_1}{l_1} = \frac{242}{83}\text{cm}^3 \approx 3\text{cm}^3$$

两侧缀板线刚度之和

$$K_b = \frac{I_b}{a} = \frac{1}{23.96} \times 2 \times \frac{1}{12} \times 0.8 \times 18^3 \text{cm}^3 = 32.45 \text{cm}^3 > 6K_1 = 18 \text{cm}^3$$

缀板刚度足够。

5）缀板与柱肢连接焊缝的计算。

缀板受力

$$T = \frac{V_1 l_1}{a} = \frac{23.1}{2} \times \frac{85}{23.96} \text{kN} = 40.97 \text{kN}$$

取角焊缝的焊脚尺寸 $h_f = 8\text{mm}$，不考虑焊缝绕角部分长，采用 $l_w = 180\text{mm}$。剪力 T 产生的剪应力（顺焊缝长度方向）

$$\tau_f = \frac{T}{h_e l_w} = \frac{40970}{0.7 \times 8 \times 180} \text{N/mm}^2 = 40.64 \text{N/mm}^2$$

弯矩 M 产生的应力（垂直焊缝长度方向）

$$\sigma_f = \frac{6Vl_1}{4 h_e l_w^2} = \frac{6 \times 23.1 \times 10^3 \times 850}{4 \times 0.7 \times 8 \times 180^2} \text{N/mm}^2 = 162.3 \text{N/mm}^2$$

$$\sqrt{\left(\frac{\sigma_f}{1.22}\right)^2 + \tau_f^2} = \sqrt{\left(\frac{162.3}{1.22}\right)^2 + 40.64^2} \text{N/mm}^2 = 139.1 \text{N/mm}^2 < f_f^w = 160 \text{N/mm}^2$$

采用钢板式横隔，厚 8mm，与缀板配合设置，间距应小于 9 倍的柱宽（9×28cm = 252cm），柱端有柱头和柱脚，中间三分点处设两道横隔。

3. 若采用单系缀条式格构柱，则两肢仍采用 [28b

（1）按虚轴稳定性初选两肢间距　设 $A_1 = 0.1A = 0.1 \times 9124 \text{mm}^2 = 912.4 \text{mm}^2$，因此选角钢 ∟45×5，则 $A_1 = 2 \times 5.29 \text{cm}^2 = 8.58 \text{cm}^2$

利用等稳定性条件，使对虚轴的换算长细比与对实轴的长细比相等。

由 $\lambda_{0y} = \sqrt{\lambda_y^2 + 27 \frac{A}{A_1}} = \lambda_x$ 可导出

$$\lambda_y = \sqrt{\lambda_x^2 - 27 \frac{A}{A_1}} = \sqrt{56.6^2 - 27 \times \frac{91.24}{8.58}} = 54$$

相应的回转半径

$$i_y = \frac{l_{0y}}{\lambda_y} = \frac{600}{54} \text{cm} = 11.11 \text{cm}$$

两肢柱距离

$$B = \frac{i_y}{0.44} = \frac{11.11}{0.44} \text{cm} = 25.25 \text{cm}，取 B = 26 \text{cm}。$$

（2）截面验算　整个截面对虚轴的数据

$$a = \frac{b}{2} - z_0 = 13 0\text{cm} - 2.02 \text{cm} = 10.98 \text{cm}$$

$$I_y = 2 \times \left[I_1 + A \cdot \left(\frac{a}{2}\right)^2 \right] = 2 \times (241.5 + 45.62 \times 10.98^2) \text{cm}^4 = 11482.93 \text{cm}^4$$

$$i_y = \sqrt{\frac{I_y}{A}} = \sqrt{\frac{11482.93}{91.24}} \text{cm} = 11.22 \text{cm}$$

刚度验算

$$\lambda_y = \frac{l_{0y}}{i_y} = \frac{600}{11.22} = 53.48 < [\lambda] = 150$$

$$\lambda_{0y} = \sqrt{\lambda_y^2 + 27\frac{A}{A_1}} = \sqrt{53.48^2 + 27 \times \frac{91.24}{8.58}} = 56.1$$

稳定性验算，按 b 类，由 $\lambda_{0y} = 56.1$ 查附录 I 得

$$\varphi = 0.833 - \frac{0.833 - 0.807}{60 - 55} \times (56.1 - 55) = 0.827$$

$$\sigma = \frac{N}{\varphi A} = \frac{1500 \times 10^3}{0.827 \times 91.24 \times 10^2} \text{N/mm}^2 = 198.8 \text{N/mm}^2 < f = 215 \text{N/mm}^2$$

(3) 缀条计算

柱身承受横向剪力

$$V = \frac{Af}{85}\sqrt{\frac{f_y}{235}} = \frac{9124 \times 215}{85} \text{N} = 23078.4 \text{N} = 23.1 \text{kN}$$

缀条与柱肢轴线夹角按 α = 45° 考虑缀条受力

$$N_1 = \frac{V_1}{\cos\alpha} = \frac{23.1}{2 \times 0.707} \text{kN} = 16.34 \text{kN}$$

缀条选 L45×5，$A = 4.29 \text{cm}^2$，$i_{\min} = 0.88$，计算长度

$$l_0 = \frac{b}{\cos\alpha} = \frac{26}{0.707} \text{cm} = 36.78 \text{cm}$$

则 6m 柱分为 16 个节间，单肢轴线长 375mm，取缀条轴线中距为 $l_b = 38 \text{cm}$。

分肢稳定性验算

$$\lambda_1 = \frac{l_0}{i_{\min}} = \frac{375}{2.3} = 16.3 < 0.7\lambda_{\max} = 0.7 \times 56.6 = 39.62$$

缀条整体稳定性计算

$$\lambda_1 = \frac{l_b}{i_1} = \frac{38}{0.88} = 43.18$$

单角钢按 b 类查附录 I 得

$$\varphi = 0.878 - \frac{0.878 - 0.856}{45 - 40} \times (43.18 - 40) = 0.864$$

因系单角钢，需乘以折减系数 $\gamma = 0.6 + 0.0015\lambda = 0.6 + 0.0015 \times 43.18 = 0.665$，则

$$\sigma = \frac{N_t}{\gamma \varphi A} = \frac{16340}{0.665 \times 0.864 \times 429} \text{N/mm}^2 = 66.3 \text{N/mm}^2 < f = 215 \text{N/mm}^2$$

缀条与柱肢连接焊缝计算，取焊脚尺寸 $h_f = 4 \text{mm}$，则肢背焊缝长度

$$l_w = \frac{k_1 N}{0.7 h_f \times 0.85 \times 160} = \frac{0.7 \times 16340}{0.7 \times 4 \times 0.85 \times 160} \text{mm} = 30 \text{mm}$$

加起灭弧 10mm，取 $l_w = 40 \text{mm}$。

肢尖焊缝长度

$$l'_w = \frac{k_2 N}{0.7 h_f \times 0.85 \times 160} = \frac{0.3 \times 16340}{0.7 \times 4 \times 0.85 \times 160} \text{mm} = 12.87 \text{mm}$$

加起灭弧 10mm，取 $l'_w = 23$ mm。

4.6.5 轴心受压构件中的剪力

理想的轴心受压构件，受荷载截面上只有轴心压力。有初始缺陷的实际轴心受压构件，由于构件的弯曲，受荷后截面上除存在轴心压力外，还有必然存在弯矩和剪力。剪力的存在，使构件产生剪切变形。在实腹式构件中，这种剪切变形对构件的稳定性影响不大而不予考虑。在格构式构件中，这种影响就不能忽略，这在以前各节中已有说明。本节将介绍此剪力的计算方法，目的是为了今后计算格构式构件的缀件及其与柱分肢的连接。

图 4-24 所示为一具有等效初弯曲的两端铰支轴心受压构件。在轴心受压作用下，构件中点将产生最大挠度 v_{max}，构件的总挠曲曲线为

$$Y = v_{max}\sin\frac{x\pi}{l} \tag{4-65}$$

构件截面上的弯矩为

$$M = NY = Nv_{max}\sin\frac{x\pi}{l} \tag{4-66}$$

剪力为

$$V = \frac{dM}{dz} = \frac{\pi}{l}Nv_{max}\cos\frac{x\pi}{l} \tag{4-67}$$

最大剪力发生在构件两端$\left(即\cos\frac{n\pi}{l}=1 时\right)$，其值为

$$V_{max} = \frac{\pi Nv_{max}}{l} \tag{4-68}$$

设计标准中为简化缀件的布置，常把余弦变化的剪力看作如图 4-24 所示两块矩形，即假定轴心受压构件截面上的剪力值沿构件全长不变化，均为式 (4-68) 所示的最大值，但构件上、下两半段中的剪力符号（方向）是相反的。

轴心受压构件上的剪力将根据式 (4-67) 推导。但必须注意，由于对式中的确定方法有多种多样，所得最大剪力的计算式，因而也就不同。

我国设计标准中规定：轴心受压构件中的剪力计算公式为

$$V = \frac{Af}{85}\sqrt{\frac{f_y}{235}} \tag{4-69}$$

式中 A——构件的毛截面积；
f——钢材的抗压强度设计值；
f_y——所用钢材的屈服强度（N/mm²）。

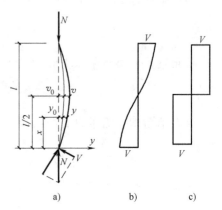

图 4-24 轴心压杆的剪力

4.6.6 缀件及其连接的计算

缀件用以连接格构式构件的分肢,并承担抵抗剪力的作用。下面分别叙述缀条和缀板及其连接的设计和计算。

1. 缀条的设计

缀条布置的四种形式。为不带横缀条和带横缀条的单斜缀条体系,此处横缀条理论上不承担剪力,只是用以减少柱分肢在缀条平面内的计算长度。都为双斜缀条体系,其一不设横缀条,另一设横缀条。从简化连接着想,宜采用图 4-25 所示单斜缀条体系。图 4-25 缀条布置形式不宜采用,一则是因其横缀条参与了承担柱身中的剪力,与推导换算长细比公式时并未计及横缀条因受力而缩短影响不符;更重要的是由于横缀条的影响,这种构件一旦受荷,分肢因受压而缩短就会使构件发生虚线所示的变形,对构件受力性能不利。还需指出所带横缀条的双斜缀条体系,当构件受压而发生压缩变形时,斜缀条两端节点因有横缀条连系而不能发生水平位移,最后导致斜缀条受压和横缀条受拉。对这种由于柱身压缩而产生的斜缀条额外受力不容忽视,有时会导致斜缀条因受压而失稳。为防止此现象,在选用图 4-25 所示形式的缀条布置时,斜缀条的截面宜较计算所需略予加大。

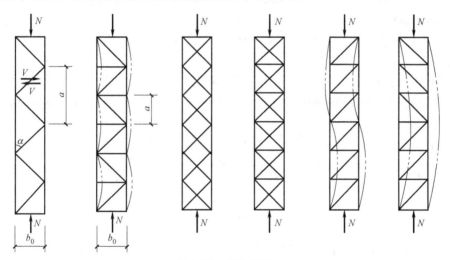

图 4-25 缀条布置

为使与推导缀条柱换算长细比公式时取 $\alpha = 45°$ 相差不致过大,设计标准规定斜缀条与柱身轴线的夹角 α 应保持在 $40° \sim 70°$ 范围内。

缀条在柱身剪力作用下的内力可按理想桁架体系分析。因剪力的方向可左可右,斜缀条应按压杆考虑。一根斜缀条的内力为

$$N_d = \frac{V/2}{\sin\alpha} = \frac{V}{2\sin\alpha} \tag{4-70}$$

式中 $V/2$——一个缀条平面所承担的剪力,V 按式(4-69)计算。

斜缀条通常采用一个角钢,构造上要求最小截面 1∟45×4,但应按受力大小通过计算确定。角钢通过焊接单面连接于柱身槽钢或工字钢的翼缘上,一般情况下不适用节点板。单角钢构件的单面连接中,角钢截面的两主轴均不与所连接的角钢边平行,使角钢呈双向压弯工作,受力性能较复杂。

缀条与柱身的连接如图 4-26 所示。

《钢结构设计标准》规定：

单面连接单角钢构件轴心受力计算强度和连接时，其强度设计值应乘以折减系数 0.85。

单面连接单角钢构件轴心受力计算稳定性时，其强度设计值应乘以折减系数 η_f。

等边角钢 $\eta_f = 0.6 + 0.0015\lambda \leq 1.0$

短边相连的不等边角钢 $\eta_f = 0.5 + 0.0025\lambda \leq 1.0$

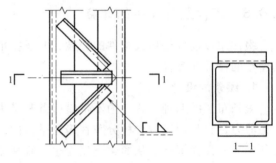

图 4-26 缀条与柱身的连接

长边相连的不等边角钢 $\eta_f = 0.70$

式中 λ——长细比，对中间无联系的单角钢压杆，λ 应按最小回转半径计算，当 $\lambda < 20$ 时，取 $\lambda = 20$。

横缀条的截面一般可小于斜缀条，但为了备料的方便，常采用与斜缀条相同角钢。对两分肢间距较小的格构式缀条受压构件，缀条也有采用扁钢的，钢桁架桥中受压构件常是如此。

2. 缀板的设计

缀板通常由钢板制成，必要时也采用型钢截面。缀板的截面除按内力计算确定外，还需满足刚度要求。

计算缀板的内力时，常假定缀板柱为一层单跨刚架，缀板为刚架的横梁，柱肢为刚架的柱子，反弯点位于刚架各构件的中点，在剪力作用下，通过取脱离体可求得柱肢和缀板中由剪力 V 作用产生的内力。

对脱离体取 $\sum M = 0$，得一块缀板中内力为：

竖向剪力 $$T = \frac{V_1 a_1}{b_0} \tag{4-71}$$

板端弯矩 $$M = \frac{V_1 a_1}{2} \tag{4-72}$$

式中 b_0——格构式柱两分肢轴线间距离；

a_1——上、下两块缀板中心至中心的距离。

V 按公式计算，$V_1 = V/2$ 为一个缀板平面所分担的剪力。

设计时，一般先根据经验取缀板的高度 $d_b \geq \left(\frac{2}{3} \sim 1\right) b_0$，缀板厚度 $t_b \geq \left(\frac{1}{50} \sim \frac{1}{40}\right) b_0$ 然后根据上面求得的缀板中竖向剪力 T 和端部弯矩 M 计算缀板与柱分肢的角焊缝连接。

前面在推导缀板柱的换算长细比时，曾假定缀板具有无限刚度，因而《钢结构设计标准》规定：同一截面处两块缀板线刚度之和不得小于柱较大分肢线刚度的 6 倍。在选用缀板尺寸并进行连接计算后，必须验算此刚度要求。

4.6.7 横隔

为了保证格构式柱横截面的形状在运输和安装过程中不致改变，增加构件的抗扭刚度，格构式构件每个运送单元两端应各设置一道横隔。同时，横隔的间距还不得大于柱截面较大宽度的 9 倍和不大于 8m。横隔一般不需计算，可由钢板或角钢组成。格构式轴心受压构件的横隔如图 4-27 所示。

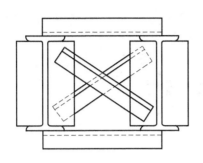
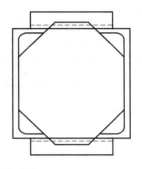

图 4-27 格构式轴心受压构件的横隔

说明：钢管混凝土轴心受力构件设计、型钢混凝土轴心受力构件设计的内容详见本书配套资源，读者可登录机工教育服务网下载或致电读者热线索取。

思考题与习题

1. 轴心受力构件应进行哪些方面的验算？
2. 轴心受压构件有哪几种屈曲形式？如何判断构件发生何种形式的屈曲？
3. 实腹式轴心受压构件设计的基本原则和主要步骤是什么？
4. 格构式轴心受压构件设计的主要步骤有哪些？
5. 理想轴心受压构件有几种失稳破坏形态？各形态有何特点？
6. 当轴心受力构件的长细比太大时，对构件会产生哪些不利影响？
7. 计算图 4-28 所示焊接工字形截面柱（翼缘为焰切边），轴心压力设计值为 $N = 4500$kN，柱的计算长度 $l_{0x} = l_{0y} = 6.0$m，Q235 钢材，截面无削弱。
8. 试设计桁架的一轴心受压杆，拟采用两等肢角钢相拼的 T 形截面，角钢间距为 12mm，轴心压力设计值为 380kN，杆长 $l_{0x} = 3.0$m，$l_{0y} = 2.47$m，Q235 钢材。
9. 某重型厂房柱的下柱截面图如图 4-29 所示，斜缀条水平倾角 45°，Q235 钢材，$l_{0x} = 18.5$m，$l_{0y} = 29.7$m，设计最大轴心力 $N = 3550$kN，试验算此柱是否安全。

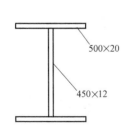

图 4-28 焊接工字型截面柱

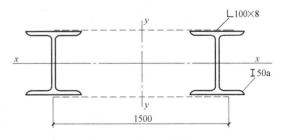

图 4-29 下柱截面图

第 5 章

受 弯 构 件

学习目标

了解受弯构件的概念及分类；掌握受弯构件强度和刚度的计算方法；掌握受弯构件整体稳定和局部稳定的计算方法、改进措施等；了解梁的扭转、腹板屈曲等概念和计算。

5.1 概述

只承受弯矩或受弯矩与剪力共同作用的构件称为受弯构件或称为梁类构件。在实际工程中，以受弯剪为主，但还作用有较小的轴力或扭矩时，仍可视为受弯构件。在钢结构中，受弯构件也常称为梁。梁是组成钢结构的基本构件之一，应用十分广泛，如房屋建筑中的楼盖梁、工作平台梁、墙梁、檩条、吊车梁，以及水工闸门、钢桥、海上采油平台中的主次梁等。

钢梁按制作方法分为型钢梁（或称轧成梁）（图 5-1a~d、j~m）和组合梁（板梁）（图 5-1e~i、n）两类。型钢梁又可分热轧型钢梁和冷弯薄壁型钢梁两种。热轧型钢梁常采用工字钢、H 型钢和槽钢。H 型钢的截面分布最合理，翼缘内外边缘平行，与其他构件连接方便，应予优先采用。槽钢翼缘较窄，且截面单轴对称，剪力中心在腹板外侧，荷载常不通过截面的剪力中心，受弯时会同时产生扭转，以致影响梁的承载能力，故使用时通常需要采用一定的措施保证截面不发生显著扭转或使外力通过剪力中心或加强约束条件。对受荷较小、跨度不大的梁常采用冷弯薄壁型钢（图 5-1j~m），可以有效节省钢材，但防腐要求较高，

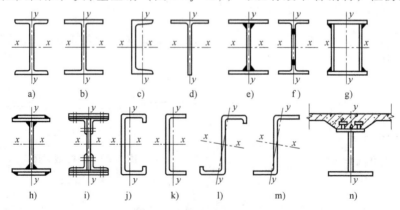

图 5-1 梁的常见截面形式

如屋面檩条和墙梁。型钢具有制造省工、成本较低的优点，应优先采用。

当荷载较大或跨度较大，型钢梁受到规格的限制，常不能满足承载能力或刚度的要求，或考虑最大限度地节省钢材时，可以考虑采用组合截面。组合截面一般采用三块钢板焊接而成的工字形截面或由两 T 型钢中间加钢板的焊接截面，它的构造简单，制作方便。当翼缘需要较厚时，可采用两层翼缘板。当荷载很大而高度受到限制或需要较高的截面抗扭刚度时，可采用箱形截面，如水工钢闸门的支承边梁以及海上采油平台的主梁等。对跨度和动力荷载较大的梁，如厚钢板的质量不能满足焊接结构或动力荷载要求时，可采用摩擦型高强度螺栓。

为充分利用钢板的强度，可以将受力较大的翼缘板采用强度较高的钢材，而腹板采用强度较低的钢材，做成异种钢梁。将工字钢的腹板沿梯形齿状线切割成两半，然后错开半个节距，焊接成蜂窝梁（图5-2）。蜂窝梁由于截面高度增大，提高了承载力，而且腹板的孔洞可作为设备通道，是一种较经济合理的截面形式。如图5-3所示，将工字钢或 H 型钢的腹板斜向切开，颠倒相焊做成楔形梁以适应弯矩的变化。对钢梁腹板进行开孔，做成腹板开孔梁如图5-4所示，孔洞可作为设备通道，节约空间，因此能够有效降低建筑层高，在高层建筑中颇受重视。此外，在楼盖、平台结构和桥梁中，常在钢梁顶面间隔一定间距焊接纵向抗剪连接件，然后浇筑钢筋混凝土板，构成钢与混凝土组合梁。

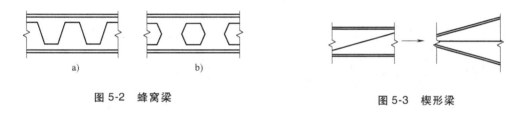

图 5-2　蜂窝梁　　　　　　　　　图 5-3　楔形梁

钢梁按支承情况不同，可分为简支梁、连续梁、悬臂梁或外伸梁。

钢梁按受力情况不同，可分为单向弯曲梁和双向弯曲梁。单向弯曲梁就是只在一个主轴平面内受弯的梁，如图5-5a所示的梁，在荷载作用下绕主轴 x-x 产生弯矩 M_x，使梁沿 y-y 平面内弯曲，即为单向弯曲梁。双向弯曲梁就是在两个主轴平面内受弯的梁，如图5-5b所示。

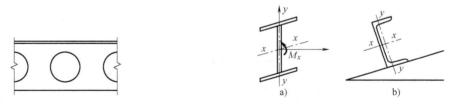

图 5-4　腹板开孔梁　　　　　　　图 5-5　单双向弯曲梁

图5-1表示出了两个正交的形心主轴，其中绕 x 轴的惯性矩最大，称为强轴，绕 y 轴的惯性矩是所有通过形心的惯性矩的最小值，称为弱轴。对于工形、T 形、箱形截面，平行于 x 轴的最外边板称为翼缘，垂直于 x 轴的板称为腹板。

5.2 梁的弯曲

钢梁的设计应满足强度、刚度、整体稳定和局部稳定四个方面的要求。强度一般包括弯曲正应力、剪应力、折算应力和局部承压应力的计算。对于轧制钢梁而言，由于腹板和翼缘较厚，且其规格和尺寸都已考虑了局部稳定的要求，因此可不进行剪应力、折算应力和局部稳定的计算。

5.2.1 梁的弯曲正应力

在纯弯曲情况下梁的纤维应变沿杆长为定值，其弯矩与挠度之间的关系与钢材抗拉试验的 M-ε 关系形式上大致相同，如图 5-6 所示。M_e 为截面最外纤维应力达到屈服强度时的弯矩，它的数值与梁的残余应力分布有关，不过在分析梁的强度时并不需要考虑残余应力的影响。M_p 为截面全部屈服时的弯矩。由于钢材存在硬化阶段，最终弯矩超过 M_p 值。在强度计算中，通常将钢材理想化为图 5-7 所示的弹塑性应力-应变关系，忽略残余应力的存在。在荷载作用下钢梁呈现四个阶段，现以双轴对称工字形截面梁为例说明如下：

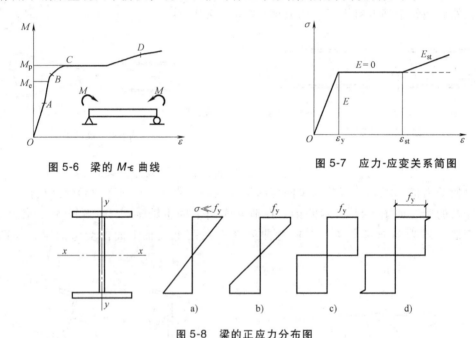

图 5-6 梁的 M-ε 曲线

图 5-7 应力-应变关系简图

图 5-8 梁的正应力分布图

（1）弹性工作阶段　弯矩较小时（图 5-6 中的 A 点），梁截面上的正应力都小于材料的屈服强度，属于弹性工作阶段（图 5-8a）。对需要计算疲劳的梁，常以最外纤维应力达到 f_y 作为承载能力的极限状态。冷弯型钢梁因其壁薄，也以截面边缘屈服作为极限状态。

（2）弹塑性工作阶段　荷载继续增加，梁的两块翼缘板逐渐屈服，随后腹板上下侧也部分屈服（图 5-6 中的 B 点及图 5-8b）。在《钢结构设计标准》中对一般受弯构件的计算就适当考虑了截面塑性发展，以截面部分进入塑性作为承载能力的极限。

（3）塑性工作阶段　荷载再增大（图 5-6 中的 C 点），梁截面将出现塑性铰（图 5-8c）。

静定梁只有一个截面弯矩最大者，原则上可以将塑性铰弯矩 M_p 作为承载能力极限状态。但若梁的一个区段同时弯矩最大，则在达到 M_p 之前，梁就已发生过大的变形，从而受到"因过度变形而不适于继续承载"极限状态的制约。超静定梁的塑性设计允许出现若干个塑性铰，直至形成机构。

（4）应变硬化阶段　按照图 5-7 所示的应力-应变关系，钢材进入应变硬化阶段后，变形模量为 E_{st}。梁变形增加时，应力将继续有所增加，梁截面上的应力分布将如图 5-8d 所示。虽然在工程设计中，梁强度计算一般不利用这一阶段，它却是梁截面实现塑性铰不可或缺的条件。

根据以上几个阶段的工作情况，可以得到梁在弹性工作阶段的最大弯矩为

$$M_e = W_n f_y \tag{5-1}$$

式中　W_n——梁净截面抵抗矩。

在塑性阶段，产生塑性铰时的最大弯矩为

$$M_p = f_y(S_{1n} + S_{2n}) = f_y W_{pn} \tag{5-2}$$

式中　S_{1n}——中和轴以上净截面对中和轴的面积矩；
　　　S_{2n}——中和轴以下净截面对中和轴的面积矩；
　　　W_{pn}——梁净截面塑性抵抗矩。

$$W_{pn} = S_{1n} + S_{2n} \tag{5-3}$$

在塑性铰阶段，由梁截面的轴向力等于零的条件，即中和轴以上截面积应等于中和轴以下截面积，可知中和轴是截面面积的平分轴。对于双轴对称截面，中和轴仍与形心轴重合；但对单轴对称的截面（图 5-9），中和轴与形心轴不重合，这是与弹性阶段的不同之处。

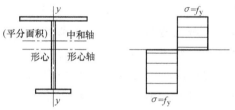

图 5-9　塑性中和轴位置

塑性抵抗矩与弹性抵抗矩的比值 r 称为截面形状系数，它的大小仅与截面的形状有关，而与材料的性质无关。它实质上体现了截面塑性弯矩 M_p 和弹性极限弯矩 M_e 的比值，r 越大，则截面在弹塑性阶段的后续承载力越大。

$$r = \frac{W_{pn}}{W_n} = \frac{W_{pn} \cdot f_y}{W_n f_y} = \frac{M_p}{M_e} \tag{5-4}$$

对于矩形截面 $r=1.5$；圆截面 $r=1.7$；圆管截面 $r=1.27$。工字形截面绕强轴的塑性发展系数与截面组成（翼缘面积和腹板面积之比，翼缘厚度与梁高之比）有关，在常见的尺寸比例下，r 取值为 $1.10 \sim 1.17$。

显然，在梁的强度计算时，按塑性设计比按弹性设计要节省钢材，更能充分发挥材料的性能，但梁截面的应力发展到塑性铰时，由于变形较大，有可能影响使用。因此，《钢结构设计标准》对一般梁允许考虑截面有一定的塑性发展，即限制截面上的塑性发展区为梁高的 $\frac{1}{8} \sim \frac{1}{4}$ 范围内，据此定出截面塑性发展系数 γ_x 和 γ_y。

梁的正应力计算公式为：

单向弯曲时

$$\sigma = \frac{M_x}{\gamma_x W_{nx}} \leqslant f \tag{5-5}$$

双向弯曲时
$$\sigma = \frac{M_x}{\gamma_x W_{nx}} + \frac{M_y}{\gamma_y W_{ny}} \leq f \tag{5-6}$$

式中 M_x、M_y——同一截面处绕 x 轴和 y 轴的弯矩（对工字形截面：x 轴为强轴，y 轴为弱轴）；

W_{nx}、W_{ny}——对 x 轴和 y 轴的净截面模量；

γ_x、γ_y——截面塑性发展系数（对工字形截面，$\gamma_x = 1.05$，$\gamma_y = 1.20$；对箱形截面，$\gamma_x = \gamma_y = 1.05$；对于其他截面可按附录 K 采用）；

f——钢材的抗弯强度设计值。

当梁受压翼缘的自由外伸宽度与其厚度之比大于 $13\sqrt{235/f_y}$ 且小于 $15\sqrt{235/f_y}$ 时，应取 $\gamma_x = 1.0$，其中 f_y 为钢材牌号所指屈服强度，即不分钢材厚度一律取为：Q235 钢为 235N/mm²；Q345 钢为 345N/mm²；Q390 钢为 390N/mm²；Q420 钢为 420N/mm²。

对于需要计算疲劳的梁，宜取 $\gamma_x = \gamma_y = 1.0$，即按弹性工作阶段进行计算，不考虑塑性发展。

对于不直接承受动力荷载的固端梁、连续梁在板件的宽厚比及钢材的力学性质满足一定要求时，可采用塑性设计。

5.2.2 梁的弯曲剪应力

横向荷载作用下的梁，一般都有剪应力。对于工字形和槽形等薄壁开口截面构件，根据弯曲剪力流理论，在竖直方向剪力 V 作用下，剪应力在截面上的分布如图 5-10 所示。截面最大剪应力在腹板上中和轴处。

在主平面内受弯的实腹梁，截面上任一点的剪应力满足下式要求

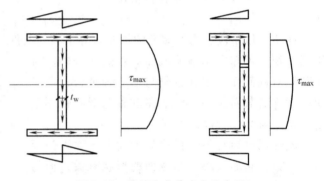

图 5-10 梁的弯曲剪应力分布图

$$\tau = \frac{VS}{It_w} \leq f_v \tag{5-7}$$

式中 V——计算截面沿腹板平面作用的剪力；

S——计算剪应力处以上毛截面对中和轴的面积矩；

I——毛截面惯性矩；

t_w——腹板厚度；

f_v——钢材的抗剪强度设计值。

依剪切屈服条件，当梁截面剪应力 $\tau = f_{vy} = f_y/\sqrt{3}$ 时，即进入塑性，但试验表明，梁破坏时的极限剪应力可达 f_{vy} 的 1.2~1.6 倍，即受剪屈服后，也和受拉一样，还有较大的强度储备。

5.2.3 局部压应力

当梁上翼缘受到沿腹板平面作用的集中荷载，且该荷载处无支承加劲肋时（图 5-11），

应计算腹板计算高度边缘的局部压应力 σ_c。腹板计算高度边缘的局部压应力的实际分布如图 5-11c 的曲线所示，在计算中假定压力 F 均匀分布在腹板计算高度边缘的 l_z 范围内，所以梁的局部压应力 σ_c 按下式计算

$$\sigma_c = \frac{\psi F}{t_w l_z} \leqslant f \tag{5-8}$$

式中　F——集中荷载，对动力荷载应考虑动力系数；

　　　ψ——集中荷载增大系数，对重级工作制吊车梁，$\psi = 1.35$；对其他梁 $\psi = 1.0$；

　　　l_z——集中荷载在腹板计算高度上边缘的假定分布长度，按下式计算：跨中集中荷载时，$l_z = a + 5h_y + 2h_R$；梁端支反力时 $l_z = a + 2.5h_y + a_1$；

　　　a——集中荷载沿梁跨度方向的实际支承长度，当吊轮压作用时，可取为 50mm；

　　　h_y——自梁承载边缘到腹板计算高度边缘的距离；

　　　h_R——轨道的高度，对梁顶无轨道的梁 $h_R = 0$；

　　　a_1——梁端到支座板外边缘的距离，按实际取，但不得大于 $2.5h_y$。

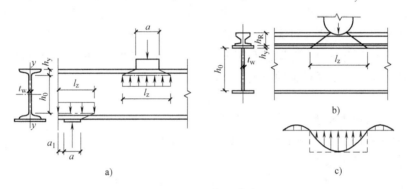

图 5-11　局部压应力

腹板计算高度 h_0 取值为：对轧制型钢梁，为腹板与翼缘相接处内弧的起点位置；对焊接组合梁为腹板与翼缘交界处。

集中荷载位置固定时（次梁传给主梁的集中力、支座反力），一般需在荷载作用处设支承加劲肋。支承加劲肋对梁翼缘刨平顶紧或可靠连接时，可认为集中荷载通过支承加劲肋传递，因而不必验算腹板的局部压应力。对于移动荷载，当验算不满足时，需加大腹板厚度。

如果在梁的支座处，不设置支座加劲肋时，也应按式（5-8）计算腹板计算高度下边缘的局部压应力但 ψ 取 1.0。

在进行梁的强度计算时，要注意计算截面、验算点以及设计强度的取值方法，强度设计值 f 应按计算点的钢材厚度选用，计算正应力时 f 要由翼缘板厚度来确定，而计算折算应力的 f 要由腹板的厚度来确定。

5.2.4　折算应力

在焊接组合梁的腹板计算高度边缘处，若同时受有较大正应力、剪应力和局部压应力，或同时受有较大正应力和剪应力时，其折算应力 σ_{zs} 按下式计算

$$\sigma_{zs} = \sqrt{\sigma^2 + \sigma_c^2 - \sigma\sigma_c + 3\tau^2} \leqslant \beta_1 f \tag{5-9}$$

$$\sigma = \frac{M}{I_n} y_1 \tag{5-10}$$

式中 σ、τ、σ_c——腹板计算高度边缘处同一点上产生的正应力、剪应力和局部压应力；τ 和 σ_c 应按式（5-7）和式（5-8）计算，σ 按式（5-10）计算；

I_n——梁净截面惯性矩；

y_1——计算点至梁中和轴的距离；

σ、σ_c——以拉应力为正值，压应力为负值；

β_1——计算折算应力的强度设计值增大系数。

当 σ 与 σ_c 异号时，取 $\beta_1 = 1.2$；当 σ 与 σ_c 同号或 $\sigma_c = 0$ 时，取 $\beta = 1.1$，这是由于同号应力下其塑性变形能力更差些。系数 β_1 是考虑到折算应力的部位只是梁的局部区域，故将钢材的强度设计值提高 β_1 倍。

5.2.5 梁的弯曲刚度

刚度就是抵抗变形的能力。梁必须有一定的刚度才能满足正常使用的要求。刚度不足时，挠度会过大。吊车梁挠度过大，会加剧起重机运行的冲击和振动，甚至无法运行；平台梁挠度过大，使人产生一种不舒服感和不安全感，还可能使上部的楼面及下部吊顶开裂，影响结构的功能。因此，需要对梁的挠度加以限制，并满足下式

$$v \leq [v] \tag{5-11}$$

式中 v——梁跨的最大挠度，计算时采用荷载标准值；

$[v]$——梁的容许挠度，查吊车梁、楼盖梁、屋盖梁、工作平台梁以及墙架构件的挠度容许值见附录 L。

挠度计算时，除了要控制受弯构件在全部荷载标准值下的最大挠度外，对承受较大可变荷载的受弯构件，还应保证其在可变荷载标准值下的最大挠度不超过相应的容许挠度值，以保证构件在正常使用时的工作性能。

【例 5-1】 单轴对称焊接截面，上翼缘 -300×20，下翼缘 -200×20，腹板 -1000×10，钢材为 Q235B，求强轴和弱轴方向的塑性抵抗矩，并与弹性抵抗矩比较（图 5-12）。

【解】（1）截面积 $A = 30 \mathrm{cm} \times 2 \mathrm{cm} + 20 \mathrm{cm} \times 2 \mathrm{cm} + 100 \mathrm{cm} \times 1 \mathrm{cm} = 200 \mathrm{cm}^2$

（2）求强轴方向的塑性抵抗矩：

面积平分线距上翼缘最外纤维的距离 y_p 为

$$y_p = \left(\frac{200 \mathrm{cm}}{2} - 30 \mathrm{cm} \times 2 \right) \div 1.0 + 2 \mathrm{cm} = 42 \mathrm{cm}$$

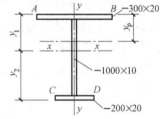

图 5-12 【例 5-1】图

求上下两侧对中和轴的面积矩

$$S_{1n} = 30 \mathrm{cm} \times 2 \mathrm{cm} \times (42-1) \mathrm{cm} + 40 \mathrm{cm} \times 1 \mathrm{cm} \times \left(\frac{42-2}{2} \right) \mathrm{cm} = 3260 \mathrm{cm}^3$$

$$S_{2n} = 20 \mathrm{cm} \times 2 \mathrm{cm} \times (104-42-1) \mathrm{cm} + 60 \mathrm{cm} \times 1 \mathrm{cm} \times 60 \mathrm{cm}/2 = 4240 \mathrm{cm}^3$$

塑性截面抵抗矩 $W_{pnx} = S_{1n} + S_{2n} = 3260 \mathrm{cm}^3 + 4240 \mathrm{cm}^3 = 7500 \mathrm{cm}^3$

（3）求弱轴方向的塑性抵抗矩

因截面对弱轴对称，可直接计算对中和轴的面积矩之和。

$$W_{pny} = \frac{1}{4} \times 2 \times 30^2 \text{cm}^3 + \frac{1}{4} \times 2 \times 20^2 \text{cm}^3 + \frac{1}{4} \times 100 \times 1^2 \text{cm}^3 = 675 \text{cm}^3$$

（4）计算对强弱轴的弹性抵抗矩

x 轴距上、下翼缘最外纤维的距离分别为

$$y_1 = \frac{30 \times 2 \times 1 + 100 \times 1 \times 52 + 20 \times 2 \times 103}{200} \text{cm} = 46.9 \text{cm}$$

$$y_2 = 104 \text{cm} - 46.9 \text{cm} = 57.1 \text{cm}$$

$$I_x = \frac{1}{12} \times 30 \times 2^3 \text{cm}^4 + 30 \times 2 \times (46.9-1)^2 \text{cm}^4 + \frac{1}{12} \times 20 \times 2^3 \text{cm}^4 + 20 \times 2 \times (57.1-1)^2 \text{cm}^4 +$$

$$\frac{1}{12} \times 1 \times 100^3 \text{cm}^4 + 100 \times 1 \times (104/2 - 46.9)^2 \text{cm}^4 = 338264.7 \text{cm}^4$$

$$I_y = \frac{1}{12} \times 2 \times 30^3 \text{cm}^4 + \frac{1}{12} \times 2 \times 20^3 \text{cm}^4 = 5833.3 \text{cm}^4$$

对强轴的弹性抵抗矩
$$W_{x1} = \frac{338264.7}{46.9} \text{cm}^3 = 7212.5 \text{cm}^3$$

$$W_{x2} = \frac{338264.7}{57.1} \text{cm}^3 = 5924.1 \text{cm}^3$$

对弱轴的弹性抵抗矩
$$W_{yA} = W_{yB} = \frac{5833.3}{30/2} \text{cm}^3 = 388.9 \text{cm}^3$$

$$W_{yC} = W_{yD} = \frac{5833.3}{20/2} \text{cm}^3 = 583.3 \text{cm}^3$$

（5）两方向塑性抵抗矩与弹性抵抗矩的比较

$$\gamma_{px} = W_{pnx} / \min\{W_{x1}, W_{x2}\} = 7500/5924.1 = 1.27$$

$$\gamma_{py} = W_{pny} / \min\{W_{yA}, W_{yC}\} = 675/388.9 = 1.74$$

5.3 梁的扭转

梁在扭转荷载作用下，根据荷载和支承条件不同，可分为自由扭转和约束扭转。

5.3.1 自由扭转

构件两端作用有大小相等、方向相反的扭矩，同时构件未受任何约束，因而截面上各点纤维在纵向均可自由伸缩，这种扭转称为自由扭转或称圣维南（Saint-Venant）扭转。自由扭转的特点是截面上只有扭转引起的剪应力，而无正应力；沿杆件单位长度的扭转角 $d\varphi/dz$ 处处相等。

圆杆受扭矩 M_k 时，各截面仍保持为平面，仅产生剪应力，剪应力分布为

$$\tau = \frac{M_k \rho}{I_\rho} \tag{5-12}$$

式中 I_ρ ——圆截面的极惯性矩；

ρ ——剪应力计算点到截面圆心的距离。

非圆形截面杆件受扭时，如图 5-13 所示，原来为平面的横截面不再保持平面，产生翘曲变形，但各截面的翘曲变形相同，纵向纤维保持直线且长度保持不变。所谓翘曲变形，指杆件在扭矩作用下截面上各点沿杆轴方向产生了不同的纵向位移，截面不再为平面。

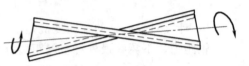

图 5-13 非圆形截面自由扭转

开口薄壁构件自由扭转时，截面上剪应力在板厚范围内形成一个封闭的剪力流，如图 5-14 所示。其方向与板厚中心线平行，大小沿板厚方向呈线性变化，在板件中心线为零，板件边缘最大，此时扭矩与单位扭转角的关系为

$$M_k = GI_t\varphi' = GI_t\frac{d\varphi}{dz} \tag{5-13}$$

式中　G——材料的剪切模量；
　　　M_k——截面上的扭矩；
　　　$d\varphi/dz$——单位长度的扭转角；
　　　φ——截面的扭转角；
　　　I_t——截面的扭转常数或扭转惯性矩。

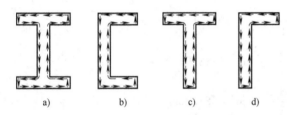

图 5-14 开口截面构件自由扭转时的剪力流

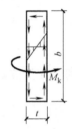

图 5-15 矩形截面扭转剪应力

对于长度为 b，宽度为 t 的狭长矩形截面，如图 5-15 所示，扭转常数可以近似取为

$$I_t = \frac{1}{3}bt^3 \tag{5-14}$$

钢结构构件常采用开口薄壁截面杆，如工字形、槽形、T形等截面，它们可视为由若干狭长矩形截面组成，总的扭转常数可近似取板件的扭转常数之和。对于热轧型钢截面，由于其交接处有凸出部分截面，扭转常数有所提高，由试验表明，扭转常数可按下式进行修正

$$I_t = \frac{\eta}{3}\sum_{i=1}^{n} b_i t_i^3 \tag{5-15}$$

式中　b_i、t_i——第 i 块板件的长度和宽度；
　　　n——组成截面的板件总数；
　　　η——修正系数，对工字钢 $\eta = 1.25$，T型钢 $\eta = 1.15$；槽钢 $\eta = 1.12$，角钢 $\eta = 1.0$；多块板件组成的焊接组合截面 $\eta = 1.0$。

板件的最大剪应力值为

$$\tau_{max} = \frac{M_k t}{I_t} \tag{5-16}$$

式中　t——板件中宽度最大者。

薄板组成的闭口截面构件自由扭转时（图5-16），截面上剪应力的分布与开口截面完全不同，板件内的剪应力沿壁厚方向均匀分布，即横截面在一微元的 τt 为常数，方向为切线方向，则截面总扭转力矩为

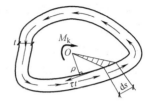

图 5-16　闭口截面的自由扭转

$$M_k = \oint \rho \tau t \mathrm{d}s = \tau t \oint \rho \mathrm{d}s$$

式中　ρ——截面形心至微段 $\mathrm{d}s$ 中心线的切线方向的垂直距离；

$\oint \rho \mathrm{d}s$——沿闭路曲线积分，为板件中心线所围成面积 A 的 2 倍。

闭口截面任一点的剪应力按下式计算

$$\tau = \frac{M_k}{2At} \tag{5-17}$$

式中　A——闭口截面板件中心线所围面的面积。

由此可见，闭口截面比开口截面的抗扭能力大得多。

5.3.2　约束扭转

构件受扭转作用时，截面上各点纤维在纵向不能自由伸缩，即翘曲变形受到约束，这种扭转称为约束扭转或弯曲扭转，其特点是扭转不仅在截面上引起的剪应力，还同时产生正应力。

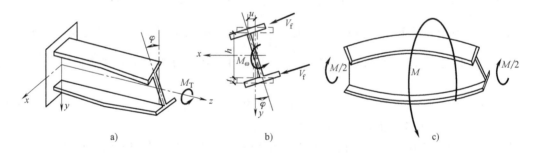

图 5-17　工字形截面梁的约束扭转

在图 5-17a 中，左端为固定端，右端为自由端的双轴对称工字形截面悬臂构件，在自由端作用扭矩 M_T 时，自由端可自由翘曲而固定端完全不能翘曲，因而翘曲变形受到约束，且中间各截面受到不同程度的约束。图 5-17c 中，构件中央作用扭矩 M，在其两端作用一对大小为 $M/2$ 且与中央截面方向相反的扭矩，此构件的中央截面因具有对称性则完全不能翘曲。

在约束扭转中（图5-17a），纵向纤维有伸长，也有缩短，将不再保持直线而产生弯曲，如图5-18所示，工字形截面上、下翼缘产生了方向相反的侧向弯曲，由于侧向弯曲，在上、下翼缘将引起弯矩 M_f，从而产生纵向翘曲正应力，并伴随产生翘曲剪

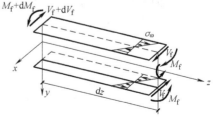

图 5-18　悬臂工字梁的约束上翼缘内分析

应力，翘曲剪应力绕剪心形成翘曲扭矩 M_ω。

以双轴对称工字形截面悬臂构件为例，推导翘曲扭矩 M_ω，如图 5-17b 所示。

在扭矩 M 作用下，离固定端为 z 的截面上产生扭转角 φ，由"刚周边假设"（即在扭转前后截面的形状与垂直于构件轴线的截面投影的形状是相同的），上翼缘在 x 方向的位移为

$$u = \frac{h}{2} \cdot \varphi \tag{5-18}$$

曲率为 $\dfrac{\mathrm{d}^2 u}{\mathrm{d}z^2} = \dfrac{h}{2}\varphi''$

将一个翼缘作为独立单元来考察，如图 5-18 所示，根据弯矩与曲率的关系，有

$$M_\mathrm{f} = -EI_1 \frac{\mathrm{d}^2 u}{\mathrm{d}z^2} = \frac{-h}{2} EI_1 \varphi'' \tag{5-19}$$

式中　M_f——上翼缘的弯矩；

　　　I_1——上翼缘对 y 轴的惯性矩。

再由图示的内力关系可知，上翼缘的水平剪力为

$$V_\mathrm{f} = \frac{\mathrm{d}M_\mathrm{f}}{\mathrm{d}z} = -\frac{h}{2} EI_1 \varphi''' \tag{5-20}$$

上、下翼缘的弯矩等值，从而两翼缘的剪力也等值反向，剪力的合力为零，但对剪心形成扭矩 M_ω

$$M_\omega = V_\mathrm{f} \cdot h = -EI_1 \cdot \frac{h^2}{2} \varphi''' = -EI_\omega \cdot \varphi''' \tag{5-21}$$

式中　I_ω——翘曲常数或扇性惯性矩，单位是长度的六次方，是截面的一种几何性质，双轴对称工字形有 $I_\omega = I_1 \dfrac{h^2}{2} = I_y \dfrac{h^4}{4}$；其他截面形式的 I_ω 可查相关设计手册。

构件受约束扭转时，外扭矩 M 将由截面上的自由扭转扭矩 M_k 和翘曲扭矩 M_ω 共同平衡，即

$$M = M_\mathrm{k} + M_\omega \tag{5-22}$$

式中　M_k——自由扭转扭矩，由公式（5-13）计算。

将式（5-13）和式（5-21）代入上式，可得开口薄壁杆件约束扭转的平衡微分方程：

$$M = GI_\mathrm{t}\varphi' - EI_\omega \varphi''' \tag{5-23}$$

式中　GI_t 和 EI_ω——截面的扭转刚度和翘曲刚度。

在外扭矩作用下的约束扭转，构件截面中将产生三种应力：由翘曲约束产生的翘曲正应力 σ_ω；由自由扭转扭矩 M_k 产生的剪应力 τ_k；由翘曲扭矩 M_ω 产生的翘曲剪应力 τ_ω，对于工字形截面，约束扭转的剪应力如图 5-19 所示。

对于双轴对称工字形截面，其翘曲正应力 σ_ω 按下式计算

$$\sigma_\omega = \frac{M_\mathrm{f} \cdot x}{I_1} = \frac{1}{2} Eh\varphi'' \cdot x \tag{5-24}$$

其翘曲剪应力 τ_ω

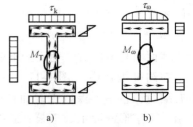

图 5-19　工字形截面约束
扭转剪应力分布

$$\tau_\omega = \frac{V_f \cdot S_1}{I_1 t} = \frac{Eh\varphi''' \cdot S_1}{2t} \quad (5\text{-}25)$$

式中 S_1——翼缘计算剪应力处以左（或以右）对 y 轴的面积矩。

5.4 梁的弯扭

同时承受弯矩和扭矩作用的构件称为弯扭构件。

荷载偏离截面弯心但与主轴平行的弯扭构件的抗弯强度应按下列公式计算

$$\frac{M_x}{\gamma_x W_{nx}} + \frac{B_\omega}{\gamma_\omega W_\omega} \le f \quad (5\text{-}26a)$$

$$W_\omega = \frac{I_\omega}{\omega} \quad (5\text{-}26b)$$

式中 M_x——构件的弯矩设计值；

B_ω——与所取弯矩同一截面的双力矩设计值；

W_{nx}——对截面主轴 x 轴的净截面模量；

W_ω——与弯矩引起的应力同一验算点处的毛截面扇性模量；

γ_ω——截面塑性发展系数，工字形截面取 1.05；

ω——主扇形坐标；

I_ω——扇形惯性矩。

荷载偏离截面弯心但与主轴平行的弯扭构件的抗剪强度应按下式计算

$$\tau = \frac{V_y S_x}{I_x t_w} + \frac{T_\omega S_\omega}{I_\omega t_w} + \frac{T_{st}}{2 A_0 t_w} \le f_v \quad (5\text{-}27)$$

式中 V_y——计算截面沿 y 轴作用的剪力设计值；

T_ω——构件截面的约束扭转力矩设计值；

T_{st}——构件截面的自由扭转力矩设计值；

A_0——闭口截面中线所围的面积；

S_x——计算剪应力处以上（或以下）毛截面对 x 轴的面积矩；

t_w——腹板厚度。

5.5 梁的整体稳定性

在一个主平面内受弯曲的梁，为提高梁的抗弯承载力，节省钢材，其截面常设计成高而窄的形式，这样导致其侧向抗弯刚度、抗扭刚度较小。如图 5-20 所示，工字形截面梁两端作用弯矩 M_x，则梁在最大刚度平面（yOz 平面）受弯，当荷载较小时，梁的弯曲平衡状态是稳定的。虽然外界各种因素会使梁产生微小的侧向弯曲和扭转变形，但外界影响消失后，梁仍能恢复到原来的弯曲平衡状态。然而，当荷载增大到某一数值后，梁突然发生侧向弯曲（绕弱轴的弯曲）和扭转，并丧失继续承载的能力，这种现象称为梁丧失整体稳定或梁的弯扭屈曲。梁维持其稳定状态所能承担的最大荷载或最大弯矩，称为临界荷载或临界弯矩。

梁的受压翼缘类似于轴心受压杆，若无腹板的牵制，本应绕自身的弱轴（图 5-20b 中 1-1 轴）屈曲，但由于腹板对翼缘提供了连续的支承作用，使得这一方向的刚度提高较大，不能发生此方向的屈曲，于是受压翼缘只可能在更大压力作用下绕其强轴（2-2 轴）屈曲，发生翼缘平面内屈曲。当受压翼缘屈曲时，受压翼缘产生了侧向位移，而受拉翼缘却力图保持原来状态的稳定，致使梁截面在产生侧向弯曲的同时伴随着扭转变形。

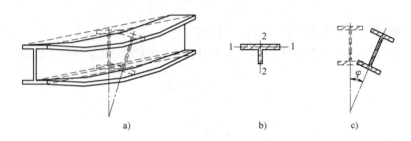

图 5-20 梁的整体稳形态

5.5.1 梁整体稳定的基本理论

如图 5-21 所示，一两端简支双轴对称的工字形等截面梁，两端作用弯矩 M_x。这里的简支约束是指梁的两端只能绕 x、y 轴转动，不能绕 z 轴转动，即只能自由翘曲而不能扭转。根据梁到达临界状态发生微小侧向弯曲和扭转变形后的状态建立平衡微分方程，设固定坐标系 $Oxyz$，临界状态时距端点为 z 处的横截面形心沿 x、y 轴的位移分别为 u、v，截面的扭转角为 φ，右手螺旋方向旋转为正。把变形后截面的两个主轴方向和构件纵轴切线方向分别记为 ξ、η、ζ，ζ 轴与 z 轴间的夹角为 θ。在整体稳定分析时，假定梁无初弯曲、初扭转及残余应力，即梁无初始缺陷。并假定发生小变形，可令 $\sin\varphi = \varphi$，$\cos\varphi = 1$，$\sin\theta = \theta = \dfrac{du}{dz}$，$\cos\theta = 1$，则可认为在平面 $\xi O'\zeta$ 和 $\eta O'\zeta$ 的曲率近假为 $\dfrac{d^2 u}{dz^2}$ 和 $\dfrac{d^2 v}{dz^2}$。M 在 ξ、η、ζ 轴的分量为

$$M_\xi = M_x \cos\theta \cos\varphi \approx M_x \tag{5-28a}$$

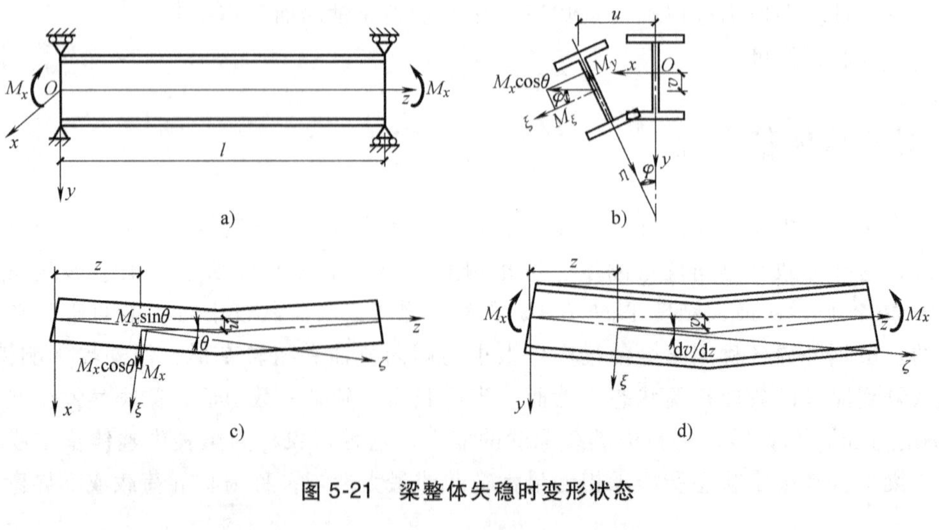

图 5-21 梁整体失稳时变形状态

$$M_\eta = M_x\cos\theta\sin\varphi \approx M_x\varphi \tag{5-28b}$$

$$M_\zeta = M_x\sin\theta \approx M_x\theta = M_x\frac{\mathrm{d}u}{\mathrm{d}z} \tag{5-28c}$$

弯矩用双箭头向量表示，双箭头力矩向量的方向与力矩的实际旋转方向符合右手规则，由弯矩与曲率和内、外扭矩间的平衡关系，可建立下列三个平衡微分方程

$$EI_x\frac{\mathrm{d}^2v}{\mathrm{d}z^2} = -M_\xi = -M_x \tag{5-29a}$$

$$EI_y\frac{\mathrm{d}^2u}{\mathrm{d}z^2} = -M_\eta = -M_x\varphi \tag{5-29b}$$

$$GI_t\frac{\mathrm{d}\varphi}{\mathrm{d}z} - EI_\omega\frac{\mathrm{d}^3\varphi}{\mathrm{d}z^3} = M_\zeta = M_x\frac{\mathrm{d}u}{\mathrm{d}z} \tag{5-29c}$$

式（5-29a）表示梁竖向弯曲变形与外荷载的微分关系，仅是竖向位移 v 的方程，与梁的整体失稳无关。式（5-29b）和式（5-29c）中都含有未知量 φ，u 它们均与梁的整体失稳有关，需联立这两个方程组，再由边界条件确定相应的系数，求得梁失稳时的临界弯矩。

将式（5-29c）微分一次，与（5-29b）联立消去 $\dfrac{\mathrm{d}^2u}{\mathrm{d}z^2}$ 得

$$EI_\omega\frac{\mathrm{d}^4\varphi}{\mathrm{d}z^4} - GI_t\frac{\mathrm{d}^2\varphi}{\mathrm{d}z^2} - \frac{M_x^2}{EI_y}\varphi = 0 \tag{5-29d}$$

令

$$\lambda_1 = \frac{GI_t}{EI_\omega} \tag{a}$$

$$\lambda_2 = \frac{M_x^2}{E^2 I_y I_\omega} \tag{b}$$

$$\alpha_1 = \sqrt{\frac{\lambda_1 + \sqrt{\lambda_1^2 + 4\lambda_2}}{2}} \tag{c}$$

$$\alpha_2 = \sqrt{\frac{-\lambda_1 + \sqrt{\lambda_1^2 + 4\lambda_2}}{2}} \tag{d}$$

方程（5-29d）的通解为

$$\varphi = C_1 e^{\alpha_1 z} + C_2 e^{-\alpha_1 z} + C_3 \sin\alpha_2 z + C_4\cos\alpha_2 z \tag{e}$$

根据简支约束的边界条件，即扭转角为零，约束扭矩为零，即

$$\begin{cases} z = 0: \varphi = 0, \dfrac{\mathrm{d}^2\varphi}{\mathrm{d}z^2} = 0 \\ z = l: \varphi = 0, \dfrac{\mathrm{d}^2\varphi}{\mathrm{d}z^2} = 0 \end{cases} \tag{f}$$

得到关于 $C_1 \sim C_4$ 的齐次方程，令其系数行列式为零，可得 $C_1 = C_2 = C_4 = 0$，通解（e）可写成

$$\varphi = C_3 \sin\frac{n\pi z}{l} \tag{g}$$

将式（g）代入式（5-29d），得

$$\left[EI_\omega\left(\frac{n\pi}{l}\right)^4 + GI_t\left(\frac{n\pi}{l}\right)^2 - \frac{M_x^2}{EI_y}\right]C_3\sin\frac{n\pi z}{l} = 0 \tag{h}$$

要使上式对任意 z 值都成立，且 $C_3 \neq 0$，必须是

$$EI_\omega\left(\frac{n\pi}{l}\right)^4 + GI_t\left(\frac{n\pi}{l}\right)^2 - \frac{M_x^2}{EI_y} = 0 \tag{i}$$

当 $n=1$ 时，可得双轴对称工字形截面简支梁在纯弯曲时的最小临界弯矩 M_{cr}

$$M_{cr} = \frac{\pi^2 EI_y}{l^2}\sqrt{\frac{I_\omega}{I_y}\left(1 + \frac{GI_t l^2}{\pi^2 EI_\omega}\right)} \tag{5-30}$$

1. 弯扭屈曲临界弯矩

对于单轴对称截面（截面仅对称于 y 轴，见图 5-22），受一般荷载（包括横向荷载和端弯矩）的简支梁的弯扭屈曲临界弯矩的一般表达式为

$$M_{cr} = C_1 \frac{\pi^2 EI_y}{l^2}\left[C_2 a + C_3 b + \sqrt{(C_2 a + C_3 b)^2 + \frac{I_\omega}{I_y}\left(1 + \frac{GI_t l^2}{\pi^2 EI_\omega}\right)}\right] \tag{5-31}$$

式中 a——横向荷载作用点至截面剪心的距离，当荷载作用在剪心以下为正，反之为负；

b——反映截面不对称的程度，双轴对称截面 $b=0$

$$b = \frac{1}{2I_x}\int_A y(x^2 + y^2)dA - y_0 \tag{5-32}$$

$$y_0 = \frac{I_2 h_2 - I_1 h_1}{I_y} \tag{5-33}$$

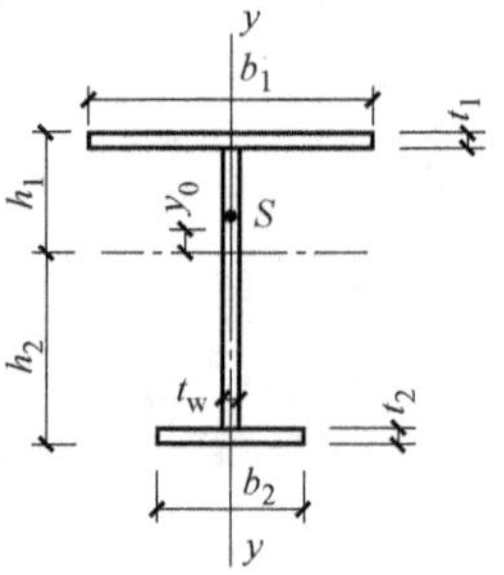

式中 y_0——剪心至形心的距离，当剪心在形心之下为正，反之为负；

I_1、I_2——受压翼缘和受拉翼缘对弱轴（y 轴）的惯性矩；

h_1、h_2——受压翼缘和受拉翼缘形心至整个截面形心的距离；

C_1、C_2、C_3——与荷载类型有关的系数，见表 5-1。

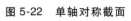

图 5-22 单轴对称截面

表 5-1 C_1、C_2、C_3 取值表

	荷载类型	C_1	C_2	C_3
跨中无侧向支承点	跨中集中荷载	1.35	0.55	0.40
	满跨均布荷载	1.13	0.47	0.53
	纯弯曲	1.00	0	1.00
跨中有一个侧向支承点	跨中集中荷载	1.75	0	1.00
	满跨均布荷载	1.39	0.14	0.86
跨中有 2 个侧向支承点	跨中集中荷载	1.84	0.89	0
	满跨均布荷载	1.45	0	1
跨中有 3 个侧向支承点	跨中集中荷载	1.90	0	1.00
	满跨均布荷载	1.47	1	0

(续)

	荷载类型	C_1	C_2	C_3
侧向支承点间弯矩线性变化	不考虑段与段之间相互约束	$1.75-1.05\left(\dfrac{M_2}{M_1}\right)+0.3\left(\dfrac{M_2}{M_1}\right)^2 \leqslant 2.3$	0	1.0
侧向支承点间弯矩非线性变化	$M_1\ M_2\ M_3\ M_4\ M_5$	$\dfrac{5M_{\max}}{M_{\max}+1.2(M_2+M_4)+1.6M_3}$		

工字钢自由扭转常数 I_t 和翘曲惯性矩 I_ω 应按下列公式计算,其他截面应符合表 5-2 的规定

$$I_t = \frac{1}{3}\sum_i b_i t_i^3 \tag{5-34}$$

$$I_\omega = \frac{I_1 I_2}{I_y} h^2 \tag{5-35}$$

表 5-2 自由扭转常数 I_t 和翘曲惯性矩 I_ω

截面	自由扭转常数	翘曲惯性矩
T 形截面	$I_t = \dfrac{1}{3}(bt^3+ht_w^3)$	$I_\omega = \dfrac{1}{36}h_w^3 t_w^3 + \dfrac{1}{144}b^3 t^3$
热轧工字钢	$I_t = \dfrac{1}{3}ht_w^3 + \dfrac{2}{3}bt^3\left(1+\dfrac{b^2}{576t^2}\right)$	$I_\omega = \dfrac{1}{5}I_y h^2$
热轧槽钢	$I_t = \dfrac{1}{3}ht_w^3 + \dfrac{2}{3}bt^3\left(1+\dfrac{b^2}{2000t^2}\right)$	$I_\omega = \dfrac{2}{5}\left[\dfrac{h^3 e^2 t_w}{6}+bh^2 t\left(e^2-be-\dfrac{b^2}{3}\right)\right]$ $e = \dfrac{b^2 h^2 t}{4I_x}$

2. 悬臂梁的弹性屈服临界弯矩

在弯矩作用平面内悬臂,弯矩作用平面外有可靠侧向支承阻止悬臂端的侧移和扭转时,弹性临界弯矩可按式(5-31)计算;弯矩作用平面内悬臂,在悬臂端的平面外无支承阻止其侧移和扭转时,双轴对称截面悬臂梁应按下式计算弹性临界弯矩

$$M_{cr} = C_1 \frac{\pi^2 EI_y}{(\mu_y L)^2}\left[C_2 a + \sqrt{(C_2 a)^2 + \frac{I_\omega}{I_y}\left(1+\frac{(\mu_\omega L)^2 GI_t}{\pi^2 EI_\omega}\right)}\right] \tag{5-36}$$

式中 L——悬臂梁的长度;
C_1、C_2——系数,按表 5-3 的规定计算。

表 5-3 系数 C_1、C_2

悬臂端条件	荷载	荷载作用点高度	C_1	C_2
侧移和扭转均自由 $\mu_y=2$ $\mu_\omega=2$	横向均布荷载	剪心之上	$C_1 = \dfrac{7.9+11.4K}{\sqrt{4+K^2}}$	$C_2 = 2.32-0.2(K-2.4)^2$
		剪心之下		$C_2 = \dfrac{0.69K+1.72}{1.5-Ka/h}$
	自由端集中荷载	剪心之上	$C_1 = \dfrac{4.9(1+K)}{\sqrt{4+K^2}}$	$C_2 = 2.165-0.28(K-2.4)^2$
		剪心之下		$C_2 = \dfrac{0.69K+0.6}{1-Ka/h}$

(续)

悬臂端条件	荷载	荷载作用点高度	C_1	C_2
扭转受到约束侧移自由 $\mu_y = 2$ $\mu_\omega = 1$	横向均布荷载	剪心之上	$C_1 = \dfrac{3 + 23.5K^2}{0.18 + K^2}$	$C_2 = \dfrac{-0.06 + 0.23K}{-0.18 + K}$
		剪心之下		$C_2 = 0.19$
	自由端集中荷载		$C_1 = \dfrac{1.64 + 13.2K^2}{0.15 + K^2}$	0
扭转和侧移都受到约束 $\mu_y = 1$ $\mu_\omega = 1$	横向均布荷载		$C_1 = \dfrac{0.6 + 5.06K^2}{0.15 + K^2}$	$C_2 = 0.36 + 0.06\dfrac{a}{h}$
	自由端集中荷载		2.5	0

3. 框架梁的弹性临界弯矩

当 $L < L_{wav}$ 时

$$M_{cr} = C_1 \left(\frac{GJ}{h} + \frac{\pi^2 EI_y h}{2L^2} + \frac{k_\theta L^2}{\pi^2 h} \right) \quad (5\text{-}37)$$

当 $L \geq L_{wav}$ 时

$$M_{cr} = C_1 \left(\frac{GJ}{h} + \sqrt{2k_\theta EI_y} \right) \quad (5\text{-}38)$$

$$L_{wav} = 2.642 \sqrt{h} \left(\frac{EI_y}{k_\theta} \right)^{0.25} \quad (5\text{-}39)$$

式中　C_1——采用 $L_{min} = \min(L, L_{wav})$ 范围内弯矩计算的等效弯矩系数，采用表5-1中第6项公式计算；

　　　k_θ——周围介质对钢梁提供的扭转约束；

　　　L——框架梁的几何长度。

5.5.2　影响梁整体稳定的主要因素

1. 截面刚度

从式（5-31）可知，截面的侧向抗弯刚度 EI_y、抗扭刚度 GI_t、翘曲刚度 EI_ω 越大，则临界弯矩 M_{cr} 越大。增大梁的侧向抗弯刚度比增大抗扭刚度和翘曲刚度对提高 M_{cr} 更为明显。另外，由式（5-32）可知：式中第一项数值较小，可忽略，则 $b \approx -y_0$，加强受压翼缘的工字形截面，y_0 为负值，b 为正值，故加强受压翼缘是提高梁的整体稳定的最有效的方法。

2. 受压翼缘的自由长度 l

式（5-31）中的长度 l 是受压翼缘的侧向自由长度，常记为 l_1。对跨中无侧向支承点的梁，l_1 为其跨度；对跨中有支承点的梁，l_1 取为其受压翼缘侧向支承点间的距离（梁支座处视为有侧向支承）。减小 l_1 可显著提高 M_{cr}，因此，可通过在梁的受压翼缘处增设可靠的侧向支承以提高梁的整体稳定性。

3. 支承状况

式（5-30）和式（5-31）从简支支座推得的，因此实际结构，在支座处应采取相应的构造措施防止梁端截面的扭转，否则梁的整体稳定性会降低。

4. 荷载的作用位置

横向荷载作用在上翼缘时（图5-23a），当梁发生扭转时，荷载会使扭转加剧，降低梁的临界荷载；如果作用于梁的下翼缘（图5-23b），当梁发生扭转时，荷载会减缓扭转效应，从而提高梁的整体稳定。另外，从式（5-31）可知：当荷载作用位置在剪心之上，a 为负值，M_{cr} 将降低；反之，荷载作用位置在剪心之下，a 为正值，M_{cr} 将提高。

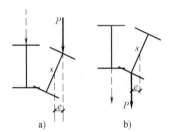

图 5-23 荷载位置对整体稳定的影响

5. 荷载类型

当梁受纯弯曲时，其弯矩图为矩形，梁中所有截面的弯矩都相等，受压翼缘上的压应力沿梁长不变，故临界弯矩最小。而跨中受集中荷载时，其弯矩图呈三角形，靠近支座处弯矩很小，对跨中截面有较大的约束作用，从而提高了梁的稳定性。

5.5.3 梁的整体稳定系数

1. 双轴对称工字形等截面简支梁的整体稳定系数

双轴对称工字形等截面简支梁，在纯弯曲作用下，式（5-31）等同于式（5-30），式（5-30）可改写为

$$M_{cr} = \frac{\pi^2 E I_y}{l^2} \sqrt{\frac{I_\omega}{I_y} + \frac{G I_t l^2}{\pi^2 E I_y}} \tag{5-40}$$

为简化计算，现引用

$$I_t = \frac{1.25}{3} \sum b_i t_i^3 \approx \frac{1}{3} A t_1^2$$

$$I_\omega = \frac{I_y h^2}{4}$$

式中 A——梁的毛截面面积；

t_1——梁受压翼缘板的厚度；

h——梁截面总高度。

并以 $E = 2.06 \times 10^5 \text{N/mm}^2$ 及 $E/G = 2.6$ 代入式（5-40），得

$$M_{cr} = \frac{10.17 \times 10^5}{\lambda_y^2} Ah \sqrt{1 + \left(\frac{\lambda_y t_1}{4.4h}\right)^2} \tag{5-41}$$

为保证梁在最大刚度平面内受弯矩 M_x 作用时，不发生整体失稳，应使梁中的最大压应力不大于临界弯矩产生的临界应力 σ_{cr}，并考虑抗力分项系数后，有

$$\sigma \leq \frac{\sigma_{cr}}{\gamma_R} = \frac{\sigma_{cr}}{f_y} \cdot \frac{f_y}{\gamma_R} = \varphi_b \cdot f$$

令梁的整体稳定系数 φ_b 为

$$\varphi_b = \frac{\sigma_{cr}}{f_y} = \frac{M_{cr}}{W_x f_y} \tag{5-42}$$

将式（5-41）代入式（5-42），并取 $f_y = 235\text{N}/\text{mm}^2$，得

$$\varphi_b = \frac{4320}{\lambda_y^2} \cdot \frac{Ah}{W_x}\sqrt{1+\left(\frac{\lambda_y t_1}{4.4h}\right)^2} \tag{5-43}$$

式（5-43）只适用于纯弯曲情况，对于其他荷载情况，本应按式（5-31）计算 M_{cr}，再由式（5-42）计算梁的整体稳定系数 φ_b，但这样计算很繁。为了方便设计，对于常见的截面尺寸及荷载条件，通过大量电算及试验结果统计分析，得出了不同荷载作用下的稳定系数与纯弯曲作用下稳定系数的比值 β_b。另外，对于单轴对称工字形截面，引入了截面不对称 η_b 考虑其对临界弯矩的影响。

2. 等截面焊接工字形和轧制 H 型钢简支梁的整体稳定系数

等截面焊接工字形和轧制 H 型钢简支梁整体稳定系数 φ_b 按下式计算

$$\varphi_b = \beta_b \frac{4320}{\lambda_y^2}\frac{Ah}{W_x}\left[\sqrt{1+\left(\frac{\lambda_y t_1}{4.4h}\right)^2}+\eta_b\right]\frac{235}{f_y} \tag{5-44}$$

式中　β_b——梁整体稳定的等效临界弯矩系数，按表 5-4 采用；

λ_y——梁在侧向支承点间对截面弱轴 $y—y$ 的长细比，$\lambda_y = l_1/i_y$，i_y 为梁毛截面对 y 轴的截面回转半径；

A——梁的毛截面面积；

h、t_1——梁截面的全高和受压翼缘厚度；

η_b——截面不对称影响系数；对双轴对称截面（图 5-24a、d）：$\eta_b = 0$；对单轴对称工字形截面（图 5-24b、c）：加强受压翼缘：$\eta_b = 0.8(2\alpha_b - 1)$；加强受拉翼缘：$\eta_b = 2\alpha_b - 1$；$\alpha_b = \dfrac{I_1}{I_1 + I_2}$，式中 I_1 和 I_2 分别为受压翼缘和受拉翼缘对 y 轴的惯性矩。

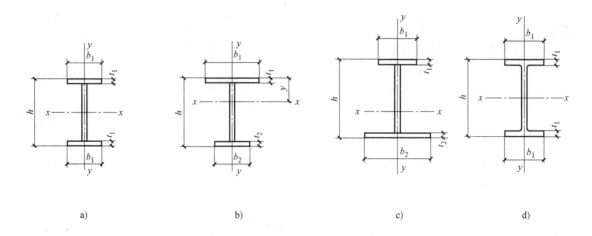

图 5-24　焊接工字形和轧制 H 型钢

a) 双轴对称焊接工字形截面　b) 加强受压翼缘的单轴对称焊接工字形截面
c) 加强受拉翼缘的单轴对称焊接工字形截面　d) 轧制 H 型钢截面

表 5-4　H 型钢和等截面工字形简支梁的系数 β_b

项次	侧向支承	荷载		$\xi \leq 2.0$	$\xi > 2.0$	适用范围
1	跨中无侧向支承	均布荷载作用在	上翼缘	$0.69 + 0.13\xi$	0.95	图 5-24a、b、d 的截面
2			下翼缘	$1.73 - 0.20\xi$	1.33	
3		集中荷载作用在	上翼缘	$0.73 + 0.18\xi$	1.09	
4			下翼缘	$2.23 - 0.28\xi$	1.67	
5	跨度中点有一个侧向支承点	均布荷载作用在	上翼缘	1.15		
6			下翼缘	1.40		
7		集中荷载作用在截面高度的任意位置		1.75		
8	跨中有不少于两个等距离侧向支承点	任意荷载作用在	上翼缘	1.20		图 5-24 中的所有截面
9			下翼缘	1.40		
10	梁端有弯矩,但跨中无荷载作用			$1.75 - 1.05\left(\dfrac{M_2}{M_1}\right) + 0.3\left(\dfrac{M_2}{M_1}\right)^2$ 但 ≤ 2.3		

注：1. ξ 为参数，$\xi = \dfrac{l_1 t_1}{b_1 h}$，其中 b_1 为受压翼缘的宽度；
　　2. M_1 和 M_2 为梁的端弯矩，使梁产生同向曲率时 M_1 和 M_2 取同号，产生反向曲率时取异号，$|M_1| \geq |M_2|$；
　　3. 表中项次 3、4 和 7 的集中荷载是指一个或少数几个集中荷载位于跨中央附近的情况，对其他情况的集中荷载，应按表中项次 1、2、5、6 内的数值采用；
　　4. 表中项次 8、9 的 β_b，当集中荷载作用在侧向支承点处时，取 $\beta_b = 1.20$；
　　5. 荷载作用在上翼缘系指荷载作用点在翼缘表面，方向指向截面形心；荷载作用在下翼缘系指荷载作用点在翼缘表面，方向背向截面形心；
　　6. 对 $\alpha_b > 0.8$ 的加强受压翼缘工字形截面，下列情况的 β_b 值应乘以相应的系数：
　　　　项次 1：当 $\xi \leq 1.0$ 时，乘以 0.95；
　　　　项次 3：当 $\xi \leq 0.5$ 时，乘以 0.90；当 $0.5 < \xi \leq 1.0$ 时，乘以 0.95。

上述 φ_b 的计算理论基础是梁的弹性稳定理论，即要求梁整体失稳前，梁一直处于弹性工作阶段，采用了弹性时的参数，如弹性模量 E 和剪切模量 G，只有当临界应力 σ_{cr} 不超过比例极限时才适用。对于自由长度较短的梁，整体失稳时往往进入了弹塑性工作阶段，塑性区采用变形模量，因而其临界应力要比按弹性工作阶段计算的明显要小。此外，实际构件中都存在着残余应力，它使截面提前出现塑性区，因而规范规定：按式（5-44）计算得的 $\varphi_b > 0.6$ 时，应对 φ_b 按公式（5-45）进行修正，用 φ_b' 代替 φ_b。

$$\varphi_b' = 1.07 - \dfrac{0.282}{\varphi_b} \leq 1.0 \tag{5-45}$$

3. 轧制普通工字钢简支梁的整体稳定系数

轧制普通工字钢简支梁，其 φ_b 值可由表 5-5 查得。轧制槽钢简支梁、双轴对称工字形等截面（含 H 型钢）悬臂梁的 φ_b 均可按式（5-44）计算。此时，若 $\varphi_b > 0.6$，仍须按公式（5-45）进行修正。

4.《钢结构设计标准》中的梁整体稳定系数 φ_b

$$\varphi_b = \dfrac{1}{[1 - (\lambda_{b0}^{re})^{2n} + (\lambda_b^{re})^{2n}]^{1/n}} \leq 1.0 \tag{5-46}$$

$$\lambda_b^{re} = \sqrt{\dfrac{\gamma_x W_x f_y}{M_{cr}}} \tag{5-47}$$

式中 M_{cr}——简支梁、悬臂梁或连续梁的弹性屈曲临界弯矩，按第 5.5.1 节的规定采用，当框架梁顶设有混凝土楼板时，应按相关规定采用；

λ_{b0}^{re}——梁腹板受弯计算时起始正则化长细比，按表 5-6 采用；

n——指数，按表 5-6 采用。

表 5-5 轧制普通工字钢简支梁的 φ_b

项次	荷载情况		工字钢型号	自由长度 l_1(mm)							
				2	3	4	5	6	7	8	9	10
1	跨中无侧向支承点的梁	集中荷载作用于 上翼缘	10~20	2.00	1.30	0.99	0.80	0.68	0.58	0.53	0.48	0.43
			22~32	2.40	1.48	1.09	0.86	0.72	0.62	0.54	0.49	0.45
			36~63	2.80	1.60	1.07	0.83	0.68	0.56	0.50	0.45	0.40
2		集中荷载作用于 下翼缘	10~20	3.10	1.95	1.34	1.01	0.82	0.69	0.63	0.57	0.52
			22~40	5.50	2.80	1.84	1.37	1.07	0.86	0.73	0.64	0.56
			45~63	7.30	3.60	2.30	1.62	1.20	0.96	0.80	0.69	0.60
3		均布荷载作用于 上翼缘	10~20	1.70	1.12	0.84	0.68	0.57	0.50	0.45	0.41	0.37
			22~40	2.10	1.30	0.93	0.73	0.60	0.51	0.45	0.40	0.36
			45~63	2.60	1.45	0.97	0.73	0.59	0.50	0.44	0.38	0.35
4		均布荷载作用于 下翼缘	10~20	2.50	1.55	1.08	0.83	0.68	0.56	0.52	0.47	0.42
			22~40	4.00	2.20	1.45	1.10	0.85	0.70	0.60	0.52	0.46
			45~63	5.60	2.80	1.80	1.25	0.95	0.78	0.65	0.55	0.49
5	跨中有侧向支承点的梁（不论荷载作用点在截面高度上的位置）		10~20	2.20	1.39	1.01	0.79	-0.66	0.57	0.52	0.47	0.42
			22~40	3.00	1.80	1.24	0.96	0.76	0.65	0.56	0.49	0.43
			45~63	4.00	2.20	1.38	1.01	0.80	0.66	0.56	0.49	0.43

注：1. 同表 5-4 的注 3、注 5。
2. 表中的 φ_b 适用于 Q235 钢。对其他钢号，表中数值应乘以 ε_k^2。

表 5-6 指数 n 和起始正则化长细比 λ_{b0}^{re}

截面类型	n	λ_{b0}^{re}	
		简支梁	承受线性变化弯矩的悬臂梁和连续梁
热轧 H 型钢及热轧工字钢	$2.5 \times \sqrt[3]{\dfrac{b_1}{h_m}}$	0.4	$0.65 - 0.25 \dfrac{M_2}{M_1}$
焊接截面	$2 \times \sqrt[3]{\dfrac{b_1}{h_m}}$	0.3	$0.55 - 0.25 \dfrac{M_2}{M_1}$
轧制槽钢	1.5	0.3	

注：表中 b_1 为工字形截面受压翼缘的宽度；h_m 为上下翼缘中面的距离；M_1、M_2 为区段的端弯矩，使构件产生同向曲率（无反弯点）时取同号，使构件产生反向曲率（有反弯点）时取异号，且 $|M_1| \geqslant |M_2|$。

5. 框架梁下翼缘的稳定性计算

支座承担负弯矩且梁顶有混凝土楼板时，框架梁下翼缘的稳定性计算应符合下列规定：

1) 当工字形截面尺寸满足下式时可不计算稳定性。

$$\lambda_b^{re} \leqslant 0.45 \tag{5-48}$$

2) 当不满足式（5-48）时，应按下列公式计算稳定性

$$\frac{M_x}{\varphi_{\rm d} W_{x1} f} \leqslant 1 \tag{5-49}$$

$$\lambda_e = \pi \lambda_{\rm b}^{\rm re} \sqrt{\frac{E}{f_y}} \tag{5-50}$$

$$\lambda_{\rm b}^{\rm re} = \sqrt{\frac{f_y}{\sigma_{\rm cr}}} \tag{5-51}$$

$$\sigma_{\rm cr} = \frac{3.46 b_1 t_1^3 + h_{\rm w} t_{\rm w}^3 (7.27\gamma + 3.3)\varphi_1}{h_{\rm w}^2 (12 b_1 t_1 + 1.78 h_{\rm w} t_{\rm w})} E \tag{5-52}$$

$$\gamma = \frac{b_1}{t_{\rm w}} \sqrt{\frac{b_1 t_1}{h_{\rm w} t_{\rm w}}} \tag{5-53}$$

$$\varphi_1 = \frac{1}{2} \left(\frac{5.436\gamma h_{\rm w}^2}{l^2} + \frac{l^2}{5.436\gamma h_{\rm w}^2} \right) \tag{5-54}$$

式中 b_1——受压翼缘的宽度；

t_1——受压翼缘的厚度；

W_{x1}——受压翼缘的截面模量；

$\varphi_{\rm d}$——稳定系数，按附录Ⅰ采用；

λ_e——等效长细比；

$\lambda_{\rm b}^{\rm re}$——梁腹板受弯计算时的正则化宽厚比；

$\sigma_{\rm cr}$——畸变屈曲临界应力；

l——当框架主梁支承次梁且次梁高度不小于主梁高度一半时，取次梁到框架柱的净距；除此情况外，取梁净距的一半。

3）当不满足1），2）条款时，在侧向未受约束的受压翼缘区段内，应设置隅撑或沿梁长设间距不大于2倍梁高与梁等宽的横向加劲肋。

5.5.4 梁整体稳定计算

如果能阻止梁的受压翼缘产生侧向位移，梁就不会丧失整体稳定；或者使梁的整体临界弯矩高于或接近于梁的屈服弯矩时，可只验算梁的抗弯强度而不需验算梁的整体稳定。因此，规范规定，符合下列任一情况时，都不必计算梁的整体稳定性。

1）有铺板（各种钢筋混凝土板和钢板）密铺在梁的受压翼缘上并与其牢固相连，能阻止梁受压翼缘的侧向位移时。

2）H型钢或等截面工字形简支梁受压翼缘的自由长度 l_1 与其宽度 b_1 之比不超过表5-7所规定的数值时。

3）对箱形截面简支梁，若不符合上述第一条能阻止梁侧向位移的条件时，其截面尺寸（图5-25）满足 $h/b_0 \leqslant 6$，且 $l_1/b_0 \leqslant 95$ $(235/f_y)$ 时，可不计算梁的整体稳定性。通常对实际工程中的箱形截面很容易满足本条规定的 h/b_0 和 l_1/b_0 值。

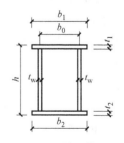

图 5-25 箱形截面

表5-7 H型钢或等截面工字形简支梁不需计算整体稳定性的最大 l_1/b_1 值

钢号	跨中无侧向支撑点的梁		跨中受压翼缘有侧向支撑点的梁，无论荷载作用于何处
	荷载作用在上翼缘	荷载作用在下翼缘	
Q235	13.0	20.0	16.0
Q345	10.5	16.5	13.0
Q390	10.0	15.5	12.5
Q420	9.5	15.0	12.0

注：其他钢号的梁不需计算整体稳定性的最大 l_1/b_1 值，应取 Q235 钢的数值乘以 $\sqrt{235/f_y}$。

当不满足上述条件时，需进行整体稳定性计算。

1) 在最大刚度主平面内受弯的构件，其整体稳定性应按下式计算

$$\frac{M_x}{\varphi_b \gamma_x W_x f} \leq 1 \qquad (5-55)$$

式中 M_x——绕强轴作用的最大弯矩；

W_x——按受压最大纤维确定的梁毛截面模量；

φ_b——梁的整体稳定性系数，按式（5-46）确定。

2) 在两个主平面受弯的 H 型钢截面或工字形截面构件，其稳定性应按下式计算

$$\frac{M_x}{\varphi_b \gamma_x W_x f} + \frac{M_y}{\gamma_y W_y f} \leq 1 \qquad (5-56)$$

式中 W_x、W_y——按受压纤维确定的对 x 轴和对 y 轴毛截面模量；

φ_b——绕强轴弯曲所确定的梁整体稳定系数。

要提高梁的整体稳定性，较经济合理的方法是设置侧向支撑，减少梁受压翼缘的自由长度，此时可将梁的受压翼缘看作一根轴心受压杆，按第 4 章的方法计算支撑力。

式（5-56）是一个经验公式，式中 γ_y 是绕弱轴的截面塑性发展系数，它并不意味绕弱轴弯曲容许出现塑性，而是用来适当降低第二项的影响。

3) 不能在构造上保证整体稳定性的弯扭构件，应按下式计算其稳定性

$$\frac{M_{\max}}{\varphi_b \gamma_x W_x f} + \frac{B_\omega}{W_\omega f} \leq 1.0 \qquad (5-57)$$

式中 $M_{\max}$——跨间对主轴 x 轴的最大弯矩；

W_x——对截面主轴 x 轴的受压边缘的截面模量。

【例 5-2】 验算单轴对称等截面简支梁承受双向弯曲时的整体稳定性和弯应力强度，已知：计算跨度 $l = 5\text{m}$，跨中无侧向支承点，均布荷载作用在上翼缘。按荷载设计值计算的最大弯矩为：$M_x = 250\text{kN} \cdot \text{m}$，$M_y = 50\text{kN} \cdot \text{m}$，钢材为 Q235B，截面尺寸如图 5-26 所示。

【解】 1. 整体稳定性计算

按现行《钢结构设计标准》计算

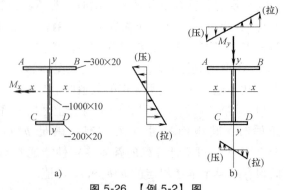

图 5-26 【例 5-2】图

因 $l_1/b_1 = \dfrac{5000}{300} = 16.17 > 13$，故须按式（5-44）验算整体稳定。

由计算得 $A = 200 \text{cm}^2$，$a = 46.9 \text{cm}$，$y_p = 41 \text{cm}$

所以 $h_1 = (42-1) \text{cm} = 41 \text{cm}$，$h_2 = (100+4-2-41) \text{cm} = 61 \text{cm}$

$$I_y = 5833.3 \text{cm}^4$$

$$W_x = W_{x1} = 7212.5 \text{cm}^3$$

$$I_1 = \frac{1}{12} \times 2 \times 30^3 \text{cm}^4 = 4500 \text{cm}^4$$

$$I_2 = \frac{1}{12} \times 2 \times 20^3 \text{cm}^4 = 1333.3 \text{cm}^4$$

$$I_t = \frac{1}{3} \times (30 \times 2^3 + 20 \times 2^3 + 100 \times 2^3) \text{cm}^4 = 400 \text{cm}^4$$

$$I_\omega = \frac{4500 \times 1333.3}{5833.3} \times 104^2 \text{cm}^6 = 11124814 \text{cm}^6$$

代入（5-32）得

$$y_0 = -\frac{4500 \times 41 - 1333.3 \times 61}{5833.3} \text{cm} = -17.69 \text{cm}$$

$$b = \frac{30^3 \times 41 \times 2 - 20^3 \times 61 \times 2}{24 \times 338264.7} \text{cm} - \frac{2 \times (41^4 - 61^4)}{8 \times 338264.7} \text{cm} - \frac{30 \times 2 \times 41^3 - 20 \times 2 \times 61^3}{24 \times 338264.7} \text{cm} + 17.69 \text{cm} = 26.6 \text{cm}$$

查表 5-1 得：$C_1 = 1.13$，$C_2 = 0.47$，$C_3 = 0.53$。

代入式（5-31）得

$$M_{cr} = 1.13 \times \frac{\pi^2 \times 200 \times 5833.3 \times 10^{-2}}{5^2} \times \left[0.47 \times 0.469 + 0.53 \times 0.266 + \sqrt{(0.47 \times 0.469 + 0.53 \times 0.266)^2 + \frac{11124814 \times 10^{-12}}{5833.3 \times 10^{-8}} \left(1 + \frac{500^2 \times 80 \times 400}{\pi^2 \times 200 \times 11124814}\right)} \right] \text{kN·m}$$

$$= 5134.57 \text{kN·m}$$

代入式（5-47）得

$$\lambda_b^{re} = \sqrt{\frac{1.05 \times 7212.5 \times 210 \times 10^{-3}}{5134.57}} = 0.556$$

查表 5-6 得 $\lambda_{b0}^{re} = 0.3$，$n = 2 \times \sqrt[3]{\dfrac{300}{1020}} = 1.33$

代入式（5-46）得

$$\varphi_b = \frac{1}{[1 - (0.3)^{2 \times 1.33} + (0.556)^{2 \times 1.33}]^{1/1.33}} = 0.889 \leqslant 1.0$$

整体稳定性校验

$$\frac{M_x}{\varphi_b r_x W_x} + \frac{M_y}{r_y W_y} = \frac{250 \times 10^6}{0.889 \times 1.05 \times 7212.5 \times 10^3} \text{N/mm}^2 + \frac{50 \times 10^6}{1.2 \times 388.9 \times 10^3} \text{N/mm}^2 =$$

$$144.3 \text{N/mm}^2 < f = 205 \text{N/mm}^2$$

2. 弯应力强度计算

在弯矩 M_x 作用下，弯应力分布如图 5-26a 所示，假设弯矩 M_y 方向如图 5-26b 所示，并给出了弯矩应力分布。由分析可知，截面上弯应力最大的点只可能是 A 点或 D 点。

在 A 点 $\sigma_{maxA} = \dfrac{M_x}{r_x W_{nx}} + \dfrac{M_y}{r_y W_{ny}} = \dfrac{250\times10^6}{1.05\times7212.5\times10^3}\text{N/mm}^2 + \dfrac{50\times10^6}{1.2\times388.9\times10^3}\text{N/mm}^2 = 140.2$ $\text{N/mm}^2 < f = 205\text{N/mm}^2$ （压）

在 D 点 $\sigma_{maxD} = \dfrac{250\times10^6}{1.05\times5924.1\times10^3}\text{N/mm}^2 + \dfrac{50\times10^6}{1.2\times583.3\times10^3}\text{N/mm}^2 = 111.6\text{N/mm}^2 < f = 205\text{N/mm}^2$ （拉）

故梁的整体稳定和弯应力强度可以得到保证。

注意：在梁整体稳定性验算时，W_x 和 W_y 必须是取毛截面的同一个点并且是压应力的截面抵抗矩；而在强度验算时，W_{nx} 和 W_{ny} 是取截面的同一个点，且在双向弯曲作用下为同号的净截面抵抗矩（即同为拉应力或同为压应力）。

【例 5-3】 有一简支梁，焊接工字形截面，跨度中点及两端都设有侧向支承，可变荷载标准值及梁截面尺寸如图 5-27 所示，荷载作用于梁的上翼缘。设梁的自重为 1.1kN/m，材料为 Q235B，试计算此梁的整体稳定性。

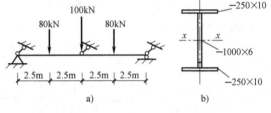

图 5-27 【例 5-3】图

【解】

按现行《钢结构设计标准》规范计算如下：

梁受压翼缘自由长度 $l_1 = 5\text{m}$，$l_1/b_1 = \dfrac{500}{25} = 20 > 16$，故须计算梁的整体稳定。

梁截面几何特征

$$A = 110\text{cm}^2, I_x = 1.775\times10^5\text{cm}^4, I_y = 2604.2\text{cm}^4$$

$$W_x = I_x/h = I_x/51 = 3481\text{cm}^3。$$

$$I_1 = I_2 = \dfrac{1}{12}\times1\times25^3\text{cm}^4 = 1302.08\text{cm}^4$$

$$h_1 = h_2 = 50.5\text{cm}$$

所以 $y_0 = 0$，$\beta_y = 0$

$$I_t = \dfrac{1}{3}\times(100\times0.6^3 + 25\times1^3\times2)\text{cm}^4 = 71.6\text{cm}^4$$

$$I_\omega = \dfrac{1302.08^2}{2604.2}\times102^2\text{cm}^6 = 6773316\text{cm}^6$$

查表 5-1 得 $C_1 = 1.75$，$C_2 = 0$，$C_3 = 1.00$

带入式（5-31）得

$$M_{cr} = 1.75 \times \frac{\pi^2 \times 200 \times 10^6 \times 2604.2 \times 10^{-8}}{5^2} \times \sqrt{\frac{6773316 \times 10^{-12}}{2604.2 \times 10^{-8}}\left(1 + \frac{500^2 \times 80 \times 23.87}{\pi^2 \times 200 \times 6773316}\right)} \text{ kN·m}$$

$$= 1867.6 \text{ kN·m}$$

带入（5-47）得

$$\lambda_b^{re} = \sqrt{\frac{1.05 \times 3481 \times 10^{-6} \times 210 \times 10^3}{1867.6}} = 0.64$$

查表 5-6 得 $\lambda_{b0}^{re} = 0.3$，$n = 2 \times \sqrt[3]{\frac{25}{101}} = 1.26$

带入（5-46）得 $\varphi_b = \dfrac{1}{\sqrt[1.26]{1 - 0.3^{2 \times 1.26} + 0.64^{2 \times 1.26}}} = 0.824 \leqslant 1.0$

因此 $\dfrac{M_x}{\varphi_b \gamma_x W_x} = \dfrac{645.5 \times 10^6}{0.824 \times 1.05 \times 3481 \times 10^3} \text{N/mm}^2 = 214 \text{N/mm}^2 < 215 \text{N/mm}^2$

故梁的整体稳定可以保证。

5.6 梁的局部稳定和加劲肋的设计

在进行梁截面设计时，为了节省材料，宜尽可能选用宽而薄的板件组成的截面，以使截面开展。这样用同样的总截面面积就能获得较大的抗弯模量和抗扭惯性矩，从而提高梁的抗弯承载力、刚度和整体稳定性。但是，如果板件过于宽薄，受压翼缘或腹板会在梁发生强度破坏或丧失整体稳定之前，由于板中的压应力或剪应力达到某一数值后，板面可能突然偏离其原来的平面位置而发生显著的波形鼓曲（图5-28），这种现象称梁丧失局部稳定。

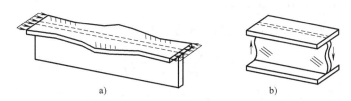

图 5-28 梁失去局部稳定情况

当梁发生局部失稳时，虽然整根梁不会立即丧失承载能力，屈曲后还有巨大承载能力，但板件局部屈曲部分退出工作，截面的弯曲中心偏离荷载的作用平面，使梁的刚度减小，强度和整体稳定性降低，以致梁中的失稳板件出现明显的变形，不利于继续使用，或梁发生扭转而提早丧失整体稳定。因此，梁的腹板和翼缘不能过于宽薄，否则须采取适当措施防止局部失稳。

热轧型钢梁由于其翼缘和腹板宽厚比较小，都能满足局部稳定要求，不需要进行验算。对冷弯薄壁型钢梁的受压或受弯板件，宽厚比不超过规定的限值时，认为板件全部有效；当超过限值时，则只考虑一部分宽度有效，按 GB 50018—2002《冷弯薄壁型钢结构技术规范》规定计算。这里只分析组合梁的局部稳定问题。

5.6.1 矩形薄板的屈曲

薄板是指板厚 t 与板宽 b 之比小于 $\dfrac{1}{5}$ 的板。薄板的屈曲通常是在薄板中面内的法向压应力、剪应力或两者共同作用下发生的。所谓"中面"是指等分薄板厚度的平面。如图 5-29 所示，四边简支板受纵向均布压力作用，根据薄板小挠度理论，建立板中面的屈曲平衡方程为

$$D\left(\frac{\partial^4 w}{\partial x^4}+2\frac{\partial^4 w}{\partial x^2 \partial y^2}+\frac{\partial^4 w}{\partial y^4}\right)+N_x\frac{\partial^2 w}{\partial x^2}=0 \tag{5-58}$$

式中 D——板单位宽度的抗弯刚度，即 $D=\dfrac{Et^3}{12(1-v^2)}$，其中 t 为板厚，v 为钢材的泊松比；

w——板的挠度；

N_x——板单位宽度所承受的均匀压力。

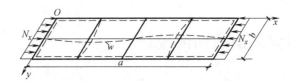

图 5-29 四边简支的均匀受压板屈曲

对于四边简支板，其边界条件是板边缘的挠度和弯矩为零，板的挠度可用下式表示

$$w=\sum_{m=1}^{\infty}\sum_{n=1}^{\infty}A_{mn}\sin\frac{m\pi x}{a}\sin\frac{n\pi y}{b} \tag{5-59}$$

式中 m、n——薄板在 x 方向与 y 方向的屈曲半波数；

a、b——受压方向的长度和宽度。

将式 (5-59) 代入式 (5-58)，可得板的临界压力 N_{crx} 为

$$N_{crx}=\frac{\pi^2 D}{b^2}\left(\frac{mb}{a}+\frac{n^2 a}{mb}\right)^2 \tag{5-60}$$

当 $n=1$ 时，即在 y 方向只有一个半波，可得 N_{crx} 的最小值，此时，式 (5-60) 改为

$$N_{crx}=\frac{\pi^2 D}{b^2}\left(\frac{mb}{a}+\frac{a}{mb}\right)^2=k\frac{\pi^2 D}{b^2} \tag{5-61}$$

式中 k——板的屈曲系数（或稳定系数）。

$$k=\left(\frac{mb}{a}+\frac{a}{mb}\right)^2$$

取 x 方向半波数 $m=1、2、3、\cdots$，可得图 5-30 所示 k 与 a/b 的关系曲线。各条曲线都在 $a/b=m$ 为整数处出现最低点。当 $a/b\geq 1$ 时，各条曲线的实线部分都很靠近最小值 $k_{\min}=4$，其变化很小，而且常见板的长度比宽度大得多，所以通常都取 $k=4$。

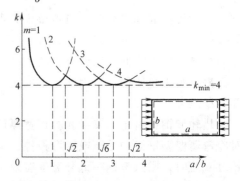

图 5-30 四边简支均匀受压板的屈曲系数

从式 (5-61) 可得薄板的临界应力

$$\sigma_{\mathrm{cr}x} = \frac{N_{\mathrm{cr}x}}{t} = \frac{k\pi^2 D}{b^2 t} = \frac{k\pi^2 E}{12(1-v^2)}\left(\frac{t}{b}\right)^2 \tag{5-62}$$

上式也同样适用于薄板在中面内受弯、受剪、受不均匀压应力等，以及其他各种支承情况，只是屈曲系数 k 值有所不同。矩形薄板在各种常见支承条件和荷载作用下的屈曲系数 k 取值见表 5-8。

表 5-8　矩形薄板在常见支承条件下的屈曲系数值

受载图式及支承条件	支承条件	稳定系数
（四边均匀受压图示）	四边简支	$k_{\min}=4$
（三边简支一边自由受压图示）	三边简支 一边自由	$k=0.425+\left(\dfrac{b}{a}\right)^2$
（四边受剪图示）	四边简支	当 $a/b \leqslant 1$ 时，$k=4.0+\dfrac{5.34}{(a/b)^2}$ 当 $a/b \geqslant 1$ 时， $k=5.34+\dfrac{4.0}{(a/b)^2}$
（受弯应力图示）	四边简支	$k_{\min}=23.9$
	两边简支 两边固定	$k_{\min}=39.6$
（局部压应力图示）	四边简支	当 $0.5\leqslant\dfrac{a}{b}\leqslant 1.5$ 时，$k=\left(4.5\dfrac{b}{a}+7.4\right)\dfrac{b}{a}$ 当 $0.5\leqslant\dfrac{a}{b}\leqslant 2.0$ 时，$k=\left(11-0.9\dfrac{b}{a}\right)\dfrac{b}{a}$

当板件的临界应力 σ_{cr} 超过板材的比例极限 f_{p}，就进入弹塑性工作阶段，板沿受力方向的弹性模量降低为切线模量 E_{t}，而另一方向仍为弹性模量 E，其性质属于正交异性板。在公式 (5-62) 以 $\sqrt{\eta}E$ 代替 E 来体现板件的弹塑性性能。

组合梁是由翼缘和腹板组成的，梁的局部失稳时还须考虑实际板件与板件之间的相互嵌固作用，引入弹性嵌固系数 χ，弹性嵌固的程度取决于相互连接的板件的刚度，例如：工字形截面翼缘厚度比腹板厚度大，翼缘对腹板有嵌固作用，计算腹板屈曲时考虑大于 1.0 的嵌固系数；相反，腹板对翼缘的约束作用小，计算翼缘屈曲时不考虑嵌固系数，即取 $\chi=1.0$。

因此，薄板弹塑性阶段临界应力按下式计算

$$\sigma_{cr} = \frac{\chi\sqrt{\eta}\,k\pi^2 E}{12(1-v^2)}\left(\frac{t}{b}\right)^2 \tag{5-63}$$

从式（5-63）可知，提高临界应力的方法是减小板件的宽厚比，加强边界约束条件，或减小板件的长宽比（效果不是太大）。另外，σ_{cr} 与钢材的强度无关，采用高强度钢材并不能提高板的局部稳定性能。

5.6.2 保证板件局部稳定的设计准则

1) 使板件屈曲临界应力不小于材料的屈服强度，承载能力由材料强度控制，即

$$\sigma_{cr} \geqslant f_y \tag{5-64}$$

2) 使板件屈曲临界应力不小于构件的整体稳定临界应力，承载能力由整体稳定控制，即

$$\sigma_{cr} \geqslant \frac{M_{crx}}{W_x} \tag{5-65}$$

3) 使板件屈曲临界应力不小于实际工作应力，即

$$\sigma_{cr} \geqslant \sigma \tag{5-66}$$

5.6.3 梁翼缘板的局部稳定

为了保证翼缘板在强度破坏之前不致发生局部失稳，应使临界应力不小于翼缘板内的平均应力的极限值，即 $\sigma_{cr} \geqslant \sigma$。由于组合梁受压翼缘所受的弯曲应力较大，通常进入了弹塑性阶段屈曲。

对工字形、T形截面及箱形截面的悬挑部分的受压翼缘，图 5-31，都可作为三边简支、一边自由，在两相对简支边均匀受压作用的矩形板，一般 a 大于 b，按最不利情况 $a/b = \infty$ 考虑，取 $k = 0.425$，$\chi = 1.0$，$v = 0.3$，$E = 2.06 \times 10^5 \text{N/mm}^2$，当按弹塑性设计时，$\sigma_{cr} = f_y$，$\eta = 0.25$ 代入式（5-63）得：

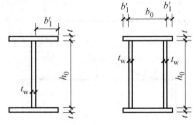

图 5-31 工字形截面和箱形截面

梁受压翼缘自由外伸宽度 b_1' 与其厚度 t 之比应满足

$$\frac{b_1'}{t} \leqslant 13\sqrt{\frac{235}{f_y}} \tag{5-67}$$

当按弹性设计时可 $\sigma_{cr} = 0.95 f_y$，$\eta = 0.4$，梁受压翼缘自由外伸宽度 b_1' 与其厚度 t 之比可放宽到

$$\frac{b_1'}{t} \leqslant 15\sqrt{\frac{235}{f_y}} \tag{5-68}$$

箱形截面在两腹板间的受压翼缘可按四边简支纵向均匀受压板计算，取 $k = 4.0$，$\eta = 0.25$，$\chi = 1.0$，由 $\sigma_{cr} > f_y$，得其宽厚比限值为

$$\frac{b_0}{t} \leqslant 40\sqrt{\frac{235}{f_y}} \tag{5-69}$$

5.6.4 梁腹板的局部稳定

组合梁腹板的局部稳定有两种设计方法。对于承受静力荷载或间接承受动力荷载的组合梁，宜考虑腹板屈曲后的强度，即允许腹板在梁整体失稳之前屈曲，按规定布置加劲肋并计算其抗弯和抗剪承载力。而对于直接承受动力荷载的吊车梁及类似构件，或设计中不考虑屈曲后强度的组合梁，其腹板的稳定性及加劲肋的设置与计算如本节所述。

为了提高板件的稳定性，可采用减小板件的宽厚比或减小板件的长宽比。由于梁腹板主要承受剪力，按受力要求，腹板厚度一般较小，而腹板高度较大，表面积大。如果采用增加板厚来满足局部稳定是很不经济的，通常是采用设置加劲肋，以改变板件的区格划分。加劲肋分横向加劲肋、纵向加劲肋、短加劲肋、支承加劲肋，设计时按不同情况选择合理的布置形式。腹板加劲肋和翼缘使腹板成为若干四边简支或考虑有弹性嵌固的矩形板区格。这些区格板在荷载作用下一般受有剪应力、弯应力，有时还有局部压应力的共同作用，局部失稳形态多种多样，临界应力的计算较复杂。通常分别研究各种应力单独作用下的临界应力，再根据试验研究建立应力共同作用下的相关性稳定理论。

5.6.4.1 三种应力单独作用时的临界应力

1. 纯剪应力作用下矩形板的屈曲

图 5-32 所示为四边简支，四边作用均匀分布的剪应力 τ 的矩形板。板中主应力与剪应力大小相等，并与它成 45°角。主压应力可能引起板屈曲，以致板面屈曲成若干斜向菱形曲面，其节线（即凸与凹面分界处无侧向位移的直线）与板长边的夹角约为 35°~45°。

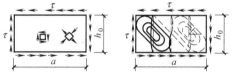

图 5-32 板的纯剪屈曲

由于板四边支承条件和受力情况均相同，没有受荷边与非荷边的区别，只有长边与短边的不同，而屈曲系数 k 随 a/h_0 有较大变化，见表5-9。由表可知，随着 a 的减小，屈曲系数 k 增大，故一般采用横向加劲肋以减小 a 来提高临界剪应力。另外，在纯剪应力作用下板屈曲的节线方向是倾斜，横向加劲肋不会与倾斜的节线重合，且加劲肋在垂直于板面方向具有一定的刚度，能有效地阻止板面屈面，从表5-9看出，当 $a/h_0>2.0$ 时，k 值变化不大，设置横向加劲肋的效果不显著；而当 $a/h_0<0.5$ 时，剪切临界应力 τ_{cr} 很高，腹板多出现强度破坏，设置密集的横向加劲肋是一种浪费。

表 5-9 四边简支薄板受均匀剪应力时的稳定系数 k

a/h_0	0.5	0.8	1.0	1.2	1.4	1.5	1.6	1.8	2.0	2.5	3.0	∞
k	25.4	12.34	9.34	8.12	7.38	7.12	6.90	6.57	6.34	5.98	5.78	5.34

令腹板受剪时的通用高厚比（或称正则化高厚比）λ_s 为

$$\lambda_s = \sqrt{f_{vy}/\tau_{cr}} \quad (5-70)$$

式中 f_{vy} ——钢材的剪切屈服强度。

$$f_{vy} = f_y/\sqrt{3} \quad (5-71)$$

考虑翼缘对腹板的嵌固作用，取 $\chi = 1.23$，屈曲系数 k 查表5-9，$\eta = 0$，$v = 0.3$，$E = $

$2.06×10^5 \text{N/mm}^2$，代入式（5-63）可得腹板受纯剪应力作用的临界应力公式为

$$\tau_{cr} = 18.6 \chi k \left(\frac{100 t_w}{h_0}\right)^2$$

当 $a \leq h_0$ 时　　　　$\tau_{cr} = 229×10^3 [4+5.34(h_0/a)^2](t_w/h_0)^2$　　　　（5-72a）

当 $a \geq h_0$ 时　　　　$\tau_{cr} = 229×10^3 [5.34+4(h_0/a)^2](t_w/h_0)^2$　　　　（5-72b）

将式（5-72）代入式（5-70）得

当 $a \leq h_0$ 时　　　　$\lambda_s = \dfrac{h_0/t_w}{41\sqrt{4+5.34(h_0/a)^2}}\sqrt{\dfrac{f_y}{235}}$　　　　（5-73a）

当 $a \geq h_0$ 时　　　　$\lambda_s = \dfrac{h_0/t_w}{41\sqrt{5.34+4(h_0/a)^2}}\sqrt{\dfrac{f_y}{235}}$　　　　（5-73b）

考虑到实际结构中板件的几何缺陷等影响系数，板件可能发生于各种工作状态的屈曲局部失稳，《钢结构设计标准》认为当 $\lambda_s \leq 0.8$ 时，临界剪应力 τ_{cr} 会进入塑性状态屈曲；当 $0.8 < \lambda_s \leq 1.2$ 时，τ_{cr} 处于弹塑性屈曲状态；当 $\lambda_s \geq 1.2$ 时，τ_{cr} 处于弹性屈曲状态（图5-33），则有：

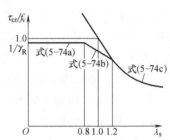

当 $\lambda_s \leq 0.8$ 时　　　$\tau_{cr} = f_v$　　　　（5-74a）

当 $0.8 < \lambda_s \leq 1.2$ 时
　　　　$\tau_{cr} = [1-0.59(\lambda_s - 0.8)] f_v$　　　　（5-74b）

当 $\lambda_s > 1.2$ 时　　　$\tau_{cr} = 1.1 f_v/\lambda_s^2$　　　　（5-74c）

图 5-33　临界剪应力公式适用范围

当腹板不设横向加劲肋时，$k = 5.34$，若要求 $\tau_{cr} = f_v$，则 λ_s 应不大于0.8，由（5-73b）得 $h_0/t_w = 0.8×41×\sqrt{5.34}\sqrt{\dfrac{235}{f_y}} = 75.8\sqrt{\dfrac{235}{f_y}}$ 考虑到区格平均剪应力一般低于 f_v，规范规定的限值为 $80\sqrt{\dfrac{235}{f_y}}$。

2. 纯弯正应力作用下矩形板的屈曲

图5-34为纯弯作用下四边简支矩形板的屈曲形态。沿横向（h_0方向）为一个半波，沿纵向形成的屈曲波数取决于板长。屈曲系数 k 的大小在 $a/h_0 \leq 0.7$ 时变化不大，对于四边简支取 $k_{min} = 23.9$；对于两加荷边简支，另外两边为固定的矩形板 $k_{min} = 39.6$。屈曲部分偏于板的受压区或受压较大的一侧，节线与应力方向垂直。因此，提高其临界应力的有效措施是在受压区中部设置纵向加劲肋。纵向加劲肋设置在至腹板计算高度受压边缘的 $\left(\dfrac{1}{4} \sim \dfrac{1}{5}\right) h_0$ 范围内。

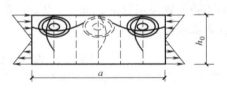

图 5-34　板的纯弯屈曲

对于梁腹板而言，须考虑翼缘对腹板的弹性嵌固作用，嵌固作用除与本身的刚度有关外，还与是否连有能阻止它扭转的构件有关。若受压翼缘连有刚性铺板或焊有钢轨时，上翼缘不能扭转，此时嵌固系数 χ 取1.66（相当两加荷边简支，另两边固交的矩形板 $k_{min} = 39.6$）；若无构造限制受压翼缘的扭转时，嵌固系数 χ 取1.23，由式（5-63）求得腹板受纯

弯曲正应力下的临界应力公式：

当梁受压翼缘扭转受到约束时

$$\sigma_{\mathrm{cr}} = 23.9 \times 1.66 \times 18.6 \times \left(\frac{100 t_{\mathrm{w}}}{h_0}\right)^2 = 737 \left(\frac{100 t_{\mathrm{w}}}{h_0}\right)^2 \quad (5\text{-}75\mathrm{a})$$

当梁受压翼缘扭转未受到约束时

$$\sigma_{\mathrm{cr}} = 23.9 \times 1.23 \times 18.6 \times \left(\frac{100 t_{\mathrm{w}}}{h_0}\right)^2 = 547 \left(\frac{100 t_{\mathrm{w}}}{h_0}\right)^2 \quad (5\text{-}75\mathrm{b})$$

与腹板受剪时相似，令腹板受弯时的通用高厚比 λ_{b} 为

$$\lambda_{\mathrm{b}} = \sqrt{f_{\mathrm{y}}/\sigma_{\mathrm{cr}}} \quad (5\text{-}76)$$

由于单轴对称工字形截面梁，受弯时中和轴不在腹板中央，此时近似取腹板的计算高度 h_0 为腹板受压区高度 h_{c} 的两倍，即 $h_0 = 2h_{\mathrm{c}}$，由式（5-75a）、式（5-75b）代入式（5-76）可得：

当梁受压翼缘扭转受到约束时

$$\lambda_{\mathrm{b}} = \frac{2h_{\mathrm{c}}/t_{\mathrm{w}}}{177} \sqrt{\frac{f_{\mathrm{y}}}{235}} \quad (5\text{-}77\mathrm{a})$$

当梁受压翼缘扭转未受到约束时

$$\lambda_{\mathrm{b}} = \frac{2h_{\mathrm{c}}/t_{\mathrm{w}}}{153} \sqrt{\frac{f_{\mathrm{y}}}{235}} \quad (5\text{-}77\mathrm{b})$$

对无缺陷的板，当 $\lambda_{\mathrm{b}} = 1$ 时，$\sigma_{\mathrm{cr}} = f_{\mathrm{y}}$。考虑残余应力和几何缺陷的影响，认为 $\lambda_{\mathrm{b}} \leqslant 0.85$，为塑性状态屈曲，参照梁整体稳定计算，弹性界限为 $0.6 f_{\mathrm{y}}$，相应的 $\lambda = \sqrt{1/0.6} = 1.29$。考虑到腹板局部屈曲受残余应力影响不如整体屈曲大，故认为 $\lambda_{\mathrm{b}} > 1.25$ 为弹性状态屈曲。

当 $\lambda_{\mathrm{b}} \leqslant 0.85$ 时

$$\sigma_{\mathrm{cr}} = f \quad (5\text{-}78\mathrm{a})$$

当 $0.85 < \lambda_{\mathrm{b}} \leqslant 1.25$ 时

$$\sigma_{\mathrm{cr}} = [1 - 0.75(\lambda_{\mathrm{b}} - 0.85)] f \quad (5\text{-}78\mathrm{b})$$

当 $\lambda_{\mathrm{b}} > 1.25$ 时

$$\sigma_{\mathrm{cr}} = 1.1 f/\lambda_{\mathrm{b}}^2 \quad (5\text{-}78\mathrm{c})$$

3. 横向压应力作用下矩形板的屈曲

当梁上作用有较大集中荷载而没有设置支承加劲肋时，腹板边缘将承受局部压应力 σ_{c} 作用，并可能产生横向屈曲，如图 5-35 所示。屈曲时腹板横向和纵向都只有一个半波，屈曲部分偏向于局部压应力侧，屈曲系数 k 在随 a/h_0 的增大而减小，具体公式见表 5-9，因而提高承受局部压应力的临界应力的有效措施是在腹板的受压侧附近设置短加劲肋。

考虑翼缘对腹板的嵌固系数 χ，取为

$$\chi = 1.81 - 0.255 h_0/a \quad (5\text{-}79)$$

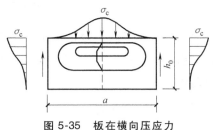

图 5-35 板在横向压应力作用下的屈曲

式 (5-63) 可写为

$$\sigma_{c,cr} = 18.6 \chi k \left(\frac{100 t_w}{h_0}\right)^2 \quad (5\text{-}80)$$

$$\chi k = \begin{cases} 10.9 + 13.4 \times (1.83 - a/h_0)^3 & (0.5 \leqslant a/h_0 < 1.5) \\ 18.9 - 5a/h_0 & (1.5 \leqslant a/h_0 \leqslant 2.0) \end{cases} \quad (5\text{-}81)$$

引入腹板受局部压力时的通用高厚比 $\lambda_c = \sqrt{f_y/\sigma_{c,cr}}$，得：

当 $0.5 \leqslant a/h_0 \leqslant 1.5$ 时

$$\lambda_c = \frac{h_0/t_w}{28\sqrt{10.9 + 13.4(1.83 - a/h_0)^3}} \cdot \sqrt{\frac{f_y}{235}} \quad (5\text{-}82a)$$

当 $1.5 < a/h_0 \leqslant 2.0$ 时

$$\lambda_c = \frac{h_0/t_w}{28\sqrt{18.9 - 5a/h_0}} \cdot \sqrt{\frac{f_y}{235}} \quad (5\text{-}82b)$$

与 σ_{cr} 相似，承受局部压应力的临界应力也分为塑性状态、弹塑性状态、弹性状态屈曲三段，则有：

当 $\lambda_c \leqslant 0.9$ 时 $\quad\sigma_{c,cr} = f \quad (5\text{-}83a)$

当 $0.9 < \lambda_c \leqslant 1.2$ 时 $\quad\sigma_{c,cr} = [1 - 0.79(\lambda_c - 0.9)]f \quad (5\text{-}83b)$

当 $\lambda > 1.2$ 时 $\quad\sigma_{c,cr} = 1.1 f/\lambda_c^2 \quad (5\text{-}83c)$

若按 $\sigma_{c,cr} \geqslant f_y$ 准则取 $a/h_0 = 2$ 最不利情况以保证腹板在承受局部压应力时不发生局部失稳的腹板高厚比限制为

$$h_0/t_w \leqslant 84\sqrt{235/f_y} \quad (5\text{-}84)$$

5.6.4.2 加劲肋设置原则

对于直接承受动力荷载的吊车梁及类似构件，或其他不考虑屈曲后强度的组合梁，应按下列要求设置腹板加劲肋（图 5-36）。

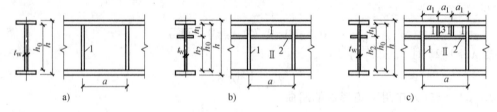

图 5-36 腹板加劲肋的布置

1—横向加劲肋　2—纵向加劲肋　3—短加劲肋

1) 当 $h_0/t_w \leqslant 80\sqrt{235/f_y}$ 时，对无局部压应力（$\sigma_c = 0$）的梁，可不配置加劲肋；如果有局部压力（$\sigma_c \neq 0$）的梁，应按构造配置横向加劲肋，横向加劲肋最小间距为 $0.5h_0$，最大间距为 $2h_0$。

2) 当 $80\sqrt{235/f_y} < h_0/t_w \leqslant 170\sqrt{235/f_y}$ 时，应配置横向加劲肋。

3) 当 $h_0/t_w > 170\sqrt{235/f_y}$（梁受压翼缘扭转受到约束）或 $h_0/t_w > 150\sqrt{235/f_y}$（梁受压翼缘扭转未受到约束）时，或按计算需要时，应在弯曲应力较大区格的受压区增加配置纵

向加劲肋。局部压应力很大的梁，必要时尚宜在受压区配置短加劲肋。

4) 梁的支座处和梁上翼缘有较大固定集中荷载处，宜设置支承加劲肋。

5) 任何情况下都要满足 $h_0/t_w \leq 250\sqrt{235/f_y}$。

5.6.4.3 腹板在多种应力共同作用下的屈曲

钢梁在多种应力下（σ、τ、σ_c）共同作用下，局部失稳形态有多种，局部稳定性计算较复杂。

横向加劲肋的作用是主要防止由剪应力和局部压应力可能引起的腹板失稳，纵向加劲肋主要防止由弯曲压应力可能引起的腹板失稳，短加劲肋主要防止由局部压应力可能引起的腹板失稳。计算时，先根据要求布置加劲肋，再计算各区格板的平均作用应力和相应的临界应力，使其满足稳定条件。若不满足，应重新调整加劲肋间距，重新计算。

1. 仅配置横向加劲肋的梁腹板

梁腹板在两个横向加劲肋之间的区格，如图 5-36a 所示，同时受弯曲正应力 σ、剪应力 τ 和局部压应力 σ_c，如图 5-37 所示，区格板件的稳定应满足下式

$$\left(\frac{\sigma}{\sigma_{cr}}\right)^2 + \left(\frac{\tau}{\tau_{cr}}\right)^2 + \frac{\sigma_c}{\sigma_{c,cr}} \leq 1 \tag{5-85}$$

式中　　σ——所计算腹板区格内，由平均弯矩产生的腹板计算高度边缘的弯曲正应力；

τ——所计算腹板区格内，由平均剪力产生的腹板平均剪应力，按 $\tau = V/(h_w t_w)$ 计算；

σ_c——腹板计算高度边缘的局部压应力，应按式 (5-8) 计算，但取 $\Psi = 1.0$；

σ_{cr}、τ_{cr}、$\sigma_{c,cr}$——各种应力单独作用下的临界应力，按 5.6.4.1 节所给出的公式计算。

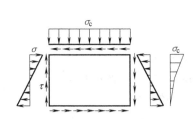

图 5-37　仅用横向加劲肋加强的腹板段

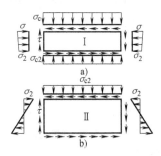

图 5-38　同时用横向肋和纵向肋加强的腹板段

2. 同时布置横向加劲肋和纵向加劲肋的梁腹板

如图 5-36b 所示，纵向加劲肋将腹板分隔为区格 I 和区格 II，应分别验证其局部稳定性。

(1) 受压翼缘与纵向加劲肋之间的区格 I　区格 I 的受力状态如图 5-38a 所示，区格高度 h_1，两侧受近乎均匀的压应力 σ、剪应力 τ 和局部横向压应力 σ_c 考虑。

其局部稳定应满足下式

$$\frac{\sigma}{\sigma_{cr1}} + \left(\frac{\tau}{\tau_{cr1}}\right)^2 + \left(\frac{\sigma_c}{\sigma_{c,cr1}}\right)^2 \leq 1 \tag{5-86}$$

式（5-86）中 σ_{cr1}、τ_{cr1}、$\sigma_{c,cr1}$ 分别按下列方法计算：

1) σ_{cr1} 按式（5-78）计算，但式中的 λ_b 改为下列 λ_{b1} 代替：

当梁受压翼缘扭转受到约束时

$$\lambda_{b1} = \frac{h_1/t_w}{75}\sqrt{\frac{f_y}{235}} \tag{5-87a}$$

当梁受压翼缘扭转未受到约束时

$$\lambda_{b1} = \frac{h_1/t_w}{64}\sqrt{\frac{f_y}{235}} \tag{5-87b}$$

2) τ_{cr1} 按式（5-74）计算，但式中 h_0 改为 h_1。

3) $\sigma_{c,cr1}$ 按式（5-78）计算，但式中的 λ_b 改为下列 λ_{c1} 代替：

当梁受压翼缘扭转受到约束时

$$\lambda_{c1} = \frac{h_1/t_w}{56}\sqrt{\frac{f_y}{235}} \tag{5-88a}$$

当梁受压翼缘扭转未受到约束时

$$\lambda_{c1} = \frac{h_1/t_w}{40}\sqrt{\frac{f_y}{235}} \tag{5-88b}$$

（2）受拉翼缘与纵向加劲肋之间的区格 II（图 5-38b） 其局部稳定应满足下式

$$\left(\frac{\sigma_2}{\sigma_{cr2}}\right)^2 + \left(\frac{\tau}{\tau_{cr2}}\right)^2 + \frac{\sigma_{c2}}{\sigma_{c,cr2}} \leq 1.0 \tag{5-89}$$

式中 σ_2——所计算区格内由平均弯矩产生的腹板在纵向加劲肋处的弯曲压应力；

σ_{c2}——腹板在纵向加劲肋处的横向压应力，取 $0.3\sigma_c$。

1) σ_{cr2} 按式（5-78）计算，但式中的 λ_b 改为下列 λ_{b2} 代替

$$\lambda_{b2} = \frac{h_2/t_w}{194}\sqrt{\frac{f_y}{235}} \tag{5-90}$$

2) τ_{cr2} 按式（5-74）计算，但式中的 h_0 改为 h_2（$h_2 = h_0 - h_1$）。

3) $\sigma_{c,cr2}$ 按式（5-83）计算，但式 h_0 改为 h_2。当 $a/h_2 > 2$ 时，取 $a/h_2 = 2$。

3. 在受压翼缘与纵向加劲肋之间设有短加劲肋的区格板计算

该区格尺寸详见图 5-36c，其区格局部稳定应满足式（5-86）。

式（5-86）中 σ_{cr1} 按式（5-78）计算；

τ_{cr1} 按式（5-74）计算，但将式中的 h_0 和 a 分别改为 h_1 和 a_1（a_1 为短加劲肋间距）；

$\sigma_{c,cr2}$ 按式（5-78）计算，但式中的 λ_b 改用下列 λ_{c1} 代替。

当梁受压翼缘扭转受到约束时

$$\lambda_{c1} = \frac{a_1/t_w}{87}\sqrt{\frac{f_y}{235}} \tag{5-91a}$$

当梁受压翼缘扭转未受到约束时

$$\lambda_{c1} = \frac{a_1/t_w}{73}\sqrt{\frac{f_y}{235}} \tag{5-91b}$$

对于 $a_1/h_1>1.2$ 的区格，式（5-91）右侧应乘以 $1/\sqrt{0.4+0.5\dfrac{a_1}{h_1}}$。

5.6.4.4 腹板加劲肋的设计

1. 加劲肋的截面尺寸和构造要求

加劲肋按作用分为两类：一类是仅分隔腹板以保证腹板局部稳定，称为间隔加劲肋；另一类是除起上述作用外，还同时起传递固定集中荷载或支座反力的作用，称为支承加劲肋。间隔加劲肋仅按构造要求确定截面，而支承加劲肋截面尺寸还需要满足受力要求，截面一般较间隔加劲肋大。

加劲肋宜在腹板两侧成对配置，以免梁在荷载作用下产生人为侧向偏心。在条件不容许时，也可采用单侧配置，但支承加劲肋、重级工作制吊车梁的加劲肋不能单侧配置。

加劲肋可采用钢板或型钢做成，焊接梁常用钢板。

加劲肋自身应有足够的刚度才能作为腹板的可靠侧向支承，防止腹板发生凹凸变形，因此要求：

1）在腹板两侧成对配置的钢板横向加劲肋，其截面尺寸（图 5-39b）应符合下列要求：

伸外宽度　　　　　　　　　$b_s \geq h_0/30+40(\text{mm})$　　　　　　　　（5-92a）

厚度　　　　　　　　　　　$t_s \geq b_s/15$　　　　　　　　　　　　　　（5-92b）

2）仅在腹板一侧配置的钢板横向加劲肋，其外伸宽度应大于按式（5-92a）算得 1.2 倍，厚度不应小于其外伸宽度的 1/15。

3）当同时配有纵、横向加劲肋时，应在纵、横加劲肋的交叉处切断纵向肋而使横向肋保持连续。此时横向加劲肋不仅要支承腹板，还要作为纵向加劲肋的支座，因而其截面尺寸除应符合上述规定外，其截面惯性矩 I_z 尚应符合下列要求

$$I_z \geq 3h_0 t_w^3 \qquad (5-93)$$

纵向加劲肋对 y 轴的截面惯性矩 I_y 应符合下列公式要求：

当 $a/h_0 \leq 0.85$ 时

$$I_y \geq 1.5 h_0 t_w^3 \qquad (5-94a)$$

当 $a/h_0 > 0.85$ 时

$$I_y \geq \left(2.5-0.45\dfrac{a}{h_0}\right)\left(\dfrac{a}{h_0}\right)^2 h_0 t_w^3 \qquad (5-94b)$$

计算加劲肋截面惯性矩的 z 轴和 y 轴定义为：加劲肋两侧成对配置时取腹板中心线为轴线进行计算（图 5-39d）；加劲肋单侧配置时取与加劲肋相连的腹板边缘为轴线进行计算（图 5-39e）。

4）短加劲肋的最小间距为 $0.75h_1$（h_1 为纵肋到腹板受压边缘的距离）。短加劲肋的外伸宽度应取横向加劲肋外伸宽度的 0.7~1.0 倍，厚度不应小于短加劲肋外伸宽度的 1/15。

5）用型钢做成的加劲肋，其截面惯性矩不得小于相应钢板加劲肋的惯性矩。

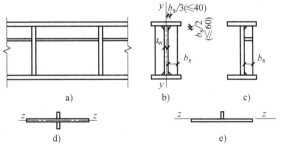

图 5-39　腹板加劲肋的构造

为了避免焊缝的过分集中，横向加劲肋的端部应切角，切除宽约 $b_s/3$（但不大于 40mm），高约 $b_s/2$（但不大于 60mm）的斜角（图 5-39b）。在纵、横向加劲肋相交处，纵向加劲肋也要切角。

吊车梁横向加劲肋的上端应与上翼缘刨平顶紧，当为焊接吊车梁时，尚宜焊接。中间横向加劲肋下端一般在距受拉翼缘 50~100mm 处断开（图 5-40b），以改善梁的抗疲劳性能。

2. 支承加劲肋的计算

在上翼缘有固定集中荷载处和支座处要设支承加劲肋，支承加劲肋除满足上述构造要求外，还要满足整体稳定和端面承压的要求。

（1）支承加劲肋的稳定性计算　支承加劲肋按承受固定集中荷载或梁支座反力的轴心受压构件，计算其在腹板平面外的稳定性，即

$$\frac{N}{\varphi A} \leqslant f \tag{5-95}$$

式中　N——支承加劲肋承受的集中荷载或支座反力；

A——支承加劲肋受压构件的截面面积，它包括加劲肋截面面积和加劲肋每侧各 $15t_w\sqrt{235/f_y}$ 范围内的腹板面积（图 5-40a 中阴影部分）；

φ——轴心压杆稳定系数，由 $\lambda = \dfrac{h_0}{i_z}$ 查附录 I 取值，h_0 为腹板计算高度，i_z 为计算截面绕 z 轴的回转半径。

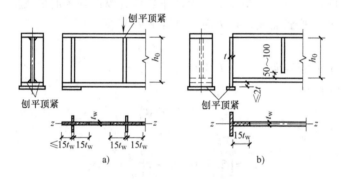

图 5-40　支承加劲肋的构造
a）平板式支座　b）突缘式支座

（2）端部承压强度计算　支承加劲肋端部一般刨平抵紧于梁的翼缘（焊接梁尚宜焊接），应按下式计算其端面承压应力

$$N/A_{ce} \leqslant f_{ce} \tag{5-96}$$

式中　A_{ce}——端面承压面积，即支承加劲肋与翼缘接触面的净面积；

f_{ce}——钢材端面承压的强度设计值。

（3）支承加劲肋与腹板连接的焊缝计算　支承加劲肋端部与腹板焊接时，应计算焊缝强度，计算时设焊缝承受全部集中荷载或支座反力，并假定应力沿焊缝全长均匀分布。

突缘支座的伸出长度应不大于其厚度的 2 倍，如图 5-40b 所示。

5.7 考虑腹板屈曲后强度的设计

梁腹板受压屈曲后和受剪屈曲后都存在继续承载的能力，称为屈曲后强度。跨度较大的焊接工字形截面梁，腹板高度一般很大，若采用较薄的腹板并利用其屈曲后强度，可获得很好的经济效益。此时，腹板的高厚比可达 250~300 而不设纵向加劲肋，仅在支座处或固定集中荷载作用处设置支承加劲肋或视需要设置中间横向加劲肋。《钢结构设计标准》规定，承受静力荷载或间接承受动力荷载的组合梁宜考虑腹板屈曲后强度。考虑到反复屈曲可能导致腹板边缘出现疲劳裂缝，且相关研究不够，对直接承受动力荷载的梁暂不考虑屈曲后强度。对工字形截面的翼缘，由于属三边简支、一边自由，虽然也存在屈曲后强度，但屈曲后继续承载的能力不大，一般在工程设计中不考虑利用其屈曲后强度。此外，进行塑性设计时，由于局部失稳会使构件塑性不能充分发展，也不得利用屈曲后强度。

5.7.1 组合梁腹板屈曲后的抗弯承载力

梁腹板在弯矩达到一定程度时发生局部失稳，若高厚比较大，致使 $\lambda_b>1.25$，则失稳时受压区边缘压力小于屈服强度 f_y，梁还可继续承受更大荷载，但截面上的应力出现重分布，凸曲部分应力不再继续增大，甚至有所减小，而和翼缘相邻部分及压应力较小和受拉部分的应力会继续增大，直至边缘应力达到屈服为止。设计时采用有效截面来近似计算梁的抗弯承载力，认为腹板受压区一部分退出工作，受拉区全部有效，如图 5-41c 所示。

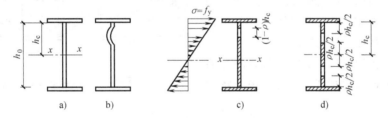

图 5-41 腹板受弯屈曲后性能

假设梁腹板受压区有效高度为 ρh_c，等分在受压区 h_c 的两端，中部扣去 $(1-\rho)h_c$ 的高度作为退出工作的腹板屈曲部分。为了计算方便，保持中和轴位置不变，在腹板受拉区也对称的扣除 $(1-\rho)h_c$。腹板的有效截面（图 5-41d），梁截面的有效惯性矩为（忽略孔洞绕本身轴的惯性矩）

$$I_{xe}=I_x-2(1-\rho)h_c t_w\left(\frac{h_c}{2}\right)^2=I_x-\frac{1}{2}(1-\rho)h_c^3 t_w \qquad (5\text{-}97)$$

梁截面抵抗矩折减系数为

$$\alpha_e=\frac{W_{xe}}{W_x}=\frac{I_{xe}}{I_x}=1-\frac{(1-\rho)h_c^3 t_w}{2I_x} \qquad (5\text{-}98)$$

式（5-98）是按双轴对称工字形截面塑性开展系数 $\gamma_x=1.0$ 得到的偏安全的近似公式，也可用于 $\gamma_x=1.05$ 和单轴对称截面。

梁的抗弯承载力设计值为

$$M_{eu} = \gamma_x \alpha_e W_x f \qquad (5\text{-}99)$$

式（5-98）中的腹板受压区有效高度系数 ρ 的计算与计算局部稳定临界应力 σ_{cr} 一样，以腹板受弯计算时的通用高厚比 λ_b 为参数 [见式（5-77a）和式（5-77b）] 得到

当 $\lambda_b \leq 0.85$ 时 $\qquad\qquad \rho = 1.0 \qquad\qquad (5\text{-}100a)$

当 $0.85 < \lambda_b \leq 1.25$ 时 $\qquad \rho = 1 - 0.82(\lambda_b - 0.85) \qquad (5\text{-}100b)$

当 $\lambda_b > 1.25$ 时 $\qquad\qquad \rho = (1 - 0.2/\lambda_b)/\lambda_b \qquad (5\text{-}100c)$

当截面有效高度计算系数 $\rho = 1.0$ 时，表示全截面有效，截面抗弯承载力没有降低。

式中　I_x——按梁截面全部有效算得的绕 x 轴的惯性矩；

　　　h_c——按梁截面全部有效算得的腹板受压区高度；

　　　W_x——按梁截面全部有效算得的截面抵抗矩；

　　　γ_x——梁截面塑性发展系数。

5.7.2　组合梁腹板屈曲后的受剪承载力

针对梁腹板受剪屈曲后强度的理论分析和计算有多种，建筑钢结构中采用的是半张力场理论。其基本假定如下：

1）发生屈曲后腹板的剪力，一部分由小挠度理论计算出的受剪力承担，另一部分由斜向张力作用（薄膜效应）承担。

2）梁翼缘抗弯刚度很小，不能承受腹板斜张力场产生的垂直分力的作用。

由上述假定可知，腹板屈曲后的实腹梁犹如一桁架，如图 5-42 所示，梁翼缘相当于弦杆，横向加劲肋相当于竖压杆，而腹板张力场相当于桁架的斜拉杆。

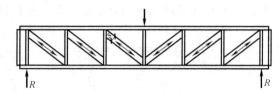

图 5-42　腹板的张力场作用

由基本假定 1）知，腹板屈曲后的受剪承载力设计值 V_u 为屈曲剪力 V_{cr} 与张力场剪力 V_t 之和，即

$$V_u = V_{cr} + V_t \qquad (5\text{-}101)$$

屈曲剪力设计值 $V_{cr} = h_0 t_w \tau_{cr}$，再由假定 2）可认为张力场剪力是通过宽度为 s 的带形张力场以拉应力为 σ_t 的效应传到加劲肋上的。这些拉应力对屈曲后腹板的变形起到牵制作用，从而提高了腹板承载能力。

根据此理论和试验研究，腹板屈曲后的受剪承载力设计值 V_u 可按下式计算

当 $\lambda_s \leq 0.8$ 时 $\qquad\qquad V_u = h_0 t_w f_v \qquad\qquad (5\text{-}102a)$

当 $0.8 < \lambda_s \leq 1.2$ 时 $\qquad V_u = h_0 t_w f_v [1 - 0.5(\lambda_s - 0.8)] \qquad (5\text{-}102b)$

当 $\lambda_s > 1.2$ 时 $\qquad\qquad V_u = h_0 t_w f_v / \lambda_s^{1.2} \qquad (5\text{-}102c)$

式中　λ_s——腹板受剪计算时的通用高厚比，按式（5-73a）、（5-73b）计算，当组合梁仅配置支座加劲肋时，取 $h_0/a = 0$。

5.7.3　组合梁考虑腹板屈曲后的计算

实际工程中的梁通常都同时受剪力和弯矩作用，受力实际上较复杂。弯矩 M 和剪力 V 的相关关系也有多种不同的相关曲线可表示。我国采用的是 M 和 V 无量纲化的相关关系，

图 5-43 所示。首先，假定当弯矩不超过翼缘所提供的最大弯矩 M_f 时，腹板不参与承担弯矩作用，即假定在 $M \leqslant M_f$ 时，$V/V_u = 1.0$。研究表明，当边缘正应力达到屈服强度时，工字形截面焊接梁的腹板还可承受剪力 $0.6V_u$；另外，在剪力不超过 $0.5V_u$ 时，腹板抗弯屈曲强度不下降。因此，考虑屈曲后强度的组合梁应按下式验算受弯和受剪承载力

$$\left(\frac{V}{0.5V_u}-1\right)^2 + \frac{M-M_f}{M_{eu}-M_f} \leqslant 1 \quad (5-103a)$$

$$M_f = \left(A_{f1}\frac{h_1^2}{h_2} + A_{f2}h_2\right)f \quad (5-103b)$$

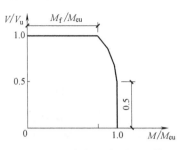

图 5-43 考虑屈曲后强度的受弯受剪相关曲线

式中　M、V——梁同一截面上同时产生的弯矩和剪力设计值；当 $V < 0.5V_u$，取 $V = 0.5V_u$；当 $M < M_f$，取 $M = M_f$；

M_f——梁两翼缘所承担的弯矩设计值；

A_{f1}、h_1——较大翼缘的截面积及其形心至梁中和轴的距离；

A_{f2}、h_2——较小翼缘的截面积及其形心至梁中和轴的距离；

M_{eu}、V_u——梁受弯和受剪承载力设计值。按式（5-99）和式（5-102a）~（5-102c）计算。

5.7.4 考虑腹板屈曲后强度的梁的加劲肋设计

当仅配置支承加劲肋不能满足式（5-69）时，应在两侧成对配置中间横向加劲肋减少区格长度。中间横向加劲肋和上端受有集中压力的中间支承加劲肋的截面尺寸应满足式（5-92a）、式（5-92b）的构造要求。根据张力场理论，拉力对横向加劲肋的作用可分为竖向和水平两个分力，而水平分力可认为由翼缘承担，因而对中间加劲肋按承受 N_s 的轴心受压构件验算其在腹板平面外的稳定。

$$N_s = V_u - \tau_{cr}h_0 t_w \quad (5-104)$$

式中，V_u 按式（5-102a）~式（5-102c）计算；

τ_{cr} 按式（5-74a）~式（5-74c）计算。

若中间加劲肋还承受集中的横向荷载 F，则应按 $N = N_s + F$ 计算其在腹板平面外的稳定。

当 $\lambda_s \geqslant 0.8$ 时，梁支座加劲肋除承受梁支座反力 R 外，还受到张力场的水平分力 H，如图 5-37 所示，因此，按压弯构件计算其强度和在腹板平面外的稳定。H 按下式计算

$$H = (V_u - \tau_{cr}h_0 t_w)\sqrt{1+(a/h_0)^2} \quad (5-105)$$

对设中间横向加劲肋的梁，a 取支座端区格的加劲肋间距；对不设中间横向加劲肋的梁，a 取梁支座至跨内剪力为零的距离。

H 的作用点近似取在距梁腹板计算高度上边缘 $h_0/4$ 处。此压弯构件的截面和计算长度同一般支座加劲肋。

为了增加抗弯能力，应在梁外伸的端部设置封头板，如图 5-44a 所示。支座加劲肋按承受支座反力 R 的轴心压杆计算。在水平力 H 作用下，封头板、支座加劲肋和其间的腹板有

如竖立的简支梁，最大弯矩为 $3Hh_0/16$，则封头板的最大压应力可近似取 $\sigma_c = \dfrac{3Hh_0}{16eA_c}$，由 $\sigma_c \leqslant f$ 可得封头板截面面积 A_c 应满足

$$A_c \geqslant \frac{3h_0 H}{16ef} \tag{5-106}$$

式中　e——支座加劲肋与封头板之间的距离；
　　　f——钢材强度设计值。

图5-44b 给出了梁端的另一种构造方案，即缩小梁端板幅宽度 a_1，使该区格在剪力设计值作用下不会发生局部屈曲。这样支座加劲肋就不会受到拉力的作用，张力场从宽度较大的第二个区格开始，它所产生的水平力由整个端区格承担，影响不大。

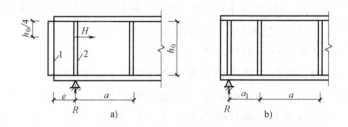

图 5-44　梁端构造
1—封头板　2—支座加劲肋

5.8　型钢梁截面设计

梁截面设计通常是先初选截面，然后进行截面验算。若不满足要求，重选型钢，直至满意为止。

根据受力情况，梁分为单向弯曲梁和双向弯曲梁。首先计算梁所承受的弯矩，然后选弯矩最不利截面，最后估算所需要的梁截面抵抗矩。对于单向弯曲梁，最不利截面在最大弯矩处。

单向弯曲梁的整体稳定从构造上有保证时

$$W_{nx} \geqslant \frac{M_{\max}}{\gamma_x f} \tag{5-107a}$$

单向弯曲梁的整体稳定从构造上不能保证时

$$W_x \geqslant \frac{M_{\max}}{\varphi_b f} \tag{5-107b}$$

φ_b 值可根据情况初步估计。

对于双向弯曲梁，设计时尽可能从构造上保证整体稳定，以便按抗弯强度条件式（5-108）选择型钢截面，否则要按式（5-109）试算。

$$W_{nx} = \frac{1}{\gamma_x f}\left(M_x + \frac{\gamma_x W_{nx}}{\gamma_y W_{ny}} M_y\right) = \frac{M_x + \alpha M_y}{\gamma_x f} \tag{5-108}$$

$$\frac{M_x}{\varphi_b W_x}+\frac{M_y}{\gamma_y W_y}\leqslant f \qquad (5\text{-}109)$$

为了经济合理，设计时应避开在弯矩最不利截面上开螺栓孔，以免削弱截面。这样梁净截面抵抗矩等于截面抵抗矩，即 $W_{nx}=W_x$，按计算出的截面抵抗矩在型钢表中选择适当的截面，然后再验算弯曲正应力、局部压应力、刚度及整体稳定性。对于型钢梁，由于腹板较厚，可不验算剪应力、折算应力和局部稳定。

【例 5-4】 某工作平台的梁格布置如图 5-45 所示，平台上无动力荷载，平台上永久荷载标准值为 3.0kN/m^2，可变荷载标准值为 5kN/m^2，钢材为 Q235 钢，次梁简支于主梁，假定平台板为刚性铺板并可保证次梁的整体稳定，试选择中间次梁截面。

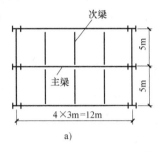

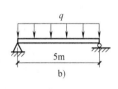

图 5-45 【例 5-4】图

【解】 次梁上作用的荷载标准值
$$q_k = (3000+5000)\text{N/m}^2 \times 3\text{m} = 24\times 10^3 \text{N/m}$$

次梁上作用的荷载设计值
$$q = (1.2\times 3000\text{N/m}^2 + 1.4\times 5000\text{N/m}^2)\times 3\text{m} = 31.8\times 10^3 \text{N/m}$$

支座处最大反力 $V_{\max}=\dfrac{1}{2}ql=\dfrac{1}{2}\times 31.8\text{kN/m}\times 5\text{m}=79.5\text{kN}$

跨中最大弯矩 $M_{\max}=\dfrac{1}{8}ql^2=\dfrac{1}{8}\times 31.8\text{kN/m}\times 5^2\text{m}^2=99.38\text{kN}\cdot\text{m}$

采用轧制 H 型钢 $\gamma_x=1.05$

需要的截面抵抗矩 $W_x=\dfrac{M_x}{\gamma_x f}=\dfrac{M_{\max}}{\gamma_x f}=\dfrac{99.38\times 10^6}{1.05\times 215}\text{mm}^3=440\times 10^3 \text{mm}^3$

由附录 J 型钢表，初选 HN300×150×6.5×9，查得其几何特征为：
$$A=47.53\text{cm}^2, \text{自重}=37.3\times 9.8\text{N/m}=365\text{N/m}, W_x=490\text{cm}^3, I_x=7350\text{cm}^4$$

梁自重产生的弯矩为 $M_g=\dfrac{1}{8}\times 365\times 1.2\times 5^2 \text{kN}\cdot\text{m}=1.369\text{kN}\cdot\text{m}$

总弯矩为 $M=1.369\text{kN}\cdot\text{m}+99.38\text{kN}\cdot\text{m}=100.749\text{kN}\cdot\text{m}$

弯曲正应力为 $\sigma=\dfrac{M_x}{\gamma_x W_{nx}}=\dfrac{100.749\times 10^6}{1.05\times 490\times 10^3}\text{N/mm}^2=195.8\text{N/mm}^2<f=215\text{N/mm}^2$

最大剪应力 $\tau=\dfrac{VS_1}{It_w}$

忽略内角半径 r，则 $S_1=150\times 9\times\left(150-\dfrac{9}{2}\right)\text{mm}^3+(150-9)\times 6.5\times(150-9)/2\text{mm}^3=261\times 10^3 \text{mm}^3$

$$\tau=\frac{VS_1}{It_w}=\frac{(79.5+1.2\times 0.365\times\dfrac{5}{2})\times 10^3\times 261\times 10^3}{7350\times 10^4\times 6.5}\text{N/mm}^2=44\text{N/mm}^2$$

可见型钢由于腹板较厚，剪力一般不起控制作用，可不验算。

刚度验算：

考虑自重后荷载标准值为 $q_k = (24×10^3 + 365)\text{N/m} = 24.365\text{N/mm}$

挠度 $q = \dfrac{5}{384}\dfrac{q_k l^4}{EI_x} = \dfrac{5}{384} × \dfrac{24.365 × 5000^4}{2.06×10^5 × 7350×10^4}\text{mm} = 13.1\text{mm} = \dfrac{l}{382} < \dfrac{l}{250}$（满足要求）

若次梁放在主梁顶面，且次梁在支座处不设支承加劲肋，还需验算支座处次梁腹板计算高度下边缘的局部压应力。设次梁支承长度 $a = 8\text{cm}$，则

$$l_z = 2.5h_y + a = 2.5×(9+16)\text{mm} + 80\text{mm} = 142.5\text{mm}$$

腹板厚 $t_w = 6.5\text{mm}$，则

$$\sigma_c = \dfrac{\Psi F}{t_w l_z} = \dfrac{1.0×\left(79.5 + 1.2×0.365×\dfrac{5}{2}\right)×10^3}{6.5×142.5}\text{mm}^2 = 87\text{N/mm}^2 < f = 215\text{N/mm}^2$$

若次梁在支座处设有支承加劲肋，局部压应力不必计算。

5.9 组合梁截面设计

当梁的内力较大时，常采用由三块钢板焊接而成的工字形截面组合梁，设计时仍先初选截面再进行截面验算。若不满足要求，重新修改截面，直至符合要求。

5.9.1 初选截面

1. 梁截面高度

梁截面高度是一个最重要的尺寸，因截面各部分尺寸都将随梁高而改变（符号见图 5-46）。选择梁高时应考虑建筑高度、刚度和经济性三项要求。

1）建筑高度是指梁的底面到铺板顶面之间的高度，往往由生产工艺和使用要求决定。给定了建筑高度也就决定了梁的最大高度 h_{max}。

2）刚度条件决定了梁的最小高度 h_{min}，刚度条件是要求梁的挠度必须满足 $v \leq [v]$。

现以均布荷载作用下的简支梁为例，推导其最小高度 h_{min}。

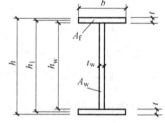

图 5-46 组合梁截面尺寸

$$\dfrac{v}{l} = \dfrac{5}{384}·\dfrac{q_k l^3}{EI_x} = \dfrac{5l}{48EI_x}·\dfrac{ql^2}{1.3×8} = \dfrac{5Ml}{48EI_x × 1.3} \leq \dfrac{[v]}{l} = \dfrac{1}{n_0}$$

对于双轴对称截面，有

$$\sigma = \dfrac{Mh}{2I_x}$$

代入上式，得

$$\dfrac{v}{l} = \dfrac{10\sigma l}{48Eh × 1.3} = \dfrac{5\sigma l}{1.3 × 24Eh} \leq \dfrac{[v]}{l} = \dfrac{1}{n_0}$$

式中　1.3——假定的平均荷载分项系数（相当于永久荷载和可变荷载分项系数的平均值）。

$$h_{\min} \geqslant \frac{5\sigma l n_0}{1.3 \times 24E}$$

当梁的强度充分发挥利用时，$\sigma = f$，f 为钢材的强度设计值，分别取：$f = 215\text{N/mm}^2$（Q235）、$f = 310\text{N/mm}^2$（Q340）、$f = 350\text{N/mm}^2$（Q390），$E = 2.06 \times 10^5 \text{N/mm}^2$，由上式求得对应于各种 n_0 值的 $h_{\min}/l$ 值，见表 5-10。

由表 5-10 可见，梁的容许挠度要求越严，所需的 $h_{\min}$ 越大；钢材的强度越高，所需的 $h_{\min}$ 越大。对其荷载作用下的简支梁，初选截面时同样可作参考。

表 5-10 对称等截面简支梁受均布荷载时的 $h_{\min}/l$ 值

$\dfrac{1}{n_0} = \dfrac{[v]}{l}$		$\dfrac{1}{1000}$	$\dfrac{1}{750}$	$\dfrac{1}{600}$	$\dfrac{1}{500}$	$\dfrac{1}{400}$	$\dfrac{1}{300}$	$\dfrac{1}{250}$	$\dfrac{1}{200}$
$\dfrac{h_{\min}}{l}$	Q235	$\dfrac{1}{6}$	$\dfrac{1}{8}$	$\dfrac{1}{10}$	$\dfrac{1}{12}$	$\dfrac{1}{15}$	$\dfrac{1}{20}$	$\dfrac{1}{24}$	$\dfrac{1}{30}$
	Q345	$\dfrac{1}{4.1}$	$\dfrac{1}{5.5}$	$\dfrac{1}{6.9}$	$\dfrac{1}{8.3}$	$\dfrac{1}{10.3}$	$\dfrac{1}{13.8}$	$\dfrac{1}{16.4}$	$\dfrac{1}{20.5}$
	Q390	$\dfrac{1}{3.7}$	$\dfrac{1}{4.9}$	$\dfrac{1}{6.1}$	$\dfrac{1}{7.3}$	$\dfrac{1}{9.2}$	$\dfrac{1}{12.2}$	$\dfrac{1}{14.7}$	$\dfrac{1}{18.4}$

3）经济梁高包含选优的意义，确定经济梁高的条件通常是使梁的自重最轻。一般而言，梁高度大，腹板用钢量增多，而梁翼缘板用钢量相对减小；梁高小，情况相反。设计时可参照经济高度 h_s 的经验公式估算。

$$h_s = 7\sqrt[3]{W_x} - 30 \text{cm} \tag{5-110}$$

式中 W_x——梁所需要的截面抵抗矩，以 cm^3 计。

根据上述 3 个条件，实际所选的 h 应满足 $h_{\min} \leqslant h \leqslant h_{\max}$，且 $h \approx h_s$。实际设计时，先确定腹板高度 h_w，h_w 可取比 h 略小的数值，并取 h_w 为 50mm 的倍数以符合钢板规格。

2. 选择腹板厚度 t_w

腹板厚度应满足抗剪强度，局部稳定性，防锈及钢板规格等要求。

考虑抗剪强度要求，假定腹板最大剪应力为平均剪应力的 1.2 倍，则

$$\tau_{\max} = \frac{1.2 V_{\max}}{h_w t_w} \leqslant f_v \tag{5-111}$$

于是满足抗剪要求的腹板厚度为

$$t_w \geqslant \frac{1.2 V_{\max}}{h_w f_v} \tag{5-112}$$

由式（5-111）算得的 t_w 一般偏小，考虑局部稳定和构造因素，t_w 可采用下列经验公式估算

$$t_w = \sqrt{h_w}/11 \tag{5-113}$$

式中，h_w 和 t_w 均以 cm 计，选用的腹板厚度不宜小于 6mm，一般情况为 $8\text{mm} \leqslant t_w \leqslant 20\text{mm}$，并取 2mm 的倍数。

3. 确定翼缘尺寸

由图 5-46 可写出梁的截面抵抗矩为

$$W_x = \frac{2 I_x}{h} = \frac{1}{6} t_w \frac{h_w^3}{h} + bt \frac{h_1^2}{h} \tag{5-114}$$

近似取 $h_w = h_1 = h$，则有

$$A_f = bt = \frac{W_x}{h} - \frac{t_w h_w}{6} \quad (5\text{-}115)$$

根据所需要的截面抵抗矩 W_x 和选定腹板尺寸，由式（5-115）可求得所需要的一个翼缘板的面积 A_f，此时含有两个参数，即翼缘板宽度 b 和厚度 t。通常需考虑下列因素以选择 b 和 t：

1) $b = \left(\dfrac{1}{3} \sim \dfrac{1}{5}\right)h$，宽度太小不易保证梁的整体稳定；宽度太大使翼缘中正应力分布不均匀。

2) 考虑到翼缘板的局部稳定，要求 $b/t \leq 30\sqrt{235/f_y}$（按弹性设计，$\gamma_x = 1.0$）或 $b/t \leq 26\sqrt{235/f_y}$（按弹塑性设计，$\gamma_x = 1.05$）。

3) 对于吊车梁，$b \geq 300\text{mm}$，以便安装轨道。一般翼缘板宽度 b 取 10mm 的倍数，厚度 t 取 2mm 的倍数。

5.9.2 截面验算

根据初选的截面尺寸，计算出截面的各项几何特征，验算其弯曲正应力、局部应力、折算应力、局部稳定或屈曲后强度验算。截面验算时应考虑梁自重所产生的内力。

5.9.3 组合梁截面沿长度改变

梁的弯矩是沿梁长度变化的，梁的截面若随弯矩而变化，则可节约钢材。对于跨度较小的梁，变截面的经济效果不大，且会增加制造工作量，因而不宜改变截面。可以改变梁高（图 5-47）或改变梁宽（图 5-48）改变梁截面。

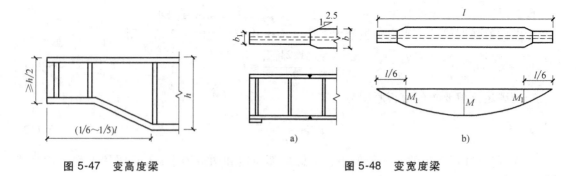

图 5-47 变高度梁　　图 5-48 变宽度梁

改变梁高时，使上翼缘保持不变，将梁的下翼缘做成折线外形，翼缘板的截面保持不变，这样梁在支座处可减小其高度。但支座处的高度应满足抗剪强度要求，且不宜小于跨中高度的 1/2。在翼缘由水平转为倾斜的两处均需要设置腹板加劲肋，下翼缘的弯折点一般取在距梁端 $\left(\dfrac{l}{5} \sim \dfrac{l}{6}\right)$ 处。

改变梁宽，主要是变上、下翼缘宽度，或采用两端单层、跨中双层翼缘的方法，但改变厚度使梁的顶面不平整，也不便于布置铺板。

对承受均布荷载的单层工字形简支梁，最优截面改变处是离支座 1/6 跨度处（图 5-48）。应由截面开始改变处的弯距 M_1 反算出较窄翼缘板宽度 b_1。为减少应力集中，应将宽板由截面改变位置以不大于 1∶2.5 的斜角向弯矩较小侧过渡，与宽度为 b_1 的窄板相对接。

截面一般只改变一次，若改变两次，其经济效益并不显著增加。

5.9.4 焊接梁翼缘焊缝计算

当梁弯曲时，由于相邻截面中作用在翼缘的弯曲正应力有差值，翼缘与腹板间将产生纵向剪应力（图 5-49）。由剪应力互等定理可得沿梁单位长度的纵向剪力为

$$T_\mathrm{h} = \tau \times (t_\mathrm{w} \times 1) = \frac{VS_1}{I_x t_\mathrm{w}} \cdot t_\mathrm{w} \cdot 1 = \frac{VS_1}{I_x} \tag{5-116}$$

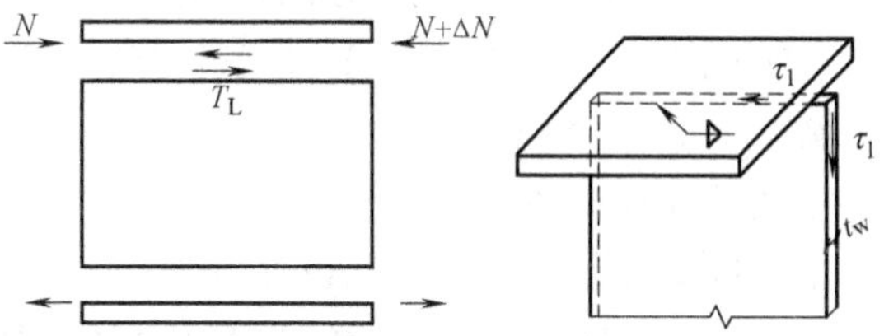

图 5-49 水平方向剪力

式中　V——梁的最大剪力；
　　　I_x——梁毛截面惯性矩；
　　　S_1——一个翼缘对梁截面中和轴的面积矩。

当翼缘与腹板采用角焊缝连接时，应使两条角焊缝的剪应力 τ_f 不超过角焊缝的强度设计值，即

$$\tau_\mathrm{f} = \frac{T_\mathrm{h}}{2h_\mathrm{e} \times 1} \leqslant f_\mathrm{f}^\mathrm{w} \tag{5-117}$$

可得焊脚尺寸为

$$h_\mathrm{f} \geqslant \frac{VS_1}{1.4 f_\mathrm{f}^\mathrm{w} I_x} \tag{5-118}$$

全梁采用相同 h_f 的连续焊缝，且须满足焊缝的最小尺寸要求。

当梁的翼缘承受有移动集中荷载或承受有固定集中荷载而未设置支承加劲肋时，焊缝还要传递由集中荷载产生的竖向局部压应力（图 5-50）。单位长度焊缝上承担的压力为

$$T_\mathrm{v} = \sigma_\mathrm{c} \cdot t_\mathrm{w} \cdot 1 = \frac{\Psi F}{t_\mathrm{w} l_z} \cdot t_\mathrm{w} \cdot 1 = \frac{\Psi F}{l_z} \tag{5-119}$$

式中　σ_c——由式（5-8）计算的局部压应力，在 T_v 作用下产生应力方向垂直于焊缝长度方向，其应力大小为

$$\sigma_\mathrm{f} = \frac{T_\mathrm{v}}{2h_\mathrm{e} \times 1} = \frac{\Psi F}{1.4 h_\mathrm{f} l_z} \tag{5-120}$$

因此，在 T_h 和 T_v 共同用用下应满足

$$\sqrt{\left(\frac{\sigma_\mathrm{f}}{\beta_\mathrm{f}}\right)^2 + \tau_\mathrm{f}^2} \leqslant f_\mathrm{f}^\mathrm{w} \tag{5-121}$$

将式（5-116）、式（5-119）代入上式，得

$$h_\mathrm{f} \geqslant \frac{1}{1.4 f_\mathrm{f}^\mathrm{w}} \sqrt{\left(\frac{\Psi F}{\beta_\mathrm{f} l_z}\right)^2 + \left(\frac{VS_1}{I_x}\right)^2} \tag{5-122}$$

对于承受较大动力荷载的梁，因角焊缝易产生疲劳破坏，此时宜采用保证焊透的 T 形

对接，图 5-51，可认为焊缝与腹板等强度而不必计算。

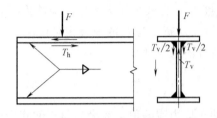

图 5-50 双向剪力作用下的翼缘焊缝

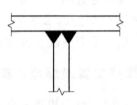

图 5-51 焊透的 T 形对接焊

【例 5-5】 设计【例 5-4】工作平台的中间主梁，材料为 Q235B。

解：(1) 选择截面

主梁的计算简图如图 5-52 所示。

中间次梁传给主梁的荷载设计值为

$$F = (31.8 + 1.2 \times 0.365) \times 5 \text{kN} = 161.2 \text{kN}$$

梁端的次梁传给主梁的荷载设计值取中间次梁的一半

主梁的支座反力（未计主梁自重）

$$R = 2F = 322.4 \text{kN}$$

图 5-52 【例 5-5】计算简图

梁中最大弯距 $M_{max} = [(322.4 - 80.6) \times 6 - 161.2 \times 3] \text{kN} \cdot \text{m} = 967.2 \text{kN} \cdot \text{m}$

梁所需要的截面抵抗矩 $W_{nx} = \dfrac{M_{max}}{\gamma_x f} = \dfrac{967.2 \times 10^6}{1.05 \times 215 \times 10^3} \text{mm}^3 = 4284 \times 10^3 \text{mm}^3$

梁的高度在净空方面无限制条件，根据刚度要求，工作平台主梁的容许挠度为 $l/400$，由表 5-10 知

梁的容许最小高度 $h_{min} = l/15 = 1200 \text{cm}/15 = 80 \text{cm}$

梁的经济高度 $h_s = 7 \sqrt[3]{W_x} - 30 \text{cm} = 83.7 \text{cm}$

参照以上数据，取梁腹板高度 $h_w = 90 \text{cm}$

梁腹板厚度 $t_w = \dfrac{1.2V}{h_w f_v} = \dfrac{1.2 \times 322.4 \times 10^3}{900 \times 125} \text{mm} = 3.44 \text{mm}$

可见由抗剪条件所决定的腹板厚度很小。

依经验公式 (5-113) 估算 $t_w = \sqrt{h_w}/11 = \sqrt{90}/11 \text{cm} = 0.86 \text{cm}$，取 $t_w = 8 \text{mm}$

一个翼缘板面积 $A_f = \dfrac{W_x}{h_w} - \dfrac{h_w t_w}{6} = \dfrac{4284}{90} \text{cm}^2 - \dfrac{90 \times 0.8}{6} \text{cm}^2 = 35.6 \text{cm}^2$

试选翼缘板宽度 $b = 280 \text{mm}$，$t = 14 \text{mm}$

梁翼缘的外伸宽度 b'_1 与厚度之比 $\dfrac{b'_1}{t} = \dfrac{(280-8)/2}{14} = 9.72 < 13\sqrt{235/f_y}$

梁翼缘板的局部稳定可以保证，且截面可以考虑部分塑性发展。

(2) 截面验算

截面的实际几何特征如图 5-53 所示。

$$A = 90 \times 0.8 \text{cm}^2 + 28 \times 1.4 \times 2 \text{cm}^2 = 150.4 \text{cm}^2$$

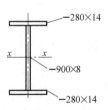

图 5-53 【例 5-5】主梁截面

$$I_x = \frac{90^3 \times 0.8}{12}\text{cm}^4 + 1.4 \times 28 \times \left(\frac{90}{2} + \frac{1.4}{2}\right)^2 \times 2\text{cm}^4 = 2.124 \times 10^5 \text{cm}^4$$

$$W_x = \frac{2.124 \times 10^5}{1.4 + 90/2}\text{cm}^3 = 4577\text{cm}^3$$

主梁自重估算

$$150.4 \times 10^{-4} \times 7.85 \times 10^3 \times 9.8 \times 1.2 \text{N/m} = 1388\text{N/m} = 1.388\text{kN/m}$$

（式中1.2为考虑腹板加劲肋等附加构造等用钢量）

自重产生的弯矩 $M_g = \frac{1}{8} \times 1.388 \times 1.2 \times 12^2 \text{kN} \cdot \text{m} = 29.98\text{kN} \cdot \text{m}$

跨中最大弯矩为 $M = 967.2\text{kN} \cdot \text{m} + 29.98\text{kN} \cdot \text{m} = 997.18\text{kN} \cdot \text{m}$

主梁的支座反力（计主梁自重） $R = 322.4\text{kN} + 1.2 \times 1.388 \times 12 \times 1/2\text{kN} = 332.4\text{kN}$

跨中截面最大正应力 $\sigma = \frac{M}{\gamma_x W_{nx}} = \frac{997.18 \times 10^6}{1.05 \times 4577 \times 10^3}\text{N/mm}^2 = 207.5\text{N/mm}^2 < f = 215\text{N/mm}^2$

在主梁的支承处以及支承次梁处均配置支承加劲肋，不必验算局部压应力

跨中截面腹板边缘折算应力

$$\sigma = \frac{997.18 \times 10^6 \times 450}{2.124 \times 10^5 \times 10^4}\text{N/mm}^2 = 211.3\text{N/mm}^2$$

跨中截面剪力 $V = 80.6\text{kN}$

$$\tau = \frac{80.6 \times 10^3 \times 14 \times 280 \times 457}{2.124 \times 10^5 \times 10^4 \times 8}\text{N/mm}^2 = 8.50\text{N/mm}^2$$

$$\sqrt{\sigma^2 + 3\tau^2} = \sqrt{211.3^2 + 3 \times 8.5^2}\text{N/mm}^2 = 211.8\text{N/mm}^2 < 1.1f = 236.5\text{N/mm}^2$$

次梁可以作为主梁的侧向支承点，因而梁受压翼缘自由长度 $l_1 = 3\text{m}$，$l_1/b_1 = \frac{300}{28} = 10.7 <$ 16 主梁整体稳定可以保证，刚度条件因 $h > h_{\min}$，自然满足。

（3）梁翼缘焊缝的计算

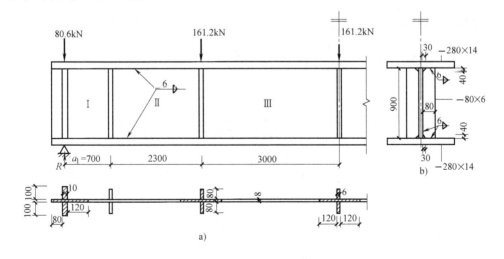

图5-54 【例5-5】主梁加劲肋

$$h_f \geq \frac{VS_1}{1.4I_x f_f^w} = \frac{332.4\times10^3\times14\times280\times457}{1.4\times2.124\times10^5\times10^4\times160}\text{mm} = 1.25\text{mm}$$

取 $h_f = 6\text{mm} \geq 1.5\sqrt{t_{max}} = 1.5\sqrt{14}\text{mm} = 5.6\text{mm}$

（4）主梁加劲肋的设计

1）各板段的强度验算

此种梁腹板宜考虑屈曲后强度，在支座处和每个次梁处（即固定集中荷载处）设置支承加劲肋。另外，端部板段采用图 5-54b 的构造，另加横向加劲肋，使 $a_1 = 700\text{mm}$。

因 $a_1/h_0 < 1$，则 $\lambda_s = \dfrac{h_0/t_w}{41\sqrt{4+5.34\times(900/700)^2}} = 0.766 < 0.8$

故 $\tau_{cr} = f_v$，使板段 I 范围内不会屈曲，支座加劲肋就不会受到水平力 H 的作用。

① 对于板段 II：$a/h_0 > 1$

$$\lambda_s = \frac{h_0/t_w}{41\sqrt{5.34+4(h_0/a)^2}} = \frac{900/8}{41\sqrt{5.34+4\times(900/2300)^2}} = 1.12 \quad (0.8 < \lambda_s < 1.2)$$

$V_u = h_0 t_w f_v [1-0.5\times(\lambda_s-0.8)] = 900\times8\times125\times[1-0.5\times(1.12-0.8)]\text{N} = 756\times10^3\text{N} = 756\text{kN}$

左侧剪力 $V_l = 332.4\text{kN} - 80.6\text{kN} - 1.2\times1.388\times0.7\text{kN} = 250.63\text{kN} < 0.5V_u = 378\text{kN}$

由分析可知板段 II 右侧剪力也小于 $0.5V_u$。

$\lambda_b = \dfrac{2h_c}{177t_w}\sqrt{f_y/235} = \dfrac{2\times450}{177\times8} = 0.64 < 0.85$，则 $\rho = 1.0$，全截面有效，$\alpha_e = 1$

$M_{eu} = \gamma_x \alpha_e W_x f = 1.05\times4577\times10^3\times215\text{N}\cdot\text{mm} = 1.033\times10^9\text{N}\cdot\text{mm} = 1033\text{kN}\cdot\text{m}$

故左右侧均用 $\dfrac{M-M_f}{M_{eu}-M_f} < 1$ 来验算。

左侧弯矩 $M_l = (332.4-80.6)\times0.7\text{kN}\cdot\text{m} - 1.2\times1.388\times\dfrac{0.7^2}{2}\text{kN}\cdot\text{m} = 175.85\text{kN}\cdot\text{m}$

右侧弯矩 $M_l = (332.4-80.6)\times3\text{kN}\cdot\text{m} - 1.2\times1.388\times\dfrac{3^2}{2}\text{kN}\cdot\text{m} = 747.9\text{kN}\cdot\text{m}$

$M_f = 2A_f h_1 f = 2\times14\times280\times457\times215\text{N}\cdot\text{mm} = 770\times10^6\text{N}\cdot\text{mm} = 770\text{kN}\cdot\text{m}$

由于 $M_l < M_f$ 取 $M = M_f$，所以 $\dfrac{M-M_f}{M_{eu}-M_f} = 0 < 1$（满足）

② 板段 III

$$\lambda_s = \frac{h_0/t_w}{41\sqrt{5.34+4(h_0/a)^2}} = \frac{900/8}{41\times\sqrt{5.34+4\times(900/3000)^2}} = 1.15$$

$$0.8 < \lambda_s < 1.2$$

$V_u = h_0 t_w f_v [1-0.5(\lambda_s-0.8)] = 900\times8\times125\times[1-0.5\times(1.15-0.8)]\text{N} = 742.5\text{kN}$

由分析可知：V_l 与 V_r 均小于 $0.5V_u = 371.25\text{kN}$

由于板段 III 左侧弯矩小于右侧弯矩，故验算右侧：

右侧弯矩 $M_r = M_{max} = 997.18\text{kN}\cdot\text{m}$

$$\frac{M-M_f}{M_{eu}-M_f} = \frac{997.18-770}{1033-770} = 0.86 < 1 \text{（满足）}$$

2) 加劲肋的计算

横向加劲肋的截面（图 5-54b）：

宽度 $b_s = \dfrac{h_0}{30} + 40 = \dfrac{900}{30}$ mm + 40mm = 70mm，取 $b_s = 80$mm

厚度 $t_s \geq \dfrac{b_s}{15} = 80/15$ mm = 5.3mm，取 $t_s = 6$mm

中部承受次梁支座反力的支承加劲肋的截面验算：

因为 $\lambda_s = 1.15$，$0.8 < \lambda_s < 1.2$

故 $\tau_{cr} = [1 - 0.59 \times (\lambda_s - 0.8)]f_v = [1 - 0.59 \times (1.15 - 0.8)] \times 125 \text{N/mm}^2 = 99.19 \text{N/mm}^2$

该加劲肋所承受的轴心力

$$N_s = V_u - \tau_{cr} h_w t_w + F = 742.5 \text{kN} - 99.19 \times 900 \times 8 \times 10^{-3} \text{kN} + 161.2 \text{kN} = 189.5 \text{kN}$$

截面面积 $A_s = (2 \times 80 + 8) \times 6 \text{mm}^2 + 2 \times 8 \times 15 \times 8 \text{mm}^2 = 29.28 \text{cm}^2$

$$I_z = \dfrac{1}{12} \times 6 \times 168^3 \text{mm}^4 = 237 \text{cm}^4$$

$$i_z = \sqrt{I_z/A_s} = \sqrt{237/29.28} \text{cm} = 2.845 \text{cm}$$

$$\lambda_z = \dfrac{900}{28.45} = 31.63 \text{（b 类）}, 查附录 I 得 \varphi_z = 0.931$$

验算其在腹板平面外稳定

$$\dfrac{N_s}{\varphi_z A_s} = \dfrac{189.5 \times 10^3}{0.931 \times 2928} \text{N/mm}^2 = 69.5 \text{N/mm}^2 < f = 215 \text{N/mm}^2 \text{（满足）}$$

采用次梁侧面连于主梁加劲肋时，不必验算加劲肋端部的承压强度。

支座加劲肋的验算：

采用两块 −100×10 的板，则

$$A_s = (2 \times 100 + 8) \times 10 \text{mm}^2 + (80 + 15 \times 8) \times 8 \text{mm}^2 = 36.80 \text{cm}^2$$

$$I_z = \dfrac{1}{12} \times 10 \times (2 \times 100 + 8)^3 \text{mm}^4 = 749.9 \text{cm}^4$$

$$i_z = \sqrt{I_z/A_s} = \sqrt{749.9/36.8} \text{cm} = 4.514 \text{cm}$$

$$\lambda_z = \dfrac{900}{45.14} = 19.93 \text{（c 类）}, 查附录 I 得 \varphi_z' = 0.966$$

验算在腹板平面外的稳定

$$\dfrac{N_s'}{\varphi_z' A_s} = \dfrac{332.4 \times 10^3}{0.966 \times 3680} = 93.5 \text{N/mm}^2 < f = 215 \text{N/mm}^2 \text{（满足）}$$

验算端部承压：

$$\sigma_{ce} = \dfrac{332.4 \times 10^3}{2 \times (100 - 30) \times 10} \text{N/mm}^2 = 237.4 \text{N/mm}^2 < f_{ce} = 325 \text{N/mm}^2$$

计算与腹板的连接焊缝

$$h_f \geq \dfrac{332.4 \times 10^3}{4 \times 0.7 \times (900 - 2 \times 40) \times 160} \text{mm} = 0.9 \text{mm}, 取 h_f = 6 \text{mm} > 1.5\sqrt{t_{max}} = 1.5 \times \sqrt{10} \text{mm}$$

$= 4.7$mm

【例 5-6】 如果在【例 5-5】中主梁不考虑腹板屈曲后强度，重新验算腹板的强度和加劲肋的设计。

解：（1）梁的腹板高厚比

$$\frac{h_0}{t_w} = \frac{900}{8} = 112.5 > 80\sqrt{\frac{235}{f_y}}$$

设次梁和铺板能有效地约束主梁的受压翼缘，由于 $170\sqrt{\frac{235}{f_y}} > h_0/t_w > 80\sqrt{\frac{235}{f_y}}$，所以需设置横向加劲肋。

考虑到在次梁处应配置横向加劲，故取横向加劲肋的间距为 $a = 150\text{cm} < 2h_0 = 180\text{cm}$，且 $a > 0.5h_0$（图 5-55），加劲肋如此布置后，各区格就可作为无局部压应力的情况计算。

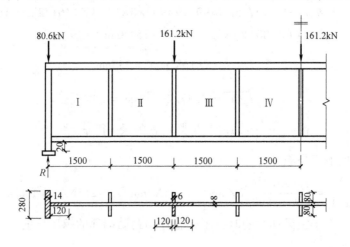

图 5-55 【例 5-6】主梁加劲肋

引用【例 5-4】及【例 5-5】中的相关数据，腹板区格的局部稳定验算如下：

区格 Ⅰ 的内力：

左端　$V_l = 332.4\text{kN} - 80.6\text{kN} = 251.8\text{kN}$，$M_l = 0\text{kN}\cdot\text{m}$

右端　$V_r = 332.4\text{kN} - 80.6\text{kN} - 1.388 \times 1.5 \times 1.2\text{kN} = 249.3\text{kN}$

$M_r = 251.8 \times 1.5\text{kN}\cdot\text{m} - 1.2 \times 1.388 \times 1.5^2/2\text{kN}\cdot\text{m} = 375.8\text{kN}\cdot\text{m}$

区格的平均弯矩产生的弯曲正应力 σ 为

$$\sigma = \frac{(M_r + M_l)}{2} \cdot \frac{h_0}{2I_x} = \frac{(375.8 + 0) \times 10^6}{2}\text{N/mm}^2 \times \frac{900}{2 \times 2.124 \times 10^5 \times 10^4}\text{N/mm}^2 = 39.8\text{N/mm}^2$$

区格的平均剪力产生的平均剪应力 τ 为

$$\tau = \frac{V_r + V_l}{2h_0 t_w} = \frac{(249.3 + 251.8) \times 10^3}{2 \times 900 \times 8}\text{N/mm}^2 = 34.8\text{N/mm}^2$$

由【例 5-5】知

$$\lambda_b = \frac{2h_c/t_w}{177}\sqrt{f_y/235} = \frac{2 \times 450}{177 \times 8} = 0.65 < 0.85$$

取 $\sigma_{cr} = f = 215\text{N/mm}^2$

$$\lambda_s = \frac{h_0/t_w}{41\sqrt{5.34+4(h_0/a)^2}} \sqrt{f_y/235} = \frac{900/8}{41\times\sqrt{5.34+4\times(900/1500)^2}} = 1.054$$

$$\tau_{cr} = [1-0.59(\lambda_s-0.8)]f_v = [1-0.59\times(1.054-0.8)]\times 125\text{N/mm}^2 = 106.27\text{N/mm}^2$$

故 $\left(\dfrac{39.8}{215}\right)^2 + \left(\dfrac{34.8}{106.27}\right)^2 = 0.142 < 1$

区格Ⅳ的内力：

左端 $V_l = 332.4\text{kN} - 80.6\text{kN} - 161.2\text{kN} - 1.2\times 1.388\times 4.5\text{kN} = 83.1\text{kN}$

$M_l = (332.4-80.6)\times 4.5\text{kN·m} - 161.2\times 1.5\text{kN·m} - 1.2\times 1.388\times 4.5^2/2\text{kN·m}$
$= 874.4\text{kN·m}$

右端 $V_r = 332.4\text{kN} - 80.6\text{kN} - 161.2\text{kN} - 1.2\times 1.388\times 6\text{kN} = 80.6\text{kN}$

$M_r = M_{max} = 997.18\text{kN·m}$

区格的平均弯矩产生的弯曲正应力 σ 为

$$\sigma = \frac{(874.4+997.18)\times 10^6 \times 900}{2\times 2.124\times 10^5\times 10^4\times 2}\text{N/mm}^2 = 198.3\text{N/mm}^2$$

区格的平均剪力产生的平均剪应力 τ 为

$$\tau = \frac{V_l+V_r}{2h_0 t_w} = \frac{(83.1+80.6)\times 10^3}{2\times 900\times 8}\text{N/mm}^2 = 11.37\text{N/mm}^2$$

故 $\left(\dfrac{198.3}{215}\right)^2 + \left(\dfrac{11.37}{106.27}\right)^2 = 0.862 < 1.0$（满足）

从区格Ⅰ和区格Ⅳ满足，易知区格Ⅱ和Ⅲ必满足。

（2）支承加劲肋的设计

采用同【例5-5】，只是传递轴压力 $N = 161.2\text{kN} < N_s = 189.5\text{kN}$，所以可以满足要求。

支座加劲肋：采用图5-55所示，突缘式支座，根据梁端截面尺寸，选用支座加劲肋截面为：$-280\times 14\text{mm}$，伸出翼缘下面20mm，小于 $2t = 28\text{mm}$。

支座反力 $R = 332.4\text{kN}$

$$A_s = 28\times 1.4\text{cm}^2 + 12\times 0.8\text{cm}^2 = 48.8\text{cm}^2$$

$$I_z = \frac{1}{12}\times 1.4\times 28^3\text{cm}^4 = 2561\text{cm}^4$$

$$i_z = \sqrt{I_z/A_s} = \sqrt{2561/48.80}\text{cm} = 7.244\text{cm}$$

$\lambda = \dfrac{l_0}{i_z} = \dfrac{90}{7.244} = 12.4$（查c类曲线），查附录Ⅰ得 $\varphi = 0.987$

$$\sigma = \frac{N}{\varphi A_s} = \frac{332.4\times 10^3}{0.987\times 4880}\text{N/mm}^2 = 69.0\text{N/mm}^2 < f = 215\text{N/mm}^2$$

支承加劲肋端部刨平顶紧，顶面承压应力验算

$$\frac{N}{A_{ce}} = \frac{332.4\times 10^3}{280\times 14}\text{N/mm}^2 = 84.8\text{N/mm}^2 < f_{ce} = 325\text{N/mm}^2 \text{（满足）}$$

支座加劲肋与腹板采用直角角焊缝连接，焊脚尺寸为

$$h_f = \frac{332.4\times 10^3}{2\times 0.7\times 900\times 160}\text{mm} = 1.65\text{mm} \text{ 取 } h_f = 8\text{mm} > 1.5\sqrt{t_{max}} = 1.5\sqrt{14}\text{mm} = 5.6\text{mm}$$

5.10 梁的拼接连接

5.10.1 梁的拼接

梁的拼接按施工条件的不同分为工厂拼接和工地拼接。由于钢材尺寸的限制，必须将钢材接长，这种拼接常在工厂中进行，称为工厂拼接，由于运输或安装条件的限制，需将梁分段制成和运输，然后在工程现场拼装，称为工地拼接。工地拼接的质量较工厂拼接差，应尽量减少工地拼接。

型钢梁的拼接，翼缘可采用对接直焊缝或拼接板，腹板可采用拼接板，拼接板均可采用焊接或螺栓连接。拼接位置宜放在弯矩较小处。

焊接组合梁在工厂拼接中，翼缘和腹板的拼接位置最好错开并采用对接直焊缝（图 5-56），腹板的拼接焊缝与横向加劲肋之间至少应相距 $10t_w$。拼接位置尽量设在弯矩较小处，在工厂制造时，通常先将梁的翼缘板和腹板分别接长，然后再拼装成整体，以减小焊接应力。对接焊缝施焊时宜加引弧板，并采用一级或二级焊缝，使焊缝与钢材等强度。但采用三级焊缝质量时，焊缝抗拉强度低于钢材的强度，需进行焊缝强度验算。若焊缝强度不足时，可采用斜焊缝，但斜焊缝连接较费料，对于较宽的腹板不宜采用，可将拼接位置调整到弯矩较小处。

工地拼接一般应使翼缘和腹板在同一截面或接近于同一截面处断开，以便分段运输。为了便于焊接，将上、下翼缘板均切割成向上的 V 形坡口，以便俯焊，同时为了减小焊接残余应力，将翼缘板在靠近拼接截面处的焊缝预留出约 500mm 的长度在工厂不焊，在工地上按图 5-57 所示序号施焊。为了避免焊缝过分密集，可将上、下翼缘板和腹板的拼接位置略为错开，但运输时对伸出部分必须注意保护，以免碰坏。

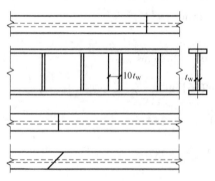

图 5-56 焊接梁的工厂拼接

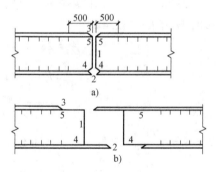

图 5-57 工地焊接拼接

对于重要的或受动力荷载作用的大型组合梁，由于现场焊接质量难以保证工地拼接，宜采用高强度螺栓连接（图 5-58）。

对用拼接板的接头，应按下列规定的内力进行计算：

翼缘拼接板及其连接所承受的轴向力 N_1 为翼缘板

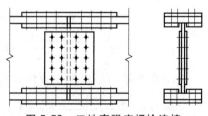

图 5-58 工地高强度螺栓连接

的最大承载力

$$N_1 = A_{fn} \cdot f \qquad (5\text{-}123)$$

式中 A_{fn}——被拼接的翼缘板的净截面面积。

腹板拼接板及其连接，主要承受梁截面上的全部剪力 V，以及按刚度分配到腹板上的弯矩 M_w。

$$M_w = \frac{I_w}{I} M \qquad (5\text{-}124)$$

式中 I——梁的毛截面惯性矩；

　　　I_w——腹板的毛截面惯性矩。

5.10.2 梁的连接

根据次梁与主梁相对位置，梁的连接有叠接和平接两种。

叠接是将次梁直接搁在主梁上，用螺栓或焊接连接，构造简单，但占有较大的建筑空间，使用受到较大限制。在次梁支承处，主梁应设置支承加劲肋。图 5-59a 次梁为简支梁，图 5-59b 次梁为连续梁。

平接是使次梁顶面与主梁顶面相平，从侧面与主梁的加劲肋、或在腹板上专设的支托、短角钢，通过焊缝或螺栓相连。平接构造较复杂，但可降低结构高度，故在实际工程中广泛应用。

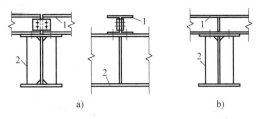

图 5-59　次梁与主梁的叠接

1—次梁　2—主梁

次梁与主梁从传力效果上分为铰接与刚接。若次梁为简支梁，其连接为铰接（图 5-60）；若次梁为连续梁，其连接为刚接（图 5-61）。铰接只传递支座反力，不传递支座弯矩；而刚接既传递支座反力，又传递支座弯矩。

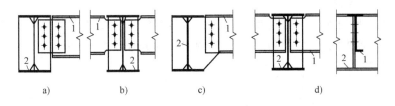

图 5-60　次梁与主梁的铰接

1—次梁　2—主梁

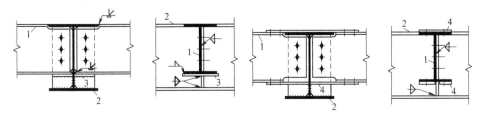

图 5-61　次梁与主梁的刚接

1—次梁　2—主梁　3—承托板　4—拼接板

思考题与习题

1. 梁的自由扭转与约束扭转各有何特点?
2. 什么是受弯构件的整体失稳、局部失稳?
3. 梁的整体稳定性受哪些因素的影响?应如何提高梁的承载能力?
4. 如何保证工字形梁腹板和翼缘的局部稳定?
5. 轻型屋盖的檩条设计:屋面材料为波形石棉瓦,自重 $0.2kN/m^2$(沿坡面),屋面坡度为 1/2.5,雪荷载 $0.35kN/m^2$,屋面均布荷载为 $0.25kN/m^2$,檩条跨度为 4m,水平间距为 0.735m,钢材为 Q235B,檩条采用角钢∟63×6,试验算其强度和刚度。
6. 简支梁跨中承受集中力 $F=100kN$,分项系数为 1.4,截面和跨度如图 5-62 所示,钢材为 Q235-F。

(1) 求该梁的临界弯矩,并问在此 F 力作用下梁是否稳定?

(2) 如果不求梁的临界弯矩,也不改变梁的截面尺寸及跨度,应采取什么构造措施才能保证梁的整体稳定?

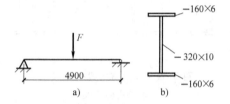

图 5-62 简支梁跨中承受集中力

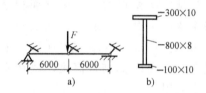

图 5-63 两端均设有侧向支承的简支梁

7. 如图 5-63 所示的简支梁,中点和两端均设有侧向支承,材料为 Q235-F 钢。设梁的自重为 1.1kN/m(分项系数为 1.2),在集中荷载 $F=120$ kN 作用下(分项系数为 1.4)。试问该梁能否保证其稳定性?

8. 某焊接工字形简支梁,荷载及截面情况如图 5-64 所示。其荷载分项系数为 1.4,材料为 Q235-F,$F=250kN$,集中力位置处设置侧向支承并设支承加劲肋。试验算其强度、整体稳定是否满足要求?

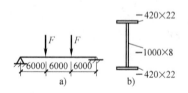

图 5-64 焊接工字形简支梁

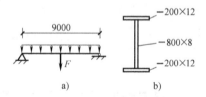

图 5-65 钢简支梁及剖面图

9. 某 Q235 钢简支梁剖面如图 5-65 所示,自重标准值为 0.9kN/m,承受悬挂集中荷载标准值为 100kN,试验算在下列情况下梁截面能否满足整体稳定要求:

(1) 梁在跨中无侧向支承,集中荷载从梁顶作用上翼缘;

(2) 同(1)但改用 Q345 钢;

（3）同（1）但采取构造措施使集中荷载悬挂于下翼缘下面；

（4）同（1）但跨度中点增设上翼缘侧向支承。

10. 某平台钢梁，平面外与楼板可靠连接，梁立面和截面如图 5-66 所示，采用 Q235B 钢，作用于梁上的均布荷载（包括自重）设计值 $q=200\text{kN/m}$。

（1）请按考虑腹板屈曲后强度计算，能否不设横向加劲肋？

（2）如不考虑腹板屈曲后强度，仅配置横向加劲肋能否满足要求？若不行，请设计！

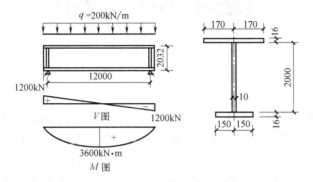

图 5-66 平台钢梁平面外与楼板可靠连接梁立面和截面

11. 条件同【例 5-4】，但平台板不能保证次梁的整体稳定，重新选择型钢，并与【例 5-4】比较。

第 6 章

拉弯和压弯构件

学习目标

理解拉弯与压弯构件的工作性能、破坏形式；掌握不同的强度准则，对构件进行强度验算；了解整体稳定临界应力的公式来源，基本假定，掌握其主要影响因素，熟练运用实腹式和格构式压弯构件弯矩作用平面内和弯矩作用平面外稳定计算公式。了解局部稳定临界应力，掌握实腹式压弯构件宽厚比和高厚比规定。掌握压弯构件框架柱设计的方法。

6.1 拉弯和压弯构件的特点

6.1.1 拉弯和压弯构件的受力特点

构件同时承受轴心压（或拉）力和绕截面形心主轴的弯矩作用，称为压弯（或拉弯）构件。弯矩可能由轴心力的偏心作用、端弯矩作用或横向荷载作用等因素产生（图 6-1、图 6-2）。当弯矩作用在截面的一个主轴平面内时称为单向压弯（或拉弯）构件，同时作用在两个主轴平面内时称为双向压弯（或拉弯）构件。

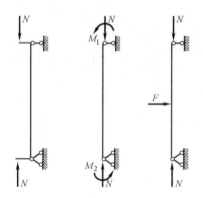

图 6-1 压弯构件

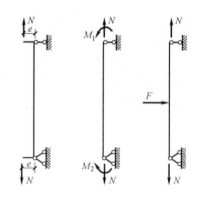

图 6-2 拉弯构件

在拉力和弯矩的共同作用下，截面出现塑性铰时，即说明拉弯构件承载能力达到了极限。对于格构式拉弯构件或者冷弯薄壁型钢拉弯构件，截面边缘的纤维开始屈服就说明构件基本上达到了承载能力的极限。对于轴线拉力很小而弯矩却很大的拉弯构件也可能和受弯构件一样出现弯扭失稳的破坏。拉弯构件受压部分的板件也存在局部屈曲的可能性。不过通常这两种破坏的可能性都不大。

压弯构件整体破坏的形式有三种。一种是因为杆端弯矩很大而发生强度破坏，杆截面局部有较大削弱时也可能产生强度破坏，另外两种都是失稳破坏。对于在一个对称轴的平面内作用有弯矩的压弯构件，如果在非弯矩作用的方向有足够支承能阻止构件发生侧向位移和扭转，就只会在弯矩作用的平面内发生弯曲失稳破坏，构件的变形形式没有改变，仍为弯矩作用平面内的弯曲变形。如果压弯构件的侧向缺乏足够支承，也有可能发生弯扭失稳破坏。此时，除在弯矩作用平面存在弯曲变形外，垂直于弯矩作用的方向会突然产生弯曲变形，同时截面绕杆轴发生扭转。双向弯曲的压弯构件总是空间弯扭失稳破坏。

由于组成压弯构件的板件有一部分受压，和轴心受压构件一样，压弯构件也存在局部屈曲问题。

和轴心受力构件一样，对于正常使用极限状态，拉弯、压弯构件也是通过限制其长细比来满足刚度要求。

6.1.2 拉弯和压弯构件的应用和截面形式

在钢结构中拉弯和压弯构件的应用十分广泛。例如：有节间荷载作用的桁架上下弦杆，受风荷载作用的墙架柱，工作平台柱，支架柱，单层厂房结构及多高层框架结构中的柱，海洋平台的立柱等。

与轴心受力构件一样，拉弯和压弯构件也可按其截面形式分为实腹式构件和格构式构件两种，常用的截面形式有热轧型钢截面、冷弯薄壁型钢截面和组合截面，如图6-3所示。当受力较小时，可选用热轧型钢或冷弯薄壁型钢（图6-3a、b）。当受力较大时，可选用钢板焊接组合或型钢与型钢、型钢与钢板的组合截面（图6-3c）。除了实腹式截面（图6-3a～c）外，当构件计算长度较大且受力较大时，为了提高截面的抗弯刚度，还常常采用格构式截面

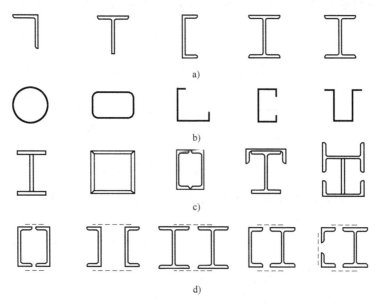

图6-3 拉弯、压弯构件截面形式

a）型钢截面 b）冷弯薄壁型钢截面 c）组合截面 d）格构式构件的截面

(图6-3d)。图 6-3 中对称截面一般适用于所受弯矩值不大或正负弯矩值相差不大的情况；非对称截面适用于所受弯矩值较大、弯矩不变号或正负弯矩值相差较大的情况，即在受力较大的一侧适当加大截面和在弯矩作用平面内加大截面高度。在格构式构件中，通常使弯矩绕虚轴作用，以便根据承受弯矩的需要，更灵活地调整分肢间距。此外，构件截面沿轴线可以变化。例如：工业建筑中的阶形柱（图6-4a）、门式刚架中的楔形柱（图6-4b）等。

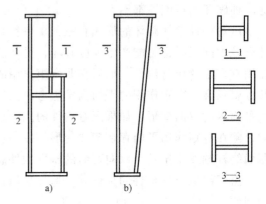

图 6-4　变截面压弯构件截面

截面形式的选择，取决于构件的用途、荷载、制作、安装、连接构造以及用钢量等诸多因素。合理的截面形式可以获得更好的经济效果。不同的截面形式，在计算方法上会有若干差别。

6.2　拉弯和压弯构件的强度

6.2.1　拉弯和压弯构件的强度计算准则

以最简单的矩形截面压弯构件为例，采用截面上的应力发展过程来考察它的受力状态。如图6-5所示，矩形截面在轴压力 N 和弯矩 M 的共同作用下，当截面边缘纤维的压应力还小于钢材的屈服强度时，整个截面都处在弹性状态（图6-5a）。随着荷载逐渐增加，截面受压区和受拉区先后进入塑性状态（图6-5b、c）。最后整个截面进入塑性状态出现塑性铰，如图6-5d所示。

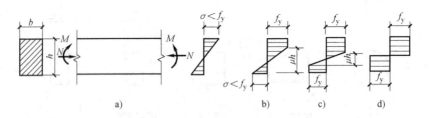

图 6-5　压弯构件截面的受力状态

计算拉弯和压弯构件的强度时，根据截面上应力发展的不同程度，可取以下三种不同的强度计算准则：

1）边缘屈服准则，以构件截面边缘纤维屈服的弹性受力阶段极限状态作为强度计算的承载力极限状态。

2）全截面屈服准则，以构件截面塑性受力阶段极限状态作为强度计算的承载能力极限状态。此时，构件在轴力和弯矩共同作用下形成塑性铰。

3）部分发展塑性准则，以构件截面部分塑性发展作为强度计算的承载能力极限状态，塑性区发展的深度将根据具体情况给予规定。

仍以矩形截面为例，如图 6-6 所示，当构件截面出现塑性铰时，轴线压力 N 和弯矩 M 的相关关系可以根据力的平衡条件得到。

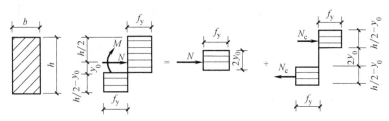

图 6-6　截面出现塑性铰时的应力分布

按图 6-6 所示应力分布图，轴线压力和弯矩分别是

$$N = \int_A \sigma dA = 2by_0 f_y = 2\frac{y_0}{h} bh f_y = 2\frac{y_0}{h} N_p \tag{6-1}$$

$$M = \int_A \sigma y dA = \frac{bf_y}{4}(h^2 - 4y_0^2) = \frac{bh^2}{4} f_y \left(1 - 4\frac{y_0^2}{h^2}\right) = \left(1 - 4\frac{y_0^2}{h^2}\right) M_p \tag{6-2}$$

$$N_p = Af_y = bhf_y$$

$$M_p = W_p f_y = \frac{bh^2}{4} f_y$$

式中　N_p——只有轴线压力而无弯矩时，截面所能承受的最大压力；

M_p——只有弯矩而无轴线压力作用时，截面所能承受的最大弯矩。

从式（6-1）和式（6-2）中消去，可以得到 N 和 M 满足的相关方程

$$\left(\frac{N}{N_p}\right)^2 + \frac{M}{M_p} = 1 \tag{6-3}$$

式（6-3）也可以用图 6-7 所示关于 N/N_p 和 M/M_p 的无量纲化的相关曲线表示。对于工字形截面压弯构件，也可以用相同的方法得到截面出现塑性铰时 N/N_p 和 M/M_p 的相关方程，从而画出它们的相关曲线。因工字形截面翼缘和腹板尺寸的多样化，相关曲线在一定的范围内变动，如图 6-7 中的阴影区域所示。

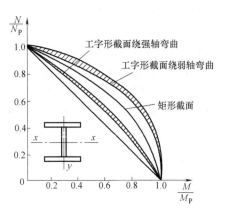

图 6-7　压弯构件强度计算相关曲线

对于钢结构常用的工字形截面，按照边缘屈服准则，N 和 M 的相关方程可以写为

$$\frac{N}{N_p} + \frac{M}{M_y} = 1 \tag{6-4}$$

$$M_y = W_e f_y$$

式中　M_y——只有弯矩而无轴线压力作用时，边缘屈服时截面所承受的弯矩。

而按照全截面屈服准则和部分发展塑性准则，均可以偏于安全地采用直线方程来表示 N 和 M 的相关关系。在上述两个准则下，N 和 M 的相关方程分别为

$$\frac{N}{N_p} + \frac{M}{M_p} = 1 \tag{6-5}$$

$$\frac{N}{N_\mathrm{p}}+\frac{M}{\gamma_x M_y}=1 \tag{6-6}$$

式中 γ_x——截面塑性发展系数（$\gamma_x \geq 1$），其值与截面形式、塑性发展深度、翼缘与腹板的面积比以及应力状态等因素有关。

塑性发展越深，γ_x 值越大。一般控制塑性发展深度不超过截面高度的 15% 来确定 γ_x 值。

6.2.2 拉弯和压弯构件的强度验算

弯矩作用在一个主平面内的拉弯、压弯构件按下式计算截面强度

$$\frac{N}{A_\mathrm{n}} \pm \frac{M_x}{\gamma_x W_{\mathrm{n}x}} \leq f \tag{6-7}$$

式中，弯曲正应力一项正负号的意义在于，对于单轴对称截面而言，计算时应使两项应力的代数和的绝对值最大。

对弯矩作用在两个主平面内的拉弯、压弯构件，采用与轴心受力构件、受弯构件、拉弯构件和压弯构件的强度计算相衔接的相关公式来计算截面强度，即

$$\frac{N}{A_\mathrm{n}} \pm \frac{M_x}{\gamma_x W_{\mathrm{n}x}} \pm \frac{M_y}{\gamma_y W_{\mathrm{n}y}} \leq f \tag{6-8}$$

式中 A_n——构件验算截面净截面面积；

$W_{\mathrm{n}x}$、$W_{\mathrm{n}y}$——构件验算截面对 x 轴和 y 轴的净截面模量；

γ_x、γ_y——截面塑性发展系数，按附录 K 采用。

对以下三种情况，在设计时采用边缘屈服作为构件强度计算的依据，即取 $\gamma_x = \gamma_y = 1.0$。

1）对于需要计算疲劳的实腹式拉弯、压弯构件，目前对其截面塑性性能缺乏研究。

2）对格构式拉弯、压弯构件，当弯矩绕虚轴作用时，由于截面腹部无实体部件，塑性开展的潜力不大。

3）为了保证受压翼缘在截面发展塑性时不发生局部失稳，受压翼缘的自由外伸宽度 b 与其厚度 t 之比限制为 $b/t \leq 13\sqrt{235/f_y}$，故当 $13\sqrt{235/f_y} < b/t < 15\sqrt{235/f_y}$ 时，不考虑塑性开展。

对弯矩作用在一个主平面内的工字形和箱形截面压弯构件，当满足《钢结构设计标准》规定的塑性设计条件时，其强度应符合全截面屈服准则的下列公式的要求：

当 $\dfrac{N}{A_\mathrm{n}f} \leq 0.13$ 时

$$\frac{M_x}{W_{\mathrm{p}nx}} \leq f \tag{6-9}$$

当 $0.13 < \dfrac{N}{A_\mathrm{n}f} \leq 0.6$ 时

$$\frac{N}{A_\mathrm{n}} + \frac{1}{1.15}\frac{M_x}{W_{\mathrm{p}nx}} \leq f \tag{6-10}$$

在压弯构件中，轴力越大，其二阶效应的影响也越大；轴力 $N < 0.6 A_\mathrm{n} f_y$ 时，上述近似直线相关公式的误差不超过 5%。因此《钢结构设计标准》规定，采用塑性设计的压弯构件，截面的压力 N 不应大于 $0.6 A_\mathrm{n} f$，且截面剪力不应大于截面腹板的抗剪强度。

【例6-1】 图6-8所示的拉弯构件，承受的荷载的设计值为：轴向拉力800kN，横向均布荷载7kN/m。试选择其截面，截面无削弱，材料为Q235钢。

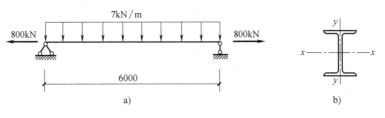

图6-8 【例6-1】图

【解】 试采用普通工字钢I28a，截面面积 $A=55.37\text{cm}^2$，自重为0.43kN/m，则

$$W_x = 508\text{cm}^2, \quad i_x = 11.34\text{cm}, \quad i_y = 2.49\text{cm}$$

构件截面最大弯矩为

$$M_x = (7\text{kN/m} + 0.43\text{kN/m} \times 1.2) \times 6^2\text{m}^2/8 = 33.8\text{kN} \cdot \text{m}$$

强度验算：查附录K知 $\gamma_x = 1.05$，则

$$\frac{N}{A_s} + \frac{M_x}{\gamma_x} = \frac{800 \times 10^3\text{N}}{5537\text{mm}^2} + \frac{33.8 \times 10^6\text{N} \cdot \text{mm}}{1.05 \times 5.08 \times 10^5\text{mm}^3} = 208\text{N/mm}^2 \leq f = 215\text{N/mm}^2 (满足)$$

长细比验算

$$\lambda_x = 6000\text{mm}/113.4\text{mm} = 52.9 < [\lambda] = 350$$

$$\lambda_y = 6000\text{mm}/24.9\text{mm} = 241 < [\lambda] = 350$$

长细比满足要求。

6.3 压弯构件的稳定

压弯构件的整体失稳破坏有多种形式。单向压弯构件的整体失稳分为弯矩作用平面内和弯矩作用平面外两种情况。弯矩作用平面内失稳为弯曲屈曲，弯矩作用平面外失稳为弯扭屈曲。双向压弯构件则只有弯扭失稳一种可能。另外，压弯构件还可能出现板件的局部失稳。

6.3.1 实腹式压弯构件在弯矩作用平面内的稳定

1. 实腹式压弯构件在弯矩作用平面内的失稳形式

以偏心受压构件为例（弯矩与轴力按比例加载），来考察弯矩作用平面内失稳的情况。直杆在偏心压力作用下，如果有足够的约束防止弯矩作用平面外的侧移和变形，弯矩作用平面内构件跨中最大挠度 v 与构件压力 N 的关系如图6-9中曲线所示。从图6-9中可以看出，随着压力的增加，构件中点挠度非线性地增长。由于二阶效应（轴压力增加时，挠度增长的同时产生附加弯矩，附加弯矩又使挠度进一步增长）的影响，即使在弹性阶段，轴压力与挠度的关系也呈现非线性。到达A点时，截面边缘开始屈服。随后，由于构件的塑性发展，截面内弹性区不断缩小，截面上拉应力合力与压应力合力间的力臂在缩短，内弯矩的增量在减小，而外弯矩增量却随轴压力增大而非线性增长，使轴压力与挠度间现出更明显的非线性关系，此时，随着压力的增加，挠度比弹性阶段增长得快。在曲线的上升段OAB，挠度是随着压力的增加而增加的，压弯构件处在稳定平衡状态。但是，曲线到达最高点 B 后，要继续增加压力已不可能，要维持平衡必须卸载，曲线出现了下降段 BCD，压弯构件处于不稳定平衡状态。显然，B 点表示构件达到了稳定极限状态，相应于 B 点的轴力 N_{ux} 称为极限荷载。轴压力达到 N_{ux} 之后，构件即失去弯矩作用平面内的稳定。与理想轴心压杆不同，压弯构件在弯矩作用平面内失稳为极值点失稳，不存在分枝现象，且 $N_{ux} < N_{Ex}$（欧拉荷载）。需要注意的是，在曲线的极值点，构件的最大内力截面不一定到达全塑性状态，而这种全塑性状态可能发生在轴压承载力下降段的某点 C 处。

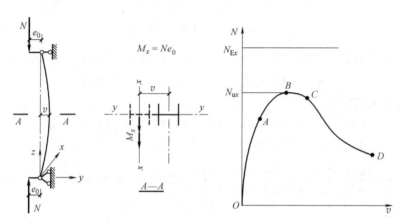

图 6-9　单向压弯构件弯矩平面作用平面内失稳变形和轴力-位移曲线

2. 单向压弯构件弯矩作用平面内的整体稳定

目前，确定压弯构件弯矩作用平面内极限承载力的方法很多，可分为两大类：一类是极限荷载计算方法，另一类是相关公式方法。

计算压弯构件弯矩作用平面内极限荷载的方法有解析法和数值法。解析法是在各种近似假定的基础上，通过理论方法求得构件在弯矩作用平面内稳定承载力 N_{ux} 的解析解。一般情况下，解析法很难得到稳定承载力的闭合解，即使得到了，表达式也是很复杂的，使用很不方便。数值计算方法可求得单一构件弯矩作用平面内稳定承载力 N_{ux} 的数值解，可以考虑构件的几何缺陷和残余应力影响，适用于各种边界条件以及弹塑性工作阶段，是最常用的方法。根据数值法可以得到轴力、长细比、相对偏心的相关曲线。图 6-10 所示为一计算机求得 N_{ux} 的数值解后所绘制的柱子曲线。

目前各国设计规范中压弯构件弯矩作用平面内整体稳定验算多采用相关公式法，即通过理论分析，建立轴力与弯矩的相关公式，并在大量数值计算和试验数据的统计分析基础上，对相关公式中的参数进行修正，得到一个半经验半理论公式。利用边缘屈服准则，可以建立压弯构件弯矩作用平面内稳定计算的轴力与弯矩的相关公式。

$$\frac{N}{A}+\frac{\beta_{mx}M_x+Nv_0}{W_{1x}(1-N/N_{Ex})}=f_y \tag{6-11}$$

式中　A、W_{1x}——压弯构件截面面积和最大受压纤维的毛截面模量；

　　　v_0——等效跨中最大初弯曲；

　　　N_{Ex}——欧拉临界荷载；

　　　β_{mx}——等效弯矩系数，将横向力或端弯矩引起的非均匀分布弯矩当量化为均匀

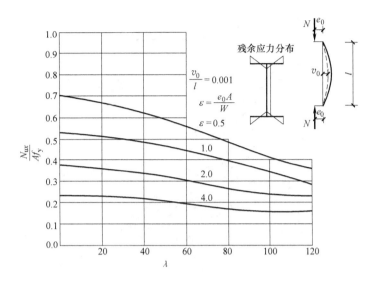

图 6-10 偏心压杆的柱子曲线

分布弯矩，对均匀弯矩作用的压弯构件 $\beta_{mx}=1$。

令式 (6-11) 中 $M_x=0$，则满足式 (6-11) 关系的 N 成为有初始缺陷的轴心压杆的临界力 N_{0x}，在此情况下，由式 (6-11) 解出等效初始缺陷

$$v_0 = \frac{W_{1x}(Af_y - N_{0x})(N_{Ex} - N_{0x})}{AN_{0x}N_{Ex}} \tag{6-12}$$

将式 (6-12) 代入式 (6-11)，注意到 $N_{0x}=\varphi_x A f_y$，可得

$$\frac{N}{\varphi_x A f_y} + \frac{\beta_{mx} M_x}{W_{1x} f_y (1-\varphi_x N/N_{Ex})} = 1 \tag{6-13}$$

从概念上讲，上述边缘屈服准则的应用是属于二阶应力问题，不是稳定问题，但由于我们在推导过程中引入了有初始缺陷的轴心压杆稳定承载力的结果，因此式 (6-13) 就等于采用应力问题的表达式来建立稳定问题的相关公式。

式 (6-13) 考虑了压弯构件的二阶效应和构件的综合缺陷，是按边缘屈服准则得到的，由于边缘屈服准则以构件截面边缘纤维屈服的弹性受力阶段极限状态作为稳定承载能力极限状态，因此对于绕虚轴弯曲的格构式压弯构件以及截面发展塑性可能性较小的构件（如薄壁型钢压弯构件），可以直接采用式 (6-13) 作为设计依据。而对于大多数实腹式压弯构件，应允许截面上的塑性发展，经与试验资料和数值计算结果的比较，可采用下列修正公式

$$\frac{N}{\varphi_x A f_y} + \frac{\beta_{mx} M_x}{\gamma_x W_{1x} f_y (1-0.8 N/N_{Ex})} = 1 \tag{6-14}$$

为说明上述公式的合理性，图 6-11 对绕强轴弯曲的焊接工字形截面偏心压杆，给出了采用数值方法的极限荷载理论相关曲线与式 (6-14) 的比较，二者物合较好。

3. 压弯构件弯矩作用平面内整体稳定的计算公式

在式 (6-13) 和式 (6-14) 中考虑抗力分项系数后，《钢结构设计标准》规定单向压弯

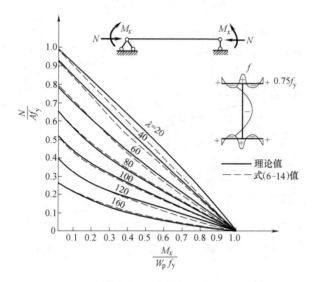

图 6-11 焊接工字钢偏心压杆的相关曲线

构件弯矩作用平面内整体稳定验算公式为：

绕虚轴（x 轴）弯曲的格构式压弯构件

$$\frac{N}{\varphi_x A f_y} + \frac{\beta_{mx} M_x}{W_{1x}(1-\varphi_x N/N'_{Ex})} \leqslant f \qquad (6-15)$$

实腹式压弯构件和绕实轴弯曲的格构式压弯构件

$$\frac{N}{\varphi_x A f_y} + \frac{\beta_{mx} M_x}{\gamma_x W_{1x}(1-0.8 N/N'_{Ex})} \leqslant f \qquad (6-16)$$

对于单轴对称截面（如 T 形截面）压弯构件，当弯矩作用在对称轴平面内且使较大翼缘受压时，有可能在较小翼缘（或无翼缘）一侧产生较大的拉应力而出现受拉破坏。对这种情况，除应按式（6-16）计算外，尚应补充如下计算

$$\left| \frac{N}{A} - \frac{\beta_{mx} M_x}{\gamma_x W_{2x}(1-1.25 N/N'_{Ex})} \right| \leqslant f \qquad (6-17)$$

式中　W_{2x}——弯矩作用平面内受压较小翼缘（或无翼缘端）的毛截面模量。

以上各式中，$N'_{Ex} = \frac{\pi^2 EA}{1.1 \lambda_x^2} \varphi_x A f_y$。等效弯矩系数 β_{mx} 可按以下规定采用：

1）悬臂构件和在内力分析中未考虑二阶效应的无支撑框架和弱支撑框架柱，$\beta_{mx} = 1.0$。

2）框架柱和两端支承的构件：①无横向荷载作用时，$\beta_{mx} = 0.65 + 0.35 M_2/M_1$，$M_1$ 和 M_2 是构件两端的弯矩，$|M_1| \geqslant |M_2|$；当两端弯矩使构件产生同向曲率时取同号，使构件产生反向曲率（有反弯点）时取异号。②有端弯矩和横向荷载同时作用时，使构件产生同向曲率取 $\beta_{mx} = 1.0$；使构件产生反向曲率取 $\beta_{mx} = 0.85$。③无端弯矩但有横向荷载作用时，$\beta_{mx} = 1.0$。

6.3.2 实腹式压弯构件在弯矩作用平面外的稳定

1. 实腹式压弯构件在弯矩作用平面外的失稳形式

假如构件没有足够的侧向支承，且弯矩作用平面内稳定性较强。对于无初始缺陷的理想压弯构件,当压力较小时,构件只产生 yz 平面内的挠度。当压力增加到某一临界值 N_{cr} 之后,构件会突然产生 x 方向(弯矩作用平面外)的弯曲变形 u 和扭转位移 θ,即构件发生了弯扭失稳,无初始缺陷的理想压弯构件的弯扭失稳是一种分枝点失稳,如图 6-12 所示。若构件具有初始缺陷,荷载一经施加,构件就会产生较小的侧向位移和扭转位移,并随荷载的增加而增加,当达到某一极限荷载 $N_{uy\theta}$ 之后,位移 u 和 θ 增加速度很快,而荷载却反而下降,压弯构件失去了稳定。有初始缺陷压弯构件在弯矩作用平面外失稳为极值点失稳,无分枝现象,$N_{uy\theta}$ 是其极限荷载,如图 6-12 曲线 B 点所示。

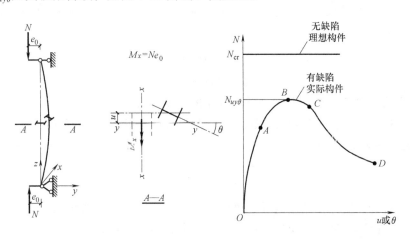

图 6-12 单向压弯构件弯矩平面作用平面外失稳变形和轴力-位移曲线

2. 压弯构件弯矩作用平面外的弯扭屈曲临界力

根据弹性稳定理论,对两端简支、两端受轴心压力 N 和等弯矩 M_x 作用的双轴对称截面实腹式压弯构件(图 6-12),当构件没有弯矩作用平面外的初始几何缺陷(初挠度与初扭转)时,在弯矩作用平面外的弯扭屈曲临界条件,可用下式表达

$$\left(1-\frac{N}{N_{Ey}}\right)\left(1-\frac{N}{N_{\theta}}\right)-\frac{M_x^2}{M_{crx}^2}=0 \tag{6-18}$$

式中 N_{Ey}——构件轴心受压时绕 y 轴弯曲屈曲的临界力,即欧拉临界力;

N_{θ}——构件绕纵轴 z 轴扭转屈曲的临界力;

M_{crx}——构件受绕 x 轴的均匀弯矩作用时的弯扭屈曲临界弯矩。

式(6-18)可绘成图 6-13 的形式。根据钢结构构件常用的截面形式分析,绝大多数情况下 $\frac{N_{\theta}}{N_{Ey}}$ 都大于 1.0,如偏安全地取 $\frac{N_{\theta}}{N_{Ey}}=1$,则可得到判别构件弯矩作用平面外稳定性的直线相关方程为

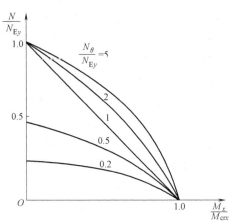

图 6-13 单向压弯构件弯矩平面作用平面外失稳的相关曲线

$$\frac{N}{N_{Ey}} + \frac{M_x}{M_{crx}} = 1 \qquad (6\text{-}19)$$

式（6-19）是根据双轴对称理想压弯构件导出并经简化的理论公式。对截面只有一个对称轴或者截面无对称轴、可能发生弹塑性失稳的粗短构件以及具有初始缺陷的实际工程构件，通常需采用数值解法和试验方法来确定压弯构件弯矩作用平面外的稳定承载力。但理论分析和试验研究均表明，将式（6-19）中的 N_{Ey} 和 M_{crx} 分别用 $\varphi_y A f_y$ 和 $\varphi_b W_{1x} f_y$ 代入，并引入等效弯矩系数 β_{tx} 和截面影响系数 η，可以得到计算上述各种压弯构件在弯矩作用平面外稳定承载力的实用相关公式

$$\frac{N}{\varphi_y A f_y} + \eta \frac{\beta_{tx} M_x}{\varphi_b W_{1x} f_y} = 1 \qquad (6\text{-}20)$$

3. 单向压弯构件弯矩作用平面外整体稳定的计算公式

在式（6-20）中考虑抗力分项系数后，《钢结构设计标准》规定单向压弯构件弯矩作用平面外整体稳定验算公式为

$$\frac{N}{\varphi_y A} + \eta \frac{\beta_{tx} M_x}{\varphi_b W_{1x}} \leq f \qquad (6\text{-}21)$$

式中 M_x——所计算构件段范围内（构件侧向支承点间）的最大弯矩；

η——截面影响系数，箱形截面 $\eta = 0.7$，其他截面 $\eta = 1.0$；

φ_y——弯矩作用平面外的轴心受压构件稳定系数，对于单轴对称截面应考虑扭转效应，采用换算长细比 λ_{yz} 确定，对于双轴对称截面或极对称截面可直接用 λ_y 确定；

φ_b——均匀弯曲的受弯构件的整体稳定系数，按第 5 章相关内容计算，为了设计上的方便，对工字形截面（含 H 型钢）和 T 形截面的非悬臂（悬伸）构件可按受弯构件整体稳定系数的近似公式计算。对闭口截面 $\varphi_b = 1.0$；

β_{tx}——计算弯矩作用平面外稳定时的弯矩等效系数，应据所计算构件段的荷载和内力情况确定，按下列规定采用：

1) 在弯矩作用平面外有支承的构件，应根据两相邻支承点间构件段内的荷载和内力情况确定：①构件段无横向荷载作用时 $\beta_{tx} = 0.65 + 0.35 M_2/M_1$，$M_1$ 和 M_2 是构件段在弯矩作用平面内的端弯矩，$|M_1| \geq |M_2|$；当使构件段产生同向曲率时取同号，产生反向曲率时取异号。②构件段内有端弯矩和横向荷载同时作用时，使构件段产生同向曲率取 $\beta_{tx} = 1.0$；使构件段产生反向曲率取 $\beta_{tx} = 0.85$。③构件段内无端弯矩但有横向荷载作用时，$\beta_{tx} = 1.0$。

2) 弯矩作用平面外为悬臂构件，$\beta_{tx} = 1.0$。

4. 双向压弯构件的稳定承载力计算

弯矩作用在两个主轴平面内为双向受弯压弯构件，双向压弯构件的整体失稳常伴随着构件的扭转变形，其稳定承载力与 N、M_x、M_y 三者的比例有关，无法给出解析解，只能采用数值解。因为双向压弯构件当两个方向弯矩很小时，应接近轴心受压构件的受力情况，当某一方向的弯矩很小时，应接近单向压弯构件的受力情况。为了设计方便，并与轴心受压构件和单向压弯构件计算衔接，采用相关公式来计算。《钢结构设计标准》规定，弯矩作用在两个主平面内的双轴对称实腹式工字形截面（含 H 形）和箱形（闭口）截面的压弯构件，其

稳定按下列公式计算

$$\frac{N}{\varphi_x A}+\frac{\beta_{mx}M_x}{\gamma_x W_{1x}(1-0.8N/N'_{Ex})}+\eta\frac{\beta_{ty}M_y}{\varphi_{by}W_{1y}} \leq f \qquad (6\text{-}22\text{a})$$

$$\frac{N}{\varphi_y A}+\frac{\beta_{my}M_y}{\gamma_y W_{1y}(1-0.8N/N'_{Ey})}+\eta\frac{\beta_{tx}M_x}{\varphi_{bx}W_{1x}} \leq f \qquad (6\text{-}22\text{b})$$

式中 M_x、M_y——所计算构件段范围内对 x 轴（工字形截面和 H 型钢 x 轴为强轴）和 y 轴的最大弯矩；

φ_x、φ_y——对 x 轴和 y 轴的轴心受压构件稳定系数；

φ_{bx}、φ_{by}——均匀弯曲的受弯构件整体稳定系数，对工字形截面（含 H 型钢）的非悬臂（悬伸）构件，φ_{bx} 可按受弯构件整体稳定系数近似公式计算，φ_{by} = 1.0；对闭口截面 $\varphi_{bx}=\varphi_{by}=1.0$。

等效弯矩系数 β_{mx} 和 β_{my} 应按弯矩作用平面内稳定计算的有关规定采用；β_{tx}、β_{ty} 和 η 应按受弯作用平面外稳定计算的有关规定采用。

【例 6-2】 验算图 6-14 所示的构件的稳定性。图中荷载为设计值，材料为 Q235 钢，f=215N/mm^2，构件中间有一侧向支撑点，截面参数为：$A=21.27\text{cm}^2$，$I_x=267\text{cm}^4$，$i_x=3.54\text{cm}$，$i_y=2.88\text{cm}$。

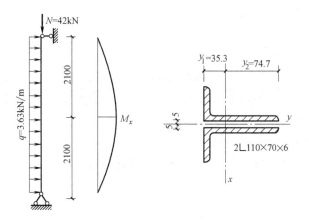

图 6-14 【例 6-2】图

【解】

构件截面最大弯矩 $M_x=\dfrac{ql^2}{8}=3.63\dfrac{\text{kN}}{\text{m}}\times 4.2^2\dfrac{\text{m}^2}{8}=8.004\text{kN}\cdot\text{m}$

构件长细比 $\lambda_x=\dfrac{l_{Ox}}{i_x}=\dfrac{4200\text{mm}}{35.4\text{mm}}=118.6$

$\lambda_y=\dfrac{l_{Oy}}{i_y}=\dfrac{2100\text{mm}}{28.8\text{mm}}=72.9$

单轴对称截面，绕非对称轴 x 的稳定系数 φ，可直接由 λ_x 查附录 I 得到 $\varphi_x=0.444$（b 类截面）。

绕对称轴的长细比应取计入扭转效应的换算长细比 λ_{yz}。长肢相并的双角钢截面可采用简化方法确定，由于

$$\frac{b_2}{t} = \frac{70\text{mm}}{6\text{mm}} = 11.67 < 0.48 \frac{l_{Oy}}{b_2} = 0.48 \times \frac{2100\text{mm}}{70\text{mm}} = 14.4, \text{因此}$$

$$\lambda_{yz} = \lambda_y \left(1 + \frac{1.09 b_2^4}{l_{Oy}^2 t^2}\right) = 72.9 \left(1 + \frac{1.09 \times 70^4 \text{mm}^4}{2100^2 \text{mm}^2 \times 6^2 \text{mm}^2}\right) = 84.9$$

属于 b 类截面，由 λ_{yz} 查附录 I 得 $\varphi_y = 0.656$

$$W_{1x} = \frac{I_x}{y_1} = \frac{267\text{cm}^4}{3.53\text{cm}} = 75.6\text{cm}^3, \quad W_{2x} = \frac{I_x}{y_2} = \frac{267\text{cm}^4}{7.47\text{cm}} = 35.7\text{cm}^3$$

$$N'_{Ex} = \frac{\pi^2 EA}{1.1\lambda_x^2} = \frac{\pi^2 \times 206 \times 10^3 \frac{\text{N}}{\text{mm}^2} \times 21.27 \times 10^2 \text{mm}^2}{1.1 \times 118.6^2} \times 10^{-3} = 279.5\text{kN}$$

$\beta_{mx} = 1.0, \beta_{tx} = 1.0, \gamma_{x1} = 1.05, \gamma_{x2} = 1.20$

（1）验算弯矩作用平面内的稳定性

$$\frac{N}{\varphi_x A} + \frac{\beta_{mx} M_x}{\gamma_x W_x (1 - 0.8 N/N'_{Ex})}$$

$$= \frac{42 \times 10^3 \text{N}}{0.444 \times 21.27 \times 10^2 \text{mm}^2} + \frac{1 \times 8.004 \times 10^6 \text{N} \cdot \text{mm}}{1.05 \times 75.60 \times 10^3 \text{mm}^3 \times (1 - 0.8 \times 42\text{kN}/279.5\text{kN})}$$

$= 159.0\text{N/mm}^2 < f = 215\text{N/mm}^2$（满足）

$$\left|\frac{N}{A} - \frac{\beta_{mx} M_x}{\gamma_{x2} W_{2x}(1 - 1.25 N/N'_{Ex})}\right|$$

$$= \left|\frac{42 \times 10^3 \text{N}}{21.27 \times 10^2 \text{mm}^2} - \frac{1 \times 8.004 \times 10^6 \text{N} \cdot \text{mm}}{1.2 \times 35.7 \times 10^3 \text{mm}^3 \times (1 - 1.25 \times 42\text{kN}/279.5\text{kN})}\right|$$

$= 210.2\text{N/mm}^2 < f = 215\text{N/mm}^2$（满足）

（2）验算弯矩作用平面外的稳定性

$\varphi_b = 1 - 0.0017\lambda_y \sqrt{f_y/235} = 1 - 0.0017 \times 72.9\sqrt{235/235} = 0.876$

$$\frac{N}{\varphi_y A} + \frac{\beta_{tx} M_x}{\varphi_b W_x}$$

$$= \frac{42 \times 10^3 \text{N}}{0.656 \times 21.27 \times 10^2 \text{mm}^2} + 1.0 \times \frac{1 \times 8.004 \times 10^6 \text{N} \cdot \text{mm}}{0.876 \times 75.6 \times 10^3 \text{mm}^3}$$

$= 150.9\text{N/mm}^2 < f = 215\text{N/mm}^2$（满足）

6.3.3 实腹式压弯构件的局部稳定

实腹式压弯构件的板件与轴心受压构件和受弯构件的板件的受力情况相似，其局部稳定性也是采用限制板件宽（高）厚比的办法来加以保证的。

1. 受压翼缘板的宽厚比限值

压弯构件的受压翼缘板主要承受正应力，当考虑截面部分塑性发展时，受压翼缘全部形成塑性区。可见压弯构件翼缘的应力状态与轴心受压构件或梁的受压翼缘基本相同，在均匀压应力作用下局部失稳形式也一样。因此，其自由外伸宽度与厚度之比以及箱形截面翼缘在腹板之间的宽厚比均与梁受压翼缘的宽厚比限值相同。《钢结构设计标准》对压弯构件翼缘宽厚比限值规定如下（图6-15）：

外伸翼缘板
$$b/t \leqslant 13\sqrt{235/f_y} \quad (6\text{-}23\text{a})$$

两边支承翼缘板
$$b_0/t \leqslant 40\sqrt{235/f_y} \quad (6\text{-}23\text{b})$$

当构件强度和整体稳定计算中 $\gamma_x = 1.0$ 时，式（6-23a）可放宽至 $b/t \leqslant 15\sqrt{235/f_y}$。

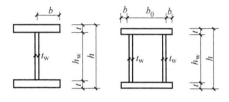

图6-15 宽（高）厚比限制中的截面尺寸

2. 腹板的高厚比限值

（1）工字形和H形截面的腹板 工字形和H形截面压弯构件腹板的局部失稳，是在不均匀压力和剪力的共同作用下发生的，经分析，平均剪应力可取腹板弯曲应力 σ_m 的30%，即 $\tau = 0.3\sigma_m$（σ_m 为弯曲正应力）。腹板的局部稳定问题受剪应力 τ 的影响不大，主要与其压应力不均匀分布的梯度有关。引入应力梯度 α_0 来考虑不均匀压力的影响，定义 α_0 为

$$\alpha_0 = \frac{\sigma_{\max} - \sigma_{\min}}{\sigma_{\max}} \quad (6\text{-}24)$$

式中 $\sigma_{\max}$——腹板计算高度边缘的最大压应力，计算时不考虑构件的稳定系数和截面塑性发展系数；

$\sigma_{\min}$——腹板计算高度另一边缘相应的应力，压应力为正，拉应力为负。

由前面轴心受力构件和梁的局部稳定的研究已经知道，在不均匀压力和剪力共同作用下的腹板（按四边简支板分析）的弹性屈曲临界应力为可表示为

$$\sigma_{cr} = K_e \frac{\pi^2 E t_w^2}{12(1-\mu^2)h_0^2} \quad (6\text{-}25\text{a})$$

式中 K_e——弹性屈曲系数，其值与应力梯度 α_0 有关。

实际上压弯构件失稳时，腹板将不同程度地发展塑性，根据弹塑性稳定理论，腹板的弹塑性临界应力可表示为

$$\sigma_{cr} = K_p \frac{\pi^2 E t_w^2}{12(1-\mu^2)h_0^2} \quad (6\text{-}25\text{b})$$

式中 K_p——塑性屈曲系数，其值与最大受压边缘割线模量和应力梯度 α_0 有关。

式（6-25b）中如取临界应力 $\sigma_{cr} = 235\text{N/m}^2$，泊松比 $\mu = 0.3$ 和 $E = 206000\text{N/mm}^2$，可以得到腹板高厚比 h_0/t_w 与应力梯度 α_0 之间的关系，此关系可近似地用直线式表示为：

当 $0 \leqslant \alpha_0 \leqslant 1.6$ 时
$$h_0/t_w = 16\alpha_0 + 50 \quad (6\text{-}26\text{a})$$

当 $1.6 < \alpha_0 \leqslant 2.0$ 时
$$h_0/t_w = 48\alpha_0 - 1 \quad (6\text{-}26\text{b})$$

对于长细比较小的压弯构件，整体失稳时截面的塑性深度实际上已超过了 $0.25h_0$，对于长细比较大的压弯构件，截面塑性深度则不到 $0.25h_0$，甚至腹板受压最大的边缘还没有屈服。因此，h_0/t_w 之值宜随长细比的增大而适当放大。同时，当 $\alpha_0 = 0$ 时，应与轴心受压构件腹板高厚比的要求相一致，而当 $\alpha_0 = 2$ 时，应与受弯构件中考虑了弯矩和剪力联合作用的腹板高厚比的要求相一致。故《钢结构设计标准》规定工字形和H形截面压弯构件腹板

高厚比限值为：

当 $0 \leqslant \alpha_0 \leqslant 1.6$ 时

$$h_0/t_w = (16\alpha_0 + 0.5\lambda + 25)\sqrt{\frac{235}{f_y}} \qquad (6\text{-}27\text{a})$$

当 $1.6 < \alpha_0 \leqslant 2.0$ 时

$$h_0/t_w = (48\alpha_0 + 0.5\lambda - 26.2)\sqrt{\frac{235}{f_y}} \qquad (6\text{-}27\text{b})$$

式中 λ——构件在弯矩作用平面内的长细比，当 $\lambda < 30$ 时，取 $\lambda = 30$；当 $\lambda > 100$ 时，取 $\lambda = 100$。

（2）箱形截面的腹板 箱形截面压弯构件腹板的屈曲应力计算方法与工字形截面的腹板相同。但考虑到两块腹板受力状况可能不完全一致以及腹板与翼缘采用单侧焊缝连接，其嵌固条件不如工字形截面，因此规定 h_0/t_w 不应大于由式（6-27a）和式（6-27b）右边算得的值的 80%（当此值小于 $40\sqrt{235/f_y}$ 时，取 $40\sqrt{235/f_y}$）。

（3）T 形截面的腹板 当弯矩作用在 T 形截面对称轴内并使腹板自由边受压时，腹板的弹性屈曲系数比均匀受压三边简支一边自由板（翼缘板）的屈曲系数大，说明 T 形截面压弯构件的腹板在弹性屈曲时，其高厚比可以比轴心受压构件翼缘板的宽厚比适当放大。但考虑到腹板弹塑性屈曲的不利影响，在 α_0 较小时不作放大，只有在 α_0 较大时适当放大。

于是《钢结构设计标准》规定：

当 $\alpha_0 \leqslant 1.0$ 时

$$\frac{h_0}{t_w} \leqslant 15\sqrt{\frac{235}{f_y}} \qquad (6\text{-}28\text{a})$$

当 $\alpha_0 > 1.0$ 时

$$\frac{h_0}{t_w} \leqslant 18\sqrt{\frac{235}{f_y}} \qquad (6\text{-}28\text{b})$$

当弯矩作用在 T 形截面对称轴内并使腹板自由边受拉时，比轴心受压构件有利，为了方便，《钢结构设计标准》规定采用与轴心受压构件相同的高厚比限值，即按式（4-37）和式（4-38）计算。实际上，当弯矩作用在 T 形截面对称轴并使最大压应力作用在腹板与翼缘连接处时，比最大压应力作用在腹板自由边时有利，因此其腹板的高厚比可比式（6-28）适当提高。

当压弯构件的高厚比不满足要求时，可调整厚度或高度。对工字形和箱形截面压弯构件的腹板也可在计算构件的强度和稳定性时采用有效截面，也可采用纵向加劲肋加强腹板（见梁的腹板局部稳定验算部分），这时应按上述规定验算纵向加劲肋与翼缘间腹板的高厚比。

6.3.4 格构式压弯构件的稳定计算

1. 弯矩绕虚轴作用的格构式压弯构件

格构式压弯构件当弯矩绕虚轴（x 轴）作用时（图 6-16a~c），应进行弯矩作用平面内的整体稳定计算和分肢的稳定计算。

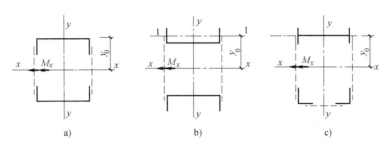

图 6-16 弯矩绕虚轴作用的格构式压弯构件截面

（1）弯矩作用平面内的整体稳定计算　弯矩绕虚轴作用的格构式压弯构件，由于截面中部空心，不能考虑塑性的深入发展，故弯矩用平面内的整体稳定计算适宜采用边缘屈服准则按式（6-15）计算。式（6-15）中，$W_{1x}=I_x/y_0$，I_x 为对 x 轴的毛截面惯性矩；y_0 为由 x 轴到压力较大分肢轴线的距离或者到压力较大分肢腹板边缘的距离，二者取较大值；φ_x 为轴心压杆的整体稳定系数，由对虚轴（x 轴）的换算长细比 λ_{0x} 确定。

（2）分肢的稳定计算　弯矩绕虚轴作用的压弯构件，在弯矩作用平面外的整体稳定性一般由分肢的稳定计算得到保证，故不必再计算整个构件在弯矩作用平面外的整体稳定性。

将整个构件视为一平行弦桁架，将构件的两个分肢看作桁架体系的弦杆，两分肢的轴心力应下列公式计算（图 6-17）：

分肢 1

$$N_1 = N\frac{y_2}{a} + \frac{M_x}{a} \quad (6\text{-}29a)$$

分肢 2

$$N_2 = N - N_1 \quad (6\text{-}29b)$$

缀条式压弯构件的分肢按轴心压杆计算。分肢的计算长度，在缀条平面内（分肢绕 1-1 轴）取缀条体系的节间长度；在缀条平面外（分肢绕 y-y 轴），取整个构件两侧向支承点间的距离。

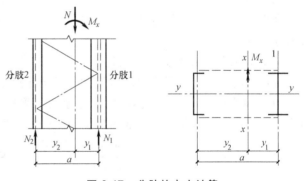

图 6-17 分肢的内力计算

进行缀板式压弯构件的分肢计算时，除轴心力 N_1（或 N_2）外，还应考虑由缀板的剪力作用引起的局部弯矩，按实腹式压弯构件验算单肢的稳定性。在缀板平面内分肢的计算长度（分肢绕 1-1 轴）取缀板间净距。

（3）缀材的计算　计算压弯构件的缀材时，应取构件实际剪力和按下式计算所得剪力两者中的较大值，这与格构式轴心受压构件相同。

$$V = \frac{Af}{85\varepsilon_k}$$

2. 弯矩绕实轴作用的格构式压弯构件

格构式压弯构件当弯矩绕实轴（y 轴）作用时（图 6-18a、b），受力性能与实腹式压弯构件完全相同，因此，弯矩作用平面内和平面外的整体稳定计算均与实腹式构件相同，但在计算弯矩作用平面外的整体稳定时，长细比应取换算长细比，整体稳定系数取 $\varphi_b = 1.0$。

分肢稳定按实腹式压弯构件计算，内力按以下原则分配（图6-18b）：轴心压力 N 在两分肢间的分配与分肢轴线至虚轴 x 轴的距离成反比；弯矩 M_y 在两分肢间的分配与分肢对实轴 y 轴的惯性矩成正比、与分肢轴线至虚轴 x 轴的距离成反比，即：

分肢1的轴心力

$$N_1 = N \frac{y_2}{a} \quad (6\text{-}30a)$$

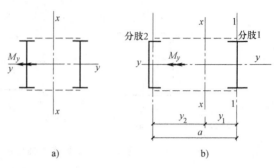

图6-18 弯矩绕实轴作用的格构式压弯构件截面

分肢1的弯矩

$$M_{y1} = \frac{I_1/y_1}{I_1/y_1 + I_2/y_2} M_y \quad (6\text{-}30b)$$

分肢2的轴心力

$$N_2 = N - N_1 \quad (6\text{-}30c)$$

分肢2的弯矩

$$M_{y2} = M_y - M_{y1} \quad (6\text{-}30d)$$

式中 I_1、I_2——分肢1和分肢2对 y 轴的惯性矩。

式（6-30）适用于当 M_y 作用在构件的主平面时的情形，当 M_y 不是作用在构件的主轴平面而是作用在一个分肢的轴线平面（如图6-18中分肢1的1-1轴线平面），则 M_y 视为全部由该分肢承受。

3. 双向受弯的格构式压弯构件

弯矩作用在两个主平面内的双肢格构式压弯构件，其稳定性按下列规定计算：

（1）整体稳定计算 《钢结构设计标准》采用与边缘屈服准则导出的弯矩绕虚轴作用的格构式压弯构件弯矩作用平面内整体稳定计算式相衔接的直线式进行计算

$$\frac{N}{\varphi_x A} + \frac{\beta_{mx} M_x}{W_{1x}(1 - N/N'_{Ex})} + \frac{\beta_{ty} M_y}{W_{1y}} \leq f \quad (6\text{-}31)$$

式中 W_{1y}——在 M_y 作用下，对较大受压纤维的毛截面模量（mm^3），其他系数与实腹式压弯构件相同，但对虚轴（x 轴）的系数应采用换算长细比 λ_{0x} 确定。

（2）分肢的稳定计算 分肢按实腹式压弯构件计算其稳定性，在轴力和弯矩共同作用下产生的内力按以下原则分配：N 和 M_x 在两分肢产生的轴心力 N_1 和 N_2 按式（6-29）计算；M_y 在两分肢间的分配按式（6-30b）和式（6-30d）计算。对缀板式压弯构件还应考虑缀板剪力产生的局部弯矩 M_{x1}，其分肢稳定按双向压弯构件计算。

6.4 压弯构件（框架柱）的设计

6.4.1 截面形式

对于实腹式压弯构件，要按受力大小、使用要求和构造要求选择合适的截面形式。当承受的弯矩较小时其截面形式与一般的轴心受压构件相同，可采用对称截面；当弯矩较大时，宜采用在弯矩作用平面内截面高度较大的双轴对称截面，或采用截面一侧翼缘加大的单轴对称截面（图6-3）。在满足局部稳定、使用要求和构造要求时，截面应尽量符合宽肢薄壁以及弯矩作用平面内和平面外整体稳定性相等的原则，从而节省钢材。

6.4.2 截面选择及验算

设计时需首先选定截面的形式，再根据构件所承受的轴力 N、弯矩 M 和构件的计算长度 l_{0x}、l_{0y} 初步确定截面的尺寸，然后进行强度、整体稳定、局部稳定和刚度的验算。由于压弯构件的验算式中涉及未知量较多，根据估计所初选出来的截面尺寸不一定合适，因而初选的截面尺寸往往需要进行多次调整和重复验算，直到满意为止。初选截面时，可参考已有的类似设计进行估算。对初选截面需做如下验算：

1. 强度验算

按式（6-7）或式（6-8）计算。

2. 整体稳定验算

弯矩作用平面内的稳定性按式（6-15）或式（6-16）计算，对于单轴对称截面压弯构件尚需按式（6-17）做补充计算。弯矩作用平面外的稳定性按式（6-21）计算。

3. 局部稳定验算

工字形、T形截面和箱形截面受压翼缘外伸板按式（6-23a）计算，箱形截面在两腹板之间的受压翼缘按式（6-23b）计算。工字形截面腹板按式（6-27）计算；箱形截面腹板按式（6-27）计算结果还应乘以0.8且不小于 $40\sqrt{235/f_y}$；T形截面腹板，当最大压应力作用在腹板自由边时按式（6-28）计算，当最大压应力作用在腹板与翼缘连接处时，按式（4-37）或式（4-38）计算。

4. 刚度验算

压弯构件的长细比不应超过表4-2规定的容许长细比。

6.4.3 构造要求

实腹式压弯构件的构造要求与实腹式轴心受压构件相似。当腹板的 $h_0/t_w>80$ 时，为防止腹板在施工和运输中发生变形，应设置间距不大于 $3h_0$ 的横向加劲肋。另外，设有纵向加劲肋的同时也应设置横向加劲肋。为保持截面形状不变，提高构件抗扭刚度，防止施工和运输过程中发生变形，实腹式柱在受有较大水平力处和运输单元的端部应设置横隔，构件较长时应设置中间横隔，设置方法如图4-17所示。压弯构件设置侧向支撑，当截面高度较小时，可在腹板加横肋或横隔连接支撑；当截面高度较大时或受力较大时，则应在两个翼缘平面内同时设置支撑。

【例6-3】 校核图6-19所示双轴对称焊接箱形截面压弯构件的截面尺寸，截面无削弱。承受的荷载设计值为：轴心压力 $N=880\text{kN}$，构件跨度中点横向集中荷载 $F=180\text{kN}$。构件长 $l=10\text{m}$，两端铰接并在两端各设有一侧向支承点。材料用Q235钢。

【解】

构件计算长度 $l_{0x}=l_{0y}=10\text{m}$，构件段无端弯矩但有横向荷载作用，弯矩作用平面内外的等效弯矩系数为 $\beta_{mx}=\beta_{tx}=1.0$，$M_s=Fl/4=180\text{kN}\times10\text{m}/4=450\text{kN}\cdot\text{m}$。

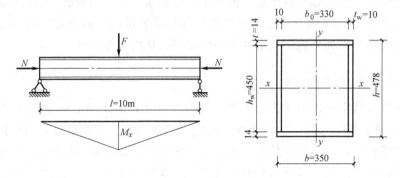

图 6-19 【例 6-3】图

箱形截面受弯构件整体稳定系数 $\psi_b = 1.0$，因 $\dfrac{b_0}{t} = \dfrac{330\text{mm}}{14\text{mm}} = 23.6$，$\dfrac{h_w}{t_w} = \dfrac{450\text{mm}}{10\text{mm}} = 45$，均大于 20，故焊接箱形截面构件对 x 轴屈服和对 y 轴屈服均属 b 类截面。

1. 截面特性

截面积
$$A = 2b_f t_f + 2h_w t_w = 2 \times 35\text{cm} \times 1.4 + 2 \times 45\text{cm} \times 1.0\text{cm} = 188\text{cm}^2$$

惯性矩
$$I_x = \frac{bh^3 - b_0 h_w^3}{12} = \frac{35\text{cm} \times 47.8^3\text{cm}^3 - 33\text{cm} \times 45^3\text{cm}^3}{12} = 67951\text{cm}^4$$

$$I_y = \frac{hb^3 - h_w b_0^3}{12} = \frac{47.8\text{cm} \times 35^3\text{cm}^3 - 45\text{cm} \times 33^3\text{cm}^3}{12} = 36022\text{cm}^4$$

回转半径
$$i_x = \sqrt{I_x/A} = \sqrt{67951\text{cm}^4/188\text{cm}^2} = 19.01\text{cm},$$
$$i_y = \sqrt{I_y/A} = \sqrt{36022\text{cm}^4/188\text{cm}^2} = 13.84\text{cm}$$

弯矩作用平面内受压纤维的毛截面模量
$$W_{1x} = W_s = 2I_x/h = 2 \times 67951\text{cm}^4/47.8\text{cm} = 2843\text{cm}^3$$

2. 截面验算

（1）弯矩作用平面内的稳定性

长细比 $\lambda_x = l_{0x}/i_x = 10 \times 10^2\text{cm}/19.01\text{cm} = 52.6 < [\lambda] = 150$，查附录 I 得，稳定系数 $\varphi_x = 0.844$（b 类截面）。

$$N'_{Ex} = \frac{\pi^2 EA}{1.1 \lambda_x^2} = \frac{\pi^2 \times 206 \times 10^3\text{N/mm}^2 \times 188 \times 10^2\text{mm}^2}{1.1 \times 52.6^2} \times 10^{-3} = 12559\text{kN}$$

截面塑性发展系数 $\gamma_x = 1.05$，等效弯矩系数 $\beta_{mx} = 1.0$。

$$\frac{N}{\varphi_x A} + \frac{\beta_{mx} M_x}{\gamma_x W_{1x}(1 - 0.8 N/N'_{Ex})} = \frac{880 \times 10^3\text{N}}{0.844 \times 188 \times 10^2\text{mm}^2} + \frac{1.0 \times 450 \times 10^6\text{N} \cdot \text{mm}}{1.05 \times 2843 \times 10^3\text{mm}^3 \times (1 - 0.8 \times 880\text{kN}/12559\text{kN})}$$
$$= 215.4\text{N/mm}^2 \text{（满足要求）}$$

（2）弯矩作用平面外的稳定性

长细比 $\lambda_y = l_{0y}/i_y = 10 \times 10^2\text{cm}/13.84 = 72.3 < [\lambda] = 150$，查附录 I 得，稳定系数 $\varphi_y = $

0.737（b 类截面），等效弯矩系数 $\beta_{tx}=1.0$。

$$\frac{N}{\varphi_y A}+\eta\frac{\beta_{tx}M_x}{\varphi_b W_{1x}}=\frac{880\times10^3\text{N}}{0.737\times188\times10^2\text{mm}^2}+0.7\frac{1.0\times450\times10^6\text{N}\cdot\text{mm}}{1.0\times2843\times10^3\text{mm}^3}=174.3\text{N/mm}^2<f$$
$$=215\text{N/mm}^2\text{（满足要求）}$$

（3）局部稳定性

受压翼缘板厚度比 $\dfrac{b_0}{t}=\dfrac{330\text{mm}}{14\text{mm}}=23.6<40\sqrt{\dfrac{235}{f_y}}=40$（满足要求）

腹板计算高度边缘的最大压应力

$$\sigma_{\max}=\frac{N}{A}+\frac{M_x h_0}{I_x 2}=\frac{880\times10^3\text{N}}{188\times10^2\text{mm}^2}+\frac{450\times10^6\text{N}\cdot\text{mm}}{67951\times10^4\text{mm}^4}\times\frac{450\text{mm}}{2}=195.8\text{N/mm}^2$$

腹板计算高度另一边缘相应的应力

$$\sigma_{\min}=\frac{N}{A}-\frac{M_x h_0}{I_x 2}=46.8\text{N/mm}^2-149.0\text{N/mm}^2=-102.2\text{N/mm}^2\text{（拉应力）}$$

应力梯度

$$\alpha_0=\frac{\sigma_{\max}-\sigma_{\min}}{\sigma_{\max}}=[195.8\text{N/mm}^2-(-102.2\text{N/mm}^2)]/(195.8\text{N/mm}^2)=1.52<1.6$$

腹板计算高度 h_0 与其厚度 t_w 之比的容许值应取 $40\sqrt{\dfrac{235}{f_y}}=40$ 和下式计算结果两者取较大值

$$0.8\times(16\alpha_0+0.5\lambda+25)\sqrt{\frac{235}{f_y}}=0.8(16\times1.52+0.5\times52.6+25)\sqrt{\frac{235}{235}}=60.5$$

h_0/t_w 的容许值为 60.5，实际 $h_0/t_w=450\text{mm}/10\text{mm}=45<60.5$（满足要求）

3. 刚度验算

构件的最大长细比 $\lambda_{\max}=\lambda_y=72.3<[\lambda]=150$（满足要求）

因截面无削弱，截面强度不必验算。

思考题与习题

1. 拉弯和压弯构件强度计算公式与其强度极限状态如何对应？
2. 为什么直接承受动力荷载的实腹式拉弯和压弯构件不考虑塑性开展，承受静力荷载的同一类构件却考虑塑性开展？格构式构件考虑塑性开展吗？
3. 截面塑性发展系数的意义是什么？试举例说明其应用条件。
4. 简述压弯构件失稳的形式及计算的方法。
5. 简述压弯构件中等效弯矩系数 β_{mx} 的意义。

第7章

钢结构的节点设计

学习目标

了解梁与柱、梁与梁、柱与柱以及柱脚等连接节点的设计原则、计算方法与构造措施；掌握各节点的设计计算方法与构造措施。

7.1 概述

构件的连接节点是保证钢结构安全可靠的关键部位，对结构的受力性能有重要影响。节点设计的安全与否，不仅会影响结构承载力的可靠性和安全性，而且会影响构件的加工制作与工地安装的质量，并直接影响结构的造价。因此，节点设计是整个设计工作中的一个重要环节，应予以足够重视。

房屋钢结构的主要节点包括：梁与柱、梁与梁、柱与柱以及柱脚的连接节点。

1) 钢结构的连接节点，当非抗震设计时，应按结构处于弹性受力阶段设计；当抗震设计时，应按结构进入弹塑性阶段设计，而且节点连接的承载力应高于构件截面的承载力。

2) 对于有抗震设防要求的结构，当风荷载起控制作用时，仍应满足抗震设防的构造要求。

3) 按抗震设计的钢结构框架，在强震作用下塑性区一般会出现在距梁端（柱贯通型梁-柱节点）或柱端（梁贯通型梁-柱节点）算起的1/10跨长或2倍截面高度范围内。为考虑构件进入全塑性状态仍能正常工作，节点设计应保证构件直至发生充分变形时节点不致破坏，应验算下列各项：①节点连接的最大承载力。②构件塑性区的板件宽厚比。③受弯构件塑性区侧向支撑点间的距离。④梁-柱节点域中柱腹板的宽厚比和受剪承载力。

4) 构件节点、杆件接头和板件拼装，依其受力条件，可采用全熔透焊缝或部分熔透焊缝。遇到下列情况之一时，应采用全熔透焊缝：①要求与母材等强的焊接连接。②框架节点塑性区段的焊接连接。

5) 为了焊透和焊满，焊接时均应设置焊接垫板和引弧板。

6) 钢结构承重构件采用高强度螺栓连接时，应采用摩擦型连接，以避免在使用荷载下发生滑移，增大节点的变形。

7) 高强度螺栓连接的最大受剪承载力，应按下式计算

$$N_v^b = 0.58 n_v A_e^b f_u^b \tag{7-1}$$

式中 N_v^b——一个高强度螺栓的最大受剪承载力；

n_v——连接部位一个螺栓的受剪面数目；

A_e^b——螺栓螺纹处的有效截面面积；

f_u^b——螺栓钢材的极限抗拉强度最小值。

8) 在节点设计中，节点的构造应避免采用约束度大和易使板件产生层状撕裂的连接形式。

根据连接方法的不同，节点连接可分为：全焊连接（通常翼缘坡口采用全焊透焊缝，腹板采用角焊缝连接）、栓焊混合连接（翼缘坡口采用全熔透焊缝，腹板则采用高强度螺栓连接）和全螺栓连接（翼缘、腹板全部采用高强度螺栓连接）。

（1）全焊连接　传力充分，不会滑移，良好的焊接构造与焊接质量，可以为结构提供足够的延性；然而焊接部位常留有一定的残余应力。

（2）栓焊混合连接　先用螺栓安装定位，然后翼缘施焊，操作方便，应用比较普遍。试验表明，此类连接的滞回曲线与全焊连接情况类似，但翼缘焊接将使螺栓预拉力平均降低20%左右。因此，连接腹板的高强度螺栓实际预拉力要留有一定富余。

（3）全螺栓连接　全部高强度螺栓连接，施工便捷，符合工业化生产的需要；但接头尺寸较大，钢板用量稍多，费用较高。强震时，接头可能产生滑移。

在我国的钢结构工程实践中，柱的工地接头多采用全焊连接；梁的工地接头多采用全螺栓连接；梁与柱的连接多采用栓焊混合连接。

7.2　柱-柱连接的节点设计

7.2.1　柱接头的承载力验算

1. 非抗震设防结构

柱的工地接头，一般应按等强度原则设计。当拼接处内力很小时，柱翼缘的拼接计算应按等强度设计；柱腹板的拼接计算可按不低于强度的 1/2 的内力设计。

2. 抗震设防结构

（1）柱的接头验算　当用于抗震设防时，为使抗震设防结构符合"强连接，弱杆件"的设计原则，柱接头的承载力应高于母材的承载力，即应符合下列规定

$$M_u \geqslant \eta_j M_p \text{且} V_u \geqslant 0.58 h_w t_w f_{ay} \tag{7-2}$$

当柱接头为全螺栓连接时，其承载力应符合下列要求：

翼缘　　　　　　　　$nN_{cu}^b \geqslant 1.2 A_f f_{ay}$ 且 $nN_{vu}^b \geqslant 1.2 A_f f_{ay}$ 　　　　　　　　(7-3a)

腹板　　　　　　　　$N_{cu}^b \geqslant \sqrt{(V/n)^2 + (N_M^b)^2}$ 且 $N_{vu}^b \geqslant \sqrt{(V/n)^2 + (N_M^b)^2}$ 　　　　(7-3b)

式中　N_M^b——柱腹板拼接接头中由弯矩设计值引起的一个螺栓的最大剪力；

V——柱拼接接头中的剪力设计值；

n——柱翼缘拼接或腹板拼接一侧的螺栓数；

N_{cu}^b、N_{vu}^b——一个高强度螺栓的极限受剪承载力和对应的钢板极限承压承载力；

h_w、t_w——柱腹板的截面高度和厚度；

A_f、f_{ay}——钢柱一块翼缘板的截面面积和钢材的屈服强度。

（2）极限承载力的计算

1）柱的受弯极限承载力

$$M_u = A_f(h-t_f)f_u \qquad (7-4)$$

式中　t_f、A_f——钢柱一块翼缘板厚度和截面面积；

　　　f_u——对接焊缝极限抗拉强度；

　　　h——钢柱的截面高度。

2）柱的拼接接头为全焊连接时，其极限受剪承载力 V_u 为

$$V_u = 0.58 A_f^w f_u \qquad (7-5)$$

式中　A_f^w——钢柱腹板连接角焊缝的有效截面面积。

3）柱的拼接接头为栓焊混合连接时，其极限受剪承载力 V_u 取下列两式计算结果的较小值

$$V_u = 0.58 n n_f A_e^b f_u^b, \quad V_u = n d(\sum t) f_{cu}^b \qquad (7-6)$$

式中　n、n_f——接头一侧的螺栓数目和一个螺栓的受剪面数目；

　　　f_u^b、f_{cu}^b——螺栓钢材的抗拉强度最小值和螺栓连接钢板的极限承压强度，取 $1.5 f_u$（f_u 为连接钢板的极限抗拉强度最小值）；

　　　A_e^b、d——螺纹处的有效截面面积和螺栓孔径；

　　　$\sum t$——同一受力方向的钢板厚度总和。

（3）M_{pc} 的计算

1）对工字形截面（绕强轴）和箱形截面钢柱

当 $N/N_y \leq 0.13$ 时，$\qquad M_{pc} = M_p \qquad (7-7a)$

当 $N/N_y > 0.13$ 时，$\qquad M_{pc} = 1.15(1-N/N_y)M_p \qquad (7-7b)$

2）对工字形截面（绕弱轴）钢柱

当 $N/N_y \leq A_{wn}/A_n$ 时，$\qquad M_{pc} = M_p \qquad (7-8a)$

当 $N/N_y > A_{wn}/A_n$ 时，$\quad M_{pc} = \left[1-\left(\dfrac{N-A_{wn}f_y}{N_y-A_{wn}f_y}\right)^2\right]M_p \qquad (7-8b)$

$$M_p = W_p f_{ay}, \quad N_y = A_n f_{ay} \qquad (7-8c)$$

式中　N——柱所承受的轴力，N 不应大于 $0.6 A_n f_{ay}$；

　　　A_n——柱的净截面面积；

　　　A_{wn}——柱腹板的净截面面积；

　　　W_p、f_{ay}——钢柱截面塑性抵抗矩和钢材的屈服强度。

7.2.2　柱接头的构造要求

1. 一般要求

钢柱的工地接头，一般宜设置在主梁顶面以上 1.0~1.3m 处，以便安装；有抗震设防要求时，应位于框架节点塑性区以外，并按等强设计。

为了保证施工时能抗弯以及便于校正上下翼缘的错位，钢柱的工地接头应预先设置安装耳板。耳板宜设置在柱的一个主轴方向的翼缘两侧。对于大型箱形截面柱，有时在两个相邻

的互相垂直的柱面上设置安装耳板。耳板厚度应根据阵风和其他施工荷载确定，并不得小于10mm。在柱焊接好后，采用火焰喷枪将耳板切除。

2. H形柱的接头

H形柱的接头可采用全螺栓连接、栓焊混合连接、全焊连接。

H形柱的工地接头通常采用栓焊混合连接。此时，柱的翼缘宜采用坡口全熔透焊缝或者部分熔透焊缝连接，柱的腹板可采用高强度螺栓连接。

当柱的接头采用全焊连接时，上柱的翼缘应开V形坡口，腹板应开K形坡口或带钝边的单边V形坡口焊接。对于轧制H形柱，应在同一截面拼接。对于焊接H形柱，其翼缘和腹板的拼接位置应相互错开不小于500mm的距离，且要求在柱的拼接接头上、下方各100mm范围内，柱翼缘和腹板之间的连接采用全熔透焊缝。

当柱的接头采用全螺栓连接时，柱的翼缘和腹板全部采用高强度螺栓连接。

3. 箱形柱的接头

箱形柱的接头应采用全焊连接。箱形柱接头处的上节柱和下节柱均应设置横隔。下节箱形柱上端的隔板，应与柱口齐平，且厚度不宜小于16mm，其边缘应与柱口截面一起刨平，以便与上柱的焊接垫板有良好的接触面。在上节箱形柱安装单元的下部，也应设置上柱横隔板，其厚度不宜小于10mm，以防止运输、堆放和焊接时截面变形。在箱形柱的接头上、下方各100mm范围内的箱形柱壁板，相互间的组装焊缝应采用坡口全熔透焊缝。

4. 非抗震设防柱的接头

对于非抗震设防的钢结构，当柱的弯矩较小且不产生拉力时，柱接头的上、下端应磨平顶紧，并应与柱轴线垂直，这样处理后的接触面可直接传递25%的压力和25%的弯矩；接头处的柱翼缘可采用带钝边的单边V形坡口"部分熔透"对接焊缝连接，其坡口焊缝的有效深度不宜小于壁厚的1/2。

5. 变截面柱的接头

当柱需要改变截面时，应优先采用保持柱截面高度不变而只改变翼缘厚度的方法；当必须改变柱截面高度时，应将变截面区段限制在框架梁-柱节点范围内，使柱在层间保持等截面。为确保施工质量，柱的变截面区段的连接应在工厂内完成。

当柱的变截面段位于梁-柱接头位置时，柱的变截面区段的两端与上、下层柱的接头位置应分别设在距梁的上、下翼缘均不宜小于150mm的高度处，以避免焊缝影响区相互重叠。

箱形柱变截面区段加工试件的上端和下端，均应另行设置水平盖板，其盖板厚度不应小于16mm；接头处柱的断面应铣平，并采用全熔透焊缝。

对于非抗震设防的结构，不同截面尺寸的上、下段柱，也可通过连接板（端板）采用全螺栓连接。对H形柱的接头，可插入垫板来填补尺寸差；对箱形柱的接头，也可采用端板对接。

6. 箱形柱与十字形柱的连接

高层建筑钢结构的底部常设置型钢混凝土结构过渡层。此时，H形截面柱向下延伸至下部型钢混凝土结构内，即下部型钢混凝土结构内仍采用H形截面；而箱形截面柱向下延伸至下部型钢混凝土结构后，应改用十字形截面，以便与混凝土更好地结合。

上部钢结构中箱形柱与下层型钢混凝土柱的十字形芯柱的相连处，应设置两种截面共存的过渡段，其十字形芯柱的腹板伸入箱形柱内的长度应不小于箱形钢柱截面高度加200mm；

过渡段应位于主梁之下,并紧靠主梁。

与上部钢柱相连的下层型钢混凝土柱的型钢芯柱,应沿楼层全高设置栓钉,以加强它与外包混凝土的粘结。其栓钉间距与列距在过渡段内宜采用150mm,不大于200mm;在过渡段外不大于300mm。栓钉直径多采用19mm。

7. 十字形钢柱的接头

对于非抗震设防的结构,其十字形钢柱的接头可采用栓焊混合连接;对有抗震设防要求的结构,其十字形钢柱的接头应采用全焊连接。

7.3 梁-梁连接的节点设计

梁-梁连接主要包括主梁之间的拼接节点、主梁与次梁之间的连接节点等。

7.3.1 梁-梁连接的承载力验算

1. 非抗震设防结构

当用于非抗震设防时,梁的接头应按内力设计。此时,腹板连接按全部剪力和所分配的弯矩共同作用计算;翼缘连接按所分配的弯矩设计。

2. 抗震设防结构

当用于抗震设防时,为使抗震设防结构符合"强连接,弱杆件"的设计原则,梁接头的承载力应高于母材的承载力,即应符合下列规定:

(1) 不计轴力时的验算 对于未受轴力或轴力较小($N \leq 0.13N_y$)的钢梁,其拼接接头的极限承载力应满足下列公式要求:

$$M_u \geq \eta_j M_p \quad 且 \quad V_u \geq 0.58 h_w t_w f_{ay} \tag{7-9a}$$

$$M_u = A_f (h - t_f) f_u, \quad M_p = W_p f_{ay} \tag{7-9b}$$

式中 t_f、A_f——钢梁的一块翼缘板厚度和截面面积;
  h——钢梁的截面高度;
  h_w、t_w——钢梁腹板的截面高度和厚度;
  W_p、f_{ay}——钢梁截面塑性抵抗矩和钢材的屈服强度。

1) 钢梁的拼接接头为全焊连接时,其极限受剪承载力 V_u 为

$$V_u = 0.58 A_f^w f_u \tag{7-10}$$

式中 A_f^w——钢梁腹板连接角焊缝的有效截面面积;
  f_u——对接焊缝极限抗拉强度。

2) 钢梁的拼接接头为栓焊混合连接时,其极限受剪承载力 V_u 取下列两式计算结果的较小值

$$V_u = 0.58 n n_f A_e^b f_u^b, \quad V_u = n d (\sum t) f_{cu}^b \tag{7-11}$$

式中 n、n_f——接头一侧的螺栓数目和一个螺栓的受剪面数目;
  f_u^b、f_{cu}^b——螺栓钢材的抗拉强度最小值和螺栓连接钢板的极限承压强度,取 $1.5 f_u$。此处,f_u 取连接钢板的极限抗拉强度最小值;
  A_e^b、d——螺纹处的有效截面面积和螺栓杆径;

$\sum t$——同一受力方向的板厚度总和。

（2）计及轴力时的验算　对于承受较大轴力（$N>0.13N_y$）的钢梁（如设置支撑的框架梁）、工字形截面（绕强轴）和箱形截面梁，其拼接接头的极限承载力应满足下列公式要求

$$M_u \geqslant \eta_j M_p \quad \text{且} \quad V_u \geqslant 0.58 h_w t_w f_{ay} \tag{7-12a}$$

$$M_{pc} = 1.15(1 - N/N_y)M_p, \quad N_y = A_n f_{ay} \tag{7-12b}$$

式中　N、A_n——钢梁的轴力设计值和净截面面积；

其余字母的含义同前。

钢梁的拼接接头为全螺栓连接时，其接头的极限承载力还应满足下列公式要求

翼缘　　　　　$nN_{cu}^b \geqslant 1.2 A_f f_{ay}$ 且 $nN_{vu}^b \geqslant 1.2 A_f f_{ay}$ （7-13a）

腹板　　　　　$N_{cu}^b \geqslant \sqrt{(V/n)^2 + (N_M^b)^2}$ 且 $N_{vu}^b \geqslant \sqrt{(V/n)^2 + (N_M^b)^2}$ （7-13b）

式中　N_M^b——钢梁腹板拼接接头中由弯矩设计值引起的一个螺栓的最大剪力；

V——钢梁拼接接头中的剪力设计值；

n——钢梁翼缘拼接或腹板拼接一侧的螺栓数；

N_{vu}^b、N_{cu}^b——一个高强度螺栓的极限受剪承载力和对应的钢板极限承压承载力；

其余字母的含义同前。

7.3.2　梁-梁连接的构造要求

1. 主梁的接头

主梁的拼接点位于框架节点塑性区域以外，尽量靠近梁的反弯点位置。主梁的接头主要用于柱外悬臂梁段与中间梁段的连接，可采用全螺栓连接、栓焊混合连接、全焊连接的接头形式。工程中，全螺栓连接和栓焊混合连接两种形式较为常见。

（1）全螺栓连接　梁的翼缘和腹板均采用高强度螺栓摩擦型连接，拼接板原则上应双面配置。梁翼缘采取双面拼接板时，上、下翼缘的外侧拼接板厚度 t_1 应不小于 4 倍内侧拼接板厚度 t_2，且 $t_2 \geqslant t_1 B/4b$（B 为钢梁翼缘宽度，b 为拼接板宽度）；当梁翼缘宽度较小，内侧配置拼接板有困难时，也可仅在梁的上、下翼缘的外侧配置拼接板，拼接材料的承载力应不低于所拼接板件的承载力。梁腹板采用双面拼接板时，其拼接板厚度应满足下式要求，且不小于 6mm。

$$t_{w1} \geqslant t_w h_w / 2 h_{w1}$$

式中　t_w、h_w——钢梁腹板厚度和高度；

h_{w1}——拼接板顺梁高方向的宽度。

（2）栓焊混合连接　梁的翼缘采用全熔透焊缝连接，腹板采用高强度螺栓摩擦型连接。

（3）全焊连接　梁的翼缘和腹板均采用全熔透焊缝连接。

2. 主梁和次梁的连接

主梁和次梁的连接一般采用简支连接。当次梁跨度较大、跨数较多或者荷载较大时，为了减小次梁的挠度，次梁与主梁可采用刚性连接。

（1）简支连接　主梁与次梁的简支连接，主要是将次梁腹板与主梁上的加劲肋（或连接角钢）用高强度螺栓相连。当连接板为单板时，其厚度不应小于梁腹板的厚度；当连接板为双板时，其厚度宜取梁腹板厚度的 0.7 倍。当次梁高度小于主梁高度一半时，可在次梁

端部设置角撑,与主梁连接,或将主梁的横向加劲肋加强,用以防止主梁的受压翼缘侧移,起到侧向支撑的作用。次梁与主梁的简支连接,按次梁的剪力和考虑连接偏心产生的附加弯矩设计连接螺栓。

(2) 刚性连接　主梁与次梁采用刚性连接时,次梁的支座压力仍传给主梁,支座弯矩则在两相邻跨的次梁之间传递。次梁上翼缘用拼接板跨过主梁相互连接,或次梁上翼缘与主梁上翼缘垂直相交焊接。刚性连接构造复杂且易使主梁受损,故较少采用。主梁与次梁的刚性连接,可采用全螺栓连接或栓焊混合连接。

3. 梁腹板开孔的补强

(1) 开孔位置　梁腹板上的开孔位置,宜设置在梁的跨度中段 1/2 跨度范围内,应尽量避免在距梁端 1/10 跨度或梁高的范围内开孔;抗震设防的结构不应在隔撑范围内设孔。相邻圆形孔口边缘间的距离不得小于梁高,孔口边缘至梁翼缘外皮的距离不得小于梁高的 1/4;矩形孔口与相邻孔口间的距离不得小于梁高或矩形孔口长度中的较大值;孔口上下边缘至梁翼缘外皮的距离不得小于梁高的 1/4。

(2) 孔口尺寸　梁腹板上的孔口高度(直径)不得大于梁高的 1/2,矩形孔口长度不得大于 750mm。

(3) 孔口的补强　钢梁中的腹板开孔时,孔口应予以补强,并分别验算补强开孔梁受弯和受剪承载力,弯矩可仅由翼缘承担,剪力由孔口截面的腹板和补强板共同承担。

1) 圆形孔的补强。当钢梁腹板中的圆形孔直径小于或等于 1/3 梁高时,可不予补强;圆孔大于 1/3 梁高时,可采用下列方法予以补强:①环形加劲肋补强:加劲肋截面不宜小于 100mm×10mm,加劲肋边缘至孔口边缘的距离不宜大于 12mm。②套管补强:补强钢套管的长度等于或稍短于钢梁的翼缘宽度;其套管厚度不宜小于梁腹板厚度;套管与梁腹板之间采用角焊缝连接,其焊脚尺寸取 $h_f = 0.7t_w$。③环形板补强:若在梁腹板两侧设置,环形板的厚度可稍小于腹板厚度,其宽度可取 75~125mm。④若钢梁腹板中的圆形孔为有规律布置时,可在梁腹板上焊接 V 形加劲肋,以补强空洞,从而使有孔梁形成类似于桁架结构工作。

2) 矩形孔的补强。矩形孔口的四周应采用加强措施;矩形孔口上、下边缘的水平加劲肋端部宜伸至孔口边缘以外各 300mm;当矩形孔口长度大于梁高时,其横向加劲肋应沿梁全高设置;当孔口长度大于 500mm 时,应在梁腹板两侧设置加劲肋。矩形孔口的纵向和横向加劲肋截面尺寸不宜小于 125mm×18mm。

7.4　梁-柱连接的节点设计

根据梁、柱的相对位置,梁-柱节点可分为柱贯通型和梁贯通型两种类型。一般情况下,为简化构造和方便施工,框架的梁-柱节点宜采用柱贯通型;当主梁采用箱形截面时,梁-柱节点宜采用梁贯通型。

根据约束刚度不同,梁-柱节点可分为刚性节点、半刚性节点和柔性节点三大类。刚性节点是指节点受力时,梁-柱轴线之间的夹角保持不变。实际工程中,只要节点对转角的约束能达到理想刚接的 90%以上时,即可认为是刚接。工程中的全焊连接、栓焊混合连接以及借助 T 形铸钢件的全螺栓连接属此类型。柔性节点是指节点受力时,梁-柱轴线之间的夹角可任意改变(无任何约束)。实际使用中只要梁-柱轴线之间夹角的改变量达到铰接转角的80%以上（即转动约束不超过20%），即可视为柔性节点。工程中仅在梁腹板使用角钢或钢板通过螺栓与柱进行的连接属此类型。半刚性节点介于以上两者之间，它的承载力和变形能力同时对框架的承载力和变形都会产生极为显著的影响。工程中借助端板或者在梁上、下翼缘布置角钢的全螺栓连接等形式属此类型。

7.4.1 梁-柱刚性节点的承载力验算

钢梁与钢柱的刚性连接节点，一般应进行抗震框架节点承载力验算、连接焊缝和螺栓的强度验算、柱腹板的抗压承载力验算、柱翼缘受拉区承载力验算、梁-柱节点域承载力验算等5项内容。

1. 抗震框架节点承载力验算

（1）"强柱弱梁"型节点承载力验算 在水平地震作用下，当框架进入弹塑性阶段工作时，为了避免发生楼层屈服机制，实现总体屈服机制（以增大框架的耗能容量），框架柱和梁应按"强柱弱梁"的原则设计。为此，柱端应比梁端有更大的承载力储备。对于抗震设防的框架柱，在框架的任一节点处，位于验算平面内的各柱截面的塑性抵抗矩和各梁截面的塑性抵抗矩宜满足下式要求

等截面梁 $\sum W_{pc}(f_{yc}-N/A_e) \geq \eta \sum W_{pb}f_{yb}$ (7-14a)

端部翼缘变截面的梁 $\sum W_{pc}(f_{yc}-N/A_e) \geq \sum (\eta W_{pb1}f_{yb}+V_{bp}s)$ (7-14b)

式中 W_{pc}、W_{pb}——计算平面内汇交于节点的柱和梁的截面塑性抵抗矩；

W_{pb1}——梁塑性铰所在截面的梁塑性截面模量；

f_{yc},f_{yb}——柱和梁钢材的屈服强度；

N——按多遇地震作用组合计算的柱轴压力设计值；

A_e——框架柱的截面面积；

η——强柱系数，一级取1.15，二级取1.10，三级取1.05；

V_{bp}——梁塑性铰剪力；

s——塑性铰至柱面的距离，塑性铰位置可取梁端部变截面翼缘的最小处。

（2）"强连接，弱杆件"型节点承载力验算

1) 节点承载力验算式。对于抗震设防的多高层钢框架结构，当采用柱贯通型节点时，为确保"强连接，弱杆件"耐震设计准则的实现，其节点连接的极限承载力应满足下式的要求

$$M_u \geq \eta_j M_p \quad (7\text{-}15a)$$

$$V_u \geq 1.2(2M_p/l_n)+V_{Gb}, \text{且 } V_u \geq 0.58h_w t_w f_{ay} \quad (7\text{-}15b)$$

式中 M_u——梁上、下翼缘坡口全熔透焊缝的极限受弯承载力；

V_u——梁腹板连接的极限受剪承载力，当垂直于角焊缝受剪时可提高1.22倍；

M_p——梁构件（梁贯通时为柱）的全塑性受弯承载力；

l_n——梁的净跨；

h_w、t_w——梁腹板的截面高度与厚度；

f_{ay}——钢材的屈服强度；

V_{Gb}——梁在重力荷载代表值（9度时高层建筑还应包括竖向地震作用标准值）作用下，按简支梁分析的梁端截面剪力设计值；

η_j——连接系数。

2）极限承载力计算式

对于全焊连接，其连接焊缝的极限受弯承载力 M_u 和极限受剪承载力 V_u，应分别按下式计算

$$M_u = A_f(h-t_f)f_u \quad (7-16a)$$

$$V_u = 0.58 A_f^w f_u \quad (7-16b)$$

式中　t_f、A_f——钢梁一块翼缘板厚度和截面面积；

　　　h——钢梁的截面高度；

　　　A_f^w——钢梁腹板与柱连接角焊缝的有效截面面积；

　　　f_u——对接焊缝极限抗拉强度。

对于栓焊混合连接，其梁上、下翼缘与柱对接焊缝的极限受弯承载力 M_u 和竖向连接板与柱面之间的连接角焊缝极限受剪承载力 V_u，仍然按照式（7-16b）计算；但竖向连接板与梁腹板之间的高强度螺栓连接极限受剪承载力 V_u，应取下面两式计算的较小值。

螺栓受剪　　　　　　　　　$V_u = 0.58 n n_f A_e^b f_u^b \quad (7-17a)$

钢板承压　　　　　　　　　$V_u = nd(\sum t) f_{cu}^b \quad (7-17b)$

式中　n、n_f——接头一侧的螺栓数目和一个螺栓的受剪面数目；

　　　f_u^b、f_{cu}^b——螺栓钢材的抗拉强度最小值和螺栓连接钢板的极限承压强度，取 $1.5 f_u$（f_u 为连接钢板的极限抗拉强度最小值）。

3）全截面受弯承载力计算式

当不计轴力时，梁构件全截面塑性受弯承载力 $M_p = W_p f_{ay}$；当计及轴力时，M_p 应以 M_{pc} 代替，并按下列规定计算：

对工字形截面（绕强轴）和箱形截面

当 $N/N_y \leq 0.13$ 时　　　　　$M_{pc} = M_p \quad (7-18a)$

当 $N/N_y > 0.13$ 时　　　　　$M_{pc} = 1.15(1-N/N_y)M_p \quad (7-18b)$

对工字形截面（绕弱轴）

当 $N/N_y \leq A_{wn}/A_n$ 时　　　　　$M_{pc} = M_p \quad (7-19a)$

当 $N/N_y > A_{wn}/A_n$ 时　　　　　$M_{pc} = \left[1 - \left(\dfrac{N-A_{wn}f_y}{N_y - A_{wn}f_y}\right)^2\right] M_p \quad (7-19b)$

式中　N——构件轴力；

　　　N_y——构件的轴向屈服承载力，$N_y = A_n f_y$；

　　　A_n——构件截面的净面积；

　　　A_{wn}——构件腹板截面净面积。

2. 连接焊缝和螺栓的强度验算

工字形梁与工字形柱采用全焊接连接时，可按简化设计方法或精确设计法进行计算。当主梁翼缘的受弯承载力不小于主梁整个截面承载力的 70% 时，即 $bf_f(h-t_f) > 0.7 W_p$，可采用简化设计法进行连接承载力设计；当小于 70% 时，应考虑精确设计法设计。

（1）简化设计法　简化设计法是采用梁的翼缘和腹板分别承担弯矩和剪力的原则，计算比较简便，对高跨比适中或较大的情况是偏于安全的。

当采用全焊接连接时，梁翼缘与柱翼缘的坡口全熔透对接焊缝的抗拉强度应满足下式的

要求

$$\sigma = \frac{M}{b_{\text{eff}} t_f (h - t_f)} \leqslant f_t^w \tag{7-20a}$$

梁腹板角焊缝的抗剪强度应满足

$$\tau = \frac{V}{2 h_e l_w} \leqslant f_f^w \tag{7-20b}$$

式中 M、V——梁端的弯矩设计值和剪力设计值；

$\qquad h$、t_f——梁的截面高度和翼缘厚度；

$\qquad b_{\text{eff}}$——对接焊缝的有效长度，柱中央已设横向加劲肋或横隔时，取等于梁翼缘的宽度；

$\qquad h_e$、l_w——角焊缝的有效厚度和计算长度；

$\qquad f_t^w$——对接焊缝的抗拉强度设计值，抗震设计时，应除以抗震调整系数 0.9；

$\qquad f_f^w$——角焊缝的抗剪强度设计值，抗震设计时，应除以抗震调整系数 0.9。

当采用栓焊混合连接时，翼缘焊缝的计算仍采用全焊接连接计算式，梁腹板高强度螺栓的抗剪强度应满足

$$N_v = \frac{V}{n} \leqslant 0.9 [N_v^b] \tag{7-21}$$

式中 n——梁腹板高强度螺栓数；

$\qquad [N_v^b]$——一个高强度螺栓受剪承载力的设计值；

$\qquad 0.9$——考虑焊接热影响的高强度螺栓预拉力损失系数。

（2）精确设计法 当梁翼缘的抗弯承载力小于主梁整个截面全塑性抗弯承载力的70%时，梁端弯矩可按梁翼缘和腹板的刚度比进行分配，梁端剪力仍全部由梁腹板与柱的连接承担。

$$M_f = M \frac{I_f}{I} \tag{7-22a}$$

$$M_w = M \frac{I_w}{I} \tag{7-22b}$$

式中 M_f、M_w——梁翼缘和腹板分担的弯矩；

$\qquad I$——梁全截面的惯性矩；

$\qquad I_f$、I_w——梁翼缘和腹板对梁截面形心轴的惯性矩。

梁腹板对接焊缝的正应力应满足

$$\sigma = \frac{M_f}{b_{\text{eff}} t_f (h - t_f)} \leqslant f_t^w \tag{7-23}$$

梁腹板与柱翼缘采用角焊缝连接时，角焊缝的强度应满足

$$\sigma_f = \frac{3 M_w}{h_e l_w^2} \tag{7-24a}$$

$$\tau_f = \frac{V}{2 h_e l_w} \tag{7-24b}$$

$$\sqrt{\left(\frac{\sigma_f}{\beta_f}\right)^2+\tau_f^2}\leq f_f^w \qquad (7\text{-}24c)$$

梁腹板与柱翼缘采用高强度螺栓摩擦型连接时，最外侧螺栓承受的剪力应满足

$$N_v^b=\sqrt{\left(\frac{M_w y_1}{\sum y_i^2}\right)^2+\left(\frac{V}{n}\right)^2}\leq 0.9[N_v^b] \qquad (7\text{-}25)$$

式中　y_i——螺栓群中心至每个螺栓的距离；

　　　y_1——螺栓群中心至最外侧螺栓的距离。

3. 柱腹板的抗压承载力验算

在梁的上下翼缘与柱连接处，一般应设置柱的水平加劲肋，否则由梁翼缘传来的压力或拉力形成的局部应力有可能造成在受压处柱腹板出现屈服或屈曲破坏，在受拉处使柱翼缘与相邻腹板处的焊缝拉开导致柱翼缘的过大弯曲。

当框架柱在节点处未设置水平加劲肋时，柱腹板的抗压强度应满足下列两式的要求

$$F\leq ft_{wc}l_{zc}(1.25-0.5|\sigma|/f) \qquad (7\text{-}26a)$$

$$F\leq ft_{wc}l_{zc} \qquad (7\text{-}26b)$$

式中　F——梁翼缘的压力；

　　　t_{wc}——柱腹板的厚度，对于箱形截面柱，应取两块腹板厚度之和；

　　　$|\sigma|$——柱腹板中的最大轴向应力绝对值；

　　　f——钢材的抗拉、抗压强度设计值，抗震设计时，应除以抗震调整系数 0.75；

　　　l_{zc}——水平集中力在柱腹板受压区的有效分布长度，对于全焊和栓焊混合连接，取 $l_{zc}=t_{fb}+5(t_{fc}+R)$；对于全螺栓连接，取 $l_{zc}=t_{fb}+2t_d+5(t_{fc}+R)$；

　　　t_{fb}、t_{fc}——梁翼缘和柱翼缘的厚度；

　　　t_d——端板厚度；

　　　R——柱翼缘内表面至腹板圆角根部或角焊缝焊趾的距离。

4. 柱翼缘受拉区承载力验算

在梁受拉翼缘传来的拉力作用下，除非柱翼缘的刚度很大（翼缘很厚），否则柱翼缘受拉挠曲，腹板附近应力集中，焊缝很容易破坏，因此对于全焊或栓焊混合节点，当框架柱在节点处未设置水平加劲肋时，柱翼缘的厚度 t_{fc} 及其抗弯强度应满足下列两式的要求：

$$t_{fc}\geq 0.4\sqrt{A_{fb}f_b/f_c} \qquad (7\text{-}27a)$$

$$F\leq 6.25t_{fc}^2 f_c \qquad (7\text{-}27b)$$

式中　A_{fb}、F——梁受拉翼缘的截面面积和所受的拉力；

　　　f_b、f_c——梁、柱钢材的强度设计值。

对于全螺栓连接节点，其受拉区翼缘和连接端板可按有效宽度为 b_{eff} 的等效 T 形截面进行计算。受拉区螺栓所受撬力可取为 $Q\geq F/20$。

当框架柱在节点处未设置水平加劲肋时，柱腹板的抗拉强度可按下式验算

$$F\leq t_{wc}b_{eff}f \qquad (7\text{-}28)$$

式中　F——作用于有效宽度为 b_{eff} 的等效 T 形截面上的拉力；

　　　f——钢材的强度设计值。

5. 梁-柱节点域承载力验算

（1）节点域的稳定验算　为了保证在大震作用下柱和梁连接节点的腹板不致失稳，应在柱与梁连接处的柱中设置与梁上、下翼缘位置对应的加劲肋。由上下水平加劲肋和柱翼缘所包围的柱腹板称为节点域。

按 7 度及以上抗震设防的结构，为了防止节点域的柱腹板受剪时发生局部屈曲，H 形截面柱和箱形截面柱在节点域范围腹板的稳定性应符合下式要求

$$t_{wc} \geqslant \frac{h_{0b}+h_{0c}}{90} \tag{7-29}$$

式中　t_{wc}——柱在节点域的腹板厚度，当为箱形柱时仍取一块腹板的厚度；

h_{0b}、h_{0c}——梁、柱的腹板高度。

当节点域的腹板厚度不小于梁、柱截面高度之和的 1/70 时，可不验算节点域的稳定。

（2）节点域的强度验算　在周边弯矩和剪力作用下的节点域抗剪强度计算：

1）对于非抗震或 6 度抗震设防的结构应符合下式要求

$$(M_{b1}+M_{b2})/V_p \leqslant (4/3)f_v \tag{7-30a}$$

2）按 7 度及以上抗震设防的结构还应符合下式的要求

$$\psi(M_{b1}+M_{b2})/V_p \leqslant (4/3)f_v/\gamma_{RE} \tag{7-30b}$$

工字形截面柱　　　　　$V_p = h_{b1}h_{c1}t_w$

箱形截面柱　　　　　　$V_p = 1.8h_{b1}h_{c1}t_w$

圆管截面柱　　　　　　$V_p = (\pi/2)h_{b1}h_{c1}t_w$

式中　M_{b1}、M_{b2}——节点域两侧梁端的弯矩设计值，绕节点顺时针为正，逆时针为负；

ψ——折减系数，三、四级取 0.6，一、二级取 0.7；

M_{pb1}、M_{pb2}——节点域两侧梁端的全塑性受弯承载力，$M_{pb1}=W_{pb1}f_y$，$M_{pb2}=W_{pb2}f_y$；

W_{pb1}、W_{pb2}——节点域两侧梁端截面的全塑性截面模量；

γ_{RE}——节点域承载力抗震调整系数，取 0.75；

f_v——钢材的抗剪强度设计值；

f_y——钢材的屈服强度；

V_p——节点域的体积；

h_{b1}、h_{c1}——梁翼缘厚度中点间的距离和柱翼缘（或钢管直径线上管壁）厚度中点间的距离；

t_w——柱在节点域的腹板厚度。

（3）节点域加厚或补强　当节点域厚度不满足上述要求时，可采用下列方法对节点域腹板进行加厚或补强：

1）对于焊接工字形截面组合柱，宜将柱腹板在节点域局部加厚，即更换为厚钢板。加厚的钢板应伸出柱上、下水平加劲肋之外各 150mm，并采用对接焊缝将其与上、下柱腹板拼接。

2）对轧制 H 型钢柱，可采用配置斜向加劲肋和贴焊补强板等方式予以补强。当采用贴板方式来加强节点域时，应满足如下要求：当节点域板厚不足部分小于腹板厚度时，可采用单面补强板；若节点域板厚不足部分大于腹板厚度时，则应采用双面补强板。补强板的上、

下边缘应分别伸出柱中水平加劲肋以外不小于 150mm，并用焊脚尺寸不小于 5mm 的连续角焊缝将其上、下与柱腹板焊接，而贴板侧边与柱翼缘可用角焊缝或填充对接焊缝连接；当补强板无法伸出柱中水平加劲肋以外时，补强板的周边应采用填充对接焊缝或角焊缝与柱翼缘和水平加劲肋实现围焊连接。当在节点域板面的垂直方向有竖向连接板时，贴板应采用塞焊（电焊）与节点域板（柱腹板）连接，塞焊孔径应不小于 16mm，塞焊点之间的水平与竖向距离均不应大于相连板件中较薄板件厚度的 $21\sqrt{235/f_y}$ 倍，也不应大于 200mm。当采用配置斜向加劲肋的方式来加强节点域时，斜向加劲肋及其连接应能传递柱腹板所能承受的剪力之外的剪力。

7.4.2 梁-梁刚性节点的构造要求

（1）基本要求

1）柱在两个互相垂直的方向都与梁刚性连接时，宜采用箱形截面；当仅在一个方向与梁刚性连接时，宜采用 H 形截面，并将柱腹板置于刚接框架平面内。

2）箱形截面柱或 H 形截面柱与梁刚性连接时，应符合下列要求：①当采用全焊连接、栓焊混合连接时，梁翼缘与柱翼缘间应采用坡口全熔透焊缝连接。②当采用栓焊混合连接时，梁腹板宜采用高强度螺栓与柱（借助连接板）进行摩擦型连接。

3）对于焊接 H 形截面柱和箱形截面柱，当框架梁与柱刚性连接时，在梁上翼缘以上和下翼缘以下各 500mm 节点范围内的 H 形截面柱翼缘与腹板间的焊缝或箱形柱壁板间的拼接焊缝，应采用坡口全熔透焊缝连接。

4）框架梁轴线垂直于柱翼缘的刚性连接节点，应符合下列要求：①当框架梁垂直于 H 形截面柱翼缘，且梁与柱直接相连时，常采用栓焊混合连接。对于非地震区的钢框架，腹板的连接可采用单片连接板和单列高强度螺栓；对于抗震设防钢框架，腹板宜采用双片连接板和不少于两列高强度螺栓连接。②当框架梁与箱形柱进行栓焊混合连接时，在与框架梁翼缘相应的箱形截面柱中，应设置贯通式水平隔板。③框架梁采用悬臂梁段与柱刚性连接时，悬臂梁段与柱之间应采用全焊连接，并应预先在工厂完成，其悬臂梁段与跨中梁段的现场拼接，可采用全螺栓连接或栓焊混合连接。④工字形柱的横向水平加劲肋与柱翼缘的连接，应采用坡口全熔透焊缝，与柱腹板的连接可采用角焊缝；箱形柱中的隔板与柱的连接，应采用坡口全熔透焊缝。

5）梁轴线垂直于 H 形柱腹板的刚性连接节点，其构造应符合下列要求：①应在梁上、下翼缘的对应位置设置柱的横向水平加劲肋，且该横向水平加劲肋宜伸出柱外 100mm，以避免加劲肋在与柱翼缘的连接处因板件宽度的突变而破坏。②水平加劲肋与 H 形柱的连接，应采用全熔透对接焊缝。③在梁高范围内，与梁腹板对应位置，在柱的腹板上设置竖向连接板。④梁与柱的现场连接中，梁翼缘与横向水平加劲肋之间采用坡口全熔透焊缝连接；梁腹板与柱上的竖向连接板相互搭接，并用高强度螺栓摩擦型连接。⑤当采用悬臂梁段时，其悬臂梁段的翼缘与腹板应全部采用全熔透对接焊缝与柱相连，该对接焊缝宜在工厂完成。⑥柱上悬臂梁段与钢梁的现场拼接接头，可采用高强度螺栓摩擦型连接的全螺栓连接，或全焊连接，或栓焊混合连接。

6）当梁与柱的连接采用栓焊混合连接的刚性节点时，其梁翼缘连接的细部构造应符合以下要求：①梁翼缘与柱的连接焊缝，应采用坡口全熔透焊缝，并按规定设置不小于 6mm

的间隙和焊接衬板,且在梁翼缘坡口两侧的端部设置引弧板或引出板。焊接完毕后,宜用气刨切除引弧板或引出板并打磨,以消除起、灭弧缺陷的影响。②为设置焊接衬板和方便焊接,应在梁腹板上、下端头分别作扇形切角,其上切角半径 r 宜取 35mm,并在扇形切角端部与梁翼缘连接处以 $r=10\sim 15$mm 的圆弧过渡,以减小焊接热影响区的叠加效应;而下切角半径 r 可取 20mm。③对于抗震设防的框架,梁的下翼缘焊接衬板的底面与柱翼缘相接处,宜沿衬板全长用角焊缝补焊封闭。由于仰焊不便,焊脚尺寸可取 6mm。

7) 节点加劲肋的设置:①当柱两侧的梁高相等时,在梁上、下翼缘对应位置的柱中腹板,应设置横向(水平)加劲肋(H 形截面柱)或水平加劲隔板(箱形截面柱),且加劲肋或加劲隔板的中心线应与梁翼缘的中心线对准,并采用全熔透对接焊缝与柱的翼缘和腹板连接;对于抗震设防的结构,加劲肋或隔板的厚度不应小于梁翼缘的厚度,对于非抗震设防或 6 度设防的结构,其厚度可适当减小,但不得小于梁翼缘厚度的一半,并应符合板件宽厚比的限值。②当柱两侧的梁高不等时,每个梁翼缘对应位置均应设置柱的水平加劲肋或隔板。为方便焊接,加劲肋的间距不应小于 150mm,且不应小于柱腹板一侧的水平加劲肋的宽度;因条件限制不能满足此条件时,应调整梁的端部宽度,此时可将截面高度较小的梁腹板高度局部加大,形成梁腋,但腋部翼缘的坡度不得大于 1:3;或采用有坡度的加劲肋。③当与柱相连的纵梁和横梁的截面高度不等时,同样也应在纵梁和横梁翼缘的对应位置分别设置水平加劲肋。

8) 不设加劲肋的条件:

对于非抗震设计框架,当梁与柱采用全焊或栓焊混合连接方式所形成的刚性节点,在梁的受压翼缘处,柱的腹板厚度 t_w 同时满足以下两个条件时,可不设水平加劲肋

$$\begin{cases} t_w \geqslant \dfrac{A_{fc} f_b}{l_z f_c} \\ t_w \geqslant \dfrac{h_c}{30}\sqrt{\dfrac{f_{yc}}{235}} \\ l_z = t_f + 5h_y, h_y = t_{fc} + R \end{cases} \quad (7\text{-}31\text{a})$$

在梁的受拉翼缘处,柱的翼缘板厚度 t_c 满足下式条件时,可不设水平加劲肋

$$t_c \geqslant 0.4\sqrt{\dfrac{A_{ft} f_b}{f_c}} \quad (7\text{-}31\text{b})$$

式中 A_{fc}、A_{ft}——梁受压翼缘、受拉翼缘的截面面积;

t_f——梁受压翼缘的厚度;

l_z——柱腹板计算高度边缘压力的假想分布长度;

h_y——与梁翼缘相连一侧柱翼缘外表面至柱腹板计算高度边缘的距离;

t_{fc}——柱翼缘的厚度;

R——柱翼缘内表面至腹板弧根的距离,或腹板角焊缝的厚度;

h_c——柱腹板的截面高度;

f_b——梁钢材的抗拉、抗压强度设计值;

f_{yc}、f_c——柱钢材的屈服强度和抗拉强度设计值。

9) 水平加劲肋的连接：

与 H 形截面柱的连接。当梁轴线垂直于 H 形柱的翼缘平面时，在梁翼缘对应位置设置的水平加劲肋与柱翼缘的连接，抗震设计时，宜采用坡口全熔透对接焊缝；非抗震设计时，可采用部分熔透焊缝或角焊缝。当梁轴线垂直于 H 形柱腹板平面时，水平加劲肋与柱腹板的连接则应采用坡口全熔透焊缝。

与箱形截面柱的连接。对于箱形截面柱，应在梁翼缘的对应位置的柱内设置水平隔板，其板厚不应小于梁翼缘的厚度；水平隔板与柱的焊接，应采用坡口全熔透对接焊缝。当箱形截面较小时，为了方便加工，也可在梁翼缘的对应位置，沿箱形柱外圈设置水平加劲环板，并应采用坡口全熔透对接焊缝直接与梁翼缘相连。对无法进行手工焊接的焊缝，应采用熔化嘴电渣焊。由于这种焊接方式产生的热量较大，为了减小焊接变形，电渣焊缝的位置应对称布置，并应同时施焊。

(2) 改进梁-柱刚性连接抗震性能的构造措施　为避免在地震作用下梁-柱连接处的焊缝发生破坏，宜采用能使塑性铰自梁端外移的做法，其基本措施有两类：一是翼缘削弱型，二是梁端加强型。前者是通过在距梁端一定距离处，对梁上、下翼缘进行切削切口或钻孔或开缝等措施，以形成薄弱面，达到强震时梁的塑性铰外移的目的；后者则是通过在梁端加焊楔形盖板、竖向肋板、侧板，或者局部加宽或加厚梁翼缘等措施，以加强节点，达到强震时梁的塑性铰外移的目的。下面列出两种抗震性能较好的梁-柱节点。

削弱型（狗骨式）节点。狗骨式连接节点属于梁翼缘削弱型节点，其具体做法是：在距离梁端一定距离（通常取 150mm）处，对梁上、下翼缘的两侧进行弧形切削（切削面应刨光，切削后的翼缘截面面积不宜大于原截面面积的 90%，并能承受按弹性设计的多遇地震下的组合内力），形成薄弱截面，使强震时梁的塑性铰外移。建议在 8 度 Ⅲ、Ⅳ 类场地和 9 度时采用该节点。

加强型（梁端盖板式）节点。梁端盖板式节点属于梁端加强型节点，其具体做法是：在框架梁端的上、下翼缘加焊楔形短盖板，先在工厂采用角焊缝焊于梁的翼缘，然后在现场采用坡口全熔透对接焊缝与柱翼缘相连。楔形短盖板的厚度不宜小于 8mm，其长度宜取 $0.3h_b$，并不小于 150mm，一般取 150~180mm。

7.5　柱脚设计

7.5.1　柱头

梁与柱的连接部分称为柱头（柱顶），其作用是将上部结构的荷载传到柱身。柱头的构造是与梁的端部构造密切相关的，轴心受压柱与梁的连接应采用铰接，框架结构的梁柱连接多数为刚接。柱头设计必须遵循传力可靠、构造简单和便于安装的原则。

1. 铰接柱头

轴心受压柱是一种独立的构件，直接承受上部传来的荷载。梁与柱铰接时，梁可支承在柱顶上，也可连于柱的侧面。当梁支承于柱顶时，梁的支座反力通过柱顶板传给柱身。顶板与柱用焊缝连接，顶板厚度一般取 16~20mm。为了便于安装定位，梁与顶板用普通螺栓连接。图 7-1a 所示的构造方案,将梁的反力通过支承加劲肋直接传给柱的翼缘。两相邻梁之间留一空隙,以便于安装,最后用夹板和构造螺栓连接。这种连接方式构造简单,对梁长度尺寸的制作要求不高。缺点是当柱顶两侧梁的反力不等时将使柱偏心受压。图 7-1b 所示的构造方案,梁的反力通过端部加劲肋的突出部分传给柱的轴线附近,因此即使两相邻梁的反力不等,柱仍接近于轴心受压。梁端加劲肋的底面应刨平顶紧于柱顶板。由于梁的反力大部分传给柱的腹板,因而腹板不能太薄且必须用加劲肋加强。两相邻梁之间可留一些空隙,安装时嵌入合适尺寸的填板并用普通螺栓连接。对于格构柱(图 7-1c),为了保证传力均匀并托住顶板,应在两柱肢之间设置竖向隔板。

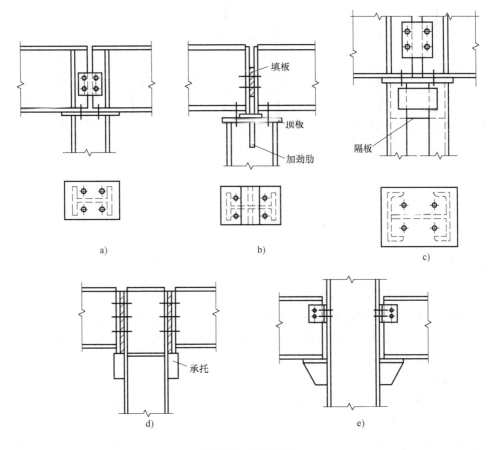

图 7-1 铰接柱头

在多层框架的中间梁柱中,横梁只能在柱侧相连。图 7-1d、e 是梁连接于柱侧面的铰接构造。梁的反力由端加劲肋传给支托,支托可采用 T 形(图 7-1e),也可用厚钢板做成(图 7-1d),支托与柱翼缘间用角焊缝相连。用厚钢板做支托的方案适用于承受较大的压力,但制作与安装的精度要求较高。支托的端面必须刨平并与梁的端加劲肋顶紧以便直接传递压力。考虑到荷载偏心的不利影响,支托与柱的连接焊缝按梁支座反力的 1.25 倍计算。为方便安装,梁端与柱间应留空隙加填板并设置构造螺栓。

2. 刚接柱头

单层和多层框架的梁柱连接,多数都作成刚性节点。梁端采用刚接可以减小梁跨中的弯矩，但制作施工较复杂。不论梁位于柱顶或位于柱身，均应将梁支承于柱侧，如图 7-2 所示。计算时，梁端弯矩只考虑由连接梁的上、下翼缘与柱翼缘的连接板和承托的顶板及焊缝（或高强度螺栓）传递，并将其代换为水平拉力和压力进行计算。梁的支座剪力则全部由连接于梁腹板的连接板及焊缝（或高强度螺栓）传递，图 7-2 所示的连接方案，构造都比较简单，但应注意防止柱翼缘出现层间撕裂。

柱在和梁连接的范围内可以设置横向加劲肋，如图 7-2b、d 所示，或不设置横向加劲肋，如图 7-2a、c 所示，后一种情况需要对柱腹板和翼缘的强度和稳定做出验算。

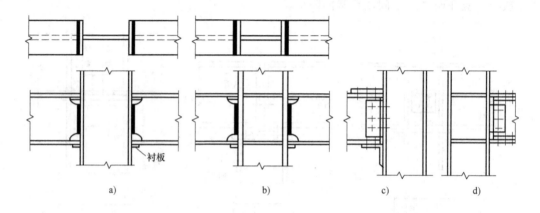

图 7-2 刚接柱头

7.5.2 柱脚

柱脚的作用是将柱身内力传给基础，并和基础牢固地连接起来。柱脚的构造设计应尽可能符合结构的计算简图。在整个柱中柱脚的耗钢量大，且制造费工，设计时应力求简明。

按其与基础的连接形式，柱脚可分铰接柱脚与刚接柱脚两种。不论是轴心受压柱、框架柱或压弯构件，这两种形式均有采用。

1. 铰接柱脚

铰接柱脚不承受弯矩，主要承受轴心压力和剪力。剪力通常由底板与基础表面的摩擦力传递。当此摩擦力不足以承受水平剪力时，应在柱脚底下设置抗剪键，抗剪键可由方钢、短 T 型钢或 H 型钢做成。而铰接柱脚仅按承受轴向压力计算，柱身传来的压力首先经柱身和靴梁间的四条焊缝传给靴梁，再经角焊缝由靴梁传给底板，最后由底板把压力传给混凝土基础。由于基础材料的强度远比钢材低，因此须在柱底设一放大的底板以增加其与基础的承压面积。图 7-3 所示为几种平板式柱脚，它们一般由底板和辅助传力零件：靴梁、隔板、肋板组成，并用埋设于混凝土基础内的锚栓将底板固定。

底板上的锚栓孔应比锚栓直径大 1~1.5 倍，或做成 U 形缺口以便于柱的安装和调整。锚栓一般按构造采用 2 个 M20~M27，并沿底板短轴线设置，最后固定时，应用孔径比锚栓直径大的垫板套住锚栓并与底板焊牢。

（1）底板的计算

1）底板的面积。底板的平面尺寸决定于基础材料的抗压能力，计算时认为柱脚压力在

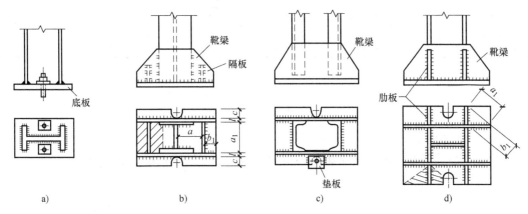

图 7-3 平板式柱脚

底板和基础之间是均匀分布的，则需要的底板面积按下式确定

$$A_n \geq \frac{N}{\beta_c f_c} \tag{7-32}$$

式中 N——作用于柱脚的压力设计值；

f_c——基础混凝土的抗压强度设计值；

β_c——基础混凝土局部承压时的强度提高系数。

2) 底板的厚度。底板的厚度由板的抗弯强度决定，可将底板看作是一块支承在靴梁、隔板和柱身上的平板，它承受从下面来的基础的均匀反力。靴梁、肋板和柱的端面均可视为底板的支承边，底板被它们划分为几个部分，有四边支承板、三边支承板、两相邻边支承板和一边支承（悬臂）板等几种受力状态区格，近似地按照各不相关的板块进行抗弯计算，各区格板单位宽度上的最大弯矩为：

四边支承板

$$M_4 = \alpha q a^2 \tag{7-33}$$

式中 q——作用于底板单位面积上的压应力，$q = N/A_n$；

a——四边支承板的短边长度；

α——系数，由长边 b 与短边 a 之比查表 7-1。

表 7-1 简支板的 α 值

b/a	1.0	1.1	1.2	1.3	1.4	1.5	1.6	1.7	1.8	1.9	2.0	3.0	≥4.0
α	0.048	0.055	0.063	0.069	0.075	0.081	0.086	0.091	0.095	0.099	0.101	0.119	0.125

三边支承板及两相邻边支承板

$$M_{3(2)} = \beta q a_1^2 \tag{7-34}$$

式中 a_1——三边支承板的自由边长度或两相邻边支承板的对角线长度；

β——系数，根据 b_1/a_1 值查表 7-2；其中 b_1 对三边支承板中为垂直于自由边的长度，对两相邻边支承板中为内角顶点至对角线的垂直距离。

当三边支承板的 $b_1/a_1 < 0.3$ 时，可按悬臂长为 b_1 的悬臂板计算。

表 7-2　三边简支一边自由板的 β 值

b_1/a_1	0.3	0.4	0.5	0.6	0.7	0.8	0.9	1.0	1.2	≥1.4
β	0.026	0.042	0.058	0.072	0.085	0.092	0.104	0.111	0.120	0.125

一边支承（悬臂）板

$$M_1 = \frac{1}{2}qc^2$$

式中　c——悬臂长度。

取由上列各式计算出的各区格板中的最大弯矩，即可按下式确定底板厚度

$$t \geqslant \sqrt{\frac{6M_{max}}{f}} \tag{7-35}$$

显然合理的设计应使 M_1、M_3 和 M_4 基本接近，这可通过调整底板尺寸和加设隔板等办法来实现。

底板厚度一般取 $t=20\sim40\mathrm{mm}$，且不小于 14mm，以保证必要的刚度，满足基础反力为均匀分布的假设。这种方法确定底板厚度是偏于保守的，没有考虑各区格板的连续性，但方法简单易被设计人员所接受。底板的尺寸和厚度确定后，可按传力过程计算焊缝和靴梁强度。

（2）靴梁的计算　靴梁的高度由其与柱边连接所需要的焊缝长度决定，此连接焊缝承受柱身传来的压力 N。靴梁的厚度比柱翼缘厚度略小。靴梁按支承于柱边的双悬臂梁计算，根据所承受的最大弯矩和最大剪力值，验算靴梁的抗弯和抗剪强度。

（3）隔板、肋板计算　隔板作为底板的支承边也应具有一定的刚度，其厚度不应小于宽度的 1/50，但可比靴梁略薄；高度一般取决于与靴梁连接焊缝长度的需要；在大型柱脚中还须按支承于靴梁的简支梁对其强度进行计算。注意隔板内侧的焊缝不易施焊，计算时不能考虑受力。

肋板可按悬臂梁计算其强度和与靴梁的连接焊缝。

2. 刚接柱脚

刚接柱脚除传递轴心压力和剪力外，还要传递弯矩，故构造上要保证传力明确，柱脚与基础之间的连接要兼顾强度和刚度，并要便于制造和安装。图 7-4 所示是常用的几种刚接柱脚。当作用于柱脚的压力和弯矩都比较小且在底板与基础间只产生压应力时，采用如图 7-4a 所示构造方案；当弯矩较大而要求较高的连接刚性时，可采用如图 7-4b 所示构造方案，此时锚栓用肋板加强的短槽钢将柱脚与基础牢固定住；图 7-4c 所示为分离式柱脚，它多用于大型格构柱，比整块底板经济，各分肢柱脚相当于独立的轴心受力铰接柱脚，但柱脚底部须作必要的联系，以保证一定的空间刚度。

（1）整体式刚接柱脚　同铰接柱脚相同，刚接柱脚的剪力也应由底板与基础表面的摩擦力或设置抗剪键传递，不应将柱脚锚栓用来承受剪力。

1）底板的计算。以图 7-4b 所示柱脚为例，首先根据构造要求确定底板宽度 B，悬臂长度 c 不超过 $20\sim30\mathrm{mm}$，然后可根据底板下基础的压应力不超过混凝土抗压强度设计值的要求决定底板长度 L

$$\sigma_{max} = \frac{N}{BL} + \frac{6M}{BL^2} \leqslant f_{cc} \tag{7-36}$$

式中 N、M——柱脚所承受的最不利弯矩和轴心压力,取使基础一侧产生最大压应力的内力组合;

f_{cc}——混凝土的承压强度设计值。

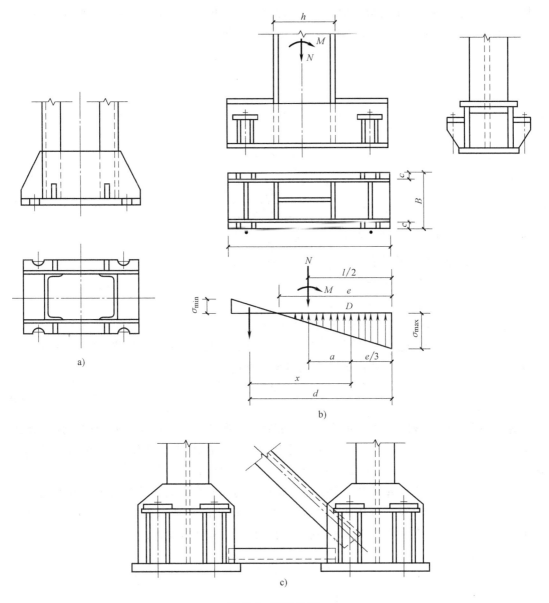

图 7-4 刚接柱脚

底板另一侧的应力为

$$\sigma_{min} = \frac{N}{BL} - \frac{6M}{BL^2} \tag{7-37}$$

可得底板下压应力的分布图形,采用与铰接柱脚相同的方法,即可计算底板厚度。计算弯矩时,可偏安全地取各区格中的最大压应力。

须注意,此种方法只适用于 σ_{min} 为正(即底板全部受压)时的情况,若算得的 σ_{min} 为拉应力,则应采用下面锚栓计算中所算得的基础压应力进行底板的厚度计算。

2) 锚栓的计算。锚栓的作用除了固定柱脚的位置外,还应能承受柱脚底部由压力 N 和弯矩 M 组合作用而可能引起的拉力 N_t。当组合内力 N、M(通常取 N 偏小,M 偏大的一组)作用下产生如图 7-4b 所示底板下应力的分布图形时,可确定出压应力的分布长度 e。现假定拉应力的合力由锚栓承受,根据 $\Sigma M_d = 0$ 可求得锚栓拉力

$$N_t = \frac{M - Na}{x} \tag{7-38}$$

$$a = \frac{l}{2} - \frac{e}{3}$$

$$x = d - \frac{e}{3}$$

$$e = \frac{\sigma_{\max}}{\sigma_{\max} + |\sigma_{\min}|}$$

式中 a——底板压应力合力的作用点到轴心压力的距离;

x——底板压应力合力的作用点到锚栓的距离;

l——压应力的分布长度;

d——锚栓到底板最大压应力处的距离。

按此锚栓拉力即可计算出一侧锚栓的个数和直径。

3) 靴梁、隔板及其连接焊缝的计算。靴梁与柱身的连接焊缝,应按可能产生的最大内力 N_t 计算,并以此焊缝所需要的长度来确定靴梁的高度。此处

$$N_t = \frac{N}{2} + \frac{M}{h} \tag{7-39}$$

靴梁按支于柱边缘的悬伸梁来验算其截面强度。靴梁的悬伸部分与底板间的连接焊缝共有四条,应按整个底板宽度下的最大基础反力来计算。在柱身范围内,靴梁内侧不便施焊,只考虑外侧两条焊缝受力,可按该范围内最大基础反力计算。

隔板的计算同铰接柱脚,它所承受的基础反力均偏安全地取该计算段内的最大值计算。

(2) 分离式柱脚 每个分离式柱脚按分肢可能产生的最大压力作为承受轴向力的柱脚设计,但锚栓应由计算确定。分离式柱脚的两个独立柱脚所承受的最大压力为:

$$\begin{cases} 右肢 \quad N_t = \dfrac{N_a y_2}{a} + \dfrac{M_a}{a} \\ 左肢 \quad N_t = \dfrac{N_b y_1}{a} + \dfrac{M_b}{a} \end{cases} \tag{7-40}$$

式中 N_a、M_a——使右肢受力最不利的柱的组合内力;

N_b、M_b——使左肢受力最不利的柱的组合内力;

y_1、y_2——分别为右肢及左肢到柱轴线的距离;

a——柱截面宽度。

每个柱脚的锚栓也按各自的最不利组合内力换算成的最大拉力计算。

(3) 插入式柱脚 单层厂房柱的刚接柱脚消耗钢材较多,即使采用分离式,柱脚重量

也约为整个柱重的 10%~15%。为了节约钢材，可以采用插入式柱脚，即将柱端直接插入钢筋混凝土杯形基础的杯口中。杯口构造和插入深度可参照钢筋混凝土结构的有关规定。

插入式基础主要需验算钢柱与二次浇灌层（采用细石混凝土）之间的黏结剪力以及杯口的抗冲切强度。

思考题与习题

1. 简述梁-柱节点的连接形式及其构造要求。
2. 简述梁-柱节点的承载力验算内容及其验算方法。
3. 简述主梁的接头形式及其构造要求。
4. 简述主、次梁的连接方式及其构造要求。
5. 简述梁-梁接头承载力验算内容及方法。
6. 简述柱-柱接头形式及其构造要求。
7. 简述柱脚节点的形式及其计算方法。

下篇
钢结构设计

第8章

轻型门式刚架结构设计

学习目标

熟悉单层门式刚架结构的组成、形式和结构布置，檩条、压型钢板、墙梁和支撑的连接构造及设计；掌握刚架的荷载计算和荷载效应组合；掌握变截面刚架梁、柱的设计；掌握刚架主要节点的构造和设计；重点掌握轻型门式刚架的结构布置，刚架和檩条设计；了解冷弯薄壁型钢构件截面的有效宽度，变截面构件设计。

8.1 概述

在工业发达的国家，轻型门式刚架结构已经非常广泛地应用于各类房屋结构中。国内轻型门式刚架结构的应用大约始于 20 世纪 80 年代初期，中国工程建设标准化协会在 1999 年颁布了 CECS 102—1998《门式刚架轻型房屋钢结构技术规程》，此后轻型门式刚架结构的应用得到了迅速发展。2002 年和 2012 年我国对《门式刚架轻型房屋钢结构技术规程》进行了两次修订，并最终发展为现行的 GB 51022—2015《门式刚架轻型房屋钢结构技术规范》，明确了门式刚架主要适用于房屋高度不大于 18m，房屋高宽比小于 1，承重结构为单跨或多跨实腹门式刚架，具有轻型屋盖、无桥式起重机或有起重量不大于 20t 的 A1~A5 工作级别桥式起重机或 3t 悬挂式起重机的单层钢结构房屋。

8.1.1 组成

如图 8-1 所示，轻型门式刚架结构主要由门式刚架、支撑系统、围护结构等组成。

1. 门式刚架

门式刚架是结构的主要承重骨架，通常采用轻型焊接 H 型钢或热轧 H 型钢等构成。为节省钢材，刚架梁、刚架柱一般采用变截面构件。设有桥式起重机时，刚架柱则采用等截面构件。

2. 支撑系统

支撑主要由屋面横向水平支撑、柱间支撑、系杆等组成，是确保结构能够整体工作的重要构件，同时也是结构纵向传力的主要构件。

此外，在山墙处，设有抗风柱；有桥式起重机时，还设有吊车梁；为保证刚架梁在负弯矩区段的稳定以及刚架柱内侧翼缘受压区段的稳定，还需设隅撑。

3. 围护结构

屋面和墙面是房屋的围护结构，在轻型门式刚架结构中，一般不再采用砌体、预制板等

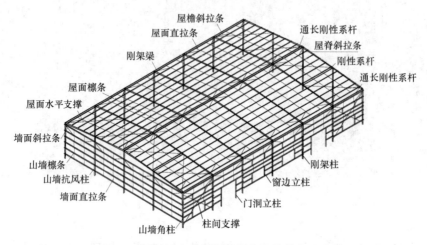

图 8-1 轻型门式刚架钢结构房屋的基本组成

传统材料，而是由檩条、墙梁、拉条和面板组成。

檩条和墙梁是屋面和墙面的承重构件，常采用冷弯薄壁型钢。拉条可阻止檩条和墙梁的面外失稳，用圆钢和钢管做成。

工程中多采用彩色镀锌（或镀铝锌）压型钢板作为面板，当确保面板和檩条、墙梁等构件连接可靠时，面板可以考虑参与结构的共同受力（蒙皮效应）。保温隔热材料有玻璃棉、聚苯乙烯泡沫塑料、岩棉等，目前多采用玻璃棉。

8.1.2 门式刚架的特点

轻型门式刚架结构具有以下特点：

1. 质量轻

由于围护结构采用压型金属板、玻璃棉及冷弯薄壁型钢等材料组成，屋面、墙面的质量都很轻，因而支承它们的门式刚架也很轻。根据国内的工程实例统计，单层门式刚架房屋承重结构的用钢量一般为 $10\sim30 kg/m^2$。在相同的跨度和荷载条件下，自重约为钢筋混凝土结构的 $1/30\sim1/20$。

由于单层门式刚架结构质量轻，地基处理费用相对较低，基础可以做得比较小。同时在相同地震设防烈度下门式刚架结构的地震反应小。一般情况下，地震作用参与的内力组合对刚架梁、柱构件的设计不起控制作用。但是风荷载对门式刚架结构构件的受力影响较大，风荷载产生的吸力可能会使屋面的金属压型板、檩条反向受力，当风荷载较大或房屋较高时，风荷载可能是门式刚架设计的控制荷载。

2. 工业化程度高，施工周期短

门式刚架结构的主要构件和配件均为工厂制作，质量易于保证，工地现场安装方便。除基础施工外，基本没有湿作业，构件之间多采用高强度螺栓连接，现场施工人员少。

3. 柱网布置比较灵活

门式刚架结构的围护体系采用金属压型钢板，柱网布置不受模数限制，柱距大小主要根据使用要求和用钢量最省的原则来确定。

4. 组成构件的板件较薄，对制作、涂装、运输、安装要求高

在门式刚架结构中，焊接构件中钢板的最小厚度为 3.0mm，冷弯薄壁型钢构件中钢板的最小厚度为1.5mm，压型钢板的最小厚度为0.4mm。板件的宽厚比大，使得构件在外力撞击下易发生局部变形。同时，锈蚀对构件截面削弱带来的后果更为严重。

此外，构件的抗弯刚度、抗扭刚度较小，结构整体较柔，要注意防止构件发生弯曲和扭转变形。同时，要重视支撑体系和隅撑的布置，重视屋面板、墙面板与构件的连接构造，使其能参与结构的整体工作。

8.1.3 应用范围

轻型门式刚架结构主要应用于轻型厂房、仓库、交易市场、大型超市、体育馆、展览厅、活动房屋及加层建筑等。

8.1.4 设计过程

1. 设计所依据的主要规范、规程

GB 50009—2012《建筑结构荷载规范》

GB 51022—2015《门式刚架轻型房屋钢结构技术规范》

GB 50018—2002《冷弯薄壁型钢结构技术规范》

GB 50017—2017《钢结构设计标准》

GB 50011—2010《建筑抗震设计规范》

GB 50007—2011《建筑地基基础设计规范》

GB 50205—2020《钢结构工程施工质量验收标准》

GB 50223—2008《建筑工程抗震设防分类标准》

2. 设计步骤

轻型门式刚架的使用要求确定以后，其设计步骤一般如下：

1）结构选型与布置：确定结构形式、建筑尺寸、结构平面布置。

2）初选构件截面：主要包括刚架梁和柱、屋面支撑、柱间支撑、系杆、墙梁、檩条、抗风柱以及吊车梁（有起重机时）等。

3）荷载计算与荷载组合：确定结构所承受的永久荷载、可变荷载以及各种作用，确定可能的荷载组合形式。

4）屋面板和檩条的设计。

5）刚架内力及侧移计算：确定刚架计算单元与计算模型，计算内力与侧移。

6）构件强度、稳定性的计算复核，及结构刚度校核：对刚架梁、刚架柱的强度、刚度及稳定性进行校核。当计算结果满足安全、经济要求时，可转到下一步骤，否则需调整截面后回到第5）步，重新设计刚架。

7）节点和柱脚的构造设计及强度计算。

8）屋面支撑、柱间支撑、系杆、隅撑、抗风柱以及吊车梁（有起重机时）等构件的内力计算及构件验算等。

9）基础设计、柱脚以下部分的设计，可参考基础及混凝土相关资料。

10）绘制施工图，编制计算书。结构施工图主要包含目录、结构设计说明、结构布置图、构件图、节点图等。结构计算书须包含详尽的荷载取值及荷载组合、材料选用、结构模型、结构分析结果、主要受力构件及节点的设计过程，以及分析所选用设计软件等信息。

一般情况下，可采用上述设计步骤进行，实际设计中结构工程师也可根据设计经验先设计主刚架，后设计次要结构。

8.2 结构形式与结构布置

8.2.1 门式刚架

1. 刚架形式

门式刚架又称山形门式刚架，是梁、柱单元构件的组合体，其形式种类众多。通常情况下，门式刚架可分为单跨（图 8-2a、d）、双跨（图 8-2b、e、f）、多跨（图 8-2c）、带挑檐（图 8-2d）和带毗屋的（图 8-2e）刚架等形式。多跨刚架宜采用双坡（图 8-2c、h）或单坡屋盖（图 8-2f，必要时也可采用由多个双坡屋盖组成的多跨刚架形式。当需要设置夹层时，夹层可沿纵向设置（图 8-2g）或设置在横向端跨（图 8-2h）。

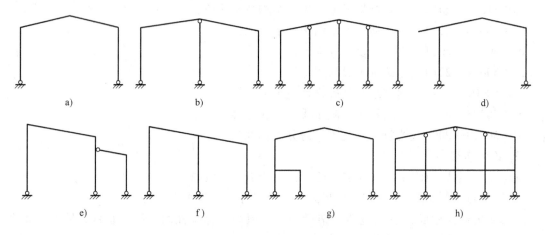

图 8-2　门式刚架的结构形式示例

a）单跨双坡刚架　b）双跨双坡刚架　c）四跨双坡刚架　d）带挑檐刚架　e）双跨单坡（毗屋）刚架
f）双跨单坡刚架　g）纵向带夹层刚架　h）端跨带夹层刚架

根据跨度、高度和荷载不同，门式刚架的梁、柱可采用变截面或等截面实腹焊接工字形截面或 H 形截面。一般情况下，变截面构件通过改变腹板的高度做成楔形截面，必要时也可改变腹板厚度。变截面梁端高度不宜小于跨度的 1/40～1/35，中段高度则不小于跨度的 1/60，等截面梁的截面高度一般取跨度的 1/40～1/30。变截面柱在铰接柱脚处的截面高度不宜小于 200～250mm。当设有桥式起重机时，刚架柱宜采用等截面构件，其截面高度不宜小于柱高的 1/20。结构构件在安装单元内一般不改变翼缘截面，必要时可改变翼缘厚度。邻接的安装单元可采用不同的翼缘截面，但两单元相邻截面高度宜相等。

门式刚架可由多个梁、柱单元构件组成。刚架柱一般为独立单元构件，刚架梁可根据运输条件划分为若干个单元。单元构件本身采用焊接，单元构件之间可通过端板用高强度螺栓连接。

门式刚架的柱脚多按铰接支承设计，通常为平板支座，设一或两对地脚锚栓。当用于工业厂房且有 5t 以上桥式起重机时，柱脚宜设计成刚接。

当门式刚架跨度较大时，中间柱上下两端均采用铰接形式，称之为摇摆柱。摇摆柱只用于承担竖向荷载，不能用于承担水平荷载及提供侧向刚度。

轻型门式刚架房屋的屋面坡度宜取 1/20~1/8，在雨水较多地区宜取用较大值。此外，多跨刚架采用双坡或单坡屋顶有利于屋面排水，在多雨地区宜采用这些形式。

根据通风、采光的要求，轻型门式刚架房屋可设置通风口、采光带和天窗架等。

2．刚架布置

（1）柱网 轻型门式刚架房屋的柱网尺寸一般由生产工艺要求和建筑使用功能决定。特别是工业建筑各种生产工艺流程所需的设备、产品尺寸、生产空间，以及民用或公共建筑的空间分区、房间的使用功能等均是决定刚架跨度及柱距的重要影响因素。

1）门式刚架的跨度应取横向刚架柱轴线间的距离，其单跨跨度宜为 12~48m，如有依据，可采用更大跨度。虽然门式刚架的跨度没有严格的模数限制，但习惯上仍采用 3m 的倍数。当边柱宽度不等时，其外侧应对齐。

2）门式刚架的间距（即柱网轴线在纵向的距离）除考虑生产工艺要求及建筑使用功能外，还应考虑刚架跨度、荷载情况和使用条件等，一般宜采用 6~9m，最大可用到 12m，跨度较小时可用 4.5m。当柱距超过 10m 时，门式刚架屋面系统的用钢量会显著增加，一般需设置托架或托梁。

3）挑檐长度可根据使用要求确定，宜为 0.5~1.2m，其上翼缘坡度宜与刚架梁坡度相同。

4）门式刚架的高度，应取地坪至柱轴线与刚架梁轴线交点的高度，主要根据使用要求的室内净高确定，有起重机的厂房应根据轨顶标高和起重机净空要求确定，宜取 4.5~9m，必要时可适当放大，但不宜大于 18m。

（2）温度区段 结构构件在环境温度发生改变时产生伸缩变形，如果变形受到约束，在结构及主要受力构件内部产生温度应力。目前，精确计算结构内部的温度应力仍比较困难，通常采用构造解决，即设置温度变形缝。将较长、较宽的结构分为若干个独立部分，称为温度区段。门式刚架轻型房屋的主要受力构件和围护结构通常刚度不大，其温度应力相对较小，与传统结构形式相比可适当放宽，《门式刚架轻型房屋钢结构技术规范》规定的温度区段长度（伸缩缝间距）应符合下列规定：纵向温度区段不大于 300m；横向温度区段不大于 150m。

当满足上述规定时，可不计算门式刚架的温度应力。当有合理的计算依据时，温度区段长度也可适当增加。

当不满足上述规定时，需设置温度伸缩缝，通常有两种做法：在搭接檩条的螺栓连接处采用长圆孔，并使该处屋面板在构造上允许胀缩；设置双柱。

8.2.2 支撑系统

1．支撑形式

为承担结构纵向的水平荷载，保证承重结构在安装及使用中的整体稳定性，提高结构的空间作用，并减小构件在平面外的计算长度，应根据结构的形式、跨度、高度、起重机状况和所在地区的抗震设防烈度等设置支撑系统。

轻型门式刚架结构的支撑系统包括柱间支撑、屋面支撑、刚性系杆和柔性系杆等部分。

柱间支撑可根据起重机状况和所在地区的抗震设防烈度，选择圆钢或钢索交叉支撑、型钢交叉支撑、方管或圆管人字支撑等形式；屋面支撑可根据是否具有悬挂起重机荷载，选用圆钢或钢索交叉支撑、型钢交叉支撑等形式，屋面横向交叉支撑节点布置应与抗风柱相对应，并在屋面梁转折处设置节点；刚性系杆和柔性系杆可选用圆管等型钢截面形式。

2. 支撑布置

门式刚架支撑系统的布置应遵循布置均匀、传力简捷、结构对称、形式统一、经济可靠的原则。

1）在每个温度区段或者分期建设的区段中，应分别设置能独立构成空间稳定结构的支撑体系。在设置柱间支撑开间的同时设置屋面横向支撑，以组成完整的空间稳定体系。

2）屋面横向支撑宜设在温度区段端部的第一或第二开间，当支撑设在端部第二开间时，在第一开间的相应位置需设置刚性系杆。在门式刚架转折处，如单跨房屋边柱柱顶、屋脊处、多跨刚架某些中间柱顶和屋脊处等，均应沿房屋全长设置刚性系杆。

3）由支撑斜杆等组成的水平桁架，其直腹杆宜按刚性系杆考虑。刚性系杆也可采用檩条兼作，此时檩条应满足压弯构件的承载力及刚度要求。若不满足，可在刚架梁间增设钢管、H型钢或其他截面的杆件。

4）柱间支撑一般设置在边墙柱列，当建筑物宽度大于60m时，在内柱列宜适当设置柱间支撑。有起重机时，每个起重机跨两侧柱列均应设置起重机柱间支撑。

5）同一柱列不宜混用刚度差异大的支撑形式。在同一柱列设置的柱间支撑共同承担该柱列的水平荷载，水平荷载按各支撑的刚度进行分配。若无法实现不同柱列间的抗侧刚度与其承受的风或地震作用相匹配时，应采用力学方法进行空间建模分析，以确定内力在各列支撑上的分配。

6）柱间支撑的间距应根据房屋纵向受力情况、纵向柱距及温度区段等情况确定。无起重机时，一般取30～45m或4～6个开间，端部柱间支撑宜设置在房屋端部的第一或第二开间内。当有起重机时，起重机牛腿下部支撑宜设置在区段中部，当温度区段较长时，宜设置在三分点内，且柱间支撑最大间距不宜超过50m。

7）当房屋高度大于柱距2倍时，柱间支撑宜分层设置。当沿柱高有质量集中点、起重机牛腿或矮屋面连接点时应设置相应支撑点。

8）门式刚架的柱间支撑宜采用带张紧装置的十字交叉圆钢支撑，圆钢应采用特制的连接件与梁、柱腹板连接。连接件应能适用不同夹角，圆钢端部均应有丝扣，校正定位后宜采用花篮螺栓张紧固定。圆钢支撑与构件的夹角应控制在45°～60°之间，宜接近45°。

9）当设有起重量不小于5t的桥式起重机时，宜采用型钢交叉支撑。当房屋不允许设置柱间支撑时，需设置纵向刚架。

10）对设有带驾驶室且起重量大于15t桥式起重机的跨间，应在屋盖边缘设置纵向支撑；在有抽柱的柱列，沿托架长度应设置纵向支撑。

8.2.3 围护结构

1. 檩条形式与布置

门式刚架轻型房屋的屋面檩条主要有实腹式和桁架式两类，应优先选用实腹式构件。当柱距小于9m时，宜采用冷弯薄壁型钢檩条。冷弯薄壁型钢是在常温下将薄钢板弯折成所需形状，常用的截面有：C形（槽形，图8-3a）、带卷边的C形（带卷边槽形，图8-3b）、Z形、带卷边（垂直）Z形（图8-3c）、带卷边（倾斜）Z形（图8-3d）。C形卷边槽钢檩条适用于屋面坡度 $i \leqslant 1/3$ 的情况，直卷边和带斜卷边的Z形檩条适用于屋面坡度 $i > 1/3$ 的情况。当檩条跨度较大时，还曾采用过普通热轧槽钢（图8-3e）、轻型热轧槽钢或工字钢截面（图8-3f），但因板件较厚，用钢量较大，现已被高频焊H型钢（图8-3g）所替代。高频焊H型钢的板件厚度一般控制在3~9mm，是一种轻型型钢截面。

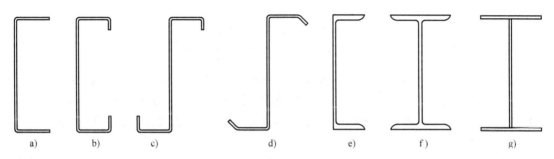

图8-3 门式刚架轻型房屋的檩条

当屋面荷载较大或柱距大于9m时，还可采用桁架式檩条。常用桁架式檩条的截面形式主要有空腹式（图8-4a）、平面桁架式（图8-4b）和下撑式（图8-4c）等。桁架式檩条主要有上弦、下弦及腹杆构成。上弦常采用角钢或钢管制作，下弦除既可采用刚性杆件外，还可采用柔性的圆钢，下弦采用圆钢时，其腹杆必须能承受压力。桁架式檩条虽然用钢量低，但侧向刚度小，支座及连接构造复杂。

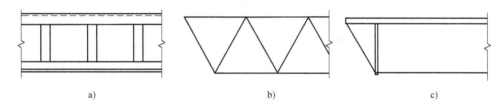

图8-4 格构式檩条
a) 空腹式檩条 b) 平面桁架式檩条 c) 下撑式檩条

屋面檩条的布置，应考虑天窗、通风屋脊、采光带、屋面材料、檩条供货规格等因素影响，采用等间距布置。屋脊两侧通常各布置一根檩条，双檩间距一般小于400mm，以避免屋面板外伸悬挑过长。檐口檩条的布置需考虑天沟位置及宽度。

2. 墙梁形式与布置

与屋面檩条类似，墙梁一般采用冷弯薄壁卷边C型钢，有时也采用卷边Z型钢。

门式刚架房屋墙梁的布置应考虑设置门窗、挑檐、遮阳和雨篷等构件和围护材料的要求。门式刚架房屋的侧墙采用压型钢板做围护墙面时，墙梁宜布置在刚架柱的外侧，其间距应根据墙板板型和规格确定，且不应大于设计要求的值。

3. 屋面板

（1）屋面板的材料和类型 门式刚架轻型房屋的屋面板主要有压型钢板（图8-5a）和复合板（图8-5b）两类。无论哪种形式，其主要受力部件均是压型钢板。

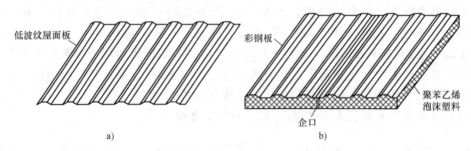

图 8-5 金属屋面板的类型
a) 单层压型钢板 b) 复合板

压型钢板的基板钢材厚度通常为 0.4~1.6mm，多采用热浸镀锌或热浸镀锌铝的方式在压型钢板基材表面形成保护层以防锈蚀。基板钢材按屈服强度级别宜选用 250 级（MPa）与 350 级（MPa）结构级钢材，其强度设计值等计算指标可参考《冷弯薄壁型钢结构技术规范》的有关规定取用。

压型钢板是轻型钢结构中最常用的屋面材料，常采用镀锌钢板、彩色镀锌钢板或彩色镀锌铝钢板，将其辊压、冷弯成各种波形，具有轻质、高强、施工方便等优点。目前，压型钢板制作和加工已完全工业化、标准化，大多数加工单位均有一套完整的板材生产线，国内厂家已能生产出几十种板型，但工程中常用的也就十几种。图 8-6 给出了几种常用的压型钢板截面形式。

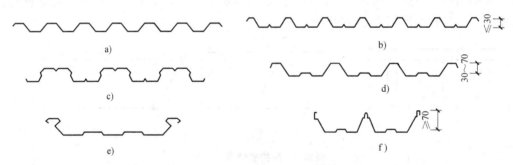

图 8-6 常用的压型钢板截面形式

压型钢板的表示方法为 YX 波高-波距-有效覆盖宽度，如 YX75-200-600 即表示波高为 75mm、波距为 200mm、有效覆盖宽度为 600mm 的板型。压型钢板厚度需另外注明。

根据压型钢板波高不同，一般可分为低波板（波高小于 30mm，图 8-6a、b）、中波板（波高为 30~70mm，图 8-6c、d）和高波板（波高大于 70mm，图 8-6e、f）。屋面板通常采用中波或高波板，实际工程采用中波板居多，但这样的单层压型钢板无法满足保温隔热要求，需在屋面板下面铺设保温层。墙板通常采用低波板，中波及高波板的装饰效果较差，一般不在墙面中使用。

保温层可采用玻璃纤维保温棉、岩棉等，其厚度应根据保温要求由热工计算确定。另一种满足保温隔热的措施是直接选用复合板。复合板外层是高强度压型钢板，芯材为阻燃性聚苯乙烯、玻璃纤维保温棉或岩棉，通过自动成型机器，用高强度胶黏剂将两者粘成一体，再经加压、修边、开槽、落料等工序制作形成。复合板不仅具有保温、隔热、隔声的优点，还具有较高的抗弯、抗剪性能。

(2) 屋面板的连接构造　屋面压型钢板需固定在檩条上，方能可靠传递竖向荷载，并能防止被风掀起。早期采用搭接方式连接，常用普通螺栓、钩头螺栓或拉铆钉固定，这种方式需在檩条及屋面板上预制螺栓孔，施工不便。后期采用自攻螺钉直接穿透压型钢板并连接在檩条上，施工方便，比较经济，曾经是金属屋面连接的主要方式。自攻螺钉在屋面向上的风吸力作用下主要承担拉力，可能被拔出，因此需保证足够数量的自攻螺钉。此外，由于自攻螺钉暴露在外部，与屋面板之间的连接存在孔洞，其自攻螺钉周边的密封胶质量无法保证，存在老化问题，屋面漏水现象严重。虽然，也有采用带橡胶或尼龙垫圈的自攻螺钉等连接件，但仍未彻底解决屋面漏水难题。这种连接方式已不在金属屋面上采用。

目前，工程上金属屋面板主要采用扣合式连接（图8-7a）或咬合式直立连接（图8-7b）。这两种连接方式均避免直接在屋面板上开设孔眼，有效地避免了屋面漏水。扣合式连接方式主要是预先在檩条位置安装预制卡座，卡座侧壁翘起一对扣舌，扣舌形状与压型钢板波高侧壁凹槽形状匹配。屋面板安装时，先采用自攻螺钉将卡座与檩条可靠连接，再将压型钢板扣合在卡座上，使得卡座的扣舌刚好卡在压型钢板的凹槽内。屋面的竖向荷载可通过压型钢板与卡座之间的接触传递，风吸力作用下，卡座扣舌与压型钢板凹槽的咬合可阻止屋面板的掀起。当压型钢板产生过大的弯曲变形后，会导致卡座的扣舌同压型钢板侧壁凹槽脱开，连接失效。《门式刚架轻型房屋钢结构技术规范》明确规定当金属屋面板采用扣合式连接时，其基板钢材的屈服强度不应小于 $500\text{N}/\text{mm}^2$。

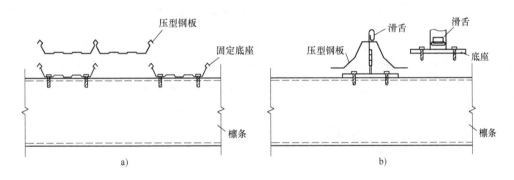

图 8-7　压型钢板的连接构造

a) 扣合式连接　b) 咬合式直立连接

咬合式直立连接仍需要与压型钢板配套的固定基座，基座分为底座和滑舌两部分，可采用自攻螺钉将底座安装在檩条上，利用专门的自动咬合机器将压型钢板边侧及滑舌做180°咬合，这种连接方式可有效防止屋面板被风掀起，除非底座自攻螺钉失效。此外，屋面板还可随滑舌沿压型钢板纵向滑动，既可解决金属屋面板由于伸缩在固定支座处产生撕裂现象，还可释放由于温度变化导致围护结构出现的温度应力，避免对下部主体结构产生不利影响。

4. 墙面板

墙面作为门式刚架轻型房屋的重要组成部分，除起围护功能外，还应具有保温隔热功能。与屋面板类似，墙面板可选用镀（涂）层钢板、不锈钢板、铝镁锰合金板等金属板材或夹芯板材，也可采用其他轻质材料，如多孔砖、加气混凝土砌块、玻璃纤维增强水泥墙板（GRC板）、加气混凝土板等。一些新开发的绿色板材除具有轻质高强、保温隔热、阻燃隔声等优点外，还具有造型美观、安装简单等特点，工程上也可采用。目前，压型钢板或夹芯板仍是门式刚架轻型房屋墙面的主流建材。

5. 抗风柱

抗风柱主要承受山墙的纵向风荷载和墙体自身的竖向荷载，无须承受屋面竖向荷载。因此，抗风柱与刚架梁之间的连接采用铰接方式，通常采用弹簧片（图 8-8a）或开长圆孔连接方式（图 8-8b）。弹簧片或长圆孔连接方式均不能承担竖向荷载，但可将墙面受到的水平力传递给屋面支撑系统。抗风柱底部与基础之间既可采用铰接也可采用固接连接。

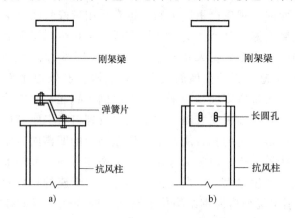

图 8-8 抗风柱与刚架梁的连接节点
a）抗风柱用弹簧片连接 b）抗风柱腹板开长圆孔连接

若抗风柱不参与竖向承重，与之相连的墙梁又能提供侧向支撑，抗风柱可视为只承受风荷载作用的受弯构件。当抗风柱参与竖向承重时，抗风柱则需作为压弯构件验算其强度和稳定性，平面外稳定的计算长度可取抗风柱和墙梁之间所设置隅撑的两倍间距。

8.3 荷载与荷载效应组合

8.3.1 荷载类别与取值

门式刚架结构所受的荷载可分为两类：一是竖向荷载，包括结构和构件自重、屋面活荷载、屋面雪荷载、积灰荷载、起重机荷载等，其中结构和构件自重为永久荷载；二是水平荷载，包括起重机荷载、风荷载和地震作用。

1. 永久荷载

永久荷载是指所有永久性的建筑材料重力。屋面永久荷载包括屋面板、隔热层、檩条、屋盖支撑系统等构件的自重。附加或附带悬挂荷载是一种特殊性质的永久荷载，指除永久性建筑之外的其他任何自重，如机械通道、管道、喷淋设施、电气管线等。附加荷载通常取 $0.1 \sim 0.2 \text{kN/m}^2$。另一种永久荷载是设备荷载，主要是指由屋面承重的设备，如通风、采光装置等。

门式刚架轻型房屋钢结构多采用压型钢板屋面，屋面板的重力可按材料的实际计算。轻型屋面多采用冷弯薄壁型钢檩条，计算刚架时檩条自重可折算成均布荷载，通常可取

0.1kN/m²,但当屋面重力较大或檩条悬挂荷载较大时,可按实际情况进行折算。在按平面模型计算时还应计入屋面支撑系统自重,通常取 0.05~0.1kN/m²。

需要说明的是,工程中提到的"吊挂荷载"主要指吊挂的管道、桥架、屋顶风机等。当其作用位置或作用时间不确定时,在计算风吸力为主导作用效应时如考虑其参与荷载组合,会对结构产生不安全影响,此时不应考虑吊挂荷载参与荷载组合。

2. 可变荷载

可变荷载主要包括屋面活荷载、雪荷载、积灰荷载、起重机荷载和风荷载等。

设计屋面板和檩条时,尚应考虑施工及检修集中荷载,其标准值应取 1.0kN 且作用在结构最不利位置上;当施工荷载有可能超过时,应按实际情况采用。

(1) 屋面活荷载 门式刚架轻型房屋钢结构的屋面一般采用压型钢板,自重很小,因此《门式刚架轻型房屋钢结构技术规范》将活荷载标准值相对加大,取屋面竖向均布活荷载标准值为 0.5kN/m²,以确保结构安全。但对于受荷水平投影面积较大的刚架构件,活荷载可相对降低,如受荷水平投影面积大于 60m² 的刚架构件,均布活荷载标准值可取不小于 0.3kN/m²。活荷载的受荷面积均按屋面投影面积计算。

(2) 屋面雪荷载 由于门式刚架轻型房屋结构自重较轻,对雪荷载敏感,近年来雪灾事故调查表明雪荷载的局部堆积是造成房屋坍塌的主要原因之一。为减小雪灾事故,除建议门式刚架结构宜设计成单坡或双坡形式,针对高低跨屋面,宜采用较小的屋面坡度,同时减小屋面突出物及女儿墙高度等措施外,还应在设计时考虑屋面积雪的分布情况。

雪荷载是指屋面可能出现积雪的最大重力,屋面水平投影面上的雪荷载标准值 S_k 可按下式计算

$$S_k = \mu_r S_0 \tag{8-1}$$

式中 μ_r——屋面积雪分布系数,按现行《门式刚架轻型房屋钢结构技术规范》的规定采用;

S_0——基本雪压,按《建筑结构荷载规范》规定的 100 年重现期的雪压采用。

在雪荷载计算中,必须注意 μ_r 的取值,尤其是双坡双跨或多跨屋面在天沟处需考虑自屋脊处滑落雪和飘落雪的附加荷载的影响,应根据屋面构造、坡度和排水情况认真考虑。

对于屋面板和檩条,按照积雪不均匀分布的最不利情况采用;对于刚架斜梁,按照全跨积雪的均匀分布、不均匀分布和半跨积雪均匀分布的最不利情况采用;对于刚架柱,可按照全跨积雪的均匀分布情况采用。

(3) 屋面积灰荷载 针对冶金、铸造、水泥、纺纱等行业的生产用轻钢厂房尚应考虑屋面积灰荷载,其标准值按《建筑结构荷载规范》的有关规定采用。针对屋面易于积灰位置,可参照雪荷载的屋面积雪分布系数确定积灰荷载的增大系数。屋面积灰荷载受荷面积按屋面水平投影面积计算。

(4) 风荷载 风荷载垂直作用于建筑物的所有表面,所产生的内部风压与外部风压应同时考虑为作用于墙面及屋面的压力和吸力。《门式刚架轻型房屋钢结构技术规范》的风荷载计算是以《建筑结构荷载规范》为基础确定的。《门式刚架轻型房屋钢结构技术规范》中计算结构风荷载标准值时所需的风荷载体型系数采用的是美国金属房屋制造商协会 MBMA《低层房屋体系手册》中有关小坡度房屋的规定。研究表明,低层建筑在风荷载作用下的高压分布区域位于建筑的转角与檐口处,《门式刚架轻型房屋钢结构技术规范》中明确给出了

高压分布区域的范围的计算方法和体型系数的取值。

在进行门式刚架轻型房屋结构的风荷载计算时,其作用面积应取垂直于风向的最大投影面积,垂直于建筑物表面的单位面积风荷载标准值应按下式计算

$$w_k = \beta \mu_w \mu_z w_0 \tag{8-2}$$

式中 w_k——风荷载标准值（kN/m^2）；

w_0——基本风压（kN/m^2）,按《建筑结构荷载规范》的有关规定采用；

μ_z——风荷载高度变化系数,按《建筑结构荷载规范》的有关规定采用；当房屋高度小于10m时,应按10m高度处的数值采用；

μ_w——风荷载系数,考虑内、外风压最大值的组合,按《门式刚架轻型房屋钢结构技术规范》的有关规定采用；

β——系数,计算主刚架时取1.1；计算檩条、墙梁、屋面板和墙面板及其连接时,取1.5。

3. 地震作用

在地震设防区,门式刚架轻型房屋的抗震设防类别和抗震设防标准,应按《建筑工程抗震设防分类标准》的规定采用,并应按《建筑抗震设计规范》的有关规定进行验算。

一般情况下,可按房屋两个主轴方向分别计算水平地震作用。当房屋的质量和刚度分布明显不对称、不均匀时,应计算双向水平地震作用并计及扭转影响。针对存在夹层的门式刚架房屋,当夹层偏心布置时,计算地震作用时还需考虑偶然偏心影响。在8度、9度地震设防区,应考虑竖向地震作用,分别取该结构重力荷载代表值的10%和20%,设计基本地震加速度为0.3g时,取结构重力荷载代表值的15%。

单跨门式刚架、多跨等高门式刚架、不等高但相邻跨高差不大于不等高处柱子截面高度三倍的门式刚架的地震作用可采用底部剪力法计算。针对不等高厂房,应采用振型分解反应谱方法计算其地震作用,振型数量不应少于不同屋面高度数的三倍。抗震验算时,封闭式门式刚架的阻尼比可取0.05,敞开式门式刚架的阻尼比取0.035,其余门式刚架的阻尼比可按外墙总面积插值确定。门式刚架抗震计算简图如图8-9所示。

对于无起重机且高度不大的刚架,可采用单质点计算简图,假定柱上半部分及其以上的各种竖向荷载质量均集中于质点 m_1；当有起重机荷载时,可采用双质点计算简图,此时,m_1 质点集中屋盖质量及上阶柱上半区段内的竖向荷载,m_2 质点集中吊车桁架、吊车梁及上阶柱下区段与下阶柱上区段（包括墙体）的相应竖向荷载。

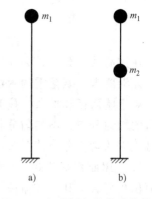

图 8-9 门式刚架抗震计算简图
a) 单质点　b) 双质点

8.3.2 荷载效应组合

门式刚架轻型房屋的荷载组合效应须符合以下原则:
1) 屋面均布活荷载不与雪荷载同时考虑,应取两者中的较大值。
2) 屋面积灰荷载与雪荷载或屋面均布活荷载中较大值同时考虑。
3) 施工或检修集中荷载不与屋面材料或檩条自重以外的其他荷载同时考虑。

4) 多台起重机的组合应符合《建筑结构荷载规范》的有关规定。

5) 风荷载不与地震作用同时考虑。

持久设计状况和短暂设计状况下,当荷载与荷载效应按线性关系考虑时,荷载基本组合的效应设计值参照《建筑结构荷载设计规范》的规定;地震设计状况下,当作用与作用效应按线性关系考虑时,荷载与地震作用基本组合效应设计值参照《建筑抗震设计规范》确定。

针对门式刚架轻型房屋结构,当地震设防烈度为7度时且风荷载标准值大于 $0.35 kN/m^2$ 或地震设防烈度为8度(Ⅰ、Ⅱ类场地)且风荷载标准值大于 $0.45 kN/m^2$ 时,地震作用组合一般不起控制作用。

8.4 结构设计

8.4.1 压型钢板设计

压型钢板作为屋面板和墙面板使用时,板型选择应符合建筑功能、使用部位、美观、防水和结构力学性能的要求。

虽然一种板型可根据其截面形状从理论上计算出它的承载能力和适用檩距,但由于板件较薄,宽厚比较大,受压区极易发生局部失稳,常需要利用屈曲后承载力,因此理论受力情况与实际使用时经常并不一致,一般厂家会给出本厂生产的压型钢板按照荷载情况、支承情况、强度和变形条件确定的最大容许跨度,供设计参考使用。

如缺乏厂家相关资料时,可取一个波距作为计算单元,根据《冷弯薄壁型钢结构技术规范》的相关规定计算受压区板件的有效宽度,采用"线性元件算法"计算截面特征,将檩条视为压型钢板的支座,根据支承情况按受弯构件计算屋面板的内力,再根据《冷弯薄壁型钢结构技术规范》的相关公式计算抗弯强度、抗剪强度、局部承压强度、复杂应力强度和挠度。

8.4.2 檩条设计

檩条是有檩屋盖体系中的主要受力构件,因覆盖面积大,其用钢量在房屋结构中所占的比例较大,轻钢结构中檩条约占结构总用钢量的1/5~1/3。因此,在设计中应合理选择其截面形式与布置。

1. 拉条与撑杆

为便于排水,屋面均具有一定的坡度,门式刚架轻型房屋通常采用结构找坡方式实现。因此,设置在刚架梁上的檩条在垂直于地面的荷载(恒载、活荷载、雪荷载等)作用下,作用在檩条上的均布竖向荷载 q 沿截面形心主轴方向分解为 q_x、q_y,如图8-10所示。

在屋面荷载作用下,檩条同时产生弯曲和扭转。冷弯薄壁型钢截面的板件宽厚比较大,抗扭刚度较低。由于屋面坡度的影响,檩条腹板倾斜,扭转问题突出。当屋面承受较大的风吸力作用时,檩条下翼缘有可能受压。如果檩条下翼缘无可靠的侧向支撑,极易产生弯扭失稳。为阻止此类破坏,最有效的措施是设置拉条和撑杆(图8-11)。

实腹式檩条跨度不宜大于12m,当檩条跨度大于4m时,应在檩条跨中位置设一道拉条

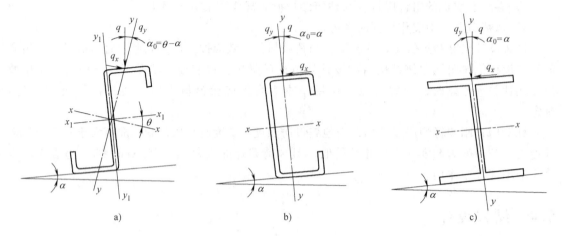

图 8-10 实腹式檩条截面主轴和荷载

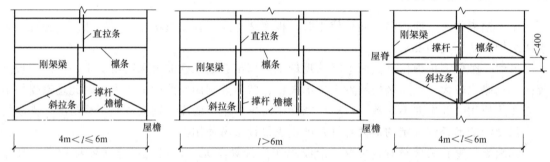

图 8-11 拉条和撑杆的布置

或撑杆；当檩条跨度大于 6m 时，需在檩条跨度三分点位置处各设一道拉条或撑杆；当檩条跨度大于 9m 时，需在檩条跨度四分点位置处各设一道拉条或撑杆。拉条的作用是阻止檩条侧向变形和扭转。在屋脊及檐口处，还需布置斜拉条和刚性撑杆（图 8-11）。当构造能保证屋脊处拉条互相拉结平衡，在屋脊处可不设斜拉条和刚性撑杆。拉条、斜拉条和刚性撑杆共同构成檩间支撑。

屋面对檩条产生倾覆力矩，可采取变化檩条翼缘的朝向使之相互平衡，当不能平衡倾覆力矩时，应通过檩间支撑传递至屋面梁。应根据屋面荷载、坡度计算檩条的倾覆力大小和方向，验算檩间支撑体系的承载力。

拉条通常采用 10mm 以上直径的圆钢制作，撑杆可采用钢管、方钢或角钢制作，为方便连接，工程上将拉条和钢管配合安装（图 8-12），即通过将拉条外部套圆钢管实现。通常撑杆截面可按压杆的刚度要求（$[\lambda] < 200$）选择。一般情况下，檩条上翼缘受压，拉条可设置在距离檩条上翼缘 1/3 高的腹板范围内（图 8-12）。当风吸力使得檩条下翼缘受压时，要将拉条设置在檩条下翼缘附近。当屋面板采用自攻螺钉与檩条可靠连接时，考虑到屋面板的蒙皮效应，檩条上翼缘的侧向稳定性可由屋面板提供，可仅在檩条下翼缘附近设置拉条。对非自攻螺钉连接的屋面板或采用扣合式屋面板时，需要在檩条上下翼缘附近设置双拉条。拉条及撑杆与檩条的连接构造如图 8-13 所示。工程上斜拉条与檩条的连接方式有两种，第一种连接方式需将斜拉条弯折，且弯折长度不宜超过 15mm；第二种连接方式需设置斜垫板或

角钢与檩条连接。

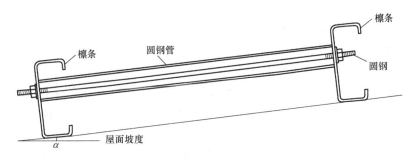

图 8-12 撑杆的构造

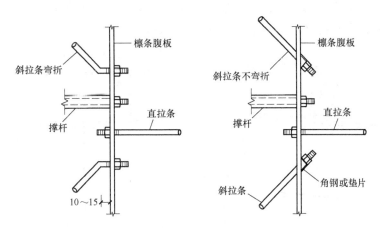

图 8-13 拉条及撑杆与檩条的连接

屋脊两侧檩条之间可用槽钢、角钢和圆钢相连。

2. 计算简图与构件内力

轻钢结构的屋面坡度通常不大于 1/10,且屋面板的蒙皮效应对于檩条有显著的侧向支撑效果,故仅需依据腹板平面内计算其几何特性、荷载、内力等,无须计算垂直于腹板的荷载分量作用,无须对 Z 形檩条按主惯性矩计算应力和挠度,可大大简化计算。对于屋面坡度大于 1/10 且屋面板蒙皮效应较小者,宜考虑计算侧向荷载作用。

实腹式檩条可设计成单跨简支构件,也可设计成连续构件,连续构件可采用嵌套搭接方式组成,计算檩条挠度和内力时应考虑因嵌套搭接方式松动引起刚度的变化。为考虑嵌套搭接的松动影响,计算挠度时,双檩条搭接段可按 0.5 倍的单檩条刚度拟合;计算内力时,可按均匀连续单檩条计算,但支座处要释放 10% 的弯矩转移到跨中。

实腹式檩条是也可采用多跨静定梁模式(图 8-14),跨内檩条的长度 l 宜为 $0.8L$,檩条

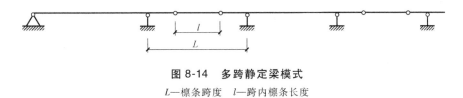

图 8-14 多跨静定梁模式

L—檩条跨度 l—跨内檩条长度

端头的节点应有刚性连接件夹住构件的腹板，使节点具有抗扭转能力，跨中檩条的整体稳定按节点间檩条或反弯点之间檩条为简支梁模式计算。

兼做压杆、纵向系杆的檩条应按压弯构件计算，其压杆稳定系数应按构件平面外方向计算，计算长度取拉条后撑杆的间距。

为使简支檩条满足力学意义上的"夹支"要求，冷弯薄壁型钢檩条可通过檩托与刚架梁连接（图 8-15a）。设置檩托可增强檩条的整体稳定性，阻止檩条端部截面倾覆或扭转。檩托通常采用角钢或钢板制作，高度为檩条高度的 3/4。檩托与檩条腹板之间采用普通螺栓连接，数量不少于 2 个，且沿檩条高度方向布置。安装就位的檩条下翼缘应距离刚架梁上翼缘有 10mm 左右的距离，用于避开檩托与刚架梁上翼缘的连接焊缝，同时也为了避免檩条下翼缘的接触传力。Z 形连续檩条也可采用嵌套搭接方式，当有可靠依据时，可不设檩托，采用螺栓直接将 Z 形檩条翼缘连于刚架翼缘上（图 8-15b）。连续檩条的搭接长度 2a 不宜小于 10% 的檩条跨度，嵌套搭接部分的檩条应采用普通螺栓连接。

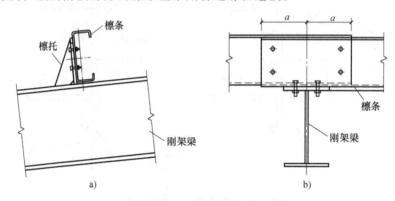

图 8-15　檩条与刚架梁的连接
a）檩条与刚架梁的檩托连接　b）连续檩条的搭接连接

3. 有效截面

由于冷弯薄壁型钢构件允许利用板件的屈曲后强度，不同边缘支承板件的屈曲后性能不同。截面板件通常分为三类：加劲板件、部分加劲板件和非加劲板件（图 8-16）。其中，加劲板件又称两边支承板件，如 C 形或 Z 形檩条的腹板；非加劲板件是一边支承、一边自由的板件，如无卷边的 C 形檩条的翼缘；部分加劲板件包括边缘加劲板件和中间加劲板件，边缘加劲板件是指一边支承、一边带卷边的板件，如卷边 C 形、Z 形檩条的翼缘；中间加劲板件是指两边带支承且带中间加劲肋的极件，如用作屋面或墙面的压型钢板。

需要注意的是，当冷弯薄壁型钢构件的翼缘宽厚比、卷边宽厚比满足特定条件时，截面全部有效，《冷弯薄壁型钢结构技术规范》所附卷边槽钢和卷边 Z 形钢规格大多数都能满足。根据卷边槽钢、Z 形钢的简化相关公式分析，得出截面全部有效的范围如下：

当 $h/b \leqslant 3.0$ 时

$$\frac{b}{t} \leqslant 31\sqrt{205/f} \tag{8-3a}$$

当 $3.0 < h/b \leqslant 3.3$ 时

$$\frac{b}{t} \leqslant 28.5\sqrt{205/f} \tag{8-3b}$$

式中　h——型钢腹板高度；
　　　b——型钢带卷边板件的宽度；
　　　t——板厚；
　　　f——钢材强度设计值。

如果不符合上述条件，则需要根据《冷弯薄壁型钢结构技术规范》计算板件的有效宽度。当计算获得板件有效宽度小于实际宽度时，意味着板件部分截面有效。受压板件的有效截面为图 8-16 中的斜线区域。

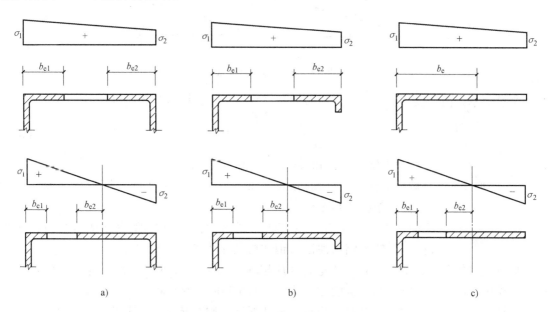

图 8-16　受压板件的有效截面示意图
a）加劲板件　b）部分加劲板件　c）非加劲板件

4. 实腹式檩条的计算

当屋面板刚度较大并与檩条之间有可靠连接，能阻止檩条发生侧向失稳和扭转变形时，可不进行檩条的整体稳定性验算，仅按下列公式验算截面强度

$$\frac{M_{x'}}{W_{enx'}} \leqslant f \tag{8-4a}$$

$$\frac{3V_{y'\max}}{2h_0 t} \leqslant f_v \tag{8-4b}$$

式中　$M_{x'}$——腹板平面内的弯矩设计值（N·mm）；
　　　$W_{enx'}$——按腹板平面内（图 8-17 绕 x'-x' 轴）计算的有效截面模量（对冷弯薄壁型钢）或净截面模量（对热轧型钢）（mm³），冷弯薄壁型钢的有效净截面，应按《冷弯薄壁型钢结构技术规范》的方法计算，其中，翼缘屈曲系数可取 3.0，腹板屈曲系数可取 23.9，卷边屈曲系数可取 0.425；对于双檩条搭接段，可取两檩条有效净截面模量之和并乘以折减系数 0.9；
　　　$V_{y'\max}$——腹板平面内的剪力设计值（N）；
　　　h_0——檩条腹板扣除冷弯半径后的平直段高度（mm）；

t——檩条厚度（mm），当双檩条搭接时，取两檩条厚度之和并乘以折减系数 0.9；
f——钢材的抗拉、抗压和抗弯强度设计值（N/mm²）；
f_v——钢材的抗剪强度设计值（N/mm²）。

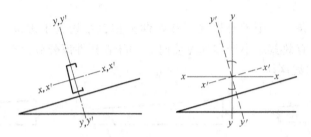

图 8-17 檩条的计算惯性轴

当屋面不能阻止檩条侧向位移和扭转时，应按下式计算檩条的稳定性

$$\frac{M_x}{\varphi_{by}W_{enx}}+\frac{M_y}{W_{eny}}\leqslant f \tag{8-5}$$

式中 M_x、M_y——对截面主轴 x、y 轴的弯矩设计值（N·mm）；

W_{enx}、W_{eny}——对截面主轴 x、y 轴的有效截面模量（对冷弯薄壁型钢）或净截面模量（对热轧型钢）（mm³）；

φ_{by}——梁的整体稳定系数，冷弯薄壁型钢构件按《冷弯薄壁型钢结构技术规范》，热轧型钢构件按《钢结构设计规范》的规定计算。

在风吸力作用下，受压下翼缘的稳定性应按《冷弯薄壁型钢结构技术规范》的规定计算；当受压下翼缘有内衬板约束且能防止檩条截面扭转时，整体稳定性可不做计算。

当檩条腹板高厚比大于 200 时，应设置檩托板连接腹板传力；当腹板高厚比不大于 200 时，也可不设置檩托板，由翼缘支承传力，此时应计算檩条的局部承压能力，计算通不过时应对腹板采取局部加强措施。

对于连续檩条在支座处，尚应计算檩条的弯矩和局部承压组合作用。

为避免檩条在正常使用状态下出现过大的弯曲变形，应计算垂直于屋面（y 轴方向）的檩条挠度（v），设计时必须保证檩条挠度不超过规定的容许挠度 $[v]$。在进行檩条的挠度计算时，应采用荷载的标准组合。

8.4.3 墙梁设计

墙梁可设计成简支或连续构件，两端支承在刚架柱上，墙梁主要承受水平风荷载，宜将腹板置于水平面。当墙板底部端头自承重且墙梁与墙板间有可靠连接时，可不考虑墙面自重引起的弯矩和剪力。当墙梁需承受墙板重力时，应考虑双向弯曲。

当墙梁跨度为 4~6m 时，宜在跨中设一道拉条；当墙梁跨度大于 6m 时，宜在跨间三分点处各设一道拉条。在最上层墙梁处宜设斜拉条将拉力传至承重柱或墙架柱；当墙板的竖向荷载有可靠途径直接传至地面或托梁时，可不设传递竖向荷载的拉条。

墙板可以约束檩条外侧翼缘的侧向位移，故无须验算墙梁外侧翼缘受压时的稳定性；在风吸力作用下，檩条的内侧翼缘受压，如果没有内衬板约束墙梁的内侧翼缘，则需考虑靠近内侧翼缘设置拉条作为其侧向支撑点以提高墙梁的稳定承载能力。

1. 单侧挂墙板墙梁的计算

单侧挂墙板的墙梁，应按下列公式计算其强度和稳定：

在承受朝向面板的风压时，墙梁的强度可按下列公式验算

$$\frac{M_{x'}}{W_{enx'}}+\frac{M_{y'}}{W_{eny'}} \leqslant f \tag{8-6a}$$

$$\frac{3V_{y'\max}}{2h_0 t} \leqslant f_v \tag{8-6b}$$

$$\frac{3V_{x'\max}}{4b_0 t} \leqslant f_v \tag{8-6c}$$

式中　$M_{x'}$、$M_{y'}$——水平荷载和竖向荷载产生的弯矩（N·mm），下标 x' 和 y' 分别表示墙梁的竖向轴和水平轴，当墙板底部端头自承重时，$M_{y'}=0$；

$V_{x'\max}$、$V_{y'\max}$——竖向荷载和水平荷载产生的剪力（N）；当墙板底部端头自承重时，$V_{x'\max}=0$；

$W_{enx'}$、$W_{eny'}$——绕竖向轴 x' 和水平轴 y' 的有效净截面模量（对冷弯薄壁型钢）或净截面模量（对热轧型钢）（mm³）；

b_0、h_0——墙梁在竖向和水平方向的计算高度（mm），取板件弯折处两圆弧起点之间的距离；

t——墙梁壁厚（mm）。

仅外侧设有压型钢板的墙梁在风吸力作用下的稳定性，可按现行国家标准《冷弯薄壁型钢结构技术规范》的规定计算。

2. 双侧挂墙板墙梁的计算

双侧挂墙板的墙梁，应按式（8-6）计算朝向面板的风压和风吸力作用下的强度。当有一侧墙板底部端头自承重时，$M_{y'}$ 和 $V_{x'\max}$ 均可取 0。

8.4.4　支撑构件设计

门式刚架结构中的支撑构件主要包含屋面水平支撑、柱间支撑及系杆。其中，交叉支撑和柔性系杆可按拉杆设计，非交叉支撑中的受压杆件及刚性系杆按压杆设计。

屋面横向水平支撑的内力，根据纵向风荷载按支承于柱顶的水平桁架计算，并计入支撑对刚架梁起减少计算长度作用而承受的力，对于交叉支撑可不计压杆的受力。

刚架柱间支撑的内力，应根据该柱列所受纵向风荷载（如有起重机，还应计入起重机纵向制动力）按支承于柱脚上的竖向悬臂桁架计算，并计入支撑对柱起减小计算长度而应承受的力，对交叉支撑可不计压杆的受力。当同一柱列设有多道柱间支撑时，纵向力在支撑间可平均分配。

支撑杆件中，拉杆可采用圆钢制作，但应以花篮螺栓张紧。压杆宜采用双角钢组成的 T 形截面或十字形截面，按压杆设计的刚性系杆也可采用圆管截面。

门式刚架轻型房屋中受压支撑的长细比不宜大于 220。当设有起重机时，受拉支撑长细比不宜大于 300；未设起重机时，受拉支撑长细比不宜大于 400。此外，在永久荷载与风荷载组合作用下受压时，其支撑的长细比不宜超过 250。针对采用花篮螺栓张紧的圆钢支撑的长细比，《门式刚架轻型房屋钢结构技术规范》未做要求。

圆钢支撑与刚架连接节点可用连接板连接，如图8-18所示。

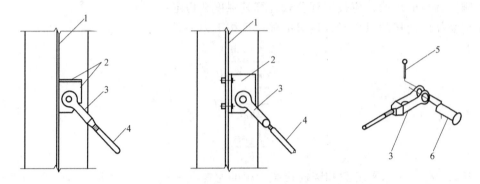

图8-18 圆钢支撑与连接板连接

1—腹板　2—连接板　3—U形连接夹　4—圆钢　5—开口销　6—插销

当圆钢支撑直接与梁柱腹板连接，应设置垫块或垫板且尺寸B不小于4倍圆钢支撑直径，如图8-19所示。

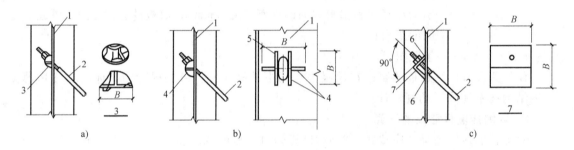

图8-19 圆钢支撑与腹板连接

a）弧形垫块　b）弧形垫板　c）角钢垫块

1—腹板　2—圆钢　3—弧形垫块　4—弧形垫板，厚度≥10mm　5—单面焊　6—焊接　7—角钢垫块，厚度≥12mm

8.4.5 门式刚架的构件设计

1. 内力计算

在进行门式刚架轻型房屋主体结构的内力计算时，应按弹性方法计算。通常选取单榀门式刚架按平面结构分析内力，且不宜考虑外部围护结构的蒙皮效应，将其视为安全储备。

应力蒙皮效应是指通过屋面板的面内刚度，将分摊到屋面的水平力传递到山墙结构的一种效应。应力蒙皮效应可以减小门式刚架梁柱受力，减小梁柱截面，从而节省用钢量。但是，应力蒙皮效应的实现需要满足一定的构造措施。

为节省材料，减轻结构质量，可根据门式刚架的内力分布情况将刚架梁、刚架柱设计成变截面构件。由于采用手算方法计算变截面楔形构件组成的超静定结构过于复杂，常用有限元法计算刚架在各种工况下的内力。建立平面门式刚架的有限元模型时，需将刚架梁、刚架柱沿长度方向划分为若干个较小的杆件单元，当采用等截面单元时不宜少于8段，采用楔形单元时不宜少于4段。一般杆件单元长度控制在500mm左右时，即可获得较为理想的计算精度。

如采用二阶弹性分析时,还应施加假想水平荷载。假想水平荷载一般取竖向荷载设计值的 0.5%,分别施加在竖向荷载的作用位置,其方向与风荷载或地震作用一致。

根据不同荷载工况下的内力分析结果,需找出控制截面的内力组合。控制截面的位置一般在刚架柱底部、刚架柱顶部、刚架柱牛腿位置及刚架梁端部、刚架梁跨中截面。

在刚架梁的控制截面上,一般应计算以下三种最不利内力组合:M_{max} 及相应的 V;M_{min}(负弯矩最大)及相应的 V;V_{max} 及相应的 M。

在刚架柱的控制截面上,一般应计算以下四种最不利内力组合:N_{max} 及相应的 M、V;N_{min} 及相应的 M、V;M_{max} 及相应的 N、V;M_{min}(负弯矩最大)及相应的 N、V。

2. 侧移计算

在正常使用极限状态下,单层门式刚架轻型房屋产生的侧向变形不宜过大,通常需控制柱顶侧移。变截面门式刚架的柱顶侧移应采用弹性的理论分析方法或有限单元法确定,计算时可不考虑螺栓孔引起的截面削弱。所采用荷载应为标准值,即不考虑荷载分项系数。单层门式刚架结构在起重机荷载或风荷载标准值作用下计算的柱顶侧移不应大于表 8-1 的规定限值,表中 h 为刚架柱高度。

表 8-1 刚架柱顶位移限值

起重机情况	其他情况	柱顶位移限值
无起重机	当采用轻型钢墙板时 当采用砌体墙时	$h/60$ $h/240$
有桥式起重机	当起重机有驾驶室时 当起重机由地面操作时	$h/400$ $h/180$

若门式刚架的变形验算不满足要求,可采用增大构件(梁、柱)截面、刚接柱脚、中间摇摆柱顶改为刚接等方式来提高刚架的整体抗侧刚度,减小结构侧向变形。

3. 梁、柱板件的最大宽厚比和腹板屈曲后强度利用

(1)最大宽厚比 门式刚架柱和梁通常采用工字形截面(图 8-20),翼缘板件是三边支撑一边自由的板件,一旦发生屈曲,其屈曲后的后继强度提高不明显,通常不利用翼缘板件的屈曲后强度。基于翼缘板件达到强度极限承载力时不失去局部稳定的临界条件确定翼缘板件的宽厚比限值为

$$b_1/t_f \leq 15\sqrt{\frac{235}{f_y}} \quad (8\text{-}7a)$$

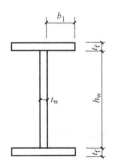

图 8-20 工字形截面

工字形截面的腹板属于四边支承板件,局部失稳后的后继强度提高较多,可利用其屈曲后强度。腹板的宽厚比限值可按现行《门式刚架轻型房屋钢结构技术规范》确定

$$h_w/t_w \leq 250 \quad (8\text{-}7b)$$

(2)腹板的有效宽度 为节省钢材,允许门式刚架梁、柱构件的腹板在受弯及受压时发生屈曲。因此,确定腹板有效截面的受剪和受弯承载力成为确定工字形构件截面强度的关键。

当工字形截面构件腹板受弯及受压板幅利用屈曲后强度时,应按有效宽度计算截面特性。受压区有效宽度应按下式计算

$$h_e = \rho h_c \qquad (8\text{-}8a)$$

式中　h_e——腹板受压区有效宽度(mm);

　　　h_c——腹板受压区宽度(mm);

　　　ρ——有效宽度系数,$\rho > 1.0$ 时,取 1.0。

有效宽度系数 ρ 应按下列公式计算

$$\rho = \frac{1}{(0.243 + \lambda_p^{1.25})^{0.9}} \qquad (8\text{-}8b)$$

$$\lambda_p = \frac{h_w/t_w}{28.1\sqrt{k_\sigma}\sqrt{235/f_y}} \qquad (8\text{-}8c)$$

$$k_\sigma = \frac{16}{\sqrt{(1+\beta)^2 + 0.112(1-\beta)^2} + (1+\beta)} \qquad (8\text{-}8d)$$

$$\beta = \sigma_2/\sigma_1 \qquad (8\text{-}8e)$$

式中　λ_p——与板件受弯、受压有关的参数,当 $\sigma_1 < f$ 时,计算 λ_p 可用 $\gamma_R \sigma_1$ 代替式(8-8c)中的 f_y,γ_R 为抗力分项系数,对 Q235 和 Q345 钢,γ_R 取 1.1;

　　　h_w——腹板的高度(mm),对楔形腹板取板幅平均高度;

　　　t_w——腹板的厚度(mm);

　　　k_σ——杆件在正应力作用下的屈曲系数;

　　　β——截面边缘正应力比值(图 8-21),$-1 \leqslant \beta \leqslant 1$;

σ_1、σ_2——板边最大和最小应力,且 $|\sigma_2| \leqslant |\sigma_1|$。

腹板有效宽度 h_e 应按下列规则分布(图 8-21):

当截面全部受压,即 $\beta \geqslant 0$ 时

$$h_{e1} = 2h_e/(5-\beta)$$

$$h_{e2} = h_e - h_{e1}$$

当截面部分受拉,即 β 小于 0 时

$$h_{e1} = 0.4 h_e$$

$$h_{e2} = 0.6 h_e$$

(3) 考虑屈曲后强度的腹板受剪承载力　工字形截面构件腹板的受剪板幅,考虑屈曲后强度时,应设置横向加劲肋,板幅的长度与板幅范围内的大端截面高度相比不应大于 3。

腹板高度变化的区格,考虑屈曲后强度,其受剪承载力设计值应按下列公式计算

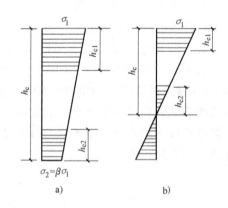

图 8-21　腹板有效宽度的分布

a) $\beta \geqslant 0$　b) $\beta < 0$

$$V_d = \chi_{tap} \varphi_{ps} h_{w1} t_w f_v \leqslant h_{w0} t_w f_v \qquad (8\text{-}9a)$$

$$\varphi_{ps} = \frac{1}{(0.51 + \lambda_s^{3.2})^{1/2.6}} \leqslant 1.0 \qquad (8\text{-}9b)$$

$$\chi_{tap} = 1 - 0.35 \alpha^{0.2} \gamma_p^{2/3} \qquad (8\text{-}9c)$$

$$\gamma_p = \frac{h_{w1}}{h_{w0}} - 1 \tag{8-9d}$$

$$\alpha = \frac{a}{h_{w1}} \tag{8-9e}$$

式中 f_v——钢材抗剪强度设计值（N/mm²）；

h_{w1}、h_{w0}——楔形腹板大端和小端腹板高度（mm）；

t_w——腹板的厚度（mm）；

χ_{tap}——腹板屈曲后抗剪强度的楔率折减系数；

γ_p——腹板区格的楔率；

α——区格的长度与高度之比；

a——加劲肋间距（mm）；

λ_s——与板件受剪有关的参数，可按下式计算

$$\lambda_s = \frac{h_{w1}/t_w}{37\sqrt{k_\tau}\sqrt{235/f_v}} \tag{8-10a}$$

当 $a/h_{w1} < 1$ 时 $k_\tau = 4 + 5.34/(a/h_{w1})^2$ （8-10b）

当 $a/h_{w1} \geq 1$ 时 $k_\tau = \eta_s [5.34 + 4/(a/h_{w1})^2]$ （8-10c）

$$\eta_s = 1 - \omega_1 \sqrt{\gamma_p} \tag{8-10d}$$

$$\omega_1 = 0.41 - 0.897\alpha + 0.363\alpha^2 - 0.041\alpha^3 \tag{8-10e}$$

式中 k_τ——受剪板件的屈曲系数；当不设横向加劲肋时，取 $k_\tau = 5.34\eta_s$。

4. 梁、柱构件考虑屈曲后强度的截面强度计算

1）工字形截面受弯构件在剪力 V 和弯矩 M 共同作用下的强度应符合下列要求：

当 $V \leq 0.5V_d$ 时

$$M \leq M_e \tag{8-11a}$$

当 $0.5V_d < V$ 时

$$M \leq M_f + (M_e - M_f)\left[1 - \left(\frac{V}{0.5V_d} - 1\right)^2\right] \tag{8-11b}$$

当截面为双轴对称时

$$M_f = A_f(h_w + t_f)f \tag{8-11c}$$

式中 M_f——两翼缘所承担的弯矩；

M_e——构件有效截面所承担的弯矩，$M_e = W_e f$；

W_e——构件有效截面最大受压纤维的截面模量；

A_f——构件翼缘的截面面积；

h_w——计算截面的腹板高度；

t_f——计算截面的翼缘厚度；

V_d——腹板受剪承载力设计值，按式（8-9）计算。

2）工字形截面压弯构件在剪力 V、弯矩 M 和轴压力 N 共同作用下的强度应符合下列要求：

当 $V \leq 0.5V_d$ 时

$$\frac{N}{A_e}+\frac{M}{W_e}\leq f \tag{8-12a}$$

当 $0.5V_d<V$ 时

$$M\leq M_f^N+(M_e^N-M_f^N)\left[1-\left(\frac{V}{0.5V_d}-1\right)^2\right] \tag{8-12b}$$

$$M_e^N=M_e-NW_e/A_e$$

当截面为双轴对称时

$$M_f^N=A_f(h_w+t_f)(f-P/A) \tag{8-12c}$$

式中 A_e——有效截面面积；

M_f^N——兼承压力时两翼缘所能承受的弯矩。

小端截面应验算轴力、弯矩和剪力共同作用下的强度。

5. 刚架梁腹板加劲肋的设置

刚架梁腹板应在中柱连接处、较大集中荷载作用处和翼缘转折处设置横向加劲肋。《门式刚架轻型房屋钢结构技术规范》明确规定，工字形截面构件腹板的受剪板幅，考虑屈曲后强度时，所设置的加劲肋应使得板幅长度与板幅范围内大端截面高度相比不超过 3。

当刚架梁腹板在剪切应力作用下发生屈曲后，以拉力场方式继续承担增加的剪力，由此导致中间加劲肋除承受集中荷载和翼缘转折产生的压力外，还承受拉力场产生的压力。该压力可按式（8-13）计算

$$N_s=V-0.9\varphi_s h_w t_w f_v \tag{8-13a}$$

$$\varphi_s=\frac{1}{\sqrt[3]{0.738+\lambda_s^6}}\leq 1.0 \tag{8-13b}$$

式中 N_s——拉力场产生的压力；

V——梁受剪承载力设计值；

φ_s——腹板剪切屈曲稳定系数；

λ_s——腹板剪切屈曲通用高厚比，可按式（8-10a）计算；

h_w——腹板高度；

t_w——腹板厚度。

加劲肋稳定性验算按《钢结构设计标准》的规定进行，计算长度取腹板高度，截面取加劲肋全部和其两侧各 $15t_w\sqrt{235/f_y}$ 宽度范围内的腹板面积，按两端铰接轴心受压构件进行计算。

6. 变截面柱在刚架平面内的整体稳定性计算

变截面柱在刚架平面内的整体稳定性应按下列公式计算

$$\frac{N_1}{\eta_t\varphi_x A_{e1}}+\frac{\beta_{mx}M_1}{[1-N_1/N_{cr}]W_{e1}}\leq f \tag{8-14a}$$

$$N_{cr}=\pi^2 EA_{e1}/\lambda_1^2 \tag{8-14b}$$

当 $\bar{\lambda}_1\geq 1.2$ 时

$$\eta_t=1 \tag{8-14c}$$

当 $\bar{\lambda}_1<1.2$ 时

$$\eta_t = \frac{A_0}{A_1} + \left(1 - \frac{A_0}{A_1}\right) \times \frac{\overline{\lambda}_1^2}{1.44}$$

$$\lambda_1 = \frac{\mu H}{i_{x1}}$$

$$\overline{\lambda}_1 = \frac{\lambda_{1x}}{\pi}\sqrt{\frac{f_y}{E}} \tag{8-14d}$$

式中 N_1——大端的轴向压力设计值（N）；

M_1——大端的弯矩设计值（N·mm）；

A_{e1}——大端的有效截面面积（mm²）；

W_{e1}——大端有效截面最大受压纤维的截面模量（mm³）；

φ_x——杆件轴心受压稳定系数，楔形柱按《门式刚架轻型房屋钢结构技术规范》附录 A 规定的计算长度系数由《钢结构设计标准》查得，计算长细比时取大端截面的回转半径；

β_{mx}——等效弯矩系数，有侧移刚架杆的等效弯矩系数 β_{mx}，取 1.0；

N_{cr}——欧拉临界力（N）；

λ_1——按大端截面计算的，考虑计算长度系数的长细比；

$\overline{\lambda}_1$——通用长细比；

i_{x1}——大端截面绕强轴的回转半径（mm）；

μ——柱计算长度系数，按《门式刚架轻型房屋钢结构技术规范》附录 A 计算；

H——柱高（mm）；

A_0、A_1——小端和大端截面的毛截面面积（mm²）；

E——柱钢材的弹性模量（N/mm²）；

f_y——柱钢材的屈服强度值（N/mm²）。

需要注意的是，计算时轴力和弯矩采用同一截面（即大端截面），以便能退化成等截面构件。当柱中最大弯矩并未出现在大头位置时，M_1 和 W_{e1} 分别取最大弯矩和该弯矩所在截面的有效截面模量。

当摇摆柱的柱子中间无竖向荷载时，摇摆柱的计算长度系数取 1.0；当摇摆柱的柱子中间作用有竖向荷载时，可考虑上、下柱段的相互作用，决定各柱段的计算长度系数。

《门式刚架轻型房屋钢结构技术规范》在附录 A 中，以大端截面为准，明确给出了变截面门式刚架柱长度系数的计算公式。

7. 变截面柱在刚架平面外的整体稳定性计算

变截面柱的平面外稳定应分段按下列公式计算，当不能满足时，应设置侧向支撑或隅撑，并验算每段的平面外稳定。

$$\frac{N_1}{\eta_{ty}\varphi_y A_{e1}f} + \left(\frac{M_1}{\varphi_b \gamma_x W_{e1}f}\right)^{1.3-0.3k_\sigma} \leq 1 \tag{8-15a}$$

当 $\overline{\lambda}_{1y} \geq 1.3$ 时 $\eta_{ty} = 1$ \hfill (8-15b)

当 $\overline{\lambda}_{1y} < 1.3$ 时 $\eta_{ty} = \frac{A_0}{A_1} + \left(1 - \frac{A_0}{A_1}\right) \times \frac{\overline{\lambda}_{1y}^2}{1.69}$ \hfill (8-15c)

$$\bar{\lambda}_{1y} = \frac{\lambda_{1y}}{\pi}\sqrt{\frac{f_y}{E}} \quad (8\text{-}15d)$$

$$\lambda_{1y} = \frac{L}{i_{y1}} \quad (8\text{-}15e)$$

式中 $\bar{\lambda}_{1y}$——绕弱轴的通用长细比；

λ_{1y}——绕弱轴的长细比；

i_{y1}——大端截面绕弱轴的回转半径（mm）；

φ_y——轴心受压构件弯矩作用平面外的稳定系数，以大端为准，按《钢结构设计标准》的规定采用，计算长度取纵向柱间支撑点间的距离；

N_1——所计算构件段大端截面的轴压力（N）；

M_1——所计算构件段大端截面的弯矩（N·mm）；

φ_b——稳定系数，按式（8-16b）计算。

《门式刚架轻型房屋钢结构技术规范》对原变截面楔形柱的平面外稳定计算公式进行了修订，由于框架柱中的两端弯矩往往引起双曲率弯曲，其等效弯矩系数一般小于0.65，这对弯矩折减较多，在某些特定情况下会不安全。因此，新修订的相关公式中，弯矩项的指数在1.0~1.6之间变化，相关曲线外凸，这等效于考虑弯矩变号对其稳定性的有利作用，避免了在某些特殊情况下的不安全。

8. 变截面刚架梁的平面外稳定性计算

当门式刚架梁坡度不超过1∶5时，实腹式刚架梁可只按压弯构件计算强度和平面外的整体稳定，不计算平面内的稳定。

实腹式刚架梁的平面外计算长度应取侧向支撑点间的距离。当刚架梁两翼缘侧向支承点间的距离不等时，取最大受压翼缘侧向支承点间的距离。为增强刚架梁的整体稳定性，常以两倍檩距间隔在刚架梁下翼缘与檩条之间设置隅撑，《门式刚架轻型房屋钢结构技术规范》明确强调隅撑不能给刚架梁提供足够的侧向支撑，仅仅起到弹性支座的作用，因此，隅撑不能作为刚架梁固定的侧向支座。隅撑支撑的刚架梁的面外计算长度不应小于两倍檩距，且刚架梁截面越大，隅撑的支撑作用相对越弱，刚架梁的面外计算长度也就越大。只有当刚架梁与檩条之间设置的隅撑在满足特定条件下，如在屋面斜梁的两侧均设置隅撑、隅撑的上支承点的位置不低于檩条形心线、隅撑满足设计要求，下翼缘受压的刚架梁的平面外计算长度方可取两倍的隅撑间距。当实腹式刚架梁的下翼缘受压时，支承在刚架梁上翼缘的檩条不能单独作为刚架梁的侧向支承。

承受线性变化弯矩的楔形变截面梁段的稳定性，应按下列公式计算

$$\frac{M_1}{\gamma_x \varphi_b W_{xi}} \leq f \quad (8\text{-}16a)$$

$$\varphi_b = \frac{1}{(1-\lambda_{b0}^{2n}+\lambda_b^{2n})^{1/n}} \quad (8\text{-}16b)$$

$$\lambda_{b0} = \frac{0.55-0.25k_\sigma}{(1+\gamma)^{0.2}} \quad (8\text{-}16c)$$

$$n = \frac{1.51}{\lambda_b^{0.1}}\sqrt{\frac{b_1}{h_1}} \quad (8\text{-}16d)$$

$$k_\sigma = k_M \frac{W_{x1}}{W_{x0}} \tag{8-16e}$$

$$\lambda_b = \sqrt{\frac{\gamma_x W_{x1} f_y}{M_{cr}}} \tag{8-16f}$$

$$k_M = \frac{M_0}{M_1} \tag{8-16g}$$

$$\gamma = (h_1 - h_0)/h_0 \tag{8-16h}$$

式中 φ_b——楔形变截面梁段的整体稳定系数，$\varphi_b \leq 1.0$；

k_σ——小端截面压应力除以大端截面压应力得到的比值；

k_M——弯矩比，为较小弯矩除以较大弯矩；

λ_b——梁的通用长细比；

γ_x——截面塑性开展系数，按《钢结构设计标准》的规定取值；

M_{cr}——楔形变截面梁弹性屈曲临界弯矩（N·mm），按本条第 2 款计算；

b_1、h_1——弯矩较大截面的受压翼缘宽度和上、下翼缘中面之间的距离（mm）；

W_{x1}——弯矩较大截面受压边缘的截面模量（mm³）；

γ——变截面梁楔率；

h_0——小端截面上、下翼缘中面之间的距离（mm）；

M_0——小端弯矩（N·mm）；

M_1——大端弯矩（N·mm）。

弹性屈曲临界弯矩应按下列公式计算

$$M_{cr} = C_1 \frac{\pi^2 E I_y}{L^2} \left[\beta_{x\eta} + \sqrt{\beta_{x\eta}^2 + \frac{I_{\omega\eta}}{I_y}\left(1 + \frac{GJ_\eta L^2}{\pi^2 E I_{\omega\eta}}\right)} \right] \tag{8-17a}$$

$$C_1 = 0.46 k_M^2 \eta_i^{0.346} - 1.32 k_M \eta_i^{0.132} + 1.86 \eta_i^{0.023} \tag{8-17b}$$

$$\beta_{x\eta} = 0.45(1+\gamma\eta) h_0 \frac{I_{yT} - I_{yB}}{I_y} \tag{8-17c}$$

$$\eta = 0.55 + 0.04(1-k_\sigma)\sqrt[3]{\eta_i} \tag{8-17d}$$

$$I_{\omega\eta} = I_{\omega 0}(1+\gamma\eta)^2 \tag{8-17e}$$

$$I_{\omega 0} = I_{yT} h_{sT0}^2 + I_{yB} h_{sB0}^2 \tag{8-17f}$$

$$J_\eta = J_0 + \frac{1}{3}\gamma\eta(h_0 - t_f) t_w^3 \tag{8-17g}$$

$$\eta_i = \frac{I_{yB}}{I_{yT}} \tag{8-17h}$$

式中 C_1——等效弯矩系数，$C_1 \leq 2.75$；

η_i——惯性矩比；

I_{yT}、I_{yB}——弯矩最大截面受压翼缘和受拉翼缘绕弱轴的惯性矩（mm⁴）；

$\beta_{x\eta}$——截面不对称系数；

I_y——变截面梁绕弱轴惯性矩（mm⁴）；

$I_{\omega\eta}$——变截面梁的等效翘曲惯性矩（mm^4）；

$I_{\omega 0}$——小端截面的翘曲惯性矩（mm^4）；

J_{η}——变截面梁等效圣维南扭转常数；

J_0——小端截面自由扭转常数；

h_{sT0}、h_{sB0}——小端截面上、下翼缘的中面到剪切中心的距离（mm）；

t_f——翼缘厚度（mm）；

t_w——腹板厚度（mm）；

L——梁段平面外计算长度（mm）。

门式刚架的斜梁需进行挠度验算，在竖向荷载的标准组合作用下刚架梁的竖向挠度与其跨度的比值不应超过《门式刚架轻型房屋钢结构技术规范》规定的限值。

9. 隅撑的设计

门式刚架的斜梁在负弯矩区的下翼缘受压，易侧向失稳。为提高其整体稳定性，可在刚架梁下翼缘位置增设侧向支撑点。通常在刚架梁受压翼缘的两侧设置隅撑，隅撑的另一端连接在屋面檩条上（图 8-22）。端刚架的屋面梁与檩条之间，除抗风柱位置外，不宜设置隅撑。一旦设置单面隅撑，需考虑隅撑作为檩条的实际支座承受的反力对屋面梁下翼缘的水平作用。此侧向水平推力对刚架梁的整体稳定有潜在危害。

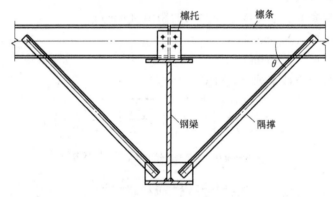

图 8-22 隅撑的连接构造

工程上，隅撑一般采用角钢制作，需按轴心受压构件设计。轴心压力设计值 N 可按下式计算。当隅撑成对布置时，每根隅撑的计算轴力可取计算值的 1/2。

$$N = Af/(60\cos\theta) \tag{8-18}$$

式中 A——被支撑翼缘的截面面积（mm^2）；

f——被支撑翼缘钢材的抗压强度设计值（N/mm^2）；

θ——隅撑与檩条轴线的夹角（°）。

单角钢的隅撑为偏心受压构件，计算稳定时，应采用换算长细比。

8.4.6 门式刚架的节点设计

受运输长度所限，需将长度超过 12m 的刚架梁分段制作，刚架的主要构件在运送到现场后通过高强度螺栓相连。门式刚架结构的主要节点有：梁与柱的拼接节点、梁与梁的拼接节点、梁与摇摆柱的连接节点及柱脚节点等。

1. 梁与柱及梁与梁的拼接节点

门式刚架的刚架梁与刚架柱之间采用刚性连接，以确保门式刚架结构的整体刚度和承载力，通常采用高强度螺栓端板连接节点，可采用端板竖放（图8-23a）、平放（图8-23b）和斜放（图8-23c）三种形式。刚架梁与刚架连接节点的受拉侧，宜采用外伸式端板，且刚架梁端板连接的柱翼缘部位应与端板等厚。刚架梁中部或屋脊拼接时宜使端板与构件外边缘垂直，且应采用外伸式连接，并使翼缘内外螺栓群中心与翼缘中心重合或接近（图8-23d、e）。为确保外伸端板的刚度及强度，应增设加劲肋，其长短边之比宜大于1.5:1，不满足时可增加端板厚度。

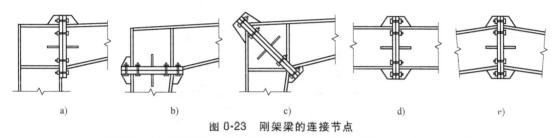

图 8-23 刚架梁的连接节点
a）端板竖放 b）端板平放 c）端板斜放 d）刚架梁中间拼接 e）刚架梁屋脊拼接

当刚架梁与刚架柱的连接节点因设计高强度螺栓数量过多而导致无法布置时，可采用端板斜放的连接形式，利于布置螺栓，加长了抗弯连接的力臂。端板斜放无法达到理想刚接要求，在梁柱连接节点设置斜向加劲肋可显著提高节点的抗弯刚度，可与端板竖放或横放配合使用。

为满足节点强度要求，端板连接中需采用高强度螺栓摩擦型或承压型连接，不允许使用普通螺栓代替高强度螺栓。高强度螺栓承压型连接可用于承受静力荷载和间接承受动力荷载的结构，重要结构或直接承受动力荷载的结构应采用高强度螺栓摩擦型连接。此外，应按规范要求对高强度螺栓施加预拉力，以增强节点转动刚度，这是确保端板连接节点出现理想破坏模式的重要前提。端板连接节点若只承受轴向力和弯矩作用或剪力较小时，摩擦面可不做专门处理。

端板节点螺栓宜成对布置。在受拉翼缘和受压翼缘的内外两侧各设一排，并宜使每个翼缘的四个螺栓的中心与翼缘中心重合。螺栓排列应符合构造要求，螺栓中心至翼缘板表面距离，应满足拧紧螺栓时的施工要求，不宜小于35 mm。螺栓端距不应小于2倍螺栓孔径，螺栓中距不应小于3倍螺栓孔径。内排螺栓之间的最大距离不宜超过400mm，最小距离为3倍螺栓直径。

端板连接应按所受到最大内力和能够承受不小于较小被连接截面承载力的一半设计，并取最大值。端板连接节点设计包括连接高强度螺栓设计、端板厚度确定、节点域剪应力验算、端板螺栓处构件腹板强度、端板连接刚度验算。

（1）端板连接高强度螺栓设计　端板连接高强度螺栓应按《钢结构设计标准》的相关规定验算高强度螺栓在拉力、剪力或拉剪共同作用下的强度。

（2）端板厚度确定　端板连接节点的梁翼缘、腹板和加劲肋将端板分割为若干区格，在高强度螺栓的拉力作用下区格内的端板达到极限状态，形成塑性铰线，可根据极限平衡法确定在端板产生塑性破坏时所需的最小厚度。因此，各种支承条件下端板区格厚度分别按下列公式确定（图 8-24）。

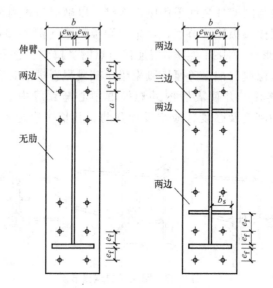

图 8-24 端板的支承条件

伸壁类区格

$$t \geqslant \sqrt{\frac{6e_f N_t}{bf}} \quad (8\text{-}19\text{a})$$

无加劲肋类区格

$$t \geqslant \sqrt{\frac{3e_w N_t}{(0.5a+e_w)f}} \quad (8\text{-}19\text{b})$$

端板外伸的两临边支承类区格

$$t \geqslant \sqrt{\frac{6e_f e_w N_t}{[e_w b + 2e_f(e_f+e_w)]f}} \quad (8\text{-}19\text{c})$$

端板平齐的两临边支承类区格

$$t \geqslant \sqrt{\frac{12e_f e_w N_t}{[e_w b + 4e_f(e_f+e_w)]f}} \quad (8\text{-}19\text{d})$$

三边支承类区格

$$t \geqslant \sqrt{\frac{6e_f e_w N_t}{[e_w(b+2b_s)+4e_f^2]f}} \quad (8\text{-}19\text{e})$$

式中 N_t——单个高强度螺栓的受拉承载力设计值；

e_w、e_f——螺栓中心至腹板和翼缘板表面的距离；

b、b_s——端板和加劲肋板的宽度；

a——螺栓间距；

f——端板钢材的抗拉强度设计值。

端板厚度取以上各种支承条件确定板厚的最大值，但不应小于 16mm 及 0.8 倍的高强度螺栓直径。

(3) 节点域剪应力验算　刚架梁与刚架柱相交的节点域（图 8-25）抗剪承载力应满足下式要求

$$\tau = \frac{M}{d_b d_c t_c} \leqslant f_v \tag{8-20}$$

式中　d_c、t_c——节点域的宽度和厚度；

　　　d_b——刚架梁端部高度或节点域高度；

　　　M——节点承受的弯矩，对多跨刚架中间柱处，应取两侧刚架梁端弯矩的代数和或柱端弯矩；

　　　f_v——节点域钢材的抗剪强度设计值。

当验算不满足式（8-20）要求时，应加厚节点域腹板或设置斜向加劲肋（图 8-25b）。

（4）端板螺栓处构件腹板强度验算　门式刚架构件的翼缘和端板或柱底板的连接，当翼缘厚度大于 12mm 时宜采用全熔透对接焊缝，并应符合《气焊、手工电弧焊及气体保护焊焊缝坡口的基本形式与尺寸》的规定。其他情况宜采用等强连接角焊缝。在端板设置螺栓处，应按下列公式验算构件腹板的强度：

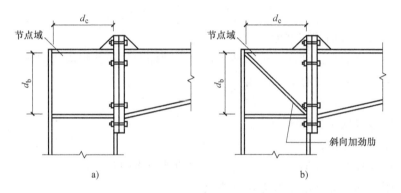

图 8-25　刚架梁与刚架柱相交的节点域

当 $N_{t2} \leqslant 0.4P$ 时

$$\frac{0.4P}{e_w t_w} \leqslant f \tag{8-21a}$$

当 $N_{t2} > 0.4P$ 时

$$\frac{N_{t2}}{e_w t_w} \leqslant f \tag{8-21b}$$

式中　N_{t2}——翼缘内第二排一个螺栓的轴向拉力设计值；

　　　P——单个高强度螺栓的预拉力设计值；

　　　e_w——螺栓中心至腹板表面的距离；

　　　t_w——腹板厚度；

　　　f——腹板钢材的抗拉强度设计值。

当验算不满足式（8-21）要求时，可设置腹板加劲肋或增厚腹板。

（5）端板连接刚度验算　进行门式刚架内力计算时，常假定梁柱连接节点为理想刚接，为使得节点的实际刚度与假定的理想刚度相一致，端板连接刚度需按以下公式进行验算

$$R \geqslant kEI_b/l_b \tag{8-22}$$

式中 R——刚架梁柱转动刚度；

I_b——刚架横梁跨间的平均截面惯性矩；

l_b——刚架横梁跨度；

k——系数，刚架无摇摆柱时取 25，刚架中柱为摇摆柱时可增大到 40 或 50。

端板节点的变形主要包含：节点域的剪切变形；端板的弯曲变形、螺栓拉伸变形及柱翼缘的弯曲变形。因此，端板节点的转动刚度也来源于这两部分，可按公式（8-23）计算

$$R = \frac{1}{1/R_1 + 1/R_2} = \frac{R_1 R_2}{R_1 + R_2} \tag{8-23}$$

当节点域未设斜向加劲肋时

$$R_1 = Gh_1 d_c t_p \tag{8-24a}$$

当节点域设置斜向加劲肋时

$$R_1 = Gh_1 d_c t_p + E d_b A_{st} \cos^2\alpha \sin\alpha \tag{8-24b}$$

$$R_2 = \frac{6EI_e h_1^2}{1.1 e_f^3} \tag{8-25}$$

式中 R_1——为节点域的剪切刚度；

R_2——为连接的弯曲刚度，包括端板弯曲、螺栓拉伸和柱翼缘弯曲所对应的刚度；

h_1——梁端翼缘板中心间的距离；

d_c——节点域的宽度；

t_p——柱节点域腹板厚度；

I_e——端板惯性矩；

e_f——端板外伸部分的螺栓中心到其加劲肋外边缘的距离；

d_b——刚架梁端部高度或节点域的高度；

A_{st}——两条斜向加劲肋的总截面面积；

α——斜向加劲肋的倾角。

2. 梁与摇摆柱连接节点

门式刚架结构的摇摆柱与屋面梁的连接设计成铰接节点，一般采用端板横放的顶接连接方式（图 8-26）。摇摆柱顶端板上通常配置 2 个或 4 个高强度螺栓，并布置在摇摆柱腹板高度范围内，只传递轴力，避免传递弯矩。实际上，这种构造的铰接节点仍能传递部分弯矩，为减小刚架梁下翼缘的面外弯曲变形，应在刚架梁腹板上布置加劲肋，该加劲肋即可沿刚架

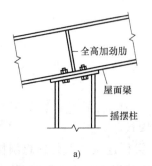 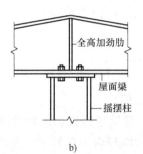 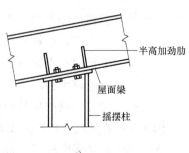

a)　　　　　　　　　　　b)　　　　　　　　　　　c)

图 8-26　屋面梁与摇摆柱的连接

梁腹板全高布置，也可沿半高布置（图 8-26c）。

3. 柱脚节点

柱脚是连接柱子与基础的节点，其主要作用是可靠地将柱身内力传递给基础，并同基础有牢固的连接。门式刚架柱脚一般采用平板式铰接柱脚（图 8-27a、b），当有桥式起重机或刚架需要较大抗侧刚度时，则采用刚接柱脚（图 8-27c、d）。本节重点论述平板式铰接柱脚的构造及设计过程。

平板式铰接柱脚主要由底板、锚栓、锚板、抗剪件等构成。底板焊接于刚架柱底部，并直接搁置在混凝土基础顶部。刚架柱的轴向压力通过底板直接扩散给基础，底板增加了刚架柱与基础顶面的接触面积，避免了基础顶部混凝土的压溃破坏。

锚栓的主要作用是固定柱脚位置和承担拉力。当门式刚架遭受较大风荷载作用时，会导致部分刚架柱受拉，锚栓应可靠地传递柱中拉力，锚栓的直径及数量应根据计算确定。当计算带有柱间支撑的柱脚锚栓的上拔力时，应计及柱间支撑产生的最大竖向分力，且不考虑活荷载（雪荷载）、积灰荷载和附加荷载影响，同时恒载分项系数应取 1.0。计算锚栓的受拉承载力时，应采用螺纹处的有效截面面积。锚栓应埋入混凝土基础一定长度，称为锚固长度。锚栓的锚固长度应符合《建筑地基基础设计规范》的有关规定，为增强锚栓的锚固能力，通常在其端部设置弯钩或焊接钢板。柱脚锚栓应采用 Q235 或 Q345 钢材制作，直径不宜小于 24mm。锚栓应采用双螺母以避免松动或脱落。

工程施工时锚栓预埋于混凝土基础中，由于土建施工精度较低，锚栓偏位现象时常发生，为便于门式刚架安装，柱脚底板的锚栓孔洞常开设比锚栓直径大 2~3cm，需在螺母下面设置垫板。一般情况下，垫板与底板等厚，所钻孔洞直径比锚栓直径大 1.5~2mm，在门式刚架安装就位后，垫板与底板之间现场焊牢。

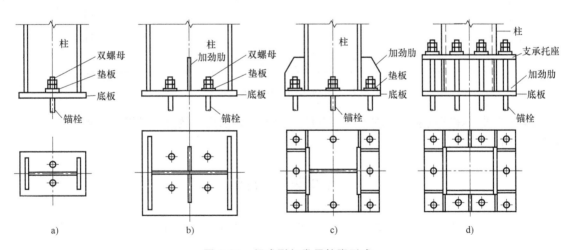

图 8-27 门式刚架常用柱脚形式

a）两个锚栓铰接柱脚 b）四个锚栓铰接柱脚 c）带加劲肋刚接柱脚 d）带靴梁刚接柱脚

带靴梁的锚栓不宜受剪，柱底受剪承载力按底板与混凝土基础间的摩擦力取用，摩擦系数可取 0.4，计算摩擦力时应考虑屋面风吸力产生的上拔力的影响。当剪力由不带靴梁的锚栓承担时，应将螺母、垫板与底板焊接，柱底的受剪承载力可按 0.6 倍的锚栓受剪承载力取用。当柱底水平剪力大于受剪承载力时，应设置抗剪键。抗剪键可采用钢板、角钢、槽钢或工字钢制作,垂直焊接于柱脚底板的底面,抗剪键截面及连接焊缝应计算确定。

平板式铰接柱脚的设计内容主要包含底板面积及厚度的确定、锚栓直径、抗剪键的截面面积及连接焊缝等。

8.5 设计实例

某超市采用单层轻型门式刚架结构,房屋总长 60m,跨度 24m,柱距 6m,檐口高度 7.2m。屋面坡度为 1∶10,屋面及墙面均采用 75mm 厚 EPS 夹芯板。檩条及墙梁采用冷弯薄壁 C 形卷边檩条,材性为 Q235B,檩条间距为 1.5m,下设 V 形轻钢龙骨吊顶。门式刚架采用 Q235-B 级钢材,焊条采用 E43 型。设计基本雪压 $0.4kN/m^2$,基本风压 $0.45kN/m^2$,地面粗糙度为 B 类,不考虑地震作用。基础采用 C25 混凝土。

刚架形式及结构布置如图 8-28 所示,采用变截面单跨双坡门式刚架,柱脚铰接。

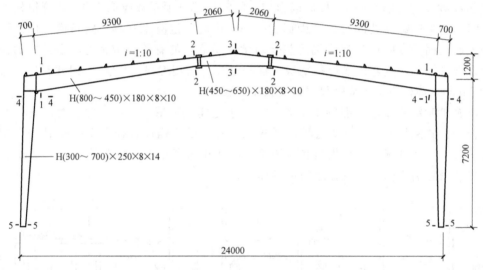

图 8-28 变截面门式刚架的几何尺寸

本实例设计计算过程详见本书配套资源,读者可登录机工教育服务网下载或致电读者服务热线索取。

思考题与习题

1. 当门式刚架在水平风荷载作用下的柱顶侧移不满足规范限值要求时,可采用何种措施调整?
2. 在多跨门式刚架结构中,为何采用单脊双坡的结构形式比采用多脊多坡的结构形式好?
3. 在门式刚架屋面系统中,为何设置拉条?设置拉条的作用和原则?
4. 在门式刚架结构中哪些部位需设置隔撑?设置隔撑的目的和作用?
5. 在门式刚架轻型房屋结构的屋面系统中,为何 C 形卷边檩条和 Z 形檩条的肢尖(或卷边)应朝屋脊方向?

6. 设计檩条时，应按何种类型构件计算？应计算哪些内容？

7. 为何在门式刚架结构中梁、柱构件的腹板可利用屈曲后强度，而翼缘不能利用屈曲后强度？

8. 门式刚架梁按何种类型构件进行强度和稳定验算？实腹式刚架梁的平面外计算长度如何确定？

9. 应在门式刚架梁腹板的哪些部位设置横向加劲肋？

10. 门式刚架结构中梁与柱的刚性连接有哪几种连接形式？

第 9 章

重型工业厂房钢结构设计

学习目标

掌握重型工业厂房的构成与布置，结构的荷载与内力分析；掌握厂房钢屋盖的结构形式与设计方法；熟悉厂房吊车梁的主要形式，了解吊车梁的荷载分析与内力计算；了解焊接 H 型钢吊车梁的设计。

轻型单层工业厂房钢结构体系以焊接 H 型钢为主要受力构件，以门式刚架为主要结构形式，由于其受力构件厚度较薄、用钢量较小、施工简单迅速、空间布置灵活等诸多优点，在实际工程应用中发展迅速。但是，对于有些车间厂房，需要在其内部配备大型或重型机械设备、管线，并且具有跨度大和高度大的要求，如有大型飞机制造厂，其跨度可达 60m，高度可达 80m，起重机的起重量超过 450t。因此，在这类车间厂房中，不可避免地要继续采用厚度较大的钢板和钢结构构件，尤其是梁、屋架和柱子。相对于轻型厂房钢结构，这类结构被称之为重型厂房钢结构，其被广泛应用于冶金、船舶、飞机等大型机械制造行业的车间厂房。本章将介绍重型工业厂房钢结构体系的基本构成与结构布置，重点讨论其钢屋盖和吊车梁这两种关键构件的设计过程。

9.1 结构构成与结构布置

9.1.1 结构构成

重型工业厂房钢结构一般采用单层刚（框）架和多层刚架的形式，尤其多以单层刚（框）架为主，其基本构成包括：屋盖、托梁、柱子、吊车梁、支撑系统以及墙梁维护构件等（图 9-1）。各结构组成部分的基本特点介绍如下：

（1）横向框架　横向框架就是主梁（屋架）横向布置，主梁（屋架）和柱形成横向框架，横向刚度较大，可以很好地承受作用在厂房上的横向水平荷载和竖向荷载。此外，各榀横向框架在纵向上由侧向支撑（次梁或檩条）连接，这也保证了横向框架的侧向稳定性。

（2）纵向框架　纵向框架由沿着纵向（一般为垂直横向即跨度方向）分布的柱、柱间支撑、吊车梁、连系梁或托架等构件组成，承受纵向水平荷载。纵向框架的长度一般较长，各组成构件有机地连接在一起形成受力整体，故具有很大的刚度，可以很好地承受吊车刹车时产生的纵向水平荷载。

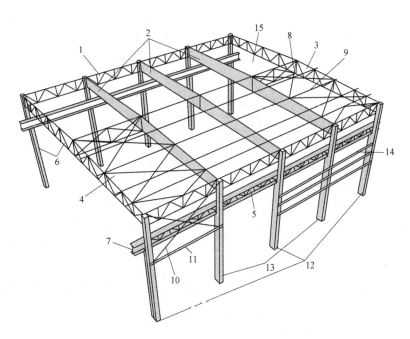

图 9-1 单层工业厂房构造示意图

1—托架　2—屋架　3—上弦水平支撑　4—上弦横向支撑　5—制动桁架
6—横向平面框架　7—吊车梁　8—屋架竖向支撑　9—檩条　10、11—柱间支撑
12—框架柱　13—中间柱　14—墙架梁　15—屋面

（3）屋盖　在厂房中，屋盖的核心受力结构多采用钢屋架，而屋架形式又以各种形式的钢桁架应用最多。一般来讲，屋盖通常由屋架、檩条、屋面支撑、天窗架以及屋面铺板构成。对于有檩体系，屋面铺板常采用轻型屋面材料，如压型钢板夹心保温板；对于无檩体系，由于不设置檩条，屋面铺板常采用刚度较大的大型钢筋混凝土屋盖板。屋盖主要承受屋面竖向荷载和在屋盖高度范围内的风荷载。

（4）吊车梁　吊车梁是用于装载厂房内部起重机的梁，其上设置起重机轨道，桁车通过轨道在吊车梁上来回行驶，是支撑桁车运行的路基。吊车梁主要承受的荷载有起重机竖向移动荷载、桁车制动时产生的纵向水平荷载和桁车行走时的横向摇摆力。

（5）支撑系统　支撑的布置有效保障了厂房结构整体的稳定性和局部构件的稳定性。根据支撑的布置位置不同，通常可细分为屋面水平与垂直支撑、柱间竖向支撑以及墙架支撑。支撑主要承受作用在其平面内的水平荷载，如风荷载、地震作用以及起重机制动荷载等。

（6）墙梁维护构件　由于生产工艺的需求，厂房的高度一般较大，故墙体的稳定必须得到保障，墙梁等维护构件必不可少，一般包括墙梁、墙架支撑以及抗风柱等，这些构件主要承受垂直于墙面作用的风荷载。

9.1.2　结构布置

1. 结构布置的内容与原则

厂房的外观设计、平面、立面以及剖面等建筑设计是房屋建筑学这门课程所要解决的问题，在完成这部分设计后，再进行结构布置。结构布置所包含的内容包括柱网和变形缝布置、横向承重框架形式选择、屋盖结构布置、起重机系统布置、支撑与围护系统布置、基础选择。结构布置的合理性与否直接关乎着厂房结构受力的效能，合理的结构布局可有效承载，降低用材，提高安全性和经济济性。

显而易见，结构布置的首要原则就是要确保厂房的完整性和安全性，同时要兼顾好生产工艺的要求，但有时二者存在冲突，如生产工艺可能会要求抽掉部分柱子，从而会造成此处的吊车梁跨度加大，邻柱负荷增加，此时必须慎重考虑这些构件的强度和稳定性问题。在满足了结构安全的原则和生产工艺要求之后，节约成本是主要考虑的问题，这需要设计人员综合考虑选材、制作以及安装等诸多问题，寻求最优点。钢结构建筑多采用主要构件在车间加工完成，然后运抵施工现场进行组装的快速装配化施工方式进行建造，如果在结构布置时能使主要尺寸符合一定的基本模数，同类构件尽量使用一样的形式，从而使得多数构件以及连接的尺寸统一起来，这种标准化的设计与制作方式可以大大节约施工成本，取得节约与高效的统一。

2. 柱网布置

柱网的布置方式直接影响着厂房建筑本身的经济成本，同时又受生产工艺、结构受力以及建筑模数等因素的制约。首先，厂房的使用功能、生产工艺要得到满足，如地上生产设备的工作范围与柱距之间的协调布置，地下设备、管沟等与柱基础的协调布置。然后，柱网布置必须满足结构上的要求，柱子等距布置可获得较大的横向刚度（图9-2），且柱间构件如梁、支撑、檩条等同类构件的截面及尺寸相同，可以最大限度

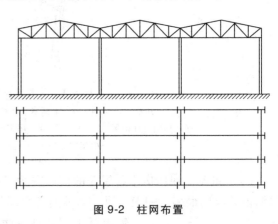

图 9-2 柱网布置

达到一致化与标准化。柱距取值要合理，柱距增大则会使柱间构件的内力增加，从而会增大其截面尺寸，但柱子减少了，柱下基础的数量也相应减少，花费在基础上的成本则会降低。综上所述，合理的柱网布置应满足生产工艺需求，结构受力安全可靠，在此基础上应取得最佳的经济效益。一般情况下，跨度方向的柱距模数常取 3m（跨度小于 30m）和 6m（跨度大于 30m），纵向方向的柱距模数常取 6m。对于钢筋混凝土大型屋面板的厂房，柱距常采用 6m 为宜，当跨度较大时，厂房常采用轻型屋面板，此时柱距以 12m 为宜。有时为了满足生产需求，厂房被设计成双跨或者多跨的形式（图9-2）。柱网布置也要考虑温度区段长度（伸缩缩间距）的要求，见表9-1。

表 9-1 温度区段长度表 （单位：m）

结构情况	纵向温度区段（垂直屋架或构架跨度方向）	横向温度区段（沿屋架或构架跨度方向）	
		柱顶为刚接	柱顶为铰接
采暖地区房屋和非采暖地区房屋	220	120	150
热车间和采暖地区的非采暖房屋	180	100	125
露天结构	120	—	—

3. 横向框架形式

柱脚与基础的连接方式以及屋架与柱子的连接方式有多种，不同的连接方式使横向框架呈现出不同的形式（图9-3），在重型厂房中，柱脚与基础通常做成刚接，刚接连接可增大横向框架的侧向刚度，结构整体性较好，且柱段内的弯矩（绝对值）相对于铰接时减小，但是柱脚刚接的横向框架会因为基础的不均匀沉降而产生较大的结构内力，严重时会造成结构性破坏。屋架与柱子的连接有时采用铰接，有时采用刚接，对于重型厂房等对侧向刚度要求较高的厂房结构宜采用刚接连接，而对于起重机起重量不大和屋面采用轻型围护结构的厂房结构宜采用铰接连接。

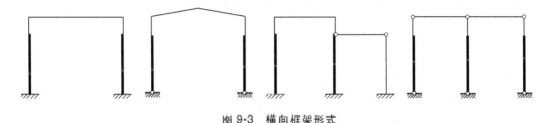

图9-3 横向框架形式

4. 纵向框架

纵向连系梁、吊车梁、柱间支撑以及框架柱相互连接组成纵向框架，其相互连接方式通常按照铰接进行连接，形成纵向排架体系。吊车梁所承受的荷载较大，将其布置为连续梁可减小跨中弯矩从而实现较好的经济效果，但是厂房的形式一般在纵向上具有较大的长度，起重机也经常在不同区间内运行，再考虑到纵向柱间不均匀沉降的产生，在吨位较大的吊车梁实际工程建造中，吊车梁与框架柱采用铰接连接。在重型厂房中，由于吊车梁的存在，且吊车梁的负荷较大，因此框架柱基本上采用的是阶形柱，即上部为实腹式，下部为格构式的阶梯柱。

9.2 结构的荷载计算与内力分析

9.2.1 荷载计算

在对重型工业厂房的结构进行内力分析时，常取一榀框架为计算单元，并假定一榀框架仅承担其在一个计算单元内的各种荷载，这些荷载包括永久荷载、可变荷载以及偶然荷载。

（1）永久荷载　永久荷载包括屋面恒载、檩条、屋架及其他构件自重和围护结构自重等。这些数值可按照《建筑结构荷载规范》中的规定取值。

（2）可变荷载　可变荷载包括屋面活荷载、雪荷载、积灰荷载、风荷载、起重机荷载以及地震作用。屋面活荷载与雪荷载不同时，取二者中的较大值进行计算，积灰荷载要注意局部增大系数。这些荷载可按《建筑结构荷载规范》中的规定进行取值与计算。

（3）偶然荷载　偶然荷载应包括爆炸、撞击、火灾及其他偶然出现的灾害引起的荷载。爆炸和冲击荷载可按《建筑结构荷载规范》中的规定进行取值与计算。

9.2.2 内力分析

建筑结构设计应根据使用过程中结构上可能同时出现的荷载，按承载能力极限状态和正常使用极限状态分别进行荷载组合,并应取各自的最不利的组合进行设计。

对于承载能力极限状态,应按荷载的基本组合或偶然组合计算荷载组合的效应设计值,并采用下列设计表达式进行设计

$$\gamma_0 S_d \leqslant R_d \tag{9-1}$$

式中 γ_0——结构重要性系数,应按各有关的规定采用;

S_d——荷载组合的效应设计值;

R_d——结构构件抗力的设计值,应按各有关的规定确定。

荷载基本组合的效应设计值 S_d,应从下列荷载组合值中取用最不利的效应设计值确定,下列各式中系数可由《建筑结构荷载规范》中的规定进行取值。

1) 由可变荷载控制的效应设计值,应按下式进行计算

$$S_d = \sum_{j=1}^{m} \gamma_{G_j} S_{G_j k} + \gamma_{Q_1} \gamma_{L_1} S_{Q_1 k} + \sum_{i=2}^{n} \gamma_{Q_i} \gamma_{L_i} \psi_{C_i} S_{Q_i k} \tag{9-2}$$

式中 γ_{G_j}——第 j 个永久荷载的分项系数;

γ_{Q_i}——第 i 个可变荷载的分项系数,其中 γ_{Q_1} 为主导可变荷载 Q_1 的分项系数;

γ_{L_i}——第 i 个可变荷载考虑设计使用年限的调整系数,其中 γ_{L_1} 为主导可变荷载 Q_1 考虑设计使用年限的调整系数;

$S_{G_j k}$——按第 j 个永久荷载标准值 G_{jk} 计算的荷载效应值;

$S_{Q_i k}$——按第 i 个可变荷载标准值 Q_{ik} 计算的荷载效应值,其中 $S_{Q_1 k}$ 为诸可变荷载效应中起控制作用者;

ψ_{C_i}——第 i 个可变荷载 Q_i 的分项系数;

m——参与组合的永久荷载数;

n——参与组合的可变荷载数。

2) 由永久荷载控制的效应设计值,应按下式进行计算

$$S_d = \sum_{j=1}^{m} \gamma_{G_j} S_{G_j k} + \sum_{i=1}^{n} \gamma_{Q_i} \gamma_{L_i} \psi_{C_i} S_{Q_i k} \tag{9-3}$$

基本组合中的效应设计值仅适用于荷载与荷载效应为线性的情况;对 $S_{Q_1 k}$ 无法明显判断时,应轮次以各可变荷载效应作为 $S_{Q_1 k}$,并选取其中最不利的荷载组合效应值。

3) 荷载偶然组合的效应设计值 S_d 可按下式计算

$$S_d = \sum_{j=1}^{m} S_{G_j k} + S_{A_d} + \psi_{f_1} S_{Q_1 k} + \sum_{i=2}^{n} \psi_{q_i} S_{Q_i k} \tag{9-4}$$

式中 S_{A_d}——按偶然荷载标准值 A_d 计算的荷载效应值;

ψ_{f_1}——第 1 个可变荷载的频遇值系数;

ψ_{q_i}——第 i 个可变荷载的准永久值系数。

9.3 厂房屋盖钢结构设计

9.3.1 钢屋盖的主要形式与尺寸

1. 钢屋架的外形

屋架的外形直接受到房屋用途、建筑造型和屋面材料的排水要求影响。钢屋架的外形主

要有三角形（图 9-4a、b、c）、梯形（图 9-4d、e、f）和矩形（图 9-4g、h、i）三种，其腹杆的形式常用的有人字式（图 9-4d、g）、芬克式（图 9-4a、c）、豪式（又称单向斜杆式，图 9-4b）、再分式（图 9-4f）及交叉式（图 9-4i）五种。从受力角度出发，屋架的外形应尽量与弯矩图相近，以使弦杆受力均匀，腹杆受力较小。腹杆的布置应使弦杆受力合理，节点构造易于处理，尽量使长杆受拉，短杆受压，腹杆数量少且总长度短，弦杆不产生局部弯矩。腹杆与弦杆的交角宜为 35°~45°。上述各种要求往往不能同时满足，应根据具体情况解决主要矛盾，合理设计。

三角形屋架用于屋面坡度较大的屋盖结构中。在雨雪量特别大的地区，会要求较大的屋面坡度。这种屋架与柱多做成铰接，因此房屋的横向刚度较小。屋架弦杆的内力变化较大，弦杆内力在支座处最大，在跨中最小，故弦杆截面不能充分发挥作用。一般宜用于中、小跨度的屋面结构。荷载和跨度较大时，采用三角形屋架就不够经济。

梯形屋架一般用于屋面坡度较小的屋盖中，其外形与弯矩图较为相近，受力情况较三角形屋架好，腹杆较短。屋架与柱的连接可做成刚接，也可做成铰接。这种屋架是重型厂房屋盖结构的基本形式。梯形屋架如用压型钢板为屋面材料，则有檩屋盖，如用大型屋面板为屋面材料，则为无檩屋盖。檩条或大型屋面板的主肋应正好搁置在屋架上弦节点，上弦不产生局部弯矩。

矩形屋架（平行弦屋架）的上下弦平行，腹杆长度一致，杆件类型少，符合标准化、工业化制造的要求，多见于托架或支撑体系。

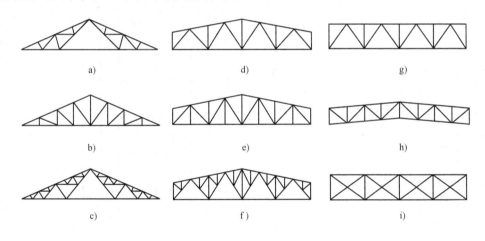

图 9-4　钢屋架的外形

2. 钢屋架的主要尺寸

钢屋架的主要尺寸指它的跨度 L 和高度 H（包括梯形屋架的端部高度 H_0）。

钢屋架跨度即厂房横向的柱子间距，由厂房的工艺和使用要求决定，同时应考虑结构布置的合理性及经济性。无檩屋盖中钢屋架跨度与大型屋面板的跨度相配合，有 12m、15m、18m、21m、24m、27m、30m 等几种。有檩屋盖中的屋架不受 3m 模数的限制。

屋架高度则由经济条件、刚度条件、运输界限及屋面坡度等因素来决定。三角形屋架 $H≈(1/6~1/4)L$；梯形屋架屋面坡度较平坦，当上弦坡度为 $1/12~1/8$ 时，跨中高度一般为 $(1/10~1/6)L$，跨度大（或屋面荷载小）时取小值，跨度小（或屋面荷载大）时取大值。

对采用大型屋面板的无檩屋盖，上弦节间长度应等于屋面板的宽度，一般为 1.5m 或 3m；当采用有檩屋盖时，则根据檩条的间距而定，一般为 0.8~3.0m。当为多跨屋架时，H_0 应取一致，以利屋面构造。

9.3.2 屋盖支撑系统

屋架在其自身平面内刚度较大，能承受屋架平面内的各种荷载。但是屋架平面外的刚度和稳定性则较差，在某些不利因素作用下（如起重机的振动），会引起较大的水平振动和变位，而且不能承受水平荷载。因此，为使屋架结构具有足够的空间刚度和稳定性，必须设置支撑体系。

1. 支撑的作用

1) 保证屋盖结构的几何稳定性。当采用只由屋架、檩条和屋面材料等构件组成的有檩体系屋盖时，由于没有必要的支撑，整个结构在空间上属于几何可变体系，在水平荷载作用下或安装过程中，各屋架有可能会向一侧倾倒，如图 9-5a 所示。只有按照结构的布置情况和受力特点设置支撑，将各个平面屋架联系起来，形成几何不变体系，才能发挥屋架的作用，保证整个屋盖在各种荷载作用下很好地工作，如图 9-5b 所示。

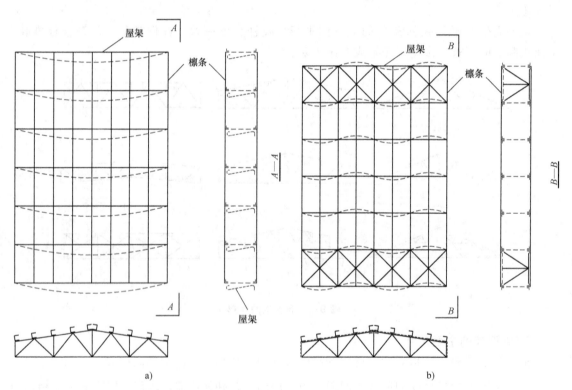

图 9-5 屋架上弦的屈曲情况
a) 屋架无支撑 b) 屋架有支撑

2) 为避免压杆的侧向失稳，防止拉杆产生过大的振动。当屋架间无支撑时，上弦杆的屋架平面外计算长度即为屋架的跨度，承载能力极低。设置支撑后，支撑就可作为上弦杆的侧向支撑点，减小其计算长度，保证受压弦杆的侧向稳定，并且为下弦拉杆提供侧向联系，使其不会在某些动力作用下（如起重机运行时）产生过大的振动。

3）承担并传递水平荷载。如传递风荷载、悬挂起重机水平荷载和地震荷载。

4）保证结构安装时的稳定与方便。屋架的安装一般是从房屋温度区段的一端开始，首先用支撑将两个相邻屋架联系起来，组成一个基本空间稳定体，再依次进行其他构件的安装。

2. 支撑的布置

屋盖支撑系统可分为：上弦横向水平支撑、下弦横向水平支撑、纵向水平支撑、垂直支撑和系杆。

(1) 上弦横向水平支撑　在有檩条（有檩体系）或不用檩条而用大型屋面板（无檩体系）的屋盖中都应设置屋架上弦横向水平支撑，当有天窗架时，天窗架上弦也应设置横向水平支撑。

在无檩体系中，如果大型屋面板与屋架的连接满足每块板有三点支承处进行焊接等构造要求时，大型板在屋架上弦平面内形成刚度很大的盘体，考虑屋面板起到一定支撑作用，可以不设置上弦横向水平支撑。但由于施工条件的限制，其焊接质量很难保证，一般只考虑大型屋面板起系杆作用。而在有檩体系中，上弦横向水平支撑的横杆可用檩条代替。

上弦横向水平支撑一般应设置在房屋的两端或纵向温度区段两端，有时设有纵向天窗，但天窗并未到达温度区段尽端而在相距一个柱间处断开时，为了与天窗支撑配合，可将屋架上弦横向水平支撑布置在第二个柱间。上弦横向水平支撑的间距不宜大于60m，当温度区段长度较大时，还应在中部增设支撑，如图9-6所示。

(2) 下弦横向水平支撑　一般情况下应设置下弦横向水平支撑，但当屋架跨度较小（$L<18m$）又无起重机或其他振动设备时，可不设下弦横向水平支撑。下弦横向水平支撑一般和上弦横向水平支撑布置在同一柱间，以形成空间稳定体系（图9-6）。

(3) 纵向水平支撑　当房屋较高、跨度较大、空间刚度要求较高时，或设有支承中间屋架的托架而为保证托架的侧向稳定时，或设有大吨位的重级、中级工作制桥式起重机、壁行起重机或锻锤等较大振动设备时，均应在屋架端部节间平面内设置纵向水平支撑。纵向水平支撑和横向水平支撑形成封闭体系将大大提高房屋的纵向刚度，如图9-6所示。

(4) 垂直支撑　无论有檩体系屋盖或无檩体系屋盖，均应设置垂直支撑。屋架的垂直支撑应与上、下弦横向水平支撑布置在同一柱间，如图9-6所示。

梯形屋架在跨度$L \leqslant 30m$，三角形屋架在跨度$L \leqslant 24m$时，可仅在跨度中央设置一道；当跨度大于上述数值时，宜在跨度1/3附近或天窗架侧柱外设置两道。梯形屋架不分跨度大小，在其两端位置还应各设一道，当屋架端部有托架时，就用托架等代替，不再另设端部垂直支撑。

与天窗架上弦横向支撑类似，天窗架垂直支撑也应设置在天窗架端部以及中部有屋架横向支撑的柱间，并应在天窗两侧柱平面内布置。

(5) 系杆　为了保证未连支撑的平面屋架和天窗架的稳定性及传递水平力的安全性，应在横向支撑或垂直支撑节点处沿房屋通长设置系杆。系杆分为刚性系杆和柔性系杆两类，前者既能承受拉力也能承受压力，截面相对较大一些；后者只能承受拉力，截面稍小一些。

在屋架上弦平面内，无檩体系屋盖中大型屋面板的肋可以起到系杆的作用，此时一般只在屋脊处和屋架端部处设置系杆；采用有檩体系屋盖时，檩条可代替系杆，但在天窗范围内没有檩条，所以应在屋脊处设置系杆。

在屋架下弦平面内，在跨中或跨度内部设置一或两道系杆，此外，在两端设置系杆。设置中部系杆，可以增大下弦杆的平面外刚度，从而保证屋架受压腹杆的稳定性。

在垂直支撑平面内一般设置上下弦系杆，屋脊节点及主要支承节点处需设置刚性系杆，天窗侧柱处及下弦跨中或跨中附近设置柔性系杆。当屋架横向水平支撑设在端部第二柱间时，则第一柱间所有系杆均应为刚性系杆，如图 9-6 所示。

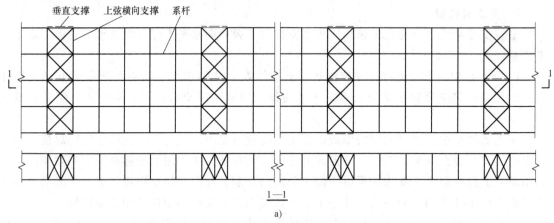
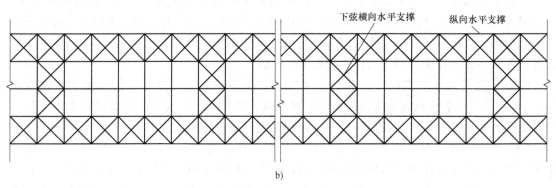

图 9-6　屋盖支撑布置

a) 屋盖上弦支撑布置　b) 屋盖下弦支撑布置

3. 支撑的计算和构造

屋架的横向和纵向水平支撑都是平行弦桁架，在上弦或下弦平面内，可用两相邻屋架的弦杆兼作支撑桁架的弦杆，支撑桁架的腹杆一般采用十字交叉式或单斜式。通常横向水平支撑节点间的距离为屋架上弦杆节间长度的 2~4 倍，纵向水平支撑的宽度取屋架端部节间的长度，一般为 6m 左右。

屋架垂直支撑也是一个平行弦桁架，其上、下弦可兼作水平支撑的横杆。垂直支撑的腹杆体系应根据其高度与长度之比采用不同的形式，如交叉式、V 式或 W 式，如图 9-7 所示。

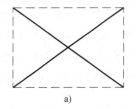
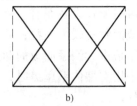
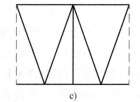

图 9-7　支撑形式

当屋架支撑受力比较小时，可不进行内力计算，杆件的截面尺寸一般由容许长细比和构造要求决定。支撑中的交叉斜杆及柔性系杆按拉杆设计，通常用单角钢做成；非交叉斜杆、弦杆、横杆以及刚性系杆按压杆设计，宜采用双角钢做成的 T 形截面或十字形截面，以使两个方向的刚度接近。但对于承受端墙风力的屋架下弦横向水平支撑和刚性系杆，以及承受侧墙风力的屋架下弦纵向水平支撑，当支撑桁架跨度较大（≥24m）或承受的风荷载较大（风压力的标准值大于 0.5kN/m²）时，或垂直支撑兼作檩条以及考虑厂房结构的空间工作而用纵向水平支撑作为柱的弹性支承时，支撑杆件除应满足长细比要求外，尚应按照桁架体系计算内力，并据此内力按强度或稳定性选择截面并计算其连接，如图 9-8 所示。

支撑与屋架的连接构造应简单，安装应方便。通常采用 C 级螺栓，每一杆件接头处的螺栓数不少于两个，螺栓直径一般为 20mm。在有重级工作制吊车或较大振动设备的厂房，除粗制螺栓外，还应加焊安装焊缝。每条焊缝的焊缝长度不宜小于 80mm，焊脚尺寸不宜小于 6mm。

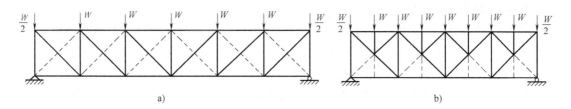

图 9-8 支撑桁架杆件计算简图

9.3.3 杆件计算长度与截面形式

1. 杆件的计算长度

屋架弦杆、支座斜杆、支座竖杆的内力通常比较大，节点处的约束作用较小，所以这些杆件在屋架平面内的计算长度取其节点间的轴线长度，即 $l_{0x} = l$；其他受压腹杆考虑到在节点处受约束作用较强，计算长度 $l_{0x} = 0.8l$。

屋架弦杆在平面外的计算长度等于侧向支承点间的距离。腹杆在屋架平面外的计算长度等于两端节点间的距离。屋架中的单角钢杆件与双角钢组成的十字形杆件因有可能斜向失稳，故取计算长度 $l_0 = 0.9l$，如图 9-9 所示。

当屋架弦杆侧向支承点间的距离为两倍节间长度，且两节间弦杆内力不等时，弦杆在平面外的计算长度按下式计算

$$l_0 = l_1 \left(0.75 + 0.25 \frac{N_1}{N_2} \right) \geq 0.5 l_1 \quad (9\text{-}5)$$

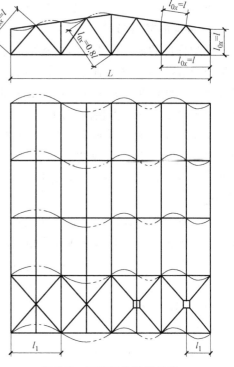

图 9-9 屋架杆件计算长度

式中　N_1——较大的压力，计算时取正号；
　　　N_2——较小的压力或拉力，计算时压力取为正号，拉力取为负号。

再分式腹杆的受压主腹杆（图 9-10）在平面外的计算长度也可按式（9-5）计算；在平面内的计算长度取为节点中心间长度。

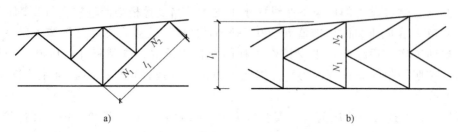

图 9-10　再分式腹杆平面外的计算长度

对于交叉腹杆，在平面内的计算长度取为节点中心至交叉点间的距离；在平面外的计算长度则根据杆件的交叉情况而定。

2. 杆件的容许长细比

杆件长细比的大小，对杆件的工作有一定的影响。如果长细比过大，杆件将在自重作用下产生过大挠度，也会在运输和安装中因刚度太小而产生弯曲，在动力作用下还会引起较大振动。《钢结构设计标准》对拉杆和压杆都规定了容许长细比。

1）压杆：桁架和天窗架中的拉杆：$[\lambda]=150$；内力不超过承载能力 50% 的腹杆：$[\lambda]=200$；跨度等于或大于 60m 的桁架的弦杆和端压杆：$[\lambda]=120$。

2）拉杆：直接承受动力荷载或重级工作制起重机厂房中的桁架杆件：$[\lambda]=250$；其他情况下的桁架杆件：$[\lambda]=350$；跨度等于或大于 60m 的桁架杆件：$[\lambda]=300$。

3. 杆件的截面形式

屋架杆件的截面形式应考虑构造简单、施工方便、易于连接和取材容易等要求，一般采用两个等肢或不等肢角钢组成的 T 形截面或十字形截面，因为这些截面可以使两个主轴的回转半径与杆件在屋架平面内和平面外的计算长度相配合，使两个方向的长细比接近，从而达到用料经济、连接方便的目的。

对于屋架上弦，当没有局部弯矩作用时，由于屋架平面外计算长度往往是屋架平面内计算长度的 2 倍，若要使 $\lambda_x \approx \lambda_y$，须使 $i_y = 2i_x$，故上弦通常采用两个不等边角钢，短肢相并的 T 形截面。当上弦杆作用有较大的局部弯矩时，则采用不等边角钢长肢相并的 T 形截面。

对于支座斜杆，因其屋架平面内和平面外的计算长度相同，应使截面的 $i_y = i_x$。所以，宜采用不等边角钢长肢相并或等边角钢的 T 形截面。

对于屋架下弦杆，一般情况下 $l_{0y} > l_{0x}$，通常采用不等边角钢短肢相并的截面以满足长细比的要求。

对于其他腹杆，因为 $l_{0y} = l$，$l_{0x} = 0.8l$，亦即 $l_{0y} = 1.25l_{0x}$，故宜采用等边角钢相并的截面。连接垂直支撑的竖向腹杆，为使竖向支撑与屋架节点的连接不产生偏心，宜采用两个等边角钢组成的十字形截面。对于受力很小的腹杆，可采用单角钢截面，如图 9-11 所示。

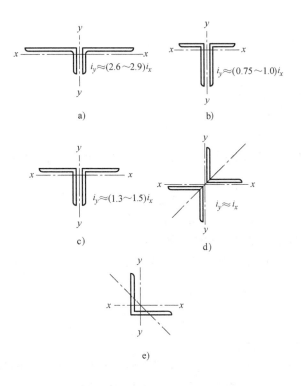

图 9-11 屋架杆件截面形式

由双角钢组成的 T 形或十字形截面杆件是按实腹式杆件进行计算的,为保证两个角钢组成的杆件能够整体协同工作,须在两个角钢间加设填板,以使其有可靠连接。填板的厚度与节点板厚度相同,填板宽度一般取 50~80mm,填板长度:对 T 形截面应比角钢肢伸出 10~20mm,对十字形截面则从角钢肢尖缩进 10~15mm,以便于施焊。填板间距对于压杆 $l_1 \leqslant 40i_1$,拉杆 $l_1 \leqslant 80i_1$。在 T 形截面中,i_1 为一个角钢对平行于填板自身形心轴的回转半径;在十字形截面中,填板应沿两个方向交错放置,i_1 为一个角钢的最小回转半径,在压杆的屋架平面外计算长度范围内,至少应设置两块填板,如图 9-12 所示。

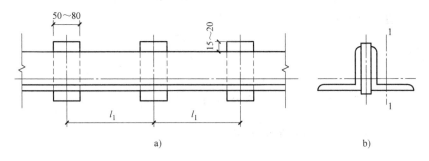

图 9-12 屋架杆件的填板布置

4. 截面的计算

对轴心受拉杆件由强度要求计算所需的截面尺寸,同时应满足长细比的要求。对轴心受压杆件和压弯构件,要计算强度、刚度、整体稳定和局部稳定。

(1) 强度计算

$$\sigma = \frac{N}{A_n} \leqslant f/\gamma \tag{9-6}$$

式中　N——杆件的轴力设计值；
　　　A_n——杆件的净截面面积；
　　　f——钢材的强度设计值；
　　　γ——系数，对于非抗震设计，$\gamma = \gamma_0$；对于抗震设计，$\gamma = \gamma_{RE}$。

(2) 刚度计算

$$\lambda_x = l_{0x}/i_x \leqslant [\lambda] \tag{9-7a}$$

$$\lambda_y = l_{0y}/i_y \leqslant [\lambda] \tag{9-7b}$$

式中　l_{0x}、l_{0y}——杆件对 x 轴和 y 轴的计算长度；
　　　i_x、i_y——单角钢或双角钢截面的回转半径。

(3) 整体稳定性计算

$$\frac{N}{\varphi A} \leqslant f \tag{9-8}$$

式中　A——杆件的毛截面面积；
　　　φ——轴心受压构件的稳定系数（取截面两主轴稳定系数中的较小者），应根据构件的长细比、钢材屈服强度和轴心受压构件的截面分类表按轴心受压构件的稳定系数表采用。

对于单轴对称截面，绕非对称轴的长细比 λ_x 按刚度计算公式计算，但绕对称轴应取计及扭转效应的下列换算长细比 λ_{yz} 代替 λ_y：

1) 对于等边单角钢截面：

当 $b/t \leqslant 0.54 l_{0y}/b$ 时

$$\lambda_{yz} = \lambda_y \left(1 + \frac{0.85 b^4}{l_{0y}^2 t^2}\right) \tag{9-9a}$$

当 $b/t > 0.54 l_{0y}/b$ 时

$$\lambda_{yz} = 4.78 \frac{b}{t} \left(1 + \frac{l_{0y}^2 t^2}{13.5 b^4}\right) \tag{9-9b}$$

2) 对于等边双角钢截面：

当 $b/t \leqslant 0.58 l_{0y}/b$ 时

$$\lambda_{yz} = \lambda_y \left(1 + \frac{0.475 b^4}{l_{0y}^2 t^2}\right) \tag{9-10a}$$

当 $b/t > 0.58 l_{0y}/b$ 时

$$\lambda_{yz} = 3.9 \frac{b}{t} \left(1 + \frac{l_{0y}^2 t^2}{18.6 b^4}\right) \tag{9-10b}$$

3) 对于长肢相并的不等边双角钢截面：

当 $b_2/t \leqslant 0.48 l_{0y}/b_2$ 时

$$\lambda_{yz} = \lambda_y \left(1 + \frac{1.09 b_2^4}{l_{0y}^2 t^2}\right) \tag{9-11a}$$

当 $b_2/t > 0.48 l_{0y}/b_2$ 时

$$\lambda_{yz} = 5.1 \frac{b_2}{t} \left(1 + \frac{l_{0y}^2 t^2}{18.6 b_2^4}\right) \tag{9-11b}$$

4) 对于短肢相并的不等边双角钢截面：

当 $b_1/t \leqslant 0.56 l_{0y}/b_1$ 时，可近似取 $\lambda_{yz} = \lambda_y$。否则应取

$$\lambda_{yz} = 3.7 \frac{b_1}{t} \left(1 + \frac{l_{0y}^2 t^2}{52.7 b_1^4}\right) \tag{9-12}$$

式中　　λ_y——对 y 轴的长细比：$\lambda_y = \dfrac{l_{0y}}{i_y}$；

　　b、b_1、b_2——等肢角钢肢宽度、不等边角钢长肢宽度和不等边角钢短肢宽度；

　　t——角钢肢厚。

5. 截面的选择

屋架杆件选择截面时，一般遵守以下几条原则：

1) 同一屋架的型钢规格不宜过多，通常情况下以 5~6 种为宜，以便于订货和下料。同时，应尽量避免选用相同边长或肢宽、而厚度相差很小的型钢，以防施工时发生混料错误。

2) 应优先选用肢宽而薄的型钢以增加截面的回转半径。

3) 当连接支撑等的螺栓孔在节点板范围内且距节点板边缘距离大于或等于 100mm 时，计算杆件强度可不考虑截面的削弱。

4) 跨度较大的屋架（如 $\geqslant 24\text{m}$）与柱铰接时，弦杆宜根据内力变化而改变截面，但半跨内一般只改变一次。变截面位置宜选在节点处或节点附近。截面变动通常情况下采用的做法是改变肢宽而保持厚度不变，以便处理弦杆的拼接节点。

9.3.4　桁架节点设计

在进行桁架节点的设计时，首先根据节点处杆件的内力，计算连接焊缝的长度和焊脚尺寸。通常情况下，焊脚尺寸取小于或等于角钢肢厚。根据节点上各杆件的焊缝长度，并考虑杆件间隙等构造要求，来确定节点板的形状和尺寸，然后验算杆件与节点板的焊缝。另外，对于单角钢的单面连接，因其为偏心受力，故须将焊缝强度设计值乘以 0.85 的折减系数。下面说明各种节点的计算：

1. 上弦节点（图 9-13）

节点板与腹杆的连接采用角焊缝，焊缝长度按下列公式计算

$$l_{w1} = \frac{K_1 N}{2 \times 0.7 h_{f1} f_f^w} + 2 h_{f1} \tag{9-13a}$$

$$l_{w2} = \frac{K_2 N}{2 \times 0.7 h_{f2} f_f^w} + 2 h_{f2} \tag{9-13b}$$

式中　N——腹杆轴力设计值；

　l_{w1}、l_{w2}——角钢肢背与肢尖的焊缝长度，通常取为 5mm 的整数倍，施工时一般将杆件搭在节点板上的长度全部焊满；

　h_{f1}、h_{f2}——角钢肢背与肢尖处的焊脚尺寸；

　f_f^w——角焊缝强度设计值；

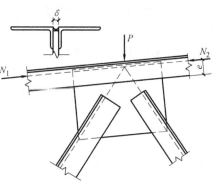

图 9-13　屋架上弦节点

K_1、K_2——角钢肢背与肢尖焊缝上的内力分配系数。对于长肢相并的不等边双角钢,分别取为 0.65 和 0.35;对于短肢相并的不等边双角钢,分别取为 0.75 和 0.25;对于等肢角钢,分别取为 0.70 和 0.30。

在计算上弦与节点板的焊缝时,考虑到通常情况下,上弦节点处作用有集中荷载,故应考虑上弦杆的内力与集中荷载的共同作用。为了便于放置大型屋面板或檩条,常将节点板缩进上弦角钢背而采用槽焊缝,缩进距离不宜小于 $(0.5t+2)$ mm,也不宜大于 t,t 为节点板厚度。槽焊缝可看作两条角焊缝计算,其强度设计值应乘以 0.8 的折减系数。上弦与节点板的连接按下列公式计算:

上弦肢背槽焊缝计算公式

$$\frac{\sqrt{[K_1(N_1-N_2)]^2+\left(\frac{P}{2}/1.22\right)^2}}{2\times 0.7 h_{f1} l_{w1}} \leqslant 0.8 f_f^w/\gamma \qquad (9\text{-}14\text{a})$$

上弦肢尖角焊缝计算公式

$$\frac{\sqrt{[K_2(N_1-N_2)]^2+\left(\frac{P}{2}/1.22\right)^2}}{2\times 0.7 h_{f2} l_{w2}} \leqslant f_f^w/\gamma \qquad (9\text{-}14\text{b})$$

式中 N_1、N_2——节点处相邻节间上弦的内力设计值;
   P——节点处的集中荷载设计值;
   K_1、K_2——角钢肢背与肢尖焊缝上的内力分配系数;
   h_{f1}、l_{w1}——角钢肢背槽焊缝的焊脚尺寸(取节点板厚度之半)和每条焊缝的计算长度;
   h_{f2}、l_{w2}——角钢肢尖焊缝的焊脚尺寸和每条焊缝的计算长度;
   f_f^w——角焊缝的强度设计值。

2. 下弦节点(图 9-14)

当下弦节点处无其他外荷载时,仅承受两侧弦杆的内力差 $\Delta N=N_1-N_2$,而 ΔN 的值一般很小,实际所需的焊脚尺寸可按构造要求确定,并沿节点板全长满焊。当节点上作用有集中荷载时,按下列公式计算:

下弦肢背与节点板的连接角焊缝

$$\frac{\sqrt{[K_1(N_1-N_2)]^2+\left(\frac{P}{2}/1.22\right)^2}}{2\times 0.7 h_{f1} l_{w1}} \leqslant f_f^w/\gamma$$

(9-15a)

下弦肢尖与节点板的连接角焊缝

$$\frac{\sqrt{[K_2(N_1-N_2)]^2+\left(\frac{P}{2}/1.22\right)^2}}{2\times 0.7 h_{f2} l_{w2}} \leqslant f_f^w/\gamma$$

(9-15b)

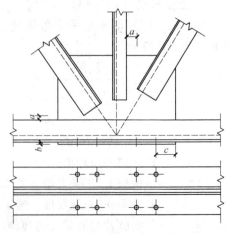

图 9-14 屋架下弦节点

式中 N_1、N_2——下弦节点相邻节间的轴向力设计值;

P——下弦节点荷载设计值；

K_1、K_2——角钢肢背和肢尖的内力分配系数；

h_{f1}、l_{w1}——角钢肢背焊缝的焊脚尺寸和每条焊缝的计算长度；

h_{f2}、l_{w2}——角钢肢尖焊缝的焊脚尺寸和每条焊缝的计算长度。

3. 屋脊节点（图 9-15）

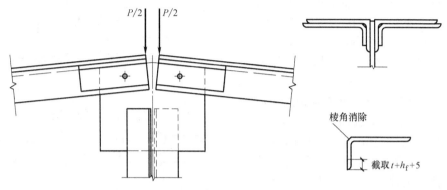

图 9-15 屋脊节点

屋架的上弦杆在屋脊处需要拼接，拼接角钢一般采用与上弦杆相同的截面，以使弦杆在拼接处保持原有的强度和刚度。通常情况下，拼接角钢采用热弯成形。当屋面坡度较大且拼接角钢肢较宽时，可将角钢竖肢切口再弯折后焊成。为了使拼接角钢与弦杆之间能够紧密贴合而方便施焊，应将拼接角钢的棱角铲去，并还应将竖肢切去 $\Delta = (t + h_f + 5)$ mm，式中 t 为角钢肢厚，h_f 为拼接焊缝的焊脚尺寸。拼接角钢的截面削弱，可以由节点板或角钢之间的填板来补偿。接头一侧的连接焊缝总长度为

$$\sum l_w = \frac{N}{0.7 \times h_f f_f^w} \tag{9-16a}$$

式中 N——杆件的轴心力，取节点两侧弦杆内力的较大值。

由式（9-16a）得出的焊缝计算长度 $\sum l_w$ 按四条焊缝平均分配。

在计算上弦杆与节点板的连接焊缝时，假定节点集中荷载 P 由上弦角钢肢背处的槽焊缝承受，按下式计算

$$\frac{P/1.22}{2 \times 0.7 h_{f1} l_{w1}} \leqslant 0.8 f_f^w / \gamma \tag{9-16b}$$

上弦角钢肢尖与节点板的连接焊缝按上弦内力的 15% 计算，并要考虑此力产生的弯矩 $M = 0.15Ne$。

当屋架上弦的坡度较大时，拼接角钢与上弦杆之间的连接焊缝按上弦内力计算，而上弦杆与节点板之间的连接焊缝计算，则取上弦内力的竖向分力与节点集中荷载的合力和上弦内力的 15% 两者中的较大值。

当屋架的跨度较大时，需将屋架分成两个运输单元，在屋脊节点处和下弦跨中节点处进行工地拼接。左半边的上弦、斜杆和竖杆与节点板的连接为工厂焊缝，而右半边的上弦、斜杆与节点板的连接为工地焊缝。拼接角钢与上弦的连接全用工地焊缝。

4. 下弦拼接节点（图 9-16）

屋架下弦一般采用与下弦截面相同的角钢进行拼接，其构造与屋脊节点类似。当下弦内力较大时，为了避免节点板上产生过大的应力，通常情况下采用比下弦角钢肢厚大的连接角钢。为了在内力传递时，不致引起因力线转折而产生的应力集中，当角钢肢宽大于 125mm 时，可将拼接角钢的肢端斜切，以使内力均匀传递。

拼接角钢与下弦杆件共有 4 条连接焊缝，计算时按与下弦截面等强度考虑。下弦杆与节点板的连接焊缝，按两侧下弦较大内力的 15% 和两侧下弦的内力差两者中的较大值来计算，但当拼接节点处有外荷载时，则应按此最大值和外荷载的合力进行计算。

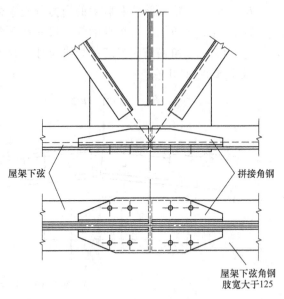

图 9-16 下弦拼接节点

9.3.5 矩形钢管屋架

钢管结构一般包括圆管和方管（或矩形管）两种截面形式，由于钢管构件组成的屋架可以省去大量节点板、填板等的制作，故比传统的角钢屋架用料节省，而且其截面性质也优于角钢。由于方管屋架的节点构造比圆管要简单，因而应用较多，本节将主要介绍矩形管屋架。

由于轧制无缝钢管价格较昂贵，宜采用冷弯成型的高频焊接钢管，而且方管和矩形管大多是冷弯成型的高频焊接钢管。因为此类管材通常存在残余应力和冷作硬化现象，若用于低温地区的外露结构，需进行专项研究。本节适用于不直接承受动力荷载的钢管结构。

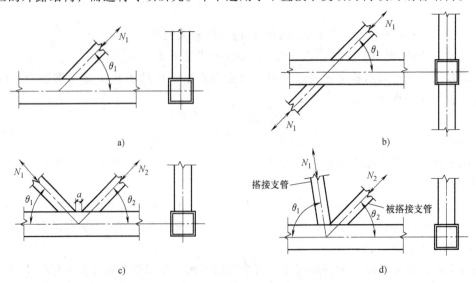

图 9-17 矩形管直接焊接平面管节点
a) T、Y 形节点　b) X 形节点　c) 有间隙的 K、N 形节点　d) 搭接的 K、N 形节点

1. **一般规定和构造要求**

为了防止钢管发生局部屈曲而限制钢管的径厚比或宽厚比：圆钢管的外径与壁厚之比不应超过 100 ($235/f_y$)；方管或矩形管的最大外缘尺寸与壁厚之比不应超过 $40\sqrt{235/f_y}$。热加工管材和冷成型管材均可采用，但其屈服强度 f_y 不应超过 345N/mm^2，屈强比 f_y/f_u 不应超过 0.8，且钢管壁厚不宜大于 25mm（当壁厚大于 25mm 时，很难采用冷弯成型方法制造）。

钢管屋架的高跨比可在 1/15~1/10 范围内选择。应尽量减少节点的类别与数量以及所选用的管材规格。在矩形钢管屋架中，较常见的是矩形管直接焊接节点。在交于同一节点的杆件中，截面尺寸最大者称为主管（通常为弦杆），余者皆称为支管。主管的壁厚不应小于支管壁厚，在支管与主管连接处不得将支管插入主管内。主管与支管或两支管轴线之间的夹角不宜小于 30°。支管与主管的连接节点处，除搭接型节点外，应尽可能避免偏心。支管与主管的连接焊缝，应沿全周连续焊接并平滑过渡。支管端部宜使用自动切管机切割，支管壁厚小于 6mm 时可不切坡口。在有间隙的 K 形或 N 形节点中，支管间隙 a 应不小于两支管壁厚之和，如图 9-17c 所示。在搭接的 K 形或 N 形节点中，其搭接率 $O_v = q/p \times 100\%$ 应满足 $25\% \leq O_v \leq 100\%$，且应确保在搭接部分的支管之间的连接焊缝能可靠地传递内力，如图 9-17c 所示。

在搭接节点中，当支管厚度不同时，薄壁管应搭在厚壁管上；当支管钢材强度等级不同时，低强度管应搭在高强度管上。支管与主管之间的连接可沿全周用角焊缝或部分采用对接焊缝、部分采用角焊缝。支管管壁与主管管壁之间的夹角大于或等于 120°的区域宜用对接焊缝或带坡口的角焊缝。角焊缝的焊脚尺寸 h_f 不宜大于支管壁厚的 2 倍。钢管构件在承受较大横向荷载的部位应采取适当的加强措施，防止产生较大的局部变形。构件的主要受力部位应避免开孔，若必须开孔时，应采取适当的补强措施。

2. **杆件和节点承载力计算**

直接焊接钢管结构中支管和主管的轴心内力设计值不应超过按普通的轴心受力构件或压（拉）弯构件计算确定的杆件承载力设计值。

在节点处，支管沿周边与主管相焊，焊缝承载力应等于或大于节点承载力。在矩形管结构中，支管与主管的连接焊缝可视为全周角焊缝按下式计算

$$\sigma_f = \frac{N}{h_e l_w} \leq \beta_f f_f^w \tag{9-17}$$

但取 $\beta_f = 1$。角焊缝的计算厚度沿支管周长是变化的，当支管轴心受力时，平均计算厚度可取 $0.7h_f$。焊缝的计算长度可按下列公式计算：

矩形管结构中，支管与主管交线的计算长度公式：

1）有间隙的 K 形或 N 形节点：

当 $\theta_i \geq 60°$ 时

$$l_w = \frac{2h_i}{\sin\theta_i} + b_i \tag{9-18a}$$

当 $\theta_i \leq 50°$ 时

$$l_w = \frac{2h_i}{\sin\theta_i} + 2b_i \tag{9-18b}$$

当 $50° < \theta_i < 60°$ 时，l_w 按插值法确定。

2) T 形、Y 形和 X 形节点

$$l_w = \frac{2h_i}{\sin\theta_i} \tag{9-18c}$$

式中 h_i、b_i——支管的截面高度和宽度；
θ_i——支管轴线与主管轴线的夹角。

矩形管直接焊接节点的承载力应按下列规定计算，其适用范围见表 9-2。

表 9-2 矩形管节点几何参数的适用范围

管截面形式	节点形式	$\frac{b_i}{b}$、$\frac{h_i}{b}$（或$\frac{d_i}{b}$）	$\frac{b_i}{t_i}$、$\frac{h_i}{t_i}$（或$\frac{d_i}{t_i}$）		$\frac{h_i}{b_i}$	$\frac{b}{t}$、$\frac{h}{t}$	a 或 O_v b_i/b_j、t_i/t_j
			受压	受拉			
主管为矩形管	T 形、Y 形、X 形	≥0.25	≤37$\sqrt{\frac{235}{f_{yi}}}$ ≤35	≤35	0.5≤$\frac{h_i}{b_i}$ ≤2	≤35	0.5(1−β)≤$\frac{a}{b}$≤1.5(1−β)* $a \geq t_1+t_2$
	有间隙的 K 形和 N 形	≥0.1+$\frac{0.01b}{t}$ β≥0.35					
	搭接的 K 形和 N 形	≥0.25	≤33$\sqrt{\frac{235}{f_{yi}}}$			≤40	25%≤O_v≤100% $\frac{t_i}{t_j} \leq 1.0$, $1.0 \geq \frac{b_i}{b_j} \geq 0.75$
	支管为圆管	0.4≤$\frac{d_i}{b}$≤0.8	≤44$\sqrt{\frac{235}{f_{yi}}}$	≤50			用 d_i 取代 b_i 之后，仍应满足上述相应条件

注：1. 标注 * 处当 $a/b>1.5(1-\beta)$ 时，则按 T 形或 Y 形节点计算。
2. b_i、h_i、t_i 分别为第 i 个矩形支管的截面宽度、高度和壁厚；
d_i、t_i 分别为第 i 个圆支管的外径和壁厚；
b、h、t 分别为矩形支管的截面宽度、高度和壁厚；
a 为支管间的间隙；
O_v 为搭接率；
β 为参数；对 T 形、Y 形、X 形节点，$\beta = \frac{b_i}{b}$ 或 $\frac{d_i}{b}$；对 K 形、N 形节点，$\beta = \frac{b_1+b_2+h_1+h_2}{4b}$ 或 $\beta = \frac{d_1+d_2}{2b}$；
f_{yi} 为第 i 个支管钢材的屈服强度。

为保证节点处矩形主管的强度，支管的轴心力和主管的轴心力不得大于下列规定的节点承载力设计值：

1) 支管为矩形管的 T 形、Y 形和 X 形节点。

① 当 $\beta \leq 0.85$ 时，支管在节点处的承载力设计值 N_i^{pj} 应按下式计算

$$\begin{cases} N_i^{pj} = 1.8\left(\frac{h_i}{bc\sin\theta_i}+2\right)\frac{t^2 f}{c\sin\theta_i}\psi_n \\ c = (1-\beta)^{0.5} \end{cases} \tag{9-19}$$

式中 ψ_n——参数；当主管受压时，$\psi_n = 1.0 - \frac{0.25}{\beta} \cdot \frac{\sigma}{f}$；当主管受拉时，$\psi_n = 1.0$；

σ——节点两侧主管轴心压应力的较大绝对值。

② 当 $\beta = 1.0$ 时，支管在节点处的承载力设计值 N_i^{pj} 应按下式计算

$$N_i^{pj} = 2.0\left(\frac{h_i}{\sin\theta_i} + 5t\right)\frac{tf_k}{\sin\theta_i}\psi_n \tag{9-20a}$$

当为 X 形节点，$\theta_i \leqslant 90°$ 且 $h \geqslant h_i/\cos\theta_i$ 时，尚应按下式验算

$$N_i^{pj} = \frac{2htf_v}{\sin\theta_i} \tag{9-20b}$$

式中 f_k——主管强度设计值；当支管受拉时，$f_k = f$；当支管受压时，对 T 形、Y 形节点，$f_k = 0.8\varphi f$；对 X 形节点，$f_k = (0.65\sin\theta_i)\varphi f$；$\varphi$ 为按长细比 $\lambda = 1.73\left(\frac{h}{t} - 2\right)\left(\frac{1}{\sin\theta_i}\right)^{0.5}$ 确定的轴心受压构件的稳定系数；

f_v——主管钢材的抗剪强度设计值。

③ 当 $0.85 < \beta < 1.0$ 时，支管在节点处承载力的设计值应按上述公式所得的值，根据 β 进行线性内插。此外，还不应超过下列二式的计算值

$$N_i^{pj} = 2.0(h_i - 2t_i + b_e)t_if_i \tag{9-21a}$$

$$b_e = \frac{10}{b/t} \cdot \frac{f_y t}{f_{yi} t_i} \cdot b_i \leqslant b_i$$

当 $0.85 \leqslant \beta \leqslant 1 - \frac{2t}{b}$ 时

$$N_i^{pj} = 2.0\left(\frac{h_i}{\sin\theta_i} + b_{ep}\right)\frac{tf_v}{\sin\theta_i} \tag{9-21b}$$

$$b_{ep} = \frac{10}{b/t} \cdot b_i \leqslant b_i$$

式中 h_i、t_i、f_i——支管的截面高度、壁厚以及抗拉（抗压和抗弯）强度设计值。

2) 支管为矩形管的有间隙的 K 形和 N 形节点。

① 节点处任一支管的承载力设计值应取下列各式的较小值

$$N_i^{pj} = 1.42\frac{b_1 + b_2 + h_1 + h_2}{b\sin\theta_i}\left(\frac{b}{t}\right)^{0.5}t^2f\psi_n \tag{9-22a}$$

$$N_i^{pj} = \frac{A_v f_v}{\sin\theta_i} \tag{9-22b}$$

$$N_i^{pj} = 2.0\left(h_i - 2t_i + \frac{b_i + b_e}{2}\right)t_if_i \tag{9-22c}$$

当 $\beta \leqslant 1 - \frac{2t}{b}$ 时，尚应小于

$$N_i^{pj} = 2.0\left(\frac{h_i}{\sin\theta_i} + \frac{b_i + b_{ep}}{2}\right)\frac{tf_v}{\sin\theta_i} \tag{9-22d}$$

式中 A_v——弦杆的受剪面积，按下列公式计算

$$A_v = (2h + \alpha b)t \tag{9-22e}$$

$$\alpha = \sqrt{\frac{3t^2}{3t^2+4a^2}} \qquad (9\text{-}22\text{f})$$

② 节点间隙处的弦杆轴心受力承载力设计值为

$$N^{pj} = (A - \alpha_v A_v)f \qquad (9\text{-}23\text{a})$$

式中 α_v——考虑剪力对弦杆轴心承载力的影响系数，按下式计算

$$\alpha_v = 1 - \sqrt{1 - \left(\frac{V}{V_p}\right)^2} \qquad (9\text{-}23\text{b})$$

$$V_p = A_v f_v \qquad (9\text{-}23\text{c})$$

式中 V——节点间隙处弦杆所受的剪力，可按任一支管的竖向分力计算。

3) 支管为矩形管的搭接的 K 形和 N 形节点。

搭接支管的承载力设计值应根据不同的搭接率 O_v 按下列公式计算（下标 j 表示被搭接的支管）：

① 当 $25\% \leqslant O_v < 50\%$ 时

$$N_i^{pj} = 2.0 \left[(h_i - 2t_i)\frac{O_v}{0.5} + \frac{b_e + b_{ej}}{2} \right] t_i f_i \qquad (9\text{-}24\text{a})$$

$$b_{ej} = \frac{10}{b_j/t_j} \cdot \frac{t_j f_{yj}}{t_i f_{yi}} b_i \leqslant b_i \qquad (9\text{-}24\text{b})$$

② 当 $50\% \leqslant O_v < 80\%$ 时

$$N_i^{pj} = 2.0 \left(h_i - 2t_i + \frac{b_e + b_{ej}}{2} \right) t_i f_i \qquad (9\text{-}24\text{c})$$

③ 当 $80\% \leqslant O_v \leqslant 100\%$ 时

$$N_i^{pj} = 2.0 \left(h_i - 2t_i + \frac{b_i + b_{ej}}{2} \right) t_i f_i \qquad (9\text{-}24\text{d})$$

被搭接支管的承载力应满足下式要求

$$\frac{N_j^{pj}}{A_j f_{yj}} \leqslant \frac{N_i^{pj}}{A_i f_{yi}} \qquad (9\text{-}24\text{e})$$

9.3.6 钢屋盖设计示例

某单层单跨工业厂房，厂房总长度为120m，檐口高度为15m，柱距为6m，屋架坡度 $i = 1/10$。拟设计钢屋架，简支于钢筋混凝土柱上。柱顶截面尺寸为400mm×400mm，柱混凝土强度等级为C20。屋架钢材采用Q345B级钢。钢屋架设计可不考虑抗震设防。屋架采用梯形屋架（无檩体系），计算跨度 $l_0 = 24\text{m} - 2 \times 1.5\text{m} = 23.7\text{m}$，具体尺寸如图9-18a所示。屋架上弦横向支撑，下弦横向支撑和屋架竖向支撑的布置分别如图9-18b~e所示。

本设计示例计算过程详见本书配套资源，读者可登录机工教育服务网下载，或致电读者服务热线索取。

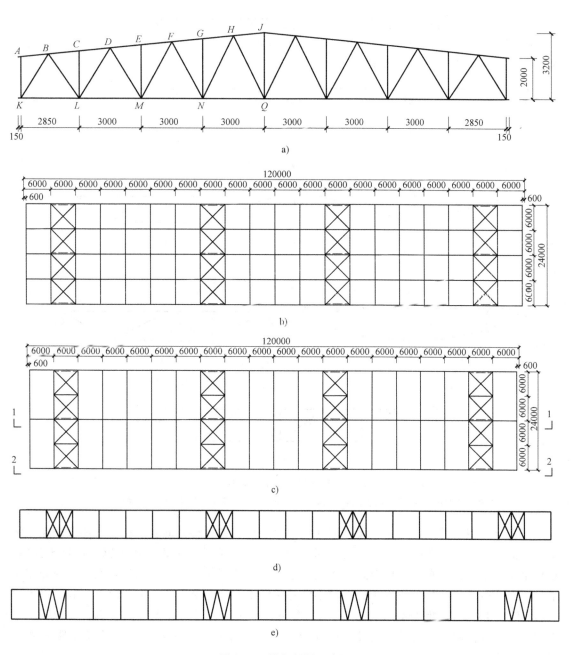

图 9-18 屋架例题示意图

a）屋架简图 b）屋架上弦横向支撑布置 c）屋架下弦横向支撑布置 d）屋架竖向支撑 1-1 e）屋架竖向支撑 2-2

9.4 厂房吊车梁钢结构设计

9.4.1 吊车梁的主要形式

吊车梁按支座连接方式可分为平板支座吊车梁和突缘支座吊车梁。按结构简图可分为简支梁、连续梁。根据其结构体系又可分为简支实腹吊车梁（图 9-19a）、连续实腹吊车梁（图 9-19b）、下撑式吊车梁（图 9-19c、d、e）和桁架式吊车梁（图 9-19f、g）。其中下撑式和桁架式均是混合式的结构体系。

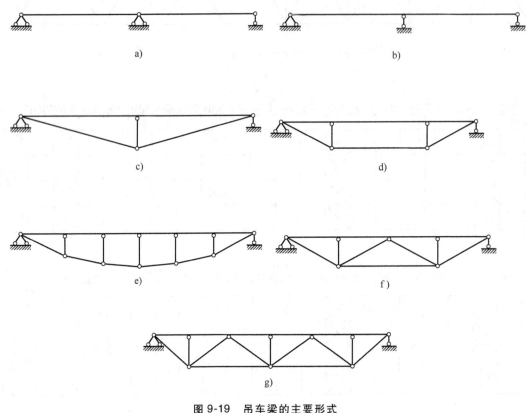

图 9-19 吊车梁的主要形式

a）简支实腹吊车梁　b）连续实腹吊车梁　c）、d）、e）下撑式吊车梁　f）、g）桁架式吊车梁

吊车梁一般设计成简支梁，设计成连续梁固然可节省材料，但连续梁对支座沉降比较敏感，因此对基础要求较高。吊车梁的常用截面形式，可采用工字钢、H 型钢、焊接工字钢、箱形梁及桁架作为吊车梁。桁架式吊车梁用钢量省，但制作费工，连接节点在动力荷载作用下易产生疲劳破坏，故一般用于跨度较小的轻中级工作制的吊车梁。一般跨度小起重量不大（跨度不超过 6m，起重量不超过 30t）的情况下，吊车梁可通过在翼缘上焊钢板、角钢、槽钢的方式抵抗横向水平荷载，对于焊接工字钢也可采用扩大上翼缘尺寸的方法加强其侧向刚度。

对于跨度或起重量较大的吊车梁应设置制动结构，即制动梁或制动桁架；由制动结构将横向水平荷载传至柱，同时保证梁的整体稳定。制动梁的宽度不宜小于 1.0~1.5m，宽度较大时宜采用制动桁架。吊车梁的上翼缘充当制动结构的翼缘或弦杆，制动结构的另一翼缘或弦杆可以采用槽钢或角钢。制动结构还可以充当检修走道（图 9-20），故制动梁腹板一般采用花纹钢板，厚度 6~10mm。对于跨度大于或等于 12m 的重级工作制吊车梁，或跨度大于或等于 18m 的轻中级工作制吊车梁宜设置辅助桁架和下翼缘（下弦）水平支撑系统，同时设置垂直支撑，其位置不宜设在发生梁或桁架最大挠度处，以免受力过大造成破坏。对柱两侧均有吊车梁的中柱则应在两吊车梁间设置制动结构。

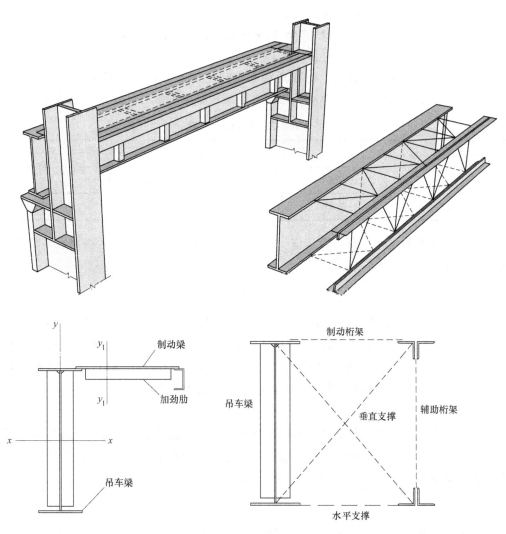

图 9-20 制动梁和制动桁架

9.4.2 吊车梁的荷载分析与内力计算

1. 计算吊车梁时考虑的荷载

（1）作用在吊车梁上的最大轮压设计值

$$P = \alpha_1 \gamma_Q P_{k,\max} \quad (9\text{-}25)$$

式中　α_1——竖向轮压动力系数，对轻、中级工作制的软钩起重机 $\alpha_1=1.05$；重级工作制的软钩起重机、硬钩起重机和其他特种起重机 $\alpha_1=1.1$；

γ_Q——可变荷载分项系数，一般取 $\gamma_Q=1.4$；

$P_{k,\max}$——采用起重机的最大车轮压，对于非标准起重机，最大轮压的标准值可按下式计算，数值应由起重机制造厂提供。

$$P_{k,\max} = \frac{G}{n} + \frac{(Q+g)(L_k-d)}{0.5nL_k}$$

式中 G、g、Q——吊车桁架自重，小车自重和起重机的起重量，小车自重可近似取 $0.3Q$；

L_k、d——桁架跨度和吊钩至起重机轨道轴线的最小极限距离；

n——吊车桁架的总轮数。

计算起重机的竖向荷载时，对作用在起重机上的走道荷载、积灰荷载、轨道、制动结构、支撑和梁的自重等，可近似地简化为将轮压乘以荷载增大系数 η_1，见表9-3。

表9-3 荷载增大系数 η_1

类型 \ 系数	实腹式吊车梁			桁架式吊车梁
	跨度为 6m	跨度为 12m	跨度 ≥ 18m	
η_1	1.03	1.05	1.07	1.06

（2）起重机横向水平荷载设计值 由小车制动引起的每个车轮的横向水平荷载设计值 T 按下式计算

$$T = \gamma_Q T_{k,H} \tag{9-26}$$

式中 $T_{k,H}$——每个吊车桁架车轮作用在轨道上的横向水平荷载标准值，按式 $T_{k,H} = \alpha_H (Q/g)/n$（式中 α_H 为起重机横向荷载系数。对软钩起重机：当额定起重量不大于10t时，取0.12；当额定起重量为16~50t时，取0.10；当额定起重量不小于75t时，取0.08。对硬钩起重机取0.20计算，可以正反两个方向作用于轨道。

当计算重级工作制吊车梁或吊车桁架及其制动结构的强度、稳定性以及连接包括吊车梁或吊车桁架、制动结构、柱相互间的连接强度时，应考虑由起重机摆动引起的横向水平力。作用于每个轮压处由起重机摆动引起的横向水平力设计值 H 按下式计算

$$H = \gamma_Q H_k \tag{9-27}$$

式中 H_k——作用于每个轮压处由起重机摆动引起的横向水平力标准值，按式 $H_k = \alpha_2 P_{k,max}$ 计算，对一般软钩起重机 α_2 取0.1；抓斗或磁盘起重机 α_2 取0.15；硬钩起重机 α_2 取0.2。

由起重机摆动引起的横向水平力设计值 H 不与由小车制动引起的横向水平荷载设计值 T 同时考虑。

（3）起重机纵向水平荷载 由吊车桁架制动引起的制动轮的纵向水平荷载设计值 T 按下式计算

$$T = \gamma_Q T_{k,V} \tag{9-28}$$

式中 $T_{k,V}$——由吊车桁架制动引起的纵向水平荷载标准值，按式 $T_{k,V} = 0.1 P_{k,max}$ 计算，当计算吊车梁及其连接的强度时，起重机竖向荷载还要乘以动力系数。对悬挂起重机和工作级别A1~A5的软钩起重机，动力系数可取1.05，对其他情况都可取为1.1。

吊车桁架一端的制动轮数一般可取一端车轮总数的一半。

(4)制动梁或制动桁架的平台板上的竖向荷载　吊车梁走道上的活荷载一半可取 $2kN/m^2$，或按工艺资料取用。制动梁或的走道上的积灰荷载则近似的取：平炉车间 $0.5kN/m^2$；转炉车间 $1kN/m^2$；出铁厂 $1kN/m^2$。

(5)当吊车梁与辅助桁架还承受屋盖或墙架的荷载时，还应按实际情况计算。

设计吊车梁及其制动结构时，需计算的荷载汇总于表 9-4。

表 9-4　计算力及起重机台数组合表

计算项目	计算力		起重机台数组合
	轻、中级起重机	重级起重机	
吊车梁及制动结构的强度和稳定	$P = \alpha_1 \eta_1 \gamma_Q P_{k,max}$ $T = \gamma_Q T_{k,H}$	$\left. \begin{array}{l} P = \alpha_1 \eta_1 \gamma_Q P_{k,max} \\ T = \gamma_Q T_{k,H} \\ H = \alpha_2 \gamma_Q P_{k,max} \end{array} \right\}$取大者	按实际情况，但不多于两台
轮压处腹板局部压应力、腹板局部稳定	$P = \alpha_1 \psi \gamma_Q P_{k,max}$	$P = \alpha_1 \psi \gamma_Q P_{k,max}$	计算腹板局部稳定时不多于两台
吊车梁和制动结构的疲劳强度	—	$P = \eta_1 P_{k,max}$ $T = T_{k,H}$	一台最大重级工作制起重机
吊车梁的竖向挠度	$P = \eta_1 P_{k,max}$	$P = \eta_1 P_{k,max}$	一台最大起重机
制动结构的水平挠度	—	$T = T_{k,H}$（冶金工厂或类似车间 A_7、A_8 级起重机）	一台最大重级工作制起重机
梁上翼缘、制动结构与柱的连接	$T = \gamma_Q T_{k,H}$	$\left. \begin{array}{l} T = \gamma_Q T_{k,H} \\ H = \alpha_2 \gamma_Q P_{k,max} \end{array} \right\}$取大者	按实际情况，但不多于两天
有柱间支撑处吊车梁下翼缘与柱的连接	$T = \gamma_Q T_{k,H}$	$T = \gamma_Q T_{k,H}$	按实际情况，但不多于两台

注：1. P、T、H 为计算该项目时应采用的每一车轮的计算最大轮压和计算水平力。
　　2. ψ 为应力分布不均匀系数，验算腹板局部压应力时对轻、中级吊车梁 ψ 为 1.0；对重级制吊车梁 ψ 为 1.35；验算腹板局部稳定时，各级吊车梁均取 $\psi = 1.0$。
　　3. 当几台起重机参与组合时应按下表 9-5 用荷载折减系数。

表 9-5　多台起重机的荷载折减系数

参与组合的起重机台数	起重机工作级别	
	A1~A5	A6~A8
2	0.90	0.95
3	0.85	0.90
4	0.80	0.85

2. 内力分析

从表 9-4 得到各项计算力及起重机台数后，即可进行吊车梁及制动结构的内力分析。竖向荷载全部由吊车梁承受，横向水平制动力由制动结构承受。纵向水平制动力由吊车梁支座处下翼缘与柱子的连接来承受并传递到专门设置的柱间下部支撑中，它在吊车梁内引起的轴向力和偏心力矩可忽略。吊车梁的上翼缘需考虑竖向和横向水平荷载共同作用产生的内力。

在选择和验算吊车梁的截面前，必须算出吊车梁的绝对最大弯矩以及相同轮位下制动结构的弯矩和剪力。竖向轮压是若干个保持一定距离的移动集中荷载。当车轮移动时，在吊车梁上引起的最大弯矩的数值和位置都将随之改变。因此，首先需要用力学方法确定使吊车梁产生最大内力（弯矩和剪力）的吊车轮压所在的位置，即所谓"最不利轮位"，然后分别计算吊车梁的最大弯矩和剪力。当起重量较大时，起重机车轮较多，且常需考虑两台起重机同时工作，因此不利轮位可能有几种情况，分别按这几种不利情况求出相应的弯矩和剪力。从而求得吊车梁的绝对最大弯矩和最大剪力，以及相同轮位下制动结构的弯矩和剪力。

表 9-6 表示吊车梁上有四个或两个轮压时，使吊车梁产生绝对最大弯矩的最不利轮位。

表 9-6 吊车梁最不利轮位

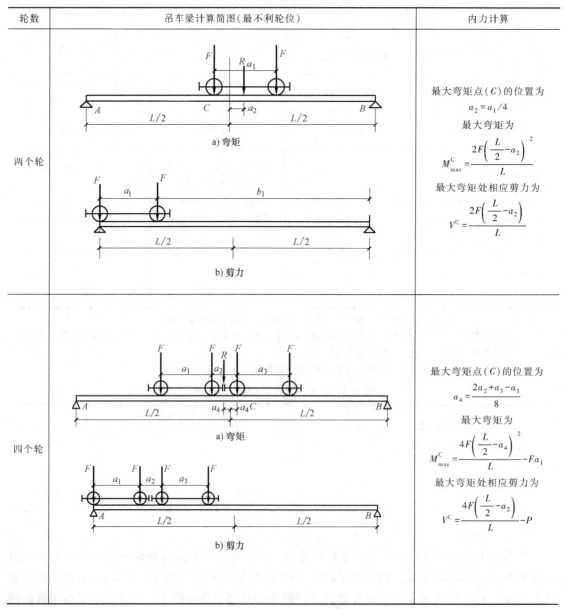

轮数	吊车梁计算简图（最不利轮位）	内力计算
两个轮	a) 弯矩 b) 剪力	最大弯矩点(C)的位置为 $a_2 = a_1/4$ 最大弯矩为 $M_{max}^C = \dfrac{2F\left(\dfrac{L}{2}-a_2\right)^2}{L}$ 最大弯矩处相应剪力为 $V^C = \dfrac{2F\left(\dfrac{L}{2}-a_2\right)}{L}$
四个轮	a) 弯矩 b) 剪力	最大弯矩点(C)的位置为 $a_4 = \dfrac{2a_2+a_3-a_1}{8}$ 最大弯矩为 $M_{max}^C = \dfrac{4F\left(\dfrac{L}{2}-a_4\right)^2}{L} - Fa_1$ 最大弯矩处相应剪力为 $V^C = \dfrac{4F\left(\dfrac{L}{2}-a_2\right)}{L} - P$

制动结构如果采用制动梁,则把制动梁(包括吊车梁的上翼缘)看成是一根水平放置的梁,承受水平制动力的作用(图9-21a)。当采用制动桁架(图9-21b)时,可以用一般桁架内力分析方法求出各杆(包括吊车梁的上翼缘)的轴向力 N_T。但对于上弦杆(吊车梁上翼缘)还要考虑节间局部弯矩 M'_T,可近似地取值,d 为制动桁架的节间长度(图9-21b)。对于重级工作吊车梁的制动桁架,还应考虑由于起重机摆动引起的横向水平力设计值 H 的作用。

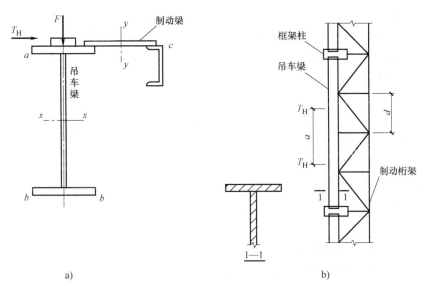

图 9-21 实腹式吊车梁的计算简图

9.4.3 焊接 H 型钢吊车梁设计

1. 截面选择

焊接组合梁截面的选择包括:梁高的估算、腹板厚度和翼缘尺寸,应结合吊车梁的特点,进行选择。

(1)梁高的估算 在确定吊车梁的高度时,应考虑梁的刚度要求、梁的经济条件、建筑净空要求和腹板钢板规格。梁的刚度要求决定了梁的最小高度 h_{min}。下面近似地把吊车梁作为承受均布荷载的简支梁,则该梁的相对高度为

$$\frac{v}{l} = \frac{5}{384} \cdot \frac{ql^3}{EI_x} = \frac{5}{48} \cdot \frac{M'l}{EI_x} \approx \frac{1}{10} \cdot \frac{M'l}{EI_x}$$

因为计算结构变形时取一台起重机并没有考虑动力系数和可变荷载分项系数,所以 $M' = \frac{M_x}{1.1 \times 1.4}$。其中,在式中:$M_x$ 为一台起重机轮压设计值产生的最大弯矩。由经验可知,$M_x = 0.65 M_{x,max}$,但对于非重级工作制吊车梁:$M_x = 0.8 W_x f$;对于重级工作制吊车梁:$M_x = 0.68 W_x f$。

非重级工作制吊车梁的最小高度

$$h_{\min} \geqslant \frac{0.31fl}{\left[\dfrac{v}{l}\right] \times 10^6} \qquad (9\text{-}29\text{a})$$

重级工作制吊车梁的最小高度

$$h_{\min} \geqslant \frac{0.265fl}{\left[\dfrac{v}{l}\right] \times 10^6} \qquad (9\text{-}29\text{b})$$

综合梁的经济要求和建筑净空的要求以及考虑钢板宽度的规格，可选用吊车梁腹板的合理高度 h_w，从而大致确定出吊车梁的高度 h。

（2）腹板厚度的估算　一般按照经验公式、支座处抗剪要求和局部挤压条件来选择确定吊车梁的腹板厚度 t_w。

1）经验公式

$$t_w = 7 + 3h \qquad (9\text{-}30)$$

式中　t_w——腹板厚度，以"mm"计；

h——梁的高度，以"m"计。

2）支座抗剪要求可近似按照下式计算

$$t_w \geqslant \frac{1.2 V_{\max}}{h_w f_v} \qquad (9\text{-}31)$$

式中　$V_{\max}$——梁中最大剪力设计值；

f_v——梁腹板钢材的抗剪强度设计值。

3）局部挤压应力的计算

$$\sigma_c = \frac{\alpha_1 \psi \gamma_Q P_{k,\max}}{t_w l_z} \leqslant f \qquad (9\text{-}32\text{a})$$

$$t_w \geqslant \frac{\alpha_1 \psi \gamma_Q P_{k,\max}}{l_z f} \qquad (9\text{-}32\text{b})$$

式中　l_z——车轮对腹板边缘挤压应力的分布长度，取 $l_z = 5h_y + 2h_R + 50\text{mm}$；

h_y——梁顶至腹板计算高度上边缘的距离，对于焊接梁取 h_y 为起重机梁翼缘厚度 t，初选截面时可取 t 约为 20mm；

h_R——轨道高度。

在实际工程的经验中发现，由于重级工作制吊车梁上翼缘和腹板的连接焊缝（焊透的 K 形坡口缝）经常出现疲劳裂缝，所以在选定这类吊车梁的腹板厚度时应该略大些，从而增大焊缝的厚度，并能严格地检查出焊缝的施工质量问题。

（3）翼缘尺寸的估算　腹板高度 h_w 和厚度 t_w 确定后，可用下式求得翼缘所需的面积 A_1，从而决定其宽度 b 和厚度 t

$$A_1 = \frac{W_x}{h_w} - \frac{1}{6} h_w t_w \qquad (9\text{-}33)$$

对于非重级工作制吊车梁

$$W_x = 1.2 \frac{M_{x,\max}}{f} \qquad (9\text{-}34\text{a})$$

对于重级工作制吊车梁

$$W_x = 1.4 \frac{M_{x,\max}}{f} \qquad (9\text{-}34\text{b})$$

在选用翼缘时,翼缘最好用一层钢板,且翼缘厚度应不小于 8mm;翼缘宽度 b 一般为 $(1/5 \sim 1/3) h$。当上翼缘轨道用压板连接时,翼缘宽度不大于 300mm。由于考虑到翼缘的局部稳定性,故翼缘宽度 b 不大于 $30t$(Q235)或 $24t$(Q345)。此外,在选定翼缘宽度时应注意其设置应该便于与柱或制动结构的连接。

2. 构件计算

(1) 强度验算

吊车梁的截面尺寸选好后,确定制动结构的形式和尺寸,并求得吊车梁截面的各项几何特性,然后再进行截面强度的验算。截面强度验算应对其中的正应力、剪应力、腹板局部压应力及折算应力等各项进行分别计算。

对于无制动结构上翼缘正应力

$$\sigma = \frac{M_{x,\max}}{W_{nx}} + \frac{M_y}{W_{ny1}} \leqslant f$$

对于制动梁上翼缘正应力

$$\sigma = \frac{M_{x,\max}}{W_{nx}} + \frac{M_y}{W_{ny2}} \leqslant f$$

对于制动桁架上翼缘正应力

$$\sigma = \frac{M_{x,\max}}{W_{nx}} + \frac{M'_T}{W_{ny1}} + \frac{N_T}{A_{n1}} \leqslant f$$

以上各梁下翼缘正应力计算均为

$$\sigma = \frac{M_{x,\max}}{W_{nx}} \leqslant f$$

同时还需用下式验算剪应力

$$\tau = \frac{V_{\max} S_x}{I_x t_w} \leqslant f$$

腹板局部压应力

$$\sigma_c = \frac{\alpha_1 \psi \gamma_Q P_{k,\max}}{t_w l_z} \leqslant f$$

折算应力

在轮压影响范围内 $\qquad \sqrt{\sigma^2 + \sigma_c^2 - \sigma \sigma_c + 3\tau^2} \leqslant \beta_1 f$

在轮压影响范围外 $\qquad \sigma_{zs} = \sqrt{\sigma^2 + 3\tau^2} \leqslant \beta_1 f$

式中 $M_{x,\max}$——对 $x\text{-}x$ 轴的竖向最大弯矩;

M_y——对 $y\text{-}y$ 轴的水平弯矩;

M'_T——制动桁架节间内的局部水平弯矩;

N_T——制动桁架弦杆的最大内力（轮位与求 $M_{x,\max}$ 时相应）；

$V_{\max}$——吊车梁支座处的最大剪力；

γ_Q——可变荷载分项系数；

$\alpha_1 P_{k,\max}$——计算截面上的最大轮压标准值（考虑动力系数）；

W_{nx}——对 x-x 轴的净截面抵抗矩，当上、下翼缘不对称时，应分别用各自的 W 值；

W_{ny1}——梁上翼缘对 y-y 轴的净截面抵抗矩；

W_{ny2}——梁上翼缘与制动梁组合截面对其 y-y 轴（图 9-21a）的净截面抵抗矩；

A_{n1}——梁上翼缘净截面面积；

ψ——应力分布不均匀系数，其值见表 9-4 的注 2；

l_z——挤压应力的分布长度，按公式：$\sigma_c = \dfrac{\alpha_1 \psi \gamma_Q P_{k,\max}}{t_w l_z} \leqslant f$

β_1——系数，当 σ 与 σ_c 异号时，取 $\beta_1 = 1.2$；当 σ 与 σ_c 同号或 $\sigma_c = 0$ 时，取 $\beta_1 = 1.1$；

f——钢材的抗弯强度设计值。

(2) 刚度验算　在验算吊车梁的竖向刚度时，应按效应最大的一台起重机的荷载标准值计算，且不乘动力系数。吊车梁在竖向的挠度下，通常都采用下列近似公式计算

$$v = \dfrac{M_{kx}l^2}{10EI_{y1}} \leqslant [\nu] \qquad (9\text{-}35)$$

对于重级工作制吊车梁除计算竖向的刚度外，还应按下式验算其水平方向的刚度。

$$u = \dfrac{M_{ky}l^2}{10EI_{y1}} \leqslant \dfrac{1}{2200} \qquad (9\text{-}36)$$

式中　M_{kx}——竖向荷载标准值作用下梁的最大弯矩；

M_{ky}——跨内一台起重量最大起重机横向水平荷载标准值作用下所产生的最大弯矩；

I_{y1}——制动结构截面对形心轴 y_1 的毛截面惯性矩。对制动桁架应考虑腹杆变形的影响，I_{y1} 乘以 0.7 的折减系数。

(3) 整体稳定验算　连有制动结构的吊车梁，侧向弯曲刚度很大，整体稳定得到保证，则不必验算。

吊车梁无制动结构时，应按下式验算其整体稳定性

$$\dfrac{M_x}{\varphi_b W_x} + \dfrac{M_y}{W_y} \leqslant f \qquad (9\text{-}37)$$

式中　φ_b——依梁在最大刚度平面内弯曲所确定的整体稳定系数；

W_x——梁截面对 x 轴的毛截面模量；

W_y——梁截面对 y 轴的毛截面模量。

(4) 局部稳定验算　同样适用于吊车梁局部稳定要求对板件宽厚比的限值和有关加劲肋设置的规定在前面章节中有所提到，已经详细介绍了在设置横向加劲肋时，如何计算加劲肋之间板格的局部稳定。可能需要同时设置纵横加劲肋的是：在腹板高度较大的吊车梁中。同时设置纵横加劲肋需要满足的条件是：受压翼缘扭转受到约束，如连有刚性铺板、制

动板或焊有钢轨时，$h_0/t_w > 170 \sqrt{235/f_y}$；或受压翼缘扭转未受到约束时，$h_0/t_w > 150 \sqrt{235/f_y}$，应在弯曲应力较大区隔的受压区增加配置纵向加劲肋（图9-22a），对于局部压力很大的梁，必要时还宜在受压区配置短加劲肋（图9-22b）。此时，板格的局部稳定可按以下规定计算：

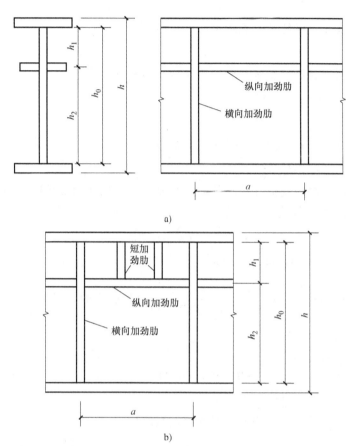

图 9-22 腹板加劲肋纵横向布置示意图

1）受压翼缘与纵向加劲肋之间的区格

$$\frac{\sigma}{\sigma_{cr1}}+\left(\frac{\tau}{\tau_{cr1}}\right)^2+\left(\frac{\sigma_c}{\sigma_{c,cr1}}\right)^2 \leqslant 1.0 \qquad (9-38)$$

式中，σ_{cr1}、τ_{cr1}、$\sigma_{c,cr1}$ 分别按照下列方法计算：

① σ_{cr1} 按下列公式计算，

当 $\lambda_b \leqslant 0.85$ 时，$\sigma_{cr}=f$

当 $0.85 \leqslant \lambda_b \leqslant 1.25$ 时，$\sigma_{cr}=[1-0.75(\lambda_b-0.85)]f$

当 $\lambda_b \geqslant 1.25$ 时，$\sigma_{cr}=1.1f/\lambda_b^2$

式中 λ_b——用于腹板受弯计算时的通用高厚比；

当梁受压翼缘扭转受到约束时 $\lambda_b=\dfrac{2h_c/t_w}{177}\sqrt{\dfrac{f_y}{235}}$

当梁受压翼缘扭转未受到约束时　　$\lambda_b = \dfrac{2h_c/t_w}{153}\sqrt{\dfrac{f_y}{235}}$

h_c——梁腹板弯曲受压区高度，对双轴对称截面 $2h_c = h_0$。但 λ_b 式中的改用下列 λ_{b1} 代替：

当梁受压翼缘扭转受到约束时　　$\lambda_{b1} = \dfrac{h_1/t_w}{75}\sqrt{\dfrac{f_y}{275}}$

当梁受压翼缘扭转未受到约束时　　$\lambda_{b1} = \dfrac{h_1/t_w}{64}\sqrt{\dfrac{f_y}{275}}$

② τ_{cr1} 按下列公式计算

当 $\lambda_s \leq 0.8$ 时，$\tau_{cr} = f_v$

当 $0.8 < \lambda_s \leq 1.2$ 时，$\tau_{cr} = [1 - 0.59(\lambda_s - 0.8)]f_v$

当 $\lambda_s > 1.2$ 时，$\tau_{cr} = 1.1 f_v / \lambda_s^2$

式中　λ_s——用于腹板受剪计算时的通用高厚比，根据横向加劲肋的间距 a 与腹板计算高度 h_0 的比值 a/h_0 按下列公式计算：

当 $a/h_0 \leq 1.0$ 时　$\lambda_s = \dfrac{h_0/t_w}{41\sqrt{4 + 5.34(h_0/a)^2}}\sqrt{\dfrac{f_y}{235}}$

当 $a/h_0 > 1.0$ 时　$\lambda_s = \dfrac{h_0/t_w}{41\sqrt{5.34 + 4(h_0/a)^2}}\sqrt{\dfrac{f_y}{235}}$，但式中的 h_0 改用 h_1 代替。

③ $\sigma_{c,cr1}$ 按下列公式计算，

当 $\lambda_c \leq 0.9$ 时　$\sigma_{c,cr} = f$

当 $0.9 < \lambda_c \leq 1.2$ 时　$\sigma_{c,cr} = [1 - 0.79(\lambda_c - 0.9)]f$

当 $\lambda_c > 1.2$ 时　$\sigma_{c,cr} = 1.1 f / \lambda_c^2$

式中　λ_c——用于腹板受局部压力计算时的通用高厚比：

当 $0.5 \leq a/h_0 \leq 1.5$ 时　$\lambda_c = \dfrac{h_0/t_w}{28\sqrt{10.9 + 13.4(1.83 - a/h_0)^3}}\sqrt{\dfrac{f_y}{235}}$

当 $1.5 < a/h_0 \leq 2.0$ 时　$\lambda_c = \dfrac{h_0/t_w}{28\sqrt{18.9 - 5a/h_0}}\sqrt{\dfrac{f_y}{235}}$，但式中的 λ_b 改用下列 λ_{c1} 代替。

当梁受压翼缘扭转受到约束时　　$\lambda_{c1} = \dfrac{h_1/t_w}{56}\sqrt{\dfrac{f_y}{235}}$

当梁受压翼缘扭转未受到约束时　　$\lambda_{c1} = \dfrac{h_1/t_w}{40}\sqrt{\dfrac{f_y}{235}}$

以上各式中的 h_0 为腹板的计算高度，对高强度螺栓连接组合梁，为上、下翼缘与腹板连接的高强度螺栓线间的最近距离。

2) 受拉翼缘与纵向加劲肋之间的区格

$$\left(\dfrac{\sigma_2}{\sigma_{cr2}}\right)^2 + \left(\dfrac{\tau}{\tau_{cr2}}\right)^2 + \dfrac{\sigma_{c2}}{\sigma_{c,cr2}} \leq 1.0 \qquad (9\text{-}39)$$

式中 σ_{cr2}——所计算区格内由平均弯矩产生的腹板在纵向加劲肋处的弯曲压应力；

σ_{c2}——腹板在纵向加劲肋处的横向压应力，取 $0.3\sigma_c$。

① σ_{cr2} 计算方法与式（9-38）中 σ_{cr1} 的计算方法相同，但式中的 λ_b 改用下列 λ_{b2} 代替

$$\lambda_{b2} = \frac{h_2/t_w}{194}\sqrt{\frac{f_y}{235}}$$

② τ_{cr2} 计算方法与式（9-38）中 τ_{cr1} 的计算方法相同，将式中的 h_0 改用 h_2（$h_2 = h_0 - h_1$）。

③ $\sigma_{c,cr2}$ 计算方法与式（9-38）中 $\sigma_{c,cr1}$ 的计算方法相同，但式中的 h_0 改用 h_2，当 $a/h_2 > 2$，取 $a/h_2 = 2$。

3）在受压翼缘与纵向加劲肋之间设有短加劲肋短区格，其局部稳定性按公式 $\dfrac{\sigma}{\sigma_{cr1}} + \left(\dfrac{\tau}{\tau_{cr1}}\right)^2 + \left(\dfrac{\sigma_c}{\sigma_{c,cr1}}\right)^2 \leqslant 1.0$ 计算。

该式中的 σ_{cr1} 仍按式 $\dfrac{\sigma}{\sigma_{cr1}} + \left(\dfrac{\tau}{\tau_{cr1}}\right)^2 + \left(\dfrac{\sigma_c}{\sigma_{c,cr1}}\right)^2 \leqslant 1.0$ 规定计算；τ_{cr1} 按式（9-38）中 τ_{cr1} 的方法计算，但将 h_0 和 a 改为 h_1 和 a_1；$\sigma_{c,cr1}$ 按式（9-38）中 $\sigma_{c,cr1}$ 计算，但式中 λ_b 改用下列 λ_{c1} 代替。

当梁受压翼缘扭转受到约束时 $\lambda_{c1} = \dfrac{a_1/t_w}{87}\sqrt{\dfrac{f_y}{235}}$

当梁受压翼缘扭转未受到约束时 $\lambda_{c1} = \dfrac{a_1/t_w}{73}\sqrt{\dfrac{f_y}{235}}$

当 $a_1/h_1 > 1.2$ 的区格，公式应为上述两式右侧应乘以 $1 \Big/ \left(0.4 + 0.5\dfrac{a_1}{h_1}\right)^{\frac{1}{2}}$。

（5）疲劳强度验算　因为吊车梁在起重机荷载的反复作用下，可能会产生疲劳破坏，故在设计吊车梁时，应注意选用钢材的强度等级和冲击韧性；对于构造细部应尽可能选用疲劳强度高的连接形式；对重级工作制动吊车梁和重、中级工作制吊车桁架（桁架式起重机），还应验算其疲劳强度。验算疲劳强度时只考虑一台荷载最大的起重机标准荷载，并不计动力系数。

对梁受拉翼缘与腹板的连接焊缝（应采用自动焊）及其附近的主体金属按下式验算

$$\alpha_f \Delta\sigma = \alpha_f \cdot \frac{M^P_{max} - M^P_{min}}{I_{nx}} \cdot y \leqslant [\Delta\sigma]_{2\times 10^6} \tag{9-40}$$

式中 M^P_{max}——疲劳验算处截面的最大弯矩；

M^P_{min}——疲劳验算处截面的最小弯矩；

I_{nx}——对轴的净截面惯性矩；

y——中和轴到验算点（翼缘与腹板焊接处）的距离；

$[\Delta\sigma]_{2\times 10^6}$——对疲劳容许应力幅；

α_f——欠载效应等效系数。

在重级工作制吊车梁的受拉翼缘上应尽可能不打洞、不焊接附加零件（如有水平支撑

可连接在横向加劲肋的下端处)。否则,在梁跨中的受拉翼缘上应按式(9-40)验算设有铆钉、螺栓孔及虚孔处主体金属的疲劳应力幅。

在腹板受拉区的横向加劲肋端部处,同时受较大的正应力及剪应力作用,且存在较大的残余应力。由于该处值较小所以应力幅也较小,但它属于4类(肋部不断弧)或5类(肋部断弧)连接,容许应力幅也较小,故需按下式验算主体金属的疲劳强度

$$\alpha_f \Delta\sigma = \alpha_f \cdot \frac{M_{max}^P - M_{min}^P}{I_{nx}} \cdot y' \leq [\Delta\sigma]_{2\times10^6} \tag{9-41}$$

式中　y'——腹板受拉区的横向加劲肋端部处到中和轴的距离。

(6) 吊车梁翼缘与腹板的连接计算　吊车梁上翼缘的连接应以能够可靠地与柱传递水平力,而又不改变吊车梁简支条件为原则。在轻、中级工作制吊车梁的上、下翼缘与腹板的连接中,可采用连续的角焊缝。上翼缘焊缝除承受翼缘和腹板间的水平剪力外,还承受由吊车轮压引起的竖向剪应力。其焊脚尺寸按下式计算,并应不小于 6mm。

上翼缘与腹板连接焊缝　　　$h_f = \dfrac{1}{1.4 f_f^w} \sqrt{\left(\dfrac{V_{max} S_1}{I}\right)^2 + \left(\dfrac{\psi P}{l_z}\right)^2}$

下翼缘与腹板的连接焊缝　　　$h_f = \dfrac{V_{max} S_2}{1.4 f_f^w I}$

式中　V_{max}——梁的最大剪力;

　　　S_1、S_2——上、下翼缘对梁中和轴的毛截面面积矩;

　　　　　I——梁的毛截面惯性矩;

　　　　　P——计算截面上的最大轮压,按式(9-25)计算;

　　　ψ、l_z——按表9-4的注2计算及按式(9-32)计算。

当中级工作制吊车梁的腹板厚度 $t_w > 14mm$,腹板与上翼缘的连接应尽可能采用焊透的 T 形连接焊缝(即 K 形坡口对接焊缝)如图 9-23 所示。

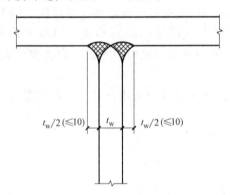

图 9-23　焊透的 T 形连接焊缝

对于重级工作制吊车梁上翼缘与腹板的连接,《钢结构设计标准》规定采用图 9-23 所示的焊透的 K 形坡口对接焊缝。为了保证充分焊透,腹板上端应根据其厚度预作坡口加工。焊透的 K 形坡口对接焊缝经过精确方法检查合格后,即可认为与腹板等强而不再验算其强度。

重级工作制吊车梁的下翼缘与腹板的连接，可以采用自动焊接的角焊缝，但要验算疲劳强度。

重级工作制吊车梁为了增强抗疲劳性能，其上翼缘与制动结构的连接应首选高强度螺栓，可将制动结构作为水平受弯构件，按传递剪力的要求确定螺栓间距。不过一般可按 100~150mm 等间距布置。对轻、中级工作制起重机梁，其上翼缘与制动结构的连接可采取工地焊接方式，一般可用焊脚尺寸 6~8mm 的焊缝沿全长搭接焊，仰焊部分可为间接焊缝。

【例 9-1】 焊接实腹吊车梁设计资料见表 9-7，走道荷载取 2 kN/m²；采用简支焊接实腹工字型吊车梁，跨度为 18m；制动焊接用焊接实腹制动梁，宽度为 1.0m；吊车梁用 Q345B 钢，焊条用 E50 型。

表 9-7 吊车梁设计资料

台数 起重量 /t	工作 制度	级别 钩别	起重机 跨度 /m	起重机 重量 /t	小车重 /t	最大 轮压 /kN	轨道 型号	简图
1台 50	A6	重级 软钩	25.5	51.63	16.218	406	Qu100	662　6600　662

本例题计算过程详见本书配套资源，读者可登录机工教育服务网下载或致电读者服务热线索取。

思考题与习题

1. 重型工业厂房支撑系统有哪些？各有什么作用？
2. 屋盖支撑系统应如何布置？
3. 在进行梯形屋架设计时，为什么要考虑半跨作用？
4. 屋架中，汇交于节点的拉杆数越多，拉杆的线刚度和所受的拉力越大时，则产生的约束作用越大，压杆在节点处的嵌固程度越大，压杆的计算长度越小，根据这个原则桁架杆件计算长度如何确定？
5. 屋架节点板厚度如何确定？中间节点板厚度与支座节点板厚度有何关系？中间节点板厚度与填板厚度有何关系？
6. 屋架上弦杆有非节点荷载作用应如何设计？杆件局部弯矩如何确定？
7. 简述厂房中阶形柱计算长度如何确定。
8. 选择屋架杆件截面时应选择壁薄肢宽截面，以节省材料，画出屋架中常用角钢截面形式并说明其适用位置。
9. 吊车梁的荷载及传力路径？吊车梁截面的验算内容？

第10章

大跨度房屋钢结构设计

学习目标

认识各种大跨度房屋钢结构，了解其各自的特点与优势；学习各类大跨结构的设计要点，掌握其设计计算内容与方法；了解大跨结构的发展历史与应用实例。

10.1 概述

大跨度建筑结构按受力形式可分为：传力明确且具有二维受力性质的平面结构和重量轻、造价低、抗震性能好且具有三维受力性质的空间结构，其中空间结构是大跨度建筑结构中最主要的类型。

10.1.1 大跨度空间结构的分类

传统上根据空间结构的特点将其分为三大类，随着新结构形式的发展又将其分为五大类，并得到广泛应用。但随着结构形式的多样化，传统方法已难以反映新型结构的具体特点，因此很多学者按照不同的划分原则提出了新的划分方法。

1. 五大空间结构和三大空间结构

空间结构按结构形式分为网架结构、网壳结构、薄壳结构（包括折板结构）、悬索结构和薄膜结构，称为五大空间结构，如图10-1所示。在此基础之上，平板型的网架结构和曲面型的网壳结构可合并称为网格结构；而悬索结构与薄膜结构也可合并称为张拉结构。这样，所有的空间结构又可归纳为三大空间结构，即薄壳结构、网格结构、张拉结构。

然而，以上分类方法难以涵盖近年来新出现的空间结构，也难以充分反映新结构的构成

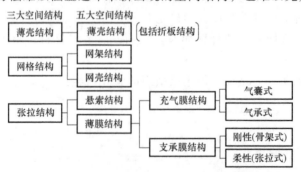

图10-1 五大空间结构与三大空间结构

及其特点。例如，树状结构，构成简单明确，是典型的多维受力空间结构，国外有些文献称之为直接传力结构，但显然不属于上述五大空间结构的任一类；又如张弦梁结构，由上弦刚性构件、下弦高强度拉索以及连接两者的撑杆组成，可以从用刚性构件替换索桁架的上弦索去理解。因而采用上述分类方法难以准确反映结构的构成及其特点。

2. 按基本单元组成划分

为了更为科学地对空间结构进行分类，董石磷院士于2006年提出了按照空间结构的基本单元进行分类的方法。目前空间结构所采用的基本单元可分为五种：板壳单元、梁单元、杆单元、索单元和膜单元。到目前为止，由这五种单元相互组合共计构成33种已得到应用的空间结构形式，如图10-2所示。

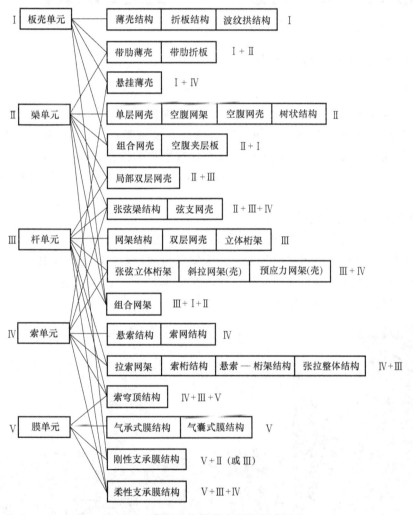

图10-2 空间结构按基本单元组成划分

按照空间结构的基本单元进行分类的方法具有包容性和开放性的特点。包容性是指这种分类方法涵盖了空间结构发展历程中出现的各种结构形式；开放性是指这种分类方法不局限于已在工程实践中得到应用的这33种空间形式，还包括可能出现的新型结构形式。例如，北京"水立方"就是仅由梁单元组成的一种全新的空间结构，如图10-3所示。

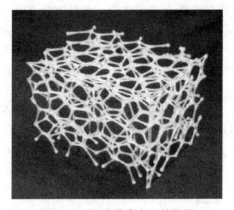

图 10-3　国家游泳中心结构图

图 10-4　印第安人的棚屋

10.1.2　大跨度空间结构的发展

1. 古代空间结构

在人类早期出现的建筑中已经出现了空间结构的痕迹，如我国半坡遗址里呈现原始空间骨架的居室和北美印第安人从他们始祖继承下来的棚屋（图 10-4）。其后，空间结构发展缓慢，直到欧洲文艺复兴时期出现以砖石构成穹顶的教堂建筑，迎来了空间结构发展的重要阶段，如建于公元 120~124 年的圣彼得大教堂和早期穹顶的代表作万神庙（Pantheon）（图 10-5）。

2. 薄壳结构的出现与发展

现代空间结构的出现，从 20 世纪初期新建的钢筋混凝土薄壳开始。钢筋混凝土薄壳为曲面薄壁结构，能够充分利用材料强度，融合支承与围护两种功能，因其容易制作、稳定性好、易适应建筑功能和造型需要而应用广泛。我国 1959 年建成的北京火车站（图 10-6）屋面就采用了双曲抛物面的薄壳结构。

图 10-5　万神庙穹顶内部

图 10-6　北京火车站

随着力学的发展，薄壳结构在技术水平和结构形式上取得了很大进展。先后出现了连续拱形薄壳结构、钢筋混凝土肋形球壳结构，如罗马小体育馆（图10-7），建于1957年的北京天文馆（图10-8），屋顶球壳直径为25m，厚度6cm。

图10-7　罗马小体育馆

图10-8　北京天文馆图

薄壳结构虽节省材料，但模板制作、浇筑和吊装等工序耗工费时，费用占据造价的60%左右。因此，由薄平板以一定角度相互连接而成的折板结构应运而生，并广泛应用。折板结构有V形、梯形、H形、Z形等形式，跨度不超过30m，适合长条形屋面，如福州长乐国际机场候机楼（图10-9）屋盖。

3. 空间网格结构的兴起

20世纪50年代以后空间网格结构兴起，其分为平面形的网架结构和曲面形的网壳结构，其中网架结构在近半个世纪以来，在国内外得到的推广和应用最多。

图10-9　福州长乐国际机场候机楼

我国的网架结构从20世纪80年代开始发展，90年代开始普及，目前其规模在世界前列。网壳结构在二战后获得飞速发展，其结构形式、构造材料和计算方法都取得了诸多成果，从最初的半球形朝着多样化方向发展，随后柱面网壳、扭网壳、双曲扁网壳和各种异型网壳也相继被应用于工程实践中，如我国首都机场四机位机库（图10-10）和天津新体育馆（图10-11）。

图10-10　首都机场四机位机库

图10-11　天津新体育馆

4. 悬索结构的发展

悬索结构最早应用于桥梁工程中，如建于公元 1696～1705 年的四川泸定桥，单孔净跨 100m，宽 2.8m。现代大跨度悬索结构在屋盖中的应用只有半个多世纪。世界上最早的现代悬索结构屋盖是 1953 年建成的雷里体育馆（图 10-12），它是两个斜置的抛物线拱为边缘构件的鞍形正交索网结构。

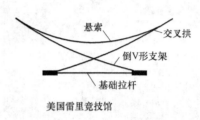

图 10-12 雷里体育馆

日本建于 20 世纪 60 年代的代代木体育馆采用了刚性悬索结构，是技术进步的象征。1983 年建成的加拿大卡尔加里体育馆采用双曲抛物面索网屋盖，至今仍是世界上最大的索网结构。我国现代悬索屋盖的发展始于 20 世纪 50 年代后期，北京工人体育馆（图 10-13）和浙江人民体育馆（图 10-14）是当时两个代表作，在规模和技术上可以说达到了国际先进水平。80 年代以后，先后建成成都城北体育馆、吉林滑冰馆、丹东体育馆、亚运会朝阳体育馆等建筑，均采用了悬索结构屋盖。

图 10-13 北京工人体育馆　　　　　图 10-14 浙江人民体育馆

5. 薄膜结构的发展

以建筑膜材为主要受力构件的薄膜结构的雏形是游牧民族世代相传的帐篷。现代膜结构起源于 20 世纪初，1917 年英国人提出了用鼓风机吹胀膜布用作野战医院的设想，直到 1956 年沃尔特·伯德才为美国军方设计制作了一个直径 15m 的球形充气雷达罩。

自从 1970 年大阪万国博览会的美国馆（图 10-15）采用了气承式薄膜结构，薄膜结构开始大量展现在人们面前并风靡于世。20 世纪 70 年代杜邦公司研发出以聚四氟乙烯（PTFE，商品名称 Teflon）为涂层的玻璃纤维织物，其高强、耐火、耐久等性能极大促进薄膜结构发展。从那时到 1984 年，美国建造了大量气承式索-膜结构，但因漏气、气压稳定和局部雪兜等问题而弃用，随后膜结构朝着张拉式和骨架支承式方向发展。张拉式薄膜结构与索网结构类似,将薄膜张紧在刚性或柔性边缘构件上,或通过特殊构造支承在若干独立支承点上,通过张拉施加预应力并获得最终形状。1985年建成的外径为288m的沙特阿拉伯利雅得体育场和1993年建成的美国丹佛国际机场候机大厅(图10-16)便是张拉式薄膜结构。与张拉式薄膜结构同步发展的还有骨架支承式薄膜结构,如于1995年获得美国建筑师协会奖的中国香港大球场。

图10-15　大阪万国博览会的美国馆

图10-16　美国丹佛国际机场候机大厅

与世界先进水平相比,我国在薄膜结构方面有着明显差距,但近些年来我国在薄膜结构理论与实践发展已呈现出良好的势头。例如,建于1997年的上海体育场(图10-17)和建于2008年的国家游泳中心(图10-18)。

图10-17　上海体育场

图10-18　国家游泳中心

6. 现代新型大跨建筑结构的出现和发展

由于近几十年来计算机技术、新型材料及空间结构分析理论的发展,各种新型大跨建筑结构体系,如组合网格结构、空腹网格结构、斜拉网格结构、管桁架结构、张弦梁结构、弦支穹顶结构、索穹顶结构、开合空间结构、折叠结构、玻璃结构、特种空间结构以及各种混合结构体系均被提出,并在体育馆、展览馆、飞机库等建筑中得到广泛应用。这些结构体系的出现开创了大跨建筑结构的新局面,成为当代建筑工程领域中最新、最前沿的大跨建筑结构体系。

10.1.3　大跨空间结构的适用性及发展方向

1. 大跨空间结构的适用性

每种大跨空间结构都有其自身的受力特征和适用范围,表10-1给出了部分大跨空间结构的主要受力特征和适用技术条件。

表 10-1 部分大跨空间结构的主要受力特征和适用技术条件

结构类型	受力特征	结构参数	适用技术条件
桁架结构	弯	高跨比：1/10~1/5、1/14~1/10	跨度：6~70m
刚架结构	弯	截面高跨比：1/20~1/15，矢跨比：1/10~1/5	跨度：12~100m
拱结构	压	矢跨比：1/8~2	跨度：18~200m
球壳结构	压	厚度：50~150mm，矢跨比：1/5~1/2	跨度：30~200m
扁壳结构	压	厚度：60~80mm，矢跨比：1/8~1/5	跨度：3~100m
筒壳结构	压	厚度：50~100mm，矢跨比：大于 1/8	跨度：6~100m
扭壳结构	拉/压	厚度：20~80mm	跨度：3~70m
折板结构	弯	厚度：30~100mm，高跨比：1/15~1/8	跨度：6~40m
网架结构	弯	高跨比：1/20~1/10	跨度：6~120m
网壳结构	压	矢跨比：1/8~1/10（筒壳）1/7~1/2（球壳）	最大跨度 100m
悬索结构	拉	垂跨比：1/20~1/10	最大跨度：200m（建筑）
膜结构	拉	厚度：0.45~1.5mm	最大跨度：160m（索膜充气）

2. 大跨空间结构的发展方向

已故著名薄壳结构专家托罗哈有句名言"最佳结构有赖于其自身受力之形体，而非材料之潜在强度。"大跨结构合理形体的选择意义非凡，根据空间结构的发展规律，伴随着国内相关技术与应用水平的进一步提高，大跨空间结构可以朝着以下方向研究、深化和开发。

1）空间结构的形体优化和创新。
2）节点破坏机理和极限承载力。
3）静、动力稳定性。
4）风致效应、风振系数和流固耦合问题。
5）多点输入的抗震分析。
6）机构理论与形态学研究。
7）大跨度开合式结构关键技术。
8）大型空间结构施工力学、全过程模拟分析与产品制造集成化技术。

10.2 钢管桁架结构

10.2.1 概述

钢管桁架结构广泛应用于体育馆、会展中心等大跨度建筑中，造型简洁、流畅，结构性能好，适用性强。钢管桁架结构一般以圆钢管、方钢管或矩形钢管为主要受力构件，通过直接相贯节点连接成平面或空间桁架。相贯节点以桁架弦杆为贯通的主管，桁架腹杆为支管，端部切割相贯线后与桁架弦杆直接焊接连接。

10.2.2 钢管桁架的选型

1. 钢管桁架结构的基本形式

钢管桁架是基于桁架结构的,因此其结构形式与桁架基本相同,而外形则与用途相关。在屋架中,外形一般有三角形(图 10-19a、b、c)、梯形(图 10-19d、e)平行弦(图 10-19f、g)及拱形桁架(图 10-19h)四种。桁架的腹杆形式常用的有人字形(10-19b、d、f)、芬克式(图 10-19e)、交叉式(图 10-19g)。其中交叉腹杆又称复系,其余腹杆则称为单系腹杆。

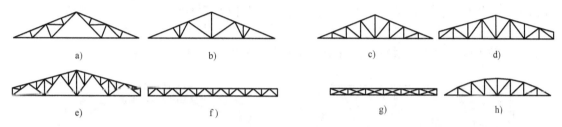

图 10-19 桁架形式

2. 钢管桁架结构的分类

钢管桁架结构根据受力特性和杆件的布置不同,一般分为平面钢管桁架结构和空间钢管桁架结构这两类。

(1) 平面钢管桁架结构 结构上、下弦和腹杆均处于同一平面,平面外刚度较差,一般需要通过侧向支撑加强结构侧向稳定性。普腊(Pratt)式桁架(图 10-20b)、华伦式(Warren)桁架(图 10-20a)、芬克(Fink)式桁架(图 10-19e)和拱形桁架(图 10-19h)等都可用作平面钢管桁架结构。

(2) 空间钢管桁架结构 通常为三角形截面,又称三角形立体桁架。与平面钢管桁架结构相比,其侧向稳定性和扭转刚度有明显提高。三角形截面有正三角形和倒三角形截面(图 10-21)两种。倒三角形截面(B-B)由两根上弦杆通过腹杆与下弦杆连接后,再加上在节点处设置水平连杆,而且支座支点多在上弦处,从而构成上弦侧向刚度较大的屋架;另外,倒三角形形式截面会使得结构内部视觉效果更轻巧,也能减小檩条的跨度。因此,实际工程中大量采用这种形式。

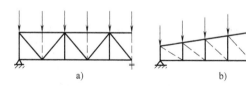

图 10-20 平面 Warren 桁架和 Pratt 桁架形式
    a) Warren 桁架(有竖杆的修正 Warren 桁架)
    b) Pratt 桁架(所示为倾斜屋顶但弦杆可为平行)

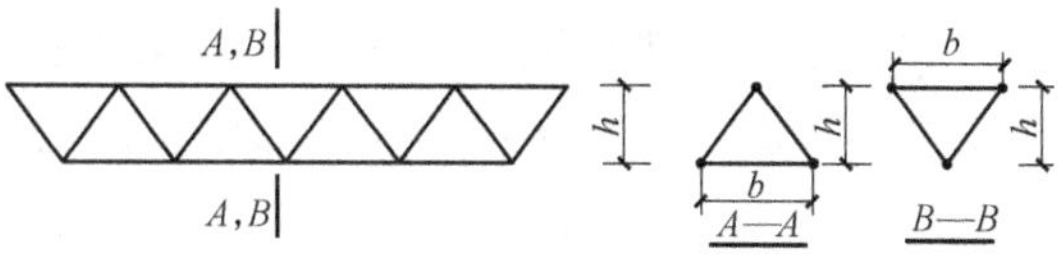

图 10-21 立体桁架形式

钢管桁架结构常用的杆件截面形式有:圆形、矩形、方形等,按连接构件的不同截面可分为以下几种桁架形式:

(1) C-C 形桁架 主管和支管均为圆管相贯的桁架结构。

(2) R-R 形桁架　主管和支管均为方钢管或矩形管相贯的桁架结构。

(3) R-C 形桁架　矩形截面主管与圆形截面支管直接相贯焊接的桁架结构如图 10-22 所示。

钢管桁架结构的外形有直线形和拱线形（图 10-23）两种，二者在受力性能有较大差异。直线形钢管桁架上、下弦杆沿水平直线设置，一般用于平板楼盖或屋盖。桁架以承受弯矩和剪力为主，轴力很小，桁架对下部结构无水平推力，仅需下部结构提供竖向约束。拱形钢管桁架上、下弦杆均沿拱形曲线设置，一般适用于不同形式的拱形屋盖。拱形钢管桁架承受较大的轴向压力，还承受一定的弯矩和剪力，轴向压力与弯矩、剪力的相对大小取决于钢管桁架的外形（如矢跨比等）和支承条件。

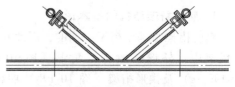

图 10-22　R-C 形桁架组合形式

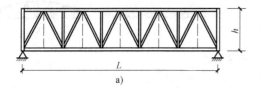 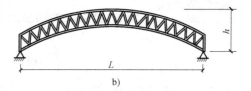

图 10-23　直线形钢管桁架和拱线形钢管桁架
a) 直线形钢管桁架　b) 拱线形钢管桁架

3. 钢管桁架结构设计基本规定

(1) 基本尺寸的确定　钢管桁架结构常用的正三角形和倒三角形两种截面形式，b/h 和 c/d 在 $1/3 \sim 1/2$ 之间，一般取 $1/2.5$。其中 h 为桁架高度，b 为沿宽度方向的腹杆间距，d 为沿长度方向的最外侧腹杆到桁架边缘的距离。

对梭形屋架，它的外形尺寸及其比例与屋面材料有关。如图 10-24 所示，梭形屋架的高度 h 取决于荷载大小和使用要求等因素，通常取 $h/L = 1/20 \sim 1/13$。对于夹筋波形石棉瓦、压型钢板等屋顶，屋顶荷载设计值（包括屋架自重）多数不超过 3.0kN/m^2，取高跨比 $1/15$ 左右比较经济；而当屋面荷载设计值小于或等于 1.0kN/m^2 时，高跨比可取 $1/20 \sim 1/15$。

图 10-24 中 d_1 和 d_3 取决于屋面材料、屋面坡度、檩条间距以及腹杆与弦杆的夹角 α 等，一般 d_1 和 d_2 比较接近，甚至 $d_1 = d_2$。通常 d_1 是檩条的间距，d_3 接近 d_1，有时 $d_3 = d_1$。d 等于 $1.2d_1 \sim 1.5d_1$。α 值宜取 $30° \sim 50°$。

(2) 钢管桁架结构分析模型　钢管桁架结构在计算分析时所采用的模型主要与节点刚度相关，根据杆端弯矩情况及节点刚度的大小不同分为以下三种：

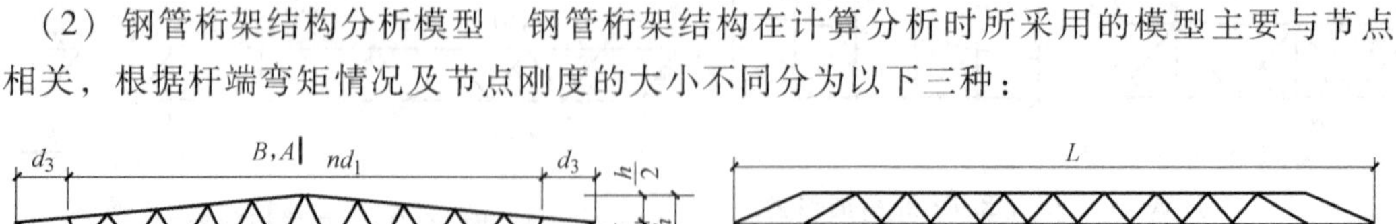

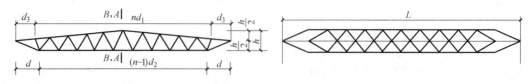

图 10-24　梭形屋架构造图

1) 假如所有杆件均为铰接。由于细长杆件或弦杆端部约束弯矩不大，或者弦杆管壁抗弯刚度较小，仅作为铰接节点处理，各杆件均处理为二力杆。

2)假设所有杆件均为刚接,杆件都按梁单元考虑。该模型能够同时反映由于节点刚度、偏心 e 以及杆件上横向荷载引起的弯矩影响。

3)假设主管为刚接梁单元,支管与主管铰接,支管只承受轴力。

(3)钢管桁架结构容许挠度及起拱 用于屋盖的钢管桁架结构在恒荷载和活荷载标准组合作用下的最大挠度不宜超过短向跨度的 1/250(悬挑桁架的跨度按悬挑长度的 2 倍计算),当设有悬挂起重机等起重设备时,钢管桁架结构在恒荷载和活荷载标准组合作用下的容许挠度为短向跨度的 1/400。当跨度较大挠度无法满足要求时,可增大桁架高度或对桁架杆件截面进行调整,以满足要求。直线形钢管桁架不满足容许挠度要求,且桁架高度由于建筑、工艺等原因受限制时,可采用预先起拱的方法减小结构挠度。预起拱值可取为恒荷载和二分之一活荷载作用下钢管桁架结构的挠度值,但不宜超过钢管桁架短向跨度的 1/300。

4. 钢管桁架结构的杆件设计

(1)材料及截面形式 钢管桁架结构的杆件一般采用 Q235 或 Q345 钢,由于钢管桁架为焊接结构,钢材质量等级应为 B 级或 B 级以上。

钢管桁架结构的杆件通常采用圆钢管、方钢管或矩形钢管截面,管材宜采用高频焊管或无缝钢管,高频焊管价格相对较为便宜,管件性能也能满足结构受力要求。

(2)构造要求 钢管桁架结构的杆件截面应根据其内力计算确定,但圆钢管截面不宜小于 $\Phi 48 \times 3$,方钢管和矩形钢管截面不宜小于 □45×3 和 □$50 \times 30 \times 3$,对大跨度的钢管桁架结构,应适当增大杆件最小截面要求,如圆钢管最小截面不宜小于 $\Phi 48 \times 3.5$。为了保证钢管桁架结构杆件的局部稳定,应控制钢管的边长或外径与壁厚之比。钢管桁架结构杆件的容许长细比不宜超过表 10-2 所示的数值,对于低应力、小截面的受拉杆件,宜按受压杆件控制杆件的长细比。

表 10-2 钢管桁架结构杆件容许长细比

杆件位置、类型	受拉杆件	受压杆件	拉弯杆件	压弯杆件
一般杆件	300			
支座附近杆件	250	180	150	250
直接承受动力荷载杆件	250			

钢管桁架的上弦杆或下弦杆通常采用同种截面规格,杆件需要接长时,可采用对接焊缝进行拼接,如图 10-25a 所示;截面较大的弦杆宜在钢管内设置短衬管进行拼接,如图 10-25b 所示;轴心受压或受力较小的弦杆也可设置隔板进行拼接,如图 10-25c 所示;钢管桁架弦杆的工地拼接一般可设置法兰盘采用高强度螺栓连接,如图 10-25d 所示。

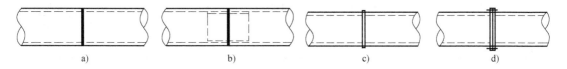

图 10-25 钢管桁架结构弦杆拼接

a)对接焊缝拼接 b)设置内衬管 c)设置隔板 d)采用高强度螺栓

钢管桁架结构跨度超过 24m 时，为节省用钢量，桁架弦杆可以根据内力变化改变截面，可改变钢管壁厚，也可改变钢管直径，但相邻的弦杆杆件截面面积之比不宜超过 1.8。弦杆变截面节点一般设在桁架节间，可采用锥形过渡段或设置法兰盘进行不同截面弦杆的拼接，如图 10-26 所示。

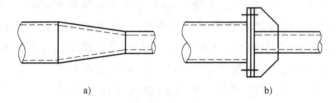

图 10-26　钢管桁架结构弦杆变截面拼接节点
a）采用锥形过渡段　b）设置法兰盘

（3）杆件设计　钢管桁架结构杆件的强度、刚度和稳定性均应按照轴心受力构件或偏心受力构件依据现行《钢结构设计标准》进行设计。

1）杆件计算长度。平面钢管桁架结构的杆件应按平面内和平面外分别确定杆件计算长度。确定杆件平面内计算长度 l_{0x}，以杆件轴线几何长度为基础，并考虑相贯节点嵌固作用，具体取值见表 10-3。弦杆平面外计算长度 l_{0y} 应根据桁架平面外支撑设置情况确定，腹杆平面外计算长度可取杆件轴线几何长度。当桁架弦杆平面外支承间距为两倍桁架节间长度，且两节弦杆内力有变化时（图 10-27），进行该弦杆平面外稳定验算时，杆件轴力可取两弦杆轴力较大值，而杆件平面外计算长度 l_{0y} 可按式 (10-1) 计算

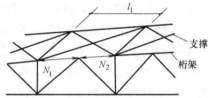

图 10-27　平面钢管桁架弦杆平面外计算长度的确定

$$l_{0y} = l_1 \left(1.75 + 0.25 \frac{N_2}{N_1}\right) \tag{10-1}$$

式中　N_1——较大轴向压力；

N_2——较小轴向压力或拉力，计算中压力取正值，拉力取为负值。

空间钢管桁架结构杆件平面内、平面外计算长度都以杆件轴线几何长度为依据，并应考虑相贯节点嵌固作用后确定，其值一般小于或等于杆件轴线几何长度，见表 10-3。

表 10-3　钢管桁架结构计算长度 l_{0x}

钢管桁架类型	桁架弦杆		支座腹杆		其他腹杆	
	平面内	平面外	平面内	平面外	平面内	平面外
平面钢管桁架	1.0l	1.0l	1.0l	1.0l	0.8l	1.0l
空间钢管桁架	1.0l		1.0l		0.9l	

注：l 为杆件轴线几何长度。

2）轴心受力构件。钢管桁架结构的腹杆及仅承受轴心力的弦杆应按轴心受力构件设计，并按下式验算杆件的强度和刚度

$$\sigma = \frac{N}{A_n} \leqslant f \tag{10-2}$$

$$\lambda = \frac{l_0}{l} \leqslant [\lambda] \tag{10-3}$$

对轴心受压杆件，应按下式验算杆件的强度、刚度和稳定性

$$\sigma = \frac{N}{A_n} \leqslant f \tag{10-4}$$

$$\lambda = \frac{l_0}{l} \leqslant [\lambda] \tag{10-5a}$$

$$\frac{N}{\varphi A} \leqslant f \tag{10-5b}$$

3）偏心受力构件。钢管桁架结构的弦杆在承受轴向内力的同时，还承受弯矩和剪力的作用，应按偏心受力构件进行刚度、强度和稳定性验算

$$\lambda = \frac{l_0}{l} \leqslant [\lambda] \tag{10-6}$$

$$\frac{N}{A_n} \pm \frac{M_x}{\gamma_x W_{nx}} \leqslant f \tag{10-7}$$

$$\frac{N}{\varphi_x A} + \frac{\beta_{mx} M_x}{\gamma_x W_{lx}(1 - 0.8 N/N'_{Ex})} \leqslant f \tag{10-8}$$

$$\frac{N}{\varphi_y A} + \frac{\eta \beta_{tx} M_x}{\varphi_b W_{lx}} \leqslant f \tag{10-9}$$

10.2.3 钢管桁架结构的节点设计

1. 钢管桁架节点分类

桁架节点按构造特征可以分为弦杆内加劲节点、相贯节点和腹杆端部压扁式节点（图10-28）。

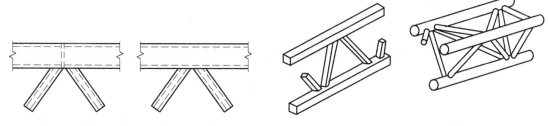

图10-28 内加劲节点与相贯节点　　图10-29 平面桁架与空间桁架

（1）弦杆内加劲节点　指弦杆钢管内部设置加劲板，以防止在集中外力和相连腹杆内力作用下弦杆管壁发生破坏的节点。

（2）相贯节点　指腹杆端部直接焊接在贯通的弦杆表面的节点，又称直接交汇节点，主要特征在于不设加劲板，利于结构的制作。

桁架节点按几何关系分为平面节点与空间节点。如图 10-29 所示空间桁架中有空间节点，平面桁架在与面外钢管支撑、正交或斜交桁架的连接处，也有空间节点。空间节点又称多平面节点。平面节点中，一根腹杆与弦杆相交的节点形式有 T 形和 Y 形，两根腹杆与弦杆相交的节点形式有 K 形、N 形、X 形等形式（图 10-30），还有三根腹杆与弦杆相交的节点。空间节点的组合方式则更加多样，如 TT 形、XX 形、KK 形、KT 形、KX 形等。根据支管和支管间的相对关系（不搭接或搭接），又可分为搭接的 K 形、N 形节点（图 10-31c、d），K 形、N 形和 KN 形节点（图 10-32）。

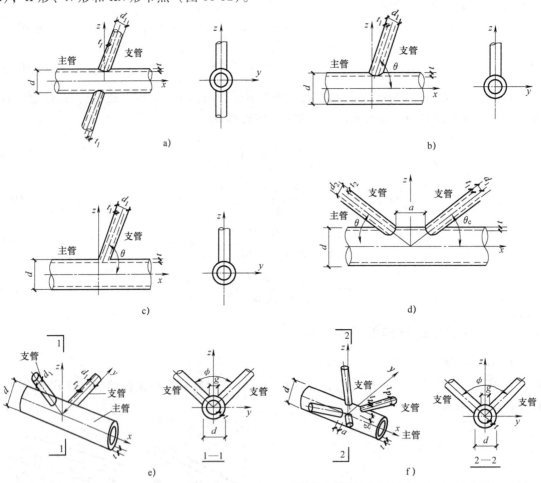

图 10-30 直接焊接平面和空间圆钢管结构的节点形式
a) X 形节点 b) T、Y 形受拉节点 c) T、Y 形受压节点 d) K 形节点
e) TT 形节点 f) KK 形节点图

（3）腹杆端部压扁式节点 将圆管腹杆的端部压扁，如图 10-33 所示。通过螺栓或焊缝与弦杆（圆管或方管）相连接（图 10-34）。按照相关文献有关构造要求的建议，端部压扁的长度尽可能短，扁平部到圆管的过渡斜率应大于 1.4。

此外，钢管结构中节点按传力特性还可分为刚接节点、铰接节点和半刚性节点。一般情况下钢管桁架节点按铰接节点计算强度，《钢结构设计标准》规定满足下列情况下可视为铰接，符合各类节点相应的几何参数的使用范围：

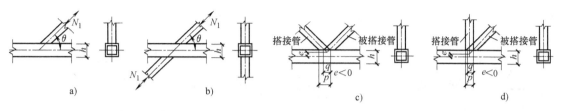

图 10-31 直接焊接平面矩形管结构的节点形式
a) T、Y 形节点 b) X 形节点 c) 搭接的 K 形节点 d) 搭接的 K、N 形节点

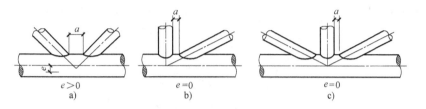

图 10-32 有间隙的钢管结构节点形式
a) K 形节点 b) N 形节点 c) K、N 形节点

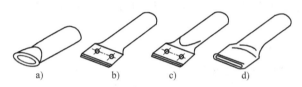

图 10-33 圆管腹杆端部压扁的几种形式

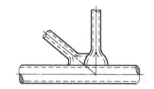

图 10-34 端部压扁的圆管连接

在桁架平面内杆件的节间长度或杆件长度与截面高度（或直径）之比不小于 12（主管）和 24（支管）时。节点刚度对于考虑腹杆杆件的计算长度以及对结构内力、位移等做精确分析十分重要。

2. 相贯节点设计承载力计算

（1）相贯节点破坏模式 直接相贯节点是指若干支管汇交于主管形成的空间薄壁结构，相贯线周围主管管壁应力沿环向和径向呈不均匀分布，在鞍点和冠点位置应力最大，因而这些位置钢材将首先屈服形成塑性区，塑性区随着荷载增大还会逐渐扩大，直至节点域出现过大的塑性变形或发生断裂，节点破坏，如图 10-35 所示。具体破坏模式包括主管局部压溃、主管冲剪破坏及支管间主管剪切破坏，如图 10-36 所示。

（2）圆钢管节点承载力 主管和支管均为圆管的直接焊接节点承载力应按下列规定计算，其适用范围为 $0.2<\beta<1.0$，$d_i\leqslant t_i$，$d/t\leqslant 100$，$\theta\geqslant 30°$，$60°<\varphi<120°$（β 为支管外径与主管外径之比；d_i、t_i 为支管的外径和壁厚；d、t 为主管的外径和壁厚；θ 为支管轴线与主管轴线之夹角；φ 为空间管节点支管的横向夹角，即支管轴线在支管横截面所在平面投影的夹角。

为保证节点处主管的强度，支管的轴心力不得大于下列规定中的承载力设计值。

1）X 形节点（图 10-37a）

Ⅰ. 受压支管在管节点处的承载力设计值 N_{cX}^{Rj} 应按下式计算

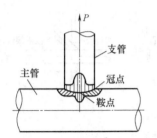

图 10-35 相贯节点应力分布示意图

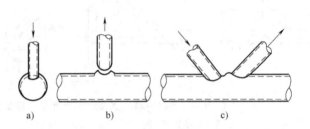

图 10-36 相贯节点破坏模式
a) 主管局部压溃 b) 主管冲剪破坏
c) 支管间主管剪切破坏

$$N_{cX}^{Rj} = \frac{5.45}{(1-0.8\beta)\sin\theta}\psi_n t^2 f \qquad (10\text{-}10)$$

$$\psi_n = 1-0.3\frac{\sigma}{f_y}-0.3\left(\frac{\sigma}{f_y}\right)^2 \qquad (10\text{-}11)$$

式中 ψ_n——参数;

f_y——主管刚材的屈服强度;

σ——节点两侧主管轴心应力的较小绝对值,当节点两侧或一侧主管受拉时,取 $\psi_n = 1$;

f——主管刚材的抗拉、抗压和抗弯设计值。

Ⅱ. 受拉支管在管节点处的承载力设计值 N_{tX}^{pj} 应按下式计算

$$N_{tX}^{pj} = 0.78\left(\frac{d}{t}\right)^{0.2} N_{cX}^{pj} \qquad (10\text{-}12)$$

2) T 形(或 Y 形)节点(图 10-37b、c)

Ⅰ. 受压支管在管节点处的承载力设计值 N_{cT}^{pj} 应按下式计算

$$N_{cT}^{pj} = \frac{11.51}{\sin\theta}\left(\frac{d}{t}\right)^{0.2}\psi_n \psi_d t^2 f \qquad (10\text{-}13)$$

式中 ψ_d——参数,当 $\beta \leq 0.7$ 时 $\psi_d = 0.069+0.93\beta$,当 $\beta > 0.7$ 时 $\psi_d = 2\beta = 0.68$。

Ⅱ. 受拉支管在管节点处的承载力设计值 N_{tT}^{pj} 应按下式计算:

当 $\beta \leq 0.6$ 时 $\qquad N_{tT}^{pj} = 1.4 N_{cT}^{pj} \qquad (10\text{-}14)$

当 $\beta > 0.6$ 时 $\qquad N_{tT}^{pj} = (2-\beta) N_{cT}^{pj} \qquad (10\text{-}15)$

3) K 形节点(图 10-37d)

Ⅰ. 受压支管在管节点处的承载力设计值 N_{cK}^{pj} 应按下式计算

$$N_{cK}^{pj} = \frac{11.51}{\sin\theta_c}\left(\frac{d}{t}\right)^{0.2}\psi_n \psi_d \psi_a t^2 f \qquad (10\text{-}16)$$

式中 θ_c——受压支管轴线与主管轴线的夹角;

ψ_a——参数,且

$$\psi_a = 1+\frac{2.19}{1+7.5a/d}\left(1-\frac{20.1}{6.6-d/t}\right)(1-0.77\beta) \qquad (10\text{-}17)$$

式中 a——两支管的间隙,当 $a<0$ 时,取 $a=0$。

Ⅱ. 受拉支管在管节点处的承载力设计值 N_{tK}^{pj} 应按下式计算

$$N_{tK}^{pj} = \frac{\sin\theta_c}{\sin\theta_t} N_{cK}^{pj} \qquad (10\text{-}18)$$

式中 θ_t——受拉支管轴线与主管轴线的夹角。

4) TT 形节点(图 10-37e)

Ⅰ. 受压支管在管节点处的承载力设计值 N_{cTT}^{pj} 应按下式计算

$$N_{cTT}^{pj} = \psi_g N_{cK}^{pj} \qquad (10\text{-}19)$$

式中 ψ_g——参数,$\psi_g = 1.28 - 0.64\dfrac{g}{d} \leqslant 1.1$,其中 g 为两支管的横向间距。

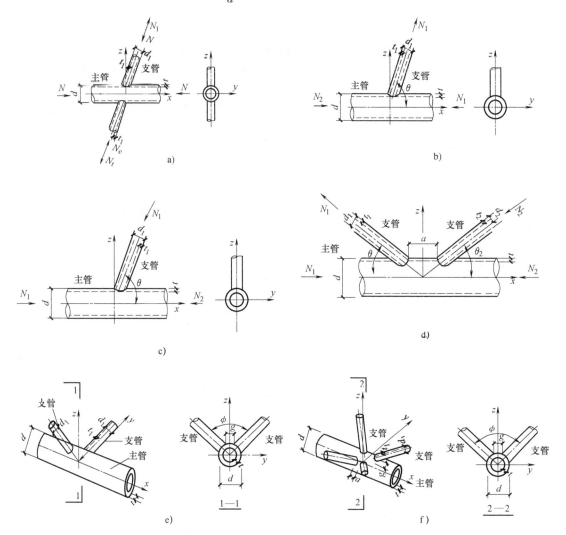

图 10-37 圆钢管相贯节点设计承载力计算

a) X 形节点 b) T 形(或 Y 形)受拉节点 c) T 形(或 Y 形)受压节点
d) K 形节点 e) TT 形节点 f) KK 形节点

Ⅱ．受拉支管在管节点处的承载力设计值 N_{tTT}^{pj} 应按下式计算

$$N_{tTT}^{pj} = N_{tT}^{pj} \quad (10\text{-}20)$$

5）KK 形节点（图 10-37f）。受压或受拉支管在管节点处的承载力设计值 N_{cKK}^{pj} 或 N_{tKK}^{pj} 应等于 K 形节点相应支管承载力设计值 N_{cK}^{pj} 或 N_{tK}^{pj} 的 9/10。

（3）矩形钢管节点承载力 矩形钢管直接焊接节点（图 10-38）的承载力应按下列规定计算，其适用范围见表 10-4。

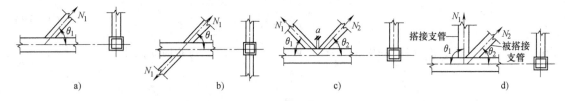

图 10-38 矩形钢管直接焊接平面管节点

a）T 形、Y 形节点 b）X 形节点 c）有间隙的 K、N 形节点 d）搭、接的 K、N 形节点

表 10-4 矩形钢管节点几何参数的适用范围

管截面形式	节点形式	$\dfrac{b_i}{b}、\dfrac{h_i}{b}$ $\left(\text{或}\dfrac{d_i}{b}\right)$	$\dfrac{b_i}{t_i}、\dfrac{h_i}{t_i}\left(\text{或}\dfrac{d_i}{t_i}\right)$ 受压	受拉	$\dfrac{h_i}{b_i}$	$\dfrac{b}{t}、\dfrac{h}{t}$	a 或 O_v $b_i/b_j、t_i/t_j$
主管为矩形管	T 形、Y 形、X 形（支管为矩形管）	≥0.25	$\leq 37\sqrt{\dfrac{235}{f_{yi}}}$ ≤ 35	≤35	$0.5 \leq \dfrac{h_i}{b_i} \leq 2$	≤35	$0.5(1-\beta) \leq \dfrac{a}{b}$ $\leq 1.5(1-\beta)^*$ $a \geq t_1 + t_2$
	有间隙的 K 形和 N 形	$\geq 0.1 + \dfrac{0.01b}{t}$ $\beta \geq 0.35$					
	搭接 K 形和 N 形	≥0.25	$\leq 33\sqrt{\dfrac{235}{f_{yi}}}$			≤40	$25\% \leq O_v \leq 100\%$ $\dfrac{t_i}{t_j} \leq 1.0$ $1.0 \geq \dfrac{b_i}{b_j} \geq 0.75$
	支管为圆管	$0.4 \leq \dfrac{d_i}{b}$ ≤ 0.8	$\leq 44\sqrt{\dfrac{235}{f_{yi}}}$	≤50	用 d_i 取代 b_i 之后，仍满足上述相应条件		

注：1. 标注 * 处，当 $a/b > 1.5(1-\beta)$，则按 T 形或 Y 形节点计算。

2. b_i，t_i，h_i 分别为第 i 个矩形支管的截面宽度、高度和壁厚。

d_i，t_i 分别为第 i 个圆支管的外径和壁厚。

b，h，t 分别为矩形主管的截面宽度、高度和壁厚。

a 为支管间的间隙。

O_v 为搭接率，$O_v = q/p \times 100\%$。

β 为参数，对 T 形、Y 形、X 形节点，$\beta = \dfrac{b_i}{b}$ 或 $\beta = \dfrac{d_i}{b}$，对 K 形、N 形节点，$\beta = \dfrac{b_1 + b_2 + h_1 + h_2}{4b}$ 或 $\beta = \dfrac{d_1 + d_2}{2b}$。

f_{yi} 为第 i 个支管钢材的屈服强度。

为保证节点处矩形主管的强度，支管的轴心力 N_i 和主管的轴心力 N 不得大于下列规定的节点承载力设计值。

1）支管为矩形管的 T 形、Y 形和 X 形节点（图 10-38a、b）。

Ⅰ. 当 $\beta \leq 0.85$ 时，支管在节点处的承载力设计值 N_i^{pj} 应按下式计算

$$N_i^{pj} = 1.8 \left(\frac{h_i}{bc\sin\theta_i} + 2 \right) \frac{t^2 f}{c\sin\theta_i} \psi_n \tag{10-21}$$

式中　c——参数，$c = (1-\beta)^{0.5}$；

ψ_n——参数，当主管受压时 $\psi_n = 1.0 - \frac{0.25}{\beta} \cdot \frac{\sigma}{f}$，当主管受拉时 $\psi_n = 1.0$，其中 σ 为节点两侧主管轴心压应力的较大绝对值。

Ⅱ. 当 $\beta = 1$ 时，支管在节点处的承载力设计值 N_i^{pj} 应按下式计算

$$N_i^{pj} = 2.0 \left(\frac{h_i}{\sin\theta_i} + 5t \right) \frac{t^2 f_k}{\sin\theta_i} \psi_n \tag{10-22}$$

式中　f_k——主管强度设计值，当支管受拉时 $f_k = f$，当支管受压时，对 T 形、Y 形节点，$f_k = 0.8\varphi f$，对 X 形节点，$f_k = (0.65\sin\theta_i)\varphi f$，其中 φ 为长细比；

λ——确定的轴心受压杆件的稳定系数，$\lambda = 1.73 \left(\frac{h}{t} - 2 \right) \cdot \left(\frac{1}{\sin\theta_i} \right)^{0.5}$。

当为 X 形节点，$\theta_i \leq 90°$ 且 $h \geq h_i/\cos\theta_i$ 时，尚应按下式计算

$$N_i^{pj} = \frac{2htf_v}{\sin\theta_i} \tag{10-23}$$

式中　f_v——主管钢材的抗剪强度设计值。

Ⅲ. 当 $0.85 < \beta < 1.0$ 时，支管在节点处的承载力设计值应按式（10-21）与式（10-22）或式（10-23）所得的值，根据 β 进行线性插值。此外，还不应超过下式的计算值

$$N_i^{pj} = 2.0(h_i - 2t_i + b_e) t_i f_i \tag{10-24}$$

$$b_e = \frac{10}{b/t} \cdot \frac{f_y t}{f_{yi} t_i} \cdot b_i \leq b_i$$

当 $0.85 \leq \beta \leq 1 - 2t/b$ 时

$$N_i^{pj} = 2.0 \left(\frac{h_i}{\sin\theta_i} + b_{ep} \right) \frac{tf_v}{\sin\theta_i} \tag{10-25}$$

$$b_{ep} = \frac{10}{b/t} \cdot b_i \leq b_i$$

式中　h_i，t_i，f_i——支管的截面高度、壁厚以及抗拉（抗压和抗弯）强度设计值。

2）支管为矩形管的有间隙的 K 形和 N 形节点（图 10-38c）

Ⅰ. 节点处任一处支管的承载力设计值应取下列各式的较小值

$$N_i^{pj} = 1.42 \frac{b_1 + b_2 + h_1 + h_2}{b\sin\theta_i} \left(\frac{b}{t} \right)^{0.5} t^2 f \psi_n \tag{10-26}$$

$$N_i^{pj} = \frac{A_w f_v}{\sin\theta_i} \tag{10-27}$$

式中 A_v——弦杆的受剪面积,且

$$A_v = (2h + \alpha b)t \tag{10-28}$$

$$\alpha = \sqrt{\frac{3t^2}{3t^2 + 4a^2}} \tag{10-29}$$

$$N_i^{pj} = 2.0\left(h_i - 2t_i + \frac{b_i + b_e}{2}\right)t_i f_i \tag{10-30}$$

当 $\beta \leq 1 - 2t/b$ 时,尚应小于

$$N_i^{pj} = 2.0\left(\frac{h_i}{\sin\theta_i} + \frac{b_i + b_e}{2}\right)\frac{tf_v}{\sin\theta_i} \tag{10-31}$$

Ⅱ.节点间隙处的弦杆轴心受力承载力设计值 N_i^{pj} 应按下式计算

$$N_i^{pj} = (A - \alpha_v A_v)f \tag{10-32}$$

式中 α_v——考虑剪力对弦杆轴心承载力的影响系数,且

$$\alpha_v = 1 - \sqrt{1 - \left(\frac{V}{V_p}\right)^2} \tag{10-33}$$

$$V_p = A_v f_v$$

式中 V——节点间隙处弦杆所受的剪力,可按任一支管的竖向分力计算。

3)支管为矩形管的搭接的 K 形和 N 形节点(图 10-38d)。搭接支管的承载力设计值应根据不同的搭接率 Q_v 按下列公式计算(下标 j 表示被搭接的支管)。

Ⅰ.当 $25\% \leq O_v \leq 50\%$ 时

$$\begin{cases} N_i^{pj} = 2.0\left[(h_i - 2t_i)\dfrac{Q_v}{0.5} + \dfrac{b_e + b_{ej}}{2}\right]t_i f_i \\ b_{ej} = \dfrac{10}{b_j/t_j} \cdot \dfrac{f_j f_{yj}}{f_i f_{yi}} b_i \leq b_i \end{cases} \tag{10-34}$$

Ⅱ.当 $50\% \leq O_v \leq 80\%$ 时

$$N_i^{pj} = 2.0\left[h_i - 2t_i + \frac{b_e + b_{ej}}{2}\right]t_i f_i \tag{10-35}$$

Ⅲ.当 $80\% \leq O_v \leq 100\%$ 时

$$N_i^{pj} = 2.0\left[h_i - 2t_i + \frac{b_e + b_{ej}}{2}\right]t_i f_i \tag{10-36}$$

被搭接支管的承载力应满足下式要求

$$\frac{N_j^{pj}}{A_j f_{yj}} \leq \frac{N_i^{pj}}{A_i f_{yi}} \tag{10-37}$$

4)支管为圆管的各种形式的节点。当支管为圆管时,上述各节点承载力的计算公式仍可使用,但需用 d_i 取代 b_i 和 h_i,并将各式右侧乘以系数 $\pi/4$,同时应将式(10-28)中的 α 值取为零。

(4)主支管连接焊缝计算 在节点处,支管焊在主管周边,焊缝承载力应不小于节点承载力。支管与主管的连接焊缝在管结构中可视为全周角焊缝,但取 $\beta_f = 1$。角焊缝的计算

厚度沿支管周长变化，当支管轴心受压时，平均计算厚度可取 $0.7h_f$。焊缝的计算长度可按下列公式计算。

1）在圆管结构中，取支管与主管相交线长度。被搭接支管的承载力应满足下列要求

$$\frac{N_j^{pj}}{A_j f_{yj}} \leqslant \frac{N_i^{pj}}{A_i f_{yi}} \tag{10-38}$$

当 $d_i/d \leqslant 0.65$ 时

$$l_w = (3.25d_i - 0.025d)\left(\frac{0.534}{\sin\theta_i} + 0.466\right) \tag{10-39}$$

当 $d_i/d \leqslant 0.65$ 时

$$l_w = (3.81d_i - 0.389d)\left(\frac{0.534}{\sin\theta_i} + 0.466\right) \tag{10-40}$$

式中　d、d_i——主管和支管外径；

　　　θ_i——支管轴线与主管轴线的夹角。

2）在矩形管结构中，取支管与主管交线长度。对于有间隙的 K 形和 N 形节点（图 10-38c）：

当 $\theta_i \geqslant 60°$ 时

$$l_w = \frac{2h_i}{\sin\theta_i} + b_i \tag{10-41}$$

当 $\theta_i \leqslant 50°$ 时

$$l_w = \frac{2h_i}{\sin\theta_i} + 2b_i \tag{10-42}$$

当 $50° < \theta_i < 60°$ 时，l_w 可按插值法确定。

对于 T 形、Y 形和 X 形节点（图 10-38a、b），偏于安全地不考虑支管宽度方向的两个边参加传力，焊缝计算长度可取

$$l_w = \frac{2h_i}{\sin\theta_i} \tag{10-43}$$

式中　h_i——支管的截面高度和宽度。

当支管为圆管、主管为矩形管时，焊缝长度取为支管与主管的相交线长度减去 d_i。

3. 构造要求

（1）钢管直接焊接节点的构造

1）外部尺寸方面主管应不小于支管，壁厚方面主管也不应小于支管，在支管与主管的连接处支管不得插入主管内；主管与支管或支管轴线间的夹角不宜小于 30°。

2）支管与主管的连接节点处不宜偏心；偏心不可避免时，宜使偏心不超过式（10-44）的限制

$$-0.55 \leqslant e/d(\text{或 } e/h) \leqslant 0.25 \tag{10-44}$$

式中　e——偏心距，如图 10-39 所示；

　　　d——圆管主管外径；

　　　h——连接平面内的矩形管（或方管）主管截面高度。

3) 使用自动切管机切割支管端部，支管壁厚小于 6mm 时可不切坡口。

4) 支管与主管之间应沿全周连续焊接并平滑过渡；焊缝形式可沿全周采用角焊缝，或对接焊缝与角焊缝混合使用。其中支管管壁与主管管壁之间的夹角大于或等 120°的区域宜用对接焊或带坡口的角焊缝，角焊缝的焊脚尺寸不超过两倍支管壁厚。

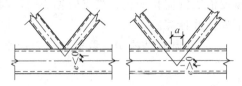

图 10-39 相邻支管的偏心和间隙

5) 在主管表面焊接的相邻支管的间隙 a 应不小于两支管壁厚之和。

6) 钢管构件在承受较大的横向荷载部位应采取适当加强措施，防止产生过大的局部变形。构件的主要受力部位应避免开孔，如必须开孔时，应采取适当的补救措施。

(2) 支管为搭接型的钢管直接焊接节点的构造

1) 平面 K 形或 N 形节点（图 10-40a、b）的搭接率 $O_v = q/p \times 100\%$，应满足 $25\% \leqslant O_v \leqslant 100\%$，且应保证搭接的支管之间有传递内力可靠的连接焊缝。

2) 当外部尺寸不同的支管互相搭接时，尺寸较小者应搭接在尺寸较大者上；当支管壁厚不同时，壁厚较小者应搭接在壁厚较大者上；承受轴心压力的支管宜在下方。

3) 圆钢管直接焊接节点中，当搭接支管轴线在同一平面内时，除需要进行疲劳计算的节点、抗震设防烈度大于 7 度地区的节点以及对结构整体性能有重要影响的节点外，被搭接支管的隐蔽部位（图 10-40c）可不焊接；被搭接支管隐蔽部位必须焊接时，允许在搭接管上设焊接孔（图 10-40d），在隐蔽部位施焊结束后封闭，或将搭接管在节点近旁处断开，隐蔽部位施焊后再接上其余管段（图 10-40e）。

4) 空间节点中，支管轴线不在同一平面内时，如采用搭接型连接，构造措施可参照上述相关规定。

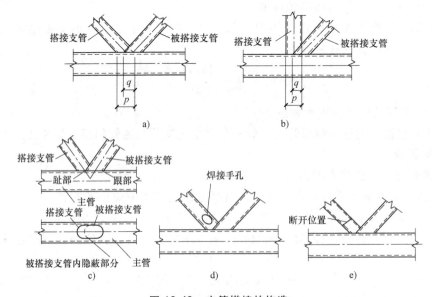

图 10-40 支管搭接的构造

a) 搭接的 K 形节点　b) 搭接的 N 形节点　c) 搭接连接隐蔽部位　d) 焊接手孔示意
e) 隐蔽部位施焊搭接支管断开示意

10.3 空间网格结构

10.3.1 网架结构

1. 网架结构分类及选型

（1）网架结构分类 网架结构的形式很多，针对双层网架，它从网格来分可分为交叉桁架体系、四角锥体系以及三角锥体系三大类，每种体系又有多种分类，共有13种形式。

1) 交叉桁架体系。交叉桁架体系由相互交叉的桁架组成，整个网架上、下弦拉杆位于同一垂直平面内，并用同一平面内的腹杆将其连接起来。互相交叉的桁架有两向的和三向的，两向交叉的可以是正交的和斜交的，三向交叉的交角为60°，其组成基本单元如图10-41所示。

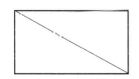

图 10-41 交叉桁架体系基本单元

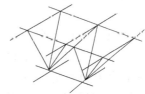

图 10-42 四角锥体系基本单元

2) 四角锥体系。四角锥体系网架是由许多四角锥按一定规律组成的，组成的基本单元为倒置四角锥，如图10-42所示。

3) 三角锥体系。三角锥网架体系是由倒置的三角锥组成，组成的基本单元为三角锥（图10-43）。

（2）网架结构的选型 网架结构的结构形式众多，其选型是一个复杂的问题。在结构设计中，影响结构选型的因素主要有：建筑造型、建筑平面形状、跨度大小、支承条件、荷载的形式及大小、刚度要求、屋面构造和材料以及网架的制作和安装方法等。通常会从网架结构的技术经济指标、制作安装与施工技术水平和所需的施工周期等几个重要的方面来衡量结构选型的合理性。

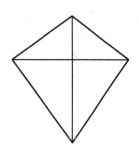

图 10-43 三角锥体系基本单元

2. 网架结构的设计

（1）初步设计

1) 网架结构的形式、尺寸及厚度。

2) 支承形式。网架结构搁置在柱、梁及桁架下部结构上，根据搁置方式不同可分为周边支承、周边点支承、三边支承、对边支承、点支承及组合等。

3) 屋面排水。网架结构屋面排水通常有整个网架起拱、网架变厚度和小立柱找坡这三种方式。其中小立柱找坡方式构造比较简单，是目前较多采用的一种方法，但为了保证小立柱稳定性不宜使其高度过高。

4) 容许挠度和起拱。网架结构的容许挠度 $[f]$ 不应超过下列数值

$$[f]=\frac{L_2}{250}(用于屋盖)或[f]=\frac{L_2}{300}(用于楼盖)$$

式中 L_2——网架的短向跨度。

当网架结构不满足容许挠度限值时，可通过调整结构刚度或通过适当起拱的方法来解决。若起拱，则拱度不超过短向跨度的 1/300。

(2) 荷载分类及组合

1) 荷载分类。网架结构主要承受永久荷载、可变荷载及作用。

① 永久荷载包括：网架自重荷载标准值和屋面或楼面自重。

② 可变荷载包括：屋面或楼面活荷载、雪荷载、风荷载、积灰荷载、起重机荷载。

③ 作用。作用有温度作用和地震作用两种。

2) 荷载组合。网架结构应按承载能力极限状态和正常使用极限状态对使用和施工过程中可能同时出现的荷载分别进行荷载（效应）组合，并取各自的最不利效应组合进行设计。

① 承载能力极限状态。承载能力极限状态应按荷载效应的基本组合进行荷载（效应）组合，并按下述表达式进行设计

$$\gamma_0 S \leq R \tag{10-45}$$

式中 γ_0——结构重要性系数；

S——荷载效应组合设计值；

R——结构构件抗力的设计值。

② 正常使用极限状态。正常使用极限状态应采用荷载的标准组合，按下式进行设计

$$S_k \leq C \tag{10-46}$$

式中 S_k——荷载效应组合的标准值；

C——结构或构件达到正常使用要求的规定限值。

(3) 杆件设计

1) 杆件材料和截面形式。网架杆件常采用钢材或铝合金材料。钢材的品种主要有低碳钢（如 Q235）、低合金钢（如 Q345）和不锈钢（如 0Cr18Ni9）等。

网架杆件的截面形式有圆管、方管、角钢及 H 型钢等，圆管截面有回转半径大和截面无方向性等特点，是目前最常用的截面形式。薄壁方管截面具有回转半径大、两个方向回转半径相等的特点，是一种较经济的截面，但节点构造复杂，目前应用还不广泛。角钢组成的 T 形截面适用于板节点连接因工地焊接工作量大、制作复杂，采用也较少。H 型钢适用于受力较大的弦杆。

2) 杆件的计算长度和容许长细比。

① 计算长度。网架相比平面桁架在节点处汇集杆件较多，节点约束作用较大，其杆件计算长度通过模型试验研究并参考平面桁架确定。

网架杆件的计算长度 l_0 可按下式确定

$$l_0 = \mu \cdot l \tag{10-47}$$

式中 l——杆件几何长度（节点中心距）；

μ——计算长度系数，见表 10-5。

② 容许长细比。网架杆件的容许长细比 [λ] 见表 10-6。

对于压杆限制长细比的目的是防止杆件过于细长易产生初弯曲，大大降低杆件承载力；对于拉杆限制长细比的目的是为了保证杆件在制作、运输、安装和使用过程中有一定的刚度。

表 10-5 杆件计算长度系数

连接形式	弦杆	腹杆	
		支座腹杆	其他腹杆
板节点	1.0	1.0	0.8
焊接空心球节点	0.9	0.9	0.8
螺栓球节点	1.0	1.0	1.0

表 10-6 网架杆件的容许长细比

杆件形式	$[\lambda]$
受压杆件、受拉杆件	≤180
一般杆件	≤300
支座附近杆件	≤250
直接承受动力荷载杆件	≤250

③ 截面设计

a. 网架所选杆件规格不宜太多，一般较小跨度网架2~3种，较大跨度网架6~7种，一般不超过8种。

b. 宜选用厚度较薄截面，使杆件在同样截面条件下有较大的回转半径，利于杆件受压。

c. 应选用市场能供应的规格。

d. 钢管出厂一般都有负公差，选择截面时应适当留有余量。

e. 网架杆件的最小截面尺寸不宜小于 $\phi48\times3$ 或 $\llcorner 50\times3$，对大、中跨度网架结构，钢管不宜小于 $\phi60\times3.5$。

轴心受拉

$$\sigma \leqslant \frac{N}{A_n} \leqslant f \tag{10-48}$$

轴心受压

$$\sigma \leqslant \frac{N}{\varphi A} \leqslant f \tag{10-49}$$

式中　A_n——杆件的净截面面积；
　　　A——杆件的毛截面面积；
　　　N——杆件轴向力；
　　　φ——稳定系数；
　　　f——钢材强度设计值。

网架一般是高次超静定结构，杆件截面变化将影响杆件内力变化，因此截面选择钢材强度设计值应根据能提供的截面规格，按满应力原则选择最经济截面。

(4) 节点设计　网架结构的节点起着连接汇交杆件、传递屋面荷载和起重机荷载的作用。网架又属于空间杆件体系，汇交于一个节点上的杆件有6~13根，这使节点设计难度上升。网架的节点数量多，节点用钢量占整个网架杆件用钢量的1/5~1/3。合理设计节点对网架的安全度、制作安装、工程进度、用钢量指标以及工程造价都有直接影响，因此它是网架设计中重要环节之一。

3. 网架结构的静力计算方法

网架结构由于高次超静定导致其内力和变形的精确分析相当复杂和困难,为忽略某些次要因素的影响从而简化计算,常需采用一些计算假定。网架计算基本假定为:节点为铰接,杆件只承受轴力;按小挠度理论计算;按弹性方法分析。

网架的计算方法大致有精确计算法和简化计算法两种。精确计算法采用铰接杆件计算模型,即把网架看作铰接杆件的集合,未引入其他任何假定,计算精度较高。

简化计算法可采用部分设计手册查表进行。常用的模型主要有梁系模型和平板模型。梁系模型通过折算方法把网架简化为交叉梁,以梁段作为分析基本单位,求出梁的内力后,再回代求杆的内力。平板模型把网架折算为平板,解出板的内力后回代求杆内力。随着计算机的广泛应用,大多数工程均采用精确计算方法,简化方法已很少采用。

下面介绍空间杆系有限元法的思路和求解步骤。

空间杆系有限元法又称空间桁架位移法,适用于分析各种类型网架,是目前杆系空间结构中计算精度最高的一种方法。它可考虑不同平面形状、不同边界条件和支承方式、承受任意荷载和作用,还可考虑网架与下部支承结构共同工作。

空间杆系有限元法以网架结构的各个杆件作为基本单元,以节点位移作为基本未知量。对杆件单元进行分析,建立单元杆件内力与位移之间关系,然后再对结构进行整体分析。根据各节点的变形协调条件和静力平衡条件建立结构上的节点荷载和节点位移之间的关系,形成结构的总刚度矩阵和总刚度方程。解出各节点位移值后,再由单元杆件内力和位移之间的关系求出杆件内力。

(1) 基本假定

1) 网架的节点设为空间铰接节点,每一节点有 u,v,ω 这三个自由度。

2) 杆件只承受轴力。

3) 假定在荷载作用下网架变形很小,结构处于弹性阶段工作。

(2) 单元刚度矩阵

1) 杆件局部坐标系单刚矩阵为

$$(\overline{K}) = \frac{EA}{l_{ij}} \begin{pmatrix} 0 & -1 \\ -1 & 1 \end{pmatrix} \tag{10-50}$$

式中　$(\overline{K})$——杆件局部坐标系单刚度矩阵;

l_{ij}——杆件 ij 的长度;

E——材料的弹性模量;

A——杆件 ij 的截面面积。

2) 杆件整体坐标系的单刚矩阵对称

$$(K)_{ij} = (T)(\overline{K})(T)^{\mathrm{T}} = \frac{EA}{l_{ij}} \begin{pmatrix} l^2 & lm & ln & -l^2 & -lm & -ln \\ lm & m^2 & mn & -lm & -m^2 & -mn \\ ln & mn & n^2 & -ln & -mn & -n^2 \\ -l^2 & -lm & -ln & l^2 & lm & ln \\ -lm & -m^2 & -mn & lm & m^2 & mn \\ -ln & -mn & -n^2 & ln & mn & n^2 \end{pmatrix} \tag{10-51}$$

$$(T) = \begin{pmatrix} l & m & n & 0 & 0 & 0 \\ 0 & 0 & 0 & l & m & n \end{pmatrix}^{T}$$

式中 $(K)_{ij}$——杆件 ij 在整体坐标系中的单刚度矩阵，是一个 6×6 阶的对称矩阵；

(T)——坐标转换矩阵；

l、m、n——杆与坐标轴夹角的方向余弦。

$$\begin{cases} l = \cos\alpha = \dfrac{x_j - x_i}{l_{ij}} \\ m = \cos\beta = \dfrac{y_j - y_i}{l_{ij}} \\ n = \cos\gamma = \dfrac{z_j - z_i}{l_{ij}} \end{cases} \quad (10\text{-}52)$$

$$l_{ij} = \sqrt{(x_j - x_i)^2 + (y_j - y_i)^2 + (z_j - z_i)^2} \quad (10\text{-}53)$$

式中 α、β、γ——杆轴 x 与结构总体坐标正向的夹角。

（3）结构总刚度矩阵 在满足变形协调和节点内外力平衡两个条件的前提下建立总刚度矩阵。根据上述两个条件，可将单刚度矩阵的子矩阵的行列进行编号，然后对号入座形成总刚度矩阵。对网架中的所有节点，逐个列出内外力平衡方程，联合起来形成结构刚度方程，其表达式为式（10-54），由于该方程是高阶的线性方程组，一般借助计算机求解。

$$\begin{cases} (K)\{\delta\} = \{P\} \\ \{\delta\} = (u_1 \quad v_1 \quad w_1 \ldots u_i \quad v_i \quad w_i \ldots u_n \quad v_n \quad w_n) \\ \{P\} = (P_{x1} \quad P_{y1} \quad P_{z1} \ldots P_{xi} \quad P_{yi} \quad P_{zi} \cdots P_{xn} \quad P_{yn} \quad P_{zn})^T \end{cases} \quad (10\text{-}54)$$

式中 (K)——结构总刚度矩阵，它是 $3n \times 3n$ 方阵；

$\{\delta\}$——节点位移列矩阵；

$\{P\}$——荷载列矩阵；

n——网架节点数。

（4）边界条件 结构总刚度矩阵 (K) 是奇异的，需要考虑边界条件来消除刚体位移，使总刚度矩阵为正定矩阵。边界约束有自由、弹性、固定及强迫位移四种。

实际工程中，不同的网架的约束条件会直接影响网架结构的内力，因此应结合实际工程情况合理选用具体的约束条件，通常有以下几种情况：

1）周边支承。周边支承网架的边界条件为：

$$\begin{cases} \text{径向 } \delta_{ay}, \delta_{cx} \text{ 弹性约束} \\ \text{切向 } \delta_{ax}, \delta_{cy} \text{ 自由} \\ \text{竖向 } w = 0 \text{ 固定} \end{cases}$$

网架搁置在柱或梁上时，网架支座竖向位移为零。网架支座水平变形应考虑下部结构共同工作。在网架支座的径向（图 10-44a 中 A 点 y 方向，C 点 x 方向）应将下部结构作为网架结构的弹性约束，如图 10-44b 所示。柱子水平位移方向的等效弹簧系数 K_z 值为

$$K_z = \dfrac{3E_z I_z}{H_z^3} \quad (10\text{-}55)$$

式中 E_z、I_z、H_z——支承柱的材料弹性模量、截面惯性矩和柱子长度，在网架支座的切向（图10-44a中A点x向，C点y向），认为是自由的。

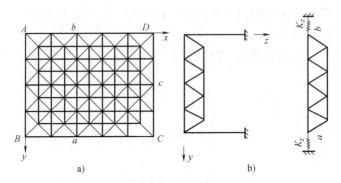

图10-44 周边支承的网架

当采用整个网架进行内力分析时，四个角点支座（图10-44中A、B、C、D点）水平方向边界条件应采用两向弹性约束或固定，否则会发生刚体移动。周边支承网架支座的边界条件与支座节点构造有关，应根据实际构造情况酌情处理。

2) 点支承。点支承网架（图10-45）的边界条件应考虑下部结构的约束，即

$$\begin{cases} u = K_{zx} \text{弹性约束} \\ v = K_{zy} \text{弹性约束} \\ w = 0 \text{固定} \end{cases}$$

$$K_{zx} = \frac{3E_z I_{zx}}{H_y^3}$$

$$K_{zy} = \frac{3E_z I_{zy}}{H_x^3} \tag{10-56}$$

式中 E_z——支承柱的材料弹性模量；

I_{zx}、I_{zy}——支承柱绕x、y方向的截面惯性矩；

H_x、H_y——支承柱的长度。

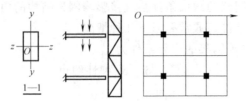

图10-45 点支承的网架

总刚度矩阵中边界条件有固定弹性约束和强迫位移等，其处理方法有四种：

1) 支座某方向固定：一是采用划行划列方法；一是采用充大数方法。

2) 支座某方向弹性约束。支座某方向弹性约束是指沿某方向（该方向平行于结构坐标系）设有弹性支承K_z。在总刚度矩阵对角元素的相应位置上加K_z。

3) 当需计算支座沉降的影响时，也可通过对总刚度方程的适当处理来解决。

4）斜边界处理：一种方法是在边界点沿着斜边界方向设一个具有一定截面的杆，另一种处理方法是将斜边界处的节点位移向量作一变换，使在整体坐标下的节点位移向量变换到任意的斜方向，然后按一般边界条件处理。

（5）对称性利用　根据结构力学的基本原理可知，对称结构在对称荷载下结构的内力、反力及位移对称。以往受计算机容量的限制，网架分析的对称性利用非常重要，这样可以大大减少计算工作量。随着计算机技术的发展，现在的网架结构分析通常是按照整体结构分析的，但从概念设计的角度出发，对称结构的内力分布规律特性还是值得注意，可以作为结构分析和设计的参考。

（6）杆件内力　边界条件处理后，通过对总刚度矩阵的求解，可得各节点的位移值，再由单元分析求得杆件内力。

10.3.2　网壳结构

1. 网壳结构的形式

1）按层数划分。网壳结构按层数划分主要有单层网壳、双层网壳和三层网壳三种，如图 10-46 所示。

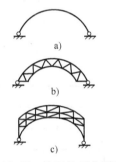

图 10-46　按层数划分网壳

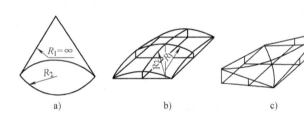

图 10-47　高斯曲率网壳
a）圆锥壳（$K=0$）　b）双曲面网壳（$K>0$）　c）单块扭曲面网壳（$K<0$）

2）按高斯曲率划分。网壳按高斯曲率划分有以下三种。零高斯曲率的网壳，正高斯曲率的网壳，负高斯曲率的网壳，如图 10-47 所示。

3）按曲面外形和曲面形成方法划分，见表 10-7。

表 10-7　网壳按曲面外形和曲面形成方法划分

划分方式		说　明
曲面外形	柱面网壳	由一根直线沿两根曲率相同的曲线平行移动而成
	球面网壳	球面网壳是由一母线（平面曲线）绕 z 轴旋转而成
	双曲抛物面网壳	由一根曲率向下（曲率大于 0）的抛物线（母线）沿着与之正交的另一根具有曲率向上（曲率小于 0）的抛物线平行移动而成，呈马鞍形
	复杂曲面网壳	通过基本曲面的切割与组合形成
曲面形成方法	旋转法	由一根平面曲线作母线，绕其平面内的竖轴在空间旋转而形成
	平移法	由一根平面曲线作母线，在空间沿着另两根（或一根）平面曲线（导线）平行移动而形成

4) 柱面网壳与球面网壳的分类。圆柱面网壳（柱面网壳）和圆球面网壳（球面网壳）是目前国内最常用的两种网壳形式，两者均可分为单层和双层两类，按网格形式划分柱面网壳有七个小类，球面网壳有九个小类，见表10-8。

表 10-8　柱面网壳与球面网壳的分类

类别	层数	形式	
柱面网壳	单层	单向斜杆型	
		人字形	
		双斜杆型	
		联方型	
		三向网格	
	双层	交叉桁架体系	
		四角锥体系	正放四角锥
			正放抽空四角锥
			斜放四角锥
			棋盘形四角锥
球面网壳	单层	肋环形	
		施威德勒型	
		联方型	
		凯威特型	
		短程线型	
		三向格子型	
		两向格子型	
	双层	交叉桁架体系	
		角锥体系	

柱面网壳、球面网壳、双曲抛物面网壳部分简图如图 10-48~图 10-53 所示。

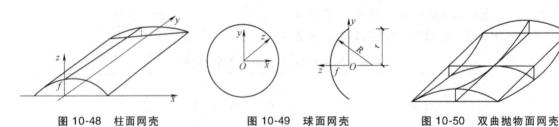

图 10-48　柱面网壳　　　　图 10-49　球面网壳　　　　图 10-50　双曲抛物面网壳

2. 网壳结构的设计

（1）双层网壳的设计　双层网壳结构的设计与平板网架基本相同，计算模型也是采用空间桁架位移法，节点假定为铰接，杆件只承受轴向力，但有以下几点不同。

1）网格形式。双层网壳结构的网格形式与平板网架相比少很多。而且网壳结构除受弯以外还承受薄膜力的作用，因而双层网壳的上弦杆和下弦杆均可受压。因此适用于平板网架中的上弦杆短、下弦杆长的形式，但并不一定适用于双层网壳。

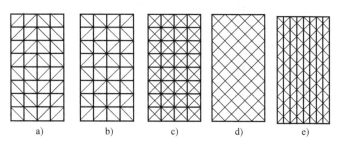

图 10-51　单层柱面网壳的网格形式

a）单向斜杆型　b）人字形　c）双斜杆型　d）联方型　e）三向网格

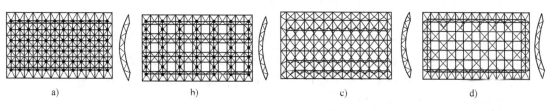

图 10-52　双层柱面网壳的网格形式

a）正放四角锥柱面网壳　b）正放抽空四角锥柱面网壳
c）斜放四角锥柱面网壳　d）棋盘形四角锥柱面网壳

2）网壳的厚度。双层柱面网壳的厚度可取跨度的 1/50～1/20；双层球面网壳的厚度一般可取跨度的 1/60～1/30。厚度小，杆件受力充分，这也是双层网壳比单层网壳经济的主要原因之一。

3）容许挠度。网壳结构的最大挠度值不应超过短向跨度的 1/400，由于网壳的竖向刚度较大，一般情况均能满足此要求。对于悬挑网壳，其最大位移不应超过悬挑跨度的 1/200。

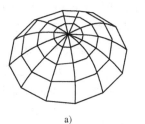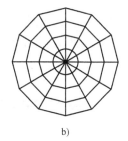

图 10-53　肋环型球面网壳

4）杆件的计算长度系数。由于双层网壳中大多数上、下弦杆均受压，它们对腹杆的转动约束要比网架小，因此其计算长度与网架相比有些许不同，计算长度系数值见表 10-9。

表 10-9　双层网壳杆件的计算长度系数 μ

连接形式	弦杆	腹杆	
		支座腹杆	其他腹杆
板节点	1.0	1.0	0.9
焊接空心球节点	1.0	1.0	0.9
螺栓球节点	1.0	1.0	1.0

双层网壳杆件的容许长细比，对受压杆件取 [λ]=180；受拉杆件，对于一般杆件取 [λ]=300，对于支座附近杆件取 [λ]=250，对于直接承受动力荷载杆件则取 [λ]=250。

5）焊接空心球节点承载力。在平板网架节点设计中，国内很多学者采用以弹塑性理论为基础的非线性有限元法对空心球节点的极限承载力进行了大量的理论分析。通过研究发现，当空心球的径厚比满足一定要求时，其破坏形式均为冲剪破坏，其拉压极限承载力主要与材的拉剪强度及球杆连接处的环形冲剪面积等因素有关。现行 JGJ 7—2010《空间网格结构技术规程》将焊接空心球节点拉压承载力公式统一，具体计算公式可查阅该规程。

6）螺栓球节点设计。螺栓球节点产品质量应符合现行行业标准（JG/T 10—2009）《钢网架螺栓球节点》的规定，螺栓球节点设计的具体内容见（JGJ 7—2010）《空间网格结构技术规程》。

（2）单层网壳的设计　单层网壳的设计较双层网壳的设计复杂，以下从两个方面说明：

1）计算模型。单层网壳当采用螺栓球节点时，应采用空间杆系有限元法计算；当采用焊接空心球节点时，可采用空间梁系有限元法进行分析。

2）杆件及节点设计

① 杆件设计。单层网壳杆件的受力一般有轴心受力和拉弯或压弯两种状态。当网壳节点的计算模型为铰接时，杆件只承受轴向拉力或轴向压力，杆件截面设计可类似网架结构的杆件设计。当网壳节点的计算模型为刚接时网壳的杆件除承受轴心力以外，还有弯矩作用，杆件应按偏心受力构件进行设计。

a. 强度验算。

$$\frac{N}{A_n} + \frac{M_x}{\gamma_x W_{nx}} \pm \frac{M_y}{\gamma_y W_{ny}} \leq f \tag{10-57}$$

式中　N、M_x、M_y——作用于杆件上的轴力和两个方向的弯矩；

A_n、W_{nx}、W_{ny}——杆件的净截面面积和两个方向的净截面抵抗矩；

γ_x、γ_y——截面塑性发展系数，对圆管截面，当承受静载或间接承受动载作用时，$\gamma_x = \gamma_y = 1.15$，当直接承受动载作用时，$\gamma_x = \gamma_y = 1.0$。

b. 稳定性验算。杆件沿两个方向的稳定性验算公式为

$$\frac{N}{\varphi_x A} + \frac{\beta_{mx} M_x}{\gamma_x W_{1x}\left(1 - 0.8\dfrac{N}{N_{Ex}}\right)} + \frac{\beta_{ty} M_y}{\varphi_{by} W_{1y}} \leq f \tag{10-58}$$

$$\frac{N}{\varphi_y A} + \frac{\beta_{my} M_y}{\gamma_y W_{1y}\left(1 - 0.8\dfrac{N}{N_{Ey}}\right)} + \frac{\beta_{tx} M_x}{\varphi_{bx} W_{1x}} \leq f \tag{10-59}$$

式中　φ_x、φ_y——杆件沿两个轴的轴心受压稳定系数；

φ_{bx}、φ_{by}——均匀弯曲的受弯构件整体稳定系数，对于箱形截面可取 $\varphi_{bx} = \varphi_{by} = 1.4$；

N_{Ex}、N_{Ey}——欧拉临界力，$N_{Ex} = \dfrac{\pi^2 EA}{\lambda_x^2}$，$N_{Ey} = \dfrac{\pi^2 EA}{\lambda_y^2}$；

W_{1x}、W_{1y}——杆件绕两个方向的毛截面抵抗矩；

β_{mx}、β_{my}、β_{tx}、β_{ty}——等效弯矩系数。

c. 刚度验算。单层网壳杆件的容许长细比，一般比双层网壳的略严，对受压杆件取 $[\lambda] = 150$，受拉杆件取 $[\lambda] = 300$。其计算长度分壳体曲面内和曲面外两种情况，在壳体曲面内取 $\mu = 0.9$，壳体曲面外取 $\mu = 1.6$。

② 节点设计。单层网壳的杆件采用圆管时，铰接节点一般采用螺栓球节点，刚接节点一般采用焊接空心球节点。具体节点形式的采用，主要取决于网壳结构的跨度。一般当跨度较小时可采用螺栓球节点，正常情况下均应采用焊接空心球节点。由于单层网壳的杆端除轴力外，尚有弯矩、扭矩及剪力作用。精确计算空心球节点承载力比较复杂。为简化计算，将空心球承载力计算公式统一乘以受弯影响系数 η_m（一般取 $\eta_m = 0.8$），作为其在压弯或拉弯状态下的承载力设计值。但是当弯矩影响比较大时则不合适，根据有关研究成果，提出空心球管节点极限承载力的统一计算公式。

节点在弯矩、偏心荷载作用下的受力简图如图 10-54 所示。假定带肋节点的偏心发生在肋板的中面上，节点受偏心荷载作用等效成轴力与弯矩共同作用，其中弯矩为轴力与偏心距的乘积。

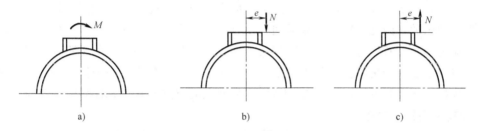

图 10-54 节点受力简图
a) 弯矩作用 b) 偏心受压 c) 偏心受拉

在满足量纲统一的前提下可得到弯矩作用下空心球节点极限承载力设计，即

$$M \leq M_u = \left(0.21 + 8.4 \frac{t}{D}\right) d^2 tf \tag{10-60}$$

式中 M——偏心荷载作用下节点的弯矩（kN·m）；
M_u——弯矩作用下极限承载力设计值（kN·m）。

根据简单、实用的原则，偏压和偏拉作用下的空心球节点承载力相关公式可表示为

$$\frac{M}{M_u} + \frac{N_c}{N_{cu}} \leq 1 \tag{10-61}$$

式中 N_{cu}——轴向压力作用下节点的承载力设计值（kN）；
N_c——偏心压力作用下节点所受的压力（kN）。

$$\frac{M}{M_u} + \frac{N_t}{N_{tu}} \leq 1 \tag{10-62}$$

式中 N_{tu}——轴向拉力作用下节点的极限承载力设计值（kN）；
N_t——偏心拉力作用下节点所受的拉力（kN）。

当考虑带有加劲肋的空心球节点时，节点承载力相关公式依然可用上述两个公式。但 M_u、N_{cu}、N_{tu} 需要作出修改，分别为带肋节点在弯矩、轴向压力、轴向拉力作用下的极限承载力，应考虑承载力提高系数 η_m（弯矩作用）、η_c（压力作用）、η_t（拉力作用）的影响，可按下列公式进行计算。

$$M \leqslant M_u = \eta_m \left(0.21 + 8.4 \frac{t}{D}\right) d^2 tf \qquad (10\text{-}63)$$

$$N_c \leqslant 0.33 \eta_c \left(1 + \frac{d}{D}\right) \pi dtf \qquad (10\text{-}64)$$

$$N_t \leqslant 0.56 \eta_t \pi dtf \qquad (10\text{-}65)$$

其中，取 $\eta_m = 1.5$，$\eta_c = 1.4$，$\eta_t = 1.1$。

（3）网壳结构的温度应力和装配应力　网壳一般都用于大跨度建筑，几何曲面往往比较复杂且属于高次超静定结构。为了保证结构整体刚度，支座通常十分刚强，这样在温度变化时，就会在结构内部各处产生不应忽视的温度应力。另外，在制作时，杆件会产生长度误差和弯曲等初始缺陷，在安装时还会产生装配应力。由于网壳对缺陷敏感，对装配应力的反应自然极为敏感的。因此，需要采用空间杆系有限元法进行温度应力和装配应力的计算。为减少温度应力影响，有效方法应是设法释放温度变形，其中最易实现的是将支座设计成弹性支座，但应注意支座刚度减少对网壳稳定性的影响。对于装配应力的控制，一般通过提高制作精度，选择合适安装方法以控制安装精度，使网壳的节点和杆件都能较好地就位。

3. 网壳结构的稳定性

（1）结构失稳及失稳的种类　结构的稳定性是指结构平衡状态的稳定性。任何结构的平衡状态可能有稳定的平衡状态、不稳定的平衡状态和随遇平衡状态这三种形式。失稳受一定荷载作用的结构处于稳定的平衡状态，当该荷载达到某一值时，若增加一微小增量，结构的平衡位形将发生很大变化，结构由原平衡状态经过不稳定的平衡状态而到达一个新的稳定的平衡状态。这一过程就是失稳或屈曲，相应的荷载称为临界荷载或屈曲荷载。确定结构从稳定的平衡状态变为不稳定的平衡状态时的临界荷载及其屈曲模态的形状的过程称为屈曲分析，目前其常用分析方法有理想结构的线性屈曲分析（特征值屈曲分析）和缺陷结构的非线性全过程分析（非线性屈曲分析）两种。

根据结构在失稳过程中平衡位形是否发生质变，结构的屈曲一般可以分为第一类屈曲（分支点屈曲）和第二类屈曲（极值点屈曲）。分支点屈曲指如果结构在屈曲前以某种变形模式与外荷载平衡，当外荷载小于临界荷载时，平衡是稳定的，当外荷载超过临界荷载时，基本平衡状态成为不稳定的平衡，在它附近还存在另一个平衡状态，此时一旦有微小扰动，平衡形式就会发生质变，由基本平衡状态屈曲后到达新的平衡状态。极值点屈曲指如果结构存在初始缺陷，考虑结构的非线性性能，此时结构的平衡路径不存在分支现象，但当外荷载增大到临界荷载 P_{cr} 以后，系统的平衡状态变为使荷载保持不变，结构会发生很大位移。

（2）临界点的判别准则　结构在某一特定平衡状态的稳定性能可由它当时的切线刚度矩阵来判别：正定的切线刚度矩阵对应于结构的稳定平衡状态；非正定的切线刚度矩阵对应于结构的不稳定平衡状态；而奇异的切线刚度矩阵对应于结构的临界状态。刚度矩阵（K_T）可表示为

$$(K_T) = (L)(D)(L)^T \qquad (10\text{-}66)$$

式中　(L)——主元为 1 的下三角矩阵；

(D)——对角元矩阵，有

$$[D] = \begin{pmatrix} D_1 & 0 & 0 & \cdots & 0 \\ 0 & D_2 & 0 & \cdots & 0 \\ 0 & 0 & D_3 & \cdots & 0 \\ \vdots & \vdots & \vdots & & \vdots \\ 0 & 0 & 0 & \cdots & D_n \end{pmatrix} \tag{10-67}$$

（3）初始缺陷的影响　对于单层网壳结构等缺陷敏感性结构，其临界荷载可能会因极小的初始缺陷而大大降低。结构极值点失稳和分支点失稳受初始缺陷的影响是不同的。如果理想结构的失稳属极值点失稳，则考虑初始缺陷后，结构仍发生极值点失稳，但临界荷载一般均会有不同程度的降低。对于分支点失稳情况，初始缺陷可能使分支点失稳转化为极值点失稳而降低结构的临界荷载值。对于单层网壳，初始缺陷主要表现为节点的几何偏差。理论研究中一般用随机缺陷模态法或一致缺陷模态法进行缺陷分析。

（4）实用设计方法　单层网壳以及厚度小于跨度 1/50 的双层网壳均应进行稳定性计算。

1）全过程分析。网壳结构的稳定性可按考虑几何非线性的有限元分析方法（荷载-位移全过程分析）进行分析，分析可假定材料保持为线弹性。全过程分析可按满跨均布荷载进行，柱面网壳应补充考虑半跨活荷载分布。分析时应考虑初始几何缺陷的影响，并取结构的低阶屈曲模态作为初始缺陷分布模态。其最大值可按容许安装偏差采用，但不小于网壳跨度的 1/300。

由网壳结构的全过程分析求得的第一个临界点处的荷载值，可作为该网壳的临界荷载 P_{cr}。将临界荷载除以安全系数以后即为网壳结构的容许承载力标准值 $[q_{\mathrm{ka}}]$，即

$$[q_{\mathrm{ka}}] = \frac{P_{\mathrm{cr}}}{K} \tag{10-68}$$

式中　K——安全系数，当按弹塑性全过程分析时，安全系数可取 2.0；当按弹性全过程分析，且为单层球面网壳、柱面网壳和椭圆抛物面网壳时，安全系数可取 4.2。

2）近似计算。当单层球面网壳跨度小于 50m、单层圆柱面网壳宽度小于 25m、单层椭圆抛物面网壳跨度小于 30m，或对网壳稳定性进行初步计算时，其容许承载力标准值 $[q_{\mathrm{ks}}]$（kN/m²）可按下列公式计算。

a. 单层球面网壳

$$[q_{\mathrm{ks}}] = 0.25 \frac{\sqrt{B_e D_e}}{r^2} \tag{10-69}$$

式中　B_e——网壳的等效薄膜刚度（kN/m）；
　　　D_e——网壳的等效抗弯刚度（kN/m）；
　　　r——球面的曲率半径（m）。

当网壳径向和环向的等效刚度不相同时，可采用两个方向的平均值。

b. 单层圆柱面网壳

当网壳为四边支承时

$$[q_{\mathrm{ks}}] = 17.1 \frac{D_{e11}}{r^3(L/B)^3} + 4.6 \times 10^{-5} \frac{B_{e22}}{r(L/B)} + 17.8 \frac{D_{e22}}{(r+3f)B^2} \tag{10-70}$$

式中 L、B、f、r——圆柱面网壳的总长度、宽度、矢高和曲率半径（m）；
D_{e11}、D_{e22}——圆柱面网壳纵向（零曲率方向）和横向（圆弧方向）的等效抗弯刚度（kN·m）；
B_{e22}——圆柱面网壳横向等效薄膜刚度（kN/m）。

当圆柱面网壳的长宽比（L/B）不大于1.2时，由上式算出的容许承载力应乘以考虑荷载不对称分布影响的折减系数 μ

$$\mu = 0.6 + \frac{1}{2.5 + 5q/g} \tag{10-71}$$

式（10-71）的适用范围为 $q/g = 0 \sim 2$。

网壳仅沿两纵边支承时

$$[q_{ks}] = 17.8 \frac{D_{e22}}{(r+3f)B^2} \tag{10-72}$$

当网壳为两端支承时

$$[q_{ks}] = \mu \left[0.015 \frac{\sqrt{B_{e11}D_{e11}}}{r^2\sqrt{L/B}} + 0.33 \frac{\sqrt{B_{e22}D_{e22}}}{r^2(L/B)\xi} + 0.020 \frac{\sqrt{I_h I_v}}{r^2\sqrt{Lr}} \right] \tag{10-73}$$

式中 B_{e11}——圆柱面网壳纵向等效薄膜刚度（kN/m）；
I_h、I_v——边梁水平方向和竖向的线刚度（kN/m）；
ξ——系数，$\xi = 0.96 + 0.16(1.8 - L/B)^4$。

对于桁架式边梁，其水平方向和竖向的线刚度可按下式计算

$$I_{h,v} = E(A_1 a_1^2 + A_2 a_2^2)/L \tag{10-74}$$

式中 A_1、A_2——两根弦杆的截面面积；
a_1、a_2——相应的形心距。

两端支承的单层圆柱面网壳尚应考虑荷载不对称分布的影响，其折减系数按下式计算

$$\mu = 1.0 - 0.2 \frac{L}{B} \tag{10-75}$$

式（10-75）的适用范围为 $L/B = 1.0 \sim 2.5$。

单层椭圆抛物面网壳，四边铰支在刚性横隔上时

$$[q_{ks}] = 0.28\mu \frac{\sqrt{B_e D_e}}{r_1 r_2} \tag{10-76}$$

$$\mu = \frac{1}{1 + 0.956q/g + 0.076(q/g)^2} \tag{10-77}$$

式中 r_1、r_2——椭圆抛物面网壳两个方向的主曲率半径（m）；
μ——考虑荷载不对称分布影响的折减系数；
g、q——作用在网壳上的恒荷载和活荷载（kN/m）。

式（10-77）的适用范围为 $q/g = 0 \sim 2$。

网壳常用的网格形式可归纳为图10-55所示的三种类型。图10-55a代表K型球面网壳主肋处的网格（方向1代表径向）或各类网壳中有单斜杆的正交网格；图10-55b代表各类网壳中设有双斜杆（带虚线时）或单斜杆（无虚线时）的正交网格，施威德勒球面网壳属

于这类网格；图 10-55c 代表各种三向网格，如柱面网壳的三向网格（方向 1 代表纵向）、短程线型球面网壳的网格（方向 1 代表环向）。各种网格形式一般来说是各向异性的，网壳两个方向的等效刚度可按下列公式计算。图 10-55a 所示网格：

$$\begin{cases} B_{e11} = \dfrac{EA_1}{S_1} + \dfrac{EA_c}{S_c}\sin^4\alpha \\[6pt] B_{e22} = \dfrac{EA_2}{S_2} + \dfrac{EA_c}{S_c}\cos^4\alpha \\[6pt] D_{e11} = \dfrac{EI_1}{S_1} + \dfrac{EI_c}{S_c}\sin^4\alpha \\[6pt] D_{e22} = \dfrac{EI_2}{S_2} + \dfrac{EI_c}{S_c}\cos^4\alpha \end{cases} \quad (10\text{-}78)$$

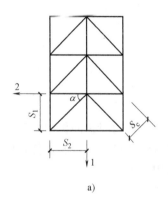 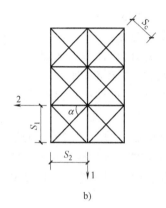 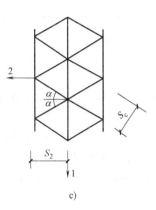

图 10-55 三种典型的网格形式

a) K 型网格　b) 斜杆型网格　c) 三向型网格

图 10-55b 所示网格，若为单斜杆计算公式同式（10-78），若为双斜杆则有

$$\begin{cases} B_{e11} = \dfrac{EA_1}{S_1} + 2\dfrac{EA_c}{S_c}\sin^4\alpha \\[6pt] B_{e22} = \dfrac{EA_2}{S_2} + 2\dfrac{EA_c}{S_c}\cos^4\alpha \\[6pt] D_{e11} = \dfrac{EI_1}{S_1} + 2\dfrac{EI_c}{S_c}\sin^4\alpha \\[6pt] D_{e22} = \dfrac{EI_2}{S_2} + 2\dfrac{EI_c}{S_c}\cos^4\alpha \end{cases} \quad (10\text{-}79)$$

图 10-55c 所示三向型网格

$$\begin{cases} B_{e11} = \dfrac{EA_1}{S_1} + 2\dfrac{EA_c}{S_c}\sin^4\alpha \\[2mm] B_{e22} = 2\dfrac{EA_c}{S_c}\cos^4\alpha \\[2mm] D_{e11} = \dfrac{EI_1}{S_1} + 2\dfrac{EI_c}{S_c}\sin^4\alpha \\[2mm] D_{e22} = 2\dfrac{EI_c}{S_c}\cos^4\alpha \end{cases} \quad (10\text{-}80)$$

式中 B_{e11}——沿 1 方向的等效薄膜刚度，当为圆球面网壳时方向 1 代表径向，当为圆柱面网壳时代表纵向；

B_{e22}——沿 2 方向的等效薄膜刚度，当为圆球面网壳时方向 2 代表环向，当为圆柱面网壳时代表横向；

D_{e11}——沿 1 方向的等效抗弯刚度；

D_{e22}——沿 2 方向的等效抗弯刚度；

A_1、A_2、A_c——沿 1、2 方向和斜向的杆件截面面积；

S_1、S_2、S_c——沿 1、2 方向和斜向的网格间距；

I_1、I_2、I_c——沿 1、2 方向和斜向的杆件截面惯性矩；

α——沿 2 方向杆件和斜杆的夹角。

根据已掌握的网壳结构整体稳定性的主要因素，通过分析这些影响因素的作用机理及网架结构的敏感程度，可总结出提高网壳结构整体稳定性的适当措施。目前，可通过优化网壳体系与构造、选择合适材料、合理分布刚度等方法提高网壳结构整体稳定性。

10.4 悬索结构

10.4.1 概述

悬索结构（或索结构）是一种张力结构，它以一系列受拉的索作为主要承重构件，主要通过索的轴向拉伸来抵抗外荷作用，这些索按一定规律组成各种不同形式的体系，并悬挂在相应的支承结构上，形成一个整体受力体系。

悬索结构施工比较方便，施工费用相对较低，便于建筑造型，可以较经济地跨越很大的跨度，目前已成为大跨建筑的主要结构形式之一。

但是，悬索屋盖结构的稳定性较差。单根的悬索是一种几何可变结构，其外形及平衡随荷载分布方式而改变。尤其是当荷载作用方向与垂度相反时，悬索就丧失了承载能力；当荷载作用方向与垂度垂直时，悬索就丧失了平衡。因此，需要一些构造措施，如增加一些侧向或竖直联系，来增加屋盖的稳定性。

10.4.2 悬索结构的分类

按组成方法和受力特点可将悬索结构分为：单层悬索体系、预应力双层悬索体系、预应力鞍形索网、含劲性构件的悬索结构、劲性悬索、预应力横向加劲单层索系、预应力索拱体系、张弦体系、组合悬索结构、悬挂薄壳与悬挂钢模、索-膜结构以及混合悬挂结构等形式。

1. 单层悬索体系

单层悬索体系是由一系列按一定规律布置的单根悬索组成的,悬索两端锚挂在稳固的支承结构上。单层索系有平行布置、辐射式布置和网状布置三种形式。

1) 平行布置　平行布置的单层悬索体系形成下凹的单曲率曲面,适用于矩形或多边形的建筑平面,可用于单跨建筑,也可用于两跨及两跨以上的结构(图10-56)。依建筑造型和功能要求悬索两端可以等高也可以不等高。索的两端等高或两端高差较小时,为解决屋面的排水,可对各根单索采用不同的垂跨比,或各索垂跨比不变调整各索的悬挂高度,以形成下凹的单曲率屋面的排水坡度。

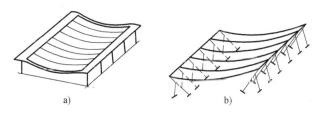

图 10-56　平行布置的单层悬索体系

由于悬索对两支座有较大的水平力作用,因此如何合理可靠地解决水平力的传递成为悬索结构设计中的重要问题。如图10-56a所示索的支承结构为水平梁与山墙顶部的压弯构件组成的闭合框架,水平梁在索的水平力作用下受弯工作,两端的压弯构件承受水平梁端的反力,索的水平力在闭合框架内自相平衡。水平梁往往因承受巨大的水平力作用而需较大的截面,但可利用建筑物下部的框架结构为水平梁提供一系列弹性支座,如图10-56b所示。

2) 辐射式布置　单层索辐射式布置而形成的下凹双曲率碟形屋面适用于圆形、椭圆形平面(图10-57a)。显然下凹的屋面不便于排水,但在允许的情况下可设内排水,一般设置在雨量不大的地区。当结构中央设支柱时,可利用支柱为悬索提供中间支承,形成伞形屋面(图10-57b)。

在辐射式布置的单层悬索体系中,索的一端锚固在中心环上,另一端锚固在外环梁上。在悬索拉力水平分量的作用下,内环受拉、外环受压,内环、悬索、外环形成一个平衡体系。悬索拉力的竖向分力不大,由外环梁直接传至下部的支撑柱。在这一体系中,受拉内环一般

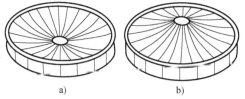

图 10-57　辐射式布置的单层悬索体系

采用钢构件,充分发挥钢材的抗拉强度;受压外环一般采用钢筋混凝土结构,充分利用混凝土的抗压强度,因而辐射式布置的单层索系可比平行布置的单层索系的跨度更大。当前最大的碟形悬索结构是美国1967年建的阿拉美达郡体育馆屋盖,跨径达128m;最大的伞形悬索屋盖是前苏联的乌斯契—伊利姆斯克汽车库,跨径达206 m。

3) 网状布置　网状布置的单层索系形成下凹的双曲率曲面,两个方向的索一般呈正交布置,可用于圆形、矩形等各种平面(图10-58)。用圆形平面时省去了中心拉环,网状布置的单层索系面板规格统一,但边缘构件的弯矩大于辐射式布置。

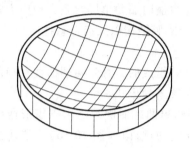

图 10-58 网状布置的单层悬索体系

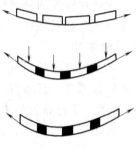

图 10-59 悬挂薄壳

单层悬索体系特点：

1）悬索是一种可变体系，其平衡形状随荷载分布方式而变。

2）抗风能力差。

解决方案：

1）采用重屋面，如装配式钢筋混凝土屋面板。

2）采用预应力钢筋混凝土悬挂薄壳（图 10-59）。

3）采用横向加劲构件。

悬索的垂度与跨度之比是影响单层悬索体系工作的重要几何参数。相同跨度，荷载条件下，垂跨比越小，悬索体系曲面越平，其形状稳定性和刚度越差，索中拉力也越大；垂跨比越大，悬索体系的稳定性和刚度越好，索中拉力越小。当然，垂跨比的加大使结构所占空间增加，可能会影响到结构综合的经济性。一般单层悬索体系垂跨比的经验取值为 $1/20 \sim 1/10$。

2. 预应力双层悬索体系

预应力双层悬索体系由一系列下凹的承重索和上凸的稳定索，以及它们之间的连系杆组成，图 10-60 所示为预应力双层悬索体系的几种一般形式。

预应力双层悬索体系的布置也有平行布置、辐射式布置和网状布置等三种形式。

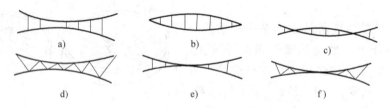

图 10-60 预应力双层悬索体系的一般形式

平行布置的预应力双层悬索体系多用于矩形、多边形建筑平面，并可用于单跨、双跨及两跨以上的建筑中（图 10-61）。

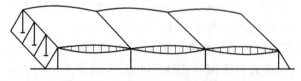

图 10-61 平行布置的多跨双层索系

预应力双层悬索体系的承重索与稳定索要分别锚固在稳固的支承结构上,其支承结构形式与单层悬索体系基本相同,索的水平力采用闭合的边缘构件、支承框架或地锚等来承受。

辐射式布置的预应力双层悬索体系可用于圆形、椭圆形建筑平面。为解决双层索在圆形平面中央的汇交问题,在圆心处要设置受拉内环,双层索一端锚挂于内环上,另一端挂在周边的受压外环上,根据所采用的索桁架形式不同,对应承重索和稳定索可能要设置两层外环梁或两层内环梁(图10-62)。在图10-62a中,上索既是稳定索,又直接承受屋面荷载。

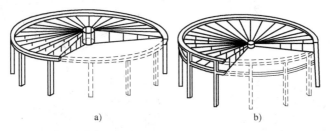

图 10-62 辐射式布置的预应力双层悬索体系

网状布置的预应力双层悬索体系也主要用于圆形、椭圆形建筑平面,两层索一般沿两个方向相互正交,形成四边形网格。

预应力双层悬索体系的特点:

1)设置的稳定索可以抵抗风吸力作用。

2)由于设置了相反曲率的稳定索及相应的连系杆,通过对体系施加预应力,可以保证索系具有必要的形状稳定性。

3)由于存在预应力,稳定索能与承重索一起抵抗竖向荷载作用,使整个体系的刚度得到提高。

4)具有较好的抗震性能。

可见采用预应力双层悬索体系是解决悬索屋盖形状稳定性问题的一个十分有效的途径,与单层悬索体系相比,预应力双层悬索体系具有良好的结构刚度和形状稳定性。

3. 预应力鞍形索网

预应力鞍形索网是由相互正交、曲率相反的两组钢索直接叠交,而形成的一种负高斯曲率的曲面悬索结构。两组索中,下凹的承重索在下,上凸的稳定索在上,两组索在交点处相互连接,索网周边悬挂在强大的边缘构件上(图10-63)。和双层悬索体系一样,对鞍形索网也必须进行预张拉。由于两组索的曲率相反,因此可以对其中任意一组或同时对两组索进行张拉,以建立预应力。预应力加到足够大时鞍形索网便具有很好的形状稳定性和刚度,在外加荷载作用下,承重索和稳定索共同工作,并在两组索中始终保持张紧力。鞍形索网与双层悬索体系的基本工作原理完全相同;两者的区别在于双层悬索体系属于平面结构体系,而鞍形索网则属于空间结构体系。

索网曲面的几何形状取决于所覆盖的建筑物平面形状、支承结构形式、预应力的大小和分布以及外荷载作用等因素。当建筑物平面为矩形、菱形、圆形、椭圆形等规则形状时,鞍形索网有可能作成较简单的曲面——双曲抛物面。双曲抛物面鞍形索网各钢索受力均匀,计算也较简单。在更多情况下其曲面不能以函数进行表达。设计者常需根据外形要求和索力分布比较均匀的原则,进行形态分析来确定索网的几何形状。对鞍形索网也应保证必要的矢

（垂）跨比，使曲面具有必要的曲率。曲面扁平的索网一般需施加很大的预应力才能达到必要的结构刚度和形状稳定性，往往导致不经济的效果，设计时应予以避免。矢（垂）跨比过大会使建筑空间的使用率降低。因此实际设计中，在保证建筑要求的前提下矢跨比不宜过小，应控制在 1/20～1/10 之间。

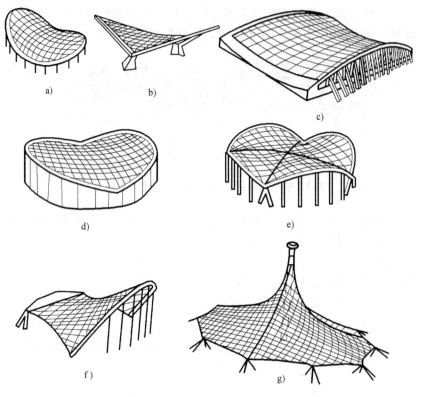

图 10-63 预应力鞍形索网的形式

鞍形索网体系形式多样，易于适应各种建筑功能和建筑造型的要求，屋面排水便于处理，加上工作性能方面的优点，使这种结构体系获得长期的、较广泛的应用。目前世界上最大的鞍形索网是 1986 年建成的加拿大卡尔加里滑冰馆，跨度达 135.3m。

4. 含劲性构件的悬索结构

在柔索结构体系的基础上，增加劲性构件或用劲性构件替换索可以构成新的结构体系，即混合结构。它可以充分利用两类构件的特点，改进整个结构体系的受力性能。在此，本节将简要介绍两种含劲性构件的悬索结构。

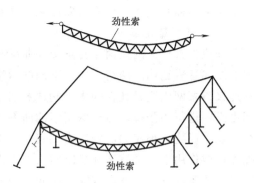

图 10-64 劲性索与劲性索结构

（1）劲性索结构 劲性索结构是以具有一定抗弯和抗压刚度的曲线形实腹式或格构式构件来代替柔索的悬挂结构（图 10-64）。在全跨荷载作用下，悬挂的劲性索的受力仍然以受拉为主，因而和柔性索一样，钢材的强度可充分得到利用，取得以较少材料跨越较大跨度的效果。同时，由于劲性索具有一定抗弯刚度，它在半跨或局部荷载作用下的变形要比柔索小得多。劲性索结构适用于任何平面形状的建筑。矩形平面时，宜平行布置；圆形、椭圆平面时宜辐射式布置。劲性索还可以沿鞍形索网中的承重索方向布置，形成双曲抛物面的形式。劲性索结构的屋盖宜采用轻质屋面材料，以减轻劲性索及其支承结构的负担。

劲性索结构具有如下特点：

1) 以劲性构件代替柔索后，结构的刚度大大增强，无需施加预应力即有良好的承载性能，同时还可减小对支承结构的作用，简化施工程序。

2) 劲性索取材方便，可采用普通强度等级的型钢、圆钢、钢管来制作。

（2）横向加劲单层索系　在平行布置的单层悬索敷设与索方向垂直的实腹梁或桁架等横向劲性构件，下压这些横向构件的两端，使之产生强迫位移后并固定其位置，如此便在整个索与横向构件组成的体系中建立起预张力，形成了有足够刚度和形状稳定性的横向加劲单层索系屋盖结构。

横向加劲单层索系不但受力合理，用料经济，而且施工比较方便。施工中的关键在于合理控制支座的下压量，下压量过大会导致索的预张力过大，对索的支承结构不利；下压量过小则悬索的刚度不足，特别是在非对称荷载作用下，有可能产生较大的机构性位移。所以，控制支座的下压量尤为重要。

10.4.3　悬索结构的变形与计算

单根悬索受力与拱受力有相似之处，都属于轴心受力构件，拱属于轴心受压构件，悬索则是轴心受拉构件，而且索是柔性构件，其抗弯刚度可以忽略不计，在受不同的荷载情况下外形会随之变化，拱则不会。在此，本节会简单介绍在不同的荷载作用下，单索的变形情况。

1. 悬索的变形

悬索在各种不同外力作用下的形状如图 10-65 所示。当悬索承受单个集中荷载作用时，就形成三角形（图 10-65a）；当承受多个集中荷载作用时，就形成索多边形（图 10-65c）；当索仅承受自重作用时，处于自然悬垂状态，为悬链线（图 10-65d）；而当索承受均布竖向荷载时，则形成抛物线（图 10-65e）；当竖向荷载自跨中向两侧增加时，则形成椭圆（图 10-65f）。

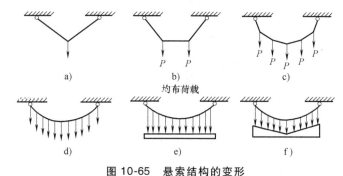

图 10-65　悬索结构的变形

a) 三角形　b) 梯形　c) 索多边形　d) 悬链线　e) 抛物线　f) 椭圆

2. 悬索的受力特性

假设索是理想柔性的，既不能抗压也不能抗弯，且在外荷载下应力，应变关系满足胡克定律。

如图 10-65a 所示为承受两个方向任意分布荷载 $q_x(x)$ 和 $q_z(x)$ 作用的一根悬索。索的

曲线形状可由方程 $z=z(x)$ 代表。由于索是理想柔性的，索的张力 T 只能沿索的切线方向作用。设索上某点张力的水平分量为 H，则它的竖向分量为 $V=H\tan\theta=H\dfrac{\mathrm{d}z}{\mathrm{d}x}$。由该索截出的水平投影长度为 $\mathrm{d}x$ 的任意微分单元及作用其上的内力和外力如图 10-66 所示。根据微分单元的静力平衡条件，有

$$\begin{cases}\sum X=0,\dfrac{\mathrm{d}H}{\mathrm{d}x}\mathrm{d}x+q_x\mathrm{d}x=0\\ \dfrac{\mathrm{d}H}{\mathrm{d}x}+q_x=0\end{cases} \quad (10\text{-}81)$$

$$\begin{cases}\sum Z=0,\dfrac{\mathrm{d}}{\mathrm{d}x}\left(H\dfrac{\mathrm{d}z}{\mathrm{d}x}\right)\mathrm{d}x+q_z\mathrm{d}x=0\\ \dfrac{\mathrm{d}}{\mathrm{d}x}\left(H\dfrac{\mathrm{d}z}{\mathrm{d}x}\right)+q_z=0\end{cases} \quad (10\text{-}82)$$

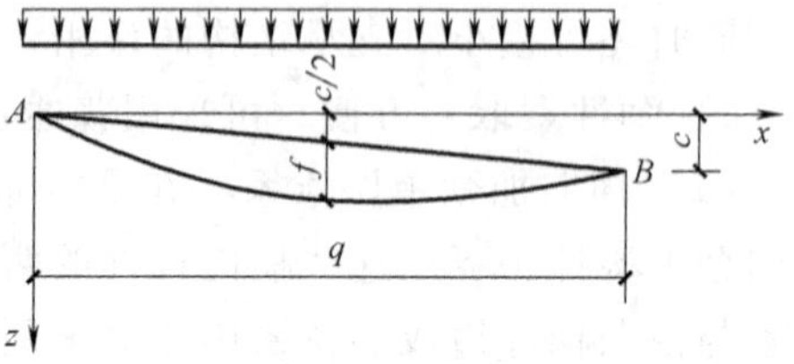

图 10-66 荷载沿跨度均布时单索计算简图

式（10-81）和式（10-82）就是单索问题的体平微分方程。在常见的实际工程问题中，悬索主要承受竖向荷载的作用，即可设 $q_x=0$，那么由式（10-81）得

$$H=\text{常量} \quad (10\text{-}83)$$

而式（10-82）可写成

$$H\dfrac{\mathrm{d}^2z}{\mathrm{d}x^2}+q_z=0 \quad (10\text{-}84)$$

式（10-84）的物理意义是索曲线在某点的二阶导数（当索较平坦时即为其曲率）与作用在点的竖向荷载集度成正比。应注意，在推导上述各方程时，荷载 q_z 和 q_x 的定义是沿跨度单位长度上的荷载，并且与坐标轴一致时为正。

下面以悬索受竖向均布荷载为例，对其受力性能做进一步讨论。此时 $q_z=\text{常量}=q$，式（10-84）可写为

$$\dfrac{\mathrm{d}^2z}{\mathrm{d}x^2}=-\dfrac{q}{H} \quad (10\text{-}85)$$

积两次分得

$$z=-\dfrac{q}{2H}x^2+C_1x+C_2 \quad (10\text{-}86)$$

可以看出这一抛物线方程，积分常数可由下述边界条件

$$x=0 \text{ 时}, z=0$$
$$x=l \text{ 时}, z=c$$

将边界条件代入式（10-86）可求得 $C_1=\dfrac{c}{l}+\dfrac{ql}{2H}$；$C_2=0$。将 C_1，C_2 的表达式代入式（10-86）并整理，得

$$z=\dfrac{q}{2H}x(l-x)+\dfrac{c}{l}x \quad (10\text{-}87)$$

在此抛物线方程中，索张力的水平分量 H 还是未知的，所以式（10-87）实际上代表着一簇抛物线。因为通过 A、B 两点可以有许多不同长度的索，它们在均布荷载作用下形成一

簇不同垂度的抛物线，且具有不同 H 值。所以还须补充一个条件才能完全确定抛物线的形状，如设定曲线在跨中的垂度为 f（图10-66），即令 $x=\dfrac{l}{2}$ 时，$z=\dfrac{c}{2}+f$

将此条件代入式（10-87），即可求出索的水平张力 H

$$H=\frac{ql^2}{8f} \quad (10\text{-}88)$$

代入式（10-88）后，可得

$$z=\frac{4fx(l-x)}{l^2}+\frac{c}{l}x \quad (10\text{-}89)$$

由此便可得出索上各点的垂度，即可画出索在均布荷载作用下的变形曲线。

3. 悬索的风振反应

风荷载是悬索结构承受的重要荷载之一，它包括平均风荷和脉动风荷两部分。平均风荷载的效应可用静力方法求解，而脉动风荷载的反应需考虑其动力特性。虽然从理论上脉动风荷载与地震动均属动力作用，但其特性仍有一些差异，需区别对待。

（1）风荷载　低速理想气流产生的压力 ω（称为速压）与气流速度的关系为

$$\omega=\frac{1}{2}\rho v^2 \quad (10\text{-}90)$$

式中　ρ——空气密度；

v——气流速度。

由于在流动过程中受到各种障碍物的干扰，靠近地面的风并非理想流体，而呈现随机脉动特性，故可将实际风速分成平均风速 $\bar{v}$ 和脉动风速 v_p 两部分；那么风速压可写成

$$\omega=\frac{1}{2}\rho(\bar{v}+v_p)^2=\frac{1}{2}\rho\bar{v}^2+\rho\bar{v}v_p+\frac{1}{2}\rho v_p^2 \quad (10\text{-}91)$$

一般 v_p 远小于 $\bar{v}$，故上式的第三项可以忽略，而将其写成

$$\omega=\frac{1}{2}\rho\bar{v}^2+\rho\bar{v}v_p \quad (10\text{-}92)$$

当风遇到障碍物的阻挡时，将对障碍产生力的作用，作用力的大小除与无阻碍物时的速度有关外，还与结构的形状有关。作用于障碍物上的风压与速度之比称为体形系数 μ_s，障碍物（结构）的形状为钝体（即非流线型）时，μ_s 与速度无关，但一般需由实测或风洞实验测得，常见屋面结构的体形系数可参见 GB 50009—2012《建筑结构荷载规范》及有关资料。那么作用于结构上的风压写成

$$p_\omega=\mu_s\frac{1}{2}\rho\bar{v}^2+\mu_s\rho\bar{v}v_p \quad (10\text{-}93)$$

一般将当地比较空旷平坦地面上 10m 高统计所得的 50 年一遇 10min 平均最大风速作为标准风速 v_0，而将 $\dfrac{1}{2}\rho v_0^2$ 计算得到的速压称为基本风压。不同高度处的风压与基本风速的比值称为风压高度系数 μ_z，那么不同高度处的风速标准风速间的比值为 $\sqrt{\mu_z}$，那么式（10-93）又可写成

$$p = \mu_z \mu_s \frac{1}{2} \rho v_0^2 + \sqrt{\mu_z} \mu_s \rho v_0 v_p \tag{10-94}$$

并记基本风压 $\omega_0 = \frac{1}{2} \rho v_0^2$，风速的高度变化系数除与高度有关外，还与地面粗糙度有关，其值及各地的基本风压参见《建筑结构荷载规范》。

平均风压 $\overline{\omega} = \mu_s \mu_z \omega_0$ 引起的结构反应属于静力反应。《建筑结构荷载规范》规定对于基本自振周期大于 0.25s 的工程结构，如房屋、屋盖以及高层结构应考虑脉动风压对结构的影响。悬索屋盖结构的自振周期一般可长达 1s，故需考虑脉动风压 $\omega_p = \sqrt{\mu_z} \mu_s \rho v_0 v_p$ 的影响。

由式（10-94）可以看出，脉动风压的特性是由脉动风速决定的。几十年来很多学者根据实测资料给出了许多脉动风速经验表达式，其中应用最广的是 Davenport 根据不同高度、不同地点 90 多种强风记录谱于 20 世纪 60 年代提出的脉动风速谱，一般称为 Davenport 风速谱

$$s_v = \frac{4K v_0^2}{n} \cdot \frac{\chi^2}{(1+\chi^2)^{\frac{4}{3}}} \tag{10-95}$$

$$\chi = \frac{1200n}{v_0}, \quad n \geqslant 0$$

式中 K——表示地面粗糙度的系数，对于普通地貌可取 $K = 0.03$。

（2）风振效应与风振系数 悬索屋盖的风振反应分析方法一般与《建筑结构荷载规范》中分析高层、高耸结构的方法不同。除薄膜材料覆盖外，对于自重较大的悬索屋盖结构可以以自重作用下的受力状态为基准，采用考虑振型相关性的振型叠加法计算结构的均方响应。其求解过程与规范中采用的高层、高耸结构风振反应分析方法类似，只是在振型叠加时应考虑相关项的影响。利用脉动风速（压）谱及相关函数，用一种随机振动离散分析方法在时域内直接求解结构的均方响应和相关函数。利用该方法对菱形平面，椭圆平面双曲抛物面索网的风振反应进行参数分析，给出了两种典型索网的内力，位移风振系数。椭圆平面双曲抛物面索网：

位移最大风振系数 $\beta_{Dmax} = 2.3$

位移最小风振系数 $\beta_{Dmin} = -0.3$

内力最大风振系数 $\beta_{Tmax} = 2.2 + \frac{0.4}{400}(\mu_z \omega_0 - 300)$

内力最小风振系数 $\beta_{Tmin} = -0.4 - \frac{1.0}{400}(\mu_z \omega_0 - 300)$

菱形平面双曲抛物面索网：

位移最大风振系数 $\beta_{Dmax} = 2.2$

位移最小风振系数 $\beta_{Dmin} = -0.2$

稳定副索内力最大风振系数 $\beta_{Tmax} = 2.3$

稳定副索内力最小风振系数 $\beta_{Tmin} = -0.4$

承重主索内力最大风振系数 $\beta_{Tmax} = 2.8$

承重主索内力最小风振系数 $\beta_{Tmin} = -1.6$

若记静荷载（永久荷载及除风荷载以外的活荷载）作用下，在预应力状态（索的预拉

力为 T_0）基础上产生的位移和内力增量为 U_1、T_1（位移增量以向下为正，索内力增量以受拉为正）；平均风荷载在静荷载平衡态基础上产生的位移、内力增量分别记为 U_2、T_2，则考虑动风荷作用后，结构某点或某单元的最大、最小位移和内力可用风振系数表示为

$$U_{i\max} = \begin{cases} U_{1i} + \beta_{D\max} U_{2i} & U_{2i} > 0 \\ U_{1i} + \beta_{D\min} U_{2i} & U_{2i} < 0 \end{cases}$$

$$U_{i\min} = \begin{cases} U_{1i} + \beta_{D\max} U_{2i} & U_{2i} < 0 \\ U_{1i} + \beta_{D\min} U_{2i} & U_{2i} > 0 \end{cases}$$

$$T_{i\max} = \begin{cases} T_{0i} + T_{1i} + \beta_{T\max} T_{2i} & T_{2i} > 0 \\ T_{0i} + T_{1i} + \beta_{T\min} T_{2i} & T_{2i} < 0 \end{cases}$$

$$T_{i\min} = \begin{cases} T_{0i} + T_{1i} + \beta_{T\max} T_{2i} & T_{2i} < 0 \\ T_{0i} + T_{1i} + \beta_{T\min} T_{2i} & T_{2i} > 0 \end{cases}$$

10.5 薄膜结构

10.5.1 概述

薄膜结构是以建筑膜材作为主要受力构件的结构。常用的建筑膜材有用聚酯作基材以聚氯乙烯为涂层（PVC）、用玻璃纤维作基材以聚四氟乙烯为涂层（PTFE，又称 Teflon）的膜材。根据需要膜材覆以各种面层还可以做到防火、透明、自洁、抗老化和防辐射等。膜材在结构中要承受一定拉力而张紧；或是通过向膜内充气，由空气压力支承膜面；或是利用柔性钢索或刚性骨架将膜面绷紧，从而形成具有一定刚度并能覆盖大跨度的结构体系。

现代意义上的膜结构起源于 20 世纪初。1917 年英国人罗彻斯特（William Lanchester）提出了用鼓风机吹膜布用作野战医院的设想，并申请了专利，直到 1956 年该专利的第一个产品才正式问世，这就是沃尔特·伯德（Walter Bird）为美国军方设计制作的一个直径 15m 的球形充气雷达罩。薄膜结构的第一次集中展示并引起社会广泛关注与兴趣是在 1970 年日本大阪万国博览会上。博览会上的美国馆是一个椭圆形充气薄膜结构，博览会上另一个具有代表性的建筑是富士馆，它采用的是气肋式薄膜结构。

20 世纪末，人们在伦敦泰晤士河畔的格林尼治半岛北端建造了千年穹顶（图 10-67）供千年庆典使用。这座穹顶集中体现了 20 世纪建筑技术的精华。自 1995 年以来，薄膜结构在

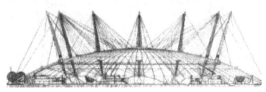

图 10-67　千年穹顶

我国的应用也日益增多，如上海体育场（图10-17），这是薄膜结构首次在我国应用于大型永久性建筑，标志着薄膜结构建筑作为一种新的建筑结构被我国各界人士的认可，拉开了薄膜结构建筑在我国广泛应用的帷幕。

10.5.2 薄膜结构分类及应用

1. 薄膜结构的分类

薄膜结构的发展过程中先后出现了充气式、张拉式两种形式的薄膜结构。

（1）充气式薄膜结构　充气式薄膜结构是利用薄膜内外的气压差使薄膜具有一定的形状和承载能力，它又可以分为气承式和气肋或气枕式两种。气承式是向薄膜与地坪间充入高于外部气压的气体，从而使这层薄膜形成一定的空间形状并承受外荷载；气肋或气枕式则是向薄膜自身形成的较小的封闭空间内充入较高气压气体，从而形成具有一定形状和刚度的气肋或气枕。

（2）张拉式薄膜结构　张拉式薄膜结构是通过给膜材直接施加预拉力使之具有刚度并承担外荷载的结构形式。当结构覆盖空间的跨度较小时，可通过薄膜面内力直接将荷载传递给边缘构件，即整体式张拉薄膜结构；当跨度较大时，由于既轻且薄的膜材本身抵抗局部荷载的能力较差，难以单独受力，需要与钢索结合，形成索-膜组合单元；当跨度更大时，可将结构划分成多个较小单元，形成多个整体式张拉膜单元或索—膜组合单元的组合结构。

实际上，在薄膜结构的应用过程中索一般是必不可少的，但应当指出的是在充气式薄膜结构和张拉式薄膜结构中钢索的作用不尽相同，对于充气式薄膜结构，钢索主要起加劲作用；而对于张拉式薄膜结构，钢索与膜材一样均为主要受力构件。

2. 薄膜结构的应用

如今薄膜结构已得到越来越多的应用，依据薄膜结构的特点，可以建造大型开敞体育馆如韩国釜山体育场（图10-68）；还可以建造艺术般的建筑，如北京水立方（图10-69），它是目前最大的薄膜结构工程，外围采用了最先进环保的ETFE膜材，由3000多个大小不一的气枕组；又如天津保税区区标（图10-70），堪称自然景观与薄膜结构的完美结合。

图10-68　韩国釜山体育场

图10-69　北京水立方

10.5.3 薄膜结构材料特性

薄膜结构所使用的主要材料本身不具有刚度和形状,即在自然状态下不具有保持固有形状和承载的能力,只有对膜材施加预应力后才能获得结构承载所必需的刚度和形状,预应力大小与分布决定了结构的刚度和形状,因此其设计过程首先是形态分析。

膜材是一种新型柔性材料,分为织物和非织物两大类。张拉式薄膜结构常用的膜材

图 10-70 天津保税区区标

多为织物类,是一种复合材料,一般由中间的纤维纺织布基层和外涂的树脂涂层,也称为涂层织物(Coated Fabric),如图 10-71 所示,其基层是受力构件,起到承受和传递荷载的作用;而树脂涂层除起到密实、保护基层的作用外,还具备防火、防潮、透光、隔热等性能。

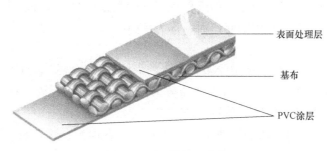

图 10-71 膜材示意图

(1)膜材涂层 目前已生产出多种树脂涂层材料,如聚氯乙烯(PVC)、聚四氟乙烯(PTFE)、硅酮、聚氨酯等。其中,聚氯乙烯应用最早,有多种颜色可供选用,其柔韧性能好,可卷折,使用方便,易与其他构件连接;但其抗力较差,在太阳光的长期照射下,易发生化学变化造成灰尘、油渍的附着且不易清洗、自洁性差,进而降低透光率。因此,外涂聚氯乙烯的膜材一般用于临时性建筑。为克服上述缺点,可在 PVC 涂层外涂敷化学稳定性更好的附加面层,如聚二氟乙烯(PVDF)/偏聚氟乙烯(PVF),这样使膜材的自洁性得到较大提高。

(2)膜材基层 可供选择的基层纤维品种也很多,如碳纤维、Kevlar(芳纶)纤维、聚酯纤维、玻璃纤维等。根据建筑结构使用强度的一般要求,建筑膜材的基层纤维一般采用聚酯纤维和玻璃纤维。

(3)膜材产品 将各种纤维基层和树脂涂层相结合得到各种建筑膜材,常用的有:外涂聚四氟乙烯的玻璃纤维,外涂聚氯乙烯的聚酯纤维膜和外涂硅酮的玻璃纤维膜。膜材厚度一般为 1mm 左右,自重约 $1kg/m^2$。PTFE 膜材一般用于永久性建筑,PVC 膜材一般用于临时性建筑。膜材产品的抗紫外线能力、透光性、自洁性、保温性和隔声性是选用时需要考察的主要物理指标,建筑结构必然长期暴露在阳光下,故膜材涂层应具有较强抗紫外线能力。

然而,由于膜材质轻,热工性能较差,当膜结构用于寒冷地区尤其是游泳池、植物园等建筑时应采取必要的防结露措施,如加强室内通风等。寒冷地区的膜结构应采用双层膜,中

间形成空气层以助于膜屋顶隔热保温,如美国丹佛机场候机大厅膜屋顶就采用了双层膜结构。如果夹层中夏天输冷气,冬天吹热风,还可进一步增强双层膜的降温和保暖作用。夹层中若填入透光性玻璃棉等隔热材料,将进一步提高其保温隔热效果,这就为膜结构更广泛地应用到不同地域、不同气候环境提供了十分有利的条件。

10.5.4 张拉式薄膜结构设计

1. 初步设计

(1) 薄膜结构的形态分析　薄膜结构的形态分析分为找形分析和找态分析(即已知结构形状求应力分布)两种思路。张拉式薄膜结构形状复杂多样,很难给出详细的结构几何形状,常常采用找形分析。但当结构中有索,特别是薄膜面外的索、杆、梁等刚性构件,需要在对膜材进行找形分析的同时,对索、杆、梁等构件采用找态分析。

(2) 薄膜曲面的裁剪分析　裁剪分析是在经过形态分析得到满足要求的结构曲面上进行的,而形态分析和裁剪分析的结果又是荷载分析的依据,同时其分析精度直接影响拼接后的实际曲面与形态分析所得理论曲面的近似程度及荷载分析的准确性。裁剪分析过程主要分为两个步骤:将薄膜曲面剖分成空间曲面,称为裁剪线的确定;将空间膜片展开为平面裁剪条元,称为膜片展开。

1) 裁剪线确定。裁剪线的确定受多种因素的影响,如裁剪线的布置对整个膜结构美观性的影响,以及膜材的利用率等。裁剪线主要有三种:平面切割线、有限元网格线、测地线,其中以测地线为基础来确定裁剪线方法最多。

2) 膜片的展开。若以生成的测地线作为裁剪线,那么下一步的工作就是将由两条相邻裁剪线(或称为裁剪测地线)界定的空间膜片展开成为平面图形,空间膜片的平面展开主要考虑其计算度和效率。国内外常见的做法有:三角形展开法、几何法、无约束极值法、量小应变能法等。

(3) 受力分析　薄膜结构的受力性能与初始预应力、矢跨比等有关。但是,需要注意的是膜材为柔性材料,只能抗拉不能抗压,当膜内应力等于零时膜材会出现褶皱。膜材的褶皱分为单向褶皱和双向褶皱(也称为松弛)。设膜单元的主应力为 $(\sigma_1 \sigma_{20})$,主应变为 $(\varepsilon_1 \varepsilon_{20})$,那么对于薄膜结构中的膜材,考虑到织物类膜材的正交异性判别膜材褶皱的准则为:

1) 当 $\sigma_2 > 0$ 时,膜材处于纯拉状态。

2) 当 $\sigma_2 \leq 0$ 且 $\varepsilon_1 > 0$ 时,膜材处于单向褶皱状态。

3) 当 $\varepsilon_1 \leq 0$ 时,膜材处于双向褶皱状态,也称为主应力-主应变判别准则。

薄膜结构中常采用的褶皱分析方法是修正本构矩阵法。单向褶皱的情况下膜材的主应力向量为

$$\overline{\sigma} = (\sigma_1 \quad 0 \quad 0)^T \tag{10-96}$$

$$\sigma_1 = \varepsilon_1'$$

$$a = \frac{1}{\overline{D}_{23}\overline{D}_{32} - \overline{D}_{22}\overline{D}_{33}}[\overline{D}_{11}(\overline{D}_{23}\overline{D}_{32} - \overline{D}_{22}\overline{D}_{33}) + \overline{D}_{12}(\overline{D}_{21}\overline{D}_{33} - \overline{D}_{23}\overline{D}_{31}) + \overline{D}_{13}(\overline{D}_{21}\overline{D}_{22} - \overline{D}_{21}\overline{D}_{32})]$$

式中　ε_1' ——主应力 σ_1 方向上的应变。

此时主应力方向上的本构矩阵写成

$$(\overline{D_\sigma}) = \begin{pmatrix} a & 0 & 0 \\ 0 & a\eta & 0 \\ 0 & 0 & a\eta \end{pmatrix} \quad (10\text{-}97)$$

式中　η——防止计算中出现病态矩阵而附加的任意微小量。

薄膜单元为双向褶皱时，应分别令 $\sigma_2=0$ 和 $\sigma_1=0$ 即在双向褶皱情况下膜材的主应力向量可表示为

$$\overline{\sigma} = (0\ 0\ 0)^{\mathrm{T}} \quad (10\text{-}98)$$

此时柔性膜材无刚度，同样是为了方便程序编制和满足计算中的收敛要求，主应力方向

$$(\overline{D_\sigma}) = \begin{pmatrix} \eta & 0 & 0 \\ 0 & \eta & 0 \\ 0 & 0 & \eta \end{pmatrix} \quad (10\text{-}99)$$

2. 荷载验算

（1）荷载类型　《膜结构技术规程》规定在膜结构设计时应考虑的荷载类型有：恒荷载、活荷载、风荷载、雪荷载、预张力等荷载作用。对膜结构活荷载标准值可取 $0.3\mathrm{kN/m^2}$，其他荷载标准值应按 GB 50009—2012《建筑结构荷载规范》的规定采用。

1）风荷载。风荷载组合值 0.6、频遇值 0.4、准永久系数 0。

风荷载标准值 ω_k 为

$$\omega_k = \gamma_0 \beta_z \mu_z \omega_0 \quad (10\text{-}100)$$

式中　γ_0——结构重要系数。一般取 1.0，重要建筑取 1.1，小于 25 年的建筑取 0.95；

　　μ_z——风压高度变化系数，与场地类别有关；

　　ω_0——基本风压；

　　β_z——高度 z 处风振系数。

风荷载体型系数 μ_s 可按《建筑结构荷载规范》的规定确定。对于形状复杂或重要的建筑物，应通过风洞试验来确定风载体型系数；在计算风荷载引起的索、膜部分的内力和位移时应考虑其动力效应。对于形状较为简单的一般性膜结构，可采用风振系数的方法考虑结构的风动力效应：骨架支承式膜结构可取 1.2~1.5，张拉式伞形、鞍形膜结构可 1.5~2.0。对于跨度较大的、风荷载影响较大的或重要的膜结构，应透过动力分析或气弹模型风洞试验来确定风荷载的动力效应。需要指出的是上述风振系数的规定值主要来源于经验和经济方面的考虑，薄膜结构的风荷载动力效应方面的研究尚处于起步阶段。雪荷载分布系数可按《建筑结构荷载规范》的规定确定，且应考虑雪荷载不均匀分产生的不利影响。

2）雪荷载。雪荷载组合值 0.7、频遇值 0.6、准永久系数按雪荷载分区Ⅰ、Ⅱ、Ⅲ分别对应为 0.5、0.2、0。

雪荷载标准设计值

$$S_k = \mu_r s_0 \quad (10\text{-}101)$$

式中　s_0——基本风压；

μ_r——积雪分布系数。

3) 恒荷载。膜结构恒荷载主要包括膜、索、支承体系和各种设备等自重。

4) 活荷载。膜结构活荷载主要为膜面清洗维护、内部设备检修等荷载。

(2) 荷载组合　按承载能力极限状态设计膜结构时,应考虑膜结构的基本荷载组合,荷载的基本组合具体见表10-10。对可变荷载起控制作用的组合,组合设计值应为

$$S = \gamma_G S_{Gk} + \gamma_{Qi} S_{Q1k} + \sum_{i=2}^{n} \gamma_{Qi} \psi_{ci} S_{Qik} \qquad (10\text{-}102)$$

式中　γ_G——永久荷载分项系数,当荷载对结构不利时取1.2,有利时取1.0;

γ_{Qi}——第i个可变荷载分项系数;

S_{Gk}——永久荷载标准值;

S_{Qik}——可变荷载标准值;

ψ_{ci}——可变荷载组合值系数,按《建筑结构荷载规范》取值。

对永久荷载起控制作用的组合,组合设计值S应为

$$S = \gamma_G S_{Gk} + \sum_{i=1}^{n} \gamma_{Qi} \psi_{ci} S_{Qik} \qquad (10\text{-}103)$$

表10-10　荷载基本组合

长期荷载组合	G、Q、T
短期荷载组合	G、W、T
	G、W、Q、T
	其他短期荷载组合

注:1. 表中G为恒荷载,W为风荷载,Q为活荷载与雪荷载中的较大者,T为初始预张力。
2. 荷载分项系数和荷载组合值系数的取值应符合《建筑结构荷载规范》的规定,T的荷载分项系数和荷载组合值系数均取1。
3. 表中"其他短期荷载组合"指根据具体工程需要,选取地震、温度作用和支座不均匀沉降等荷载项进行组合。

《建筑结构荷载规范》是根据传统刚性结构的设计基准期（50年）确定的。虽然膜结构已应用于永久性和半永久性建筑,但由于材料本身的原因其预期使用寿命较刚性结构要短,膜材使用寿命见表10-11,应该可以根据荷载的统计特性和概率分布对《建筑结构荷载规范》的规定值予以折减;或为了考虑膜材到达使用寿命后可进行更换而下部支承结构未必进行更换,可仅在进行膜材验算时作荷载折减。若风速满足极值Ⅰ型分布,年平均风速的均方根为其平均值的1/10时,不同回归期对应风荷载之间的比例关系见表10-12。

表10-11　膜材的质量保证范围及预计使用寿命

膜材类型	玻璃纤维		聚酯纤维			
	涂敷聚四氟乙烯	涂敷有机硅	涂敷聚四氟乙烯	涂敷聚氯乙烯		
				PVF面层	PVDF面层	ACRYLIC面层
生产厂家质保范围	10~15	10~15	10~15	10~15	10~15	5~10
材料预计使用寿命	20~50	20~30	20~30	10~20	10~20	5~10

表 10-12 不同回归期风荷载之间的比例关系

回归期	5	10	15	20	25	50
折减系数	0.85	0.90	0.92	0.95	0.95	1.00

（3）荷载效应验算　各种荷载作用下膜面各点的最大主应力应满足下列要求

$$\sigma_{\max} \leqslant f_y \quad f_y = \frac{f_k}{\gamma_R} \tag{10-104}$$

式中　$\sigma_{\max}$——各种荷载组合下主应力的最大值；

f_y——对应最大主应力方向的膜材强度设计值；

f_k——膜材强度标准值；

γ_R——对应最大主应力部位的膜材抗力分项系数，具体取值见表 10-13。

表 10-13 膜材抗力分项系数 γ_R 取值

荷载类型	一般部位膜材	连接处膜材
长期荷载组合	6.0	8.0
短期荷载组合	3.0	5.0

在短期荷载作用下，抹面出现褶皱（最小主应力小于零）的面积不得大于膜材面积的 10%。

在长期荷载作用下膜材不得出现褶皱，即应满足下列要求

$$\sigma_{\min} > \sigma_p \tag{10-105}$$

式中　$\sigma_{\min}$——各种荷载组合作用下主应力的最小值；

σ_p——维持曲面形状的最小应力值，可按初始预张力值的 25% 确定。

薄膜结构在正常使用状态下不得出现过大变形。整体式张拉薄膜结构和索膜组合单元结构整体位移在长期荷载组合作用下不应大于跨度的 1/250 或悬挑长度的 1/125；在短期荷载组合作用下不应大于跨度的 1/200 或悬挑长度的 1/100。桅杆定点侧向位移不应大于桅杆长度的 1/250。

结构中各膜单元内膜面的相对法向位移不应大于单元名义尺度的 1/15。对于张拉式体育场看台挑篷结构，其整体位移是指内环上的最大位移；对于索膜组合单元结构，其整体位移可定义为跨中最大位移。薄膜结构中的薄膜单元是指由柔性索边界或刚性边界围起的一片膜；其单元组名义尺度，对于三角形薄膜单元可定义为其最小边长的 2/3；对于四边形的薄膜单元可定义为通过最大位移点的边界间最小跨度。

10.5.5　充气式薄膜结构设计

将封闭空间内部充满气体后即能承受一定的外部压力，采用膜材封闭空间形成的空气承重结构被称为充气式薄膜结构。充气式薄膜结构的裁剪分析方法与张拉式薄膜结构相同，但是其形态分析和受力分析等与张拉式薄膜结构不相同。充气式薄膜结构除采用织物膜材外，在气肋（枕）式薄膜结构中还常采用非织物膜材。

1. 结构形态分析

充气式薄膜结构利用薄膜内外压差承载。通常气承式薄膜结构所需要的压差值为 20～

100mmH$_2$O；而气枕（肋）式薄膜结构的压差需达 200~2000mmH$_2$O，同样形状的充气梁或充气枕所需压差会随着建筑物规模的增大而增长。气枕式充气薄膜结构示意如图10-72所示。

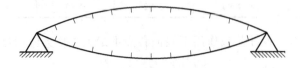

图 10-72　气枕式充气薄膜结构示意图

充气式薄膜结构初始形态的确定是寻找一个在内部充气压力作用下无褶皱的光滑曲面，该曲面应力分布应尽量均匀；同时，曲面曲率过度必须平缓，使其承受外部荷载作用时不会因局部设计强度要求过高而导致大部分区域的强度不能得到充分利用。

充气式薄膜结构的稳定形态由膜材内外压差与薄膜内应力的平衡所决定。其形态分析可采用先找形后找态的分析方法确定，即首先对平面位置膜材的内表面施加沿外法线方向不断增加的气压力，使结构产生变形，达到满足建筑功能要求的形状，此过程称为找形（Form-Finding），而后须在保持结构形状不变的前提下，确定正常工作气压时的薄膜内应力状态，即找态分析。

2. 受力分析

由形态分析所得到满足功能的结构形状和真实应力状态后，即可进行受力分析以便校核结构的安全性。设薄膜内气压为 P、体积为 V、温度为 T，其受力过程可以认为是绝热变化过程，因此薄膜内气体满足

$$PV = nRT = C \quad (C\text{ 为常数}) \tag{10-106}$$

式中　n——气体分子数；

R——摩尔气体常数。

结构内的气压随着结构变形而变化，气压大小与结构内的容积有关。容积的计算可以采用离散求和方法，即结构上各个单元统一向某一坐标投影（假设所投坐标面为 xOy 面），则结构容积为投影面积与结构形心到投影面的距离之乘积，即

$$V = \iint z(x,y)\,\mathrm{d}x\mathrm{d}y \tag{10-107}$$

并可近似写为

$$V = \sum_{n=i} V_i \ (i = 1, 2, \cdots, n) \tag{10-108}$$

10.5.6　薄膜结构的连接与节点

薄膜结构一般是由薄膜和索这两种材料组成，且曲面是由裁剪条元拼接而成的，那么薄膜与薄膜，薄膜与索的连接及索节点是索、薄膜两种材料可靠组合的重要保证。

1. 膜材与膜材的连接

膜材条元之间的连接应可靠传递膜面应力，并使之具有防水能力。连接方法有缝合、热合、螺栓连接、束带连接和组合连接等多种方式。目前主要的膜材连接方式是高频热合，现

场连接可采用束带连接、螺栓连接等。

2. 索与薄膜的连接

张拉索-膜结构中按照索的作用可将索分为边索、脊索、谷索。边索是指布置于结构边界的索；脊索曲率中心位于膜面以上呈下凹状的索，在结构中起承担向下荷载的作用，又称为承重索。谷索的曲率中心位于膜面以下，呈上凹状，在结构中起稳定形状和承担向上荷载的作用，又称为稳定索。

1) 膜材与边索的连接一般应用于开敞式建筑中，主要方式有索套连接、金属配件连接、束带连接、扣带连接和受压弹簧连接等。

2) 薄膜与脊索、谷索的连接方式与膜材与边索连接方式类似。

3. 膜材与刚性边界的连接

当结构采用刚性边界时，膜材需要与刚性构件连接，一般有直接连接和螺栓连接两种方式。

4. 节点

1) 索节点，索与索相交的节点主要包括环索节点和双向索节点，主要节点形式有 U 形螺栓节点和夹板节点两种。

2) 柱节点，大体可分为柱顶节点、悬空节点、外吊节点、支座节点等。

10.6　索穹顶结构

10.6.1　索穹顶结构的概述

索穹顶结构（Cable Dome）是 20 世纪 80 年代开始兴起的一种大跨度空间结构，是具有极高结构效率的张力集成体系或全张力体系。它的主要受力构件为高强钢索，与轴心受力杆件配合并通过施加预应力，巧妙地张拉成穹顶结构。它有径向拉索、环索、压杆、内拉环和外压环五个部分，可建成圆形、椭圆形或其他形状。

索穹顶结构的主要特点有：全张力状态、与形状有关、预应力提供刚度、自支承体系、自平衡、力学性能与施工过程有关、造型优美、造价低、施工速度快。

1986 年，美国工程师 D. H. Geiger 运用张拉整体体系的概念，开发出索穹顶，并把它成功运用于首尔奥运会的体操馆和击剑馆（图 10-73），随后，Geiger 又在美国建成了伊利诺斯州立大学的红鸟体育馆和佛罗里达州的太阳海岸穹顶，使穹顶结构建造直径超过 200m，成为同样跨度建筑中屋盖重量最轻的一种。

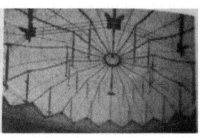

图 10-73　首尔奥运会综合馆（第一个索穹顶结构）

1992年，美国工程师 M. P. Levy 和 T. F. Jing 对 D. H. Geiger 设计的索穹顶结构中索网平面内刚度不足和易失稳的特点进行了改进，将辐射状脊索改为联方型，消除了结构内部存在的机构，并取消起稳定作用的谷索，成功设计了佐治亚穹顶（Geiger Dome），1996年它成为亚特兰大奥运会的主体育馆，佐治亚穹顶的建成再次向人们展示了这种新结构的独特魅力，并引起了世界各国的工程界和学术界的广泛关注。

近几年来，各个国家都对索穹顶结构进行深入的研究，索穹顶结构建筑造型越发新颖、构思趋向独特。在这个发展过程中，索穹顶结构的设计和施工方法有了巨大的进步，张拉成形思想从最初的"连续拉，间断压"发展为更先进的"间断拉，间断压"。

10.6.2 索穹顶结构的形式和分类

1. 索穹顶结构的形式

现有的索穹顶结构形式主要有肋环型和葵花型两种，由于这两种体系分别由 Geiger 和 Levy 设计并应用到工程中，这两种形式又分别被命名为 Geiger 型和 Levy 型。Geiger 型索穹顶（图 10-74），该形式索穹顶桁架系平面外刚度较小，在不对称荷载作用下容易出现失稳。Levy 型的代表工程为图 10-75 所示的乔治亚穹顶，它将辐射状布置的脊索改为葵花型（三角化型）布置，使屋面膜单元呈菱形的双曲抛物面形状。尽管 Levy 型索穹顶较好地解决了 Geiger 型索穹顶存在的索网平面内刚度不足容易失稳的问题，但它仍存在脊索网格划分不均匀和建造技术复杂的缺点。

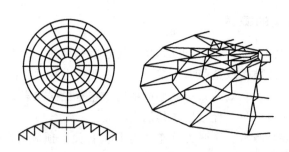

图 10-74 Geiger 设计的首尔体操馆索穹顶结构

Kiewitt 型穹顶（图 10-76）和混合型穹顶是在综合考虑结构构造、几何拓扑和受力机理的基础上提出的新型索穹顶结构形式。其中混合 I 型（图 10-77）为肋环型和葵花型的重叠式组合；混合 II 型（图 10-78）为 Kiewitt 型和葵花型的内外式组合。这些新型穹顶脊索划分较为均匀，可使刚度分布均匀，实现较低的预应力水平，同时使薄膜的制作和铺设更为简便可行。均匀划分的脊索网格同样为刚性屋面材料，为压型钢板、铝板的使用提供了更大的空间。

2. 索穹顶分类

（1）按网格组成分类　索穹顶结构根据拓扑结构的不同大致分为 Geiger 肋环型索穹顶、双曲抛物面—张拉整体穹顶、索桁穹顶、利维体系索穹顶、葵花型索穹顶、凯威特体系索穹顶等。

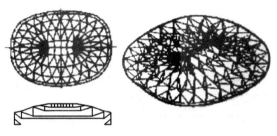

图 10-75　Levy 设计的乔治亚穹顶

图 10-76　Kiewitt 型穹顶

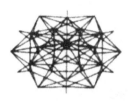
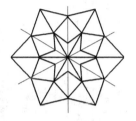

图 10-77　混合Ⅰ型穹顶（肋环型和葵花型的重叠式组合）

图 10-78　混合Ⅱ型（Kiewitt 型和葵花型的内外式组合）

1）Geiger 肋环型索穹顶。这种结构体系呈圆形，由连续的受拉钢索和不连续的压杆组成，如图 10-79 所示。Geiger 体系索穹顶结构较为简单，荷载传递明确，施工难度低，并且对施工误差不敏感，但各索桁架在平面外的稳定性能较差。

2）双曲抛物面—张拉整体穹顶。双曲抛物面—张拉整体穹顶与 Geiger 索穹顶的区别：中间设置了中央桁架以连接两个半圆；上索网采用了三角形网格以适应非圆形的外形；另外膜采用菱形单元就能形成具有足够刚度的双曲抛物面。经过三角划分的 Levy 体系索穹顶，结构更复杂且对制造和施工误差较为敏感，但结构几何稳定性明显提高。

3）索桁穹顶。如图 10-80 所示由索桁架组成的索穹顶，简称索桁穹顶。它由多根按辐射状布置的拱形杆系支承，并由多束索段组成以形成张力索，杆系是由刚性杆件组成以作为受压杆。

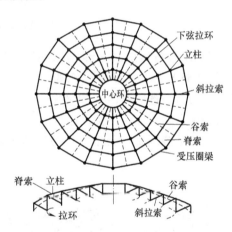

图 10-79　Geiger 肋环型索穹顶

4）利维体系索穹顶。利维（M.Levy）体系又称三角化型网格索穹顶结构如图 10-81 所示，该体系对 Geiger 体系索穹顶进行了三角划分，结构的几何稳定性和空间协同工作能力得到加强。

5）葵花型索穹顶。葵花型索穹顶结构构件采用三角化的拓扑形式，这样在几何上更容易构造出复杂结构的外形，受力性能上提高了结构的稳定性，整体承载能力也更佳，如图 10-82 所示。葵花型索穹顶结构体系静力分析的结果表明，该结构具有较强的承载能力，在不对称荷载作用下结构变形并不剧烈。

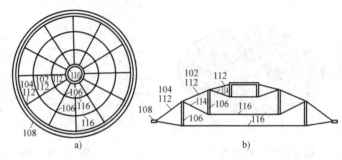

图 10-80 索桁穹顶

a）平面图　b）剖面图

102—拱形杆系　104—索段　106—刚性　108—压环　110—中央
张力环　114—斜索　116—张力环

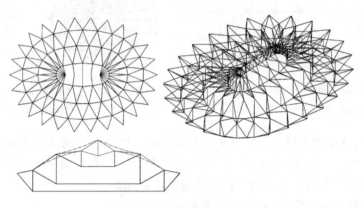

图 10-81 利维体系索穹顶

6）凯威特体系索穹顶。凯威特（G. R. Kiewitt）体系又称扇形三向型网格索穹顶结构，如图 10-83 所示。它改善了施威德勒（J. W. Schwedler）型（肋环斜杆型）和联方型（葵花型三向网格型球面穹顶）中网格大小不均匀的缺点，综合了旋转式划分法与均分三角形划分法的优点。因此，不但网格大小匀称，而且刚度分布均匀，可望以较低的预应力水平，实现较大的结构刚度（技术上更易得到保证）。

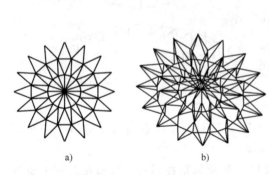

图 10-82 葵花型索穹顶结构

a）俯视图　b）透视图

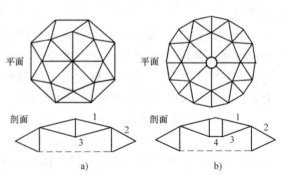

图 10-83 凯威特（G. R. Kiewitt）
体系索穹顶结构

a）不设内环　b）设内环

1—压杆　2—斜索　3—环索　4—内拉索

（2）按封闭情况分类　索穹顶结构按照封闭情况分为全封闭式索穹顶、开口式索穹顶和开合式索穹顶三种。

1）全封闭式索穹顶。Geiger 肋环型索穹顶、利维体系索穹顶、凯威特体系索穹顶为典型的全封闭式索穹顶结构，这是索穹顶普遍采用的结构形式。

2）开口式索穹顶。索穹顶中的张力内环起了极其重要的作用。环索不仅是自封闭的，而且也是自平衡的，因而可以作为大开口索穹顶的内边缘构件。当然，内边缘构件也可做成轻型构架。图 10-84 所示给出了一个中间大开孔的索穹顶结构。如图 10-85 所示是 2002 年世界杯足球赛韩国釜山主体育馆，为开孔的索穹顶结构。该结构形式最适合于体育场采用。

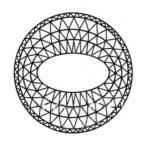

图 10-84　中间大开孔的索穹顶结构图

图 10-85　韩国釜山主体育馆

3）开合式索穹顶。继亚特兰大索穹顶之后，利维等人设计并建成了位于沙特阿拉伯的利雅德大学体育馆，该体育馆为可开合式的索穹顶结构，如图 10-86 所示。

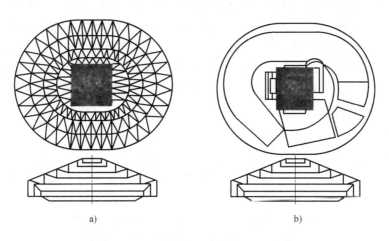

a)　　　　　　　　　　　　b)

图 10-86　利雅德大学体育馆开合式索穹顶
a）闭合状态　b）开启状态

（3）按覆盖层材料分类　索穹顶按照覆盖层材料可划分为薄膜索穹顶和其他材料索穹顶两种。

1）薄膜索穹顶。索穹顶结构的覆盖层通常采用高强薄膜材料做成。它铺设在索穹顶的上部钢索之上，并通过一定方式将膜材张紧产生一定的预张力，以形成某种空间形状和刚度来承受外部荷载。

2）其他材料索穹顶。索穹顶的屋面覆盖层，除了采用膜材之外，也可用刚性材料，如压型钢板、铝合金板等。

10.6.3 索穹顶结构的理论分析

1. 工作机理

"张力集成"是张力集成体系的最大力学特点和优点,结构体系中的大部分单元处于连续的张拉状态,而零星的受压单元被孤立。索穹顶结构是在张力集成体系独特的结构特性的启发下而产生的一种效率很高的结构形式,并且也是靠预应力来提供刚度。

(1) 初始几何态和预应力态——成形和刚化（图10-87） 由上述的结构特点中不难看出索穹顶的工作机理。索穹顶在施加预应力的过程中逐步成形,这时环索和斜索形成下悬的索系,作竖向刚体运动的桅杆对上凸的脊索施加了预应力,使脊索成为倒悬刚化的索网,这个倒悬的刚化索网具有网壳的力学性状。在成形过程中又不断地自平衡从而调整预应力分布及调整结构外形。索穹顶的成形和刚化是逐步形成的,结构是逐步"累积"起来的。结构成形后,索穹顶中的索系,包括脊索和环索都具有预应力。正是这些按一定规律分布的预应力提供了结构刚度。所以首先在成形过程中使脊索逐步刚化,以提高结构的赘余度,而能通过预应力使结构刚化的主要原因是环索和斜索组成了应力回路,不致使预应力"流失",故在拓扑和外形的生成过程中结构同时获得刚度。

(2) 荷载态 在荷载态时,刚化的脊索发挥了拱的作用。作用在穹顶上的外荷载分别沿由预应力索段组成的穹顶周面传至环梁或环形桁架及由桅杆传至桅杆底部的环索,这时环索和斜索形成下悬的索系成为主要的承力结构。在加载过程中穹顶周面上的预应力脊索因逐渐软化而卸载甚至屈服而退出工作,而桅杆底的环索依然加载,力流经刚性竖向桅杆传至下悬的索系。但是,在结构加载过程中,结构的刚度不断发生变化,从而也极其敏感地改变了传力路线。这种非保守结构特点在分析不对称荷载或其他特殊荷载时需格外注意,因为荷载类型也影响了结构刚度,从而改变了传力机制,即自平衡的体系使在外荷载的传递过程中因其应力回路而平衡了部分对下部支承结构作用的水平力,同时,体系中的索系与边梁或边桁架也形成了一个应力回路。

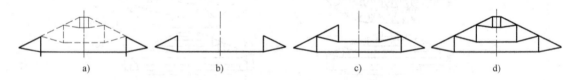

图10-87 索穹顶成形的初始几何态和预应力态
a) 未施加预应力 b) 对外圈施加预应力 c) 对中圈施加预应力
d) 对内圈施加预应力

2. 设计理论

索穹顶结构分析的基础是非线性分析理论和形态分析理论,结构的预应力通常作为初应力处理。索穹顶结构的分析分成两个状态,即成形态和荷载态。其成形态的分析兼有成形（初始几何态）和刚度（预应力态）分析。在荷载态分析时应考虑结构的非保守性。

(1) 非线性有限元分析理论 索穹顶结构实际上是由索系和受压桅杆组成预应力结构,受压桅杆通常按照杆单元处理。对受拉索系,目前国内外学者也提出了不少的数值与解析方法。就数值方法而言，主要是利用有限单元法采用相应的索单元进行非线性分析。索穹顶结构的形态确定之后，就要确定结构在预张拉和承载过程中的内力，由此进行结构的强度和稳定设计。由于索穹顶结构的主要受力构件是仅能承受拉力的柔性钢索，且索穹顶结构的承载特性与其形状有关。另外，索穹顶结构在预张和承载过程中都将产生较大的变形，具有明显的几何非线性。索穹顶结构的设计计算是一个必须考虑结构的几何非线性，包含成形分析和内力计算全过程的分析与优化设计问题。而为大家所知的主要有两节点直线单元、三节点直线单元、三节点曲线单元。

（2）形态分析理论 形态分析理论是近年来才被重视和正在逐步完善的理论。形态分析是力的平衡分析的逆运算。索穹顶结构中所涉及的形态分析包括形状判定和内力判定（Force Finding），分析的过程就是不断求出能满足平衡条件的形状。

3. 找形分析

索穹顶结构在施加预应力之前，其结构形态是不稳定的，只有在适当的预应力作用下，结构才具有刚度，形成稳定的结构并承受外荷载。同时，索穹顶结构的工作机理和能力依赖于自身的形状，如果不能找出使之成形的外形，结构就不能工作。如果找不出结构的合理形态，也就没有良好的工作性能。所以，索穹顶结构的分析和设计首先从找形分析开始。

（1）力密度法 力密度法是由 K. Linkwitz 及 H. J. Sheck 等提出的，其基本思想是将薄膜结构表面离散成由节点和杆元构成的索网状结构模型，在找形时，边界点为约束点，中间点为自由点，通过预先给定力密度值，即索网中各杆元的力和杆长的比值，建立每一个节点的静力平衡方程式，从而将几何非线性问题转化为线性问题，联立求解一组线性方程式，即可得到索网各节点的坐标，即索网的外形。不同的力密度值对应不同的外形，当外形符合要求时，根据相应的力密度就可求得相应的预应力分布值。

设节点承受集中力为 P_i，与节点相连的杆件分别为 j_i、k_i、l_i，则节点 i 的平衡方程式为

$$\sum (F_{ni}/L_{ni})(x_n - x_i) = P_i \tag{10-109}$$

记 F_{ni}/L_{ni} 为力密度 q_{ni}，将所有节点按式（10-109）列出，得到联立线性方程组

$$[D]\{x\} = \{P\} \tag{10-110}$$

最后结合节点的坐标边界条件来求解线性方程组即可得到结构的初始位形。

（2）动力松弛法 基本原理是：用模拟虚拟动态过程来解决静力问题，首先将膜结构离散，并作等效单元处理，然后在离散的索网结构的节点上施加激荡力，使其产生振动，然后逐点、逐时、逐步地跟踪各点力的迭代过程，直到最终达到静力平衡状态。动力松弛法从空间和时间两个方面将结构体系进行了离散化。空间上的离散化是将结构体系离散为单元和节点，并假定其质量集中在节点上。若在节点上施加激荡力，节点将产生振动，由于阻尼的存在，振动将逐步减弱，最终达到静力平衡状态。时间上的离散化是针对节点的振动过程而言的，即先将初始状态的节点速度和位移设置为零，在激荡力的作用下，节点开始振动，跟踪体系的动能，当体系的动能达到极值时，将节点速度设置为零；跟踪过程再从这个几何重新开始，直到不平衡力为极小，即结构动能完全耗散，达到新的平衡。这种方法对于各种复杂的边界条件和中间支撑形态的确定问题特别有效。

（3）非线性有限元法 非线性有限元法的基本思想是：针对索膜结构具有强烈的几何非线性特性，首先将结构离散化成节点和三角形单元构成的空间曲面结构，并根据经验设定

一个初始应力分布；然后根据虚功原理，在小应变大位移状态下，采用拉格朗日法建立非线性有限元基本方程；最后采用迭代计算方法并结合边界条件来求解，当迭代收敛时，得到的位置坐标即为找形分析要得到的结构的初始位形。确定结构初始态的基本方程为

$$(K)^0 \{\Delta U\}^0 = -(P)^0 + \{R\}^0 \tag{10-111}$$

式中 $(K)^0$——确定初始态时结构的刚度矩阵；

$\{\Delta U\}^0$——坐标的变化值；

$(P)^0$——节点的初始荷载；

$\{R\}^0$——坐标变化值的高次函数。

式（10-111）中 $\{R\}^0$ 项与坐标变化的高次项有关。所以不是线性方程，不能直接求解，需采用迭代法进行反复迭代直到求出满足一定精度要求的坐标变化值，才能确定其初始态。从上可知，三类找形分析方法在弹性力学的本质上是相同的，但在连续弹性体离散化模型和初始应力状态的选取上有所不同，同时三类方又各具特色。

4. 力学分析

索穹顶结构是大变形柔性结构，其受力分析属于几何非线性问题。主要特点为：

1) 在几何上表现为大变形，具有很强的几何非线性。

2) 每根拉索的跨度较大，其自重垂度不容忽视。

3) 结构中一部分为静不定动体系，体系内部存在机构。基于这些特点，应选择正确的有限元模型对其进行受力分析。

索穹顶结构是索—杆—膜组成的预应力体系，为计算方便，可忽略屋面结构的刚度，采用二节点直线杆单元模拟受压杆，采用二节点曲线单元模拟受拉索，建立索穹顶结构的静力平衡方程。

（1）压杆单元在整体坐标系中的切线刚度矩阵表达式为

$$\begin{cases} (K_{Tr}) = \sum (T)^T (K)(T) \\ (K) = \begin{pmatrix} \lambda & 0 \\ 0 & \lambda \end{pmatrix} \\ (\lambda) = \begin{pmatrix} \lambda_{xx'} & \lambda_{xy'} & \lambda_{xz'} \\ \lambda_{yx'} & \lambda_{yy'} & \lambda_{yz'} \\ \lambda_{zx'} & \lambda_{zy'} & \lambda_{zx'} \end{pmatrix} \end{cases} \tag{10-112}$$

式中 (T)——坐标转换矩阵。

（2）拉索单元在整体坐标系中的切线刚度矩阵表达式为

$$(K_{Tc}) = \sum (T)^T (K)(T) \tag{10-113}$$

索穹顶结构的静力平衡方程

$$(K_T) \{u\} = (P) \tag{10-114}$$

式中 (K_T)——结构总刚度矩阵；

$\{u\}$——结构的总节点位移向量；

(P)——结构的总节点荷载向量。

5. 节点设计和整体张拉技术

节点设计和整体张拉控制是索穹顶结构设计的基本问题。索穹顶结构的几何非线性特性

和高新技术特点,决定了节点设计和整体张拉控制的重要性和复杂性。节点设计和整体张拉控制应该考虑以下几个方面:

1) 钢索与节点的连接强度。索穹顶的结构突出优点之一是利用钢索的高强度性能承受荷载,故连接钢索的节点也必须具有高强度性能,所以,钢索与节点的连接强度是节点设计的基本问题。

2) 节点构造要求。索穹顶结构由径向索、环索、压杆、内拉环和外压环组成,各构件相互正交连接,形成内力自平衡的穹形空间结构体系。索穹顶结构的节点按连接对象可分为索与索连接、索与杆连接、索与环梁连接三种类型,且每个节点由于空间位置不同,节点形状有所差异,构造设计必须满足索穹顶结构的空间特征。

3) 节点功能要求。索穹顶结构没有稳定的初始状态,必须通过施加整体预张拉,才能形成稳定的预张平衡状态,承受各种荷载。所以要求节点在实施结构整体预张拉时具有对构件长度进行调节的功能。

4) 节点力学性能。索穹顶结构的计算要考虑整体性和全过程性。无论是结构中的构件还是节点,其力学性能不仅是考察自身受力特性的力学指标,也是进行结构整体计算的基本参数。

5) 索穹顶结构的整体张拉控制。索穹顶结构由初始不稳定状态到预张平衡状态,是一个逐步调整结构内力平衡的过程,这一过程的实施,必须遵循结构的内力调整规律,按步骤,有秩序地进行预张拉。同时,还必须监测钢索张力变化,控制张拉过程,以满足结构的外形和受力要求。由于在钢索上不便于设置力传感器,可通过在节点上设计力传感器进行监测。

10.6.4 索穹顶结构的施工

以 Geiger 型索穹顶为例,各施工阶段如下所述:

1) 在中心搭一临时塔架,将中心张力环或核心杆吊置于其上。在地面将铝铸件及上节点在脊索上安装好。然后将连续的脊索连于中心和外压环梁之间。索穹顶构件的连接是在基本无应力状态下进行的,即有中心临时支撑的松弛状态。在一定的构件原长及可调节范围内,可确定一个合理的中心临时支撑塔架高度,来实现索穹顶在连接过程中保持基本无应力状态。中心临时支撑塔架高度与结构形态及其内力分布有关。

2) 将立柱下部铸造结点临时固定于地面,同时在其上安装预应力环索。将立柱吊起并与脊索上的铸造节点相连,然后张拉斜索提升环索至立柱底端,并通过铸造节点与立柱相连。

3) 同时用千斤顶张拉最后一环每个立柱底端的斜索,每个工人张拉一股索,每个立柱两个人,所施加的张力必须完全均匀,使环索位于同一平面内,最后使竖杆达到设计位置。

4) 对其余各环从外到内重复步骤3),直到整个结构各立柱和中心环均张拉到位为止。

5) 调整斜索张力,整形,最后达到设计形状。钢索有两种基本的调节方式:一种是收紧环索。这种方式是在松弛状态下将各组径向索调整到设计长度,然后逐步收紧环索,调节点较少,易于将结构调整到设计状态。另一种是收紧径向索。这种方式是在松弛状态下将各道环索调整到设计长度,然后逐步调整径向索。径向索有屋面脊索和斜索,要将结构调整到设计状态,必须分别调整最外圈的屋面脊索和斜索,故该节点设计时必须具有分别调整功能，且调整过程较难控制。无论采用哪种调节方式，都必须在实施整体张拉之前做好具体的安排与调整工序设计。

6）完成膜的铺设。在脊索上安装膜连接构件，铺设段裁剪好的膜材，最后密封两块膜之间的缝隙，如图10-88所示为乔治亚穹顶正在安装膜片的场景。

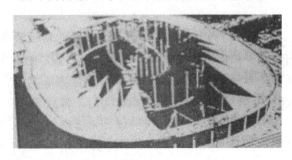

图10-88　正在安装膜片的乔治亚穹顶

10.7　张弦（弦支）结构体系

10.7.1　概述

1. 预应力钢结构

预应力钢结构是在设计、制造、安装、使用过程中用人为方法引入预应力以提高结构强度、刚度、稳定的钢结构。

预应力钢结构根据杆件类别的构成分为刚性预应力钢结构、刚柔混合预应力钢结构、柔性预应力钢结构三类。其中刚性预应力钢结构的构件全部为刚性构件，如日本的代代木体育馆，如图10-89所示；刚柔混合预应力钢结构的构件类型包括刚性的梁、杆和柔性的拉索。其分类示意如图10-90所示。

图10-89　日本的代代木体育馆

2. 张弦（弦支）结构

张弦（弦支）结构是预应力钢结构的一个分支。它在传统刚性结构的基础上引入柔性的预应力拉索，并施加一定的预应力，使结构的内力分布和变形特征得到改变，结构性能得到优化，结构跨越能力更强，在工程中已得到了广泛的应用。

张弦（弦支）结构这种刚柔结合的复合大跨度建筑钢结构，与传统的梁、网架、网壳相比，其受力更为合理；与索穹顶、索网结构、索膜结构相比，施工过程简单，并且在屋面结构选材方面张弦结构也较索穹顶结构更为容易。张弦结构体系根据上部刚性结构的不同主要分为：张弦梁、张弦桁架、张弦刚架、弦支穹顶、弦支筒壳、弦支混凝土楼盖等其他弦支结构。

10.7.2 拉索

拉索是张弦（弦支）结构体系的核心构件，它依靠预先对其施加的预应力从而在结构中仅能承受拉力荷载，属于柔性构件。拉索使得结构内部的力流分布得到优化，提高了结构的性能，而拉索特性的改变对结构的性能产生较大的影响。

图 10-90 预应力钢结构分类示意

10.7.3 张弦梁

1. 张弦梁结构的概念

张弦梁（弦支梁）是最早出现的一种张弦结构，1839 年德国建筑师 Georg LudwigFriedrich Laves，发明了一种预应力梁"Laves beam"，他把梁分成上下两层，两者之间仅用立柱连接，梁的强度通过这种方式可以显著提高，并用在了 Herrenhausen 花园的温室中，这是目前已知的最早张弦梁的雏形。Paxton 利用这种预应力梁概念，在建于 1851 年的伦敦万国博览会的水晶宫结构的桁架之间采用了张弦梁结构檩条（图 10-91）。建于 1876 年费城博览会展馆的国际展厅屋盖同样采用了张弦梁结构（图 10-92）。

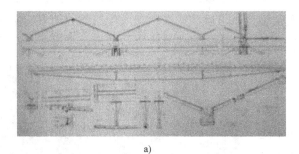

a)　　　　　　　　　　　　　　　b)

图 10-91　1851 年伦敦博览会屋盖

a）布置图　b）实物照片

斋滕公男 Masao Saito 于 1979 年 Madrid 召开的 IASS 年会上，明确提出了张弦梁结构的概念，并研究了其基本受力特性和分析计算原理。张弦梁是由上部刚性梁和下部的拉索撑杆组成的梁式结构。在预应力作用下，下部撑杆能对上部的刚性梁起到弹性支承的作用，达到减小梁的跨度的作用，其结构示意图如图 10-93 所示。近年来，将"弦支"概念应用于平面刚架，又出现了弦支刚架。

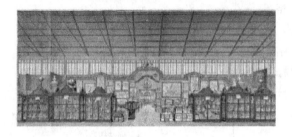

图 10-92 1876 年费城博览会展馆国际展厅

图 10-93 张弦梁

2. 张弦梁结构的预应力设计原理

张弦梁结构预应力设计有平衡矩阵理论和局部分析法两种方法，两者都能较好地确定张弦梁结构的预应力分布。这两种方法均很难被一般的工程设计人员所掌握。这里提出一种以结构变形来控制的较为简单的适用于工程设计的预应力的近似计算方法。具体过程如下：利用有限元软件进行分析。首先，不施加预应力，在屋面荷载和结构自重作用下求得索的内力。采用有限元模拟时只在索的两端施加预应力，可取上面所求得的各索段内力的均值（记作 N）作为计算预应力施加在索的两端，在屋面荷载和结构自重作用下，重新对弦支梁结构进行计算。观察此次求得的结构的整体变形，调整计算预应力大小（一般以 N 的倍数进行调整）反复试算，使得结构的整体变形接近于结构微受荷时的状态，此时的计算预应力值即为目标值。

3. 张弦梁结构的风振特性研究

对于张弦梁结构的动力性能，主要的研究方法有时域分析法和频域分析法两种。

域法是直接运用风洞试验的风压时程或计算机模拟的风压时程，作用于屋面结构进行风振响应时程分析。然后通过动力计算得到结构的动力响应，统计结构动力响应从而算得结构的风振系数。为得到风速时程，可采用人工模拟生成的方法。张弦梁结构风振计算的频域法是在振型分解法的基础上，利用随机振动理论来求解结构在脉动风作用下的动力响应的分析方法。进行风自振特性计算时，频域法计算的结果偏大于时域法，频域法更保守，时域法更接近实际。频域法可作为一种实用有效的方法用于张弦梁结构的抗风分析。

4. 张弦梁结构的工程应用

截止到 2008 年，据不完全统计我国已有 51 项平面弦支结构的工程应用，其中较为典型的工程项目有国内第一个张弦梁结构——上海浦东国际机场航站楼（图 10-94）、哈尔滨国际会展中心——国内首个跨度超过 100m 的平面弦支结构（图 10-95）、迁安文化会展中心——采用双索的平面弦支结构（图 10-96）等。

图 10-94 上海浦东国际机场航站楼

图 10-95 哈尔滨国际会展中心

图 10-96 迁安文化会展中心张弦梁

10.7.4 张弦桁架

1. 张弦桁架的概念

张弦桁架（弦支桁架）是由撑杆连接上部作为抗弯受压构件的桁架和下部作为抗拉构件的高强钢拉索而形成的一种新型空间结构形式，如图 10-97 所示。它充分利用了上弦拱形桁架的受力优势，同时也发挥了高强钢拉索的抗拉性能。

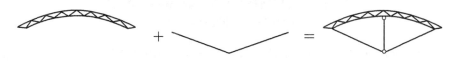

图 10-97 张弦桁架示意图

2. 张弦桁架的预应力优化分析

张弦桁架是一种较为高效的结构体系，实现结构高性能的关键因素是高强度拉索和预应力的引入。拉索预应力可以人为控制调整，它的大小对结构的力学性能有较为显著的影响，预应力取值过小则下部索杆体系对上部结构性能的改善不明显，预应力取值过大会增加上部结构的负担，同时在强度方面对拉索也有不利的影响。所以张弦桁架的预应力应该存在一个最优值。

优化设计是根据结构体系、荷载条件、材料、规范的规定等，提出优化的数学模型（设计变量、约束条件和目标函数），根据优化设计的理论方法求解优化模型。

3. 张弦桁架的形态分析

对于张弦桁架而言，结构由上部刚性结构和下部柔性拉索组成属于"复合结构"的范畴。上部结构为传统意义上形状确定的高次超静定结构，在下部拉索施加应力之前已具有一定的刚度，从受力形态上看，是一种半刚性结构。所以张弦桁架的形态分析与柔性结构相比具有一定的特殊性。

根据张弦桁架在施工和使用过程，可以将其状态分为放样态、预应力平衡态和荷载态三个阶段。

张弦桁架的形态分析主要包括找力分析和找形分析两个方面。

（1）找力分析　若将预应力值换算成初应变施加到相应的拉索上，张弦桁架结构在施加预应力之后，由于预应力重分布，在未施加其他外荷载之前，索内的预应力已经有了一定损失，且损失值较大，不能满足工程上的精度要求。所以在进行各类工况下的结构分析之前，需要寻找初始预应力值，使得结构在预应力平衡态下的索杆内力等于设计值。寻找这组初始预应力值的过程就是找力分析。找力分析采用的主要方法为张力补偿法。

（2）找形分析　张弦桁架的找形分析的基本任务就是确定结构放样态下的几何形状和放样态下索杆的初始缺陷，在放样态下的几何形状上施加索杆体系的初始缺陷后，使得结构在预应力平衡态下的几何形状和预应力分布满足设计要求。找形分析采用的主要方法为逆迭代法。

4. 张弦桁架的工程应用

代表性的张弦桁架工程有广州国际会展中心（图10-98）和哈尔滨国际会展中心（图10-99）。广州国际会展览中心的展览大厅屋盖钢结构采用的是预应力张弦桁架结构，展览大厅钢屋架跨度126.6m。整个展览大厅采用了30榀弦支桁架，每榀弦支桁架的中心间距15m。

图10-98　广州国际会展中心

哈尔滨国际会议展览体育中心主馆屋盖，该建筑中部由相同的35榀128m跨的预应力弦支桁架覆盖，桁架间距为15m。桁架弦杆与腹杆间为相贯连接。上部桁架与索采用11根撑杆连接。

a)　　　　　　　　　　　　　　　　b)

图10-99　哈尔滨国际会展中心

10.7.5　平面组合型弦支结构体系

1. 平面组合型弦支结构概述

平面组合型弦支结构又称为可分解的空间型弦支结构，它是由平面型弦支结构组合形成的一种空间弦支结构,具有空间受力特性,在提高结构承载能力的同时,有效地解决了平面弦支结构平面外稳定问题。典型的可分解型空间弦支结构包括如双向弦支结构、多向弦支结构和辐射式弦支结构,如图10-100所示。

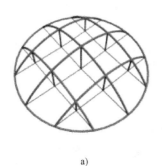 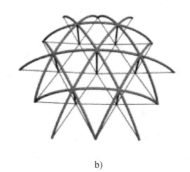 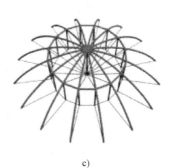

图 10-100　可分解的空间型弦支结构形式

a) 双向弦支结构　b) 多向弦支结构　c) 辐射式弦支结构

(1) 双向弦支结构　双向弦支结构是将数榀弦支平面构件沿横、纵向交叉布置而成,如图10-100a所示。结构也是由上层构件、撑杆和弦组合而成。因为上层构件交叉连接,侧向约束相比单向弦支结构明显加强,结构呈空间传力。但相比单向弦支结构,节点处理较为复杂。该形式较适用于矩形、圆形和椭圆形平面。

(2) 多向弦支结构　多向弦支结构是将数榀平面弦支构件多向交叉布置而成,如图10-100b所示。结构呈空间传力体系,受力合理。但相比单向、双向弦支结构,其制作更为复杂,较适用于多边形平面。

(3) 辐射式弦支结构　辐射式弦支结构由中央按辐射式放置各榀平面弦支构件,撑杆同环向索或斜索连接而成,如图10-100c所示。辐射式弦支结构具有力流直接、易于施工和刚度较大等优点。典型的工程应用有2008年北京奥运会国家体育馆双向弦支结构(图10-101)、2008年北京奥运会乒乓球馆辐射式弦支结构(图10-102)等大型工程。

图 10-101　国家体育馆图　　　　　图 10-102　奥运会乒乓球馆

双向张弦梁结构是将数榀平面弦支梁结构沿横纵向交叉布置而成。由于撑杆对拱梁的作用力,拱梁竖向稳定性增强;又因拱梁交叉连接,侧向约束相比单向张弦梁结构明显加强,结构呈空间传力体系;但相比单向张弦梁结构节点处理复杂。可以通过有限元软件进行非线性静力分析,得到结构在各荷载工况下的应力和变形等基本静力性能。

2. 预应力的影响及自振特性

构成弦支梁结构的拱梁一般会产生较大的水平推力。因而必须通过对弦进行预拉，以达到减小、甚至消除水平推力的效果。同时通过产生反拱，还可以有效地减小结构的竖向挠度。但是如果预拉力水平过高，有可能引起拱梁轴力及应力的增加，同时也有可能由于反拱效果过大而造成竖向反向位移的增加。

结构的自振特性主要指自振频率和振型，自振频率是结构本身的重要特性，通过对结构进行自振特性分析，可以明确结构刚度空间的分布情况，以及各个振型对结构在动力作用下响应的贡献大小。

3. 平面组合型弦支结构的工程应用

平面组合型弦支结构在工程中得到了较为广泛的应用，双向弦支结构的代表性工程主要是国家体育馆（图10-103），辐射式弦支结构的代表性工程主要是日本绿色穹顶体育馆（Green Dome Maebashi）（图10-104）。

a)   b)

图 10-103 国家体育馆

a)   b)

图 10-104 日本绿色穹顶体育馆

10.7.6 弦支穹顶结构

1. 弦支穹顶结构的概念

弦支穹顶结构是基于张拉整体概念而产生的一种预应力空间结构，它综合了单层网壳结构和张拉整体结构的优点，具有力流合理、造价经济和效果美观等特点，目前已广泛应用于各类大型场馆中。日本Hosei大学川口卫（M. kawaguchi）教授于1993年提出了由将索穹顶上层索网以单层网壳代替所构组成的弦支穹顶（Suspen-dome structures）。相比于单层网壳结构，它具有更高的稳定性且有效地减小了支座的水平推力；与索穹顶结构相比，它不仅减小了周圈环梁的压力，而且大幅降低了结构的施工难度。

天津大学在研究张拉整体结构的过程中发现，若将张拉整体的概念引入传统结构，可有效解决稳定性、承载能力、构件材料强度利用率等方面的问题。在借鉴川口卫教授和斋藤公男教授研究成果的基础上，提出了弦支穹顶结构，并对其进行了深入的研究和工程实践。

典型的弦支穹顶结构是由网壳、撑杆、径向拉杆、环向拉索组成，如图 10-105 所示。各环撑杆的上端与网壳对应的各环节点铰接连接；撑杆下端用径向拉杆与单层网壳的下一环节点连接；同一环的撑杆下端由环向拉索连接在一起，使整个结构形成一个完整的结构体系，结构传力路径比较明确。在外荷载作用下，荷载通过上端的单层网壳传到下端的撑杆上；再通过撑杆传给索；索受力后，产生对支座的反向拉力，使整个结构对下端约束环梁的推力大为减小。同时，由于撑杆的作用，使得上部单层网壳各环节点的竖向位移明显减小。

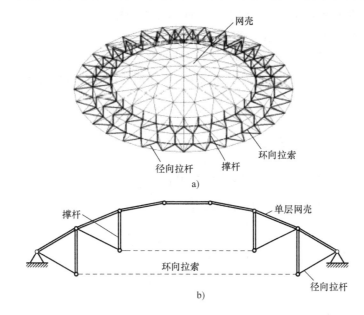

图 10-105 弦支穹顶结构体系简图
a）弦支穹顶结构三维结构示意图　b）弦支穹顶结构剖面示意图

2. 弦支穹顶结构的预应力设计

高强度拉索和预应力的引入使得弦支穹顶结构成为一种高效能的空间结构体系，因此弦支穹顶结构的预应力设计是结构设计的关键。通过给拉索施加预应力，使结构产生与正常使用荷载作用下反向的位移和内力，这样能够有效地改善上部单层网壳结构的受力性能。但预应力不能过大，否则结构所承受的荷载作用将无法与预应力所产生的向上作用和向心水平作用相互抵消，从而对结构产生不利的影响，因此弦支穹顶结构的预应力设定存在着一组最优值。

弦支穹顶中拉索的预应力有两

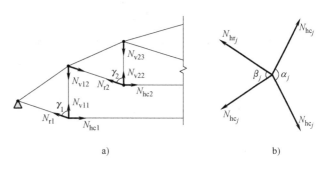

图 10-106 预应力比值设定的计算模型

方面用途：①减小上部单层网壳结构的内力峰值；②减小支座的径向反力。依据这两个原则，著者推导了弦支穹顶预应力比值设定的简化计算公式，推导过程如下：

图 10-106 及下述推导公式中的符号说明如下：

F_j：第 j 道环索上方单层网壳等效节点荷载；

N_j：第 j 道环索处撑杆内力；

N_{rj}：第 j 道环索处径向索的轴向力；

N_{hcj}：第 j 道环向索的轴向力；

N_{vji}：第 i 道环索预应力引起的第 j 道环索处撑杆的轴向力；

N_{hrj}：N_{rj} 在水平面（xOy）内的轴向力分量；

α_j：第 j 道环索相邻索段的夹角；

β_i：第 j 道环索位置处相邻径向索在水平面 xOy 上投影的夹角；

γ_i：第 i 道环索位置处径向索与竖向撑杆的夹角。

其中，$i, j = 1, 2, 3, \cdots, n$，即弦支穹顶结构共 n 道环索。

由图 10-106a，第 i 道环索预应力引起的第 j 道环索处撑杆的轴向力可以表示为

$$N_{vji} = 2 \frac{N_{hri}}{\sin\gamma_i}\cos\gamma_i = 2N_{hri}\cot\gamma_i \tag{10-115}$$

由图 10-106b 得节点平衡方程

$$N_{hrj}\cos\frac{\beta_j}{2} = N_{hcj}\cos\frac{\alpha_j}{2} \tag{10-116}$$

合并方程式（10-115）和式（10-116），得

$$N_{vji} = 2N_{hci}\cot\gamma_i \frac{\cos\dfrac{\alpha_i}{2}}{\cos\dfrac{\beta_i}{2}} \tag{10-117}$$

令 $K_i = 2\cos\gamma_i \dfrac{\cos\dfrac{\alpha_i}{2}}{\cos\dfrac{\beta_i}{2}}$，则式（10-117）简化为

$$N_{vji} = K_i N_{hci} \tag{10-118}$$

$$N_j = \begin{cases} K_j N_{hcj} - K_{j+1} N_{hc,j+1} & j = n-1, n-2, \cdots, 1 \\ K_n N_{hcn} & j = n \end{cases} \tag{10-119}$$

根据预应力的设定原则，不同环索位置处撑杆的轴压力与单层网壳上均布荷载产生的等效节点力相平衡，可得

$$N_j = F_j \tag{10-120}$$

将式（10-120）代入式（10-119），并整理得

$$N_{hcj} = \begin{cases} (F_j + K_{j+1} N_{hc,j+1})/K_j & j = n-1, n-2, \cdots, 1 \\ F_n/K_n & j = n \end{cases} \tag{10-121}$$

如果单层网壳的各等效节点荷载 F_j 已知，K_j 可由 α_j、β_j 和 γ_i 根据结构几何计算得到，

所以 N_{hcj} 的数值可以确定。N_{hcj} 的数值其实就是结构中希望达到的拉索的预应力值,即预应力平衡态的数值。

3. 弦支穹顶结构预应力张拉控制分析

目前,对弦支穹顶结构的研究主要集中在形态分析理论、静动力性能和施工过程的数值分析与控制理论等领域。这些研究成果对弦支穹顶结构工程实例提供了重要的技术指导。随着工程应用的增多和对结构性能研究的深入,逐渐发现在采用张拉环向索来施加预应力的施工过程中,由于环索与撑杆下节点之间存在滑移摩擦力,导致了严重的预应力张拉偏差,而这种偏差对弦支穹顶结构使用阶段结构性能的影响方面尚缺乏系统的研究,使得工程存在一定的安全隐患。在山东茌平体育馆弦支穹顶结构工程中,为解决滑移摩擦力所导致的预应力张拉偏差,应用了一种新型撑杆下节点——滚动式撑杆下节点。对于这种新型的撑杆下节点,由于采用了滚动摩擦代替滑动摩擦,因此可以有效地降低由于摩擦导致的预应力张拉偏差,但是新型节点的提出伴随了新的问题和疑惑,即在弦支穹顶结构预应力张拉完毕后,撑杆下节点的具体状态应该如何选择。对于新型节点,若不安装节点中的压板,则节点能够允许环索绕节点发生小摩擦滑动,但如果安装压板并且拧紧螺栓,则会使得环索绕节点以任意摩擦系数滑动或者不滑动。为了给工程设计者和施工者在选择节点状态时有一个合理理论依据,需要对不同滚动式撑杆节点在不同状态下的弦支穹顶结构性能进行分析研究,得出不同状态下的结构性能。其主要包含考虑滑移摩擦的弦支穹顶结构张拉施工数值模拟和温度变化对弦支穹顶结构预应力张拉施工的影响两个方面。

4. 弦支穹顶结构的工程应用

弦支穹顶结构是一种结构性能好、结构效能高的新型结构体系,其受力合理、造型美观、造价经济,备受建筑师的青睐,也越来越被结构工程师所接受和喜爱。国内外的学者对其进行了大量的理论研究,在这些研究基础上,已成功将其应用在二十余项大型工程中。

(1) 日本的"光丘"穹顶和"聚会"穹顶 图 10-107 为日本东京于 1994 年 3 月建成的光丘穹顶外景,图 10-108 为光丘穹顶在施工中的情形。这个跨度为 35m 的弦支穹顶用于前田会社体育馆的屋顶上,屋顶最大高度为 14m,总质量为 1274kg,上层网壳由 H 型钢梁组成,撑杆下节点形式如图 10-109 所示。由于是首次使用弦支穹顶结构体系,光丘穹顶只在单层网壳的最外圈下部组合了张拉整体结构,而且采用的预应力设定方法为试算法,试算原则为使得整个屋盖对周边环梁的水平作用力为零。环梁下端有 V 形钢柱相连,钢柱的柱头和柱脚采用铰接形式,从而使屋顶在温度荷载作用下沿径向可以自由变形;屋面采用压型钢板覆盖。继光丘穹顶之后,1997 年 3 月日本长野又建成了聚会穹顶,其结构外景和内景分别如图 10-110 和图 10-111 所示。

图 10-107 光丘穹顶外景图

图 10-108 光丘穹顶施工中实景图

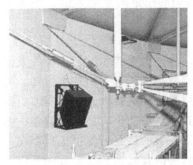
图 10-109　光丘穹顶下节点图

图 10-110　聚会穹顶外景图

图 10-111　聚会穹顶内景图

（2）天津保税区国际商务交流中心　天津保税区国际商务交流中心（图 10-112）大堂弦支穹顶建于 2001 年，是国内第一座弦支穹顶结构工程，跨度 35.4m，周边支承于沿圆周布置的 15 根钢筋混凝土柱及柱顶圈梁上。该弦支穹顶由天津大学设计、天津凯博空间结构工程技术有限公司负责施工，内景图如图 10-113 所示。弦支穹顶结构上层单层网壳部分采用联方型网格，沿径向划分为 5 个网格，外圈环向划分为 32 个网格，到中心缩减为 8 个，整个弦支穹顶结构布置图如图 10-114 所示。单层网壳的杆件全部采用 $\phi 133 \times 6$ 的钢管，撑杆

图 10-112　天津保税区国际商务交流中心

图 10-113　天津保税中心弦支穹顶结构内景图

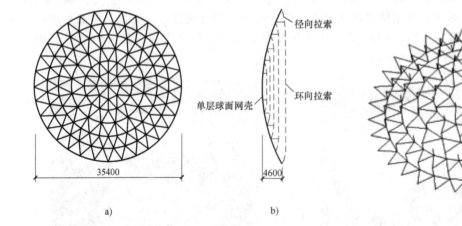

图 10-114　天津保税中心结构布置图
a）单层网壳平面图　b）单层网壳立面图　c）张拉整体部分

采用 $\Phi 89\times 4$ 的钢管，径向拉索采用钢丝绳 $6\times 19\Phi 18.5$，环向拉索共5道，由外及里前两道采用钢丝绳 $6\times 19\Phi 24.5$，后三道采用钢丝绳 $6\times 19\Phi 21.5$。

除此之外，国内弦支穹顶工程结构还有昆明柏联商厦弦支穹顶结构、天津自然博物馆（原天津博物馆）贵宾厅、鞍山体育中心训练馆、武汉市体育中心体育馆、常州体育馆、北京2008年奥运会羽毛球馆、东亚运动会自行车馆、天津市宝坻区体育馆等。

10.7.7 弦支筒壳结构

1. 弦支筒壳结构体系的组成

柱面网壳（以下简称筒壳）是工程中常用的一种网壳结构形式，它具有网壳结构的建筑造型优美、结构受力合理、设计计算成熟、加工机械化程度高等优点。但是当建筑功能要求其跨度较大时，单层筒壳或厚度较小的双层筒壳由于其自身平面外稳定性差，因而难以实现较大的跨度，而采用厚度较大的双层或多层筒壳时，也存在以下几方面不足：

1) 网壳厚度较大，从而使得结构用钢量增加，结构造价提高。
2) 网壳矢高较小时，支座水平推力大，给下部结构设计造成负担。
3) 网壳节点处连接杆件多，节点构造复杂，使得施工难度大。
4) 由于网壳厚度大，杆件长，现场组装工作不易。

为了克服现有技术中的不足，以筒壳结构为基础，在弦支结构体系（如张弦梁和弦支穹顶）的启发下，提出了一种新的张弦结构——弦支筒壳结构，即在筒壳结构的适当位置设置撑杆及拉索形成弦支筒壳结构体系。一方面，由于拉索和撑杆的设置，使得整体结构刚度增加，解决了单层筒壳或厚度较小的双层筒壳由于稳定性差而难以跨越较大跨度的问题；另一方面，由于上部的筒壳结构采用单层或厚度较小的双层筒壳，降低了用钢量，结构施工难度也大大降低；此外，通过拉索的设置，可以在拉索内设置预拉力，减小支座水平推力，降低了下部结构的承载负担。

弦支筒壳结构由上层筒壳，下弦拉索和中间撑杆组成，撑杆下端通过转折节点与拉索连接，撑杆上端与筒壳连接，拉索的两端通过锚固节点与筒壳连接，锚固节点一般设置在筒壳支座位置处，如图10-115所示。

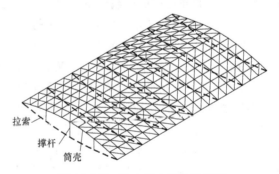

图 10-115 弦支筒壳结构示意图

上层筒壳一般采用单层柱面网壳，有时也可采用厚度较小的双层柱面网壳。因此，弦支筒壳结构通常可以按照其上部单层柱面网壳网格划分和杆件布置的不同，划分为不同型式，其跨度、网格形式及网格尺寸可根据建筑的要求确定。

柱面网壳的几何构型可由不同的曲线组成，最常用的是圆弧线，也可采用椭圆线、抛物线和双曲线等；但其杆件为直线、折线或弯曲形式；其布置有平行、辐射状和交叉状三种形式；其网格形状一般为三角形、矩形、方形或菱形、半菱形等。此外，柱面网壳为零高斯曲率，网格划分和杆件布置较为简单。

柱面网壳根据其杆件布置方法不同，分为联方网格型、纵横斜杆型（由斜杆布置不同分为单斜杆型与弗普尔型)、纵横交叉斜杆型（双斜杆型）、三相网格Ⅰ型、三相网格Ⅱ型、米字网格型等基本型式，如图 10-116 所示。

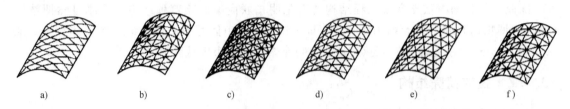

图 10-116　圆柱面网壳的网格形式

a) 联方网格型　b) 纵横斜杆型　c) 纵横交叉斜杆型　d) 三相网格Ⅰ型
e) 三相网格Ⅱ型　f) 米字网格型

单斜杆型与双斜杆型相比，前者杆件数量少，杆件连接易处理，但刚度较差，适用于小跨度小荷载屋面；联方型网格杆件数量最少，杆件长度统一，节点上只连接 4 根杆件，节点构造简单，但刚度也较差；三相网格型刚度最好，杆件品种也较少，是一种经济合理的形式，且此种网格形式更有利于索的布置，当索中张拉预应力后，上部网壳的受力更加均匀。

撑杆一般沿跨度方向竖直排列，其设置的数目可根据跨度大小经计算优选确定。图 10-115 所示为设置 3 根的情况。

拉索沿筒壳纵向可每隔两个和多个网格布置一道，要视具体情况而定，且拉索需要有一定的垂度布置。图 10-115 所示为每隔三个网格布置一道。

2. 弦支筒壳结构的预应力设计

弦支筒壳的周边约束方式一般采用空间简支，即将其中一侧的水平向约束释放，使得结构可以在此方向上自由滑动。这样由筒壳结构产生的巨大的水平推力将被释放，但会带来很大的水平滑移，为限制这个滑动位移，可采用下弦预应力拉索，拉索中所要施加的预应力应尽可能地消除筒壳在屋面荷载作用下的各支座处的水平滑移，具体过程如下：

首先，不施加预应力，即各索段中的预应力为零，在屋面荷载和结构自重作用下求得索的内力为 $N = \{N_1, N_2, N_3, N_4, \cdots, N_{n-1}, N_n\}$；其次，将此内力 N 作为计算预应力分别施加在相应的索段中，在屋面荷载和结构自重作用下，重新对其进行计算，观察此次求得的各支座处的水平滑移量，调整计算预应力大小；再次，反复试算（一般以 N 的倍数进行调整），使得水平滑移量尽可能逼

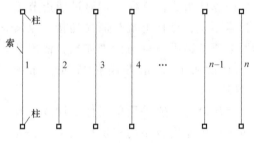

图 10-117　索布置示意图

近零，此时的计算预应力值即为目标值。最后，将此目标值减去屋面荷载和结构自重对各索段的内力的影响后的值即为各索段中所施加的真实的预应力值。

以上过程可借助于通用的有限元分析软件来实现。图 10-117 所示为弦支筒壳中索的布置。

3. 弦支筒壳结构的工程实践

(1) 广西柳州奇石博物馆　广西柳州奇石博物馆屋盖钢结构为多个柱面组合。奇石博

物馆屋盖结构采用钢结构单层网壳，两端落地，中间部分与下部混凝土主体结构部分相连。整个屋盖结构造型奇特，为 12 榀单层柱面网壳的连接，同时存在局部弦支筒壳结构。其效果图及弦支部分模型图分别如图 10-118 和图 10-119 所示。

图 10-118 奇石博物馆效果图

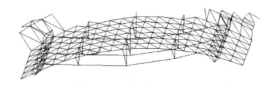

图 10-119 奇石博物馆弦支部分模型图

（2）辽宁华福印染公司的厂房　辽宁华福印染公司的厂房结构屋盖为筒壳形（图 10-120），结构体系采用了弦支筒壳结构，由天津大学钢结构研究所设计，结构跨度 50m，长度 408.5m，分为独立的四段，分别为 58.3m、110.2m、115.2m 和 121.4m，每段之间留缝 0.8m。

通过对整体结构分析可以发现：屋盖的矢跨比很小，若采用普通筒壳或者拱形结构将产生很大的支座水平推力；屋盖为柱顶支承，无法承担比较大的水平推力。故综合考虑后选用了弦支单层筒壳结构，网格形式采用三向型网格，最终结构用钢量仅约为 $50kg/m^2$。

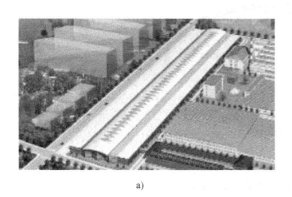

a)

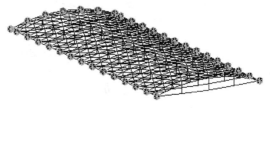

b)

图 10-120 辽宁华福印染公司的厂房结构
a）整体效果图　b）121.4m 段结构模型

10.7.8 其他弦支结构

张弦梁、张弦桁架、弦支穹顶及弦支筒壳结构是在刚性的钢梁、桁架、单层网壳和柱面筒壳的下面引入张拉整体的思想（"弦支"的概念）后产生的。通过对下部拉索施加预应力，结构形成自平衡体系，且在结构未受外荷载以前，在上部结构内部产生了与荷载作用相反的内力效应，达到结构在荷载作用后减小内力峰值、减小跨中挠度及增加结构稳定性的效果。巧妙地将"弦支"与其他刚性受弯结构组合，得到一些施工方便、结构受力合理的新型弦支结构，如弦支刚架、弦支混凝土楼板、拱支网壳结构、空间网架结构、弦支钢丝网架混凝土夹心板等。尤其是弦支混凝土楼板结构打破了常规思维中弦支结构为全钢结构的概念，将钢与混凝土两种建筑材料结合，达到了"1+1>2"的效果。

1. 弦支刚架

随着我国经济建设迅速发展，工业化大生产的要求越来越高，轻型钢结构门式刚架由此应运而生。门式刚架具有自重轻、造价低、工厂化程度高及综合效益高等优点，但是随着跨度的不断增大，其存在"轻钢不轻"、结构跨中挠度过大和结构整体稳定性能降低等一系列问题。因此，单一的门式刚架结构很难直接应用于大跨度结构中，为了能满足大跨度的需要，将张拉整体的概念引入门式刚架中，产生了一种新型复合结构——弦支刚架结构。弦支刚架除拥有门式刚架结构的各个优点外，还在一定程度上解决了跨中挠度大，整体稳定性不足的问题，目前已成功用于多项实际工程中。

弦支刚架结构由上弦钢梁、下弦拉索及撑杆组成，一方面拉索受到预应力后通过撑杆作用调整了上弦构件的内力分布，增加了结构的刚度；另一方面，拉索对上弦钢梁产生反向挠度，减小结构在荷载作用下的最终挠度；再者撑杆对上弦钢梁的弹性支撑作用减小了其平面内的计算长度，增加了横梁的平面内刚度；并且拉索也可分担一部分支座水平推力，降低了门式刚架的支座设计难度。下面举例进行说明。

如图 10-121 所示门式刚架，纵向 360m，跨度 62m，梁和柱均采用 H 型钢，主受力结构采用由单层门式刚架变化而成的大跨刚架结构体系。

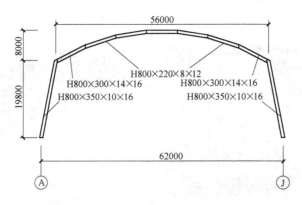

图 10-121 主结构组成示意图（单位：mm）

通过分析发现，屋盖结构体系侧向刚度较弱，造成风荷载下柱顶位移较大；柱底弯矩较

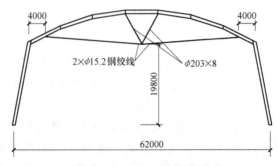

图 10-122 弦支刚架结构组成

大，给下部结构设计增加了难度。因此，需要采取措施来改善结构刚度性能，同时降低柱底反力，从而减小下部结构设计难度。

通过对门式刚架结构体系的分析研究，提出如下改善结构方案：在不影响建筑使用空间的情况下，在梁下设置两组撑杆和钢绞线，如图 10-122 所示，在钢绞线中施加 150kN 的预拉力。

在与门式刚架同条件下分析发现，相比单一的门式刚架结构，改进的弦支刚架结构的最大拉压应力和最大应力有可观的减少；柱底水平反力和竖向反力变化不明显，但柱底弯矩有所减少；在动力性能方面，虽然基本振动模态改善前后没有明显变化，但周期减小，刚度尤其是竖向刚度得到较大的加强，可以明显减小大跨钢拱在吊装过程的中竖向变形。因而，弦支刚架的各项力学性能指标均有不同程度的提高，优化了结构的性能。

2. 弦支混凝土楼板

屋面板（或楼板）的跨度和它的支承方式决定着它覆盖下的空间的使用价值。传统的钢筋混凝土屋面板一般支承在其下部的梁上，如肋梁式（图 10-123a 和 b）、密肋式（图 10-123d）、井字梁式（图 10-123e）和扁梁式（图 10-123f）等，而梁由其下部的柱子来支承，除此之外，也有直接支承在柱上，如无梁式（图 10-123c）。从结构力学性能和经济角度考虑，这种屋面板形式不宜用于跨度较大的建筑，即柱网布置不能太大，一般在 10m 以内为宜，所以在一般的民用住宅建筑中被广泛使用。当建筑的功能要求其有较大的跨度时，如体育场馆、会展中心和生产厂房等建筑，则必须改变屋面板的支承方式，譬如，可采用预应力混凝土梁支承、钢网架、钢筋混凝土网架支承或直接采用钢结构体系，但这些方法或是在跨度上依然有很大的局限性，或是未能将混凝土（较好的受压特性）与钢材（较好的受拉特性）的材料优势充分发挥，或是不够经济，总之，这些方法都或多或少存在一些问题。

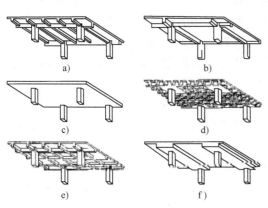

图 10-123 传统屋面或楼面结构体系示意图

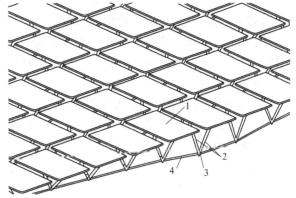

图 10-124 弦支混凝土集成屋盖示意图
1—钢筋混凝土板　2—撑杆
3—穿心钢球　4—预应力钢拉索

为了克服传统钢筋混凝土屋面板的不足，借鉴弦支结构体系的原理，提出了预应力钢-混凝土复合屋面板，即弦支混凝土集成屋盖结构（如图 10-124 所示，板间空隙为后浇带）。弦支混凝土屋盖与张弦梁结构相近，但与之相比优势在于无需次梁、檩条等构件，施工简单，侧向稳定性较好，抗风性能更优越。就结构本身而言，充分利用了混凝土较好的抗压性能和钢材较好的抗拉性能，具有可跨度大、施工安装便利、工业化程度高、经济合理等特点，尤其适用于体育场馆、会展中心和生产厂房等中等跨度建筑的屋面体系。

弦支混凝土集成屋盖结构包括钢筋混凝土板、预埋件、撑杆、预应力钢拉索以及撑杆上端与钢筋混凝土板的连接节点、撑杆下端相汇交并与拉索的连接节点和拉索在屋盖两端的锚固节点。

3. 拱支网壳结构

拱支网壳结构体系是沈祖炎院士于1996年提出一种新型大跨度建筑结构，是由单层网壳和拱结合而成的复合结构体系。拱支网壳结构利用拱结构整体平面内刚度大、稳定性好的特点，改善了网壳结构的整体性能，使之兼有单层和双层网壳结构的优点。由于拱的作用，整体单层网壳被划分为若干小的单层网壳区段，从而将网壳结构的整体稳定问题转化为局部区段的稳定问题，部分杆件的破坏或局部区域的失稳塌陷将较小甚至不会影响整个结构。同时，网壳结构对拱结构的稳定，特别是侧向稳定也有所帮助。结构的整体受力性能得到增强，破坏时具有一定的延性，不同于一般单层网壳突发性的失稳破坏，达到既提高结构覆盖跨度又获得较高稳定性的目的。

4. 预应力网架结构

预应力网架结构是目前大跨结构中使用较为广泛的一种结构形式。它是一种空间杆系结构，各构件主要承受轴向力，其优点是构件组成的规律性强，生产方便，能在不同跨度、不同支承条件的建筑物中使用，应用范围广，受力性能好。但是目前一般网架结构的跨度较小，如果跨度过大，网架结构自重增加，浪费材料，结构的效能降低。因此，我国许多学者提出了预应力网架结构，将预应力引入网架结构中，形成传统的预应力网架结构。

早在1974年，苏联某平板网架屋盖就利用强迫位移法引入了预应力。1977年，苏联的某商业中心又利用拉索法建造了预应力平板网架屋盖。我国学者马克俭等指出，预应力网架结构分为加同种钢和加异种钢两大类别，并对加异种钢预应力网架结构进行了试验分析和工程引用介绍。董石麟等提出在网架的下弦平面下设置预应力索的预应力网架结构。刘锡良等提出单向预应力平板网架结构，王少军等对单向预应力平板网架和双向预应力平板网架进行了初步研究。

5. 弦支钢丝网架混凝土夹心板

弦支钢丝网架混凝土夹心板已经在大型场馆、会展中心、工业厂房、公共基础设施中得到广泛使用，常见的做法是：对屋盖结构采用网架结构、弦支梁及弦支穹顶等形式进行设计，然后在上面铺设屋面板如压型钢板等，以解决因为跨度的增大而导致传统的钢筋混凝土板在强度、刚度等方面很难满足设计大空间的需求。该结构可应用于大跨度屋面的板材及结构体系有彩色复合保温钢板、现场叠层生产预应力混凝土大跨度拱形屋面板和弦支混凝土板集成屋盖等。对于上述板材及结构体系的研究均处在初始阶段，对其自身的优缺点也缺少权威的资料论证，为了使结构研究能更好地满足实际工程中建筑向大跨度方向发展的需求，还需要在研究已有结构的基础上进一步寻找性能更好、造价更经济的屋盖结构。

思考题与习题

1. 大跨度钢结构屋盖有哪些结构形式？

2. 双层网架的主要形式有哪些？
3. 网架的跨度大小如何划分？网架结构的支承形式主要有哪些？网架结构的节点有哪些形式？网架结构的高度和网格尺寸与哪些因素有关？
4. 网壳结构按曲面外形分为哪些形式？其各自特点是什么？
5. 按索的使用方式和受力特点，悬索结构有哪些结构体系？
6. 悬索结构如何保证必要的形状稳定性？
7. 简述钢管桁架结构节点类型与承载力设计计算方法。
8. 什么是张弦结构？张弦结构有什么特点？弦支穹顶的预应力如何设计？
9. 简述张拉式膜结构设计步骤与方法。

第 11 章

多层及高层房屋钢结构设计

学习目标

掌握多层及高层钢结构体系的结构布置与力学分析方法;掌握楼盖、框架柱、支撑、连接等的设计及计算。

11.1 多层及高层房屋钢结构体系

11.1.1 多层房屋钢结构体系

依据抵抗侧向荷载作用的原理,多层房屋钢结构体系可分为纯框架结构体系、柱-支撑体系、框架-支撑体系、框架-剪力墙体系和交错桁架体系五类。

(1) 纯框架结构体系(图 11-1) 在纯框架体系中,梁柱节点一般均做成刚性连接,以提高结构的抗侧刚度,有时也可做成半刚性连接。这种结构体系构造复杂,用钢量也较多。

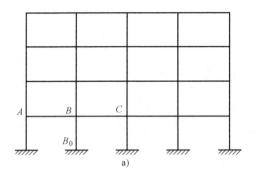 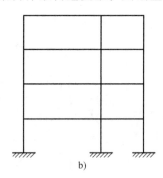

图 11-1 纯框架结构体系
a) 纵向结构布置 b) 横向结构布置

(2) 柱-支撑体系(图 11-2) 在柱-支撑体系中,所有的梁均铰接于柱侧(顶层梁也可铰接于柱顶),且在部分跨间设置柱间支撑,以构成几何不变体系。柱-支撑体系构造简单,安装方便。

(3) 框架-支撑体系(图 11-3) 如果结构在横向采用纯框架结构体系,纵向梁以铰接于柱侧的方式将各横向框架连接,同时在部分横向框架间设置支撑,则这种混合结构体系称为框架-支撑体系。位于非抗震设防地区或 6、7 度抗震设防地区的支撑结构体系可采用中心

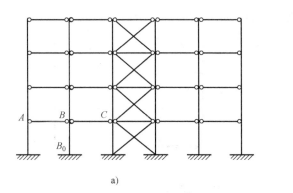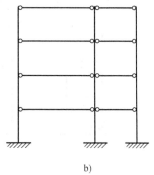

图 11-2 柱-支撑体系
a) 纵向结构布置 b) 横向结构布置

支撑。位于 8、9 度抗震设防地区的支撑结构体系也可采用偏心支撑，或带有消能装置的消能支撑。

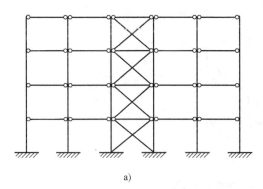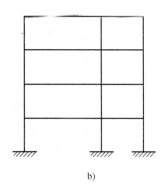

图 11-3 框架-支撑体系
a) 纵向结构布置 b) 横向结构布置

中心支撑宜采用交叉支撑（图 11-4a）或二组对称布置的单斜杆式支撑（图 11-4b），也可采用图 11-4c、d、e 所示的 V 字、人字和 K 字支撑，对抗震设防的结构不得采用图 11-4e 所示的 K 字支撑。偏心支撑可采用图 11-5a、b、c、d 所示的形式。

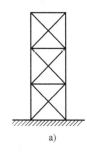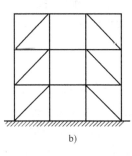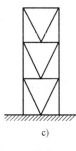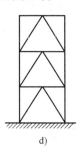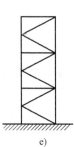

图 11-4 中心支撑的形式

（4）框架-剪力墙体系 框架体系可以和钢筋混凝土剪力墙组成钢框架-混凝土剪力墙体系。钢筋混凝土剪力墙也可以做成墙板，设于钢梁与钢柱之间，并在上、下边与钢梁连接。

（5）交错桁架体系 交错桁架体系如图 11-6 所示。横向框架在竖向平面内每隔一层设置桁架层，相邻横向框架的桁架层交错布置，在每层楼面形成二倍柱距的大开间。

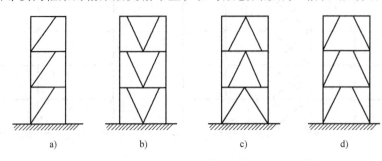

图 11-5　偏心支撑的形式

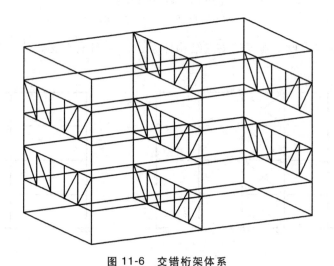

图 11-6　交错桁架体系

11.1.2　高层房屋钢结构体系

1. 纯框架体系

纯框架结构体系是由梁、柱通过节点的刚性构造连接而成的多个平面刚接框架结构组成的建筑结构体系。纯框架体系的优点是平面布置较灵活，刚度分布均匀，延性较好，具有较好的抗震性能，设计、施工也比较简便；缺点是侧向刚度较小，在高度较大的房屋中采用并不合适，往往不经济。

2. 框架-支撑体系

在同一个框架-支撑体系中有两类不同的结构。一类是带有支撑的框架，称之为支撑框架；另一类是纯框架，称之为框架。支撑框架的抗侧刚度远大于框架。在水平力作用下，支撑框架是主要的抗侧力结构，承受主要的水平力，而框架只承受很小一部分水平力。由于框架-支撑体系由两种不同特性的结构组成，如设计得法，抗震时可成为双重抗侧力体系。框架-支撑体系的刚度大于纯框架体系，而又具有与纯框架体系相同的优点，因此它在高层房屋中的应用范围较纯框架体系广阔得多。

框架-支撑体系根据支撑类型的不同又可分为框架-中心支撑体系、框架-偏心支撑体系、框架-消能支撑体系和框架-防屈曲支撑体系。

（1）框架-中心支撑体系　框架-中心支撑体系中的支撑轴向受力，因此刚度较大。在水平力作用下，受压力较大的支撑先失稳，支撑压杆失稳后，承载力和刚度均会明显降低，滞回性能不好，体系延性较差。一般用于抗震设防烈度较低的高层房屋中。

（2）框架-偏心支撑体系　框架-偏心支撑体系中的支撑不与梁柱连接节点相交，而是交在框架横梁上，设计时把这部分梁段做成消能梁段，如图11-5所示。在基本烈度地震和罕遇地震作用下，消能梁段首先进入弹塑性达到消能的目的。因此，框架-偏心支撑体系有较好的延性和抗震性能，可用于抗震设防烈度等于和高于8度的高层房屋中。

（3）框架-消能支撑体系　框架-消能支撑体系是在支撑框架中设置消能器。消能器可采用黏滞消能器、黏弹性消能器、金属屈服消能器和摩擦消能器等。

框架-消能支撑体系利用消能器消能，减小大地震或大风对主体结构的作用，改善结构性能，降低材料用量和造价。

框架-消能支撑体系与框架-偏心支撑体系相比，具有以下优点：在大地震作用下体系损坏将发生在消能器上，因此检查、维修都比较方便；缺点是消能器较贵，有时不一定经济。

（4）框架-防屈曲支撑体系　框架-防屈曲支撑体系是在支撑框架中采用一种特殊的防屈曲支撑杆。这种支撑杆在受拉和受压时都只能发生轴向变形，不发生侧向弯曲，因而也不会出现屈曲和失稳。这种支撑利用钢材受拉或受压时的塑性应变消能，其滞回曲线十分饱满，具有极佳的消能性能。

框架-防屈曲支撑体系采用中心支撑的布置形式，设计、制作与安装均较方便，而抗震性能又良好，因此虽然出现不久，在高层房屋中的应用已有迅速推广趋势。

3. 钢框架（或框筒）-混凝土筒体（或剪力墙）体系

钢框架-混凝土核心筒和钢框筒-混凝土核心筒体系的结构示意图如图11-7和图11-8所示。这类体系与框架剪力墙体系不同，混凝土剪力墙集中在结构的中部并形成刚度很大的筒体，成为混凝土核心筒，在核心筒外则布置钢框架或由钢框架形成的钢框筒。钢框架-混凝土筒体体系，包括巨型柱—核心筒—伸臂桁架体系，因其造价低于全钢结构而抗震性能又优于钢筋混凝土结构，在我国的高层房屋中被广泛采用，特别在超高层房屋中，往往被作为首选体系。

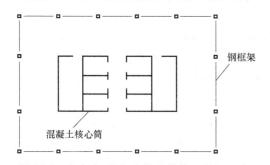

图 11-7　钢框架-混凝土核心筒体系平面示意图

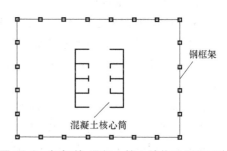

图 11-8　钢框筒-混凝土核心筒体系平面示意图

这类体系由钢和混凝土两种不同材料组成，属于钢-混凝土混合结构体系中的一种。由于钢框架或钢框筒的抗侧刚度远小于混凝土核心筒的抗侧刚度，因此在水平力作用下，混凝土核心筒将承担绝大部分的水平力。钢框架或钢框筒承担的水平力往往不到全部水平力的20%。另外，混凝土核心筒的延性较差，核心筒在地震水平力作用下会出现裂缝，刚度会明显降低，核心筒承担的水平力比例将会降低。核心筒承担剪力的减少部分将向钢框架或钢框筒转移。如果设计不当，则会出现连锁破坏，造成房屋倒塌。因此采用这类体系必须防止这种情况。

这类体系一般宜设计成双重抗侧力体系，即混凝土核心筒和钢框架或钢框筒都应是能承受水平荷载的抗侧力结构，其中混凝土核心筒应是主要的抗侧力结构，而且应设计成有较好的延性，在高层房屋受地震水平力作用达到弹塑性变形限值时仍能承受不少于75%的水平力。钢框架或钢框筒作为第二道抗侧力结构，应设计成能承受不少于25%的水平力。

钢框筒与钢框架的差别是将柱加密，通常柱距不超过3m，再用深梁与柱刚接，使其受力性能与筒壁上开小洞的实体筒类似，成为钢框筒。

这类体系虽也是双重抗侧力体系，但在抗震性能方面并不是十分良好，基本上仍属于混凝土筒体的受力性能。在美国和日本的几次大地震中，采用这种体系的房屋均有遭受严重破坏的现象，目前国外在抗震区的高层房屋中已不采用这类体系。因此，在设计时必须十分注意采取提高其延性和抗震性能的严格措施。

在这类体系中，若采用混凝土剪力墙则其抗震性能将更差。所以，这类体系适宜在非抗震设防区的高层和超高层房屋中采用。

4. 钢筒体体系

（1）钢框筒结构体系 钢框筒结构体系是将结构平面中的外围柱设计成钢框筒，而在框筒内的其他竖向构件主要承受竖向荷载。刚性楼面是框筒的横隔，可以增强框筒的整体性。

框筒是一空间结构，具有比框架体系大得多的抗侧刚度和抗扭刚度，承载力也比框架结构大，因此可以用于较高的高层房屋中。图11-9所示是框筒在水平力作用下的柱轴力分布情况。与实体筒不一样，由于框筒在剪力作用下产生的变形的影响，柱内轴力不再是线性分布，角柱的轴力大于平均值，中部柱的轴力小于平均值。这种现象称为剪力滞后。

框筒体系没有充分利用内部梁、柱的作用，在高层房屋中采用不多。

（2）桁架筒结构体系 桁架筒结构体系是将外围框筒设计成带斜杆的桁架式筒，可以大大提高抗侧刚度。桁架筒与框筒的差别在于筒壁由桁架结构组成，其刚度和承载力均较框筒为大，可以用于很高的高层房屋。

（3）钢框架-钢核心筒体系 钢框架-钢核心筒体系与钢框架-混凝土核心筒体系的主要差别就是采用了钢框筒作为核心筒，使体系延性和抗震性能大大改善，但用钢量有所增加。框架-钢核心筒体系属于双重抗侧力体系，有较好的抗震性能，可用于高度较高的高层房屋中。

（4）筒中筒结构体系 筒中筒结构体系由外框筒和内框筒组成，其刚度将比框筒结构体系大。刚性楼面起协调外框筒和内框筒变形和共同工作的作用。筒中筒体系与钢框筒-混凝土核心筒体系的不同在于钢筒中筒体系中的内筒也为钢框筒或钢支撑框筒。由于内筒采用了钢结构，其延性和抗震性能均大大改善。筒中筒体系的抗侧刚度和承载力都比较大，且又是双重抗侧力体系，因此常在高度很高的高层房屋中采用。

（5）束筒体系 束筒体系是将多个筒体组合在一起，具有很大的抗侧刚度，且大大改善了剪力滞后现象，使各柱的轴力比较均匀，增大了结构的承载力，如图11-10所示。束筒体系平面布置灵活，而且在竖向可将各筒体在不同的高度中止，丰富立面造型，因此适宜用于超高层房屋。

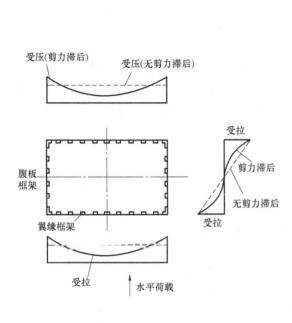

图 11-9 框筒在水平力作用下柱轴力分布

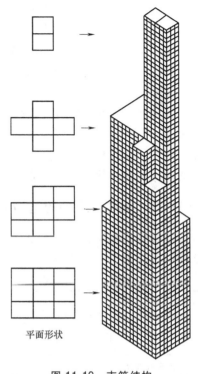

图 11-10 束筒结构

5. 巨型结构体系

一般高层钢结构的梁、柱、支撑为一个楼层和一个开间内的构件；巨型结构则是将梁、柱、支撑由数个楼层和数个开间组成，一般可组成巨型框架结构和巨型桁架结构。巨型结构体系的最大优点是具有较好的抗震性能和抗侧刚度，房屋内部空间的分隔较为自由，可以灵活地布置大空间。

巨型结构体系出现的时间不久，但一经采用就显露出一系列的优点：结构抗侧刚度大，抗震性能好，房屋内部空间利用自由。因此，在超高层房屋中得到青睐。

6. 其他结构体系

上述各类是高层房屋钢结构体系的最基本形式，由此可以衍生出其他结构体系。目前，最常用的是巨型柱-核心筒-伸臂桁架结构体系，如图 11-11 所示。巨型柱一般采用型钢混凝土柱，伸臂桁架采用钢桁架，高度可取 2~3 层层高。

这种体系以核心筒为主要抗侧力体系，巨型柱通过刚度极大的伸臂桁架与核心筒相连，参与结构的抗弯，可有效地减小房屋的侧向位移。当核心筒在水平力作用下弯曲时，刚性极大的伸臂桁架使楼面在它所在的位置保持为平截面，从而使巨

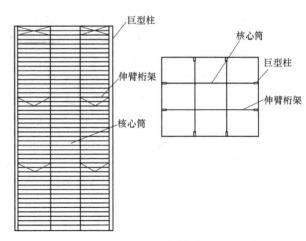

图 11-11 巨型柱-核心筒-伸臂桁架结构体系

型柱在内凹处缩短并产生压力,在外凸处伸长并产生拉力。由于此压力与拉力均处于结构的外围,力臂大,形成了较大的抵抗力矩,减少了核心筒所受的弯矩,增加了结构的抗侧刚度,减少了结构的侧向位移。但是,伸臂桁架并不能使巨型柱在抵抗剪力中发挥更大的作用,另外,在伸臂桁架处,层间抗侧刚度突然大幅增加,而使与它相连的巨型柱产生塑性铰,这对抗震不利。

这种体系除在外围有巨型柱外,还布置有一般钢柱。由于一般钢柱的截面较小,不能分担水平力,只能起传递竖向荷载的作用,但它与楼面梁组成框架后,可以增加结构的抗扭刚度。例如,在伸臂桁架的同一楼层处周围设置环桁架,可以加强外围一般柱的联系,加强结构的整体性,并使外围各柱能参与承担水平力产生的弯矩和剪力。

11.1.3 高层钢结构的选型

非抗震设计和抗震设防烈度为 6 度至 9 度的乙类和丙类高层民用建筑钢结构适用的最大高度应符合表 11-1 的要求。

表 11-1 高层民用建筑钢结构适用的最大高度　　　　　　（单位：m）

结构体系	6度,7度(0.10g)	7度(0.15g)	8度		9度(0.40g)	非抗震设计
			0.20g	0.30g		
框架	110	90	90	70	50	110
框架-中心支撑	220	200	180	150	120	240
框架-偏心支撑 框架-屈曲约束支撑 框架-延性墙板	240	220	200	180	160	260
筒体(框筒,筒中筒,桁架筒,束筒) 巨型框架	300	280	260	240	180	360

注:1. 房屋高度指室外地面到主要屋面板板顶的高度（不包括局部突出屋顶部分）。
　　2. 超过表内高度的房屋,应进行专门研究和论证,采取有效的加强措施。
　　3. 表内筒体不包括混凝土筒。
　　4. 框架柱包括全钢柱和钢管混凝土柱。
　　5. 甲类建筑,6 度、7 度、8 度时宜按本地区抗震设防烈度提高 1 度后符合本表要求,9 度时应专门研究。

高层民用建筑钢结构适用的最大高宽比:
1）抗震设防烈度 6 度和 7 度时,不超过 6.5。
2）抗震设防烈度 8 度时,不超过 6.0。
3）抗震设防烈度 9 度时,不超过 5.5。

房屋高度不超过 50m 的高层民用建筑可采用框架、框架-中心支撑或其他体系的结构;超过 50m 的高层民用建筑结构,8 度、9 度时宜采用框架-偏心支撑、框架-延性墙板或屈曲约束支撑等结构。高层民用建筑钢结构不应采用单跨框架结构。

抗震设计的高层民用建筑的结构体系应符合下列规定:
1）应具有明确的计算简图和合理的地震作用传递路径。
2）应具有必要的承载能力,足够大的刚度,良好的变形能力和消耗地震能量的能力。
3）应避免因部分结构或构件的破坏而导致整个结构丧失承载重力荷载、风荷载和地震作用的能力。

4) 对可能出现的薄弱部位,应采取有效的加强措施。

高层民用建筑的结构体系尚宜符合下列规定:

1) 结构的竖向和水平布置宜使结构具有合理的刚度和承载力分布,避免因刚度和承载力突变或结构扭转效应而形成薄弱部位。

2) 抗震设计时宜具有多道防线。

高层民用建筑的填充墙、隔墙等非结构构件宜采用轻质板材,应与主体结构可靠连接。房屋高度不低于150m的高层民用建筑外墙宜采用建筑幕墙。

11.2 多层及高层房屋钢结构的结构布置

11.2.1 多层房屋钢结构的结构布置

除竖向荷载外,风荷载、地震作用等侧向荷载和作用是影响多层房屋钢结构用钢量和造价的主要因素。因此,在建筑和结构设计时,应采用能减小风荷载和地震作用效应的建筑与结构布置。

1. 多层房屋钢结构的建筑体形设计

(1) 建筑平面形体　建筑平面形体宜设计成具有光滑曲线的凸平面形式,如矩形平面、圆形平面等,以减小风荷载。为减小风荷载和地震作用产生的不利扭转影响,平面形体还宜简单、规则、有良好的整体性,并能在各层使刚度中心与质量中心接近。

表11-2是《建筑抗震设计规范》中列出的平面不规则的三种类型,即扭转不规则、凹凸不规则和楼板局部不连续及其定义。在进行平面设计时,应尽量避免出现上述不规则。

表 11-2　平面不规则的类型

不规则类型	定　义
扭转不规则	楼层的最大弹性水平位移(或层间位移),大于该楼层两端弹性水平位移(或层间位移)平均值的1.2倍
凹凸不规则	结构平面凹进的一侧尺寸,大于相应投影方向总尺寸的30%
楼板局部不连续	楼板尺寸和平面刚度急剧变化,如有效楼板宽度小于该层楼板典型宽度的50%,或开洞面积大于该层楼面面积的30%,或较大的楼层错层

(2) 建筑竖向形体　为减小地震作用的不利影响,建筑竖向形体宜规则均匀,避免有过大的外挑和内收,各层的竖向抗侧力构件宜上下贯通,避免形成不连续。层高不宜有较大突变。表11-3是《建筑抗震设计规范》中列出的竖向不规则的三种类型,即侧向刚度不规则、竖向抗侧力构件不连续和楼层承载力突变及其定义。在进行竖向形体设计时,应尽量避免出现这些不规则。

表 11-3　竖向不规则的类型

不规则类型	定　义
侧向刚度不规则	该层的侧向刚度小于相邻上一层的70%,或小于其上相邻三个楼层侧向刚度平均值的80%;除顶层外,局部收进的水平向尺寸大于相邻下一层的25%
竖向抗侧力构件不连续	竖向抗侧力构件(柱、支撑、剪力墙)的内力由水平转换构件(梁、桁架等)向下传递
楼层承载力突变	抗侧力结构的层间受剪承载力小于相邻上一楼层的80%

2. 多层房屋钢结构的结构布置

(1) 结构平面布置　由于框架是多层房屋钢结构最基本的结构单元，为了能有效地形成框架，柱网布置应规则，避免零乱。

框架横梁与柱的连接在柱截面抗弯刚度大的方向做成刚接，形成刚接框架。在另一方向，常视柱截面抗弯刚度的大小，采用不同的连接方式。当柱截面抗弯刚度也较大时，可做成刚接，形成双向刚接框架；当柱截面抗弯刚度较小时，可做成铰接，但应设置柱间支撑增加抗侧刚度，形成柱间支撑-铰接框架。在保证楼面、屋面平面内刚度的条件下，可采用隔一榀或隔多榀布置柱间支撑，其余则为铰接框架。

在双向刚接框架体系中，柱截面抗弯刚度较大的方向应布置在跨数较少的方向。在单向刚接框架另一方向为柱间支撑—铰接框架体系时，柱截面的布置方向则由柱间支撑设置的方向确定，抗弯刚度较大的方向应在刚接框架的方向。

结构平面布置中柱截面尺寸的选择和柱间支撑位置的设置，应尽可能做到使各层刚度中心与质量中心接近。

处于抗震设防区的多层房屋钢结构宜采用框架-支撑体系，因为框架-支撑体系是由刚接框架和支撑结构共同抵抗地震作用的多道抗震设防体系。采用这种体系时，框架梁和柱在两个方向均做成刚接，形成双向刚接框架，同时在两个方向均设置支撑结构。框架和支撑的布置应使各层刚度中心与质量中心接近。

当采用框架-剪力墙体系时，其平面布置也应遵循上述相同的原则，但钢梁与混凝土剪力墙的连接一般都做成铰接连接。

(2) 结构竖向布置　结构的竖向抗侧刚度和承载力宜上下相同，或自下而上逐渐减小，避免有抗侧刚度和承载力突然变小，更应防止下柔上刚的情况。

处于抗震设防区的多层房屋钢结构，其框架柱宜上下连续贯通并落地。当由于使用需要必须抽柱而无法贯通或者落地时，应合理设置转换构件，使上部柱子的轴力和水平剪力能够安全可靠和简洁明确地传到下部直至基础。支撑和剪力墙等抗侧力结构更宜上下连续贯通并落地。结构在两个主轴方向的动力特性宜相近。

当多层房屋有地下室时，钢结构宜延伸至地下室。

(3) 楼层平面布置原则　多层房屋钢结构的楼层在其平面内应有足够的刚度，处于抗震设防区时，更是如此。因为由地震作用产生的水平力需要通过楼层平面的刚度使房屋整体协同受力，从而提高房屋的抗震能力。

当楼面结构为压型钢板-混凝土组合楼面、现浇或装配整体式钢筋混凝土楼板并与楼面钢梁有连接时，楼面结构在楼层平面内具有很大刚度，可以不设水平支撑。

当楼面结构为有压型钢板的钢筋混凝土非组合板、现浇或装配整体式钢筋混凝土楼板但与钢梁无连接以及活动格栅铺板时，由于楼面板不能与楼面钢梁连接成一体，不能在楼层平面内提供足够的刚度，应在框架钢梁之间设置水平支撑。

当楼面开有很大洞使楼面结构在楼层平面内无法有足够的刚度时，应在开洞周围的柱网区格内设置水平支撑。

11.2.2　高层房屋钢结构布置

高层房屋钢结构的建筑平面布置和竖向布置与多层房屋钢结构的原则基本相同。高层房屋钢结构的建筑设计应根据抗震概念设计的要求明确设计建筑形体的规则性。不规则的建筑方案应按规定采取加强措施；特别不规则的建筑方案应进行专门的研究和论证，采用特别的加强措施；严重不规则的建筑方案不应采用。

在平面不规则类型中，高层房屋钢结构除了扭转不规则、凹凸不规则和楼板局部不连续不规则外，《高层民用建筑钢结构技术规程》中规定了偏心布置不规则，即任一层的偏心率大于 0.15 或相邻层质心相差大于相应边长的 15%，偏心率按下式计算

$$\varepsilon_x = \frac{e_x}{r_{ex}} \varepsilon_y = \frac{e_y}{r_{ey}} \tag{11-1}$$

$$r_{ex} = \sqrt{\frac{K_T}{\sum K_x}} \quad r_{ey} = \sqrt{\frac{K_T}{\sum K_y}} \tag{11-2}$$

$$K_T = \sum (K_x \cdot \overline{y}^2) + \sum (K_y \cdot \overline{x}^2) \tag{11-3}$$

式中　ε_x、ε_y——该层在 x 和 y 方向的偏心率；

e_x、e_y——x 和 y 方向水平荷载合力作用线到结构刚心的距离；

r_{ex}、r_{ey}——x 和 y 方向的弹性半径；

$\sum K_x$、$\sum K_y$——楼层各抗侧力构件在 x 和 y 方向的侧向刚度之和；

K_T——楼层的扭转刚度；

$\overline{x}$、$\overline{y}$——以刚心为原点的抗侧力构件坐标。

当框筒结构采用矩形平面形式时，应控制其平面长宽比小于 1.5，不能满足要求时，宜采用束筒结构。需抗震设防时，平面尺寸关系应符合表 11-4 的要求，表中相应尺寸的几何意义如图 11-12 所示。

表 11-4　L、l、l'、B' 的限值

平面的长宽比		凹凸部分的长宽比		大洞口宽度比
L/B	L/B_{max}	l/b	l'/b	B'/B_{max}
≤5	≤4	≤1.5	≥1	≤0.5

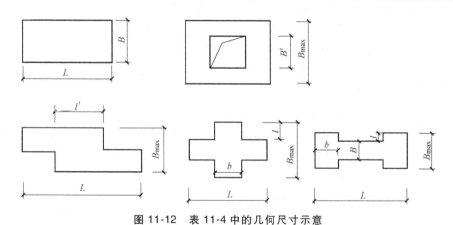

图 11-12　表 11-4 中的几何尺寸示意

高层房屋钢结构不宜设置防震缝。体型复杂、平立面不规则的建筑，应根据不规则程度、地基基础等因素，确定是否设防震缝；当在适当位置设置防震缝时，宜形成多个较规则的抗侧力结构单元。防震缝应根据抗震设防烈度、结构类型、结构单元的高度和高差情况，

留有足够的宽度，其上部结构应完全分开；防震缝的宽度不应小于钢筋混凝土框架结构缝宽的1.5倍。

高层房屋钢结构可不设伸缩缝。当高层部分与裙房间不设沉降缝时，基础设计应进行基础整体沉降验算，并采取必要措施减轻差异沉降造成的影响，在施工中宜预留后浇带，连接部位还应加强构造和连接。

高层房屋钢结构的平面布置宜设置中心结构核心，将楼梯、电梯、管道等设置其中。对于抗震设防烈度7度或7度以上地区的建筑，在结构单元的端部角区或凹角部位，不宜设置楼梯、电梯间，必须设置时应采取加强措施。

高层房屋钢结构布置的其他要求：

1) 高层房屋钢结构的楼板，必须有足够的承载力、刚度和整体性。楼板宜采用压型钢板现浇混凝土楼板、现浇钢筋桁架混凝土楼板或钢筋混凝土楼板，楼板与钢梁有可靠连接。6度、7度时房屋高度不超过50m的高层民用建筑，尚可采用装配式钢筋混凝土楼板，也可采用装配式楼板或其他轻型楼盖，应将楼板预埋件与钢梁焊接，或采取其他措施保证楼板的整体性。

2) 对转换楼层楼盖或楼板有大洞口等情况，宜在楼板内设置钢水平支撑。

3) 建筑物中有较大的中庭时，可在中庭的上端楼层用水平桁架将中庭开口连接，或采取其他增强结构抗扭刚度的有效措施。

4) 在设防烈度7度及7度以上地区的建筑中，各种幕墙与主体结构的连接，应充分考虑主体结构产生层间位移时幕墙的随动性，使幕墙不增加主体结构的刚度。

5) 暴露在室外的钢结构构件，应采取隔热和防火措施，以减少温度应力的影响。

6) 高层建筑基础埋置较深，敷设地下室不仅起到补偿基础的作用，而且有利于增大结构抗侧倾的能力，因此高层钢结构宜设地下室。地下室通常取钢筋混凝土剪力墙或框剪结构形式。

11.2.3 钢筒体结构体系布置原则

1. 钢框筒结构体系的布置原则

1) 框筒的高宽比不宜小于3，否则不能充分发挥框筒作用。

2) 框筒平面宜接近方形、圆形或正多边形，当为矩形时，长短边之比不宜超过1.5。框筒平面的边长不宜超过45m，否则剪力滞后现象会较严重。

3) 框筒应做成密柱深梁。柱距一般为1~3m，不宜超过4.5m和层高。框筒的窗洞面积不宜大于其总面积的50%。

4) 框筒柱截面刚度较大的方向宜布置在框筒的筒壁平面内，角柱应采用方箱形柱，其截面面积宜为非角柱的1.5倍左右。框筒为方、矩形平面时，也可将其做成切角方、矩形，以减小角柱受力和剪力滞后现象。

5) 在框筒筒壁内，深梁与柱的连接应采用刚接。

2. 钢桁架筒结构体系的布置原则

钢桁架筒的筒壁是一个竖向桁架，由四片竖向桁架围成筒体。竖向桁架受力与桁架相同，其杆件可按桁架的要求布置，柱距可以放大，布置较框筒灵活。但桁架筒结构的高宽比仍不宜小于3，筒体平面也以接近方形、圆形或正多边形为宜。

3. 钢框架-钢核心筒结构体系的布置原则

钢框架-钢核心筒结构体系中的钢框架柱距大，布置灵活，但周边梁与柱应刚性连接，在周围形成刚接框架。钢核心筒应采用桁架筒，以增加核心筒的刚度。核心筒的高宽比宜在10左右，一般不超过15。外围框架柱与核心筒之间的距离一般为10~16m。外围框架柱与核心筒柱之间应设置主梁，梁与柱的连接可根据需要，采用刚接或铰接。

4. 钢筒中筒结构体系的布置原则

钢筒中筒结构由钢外筒和钢内筒组成。钢外筒可采用钢框筒或钢桁架筒，其布置原则与钢框筒结构体系的布置原则中的1）、2）相同。钢内筒平面尺寸一般较小，都采用钢桁架筒。

钢筒中筒结构的布置尚应注意以下要求：

1）内筒尺寸不宜过小，内筒边长不宜小于外筒边长的1/3，内外筒之间的进深一般为10~16m。内筒的高宽比大约在12左右，不宜超过150。

2）外筒柱与内筒柱的间距宜相同，外、内筒柱之间应设置主梁，并与柱刚接，以提高体系的空间工作作用。

11.3 多层及高层房屋钢结构的力学分析

11.3.1 多层房屋钢结构荷载

多层房屋钢结构的荷载主要包括恒荷载、雪荷载、积灰荷载、活荷载、风荷载、温度作用、地震作用等。其中楼面活荷载和屋顶的活荷载、积灰荷载、风荷载、温度作用的计算应按《建筑结构荷载规范》的规定进行。多层房屋钢结构一般应考虑活荷载的不利分布。设计楼面梁、墙、柱及基础时，楼面活荷载可按《建筑结构荷载规范》的规定进行折减。

多层工业房屋设有起重机时，起重机竖向荷载与水平荷载应按《建筑结构荷载规范》的规定计算。

1. 恒荷载

建筑物自重按实际情况计算取值，荷载分项系数 γ 取1.2。楼盖或屋盖上工艺设备荷载包括永久性设备荷载及管线等，应按工艺提供的数据取值，其荷载分项系数 γ 取1.2。当恒荷载在荷载组合中为有利作用时，其荷载分项系数 γ 取1.0。

2. 雪荷载、积灰荷载、活荷载

雪荷载和积灰荷载应按《建筑结构荷载规范》取值，荷载分项系数 γ 取1.4。楼层活荷载（包括运输或起重设备荷载），应按工艺提供的资料确定，荷载分项系数 γ 一般取1.4，但当楼面活荷载 $q \geq 4\mathrm{kN/m^2}$ 时，荷载分项系数 γ 可取1.3。

3. 风荷载

垂直于房屋表面上的风荷载标准值可按《建筑结构荷载规范》计算，计算公式如下

$$w_k = \beta_z \mu_s \mu_z w_0 \tag{11-4}$$

式中　　w_k——风荷载标准值；

β_z、μ_s、μ_z——高度 z 处的风振系数、风荷载体型系数和风压高度变化系数，按《建筑结构荷载规范》的规定采用；对于基本自振周期 T_1 大于0.25s的房屋及高度大于30m且高宽比大于1.5的房屋，应考虑风振系数，否则取 $\beta_z = 1.0$；

w_0——基本风压，一般多层房屋按50年重现期采用，对于特别重要或对风荷载比较敏感的多层建筑可按100年重现期采用。

4. 地震作用

发生地震时,由于楼层或屋盖及构件等本身的质量而对结构产生的地震作用有,包括水平地震作用和竖向地震作用,其中竖向地震作用仅在计算多层框架内的大跨度或大悬挑构件时给予考虑。

多层框架的水平地震作用应按《建筑抗震设计规范》并采用振型分解反应谱法计算确定,一般宜采用计算机和专门软件计算;当不计扭转影响时,其典型表达式如下

$$F_{ji} = 1.15 \alpha_j \gamma_j X_{ji} G_i \tag{11-5}$$

式中 F_{ji}——j 振型($i=1, 2, \cdots, m$)时质点 i 的水平地震作用标准值,m 为振型数,一般计算不小于 3 个振型,当基本周期 $T_1 > 1.5s$,且质量、刚度沿高度不均匀时,振型数应适当增加;

1.15——考虑多层钢结构阻尼比修正的调整系数;

α_j——相应于 j 振型自振周期的水平地震作用影响系数,应按《建筑抗震设计规范》中以 $\alpha_{\max}$、特征周期 T_g、结构自振周期 T 等为函数的地震影响系数曲线确定;

γ_j——j 振型的参与系数;

X_{ji}——j 振型质点 i 的水平相对位移;

G_i——i 质点的重力荷载代表值。

计算时,对平面布置较规则的多层框架,可采用平面计算模型;当平面不规则且楼盖为平面刚性楼盖时,应采用空间计算模型;当刚心与重心有较大偏心时,应计入扭转影响。

按上述振型分解反应谱法计算地震作用时,由地震作用产生的框架结构效应 S_{Ek},即结构或构件最终组合的弯矩、剪力、轴力及位移等,可采用二次方和开二次方的方法将各振型水平地震作用 F_{ji} 产生的各效应 S_{Ekj} 组合成 S_{Ek},从而进行截面验算。

水平地震作用的荷载分项系数 γ 取 1.3。

当多层框架中有大跨度(跨度大于 24m)的桁架、长悬臂以及托柱梁等结构时,其竖向地震作用可采用其重力荷载代表值与竖向地震作用系数 α_v 的乘积来计算,即

$$F_{V0} = \alpha_v G_{E0} \tag{11-6}$$

式中 F_{V0}——大跨度或悬挑构件的竖向地震作用;

α_v——竖向地震作用系数,8 度以上设防时取 0.1,9 度设防时取 0.2;

G_{E0}——大跨或悬挑结构上相应的重力荷载代表值。

5. 其他荷载

对无水平荷载作用的多层框架,可考虑柱在安装中因可能产生的偏差而引起的假定水平荷载 P_{Hi}(作用于每层梁柱节点)进行计算

$$P_{Hi} = 0.01 \frac{\sum N_i}{\sqrt[3]{n}} \tag{11-7}$$

式中 $\sum N_i$——P_{Hi} 作用的 i 层以上柱的总竖向荷载;

n——i 层的框架柱总数。

11.3.2 荷载组合

1. 承载能力极限状态

1)对于非抗震设计,多层房屋钢结构的承载能力极限状态设计,一般应采用下列荷载组合

$$\begin{cases} 1.2D+1.4L_\text{f}+1.4\max(S,L_\text{r}) \\ 1.2D+1.4W \\ 1.2D+1.4L_\text{f}+\max(S,L_\text{r})+1.4\times0.6W \\ 1.2D+1.4W+1.4\times0.7L_\text{f}+1.4\times0.7\max(S,L_\text{r}) \\ 1.35D+1.4\times0.7L_\text{f}+1.4\times0.7\max(S,L_\text{r})+1.4\times0.6W \end{cases}$$

式中 D——恒荷载标准值；

L_f，L_r——屋面及楼面荷载标准值；

W——风荷载标准值；

S——雪荷载标准值。

2) 对于抗震设计，多层房屋钢结构的承载能力极限状态设计应按多遇地震计算，其荷载组合为

$$\begin{cases} 1.2(D+0.5L_\text{r}+0.5L_\text{f})+1.3E_{\text{h}x}+1.3\times0.5E_{\text{h}y} \\ 1.2(D+0.5L_\text{r}+0.5L_\text{f})+1.3\times0.5E_{\text{h}x}+1.3E_{\text{h}y} \end{cases}$$

式中 $E_{\text{h}x}$、$E_{\text{h}y}$——x 向和 y 向单向水平地震作用。

当多层房屋钢结构进行罕遇地震作用下的结构弹塑性变形计算时，其荷载组合为

$$\begin{cases} D+0.5L_\text{r}+0.5L_\text{f}+E_{\text{h}x}+0.5E_{\text{h}y} \\ D+0.5L_\text{r}+0.5L_\text{f}+0.5E_{\text{h}x}+E_{\text{h}y} \end{cases}$$

2. 正常使用极限状态设计

1) 对于非抗震设计，多层房屋钢结构的正常使用极限状态设计的荷载组合为

$$\begin{cases} 1.0D+1.0L_\text{f}+1.0\max(S,L_\text{r}) \\ 1.0D+1.0W \\ 1.0D+1.0L_\text{f}+1.0\max(S,L_\text{r})+1.0\times0.6W \\ 1.0D+1.0W+1.0\times0.7L_\text{f}+1.0\times0.7\max(S,L_\text{r}) \end{cases}$$

2) 对于抗震设计，多层房屋钢结构的正常使用极限状态设计的荷载组合为

$$\begin{cases} D+0.5L_\text{r}+0.5L_\text{f}+E_{\text{h}x}+0.5E_{\text{h}y} \\ D+0.5L_\text{r}+0.5L_\text{f}+0.5E_{\text{h}x}+E_{\text{h}y} \end{cases}$$

须注意的是，当多层工业房屋有起重机设备和处于屋面积灰区时，尚应考虑起重机荷载和积灰荷载的组合。

11.3.3 多层房屋钢结构的内力分析

1. 一般原则

1) 多层房屋钢结构的内力一般按结构力学方法进行弹性分析，符合11.3.3节第3小节的多层钢框架，可采用塑性分析。

2) 框架结构的内力分析可采用一阶弹性分析，对符合下式的框架结构宜采用二阶弹性分析，即在分析时考虑框架侧向变形对内力和变形的影响，也称考虑 P-Δ 效应分析。

$$\frac{\sum N\Delta u}{\sum Hh}>0.1 \tag{11-8}$$

式中 $\sum N$——所计算楼层各柱轴向压力设计值之和；

$\sum H$——所计算楼层及以上楼层的水平力设计值之和；

Δu——层间相对位移的容许值；

h——所计算楼层的高度。

3) 计算多层房屋钢结构的内力和位移时，一般可假定楼板在其自身平面内为绝对刚性。但对楼板局部不连续、开孔面积大有较长外伸段的楼面，需考虑楼板在其自身平面内的变形。

4) 当楼板采用压型钢板-混凝土组合楼板或钢筋混凝土楼板并与钢梁可靠连接时，在弹性分析中，梁的惯性矩可考虑楼板的共同工作而适当放大。对于中梁，其惯性矩宜取 $(1.5\sim 2.0)I_b$，对于仅一侧有楼板的梁可取 $1.2I_b$，I_b 为钢梁的惯性矩。在弹塑性分析中，不考虑楼板与梁的共同工作。

5) 多层房屋钢结构在进行内力和位移计算时，应考虑梁和柱的弯曲变形和剪切变形，可不考虑轴向变形；当有混凝土剪力墙时，应考虑剪力墙的弯曲变形、剪切变形、扭转变形和翘曲变形。

6) 宜考虑梁柱连接节点域的剪切变形对内力和位移的影响。

7) 多层房屋钢结构的结构分析宜采用有限元法。对于可以采用平面计算模型的多层房屋钢结构，可采用11.3.3.2节的近似实用算法。

8) 多层房屋钢结构在地震作用下的分析，应按11.3.3.4节进行。

2. 多层框架内力的近似分析方法

在工程实践中，有一些有效的近似分析方法，这些方法便于手工计算，又有一定的精度，特别在方案论证和初步设计时，尤其适用。

(1) 分层法（竖向荷载作用下的内力近似分析方法，如图11-13所示。） 在竖向荷载作用下，多层框架的侧移较小，且各层荷载对其他层的水平构件的内力影响不大，可忽略侧移而把每层作为无侧移框架用力矩分配法进行计算。如此计算所得水平构件内力即为水平构件内力的近似值，但垂直构件属于相邻两层，须自上而下将各相邻层同一垂直构件的内力叠加，才可得各垂直构件的内力近似值。

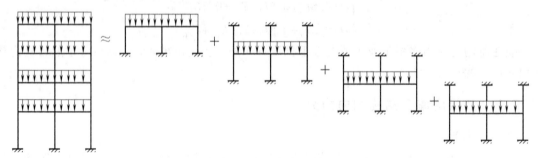

图11-13 分层法示意图

1) 将多层框架沿高度分成若干单层无侧移的敞口框架，每个敞口框架包括本层梁和与之相连的上、下层柱。梁上作用的荷载、各层柱高及梁跨度均与原结构相同。

2) 除底层柱的下端外，其他各柱的柱端应为弹性约束。为便于计算，均将其处理为固定端。这样将使柱的弯曲变形有所减小，为消除这种影响，可把除底层柱以外的其他各层柱的线刚度乘以修正系数 0.9。

3）用无侧移框架的计算方法（如弯矩分配法）计算各敞口框架的杆端弯矩，由此所得的梁端弯矩即为其最后的弯矩值；因每一柱属于上、下两层，所以每一柱端的最终弯矩值需将上、下层计算所得的弯矩值相加。在上、下层柱端弯矩值相加后，将引起新的节点不平衡弯矩，如欲进一步修正，可对这些不平衡弯矩再做一次弯矩分配。如用弯矩分配法计算各敞口框架的杆端弯矩，在计算每个节点周围各杆件的弯矩分配系数时，应采用修正后的柱线刚度计算；并且底层柱和各层梁的传递系数均取 1/2，其他各层柱的传递系数改用 1/3。

4）在杆端弯矩求出后，可用静力平衡条件计算梁端剪力及梁跨中弯矩；由逐层叠加柱上的竖向荷载（包括节点集中力、柱自重等）和与之相连的梁端剪力，即得柱的轴力。

（2）D 值法（水平荷载作用下的内力近似分析方法） 框架在水平荷载作用下的内力近似分析方法大多是从寻找构件的反弯点出发的。对仅受节点水平荷载作用的情形，如果梁的抗弯刚度远大于柱的抗弯刚度，则可认为柱两端的转角为零，从而柱段高度中央存在一个反弯点（图 11-14a）。此时柱的转角位移方程为

$$M_{ab} = M_{ba} = -6i\delta/h \tag{11-9}$$

端部剪力为

$$V = 12i\delta/h^2 = \delta d \tag{11-10}$$

式中 M_{ab}、M_{ba}——柱两端的杆端弯矩；

   i、h——柱的线刚度和高度，$i = EI/h$；

   δ——柱两端水平位移之差；

   d——柱的抗侧位移刚度，$d = V/\delta = 12i/h^2$。

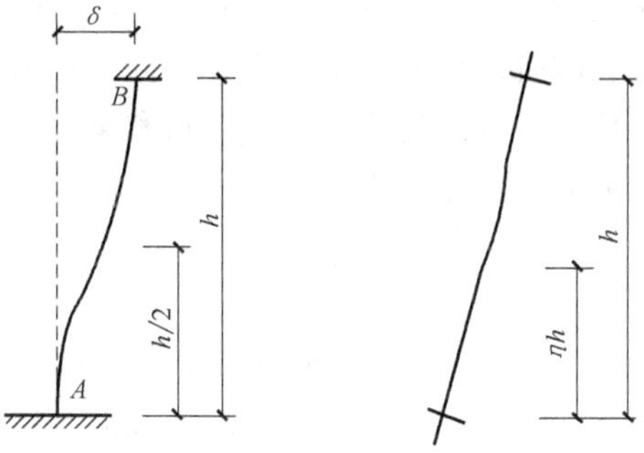

图 11-14 框架柱侧移和反弯点

设框架第 i 层的总剪力为 V_i，假定框架同一层所有柱的层间位移均相同，则有

$$\sum_j V_{ij} = \delta_i \sum_j d_{ij} = V_i \tag{11-11}$$

式中 V_{ij}、d_{ij}——位于 i 层的第 j 个柱的剪力和抗侧移刚度。

由式（11-11）可用 V_i 表达层间位移 δ_i，从而柱的剪力可表达为

$$V_{ij} = \frac{d_{ij}}{\sum d_{ij}} V_i \tag{11-12}$$

假定上层柱的反弯点位于柱高中点，底层柱的反弯点位于距底端 2/3 柱高处，由此可建立内力近似分析的反弯点法如下：

1）按式（11-12）计算各层各柱剪力。

2）注意关于反弯点的设定，考虑各柱力矩平衡，可得柱端弯矩计算公式

上层柱 $M_u = M_d = V_{ij} h_i / 2$ （11-13）

底层柱 $M_u = V_{1j} h_1 / 3 \quad M_d = 2 V_{1j} h_1 / 3$ （11-14）

式中 M_u、M_d——柱上端和柱下端弯矩。

3）考虑各节点力矩平衡（图 11-15），并设梁段弯矩与其线刚度成正比，可得梁端弯矩计算公式

边柱 $M_i = M_{u, i-1} + M_{d, i}$ （11-15）

中柱
$$M_{il}=i_l(M_{u,i-1}+M_{d,i})/(i_l+i_r) \qquad (11\text{-}16)$$
$$M_{ir}=i_r(M_{u,i-1}+M_{d,i})/(i_l+i_r) \qquad (11\text{-}17)$$

式中 $M_{u,i-1}$,$M_{d,i}$——第 $i-1$ 层柱的上端弯矩和第 i 层柱的下端弯矩；

M_{il},M_{ir}——节点左侧梁端弯矩和节点右侧梁端弯矩（图 11-15）；

i_l,i_r——节点左侧梁的线刚度和节点右侧梁的线刚度（图 11-15）。

4) 由梁端弯矩求梁的剪力。对于层数不多的框架，梁的线刚度通常大于柱的线刚度，当梁的线刚度不小于柱的线刚度的 3 倍时，上列反弯点法可给出较好的精度。对于一般的多层建筑，梁线刚度达不到柱线刚度的 3 倍，反弯点法的精度过低。在上述反弯点法的计算中，考虑端部转角非零的影响，

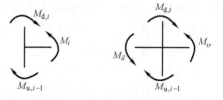

图 11-15 节点力矩平衡

对柱的抗侧移刚度进行修正，同时也考虑影响反弯点位置的一些其他因素的影响，可显著提高反弯点法的精度。端部转角和梁柱线刚度比 K 有关，为此引进修正系数 α，将修正后柱的抗侧移刚度记为 D

$$D=\alpha d=\alpha\frac{12i}{h^2} \qquad (11\text{-}18)$$

式中 α——柱抗侧移刚度修正系数，可按表 11-5 选用。

表 11-5 柱抗侧移刚度修正系数 α

位置	类别	中柱		边柱		α
		示意图	K	示意图	K	
上层柱		(图: i_1 i_2 i_c i_3 i_4)	$\dfrac{i_1+i_2+i_3+i_4}{2i_c}$	(图: i_2 i_c i_4)	$\dfrac{i_2+i_4}{2i_c}$	$\dfrac{K}{2+K}$
下层柱		(图: i_1 i_2 i_c)	$\dfrac{i_1+i_2}{i_c}$	(图: i_2 i_c)	$\dfrac{i_2}{i_c}$	$\dfrac{0.5+K}{2+K}$

以 D 代替式（11-11）中的 d，可以改善柱剪力的精度。将反弯点法位置表达为反弯点到柱下端的距离 ηh（图 11-14b）。影响 η 值的因素很多，包括层数、层高变化、水平荷载沿高度的变化和梁柱线刚度比等。η 的计算公式为

$$\eta=\eta_0+\eta_1+\eta_2+\eta_3 \qquad (11\text{-}19)$$

式中 η_0——标准反弯点高度比，即层高、跨度和梁柱线刚度比都为常数时的反弯点高度系数；

η_1——柱上下端所连接梁的线刚度不等时的修正系数；

η_2，η_3——层高不等时的修正系数。η_2反映上层柱高h_u与所讨论柱高h不等时的修正系数，η_3反映下层柱高h_d与所讨论柱高h不等时的修正系数。

以上系数都可以从有关文献的表格中查到。大多数多层建筑的η系数，底层接近2/3，中部各层接近0.45~0.5，三层以上者顶层为0.35~0.4。

由式（11-18）和式（11-19）修正柱侧移刚度和反弯点位置，再按上述步骤作反弯点的方法，称为改进反弯点法，也称D值法。由于柱上端弯矩M_u和下端弯矩M_d分别与上、下端到反弯点的距离成正比，位于第i层的第j柱的柱端弯矩计算公式改变为

$$\begin{cases} M_d = \eta h_i V_{ij} \\ M_u = (1-\eta) h_i V_{ij} \end{cases} \tag{11-20}$$

D值法在多层结构设计中应用颇广，但由于在柱侧移刚度和反弯点位置的修正系数的计算中，引入了一些假定，仍属近似方法。

得出各层柱和梁的弯矩和轴力后，可以初选各构件的截面。层数较多的纯框架在风荷载大的地区可能由侧向刚度要求控制设计，为此可把式（11-11）中的d_{ij}改为$D_{ij} = \alpha_{ij} d_{ij}$，并改写为

$$\delta_i = \frac{V_i}{\sum \alpha_{ij} d_{ij}} = \frac{V_i}{12 \dfrac{E}{h^2} \sum \dfrac{I_{ij}/h}{1 + 2/K_{ij}}} \tag{11-21}$$

将式（11-21）代入各构件的线刚度，即可考察层间位移是否超过限值。如果超限，则对选出的截面进行调整。

（3）二阶分析时的近似实用方法 对于层数不很多而侧移刚度比较大的框架，其内力计算采用一阶分析的方法，不计竖向荷载的侧移效应（也称P-Δ效应）。但在确定有侧移框架柱的计算长度时，竖向荷载的侧移效应是要考虑的。柱的计算长度由弹性稳定分析获得，由于分析时引进了很多简化假定，并且房屋高度不断增加、围护结构趋于轻型化，导致一阶分析所得的构件内力值和侧移值都较低，分析结果很难反映框架的真实承载极限。《钢结构设计标准》给出了采用二阶分析的规定。

二阶分析与一阶分析的不同主要是考虑框架侧向位移对内力的影响。图11-16所示为框架中的某一层在产生侧向位移后的受力情况，作用在该层上部的荷载都随侧向位移Δu的发生而侧移。按一阶分析时，因不考虑侧向位移的影响，因此底部的一阶倾覆力矩M_I只由水平力$\sum H$产生，即

$$M_I = \sum H h \tag{11-22}$$

式中 $\sum H$——计算楼层及以上各层的水平力之和；
h——楼层高度。

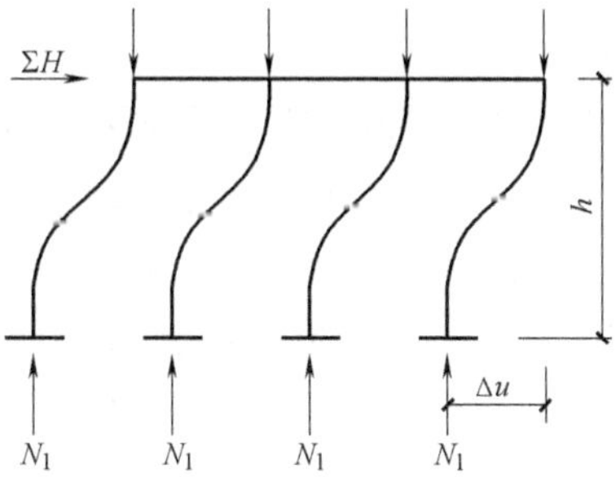

图 11-16 二阶分析示意图

按二阶分析时，底部的倾覆力矩除由水平力H产生外，还应考虑竖向力因框架侧移而产生的力矩，前者为一阶倾覆力矩M_I，后者为二阶倾覆力矩M_{II}，即

$$M = M_I + M_{II} = \sum H h + \sum N \Delta u$$

或

$$M = \sum H h \left(1 + \frac{\sum N \Delta u}{\sum H h}\right) \tag{11-23}$$

式中 $\sum N$——计算楼层各柱轴向压力之和；

Δu——计算楼层层间相对位移。

式（11-23）中的 $\dfrac{\sum N \Delta u}{\sum Hh}$ 表示二阶倾覆力矩与一阶倾覆力矩的比值。对比式（11-22）可以看出，当此比值大于 0.1 时宜采用二阶分析。

对于可以采用平面计算模型的多层房屋钢框架结构，在竖向荷载与水平荷载作用下的按二阶分析的内力和位移计算，也可采用与按一阶弹性分析相类似的近似实用分析方法。

1）先将框架节点的侧向位移完全约束（图 11-17b），用力矩分配法求出框架的内力（用 M_b 表示）和约束力 H_1、H_2、…。

2）将约束力 H_1、H_2、…反向作用于框架，同时应在每层柱顶附加由式（11-24）计算的假想水平力 H_{n1}、H_{n2}、…。用 D 值法求出框架的内力（用 M_s 表示）和变形（图 11-17c）。这里的 M_s 仍为一阶分析，只是增加了考虑结构和构件的各种缺陷（如结构的初倾斜、初偏心和残余应力等）对内力影响的假想水平力 H_{ni}（图 11-17c）。

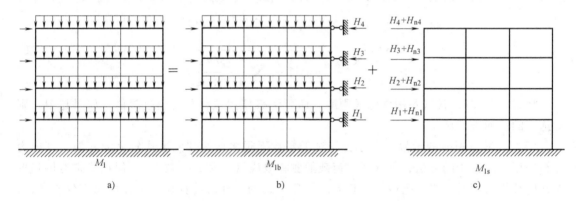

图 11-17 框架二阶分析时的近似实用方法

H_{ni} 可由下式计算

$$H_{ni} = \dfrac{\alpha_y Q_i}{250} \sqrt{0.2 + \dfrac{1}{n_s}} \quad (11\text{-}24)$$

式中 Q_i——第 i 楼层的总重力荷载设计值；

n_s——框架总层数；当 $\sqrt{0.2 + 1/n_s} > 1$ 时，取此根号值为 1.0；

α_y——钢材强度影响系数，Q235 钢取值 1.0；Q345 钢取值 1.1；Q390 钢取值 1.2；Q420 钢取值 1.25。

3）将 M_b 和 M_s 经考虑 P-Δ 效应后的放大值相加，即得到按二阶分析的内力和位移。

$$M = M_b + \alpha M_s \quad (11\text{-}25)$$

$$\alpha = \dfrac{1}{1 - \dfrac{\sum N \Delta u}{\sum Hh}} \quad (11\text{-}26)$$

当 $\alpha > 1.33$ 时，宜增大框架结构的刚度。

3. 框架结构的塑性分析

从理论上来讲，框架结构可以采用塑性分析。但由于我国尚缺少理论研究和实践经验，

《钢结构设计标准》的有关塑性设计的规定只适用于不直接承受动力荷载的由实腹构件组成的单层框架结构和层侧移不大于容许侧移的50%的2层~6层框架结构。

采用塑性设计的框架结构,按承载能力极限状态设计时,应采用荷载的设计值,考虑构件截面内塑性的发展及由此引起的内力重分配,用简单塑性理论进行内力分析。

采用塑性设计的框架结构,按正常使用极限状态设计时,采用荷载的标准值,并按弹性理论进行计算。

由于采用塑性设计后,出现塑性铰处的截面要达到全截面塑性弯矩,且在内力重分配时要能保持全截面塑性弯矩,因此所用的钢材和截面板件的宽厚比应有下列要求:

1) 钢材的力学性能应满足强曲比$f_u/f_y \geq 1.2$,伸长率$\delta \geq 15\%$,相应于抗拉强度f_u的应变ε_u不小于20倍屈服强度应变ε_y。

2) 截面板件的宽厚比应符合表11-6的规定。

表11-6 压弯和受弯构件的截面板件宽厚比等级及限值

构件	截面板件宽厚比等级		S1级	S2级	S3级	S4级	S5级
压弯构件 (框架柱)	H形截面	翼缘 b/t	$9\varepsilon_k$	$11\varepsilon_k$	$13\varepsilon_k$	$15\varepsilon_k$	20
		腹板 h_0/t_w	$(33+13\alpha_0^{1.3})\varepsilon_k$	$(38+13\alpha_0^{1.39})\varepsilon_k$	$(40+18\alpha_0^{1.5})\varepsilon_k$	$(45+25\alpha_0^{1.65})\varepsilon_k$	250
	箱形截面	壁板(腹板)间翼缘 b_0/t	$30\varepsilon_k$	$35\varepsilon_k$	$40\varepsilon_k$	$45\varepsilon_k$	—
	圆钢管截面	径厚比 D/t	$50\varepsilon_k^2$	$70\varepsilon_k^2$	$90\varepsilon_k^2$	$100\varepsilon_k^2$	—
受弯构件 (梁)	工字形截面	翼缘 b/t	$9\varepsilon_k$	$11\varepsilon_k$	$13\varepsilon_k$	$15\varepsilon_k$	20
		腹板 h_0/t_w	$65\varepsilon_k$	$72\varepsilon_k$	$93\varepsilon_k$	$124\varepsilon_k$	250
	箱形截面	壁板(腹板)间翼缘 b_0/t	$25\varepsilon_k$	$32\varepsilon_k$	$37\varepsilon_k$	$42\varepsilon_k$	—

注:1. ε_k为钢号修正系数,其值为235与钢材牌号中屈服点数值的比值的平方根;
2. b为工字形、H形截面的翼缘外伸宽度,t、h_0、t_w分别是翼缘厚度、腹板净高和腹板厚度,对轧制型截面,腹板净高不包括翼缘腹板过渡处圆弧段;对于箱形截面,b_0、t分别为壁板间的距离和壁板厚度;D为圆管截面外径;
3. 箱形截面梁及单向受弯的箱形截面柱,其腹板限值可根据H形截面腹板采用;
4. 腹板的宽厚比可通过设置加劲肋减小;
5. 当按国家标准《建筑抗震设计规范》GB 50011—2010 第9.2.14条第2款的规定设计,且S5级截面的板件宽厚比小于S4级经ε_σ修正的板件宽厚比时,可视作C类截面,ε_σ为应力修正因子,$\varepsilon_\sigma = \sqrt{f_y/\sigma_{max}}$。

4. 地震作用下的结构分析

按照《建筑抗震设计规范》的规定,多层房屋钢结构在地震作用下应做二阶段分析,即多遇地震作用下做结构构件承载力验算和罕遇地震作用下做结构弹塑性变形验算。

(1) 多遇地震作用下的分析 多遇地震作用下做结构构件承载力验算时,在一般情况下,可以在结构的两个主轴方向分别计算水平地震的作用,各方向的水平地震作用由该方向的抗侧力构件承担,此外,还应在刚度较弱的方向计算水平地震作用。

有斜交抗侧力构件的结构,当斜交角度大于15°时,应分别计算各抗侧力构件方向的水平地震作用。

在做单向水平地震作用时,尚应考虑偶然偏心的影响,将每层质心沿垂直于地震作用方

向偏移 e_i，其值可按下式计算

$$e_i = \pm 0.05 L_i \tag{11-27}$$

式中　L_i——第 i 层垂直于地震作用方向的多层房屋总长度。

质量和刚度明显不对称、不均匀的结构，还应计算双向水平地震作用，计算模型中应考虑扭转影响。

多层房屋钢结构在多遇地震作用下可采用线弹性理论进行分析。在一般情况下，可采用振型分解反应谱法。振型分解反应谱法用的地震影响系数曲线应按《建筑抗震设计规范》的规定采用。

具有表 11-2 和表 11-3 中多项不规则的多层房屋钢结构以及属于甲类抗震设防类别的多层房屋钢结构，还应采用时程分析法进行补充计算，取多条（一般不少于 3 条）时程曲线计算结果的平均值与振型分解反应谱法计算结果的较大值。

采用时程分析法时，应按建筑场地类别和设计地震分组选用不少于二组的实际强震记录和一组人工模拟的加速度时程曲线，其平均地震影响系数曲线应与振型分解反应谱法所采用的地震影响系数曲线在统计意义上相符，其加速度时程的最大值可按表 11-7 采用。每条时程曲线的计算所得结构底部剪力不应小于振型分解反应谱法计算结果的 65%，多条时程曲线计算所得结构底部剪力的平均值不应小于振型分解反应谱法计算结果的 80%。

计算地震作用所采用的结构自振周期应考虑非承重墙体的刚度影响给予折减。周期折减系数可按下列规定采用：

1) 当非承重墙体为填充空心黏土砖墙时，周期折减系数取 0.8~0.9。
2) 当非承重墙体为填充轻质砌块、轻质墙板、外挂墙板时，周期折减系数取 0.9~1.0。

表 11-7　时程分析所用地震加速度时程曲线的最大值

地震影响	6 度	7 度	8 度	9 度
多遇地震	18	35（55）	70（110）	140
罕遇地震	—	220（310）	400（510）	620

注：括号内数值分别用于设计基本地震加速度为 $0.15g$ 和 $0.30g$ 的地区。

(2) 罕遇地震作用下的分析　属于甲类抗震设防类别的多层房屋钢结构应进行罕遇地震作用下的分析，7 度Ⅲ、Ⅳ类场地和 8 度时乙类抗震设防类别的多层房屋钢结构宜进行罕遇地震作用下的分析。

罕遇地震下的分析主要是计算结构的变形，根据不同情况，可采用简化的弹塑性分析方法、静力弹塑性分析方法（也称为推覆分析方法）或弹塑性时程分析法。

多层房屋钢结构的弹塑性位移应按下式进行验算

$$\Delta_P \leq C_P = [\theta_P] h \tag{11-28}$$

式中　Δ_P——在罕遇地震作用下，地震作用与其他荷载组合产生的弹塑性变形；

　　　C_P——罕遇地震作用下，结构不发生倒塌的弹塑性变形限值；

　　　$[\theta_P]$——弹塑性层间位移角限值，多层钢结构为 1/250；

　　　h——层高。

5. 罕遇地震作用下弹塑性层间位移的计算方法

(1) 层间刚度无突变的情况　弹塑性层间位移 Δu_P 可采用简化方法按下式计算

$$\Delta u_P = \eta_P \Delta u_e \tag{11-29}$$

式中 Δu_e——罕遇地震标准值作用下按弹性分析的层间位移；

η_P——弹塑性层间位移放大系数，按表 11-8 取用。

表 11-8 钢框架及框架支撑结构弹塑性层间位移放大系数 η_P

R_s	总层数	屈服强度系数 ζ_y			
		0.6	0.5	0.4	0.3
0（无支撑）	5	1.05	1.05	1.10	1.20
	10	1.10	1.15	1.20	1.20
	15	1.15	1.15	1.20	1.30
	20	1.15	1.15	1.20	1.30
1	5	1.50	1.65	1.70	2.10
	10	1.30	1.40	1.50	1.80
	15	1.25	1.35	1.40	1.80
	20	1.10	1.15	1.20	1.80
2	5	1.60	1.80	1.95	2.65
	10	1.30	1.40	1.55	1.80
	15	1.25	1.30	1.40	1.80
	20	1.10	1.15	1.25	1.80
3	5	1.70	1.85	2.15	3.20
	10	1.30	1.40	1.70	2.10
	15	1.25	1.30	1.40	1.80
	20	1.10	1.15	1.25	1.80
4	5	1.70	1.85	2.35	3.45
	10	1.30	1.40	1.70	2.50
	15	1.25	1.30	1.40	1.80
	20	1.10	1.15	1.25	1.80

注：表中 R_s 为框架-支撑结构中支撑部分抗侧移承载力与该层框架部分抗侧移承载力的比值；ζ_y 为屈服强度系数，按式（11-30）计算。

$$\zeta_y(i) = \frac{V_y(i)}{V_e(i)} \qquad (11-30)$$

式中 $V_y(i)$——按框架的梁、柱实际截面尺寸和材料强度标准值计算的楼层 i 的抗剪承载力；

$V_e(i)$——罕遇地震标准值作用下按弹性计算的楼层 i 的弹性地震力。

在按表 11-8 确定弹塑性层间位移放大系数 η_P 时，还应根据楼层屈服强度系数 ζ_y 沿高度是否均匀的情况做调整。屈服强度系数 ζ_y 沿高度分布是否均匀可通过系数 α 判别

$$\alpha(i) = \frac{2\xi(i)}{\xi(i-1) + \xi(i+1)} \qquad (11-31)$$

（2）层间刚度有突变的情况 弹塑性变形的计算应采用静力弹塑性分析法或弹塑性时程分析法。

1）静力弹塑性分析法。静力弹塑性分析法的基本设想是，通过静力分析的方法，了解

结构在罕遇地震作用下的性能，包括：结构的最大承载能力和极限变形能力。第一批塑性铰出现时地震作用大小，此后塑性铰出现的次序和分布状况以及构件中应变的大小等。根据这些分析结果，可以对结构是否安全做出估计，对关键构件是否符合抗震性能要求做出判断，对结构是否存在薄弱层进行检查，以及对结构是否有足够的变形能力和构件是否有足够的延性进行校核。

静力弹塑性分析方法的实施过程是，先在结构上施加由自重及活荷载等产生的竖向荷载，然后再施加代表地震作用的水平力。在分析时，竖向荷载保持不变，水平力由小到大逐步增加。每增加一个增量步，对结构进行一次分析，当结构构件或节点进入塑性后，就要按照该构件或节点的力-变形弹塑性骨架曲线调整其刚度，进入下一个增量步的计算，直到结构达到其极限承载力或者极限位移和出现倒塌。联系这个实施过程，静力弹塑性分析也称为推覆分析方法。

静力弹塑性分析方法具有计算简单、便于实施等优点，但也存在一些根本性的不足。首先是分析中施加的水平力的形式对分析结果有影响，而如何根据结构的具体形式，确定能反应罕遇地震的水平力形式也无理论依据可依。第二是罕遇地震作用是一个反复作用的动力过程，在静力弹塑性分析方法中，无法正确模拟这一反复作用的动力过程对结构所造成的损伤和损伤累积。因此，在分析的过程中也无法确定结构的特性。由于这两个根本性的不足，怎样从静力弹塑性分析方法得到的分析结果，换算成罕遇地震作用下结构的真实反应，缺少方法；怎样判断静力弹塑性分析方法的近似程度也缺少方法。

对于多层框架钢结构，静力弹塑性分析方法可以得到可接受的结果，因此在工程设计中常被采用。

2）弹塑性时程分析法。弹塑性时程分析法是目前最精确的动力分析方法，它根据动力平衡条件建立方程，地震作用按地面加速度时程曲线输入。通过数值分析，可以得到输入时程曲线时段长度内结构地震反应的全过程，包括结构的构件在每一时刻的变形和内力、塑性发展情况、塑性铰出现的时刻和出现的次序等时程曲线。在每一实践增量进行数值分析时，如构件或节点已进入塑性就应根据该构件或节点的力-变形弹塑性关系调整其刚度。由于地震作用是按地面加速度时程曲线输入的，是一种反复作用过程，因为构件或节点的力-变形弹塑性关系为一滞回曲线，需用恢复力模型模拟。

弹塑性时程分析能够考虑地面加速度的幅值、频率和持续时间的变化，能够考虑结构自身的动力特性和惯性力，因而在理论上能够得到结构在罕遇地震作用下的真实反应，但是也存在一些技术上的困难。首先是分析的工作量很大，极为费时，而且按照目前的计算机硬件条件，还无法在计算过程中将每一时刻的多种计算结果均记录下来，只能记录一些关键数据的时程曲线。第二是构件或节点的空间受力情况较为复杂，要正确给出空间受力时的恢复力模型仍有困难，只能采取一些简化手段。由于这两个困难，弹塑性时程分析法还不易在工程设计中得到广泛应用。

11.3.4 高层房屋钢结构体系的荷载

1. 竖向荷载和温度作用

1）高层民用建筑的楼面活荷载、屋面活荷载及屋面雪荷载等应按《建筑结构荷载规范》的规定采用。

2) 计算构件内力时，楼面及屋面活荷载可取为各跨满载，楼面活荷载大于 $4kN/m^2$ 时，宜考虑楼面活荷载的不利布置。

3) 施工中采用附墙塔、爬塔等对结构有影响的起重机械或其他施工设备时，应根据具体情况验算施工荷载对结构的影响。

4) 旋转餐厅轨道和驱动设备的自重应按实际情况确定。

5) 擦窗机等清洗设备应按实际情况确定其大小和作用位置。

6) 直升机平台的活荷载应采用下列两款中能使平台产生最大内力的荷载：①直升机总重量引起的局部荷载，应按实际最大起飞重量决定的局部荷载标准值乘以动力系数确定；②等效均布荷载 $5kN/m^2$。

7) 宜考虑施工阶段和使用阶段温度作用对钢结构的影响。

2. 风荷载

由于风荷载在高层房屋钢结构设计中往往是起控制作用的荷载，在计算时，需要考虑的因素比多层房屋钢结构多，主要表现在以下两个方面：

1) 基本风压应适当提高。对风荷载比较敏感的高层民用建筑，承载力设计时应按基本风压的 1.1 倍采用。

2) 周边高层建筑对体型系数的影响。当多栋或群集的高层民用建筑相互间距较近时，宜考虑风力相互干扰的群体效应。一般可将单栋建筑的体型系数乘以相互干扰增大系数，该系数可参考类似条件的试验资料确定，必要时通过风洞试验或数值技术确定。

计算主体结构的风荷载效应时，风荷载体型系数 μ_s 可按下列规定计算：

1) 对平面为圆形的建筑可取 0.8。

2) 对平面为正多边形及三角形的建筑可按下式计算

$$\mu_s = 0.8 + 1.2/\sqrt{n} \tag{11-32}$$

式中 n——多边形的边数。

3) 高宽比不大于 4 的平面为矩形、方形和十字形的建筑可取 1.3。

4) 下列建筑可取 1.4：①平面为 V 形、Y 形、弧形、双十字形和井字形的建筑；②平面为 L 形和槽形及高宽比大于 4 的平面为十字形的建筑；③高宽比大于 4、长宽比不大于 1.5 的平面为矩形和鼓形的建筑。

5) 房屋高度大于 200m 或者有下列情况之一的高层民用建筑，宜进行风洞试验或通过数值技术判断确定其风荷载：①平面形状不规则，里面形状复杂；②里面开洞或连体建筑；③周围地形和环境复杂。

6) 计算檐口、雨篷、遮阳板、阳台等水平构件的局部上浮风荷载时，风荷载体型系数不宜大于 -2.0。

7) 对于房屋高度大于 30m 且高宽比大于 1.5 的房屋，应考虑风压脉动对结构产生顺风向振动的影响。结构顺风向振动响应应计算应按随机振动理论进行，结构的自振周期应按结构动力学计算。对横风向风振效应或扭转风振效应明显的高层民用建筑，应考虑横风向风振或扭转风振的影响。

8) 对于特别重要或体型复杂的单个高层房屋，其风荷载体型系数 μ_s 应由风洞试验确定。

3. 地震作用

地震作用在高层房屋钢结构设计中是起主要控制作用的荷载。钢材有很好的塑性性能，如能充分利用钢材的塑性，组成具有良好消能性能的结构体系，就能减小地震作用的效应，得到抗震性能良好、用料经济的高层房屋。

根据"小震不坏，中震可修，大震不倒"的抗震设计目标，高层钢结构抗震设计应进行多遇地震作用及罕遇地震作用两阶段的抗震计算。

扭转特别不规则的结构，应计入双向水平地震作用下的扭转影响；其他情况，应计算单向水平地震作用下的扭转影响。按9度抗震设防的高层建筑钢结构，或者按7度（0.15g）、8度抗震设防的大跨度和长悬臂构件，应计入竖向地震作用。

高层民用建筑钢结构的抗震计算，应采用下列方法：

1）高层民用建筑钢结构宜采用振型分解反应谱法；对质量和刚度不对称、不均匀的结构以及高度超过100m的高层民用建筑钢结构应采用考虑扭转耦联振动影响的振型分解反应谱法。

2）高度不超过40m、以剪切变形为主且质量和刚度沿高度分布比较均匀的高层民用建筑钢结构，可采用底部剪力法。

3）7~9度抗震设防的高层民用建筑，下列情况应采用弹性时程分析进行多遇地震下的补充计算：①甲类抗震设防类别的房屋；②特殊不规则的高层民用建筑钢结构；③表11-9所列高度范围的房屋。

4）计算罕遇地震下的结构变形和计算安装有消能减震装置的高层民用建筑的结构变形，可采用静力弹塑性分析方法或弹塑性时程分析方法。

表 11-9　采用时程分析的房屋高度范围

烈度、场地类别	房屋高度范围/m
8度Ⅰ、Ⅱ类场地和7度	>100
8度Ⅲ、Ⅳ类场地	>80
9度	>60

进行时程分析时，应符合下列规定：

1）应按建筑场地类别和设计地震分组，选取实际地震记录和人工模拟的加速度时程曲线，其中实际地震记录的数量不应少于总数的三分之二，多组时程曲线的平均地震影响系数曲线应与振型分解反应谱法所采用的地震反应谱曲线在统计意义上相符。进行弹性时程分析时，每条时程曲线计算所得到结构底部剪力不应小于振型分解反应谱法计算结构的65%，多条时程曲线计算所得结构底部剪力平均值不应小于振型分解反应谱计算结果的80%。

2）地震波的持续时间不宜小于建筑结构基本自振周期的5倍和15s，地震波的时间间距可取0.01s或0.02s。

3）输入的地震加速度的最大值可按表11-10采用。

表 11-10　时程分析所用地震加速度最大值　　　　（单位：cm/s²）

地震影响	6度	7度	8度	9度
多遇地震	18	35(55)	70(110)	140
设防地震	50	100(150)	200(300)	400
罕遇地震	125	220(310)	400(510)	620

4)当取三组加速度时程曲线输入时,结构地震作用效应宜取时程法计算结果的包络值与振型分解反应谱法计算结构的较大值;当取七组及七组以上的时程曲线进行计算时,结构地震作用效应可取时程法计算结果的平均值与振型分解反应谱法计算结果的最大值。

计算地震作用时,重力荷载代表值应取永久荷载标准值和各可变荷载组合值之和。各可变荷载的组合值系数按表 11-11 采用。

表 11-11 组合值系数

可变荷载种类		组合值系数
雪荷载		0.5
屋面活荷载		不计入
按实际情况计算的楼面活荷载		1.0
按等效均布荷载计算的楼面活荷载	藏书库、档案库、库房	0.8
	其他民用建筑	0.5

高层房屋钢结构的地震影响系数应根据烈度、场地类别、设计地震分组和结构自振周期以及阻尼比确定。其水平地震影响系数最大值 α_{max} 应按表 11-12 采用;对处于发震断裂带两侧 10km 以内的建筑,尚应乘以近场效应系数。近场效应系数,5km 以内取 1.5,5~10km 取 1.25。特征周期 T_g 应根据场地类别和设计地震分组按表 11-13 采用,计算罕遇地震作用时,特征周期应增加 0.05s。周期大于 6.0s 的高层民用建筑钢结构所采用的地震影响系数应专门研究。

表 11-12 水平地震影响系数最大值 α_{max}

地震影响	6 度	7 度	8 度	9 度
多遇地震	0.04	0.08(0.12)	0.16(0.24)	0.32
设防地震	0.12	0.23(0.34)	0.45(0.68)	0.90
罕遇地震	0.28	0.50(0.72)	0.90(1.20)	1.40

注:7、8 度时括号内的数值分别用于设计基本地震加速度为 0.15g 和 0.30g 的地区。

表 11-13 特征周期值 T_g (单位:s)

设计地震分组	场地类别				
	I_0	I_1	II	III	IV
第一组	0.20	0.25	0.35	0.45	0.65
第二组	0.25	0.30	0.40	0.55	0.75
第三组	0.30	0.35	0.45	0.65	0.90

高层房屋钢结构地震影响系数曲线如图 11-18 所示。当建筑结构的阻尼比为 0.05 时,地震影响系数曲线的阻尼调整系数应按 1.0 采用,形状参数应符合下列规定:

1)直线上升段,周期小于 0.1s 的区段。
2)水平段,自 0.1s 至特征周期 T_g 的区段,地震影响系数应取最大值 α_{max}。
3)曲线下降段,自特征周期至 5 倍特征周期的区段,衰减指数 γ 应取 0.9。
4)直线下降段,自 5 倍特征周期至 6.0s 的区段,下降斜率调整系数 η_1 应取 0.02。当建筑结构的阻尼比不等于 0.05 时,曲线下降段的衰减指数 γ、直线下降段的下降斜率调整

系数 η_1 和阻尼调整系数 η_2 应按式（11-33）、式（11-34）和式（11-35）计算。

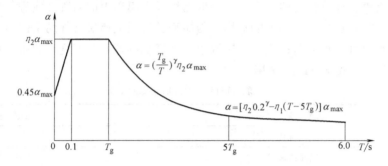

图 11-18　地震影响系数曲线

α—地震影响系数　α_{max}—地震影响系数最大值　η_1—直线下降段的下降斜率调整系数
γ—衰减指数　T_g—特征周期　η_2—阻尼调整系数　T—结构自振周期

$$\gamma = 0.9 + \frac{0.05-\xi}{0.3+6\xi} \tag{11-33}$$

$$\eta_1 = 0.02 + \frac{0.05-\xi}{4+32\xi} \tag{11-34}$$

$$\eta_2 = 1 + \frac{0.05-\xi}{0.08+1.6\xi} \tag{11-35}$$

式中　γ——曲线下降段的衰减指数；

　　　ξ——阻尼比；

　　　η_1——直线下降段的下降斜率调整系数，小于 0 时取 0；

　　　η_2——阻尼调整系数，当小于 0.55 时，应取 0.55。

多遇地震下计算双向水平地震作用效应时可不考虑偶然偏心的影响，但应验算单向水平地震作用下考虑偶然偏心影响的楼层竖向构件最大弹性水平位移与最大和最小弹性水平位移平均值之比；计算单向水平地震作用效应时应考虑偶然偏心的影响。每层质心沿垂直于地震作用方向的偏移值可按下列公式计算

方形及矩形平面　　　　　　　　　$e_i = \pm 0.05 L_i$ 　　　　　　　　　　（11-36）

其他形式平面　　　　　　　　　　$e_i = \pm 0.172 r_i$ 　　　　　　　　　　（11-37）

式中　e_i——第 i 层质心偏移值（m），各楼层质心偏移方向相同；

　　　r_i——第 i 层相应质点所在楼层平面的转动半径（m）；

　　　L_i——第 i 层垂直于地震作用方向的建筑物长度（m）。

4. 水平地震作用计算

采用振型分解反应谱法时，对于不考虑扭转耦联影响的结构，可采用式（11-38）计算结构 j 振型 i 层的水平地震作用标准值；当相邻振型的周期比小于 0.85 时，水平地震作用效应可采用式（11-39）计算。

$$F_{ji} = \alpha_j \gamma_j X_{ji} G_i \tag{11-38a}$$

$$\gamma_j = \sum_{i=1}^{n} X_{ji} G_i \Big/ \sum_{i=1}^{n} X_{ji}^2 G_i \quad (i=1,2,\cdots,n, j=1,2,\cdots,m) \tag{11-38b}$$

$$S_{Ek} = \sqrt{\sum_{j=1}^{m} S_j^2} \qquad (11\text{-}39)$$

式中 F_{ji}——j 振型 i 层的水平地震作用标准值；

α_j——相应于 j 振型自振周期的地震影响系数；

X_{ji}——j 振型 i 层的水平相对位移；

γ_j——j 振型的参与系数；

G_i——i 层的重力荷载代表值；

n——结构计算总层数，小塔楼宜每层作为一个质点参与计算；

m——结构计算振型数；规则结构可取 3，当建筑较高、结构沿竖向刚度不均匀时可取 5~6。

S_{Ek}——水平地震作用标准值的效应；

S_j——j 振型水平地震作用标准值的效应（弯矩、剪力、轴向力和位移等）。

考虑扭转影响的平面、竖向不规则结构，按扭转耦联振型分解法计算时，各楼层可取两个正交的水平位移和一个转角位移共三个自由度，并应按式（11-40）~式（11-47）计算结构的地震作用和作用效应。确有依据时，尚可采用简化计算方法确定地震作用效应。

j 振型 i 层的水平地震作用标准值，应按下列公式确定

$$\begin{cases} F_{xji} = \alpha_j \gamma_{tj} X_{ji} G_i \\ F_{yji} = \alpha_j \gamma_{tj} Y_{ji} G_i \quad (i=1,2,\cdots,n, j=1,2,\cdots,m) \\ F_{tji} = \alpha_j \gamma_{tj} r_i^2 \varphi_{ji} G_i \end{cases} \qquad (11\text{-}40)$$

式中 F_{xji}、F_{yji}、F_{tji}——j 振型 i 层的 x 方向、y 方向和转角方向的地震作用标准值；

X_{ji}，Y_{ji}——j 振型 i 层质心在 x、y 方向的水平相对位移；

φ_{ji}——j 振型 i 层的相对扭转角；

r_i——i 层转动半径，可取 i 层绕质心的转动惯量除以该层质量的商的正二次方根；

α_j——相当于第 j 振型自振周期 T_j 的地震影响系数，应按《高层民用建筑钢结构技术规程》第 5.3.5 条、第 5.3.6 条确定；

γ_{tj}——计入扭转的 j 振型参与系数，可按《高层民用建筑钢结构技术规程》式（5.4.2-2）~式（5.4.2-4）确定；

n——结构计算总质点数，小塔楼宜每层作为一个质点参与计算；

m——结构计算振型数。一般情况可取 9~15，多塔楼建筑每个塔楼振型数不宜小于 9。

当仅考虑 x 方向地震作用时

$$\gamma_{xj} = \sum_{i=1}^{n} X_{ji} G_i \Big/ \sum_{i=1}^{n} (X_{ji}^2 + Y_{ji}^2 + \varphi_{ji}^2 r_i^2) G_i \qquad (11\text{-}41)$$

当仅考虑 y 方向地震作用时

$$\gamma_{yj} = \sum_{i=1}^{n} Y_{ji} G_i \Big/ \sum_{i=1}^{n} (X_{ji}^2 + Y_{ji}^2 + \varphi_{ji}^2 r_i^2) G_i \qquad (11\text{-}42)$$

当考虑与 x 方向斜交的地震作用时

$$\gamma_{tj} = \gamma_{xj}\cos\theta + \gamma_{yj}\sin\theta \tag{11-43}$$

式中 γ_{xj}、γ_{yj}——由式（11-41）、式（11-42）求得的振型参与系数；

θ——地震作用方向与 x 方向的夹角（度）。

单向水平地震作用下，考虑扭转耦联的地震作用效应，应按下列公式确定

$$S_{Ek} = \sqrt{\sum_{j=1}^{m}\sum_{k=1}^{m}\rho_{jk}S_jS_k} \tag{11-44}$$

$$\rho_{jk} = \frac{8\sqrt{\xi_j\xi_k}(\xi_j + \lambda_T\xi_k)\lambda_T^{1.5}}{(1-\lambda_T^2)^2 + 4\xi_j\xi_k(1+\lambda_T^2)^2\lambda_T + 4(\xi_j^2+\xi_k^2)\lambda_T^2} \tag{11-45}$$

式中 S_{Ek}——考虑扭转的地震作用标准值的效应；

S_j，S_k——j、k 振型地震作用标准值的效应；

ξ_j，ξ_k——j，k 振型的阻尼比；

ρ_{jk}——j 振型与 k 振型的耦联系数；

λ_T——k 振型与 j 振型的自振周期比。

考虑双向水平地震作用下的扭转地震作用效应，应按下列公式中的较大值确定

$$S_{Ek} = \sqrt{S_x^2 + (0.85S_y)^2} \tag{11-46}$$

或

$$S_{Ek} = \sqrt{S_y^2 + (0.85S_x)^2} \tag{11-47}$$

式中 S_x——仅考虑 x 向水平地震作用时的地震作用效应，按《高层民用建筑钢结构技术规程》式（5.4.2-5）计算；

S_y——仅考虑 y 向水平地震作用时的地震作用效应，按《高层民用建筑钢结构技术规程》式（5.4.2-5）计算。

采用底部剪力法计算高层民用建筑钢结构的水平地震作用时，各楼层可仅取一个自由度，结构的水平地震作用标准值，应按下列公式确定（图 11-19）。

$$F_{Ek} = \alpha_1 G_{eq} \tag{11-48}$$

$$F_i = \frac{G_iH_i}{\sum_{j=1}^{n}G_jH_j}F_i(1-\delta_n) \quad (i=1,2,\cdots,n) \tag{11-49}$$

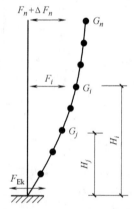

图 11-19 结构水平地震作用计算简图

$$\Delta F_n = \delta_n F_{Ek} \tag{11-50}$$

式中 F_{Ek}——结构总水平地震作用标准值（kN）；

α_1——相应于结构基本自振周期的水平地震影响系数值；

G_{eq}——结构等效总重力荷载代表值（kN），多质点可取总重力荷载代表值的 85%；

F_i——质点 i 的水平地震作用标准值（kN）；

G_i，G_j——集中于质点 i、j 的重力荷载代表值（kN）；

H_i，H_j——质点 i、j 的计算高度（m）；

δ_n——顶部附加地震作用系数，取值见表 11-14；

ΔF_n——顶部附加水平地震作用（kN）。

表 11-14 顶部附加地震作用系数 δ_n

T_g/s	$T_1 > 1.4T_g$	$T_1 \leq 1.4T_g$
$T_g \leq 0.35$	$0.08T_1 + 0.07$	
$0.35 < T_g \leq 0.55$	$0.08T_1 + 0.01$	0
$T_g > 0.55$	$0.08T_1 - 0.02$	

注：T_1 为结构基本自振周期。

高层民用建筑钢结构采用底部剪力法计算水平地震作用时，突出屋面的屋顶间、女儿墙、烟囱等的地震作用效应，宜乘以增大系数 3。此增大部分不应往下传递，但与该突出部分相连的构件应予计入；采用振型分解法反应谱时，突出屋面部分可作为一个质点。

高层民用建筑钢结构抗震计算时的阻尼比取值宜符合下列规定：

1）多遇地震下的计算：高度不大于 50m 可取 0.04；高度大于 50m 且小于 200m 可取 0.03；高度不小于 200m 时宜取 0.02。

2）当偏心支撑框架部分承担的地震倾覆力矩大于地震总倾覆力矩的 50% 时，多遇地震下的阻尼比可比本条 1）款相应增加 0.005。

3）在罕遇地震作用下的弹塑性分析，阻尼比可取 0.05。

5. 竖向地震作用计算

9 度时的高层民用建筑钢结构，其竖向地震作用标准值应按下列公式确定（图 11-20）；楼层各构件的竖向地震作用效应可按各构件承受的重力荷载代表值的比例分配，并宜乘以增大系数 1.5。

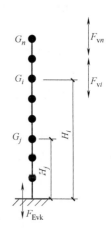

图 11-20 结构竖向地震作用计算简图

$$F_{Evk} = \alpha_{vmax} G_{eq} \quad (11\text{-}51)$$

$$F_{vi} = \frac{G_i H_i}{\sum_{j=1}^{n} G_j H_j} F_{Evk} \quad (11\text{-}52)$$

式中 F_{Evk}——结构总竖向地震作用标准值（kN）；

F_{vi}——质点 i 的竖向地震作用标准值（kN）；

α_{vmax}——竖向地震影响系数的最大值，可取水平地震影响系数最大值的 65%；

G_{eq}——结构等效总重力荷载（kN），可取其重力荷载代表值的 75%。

跨度大于 24m 的楼盖结构、跨度大于 12m 的转换结构和连体结构，悬挑长度大于 5m 的悬挑结构，结构竖向地震作用效应标准值宜采用时程分析法或振型分解反应谱法进行计算。时程分析计算时输入的地震加速度最大值可按规定的水平输入最大值的 65% 采用，反应谱分析时结构竖向地震影响系数最大值可按水平地震影响系数最大值的 65% 采用，设计地震分组可按第一组采用。

高层民用建筑中，大跨度结构、悬挑结构、转换结构、连体结构的连接体的竖向地震作用标准值，不宜小于结构或构件承受的重力荷载代表值与表 11-15 规定的竖向地震作用系数的乘积。

表 11-15 竖向地震作用系数

设防烈度	7 度	8 度		9 度
设计基本地震加速度	$0.15g$	$0.20g$	$0.30g$	$0.40g$
竖向地震作用系数	0.08	0.10	0.15	0.20

注：g 为重力加速度。

11.3.5 高层房屋钢结构体系的荷载组合

1. 承载能力极限状态设计

（1）非抗震设计 非抗震设计时，高层房屋钢结构的承载能力极限状态设计一般应采用下列荷载组合：

1）楼面活荷载起控制作用时

$$1.2D+1.4L_f+1.4\max(S,L_r)+1.4\times 0.6w \tag{11-53}$$

2）风荷载起控制作用时

$$1.2D+1.4w+1.4\times 0.7L_f+1.4\times 0.7\max(S,L_r) \tag{11-54}$$

3）永久荷载起控制作用时

$$1.35D+1.4\times 0.7L_f+1.4\times 0.7\max(S,L_r)+1.4\times 0.6w \tag{11-55}$$

（2）抗震设计 抗震设计时，高层房屋钢结构的承载能力极限状态设计应按多遇地震计算，其荷载组合为：

$$1.2(D+0.5L_f+0.5L_r)+1.3E_{hx}+1.3\times 0.85E_{hy}+1.4\times 0.2w \tag{11-56}$$

或

$$1.2(D+0.5L_f+0.5L_r)+1.3E_{hy}+1.3\times 0.85E_{hx}+1.4\times 0.2w \tag{11-57}$$

式中　D——恒载标准值；

L_r、L_f——屋面及楼面活荷载标准值；

S——雪荷载标准值；

w——风荷载标准值；

E_{hx}、E_{hy}——x向、y向单向水平地震作用。

当上式中的楼面活荷载L_f为书库、档案库、储藏室、密集柜书库、通风机房、电梯机房等的活荷载时，式（11-54）和式（11-55）中的组合系数0.7应改为0.9。

当高层房屋钢结构进行罕遇地震作用下的结构弹塑性变形计算时，其荷载组合为

$$D+0.5L_f+0.5L_r+E_{hx}+0.85E_{hy} \tag{11-58}$$

$$D+0.5L_f+0.5L_r+0.85E_{hx}+E_{hy} \tag{11-59}$$

2. 正常使用极限状态设计

（1）非抗震设计 非抗震设计时，高层房屋钢结构的正常使用极限状态设计的荷载组合为：

1）楼面活荷载起控制作用时

$$1.0D+1.0L_f+1.0\max(S,L_r)+0.6w \tag{11-60}$$

2）风荷载起控制作用时

$$1.0D+1.0w+0.7L_f+0.7\max(S,L_r) \tag{11-61}$$

（2）抗震设计 抗震设计时，高层房屋钢结构的正常使用极限状态设计的荷载组合为

$$D+0.5L_f+0.5L_r+E_{hx}+0.85E_{hy} \tag{11-62}$$

或

$$D+0.5L_f+0.5L_r+0.85E_{hx}+E_{hy} \tag{11-63}$$

当上式中的楼面活荷载L_f为书库、档案库、储藏室、密集柜书库、通风机房、电梯机房等的活荷载时，式（11-61）中的组合系数0.7应改为0.9。

11.3.6 高层房屋钢结构体系分析

1. 结构分析的规定及计算模型选用

(1) 分析规定　高层房屋钢结构分析的规定与多层房屋钢结构的基本相同。考虑到高层房屋钢结构的特点，尚有以下规定：

1) 高层房屋钢结构在进行内力和位移计算时，不仅应考虑梁和柱的弯曲变形和剪切变形，还需考虑轴向变形。

2) 应考虑梁柱连接节点域的剪切变形对内力和位移的影响。

3) 水平地震作用计算时，结构各楼层对应于地震作用标准值的剪力 V_{EKi} 应符合下式要求

$$V_{EKi} \geqslant \lambda \sum_{j=i}^{n} G_{Ej} \tag{11-64}$$

式中　λ——水平地震剪力系数，不应小于表 11-16 规定的值；对于竖向不规则结构的薄弱层，尚应乘以 1.15 的系数；

　　　G_{Ej}——第 j 层的重力荷载代表值；

　　　n——结构计算总层数。

表 11-16　楼层最小地震剪力系数

类　　别	7 度	8 度	9 度
扭转效应明显或基本周期小于 3.5s 的结构	0.016(0.024)	0.032(0.048)	0.064
基本周期大于 5.0s 的结构	0.012(0.018)	0.024(0.032)	0.040

注：1. 基本周期介于 3.5s 和 5.0s 之间的结构，可用线性插值。
　　2. 7、8 度时括号内数值分别为用于设计基本地震加速度为 $0.15g$ 和 $0.30g$ 的地区。

(2) 计算模型选用　高层房屋钢结构结构分析中一般应采用空间结构计算模型，并根据需要采用空间结构-刚性楼面计算模型或空间结构-弹性楼面计算模型。因为这种模型能精度较高地反映结构的实际情况，用于受力复杂的高层房屋钢结构比较合适，能较好地保证其安全性。

计算模型中各单元的选用，可参阅相关资料，在此不再阐述。

2. 风荷载作用下的结构分析

(1) 高层房屋钢结构在风荷载作用下结构分析的基本规定　高层房屋钢结构在风荷载作用下应将顺风向风荷载和横风向等效风荷载同时作用在承重结构上，按相应荷载组合进行承载能力极限状态设计和正常使用极限状态设计。

除此之外，对圆形截面的高层房屋应进行横风向涡流共振的验算。对于高度超过 150m 的高层房屋应进行结构舒适度校核。

(2) 圆形截面高层房屋的横风向涡流共振验算　圆形截面高层房屋受到风力作用时，有时会发生旋涡脱落，若脱落频率与结构自振频率相符，就会出现共振。涡流共振现象在设计时应予以避免。

1) 为了避免涡流共振，圆形截面高层房屋钢结构应满足下式要求

$$V_t \leqslant V_{cr} \tag{11-65}$$

$$V_{\mathrm{t}} = \sqrt{1600\omega_{\mathrm{t}}} \tag{11-66}$$

$$\omega_{\mathrm{t}} = 1.4\mu_{\mathrm{H}}\omega_0 \tag{11-67}$$

式中 V_{t}——顶部风速（m/s）；

ω_{t}——顶部风压设计值（kN/m²）；

μ_{H}——结构顶部风压高度变化系数；

ω_0——基本风压（kN/m²）；

V_{cr}——临界风速（m/s），按下式计算

$$V_{\mathrm{cr}} = \frac{5D}{T_1} \tag{11-68}$$

式中 D——高层房屋圆形平面的直径；

T_1——结构的基本自振周期（s）。

2）当高层房屋圆形平面的直径沿高度缩小，斜率不大于 0.02 时，仍可按式（11-65）验算以避免涡流共振，但在计算 V_{t} 及 V_{cr} 时，可近似取 2/房屋高度处的风速和直径。

3）当高层房屋不能满足式（11-65）时，应加大结构的刚度，减小结构的基本自振频率，使高层房屋能满足式（11-65）。若无法满足式（11-65）时，可视不同情况按下列规定加以处理：

① 当 $Re < 3.5 \times 10^6$ 时，可在构造上采取防振措施或控制结构的临界风速 V_{cr} 不小于 15m/s。

Re 为雷诺数，可按下列公式确定

$$Re = 69000VD \tag{11-69}$$

式中 V——计算高度处的风速（m/s）；

D——高层房屋圆形平面的直径（m）。

② 当 $Re \geq 3.5 \times 10^6$ 时，应考虑横风向风荷载的作用。

在 z 高度处振型 j 的横风向等效风荷载标准值 $\omega_{\mathrm{c}zj}$，可由下式确定

$$\omega_{\mathrm{c}zj} = |\lambda_j| V_{\mathrm{cr}}^2 \varphi_{zj}/(12800\zeta_j) \tag{11-70}$$

式中 λ_j——计算系数，按表 11-17 确定；

φ_{zj}——在 z 高度处的 j 振型系数；

ζ_j——第 j 振型的阻尼比，对第一振型取 0.02，对高振型的阻尼比，也可近似按第一振型的值取用。

表 11-17 λ_j 计算用表

振型序号	H_1/H										
	0	0.1	0.2	0.3	0.4	0.5	0.6	0.7	0.8	0.9	1.0
1	1.56	1.56	1.54	1.49	1.41	1.28	1.12	0.91	0.65	0.35	0
2	0.73	0.72	0.63	0.45	0.19	-0.11	-0.36	-0.52	-0.53	-0.36	0

注：H_1 为临界风速起始点高度。

$$H_1 = H \times \left(\frac{V_{\mathrm{cr}}}{V_{\mathrm{H}}}\right)^{1/\alpha} \tag{11-71}$$

式中 α——地面粗糙度指数，对 A、B、C、D 四类分别取 0.12、0.16、0.22 和 0.30；

V_H——结构顶部风速（m/s）。

横风向等效风荷载效应 S_C 应与顺风向风荷载效应 S_A 一起作用，即按下式组合

$$S = \sqrt{S_C^2 + S_A^2} \tag{11-72}$$

（3）高度超过150m的高层房屋的舒适度校核　按10年重现期风荷载下房屋顶点的顺风向和横风向最大加速度不应超过表11-18所列的限值。

表11-18　结构顶点的顺风向和横风向风振加速度限值　　　（单位：m/s²）

使用功能	$a_{\lim}$
住宅、公寓	0.20
办公、旅馆	0.28

高层房屋顺风向和横风向的顶点最大加速度可按下列规定计算：

1）当高层房屋不需考虑干扰效应时，顺风向最大加速度按下式计算

$$a_d = \xi \nu \frac{\mu_s \omega_H A}{M} \tag{11-73}$$

式中　a_d——顺风向顶点最大加速度；

ξ、ν——脉动增大系数和脉动影响系数，可按《建筑结构荷载规范》的规定确定；

μ_s——风荷载体型系数，按《建筑结构荷载规范》的规定确定；

ω_H——10年重现期风压（kN/m²），按《建筑结构荷载规范》取用；

M——高层房屋总质量。

2）横风向最大加速度按下式计算

$$a_w = g_R \frac{H}{M_1} B \omega_H \sqrt{\frac{\pi \theta_m S_F(f_1)}{4(\xi_{s1} + \xi_{a1})}} \tag{11-74}$$

式中　a_w——横风向顶点最大加速度（m/s²）；

g_R——共振峰值因子；

H——高层房屋高度；

M_1——一阶广义质量；

B——高层房屋迎风面宽度（m）；

f_1——高层房屋横风向一阶频率；

θ_m——横风向一阶广义风荷载功率谱修正系数；

$S_F(f_1)$——横风向一阶广义无量纲风荷载功率谱；

ξ_{s1}——高层房屋横风向一阶结构阻尼比，可取0.02；

ξ_{a1}——高层房屋横风向一阶气动阻尼比。

3）当高层房屋需考虑干扰效应时，顺风向顶点最大加速度和横风向顶点最大加速度应分别乘以顺风向动力干扰因子 η_{dx} 和横风向动力干扰因子 η_{dy}。

3. 地震作用下的结构分析

高层房屋钢结构具有下列情况之一时，应进行弹塑性变形验算：①高度大于150m；②属于甲类建筑或设防烈度为9度时的乙类建筑。

高层房屋钢结构具有下列情况之一时，宜进行弹塑性变形验算：①表11-9所列高度范

围，且有表 11-3 所列的竖向不规则；②7 度Ⅲ、Ⅳ类场地和 8 度时的乙类建筑；③高度为 100～150m。

高层房屋钢结构进行弹塑性变形验算时，宜采用弹塑性时程分析法，也可采用静力弹塑性分析法。弹塑性时程分析法采用的加速度时程曲线应按《建筑抗震设计规范》的规定采用，弹塑性时程分析法和静力弹塑性分析法的具体进行方法，可参阅有关专门书籍。

11.4 楼盖布置与设计

11.4.1 楼面和屋面结构的类型

多层房屋钢结构的楼面、屋面结构由楼、屋面板和梁系组成。

楼面、屋面板可以有以下几种类型：现浇钢筋混凝土板、预制钢筋混凝土薄板加现浇混凝土组成的叠合板、压型钢板-现浇混凝土组合板或非组合板、轻质板材与现浇混凝土组成的叠合板以及轻质板材。当采用轻质板材时，应增设楼、屋面水平支撑以加强楼面、屋面的水平刚度。

楼面、屋面梁可以有以下几种类型：钢梁、钢筋混凝土梁、型钢混凝土组合梁以及钢梁与混凝土板组成的组合梁。

11.4.2 楼面和屋面结构的布置原则

楼面和屋面结构的工程量占整个结构工程量的比例较大，而且楼面和屋面结构在传递风荷载和地震作用产生在结构中的水平力起重要作用。因此，楼面和屋面结构的布置不仅与多层房屋的整体性能有关，而且与整个结构的造价有关。

楼面和屋面结构中的梁系一般由主梁和次梁组成，当有框架时，框架梁宜为主梁。梁的间距要与楼板的合理跨度相协调。次梁的上翼缘一般与主梁的上翼缘齐平，以减小楼面和屋面结构的高度。次梁和主梁的连接宜采用简支连接。

当主梁或次梁采用钢梁时，在钢梁的上翼缘可设置抗剪连接件，使板与梁交界面的剪力由抗剪连接件传递。这样，铺在钢梁上的现浇钢筋混凝土板或压型钢板-现浇混凝土组合板能与钢梁形成整体，共同作用，成为组合梁。采用组合梁可以减小钢梁的高度和用钢量，是梁的一种十分经济的形式。

11.4.3 楼面和屋面的设计

压型钢板-现浇混凝土组合板不仅结构性能好、施工方便，而且经济效益好，从 20 世纪 70 年代开始，在多层及高层钢结构中得到广泛应用。

压型钢板能与混凝土共同作用是压型钢板与现浇混凝土形成组合板的前提。因此，必须采取措施使压型钢板与混凝土间的交界面能相互传递纵向剪力而不发生滑移。目前，常用的方法有：

1) 在压型钢板的肋上或在肋和平板部分设置凹凸槽。
2) 在压型钢板上加焊横向钢筋。
3) 采用闭口压型钢板。

压型钢板-现浇混凝土组合板的施工过程一般为压型钢板作为底模,在混凝土结硬产生强度前,承受混凝土湿重和施工荷载。这一阶段称为施工阶段。混凝土产生预期强度后,混凝土与压型钢板共同工作,承受施加在板面上的荷载。这一阶段通常为使用阶段。因此,组合板的计算应分为两个阶段,即施工阶段计算和使用阶段计算。这两个阶段的计算均应按承载能力计算状态验算组合板的强度和按正常使用极限状态验算组合板的变形。

1. **施工阶段的计算**

施工阶段是验算压型钢板的强度和变形,计算时应考虑以下荷载:

1)永久荷载,包括压型钢板与混凝土自重,当压型钢板跨中挠度 v 大于 20mm 时,计算混凝土自重应考虑凹坑效应。计算时,混凝土厚度应增加 $0.7v$。

2)可变荷载,包括施工荷载与附加荷载。

2. **使用阶段的计算**

使用阶段需要验算组合板的强度和变形,计算时应考虑下列荷载:

1)永久荷载,包括压型钢板、混凝土自重和其他附加恒荷载。

2)可变荷载,包括各种使用活荷载。

变形验算的力学模型取为单向弯曲简支板。

承载力验算的力学模型依压型钢板上混凝土的厚薄而分别取双向弯曲板或单向弯曲板。板厚不超过 100mm 时,正弯矩计算的力学模型为承受全部荷载的单向弯曲简支板,负弯矩计算的力学模型为承受全部荷载的单向弯曲简支板。当板厚超过 100mm 时,分以下两种情形处理:当 $0.5<\lambda_e<2.0$ 时,力学模型为双向弯曲板;当 $0.5\leqslant\lambda_e$ 或 $\lambda_e\geqslant 2.0$ 时,力学模型为单向弯曲板;参数 $\lambda_e=\mu l_x/l_y$,其中 l_x 和 l_y 分别是组合板顺肋方向和垂直肋方向的跨度,组合板的异向性系数 $\mu=(I_x/I_y)^{1/4}$,I_x 和 I_y 分别是组合板顺肋方向和垂直肋方向的截面惯性矩,计算 I_y 时只考虑压型钢板顶面以上的混凝土计算厚度 h_c(图 11-21)。一般而言,强度验算包括:正截面受弯承载力、受冲剪承载力和斜截面受剪承载力。

(1)组合板正截面受弯承载力验算 验算公式(11-75)是区分塑性中和轴是否在压型钢板截面内(图 11-21)给出的。

$$M \leqslant \begin{cases} 0.8f_{cm}xby_p & \text{当 } A_pf \leqslant f_{cm}h_cb \text{ 时,塑性中和轴在压型钢板顶面以上} \\ 0.8(f_{cm}h_cby_{p1}+A_{p2}fy_{p2}) & \text{当 } A_pf > f_{cm}h_cb \text{ 时,塑性中和轴在压型钢板截面内} \end{cases}$$

(11-75)

式中 x——组合板受压区高度,$x=A_pf/f_{cm}b$,当 $x>0.55h_0$ 时,取 $0.55h_0$,h_0 为组合板有效高度;

y_p——压型钢板截面应力合力至混凝土受压区截面应力合力的距离,$7y_p=h_0-x/2$;

b——压型钢板的波距;

A_p——压型钢板在一个波距内的截面面积;

f——压型钢板钢材的抗拉强度设计值;

f_{cm}——混凝土弯曲抗拉强度设计值;

h_c——压型钢板顶面以上混凝土厚度;

A_{p2}——塑性中和轴以上的压型钢板在一个波距内截面面积;

y_{p1}、y_{p2}——压型钢板受拉区截面应力合力分别至受压区混凝土板截面和压型钢板截面应力合力的距离。

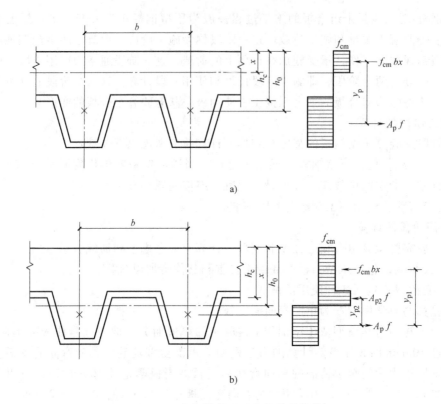

图 11-21 组合板横截面受弯承载力计算图

a) 塑性中和轴在压型钢板顶面以上的混凝土截面 b) 塑性中和轴在压型钢板截面内

式（11-75）的系数 0.8 相当于将压型钢板钢材的抗拉强度设计值和混凝土弯曲抗压强度设计值乘以折减系数 0.8，是考虑到起受拉钢筋作用的压型钢板没有混凝土保护层，以及中和轴附近材料强度发挥不充分等因素。

（2）组合板受冲剪承载力的计算　组合板在集中荷载下的冲切力 V_1，应满足

$$V_1 \leqslant 0.6 f_t u_{cr} h_c \qquad (11\text{-}76)$$

式中　u_{cr}——临界周界长度，如图 11-22 所示；

　　　f_t——混凝土轴心抗拉强度设计值。

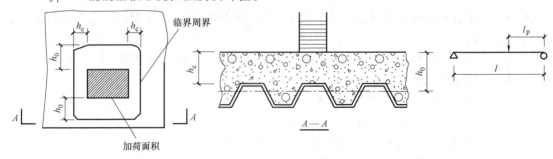

图 11-22 剪力临界周界

（3）组合板斜截面受剪承载力验算　组合板一个波距内斜截面最大剪力设计值 V_{in} 应当满足

$$V_{in} \leqslant 0.07 f_t b h_0 \qquad (11\text{-}77)$$

当组合板承受局部荷载时,亦可取有效工作宽度 b_{ef}(图 11-23)进行计算,但有效工作宽度不得大于下列公式的计算值:

1)抗弯计算时

$$简支板 \quad b_{ef} = b_{fl} + 2l_p(1-l_p/l) \tag{11-78}$$

$$连续板 \quad b_{ef} = b_{fl} + [4l_p(1-l_p/l)]/3 \tag{11-79}$$

2)抗剪计算时

$$\begin{cases} b_{ef} = b_{fl} + l_p(1-l_p/l) \\ b_{fl} = b_f + 2(h_c + h_d) \end{cases} \tag{11-80}$$

式中 l——组合板跨度(图 11-22);

l_p——荷载作用点到组合板较近支座的距离;

b_{fl}——集中荷载子组合板中的分布宽度;

b_f——荷载宽度;

h_c——压型钢板顶面以上的混凝土计算厚度;

h_d——底板饰面层厚度。

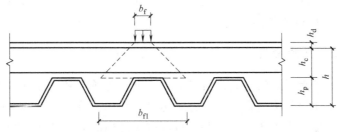

图 11-23 集中荷载分布的有效宽度

使用阶段组合板的变形应按荷载效应标准组合计算;计算时考虑荷载长期作用影响下的刚度。变形按下式验算

$$v \leqslant [v] \tag{11-81}$$

式中 v——组合板的变形;

$[v]$——楼板或屋面板变形的限值,可取计算跨度的 1/360。

组合板变形 v 可按弹性计算。v 由两部分组成,即

$$v = v_1 + v_2 \tag{11-82}$$

式中 v_1——施工阶段由压型钢板和混凝土自重产生在压型钢板中的变形;

v_2——施工阶段由使用荷载的标准组合并用荷载长期作用下的刚度计算得到组合板的变形。

3. 构造要求

组合板除满足强度和变形外,还应符合构造要求:

1)组合板用的压型钢板净厚度(不包括涂层)不应小于 0.75mm。

2)组合板总厚度不应小于 90mm,压型钢板顶面以上的混凝土厚度不应小于 50mm。

3)连续组合板按简支板设计时,抗裂钢筋截面面积不应小于混凝土截面面积的 0.2%;抗裂钢筋长度,从支承边缘算起,不应小于跨度的 1/6,且必须与不少于 5 根分布钢筋相交。

4)组合板端部必须设置焊钉固件。

5）组合板在钢梁、混凝土梁上的支承长度不应小于 50mm。

6）组合板在下列情况下应配置钢筋：①为组合板储备承载力的要求设置附加抗拉钢筋；②在连续组合板或悬臂组合板的负弯矩区配置连续钢筋；③在集中荷载区段和孔洞周围配置分布钢筋；④为改善防火效果，配置受拉效果；⑤为保证组合作用，将剪力连接钢筋焊于压型钢板上翼缘，剪力筋在剪跨区段内设置，间距为 150~300mm。

7）抗裂钢筋最小直径为 4mm，最大间距为 150mm，顺肋方向抗裂钢筋的保护层厚度为 20mm，与抗裂钢筋垂直的分布钢筋直径小于抗裂钢筋直径的 2/3，其间距不应大于钢筋间距的 1.5 倍。

11.4.4 楼面钢梁的设计

钢梁的截面形式宜选用中、窄翼缘 H 型钢。当没有合适尺寸或供货困难时也可采用焊接工字形截面或蜂窝梁。

钢梁应进行抗弯强度、抗剪强度、局部承压强度、整体稳定、局部稳定、挠度等验算，其计算公式可查阅相关资料，在此不再赘述。

抗震设计时，钢梁在基本烈度和罕遇烈度地震作用下会出现塑性的部位，截面翼缘和腹板的宽厚比应不大于表 11-6 的限值。

11.4.5 楼面组合梁的设计

组合梁按混凝土翼板形式的不同，可以分为 3 类：普通混凝土翼板组合梁、压型钢板组合梁和预制装配式钢筋混凝土组合梁。组合梁与钢梁相比，可节约钢材 20%~40%，且比钢梁刚度大，使梁的挠度减小 1/3~1/2，并且可以减少结构高度，具有良好的抗震性能。

组合梁由钢梁与钢筋混凝土板或组合板组成，通过在钢梁翼缘处设置的抗剪连接件，使梁与板能成为整体而共同工作，板成为组合板的翼板。钢梁可以采用实腹式截面梁，如热轧 H 型钢梁、焊接工字形截面梁和空腹式截面梁，如蜂窝梁等。在组合梁中，当组合梁受正弯矩作用时，中和轴靠近上翼板，钢梁的截面形式宜采用上下不对称的工字形截面，其上翼缘宽度较窄，厚度较薄。

组合梁的强度一般采用塑性理论对截面的抗弯强度、抗剪强度和抗剪连接件进行计算。当组合梁的抗剪连接件能传递钢梁与翼板交界面的全部纵向剪力时，称为完全抗剪连接组合梁；当抗剪连接件只能传递部分纵向剪力时，称为部分抗剪连接组合梁。用压型钢板混凝土组合板作为翼板的组合梁，宜按部分抗剪连接组合梁设计。部分抗剪连接限用于跨度不超过 20m 的等截面组合梁。

1. 有效截面计算

具有普通钢筋混凝土翼板的组合梁，其翼板的计算厚度应取原厚度 h_0（图 11-21）；带压型钢板的混凝土翼板的计算厚度，取压型钢板顶面以上混凝土厚度 h_c（图 11-21）。由于作为组合梁上翼板的混凝土板或组合板的宽度都比较大，在进行组合梁的计算时，组合梁上翼板一般采用有效宽度。组合梁的混凝土翼板的有效宽度 b_e（图 11-24）按《钢结构设计标准》计算

$$b_e = b_0 + b_1 + b_2 \tag{11-83}$$

式中　b_0——板托顶部的宽度；当板托倾角 $\alpha<45°$ 时，应按 $\alpha=45°$ 计算；当无板托时，则取钢梁上翼缘的宽度；当混凝土板和钢梁不直接接触（如之间有压型钢板分隔

时,取螺栓的横向间距,仅有一列螺栓时取0;

b_1、b_2——梁外侧和内侧的翼板计算宽度,当塑性中和轴位于混凝土板内时,各取梁等效跨径 l_e 的 1/6、翼板厚度 h_{c1} 的 6 倍中的较小值。此外,b_1 尚不应超过翼板实际外伸宽度 S_1;b_2 不应超过相邻钢梁上翼缘或板托间净距 S_0 的 1/2;

l_e——等效跨径。对于简支组合梁,取为简支组合梁的跨度 l。对于连续组合梁,中间跨正弯矩区取为 $0.6l$,边跨正弯矩区取为 $0.8l$,支座负弯矩区取为相邻两跨跨度之和的 0.2 倍。

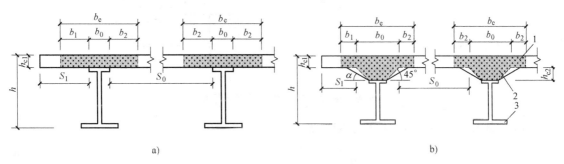

图 11-24 混凝土翼板的计算宽度
a) 不设板托的组合梁 b) 设板托的组合梁
1—混凝土翼板 2—板托 3—钢梁

在组合梁的强度、挠度和裂缝计算中,可不考虑板托截面。

2. 完全抗剪连接组合梁的强度计算

(1) 正弯矩作用区段的抗弯强度

1) 塑性中和轴在混凝土翼板内(图 11-25),即 $Af \leq b_e h_{c1} f_c$ 时

$$M \leq b_e x f_c y \tag{11-84a}$$

$$x = Af/(b_e f_c) \tag{11-84b}$$

式中 M——正弯矩设计值;
A——钢梁的截面面积;
x——混凝土翼板受压区高度;
y——钢梁截面应力的合力至混凝土受压区截面应力的合力间的距离;
f_c——混凝土抗压强度设计值。

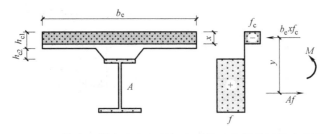

图 11-25 塑性中和轴在混凝土翼板内时的组合梁截面及应力图形

2) 塑性中和轴在钢梁截面内(图 11-26),即 $Af \leq b_e h_{c1} f_c$ 时

$$M \leq b_e h_{c1} f_c y_1 + A_c f y_2 \tag{11-85a}$$

$$A_c = 0.5(A - b_e h_{c1} f_c / f) \tag{11-85b}$$

式中 A_c——钢梁受压区截面面积；

y_1——钢梁受拉区截面形心至混凝土翼板受压区截面形心的距离；

y_2——钢梁受拉区截面形心至钢梁受压区截面形心的距离。

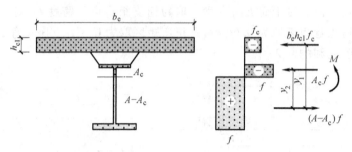

图 11-26 塑性中和轴在钢梁内时的组合梁截面及应力图形

(2) 负弯矩作用区段的抗弯强度（图 11-27）

$$\begin{cases} M' \leqslant M_s + A_{st} f_{st}(y_3 + y_4/2) & (11\text{-}86a) \\ M_s = (S_1 + S_2)f & (11\text{-}86b) \\ f_{st} A_{st} + f(A - A_c) = f A_c & (11\text{-}86c) \end{cases}$$

式中 M'——负弯矩设计值；

S_1、S_2——钢梁塑性中和轴（平分钢梁截面积的轴线）以上和以下截面对该轴的面积矩；

A_{st}——负弯矩区混凝土翼板有效宽度范围内的纵向钢筋截面面积；

f_{st}——钢筋抗拉强度设计值；

y_3——纵向钢筋截面形心至组合梁塑性中和轴的距离，根据截面轴力平衡式（11-86c）求出钢梁受压区面积 A_c，取钢梁拉压区交界处位置为组合梁塑性中和轴位置；

y_4——组合梁塑性中和轴至钢梁塑性中和轴的距离。当组合梁塑性中和轴在钢梁腹板内时，取 $y_4 = A_{st} f_{st}/(2 t_w f)$，当该中和轴在钢梁翼缘内时，可取 y_4 等于钢梁塑性中和轴至腹板上边缘的距离。

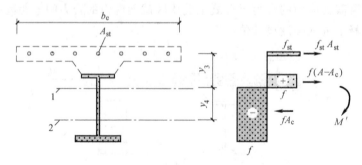

图 11-27 负弯矩作用时组合梁截面及应力图形
1—组合截面塑性中和轴 2—钢梁截面塑性中和轴

(3) 抗剪强度 组合梁截面上的全部剪力 V 假定仅由钢梁腹板承受，按下式计算

$$V \leqslant h_w t_w f_v / \gamma \tag{11-87}$$

式中 h_w、t_w——钢梁的腹板高度和厚度；

$\quad\quad\;\; f_v$——钢材抗剪强度设计值。

（4）钢梁截面局部稳定验算　组合梁中钢梁截面的板件宽厚比可偏安全地按塑性设计的规定取用：

对于受压翼缘

$$\frac{b}{t} \leqslant 9\sqrt{\frac{235}{f_y}} \quad\quad\quad (11\text{-}88)$$

对于腹板：

当钢梁截面上的合力 $N \leqslant 0.37Af$ 时

$$\frac{h_0}{t_w} \leqslant \left(72 - 100\frac{N}{Af}\right)\sqrt{\frac{235}{f_y}} \quad\quad\quad (11\text{-}89)$$

当钢梁截面上的合力 $N \geqslant 0.37Af$ 时

$$\frac{h_0}{t_w} \leqslant 35\sqrt{\frac{235}{f_y}} \quad\quad\quad (11\text{-}90)$$

3. 部分抗剪连接组合梁的强度计算

部分抗剪连接组合梁的强度计算与完全抗剪连接组合梁的不同，在于作用在混凝土翼板上的力取决于抗剪连接件所能传递的纵向剪力。

（1）正弯矩作用区段的抗弯强度（图 11-28）

$$x = n_r N_v^c / (b_e f_c) \quad\quad\quad (11\text{-}91\text{a})$$

$$A_c = (Af - n_r N_v^c) / (2f) \quad\quad\quad (11\text{-}91\text{b})$$

$$M_{u,r} = n_r N_v^c y_1 + 0.5(Af - n_r N_v^c) y_2 \quad\quad\quad (11\text{-}91\text{c})$$

式中 $M_{u,r}$——部分抗剪连接时组合梁截面正弯矩受弯承载力；

$\quad\quad\;\; n_r$——部分抗剪连接时最大正弯矩验算截面到最近零弯矩点之间的抗剪连接件数目；

$\quad\quad\;\; N_v^c$——每个抗剪连接件的纵向受剪承载力；

$\quad\quad\;\; y_1$、y_2——如图 11-28 所示，可按式（11-91b）所示的轴力平衡关系式确定受压钢梁的面积 A_c，进而确定组合梁塑性中和轴的位置。

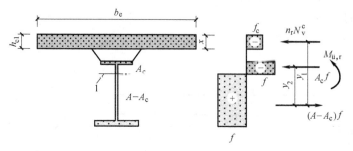

图 11-28　部分抗剪连接组合梁计算简图
1—组合梁塑性中和轴

计算部分抗剪连接组合梁在负弯矩作用区段的抗弯强度时，仍式（11-86a~c）计算，但 $A_{st}f_{st}$ 应改为 $n_r N_v^c$ 和 $A_{st}f_{st}$ 两者中的较小值，n_r 取为最大负弯矩验算截面到最近零弯矩点之间的抗剪连接件数目。

(2) 抗剪强度和钢梁截面的局部稳定　部分抗剪连接组合梁的抗剪强度和钢梁截面的局部稳定与完全抗剪连接组合梁的式（11-86b）和式（11-86c）、式（11-87）相同。

4. 抗剪连接件的计算

组合梁的抗剪连接件宜采用圆柱头焊钉，也可采用槽钢或有可靠依据的其他类型连接件（图11-29）。单个圆柱头焊钉连接件抗剪连接件的受剪承载力设计值由式（11-92）计算，单个槽钢连接件抗剪连接件的受剪承载力设计值由式（11-93）计算。槽钢连接件通过肢尖肢背两条通长角焊缝与钢梁连接，角焊缝按承受该连接件的受剪承载力设计值 N_v^c 进行计算。

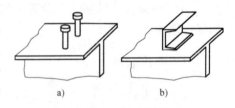

图 11-29　连接件的外形
a）圆柱头焊钉连接件　b）槽钢连接件

$$N_v^c = 0.43 A_s \sqrt{E_c f_c} \leq 0.7 A_s f_u \tag{11-92}$$

$$N_v^c = 0.26(t + 0.5 t_w) l_c \sqrt{E_c f_c} \tag{11-93}$$

式中　E_c——混凝土的弹性模量；

　　　A_s——圆柱头焊钉钉杆截面面积；

　　　f_u——圆柱头焊钉极限抗拉强度设计值，需满足 GB/T 10433—2002《电弧螺柱焊用圆柱头焊钉》的要求；

　　　t——槽钢翼缘的平均厚度；

　　　t_w——槽钢腹板的厚度；

　　　l_c——槽钢的长度。

对于用压型钢板混凝土组合板作为翼板的组合梁（图11-30），其焊钉连接件的受剪承载力设计值应分别按以下两种情况予以降低：

1）当压型钢板肋平行于钢梁布置（图11-30a），$b_w/h_e < 1.5$ 时，按式（11-92）算得的 N_v^c 应乘以折减系数 β_v 后取用。β_v 值按下式计算

$$\beta_v = 0.6 \frac{b_w}{h_e} \left(\frac{h_d - h_e}{h_e} \right) \leq 1 \tag{11-94}$$

式中　b_w——混凝土凸肋的平均宽度，当肋的上部宽度小于下部宽度时（图11-30c），改取上部宽度；

　　　h_e——混凝土凸肋高度；

　　　h_d——焊钉高度。

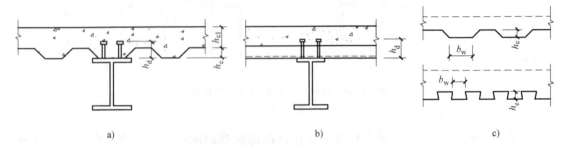

图 11-30　用压型钢板混凝土组合板作为翼板底模的组合梁
a）肋与钢梁平行的组合梁截面楼板剖面　b）肋与钢梁垂直的组合梁截面　c）压型钢板作底模的楼板剖面

2) 当压型钢板肋垂直于钢梁布置时（图11-30b），焊钉连接件承载力设计值的折减系数按下式计算

$$\beta_v = \frac{0.85}{\sqrt{n_0}} \frac{b_w}{h_e} \left(\frac{h_d - h_e}{h_e} \right) \leqslant 1 \quad (11\text{-}95)$$

式中　n_0——在梁某截面处一个肋中布置的焊钉数，当多于3个时，按3个计算。

位于负弯矩区段的抗剪连接件，其受剪承载力设计值 N_v^c 应乘以折减系数 0.9。

当采用柔性抗剪连接件时，抗剪连接件的计算应以弯矩绝对值最大点及支座为界限，划分为若干个区段（图11-31），逐

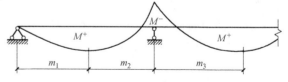

图 11-31　连续梁剪跨区划分图

段进行布置。每个剪跨区段内钢梁与混凝土翼板交界面的纵向剪力 V_s 按下列规定确定：

1) 正弯矩最大点到边支座区段，即 m_1 区段，V_s 取 Af 和 $b_e h_{c1} f_c$ 中的较小者。
2) 正弯矩最大点到中支座（负弯矩最大点）区段，即 m_2 和 m_3 区段

$$V_s = \min\{Af, b_e h_{c1} f_c\} + A_{st} f_{st} \quad (11\text{-}96)$$

按完全抗剪连接设计时，每个剪跨区段内需要的连接件总数 n_f，按下式计算

$$n_f = V_s / N_v^c \quad (11\text{-}97)$$

部分抗剪连接组合梁，其连接件的实配个数不得少于 n_f 的 50%。

按式（11-97）算得的连接件数量，可在对应的剪跨区段内均匀布置。当在此剪跨区段内有较大集中荷载作用时，应将连接件个数 n_f 按剪力图面积比例分配后再各自均匀布置。

5. 挠度及裂缝计算

组合梁的挠度可按弹性方法进行计算。组合梁的挠度 v 由以下两部分叠加得到：第一部分为施工阶段产生的挠度，即组合梁施工时，若钢梁下无临时支承，在混凝土硬结前，板的全部重力和钢梁的自重使钢梁产生的挠度，按钢梁计算；第二部分为使用阶段产生的挠度，即施工完成后，施加荷载使组合梁产生的挠度。

使用阶段组合梁的挠度应按荷载效应的标准组合，并用荷载长期作用下的刚度按弹性方法计算。在计算刚度时还应考虑混凝土翼板和钢梁之间的滑移效应，对刚度进行折减。对于连续组合梁，在距中间支座两侧各 $0.15l$（l 为梁的跨度）范围内，不计受拉区混凝土对刚度的影响，但应计入翼板有效宽度 b_e 范围内配置的纵向钢筋的作用，其余区段仍取折减刚度。

组合梁考虑荷载长期作用影响和滑移效应的刚度 B 可查阅相关资料确定。其挠度 v 应符合下式要求

$$v \leqslant [v] \quad (11\text{-}98)$$

式中　$[v]$——组合梁的挠度限值，取计算跨度的 1/400。

连续组合梁在负弯矩区段应按《混凝土结构设计规范》的规定验算混凝土最大裂缝宽度 w_{max}。

6. 施工阶段验算

当施工阶段钢梁下设置临时支撑时（梁跨度 $l > 7m$，设不少于 3 个支承点；$l \leqslant 7m$，设 1~2个支承点），全部荷载作用由组合梁承受。当钢梁下不设临时支撑时，应分两步考虑：

1) 混凝土翼缘板强度达 75% 强度设计值之前，组合梁自重与施工荷载由钢梁承受，并按《钢结构设计标准》计算，验算钢梁强度、稳定性和变形。

2) 混凝土翼缘板强度达到 75% 强度设计值后，用弹性分析方法时，其余荷载作用由组合截面承受，钢梁应力和挠度应与前一阶段的叠加；用塑性理论分析时，则全部荷载由组合截面承受。

7. 构造要求

考虑到对组合梁刚度的要求，组合梁截面高度与跨度的高跨比不宜小于 1/16~1/15，组合梁截面高度不宜大于钢梁截面高度的 2.5 倍；混凝土板托高度不宜大于翼板厚度的 1.5 倍；板托的顶面宽度不宜小于钢梁上翼缘宽度和 1.5 倍板托高度之和。抗剪连接件的构造要求可参阅《钢结构设计标准》。

11.5 框架柱设计

11.5.1 框架柱的类型

多层房屋框架柱可以有以下几种类型：钢柱、圆钢管混凝土柱、矩形钢管混凝土柱以及型钢混凝土组合柱。

从用钢量看，钢管混凝土柱用钢量最省，钢柱用钢量最多。

从施工难易看，钢柱及型钢混凝土组合柱最成熟。

从梁柱连接看，当框架梁采用钢梁、钢梁与混凝土板组合梁时，以与钢框架柱连接最为简便，与钢管混凝土柱、特别是圆钢管混凝土柱的连接最为复杂。当框架梁采用型钢混凝土组合梁时，框架柱宜采用型钢混凝土组合柱，也可采用钢柱。

从抗震性能看，钢管混凝土柱的抗震性能最好，型钢混凝土组合柱较差，但比混凝土柱有大幅改善。

从抗火性能看，型钢混凝土组合柱最好，钢柱最差。采用钢管混凝土柱和钢柱时，需要采取防火措施，将增加一定费用。

从环保角度看，应优先采用钢柱，因钢材是可循环生产的绿色建材。

因此，多层房屋框架柱的类型应根据工程的实际情况综合考虑，合理运用。目前常用的是钢柱和矩形钢管混凝土柱。

11.5.2 钢柱设计

1. 概述

钢柱的截面形式宜选用宽翼缘 H 型钢、高频焊接轻型 H 型钢以及由三块钢板焊接而成的工字形截面。钢柱截面形式的选择主要根据受力而定。

钢柱应进行强度、弯矩作用平面内的稳定、弯矩作用平面外的稳定、局部稳定、长细比等的验算，其计算公式可查阅《钢结构设计标准》，这里仅补充对钢柱计算长度计算。

钢框架的整体稳定计算应该是钢框架整个体系的稳定，为了简化计算，实际上将框架整体稳定简化为柱的稳定来计算。简化的关键就是合理确定柱的计算长度。

由于柱的计算长度要能反映框架的整体稳定，因此必须与框架的整体状态相联系。首先要确定框架体系的侧向约束情况，其次要确定计算柱在两端受到其他梁柱约束的情况。

《钢结构设计标准》，根据框架的侧向约束情况分为无支撑纯框架和有支撑框架，其中有支撑框架又根据抗侧移刚度的大小，分为强支撑框架和弱支撑框架。

2. 计算长度及轴心压杆稳定系数

钢柱的计算长度按下式计算

$$l_0 = \mu l \qquad (11\text{-}99)$$

式中 l_0——计算长度；

l——框架柱的长度，即多层房屋的层高；

μ——计算长度系数。

计算长度系数按下列规定确定：

(1) 无支撑纯框架

1) 当采用一阶弹性分析方法计算内力时，查阅附录 M，按有侧移框架柱的计算长度系数确定。

2) 当采用二阶弹性分析方法计算内力，且在每层柱顶附加按公式（11-24）计算得到的假想水平力时，计算长度系数取 $\mu = 1.0$。

(2) 有支撑框架

1) 当支撑结构（支撑桁架、剪力墙等）的侧移刚度（产生单位侧倾角的水平力）S_b 满足式（11-100）的要求时，为强支撑框架，查阅附录 M，按无侧移框架柱的计算长度系数确定。

$$S_b \geq 3(1.2\sum N_{bi} - \sum N_{oi}) \qquad (11\text{-}100)$$

式中 $\sum N_{bi}$——第 i 层层间所有框架柱用无侧移框架柱计算长度系数算得的轴心压杆稳定承载力之和；

$\sum N_{oi}$——第 i 层层间所有框架柱用有侧移框架柱计算长度系数算得的轴心压杆稳定承载力之和。

2) 当支撑结构的侧移刚度 S_b 不满足式（11-100）的要求时，为弱支撑框架，框架柱的轴压稳定系数按式（11-101）计算。

$$\varphi = \varphi_0 + (\varphi_1 - \varphi_0)\frac{S_b}{3(1.2\sum N_{bi} - N_{oi})} \qquad (11\text{-}101)$$

式中 φ_1——框架柱用无侧移框架柱计算长度系数求得的轴心压杆稳定系数；

φ_0——框架柱用有侧移框架柱计算长度系数求得的轴心压杆稳定系数。

3. 抗震设计的一般规定

框架结构在进行地震作用计算时，钢框架柱还应符合以下规定：

1) 有支撑框架结构在水平地震作用下，不作为支撑结构的框架部分按计算得到的地震剪力应乘以调整系数，达到不小于结构底部总地震剪力的 25% 和框架部分地震剪力最大值的 1.8 倍二者的较小值。

2) 应符合强柱弱梁的原则，即满足式（11-102）的要求

$$\sum W_{PC}(f_{yc} - \sigma_a) \geq \eta \sum W_{Pb} f_{yb} \qquad (11\text{-}102)$$

式中 W_{PC}、W_{Pb}——柱和梁的塑性截面模量；

f_{yc}、f_{yb}——柱和梁钢材的屈服强度；

σ_a——柱由轴向压力产生的压应力设计值；

η——强柱系数，超过 6 层的钢框架，6 度 IV 类场地和 7 度时可取 1.0，8 度时可取 1.05，9 度时可取 1.15。

但在下列情况时，可不作式（11-102）的验算：①柱所在楼层的受剪承载力比上一层的高

出 25%；②柱的轴向力设计值与柱全截面屈服的屈服承载力，即柱全截面面积和钢材抗拉强度设计值乘积的比值不超过 0.4；③柱作为轴心受压构件在 2 倍地震力下稳定性得到保证。

3) 转换层下的钢框架柱，地震内力应乘以增大系数，其值可取 1.5。

4) 框架柱的长细比，6~8 度设防时，应不大于 $120\sqrt{235/f}$，9 度设防时，应不大于 $100\sqrt{235/f}$。

5) 框架柱在基本烈度和罕遇烈度地震作用下出现塑性的部位，其截面的翼缘和腹板的宽厚比应不大于表 11-6 规定的限值。

11.5.3 矩形钢管混凝土柱的设计

1. 一般规定

矩形钢管混凝土柱的截面最小边尺寸不宜小于 100mm，钢管壁厚不宜小于 4mm，截面高宽比 h/b 不宜大于 2。

矩形钢管可采用冷成型的直缝或螺旋缝焊接管或热轧管，也可用冷弯型钢或热轧钢板、型钢焊接成型的矩形管。

矩形钢管中的混凝土强度等级不应低于 C30 级。对 Q235 钢管，宜配 C30 或 C40 混凝土；对 Q345 钢管，宜配 C40 或 C50 及以上等级的混凝土；对于 Q390、Q420 钢管，宜配不低于 C50 级的混凝土。混凝土的强度设计值、强度标准值和弹性模量应按《混凝土结构设计规范》的规定采用。

矩形钢管混凝土柱中，混凝土的工作承担系数 α_c 应控制为 0.1~0.7，α_c 按下式计算

$$\alpha_c = \frac{f_c A_c}{f A_s + f_c A_c} \tag{11-103}$$

式中 f、f_c——钢材和混凝土的抗压强度设计值；

A_s、A_c——钢管和管内混凝土的截面面积。

矩形钢管混凝土柱还应按空矩形钢管进行施工阶段的强度、稳定性和变形验算。施工阶段的荷载主要为湿混凝土的重力和实际可能作用的施工荷载。矩形钢管柱在施工阶段的轴向应力不应大于其钢材抗压强度设计值的 60%，并应满足强度和稳定性的要求。

矩形钢管混凝土柱在进行地震作用下的承载能力极限状态设计时，承载力抗震调整系数宜取 0.80。

矩形钢管混凝土构件钢管管壁板件的宽厚比 b/t、h/t 应不大于表 11-19 规定的限值。

表 11-19 矩形钢管混凝土构件宽厚比 b/t、h/t 的限值

构件类型	b/t	h/t
轴压	$60\sqrt{235/f_y}$	$60\sqrt{235/f_y}$
弯曲	$60\sqrt{235/f_y}$	$150\sqrt{235/f_y}$
压弯	$60\sqrt{235/f_y}$	当 $1\geq\psi>0$ 时，$30(0.9\psi^2-1.7\psi+2.8)\sqrt{235/f_y}$ 当 $0\geq\psi\geq-1$ 时，$30(0.74\psi^2-1.44\psi+2.8)\sqrt{235/f_y}$

注：1. b、h 为轴压柱截面的宽度与高度，在弯曲和压弯时，b 为均匀受压板件（翼缘板）的宽度，h 为非均匀受压板件（腹板）的宽度。

2. $\psi=\sigma_2/\sigma_1$，σ_2、σ_1 分别为板件最外边缘的最大、最小应力（N/mm²），压应力为正，拉应力为负。

3. 当施工阶段验算时，表中的限值应除以 1.5，但式中的 f_y 可用 $1.1\sigma_0$ 代替。σ_0 在轴压时为施工阶段荷载作用下的应力设计值，压弯时取 σ_1。

4. f_y 为钢材的屈服强度。

矩形钢管混凝土柱的刚度，可按下列规定取值：

$$轴向刚度 \quad EA = E_s A_s + E_c A_c \quad (11\text{-}104)$$

$$弯曲刚度 \quad EI = E_s I_s + 0.8 E_c I_c \quad (11\text{-}105)$$

式中 E_s、E_c——钢材和混凝土的弹性模量；

I_s、I_c——钢管与管内混凝土截面的惯性矩。

矩形钢管混凝土柱的截面最大边尺寸大于等于 800mm 时，宜采取在柱子内壁上焊接栓钉、纵向加劲肋等构造措施，确保钢管和混凝土共同工作。

在每层钢管混凝土柱下部的钢管壁上应对称开两个排气孔，孔径为 20mm，用于浇筑混凝土时排气以保证混凝土密实、清除施工缝处的浮浆、溢水等，并在发生火灾时，排除钢管内由混凝土产生的水蒸气，防止钢管爆裂。

2. 矩形钢管混凝土柱的计算

对于矩形钢管混凝土而言，根据试验数据的分析，可以采用简单的叠加法进行计算。

（1）轴心受压时的计算

1) 承载力计算

$$N \leqslant N_{un}/\gamma \quad (11\text{-}106)$$

$$N_{un} = f A_{sn} + f_c A_c \quad (11\text{-}107)$$

2) 整体稳定计算

$$N \leqslant \varphi N_u / \gamma \quad (11\text{-}108)$$

$$N_u = f A_s + f_c A_c \quad (11\text{-}109)$$

式中 N——轴心压力设计值；

N_{un}——轴心受压时净截面受压承载力设计值；

A_{sn}——钢管净截面面积；

γ——系数，无地震作用组合时，$\gamma = \gamma_0$；有地震作用组合时，$\gamma = \gamma_{RE}$；

N_u——轴心受压时截面受压承载力设计值；

φ——轴心受压构件的稳定系数，其值可根据相对长细比 λ_0 由附录 I，即 b 类截面轴心受压构件的稳定系数 φ 表查得。

λ_0——相对长细比

$$\lambda_0 = \frac{\lambda}{\pi} \sqrt{\frac{f_y}{E_s}} \quad (11\text{-}110)$$

$$\lambda = \frac{l_0}{r_0} \quad (11\text{-}111)$$

$$r_0 = \sqrt{\frac{I_s + I_c E_c / E_s}{A_s + A_c f_c / f}} \quad (11\text{-}112)$$

式中 f_y——矩形钢管钢材的屈服强度；

l_0——轴心受压构件的计算长度；

r_0——矩形钢管混凝土柱截面的当量回转半径。

（2）轴心受拉时的计算

$$N \leqslant f A_{sn}/\gamma \quad (11\text{-}113)$$

(3) 弯矩作用在一个主平面内的压弯时的计算

1) 承载力计算

$$\frac{N}{N_{un}} + (1-\alpha_c)\frac{M}{M_{un}} \leqslant 1/\gamma \tag{11-114}$$

且

$$\frac{M}{M_{un}} \leqslant 1/\gamma \tag{11-115}$$

式中 N——轴心压力设计值；

  M——弯矩设计值；

  α_c——混凝土工作承担系数，按式（11-103）计算；

  M_{un}——只有弯矩作用时，净截面的受弯承载力设计值

$$M_{un} = [0.5A_{sn}(h-2t-d_n) + bt(t+d_n)]f \tag{11-116}$$

  d_n——内混凝土受压区的高度

$$d_n = \frac{A_s - 2bt}{(b-2t)f_c/f + 4t} \tag{11-117}$$

式中 f——钢材抗弯强度设计值；

  b、h——矩形钢管截面平行、垂直于弯曲轴的边长；

  t——钢管壁厚。

2) 弯矩作用平面内的稳定计算

$$\frac{N}{\varphi_x N_u} + (1-\alpha_c)\frac{\beta M_x}{(1-0.8N/N'_{Ex})M_{ux}} \leqslant 1/\gamma \tag{11-118}$$

且

$$\frac{\beta M_x}{(1-0.8N/N'_{Ex})M_{ux}} \leqslant 1/\gamma \tag{11-119}$$

式中 φ_x——弯矩作用平面内的轴心受压稳定系数，其值由弯矩作用平面内的相对长细比 λ_{0x} 查得，λ_{0x} 由式（11-110）计算；

  M_{ux}——只有弯矩 M_x 作用时截面的受弯承载力设计值

$$M_{ux} = [0.5A_s(h-2t-d_n) + bt(t+d_n)]f \tag{11-120}$$

  N'_{Ex}——考虑分项系数影响后的欧拉临界力

$$N'_{Ex} = \frac{N_{Ex}}{1.1} \tag{11-121}$$

式中 N_{Ex}——欧拉临界力，$N_{Ex} = N_u \pi^2 E_s/(\lambda_x^2 f)$；

  β——等效弯矩系数，根据稳定性的计算方向按下列规定采用：在计算方向内有侧移的框架柱和悬臂柱，$\beta=1.0$；在计算方向内无侧移的框架柱和两端支承的构件：①无横向荷载作用时，$\beta=0.65+0.35M_2/M_1$，M_1 和 M_2 为端弯矩，使构件产生相同曲率时取同号，反之取异号，$|M_2|\leqslant|M_1|$；②有端弯矩和横向荷载作用时：使构件产生同向曲率时，$\beta=1.0$；使构件产生反向曲率时，$\beta=0.85$；③无端弯矩但有横向荷载作用时，$\beta=1.0$。

3) 弯矩作用平面外的稳定计算

$$\frac{N}{\varphi_y N_u} + \frac{\beta M_x}{1.4 M_{ux}} \leqslant 1/\gamma \tag{11-122}$$

式中 φ_y——弯矩作用平面外的轴心受压稳定系数,其值由弯矩作用平面外的相对长细比 λ_{0y} 查得,λ_{0y} 由式(4-47)计算。

(4)弯矩作用在一个主平面内的拉弯时的计算

$$\frac{N}{fA_{sn}}+\frac{M}{M_{un}}\leqslant 1/\gamma \tag{11-123}$$

(5)弯矩作用在两个主平面内的压弯时的计算

1)承载力计算

$$\frac{N}{N_{un}}+(1-\alpha_c)\frac{M_x}{M_{unx}}+(1-\alpha_c)\frac{M_y}{M_{uny}}\leqslant 1/\gamma \tag{11-124}$$

且

$$\frac{M_x}{M_{unx}}+\frac{M_y}{M_{uny}}\leqslant 1/\gamma \tag{11-125}$$

式中 M_x、M_y——绕主轴 x、y 轴作用时的弯矩设计值;

M_{unx}、M_{uny}——绕 x、y 轴的净截面受弯承载力设计值,按式(11-116)计算。

2)绕主轴 x 轴的稳定性计算

$$\frac{N}{\varphi_x N_u}+(1-\alpha_c)\frac{\beta_x M_x}{(1-0.8N/N'_{Ex})M_{ux}}+\frac{\beta_y M_y}{1.4M_{uy}}\leqslant 1/\gamma \tag{11-126}$$

且

$$(1-\alpha_c)\frac{\beta_x M_x}{(1-0.8N/N'_{Ex})M_{ux}}+\frac{\beta_y M_y}{1.4M_{uy}}\leqslant 1/\gamma \tag{11-127}$$

3)绕主轴 y 轴的稳定性计算

$$\frac{N}{\varphi_y N_u}+\frac{\beta_x M_x}{1.4M_{ux}}+(1-\alpha_c)\frac{\beta_y M_y}{(1-0.8N/N'_{Ey})M_{uy}}\leqslant 1/\gamma \tag{11-128}$$

且

$$\frac{\beta_x M_x}{1.4M_{ux}}+(1-\alpha_c)\frac{\beta_y M_y}{(1-0.8N/N'_{Ey})M_{uy}}\leqslant 1/\gamma \tag{11-129}$$

式中 β_x、β_y——在计算稳定的方向对 M_x、M_y 的弯矩等效系数。

(6)弯矩作用在两个主平面内的拉弯时的计算

$$\frac{N}{fA_{sn}}+\frac{M_x}{M_{unx}}+\frac{M_y}{M_{uny}}\leqslant 1/\gamma \tag{11-130}$$

(7)剪力作用的计算 矩形钢管混凝土柱的剪力可假定由钢管管壁承受,即

$$V_x\leqslant 2t(b-2t)f_v/\gamma \tag{11-131}$$

$$V_y\leqslant 2t(h-2t)f_v/\gamma \tag{11-132}$$

式中 V_x、V_y——沿主轴 x、y 轴的剪力设计值;

b、h——沿主轴 x 轴方向、y 轴方向的边长;

f_v——钢材的抗剪强度设计值。

3. 抗震设计的一般规定

框架结构在作地震作用计算时,矩形钢管混凝土柱还应符合以下规定:

1)有支撑框架结构中,不作为支撑结构的框架部分的地震剪力,应与钢框架一样乘以调整系数。

2)应符合强柱弱梁的原则,即满足式(11-133)的要求

$$\sum\left(1-\frac{N}{N_{uk}}\right)\frac{M_{uk}}{1-\alpha_c} \geqslant \eta_c \sum M_{uk}^b \tag{11-133}$$

$$\sum M_{uk} \geqslant \eta_c \sum M_{uk}^b \tag{11-134}$$

式中 N——按多遇地震作用组合的柱轴力设计值；

N_{uk}——轴心受压时，截面受压承载力标准值

$$N_{uk} = f_x A_s + f_{ck} A_c$$

f_{ck}——管内混凝土的抗压强度标准值，按《混凝土结构设计规范》取用；

M_{uk}——计算平面内交汇于节点的框架柱的全塑性受弯承载力标准值

$$M_{uk} = [0.5 A_s (h - 2t - d_{nk}) + bt(t + d_{nk})] f_y \tag{11-135}$$

M_{uk}^b——计算平面内交汇于节点的框架梁的全塑性受弯承载力标准值；

b、h——分别为矩形钢管截面平行、垂直于弯曲轴的边长；

d_{nk}——框架柱管内混凝土受压区高度，按式（11-117）计算，其中 f_c 用 f_{ck}、f 用 f_y 替代；

η_c——强柱系数，一般取 1.0，对于超过 6 层的框架，8 度设防时取 1.2，9 度设防时取 1.3。

3) 矩形钢管混凝土柱的混凝土工作承担系数 α_c 应符合下式的要求，以保证钢管混凝土柱有足够的延性

$$\alpha_c \leqslant [\alpha_c] \tag{11-136}$$

式中 $[\alpha_c]$——考虑柱具有一定延性的混凝土工作承担系数的限值，按表 11-20 取用。

表 11-20 混凝土工作承担系数限值 $[\alpha_c]$

长细比 λ	轴压比 (N/N_u)	
	$\leqslant 0.6$	> 0.6
$\leqslant 20$	0.50	0.47
30	0.45	0.42
40	0.40	0.37

注：当 λ 值在 20~30 或 30~40 之间时，$[\alpha_c]$ 可按线性插值取值。

11.5.4 其他类型柱的设计

在多层房屋钢结构中，在一般情况下，圆钢管混凝土柱和型钢混凝土组合柱用得较少。当采用这类柱子时，可按有关设计标准进行设计。

11.6 支撑设计

11.6.1 支撑结构的类型

多层房屋钢结构的支撑结构可以有以下几种类型：中心支撑、偏心支撑、钢板剪力墙板、内藏钢板支撑剪力墙板、带竖缝混凝土剪力墙板和带框混凝土剪力墙板。

中心支撑在多层房屋钢结构中用得较为普遍。当有充分依据且条件许可时，可采用带有消能装置的消能支撑。

偏心支撑可用于 8 度和 9 度抗震设防地区的多层房屋钢结构中。在偏心支撑中，位于支

撑与梁的交点和柱之间的梁段或与同跨内另一支撑与梁交点之间的梁段都应设计成消能梁段。在大震时，消能梁段先进入塑性，通过塑性变形耗能，提高结构的延性和抗震性能。

钢板剪力墙板用钢板或带加劲肋的钢板制成，在7度及7度以上抗震设防的房屋中使用时，宜采用带纵向和横向加劲肋的钢板剪力墙板。

内藏钢板支撑剪力墙板是以钢板为基本支撑，外包钢筋混凝土墙板，以防止钢板支撑的压屈，提高其抗震性能。它只在支撑节点处与钢框架相连，混凝土墙板与框架梁柱间则留有间隙。

带竖缝混凝土剪力墙板是在混凝土剪力墙板中开缝，以降低其抗剪刚度，减小地震作用。带竖缝混凝土剪力墙板只承受水平荷载产生的剪力，不考虑承受竖向荷载产生的压力。

带框混凝土剪力墙板由现浇钢筋混凝土剪力墙板与框架柱和框架梁组成，同时承受水平和竖向荷载的作用。

11.6.2 中心支撑斜杆的设计

1. 一般规定

1) 中心支撑斜杆宜采用十字交叉斜杆、单斜杆、人字形斜杆或V形斜杆体系。中心支撑斜杆的轴线应交汇于框架梁柱的轴线上。抗震设计的结构不得采用K形斜杆体系。当采用只能受拉的单斜杆体系时，应同时设不同倾斜方向的两组单斜杆，且每层不同方向单斜杆的截面面积在水平方向的投影面积之差不得大于10%。

2) 中心支撑斜杆的长细比，按压杆设计时，不应大于$120\sqrt{235/f_y}$，一、二、三级中心支撑斜杆不得采用拉杆设计，非抗震设计和四级采用拉杆设计时，其长细比不大于180。

3) 中心支撑斜杆的板件宽厚比应不大于表11-21规定的限值。当支撑与框架柱或梁用节点板连接时，应注意节点板的强度和稳定。

表11-21 钢结构中心支撑斜杆板件宽厚比的限值

截面板件宽厚比等级		BS1级	BS2级	BS3级
H形截面	翼缘 b/t	$8\varepsilon_k$	$9\varepsilon_k$	$10\varepsilon_k$
	腹板 h_0/t_w	$30\varepsilon_k$	$35\varepsilon_k$	$42\varepsilon_k$
箱形截面	壁板间翼缘 b_0/t	$25\varepsilon_k$	$28\varepsilon_k$	$32\varepsilon_k$
角钢	角钢肢宽厚比 w/t	$8\varepsilon_k$	$9\varepsilon_k$	$10\varepsilon_k$
圆钢管截面	径厚比 D/t	$40\varepsilon_k^2$	$56\varepsilon_k^2$	$72\varepsilon_k^2$

注：w为角钢平直段长度。

4) 中心支撑斜杆宜采用双轴对称截面。在抗震设防区，当采用单轴对称截面时，应采取构造措施，防止支撑斜杆绕对称轴屈曲。

5) 人字形支撑和V形支撑（图11-32a、b）的横梁在支撑连接处应保持连续。在确定支撑跨的横梁截面时，不应考虑支撑在跨中的支承作用。横梁除应承受大小等于重力荷载代表值的竖向荷载外，尚应承受跨中节点处两根支撑斜杆分别受拉屈服、受压屈服所引起的不平衡竖向分力和水平分力作用，即应按图11-32c、d所示的计算简图进行计算。此不平衡力取受拉支撑内力的竖向分量减去受压支撑屈曲压力竖向分量的30%。因为受压支撑屈曲后，其刚度将软化，受力将减少，一般取屈曲压力的30%。

同样的原因，在抗震设防区不得采用K字形支撑（图11-33a）。因为在大震时，K字形支撑的受压斜杆屈曲失稳后，支撑的不平衡力将由框架柱承担（图11-33b），恶化了框架柱

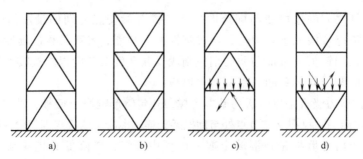

图 11-32 人字形支撑和 V 形支撑中横梁的设计简图

的受力,如框架柱受到破坏,将引起多层房屋的严重破坏甚至倒塌。

为了减小竖向不平衡力引起的梁截面过大,可采用跨层 X 形支撑或采用拉链柱(图 11-34)。

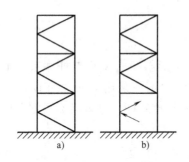

图 11-33 K 字形支撑

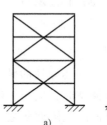 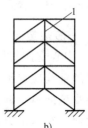

图 11-34 人字形支撑加强
a) 跨层 X 形支撑 b) 拉链柱

在支撑与横梁相交处,梁的上下翼缘应设置侧向支承,该支承应设计成能承受在数值上等于 0.02 倍的相应翼缘承载力 $f_y b_1 t_1$ 的侧向力作用,f_y、b_1、t_1 分别为钢材的屈服强度、翼缘板的宽度和厚度。当梁上为组合楼盖时,梁的上翼缘可不必验算。

6)当中心支撑构件为填板连接的组合截面时,填板的间距应均匀,每一构件中填板数不得少于 2 块,且应符合下列规定:①当支撑屈曲后在填板的连接处产生剪力时,两填板之间单肢杆件的长细比不应大于组合支撑杆件控制长细比的 0.4 倍,填板连接处的总受剪力设计值至少应等于单肢杆件的受拉承载力设计值;②当支撑屈曲后不在填板连接处产生剪力时,两填板之间单肢杆件的长细比不应大于组合支撑杆件控制长细比的 0.75 倍。

7)一、二、三级抗震等级的钢结构,可采用带有耗能装置的中心支撑体系。支撑斜杆的承载力应为耗能装置滑动或屈服时承载力的 1.5 倍。

2. 支撑斜杆的计算与构造

在多遇地震组合效应作用下,支撑斜杆的受压承载力应满足下式要求

$$\frac{N}{\varphi A_{br}} \leqslant \psi f / \gamma_{RE} \qquad (11\text{-}137)$$

$$\psi = 1/(1+0.35\lambda_n) \qquad (11\text{-}138)$$

$$\lambda_n = (\lambda/\pi)\sqrt{f_y/E} \qquad (11\text{-}139)$$

式中 N——支撑斜杆轴压力设计值;

A_{br}——支撑斜杆的毛截面面积;

φ——按支撑长细比 λ 确定的轴心受压杆件稳定系数,按《钢结构设计标准》确定;

ψ——受循环荷载时的强度折减系数；

λ、λ_n——支撑斜杆的长细比和正则化长细比；

E——支撑斜杆钢材的弹性模量；

f、f_y——支撑斜杆钢材的抗压强度设计值和屈服强度；

γ_{RE}——中心支撑屈曲稳定承载力抗震调整系数。

3. 抗震设计的一般规定

抗震设计时，连接节点设计应贯彻强节点弱杆件的原则，符合下式要求

$$N_{ubr} \geq 1.2 A_n f_y \tag{11-140}$$

式中 N_{ubr}——螺栓或焊缝连接以及节点板在支撑轴线方向的极限承载力；

A_n——支撑斜杆的净截面面积；

f_y——支撑斜杆钢材的屈服强度。

焊缝的极限承载力应按下列公式计算：

对接焊缝受拉 $$N_u = A_f^w f_u \tag{11-141}$$

角焊缝受剪 $$V_u = 0.58 A_f^w f_u \tag{11-142}$$

式中 A_f^w——焊缝的有效受力面积；

f_u——构件母材的抗拉强度最小值。

高强度螺栓连接的极限受剪承载力应取下列二式计算的较小者

$$N_{vu}^b = 0.58 n_f A_e^b f_u^b \tag{11-143}$$

$$N_{cu}^b = d \sum t f_{cu}^b \tag{11-144}$$

式中 N_{vu}^b、N_{cu}^b——一个高强度螺栓的极限受剪承载力和对应的板件极限承压力；

n_f——螺栓连接的剪切面数量；

A_e^b——螺栓螺纹处的有效截面面积；

f_u^b——螺栓钢材的抗拉强度最小值；

d——螺栓杆直径；

$\sum t$——同一受力方向的较小承压总厚度；

f_{cu}^b——连接板的极限承压强度，取 $1.5 f_u$。

11.6.3 偏心支撑框架的设计

1. 一般规定

偏心支撑的形式已在第 11.1 节中介绍。偏心支撑体系的消能梁段是高层房屋钢结构抗震时的主要消能部件，设计时必须十分重视，确保消能梁段具有良好的延性和抗震性能。

为使消能梁段具有良好的滞回性能，能起到预期的消能作用，消能梁段应符合下列构造规定：

1）偏心支撑框架中的支撑斜杆，应至少有一端与梁连接，并在支撑与梁交点和柱之间或支撑同一跨内另一支撑与梁交点之间形成消能梁段。超过 50m 的钢结构采用偏心支撑框架时，顶层可采用中心支撑。

2）消能梁段及与消能梁段同一跨内的非消能梁段，其板件的宽厚比不应大于表 11-21 中规定的限值。

3) 偏心支撑框架的支撑杆件的长细比不应大于 $120\sqrt{235/f_y}$。支撑截面板件的翼缘外伸部位和腹板宽厚比限值分别为 $(10+0.1\lambda)\sqrt{235/f_y}$、$(25+0.5\lambda)\sqrt{235/f_y}$。

4) 消能梁段的净长应符合下列要求

当 $N \leq 0.16Af$ 时，其净长不宜大于 $1.6M_{lp}/V_l$。

当 $N > 0.16Af$ 时：① $\rho(A_w/A) < 0.3$ 时，$\alpha \leq 1.6M_{lp}/V_l$；② $\rho(A_w/A) \geq 0.3$ 时，$\alpha \leq [1.15-0.5\rho(A_w/A)]1.6M_{lp}/V_l$。其中 $\rho=N/V$，α 为消能梁段的净长（mm），ρ 为消能梁段轴力设计值与剪力设计值之比值。

5) 消能梁段的腹板不得贴焊补强板，也不得开洞。

6) 消能梁段的腹板应按下列规定设置加劲肋（图11-35）：①消能梁段与支撑连接处，应在其腹板两侧设置加劲肋，加劲肋的高度应为梁腹板的高度，一侧的加劲肋宽度不应小于 $(b_f/2-t_w)$，厚度不应小于 $0.75t_w$ 和10mm 的较大值；②当 $\alpha \leq 1.6M_{lp}/V_l$ 时，中间加劲肋间距不应大于 $(30t_w - h/5)$；③当 $2.6M_{lp}/V_l < \alpha \leq 5M_{lp}/V_l$ 时，应在距消能梁段端部 $1.5b_f$ 处设置中间加劲肋，且中间加劲肋间距不应大于 $(52t_w - h/5)$；④当 $1.6M_{lp}/V_l < \alpha \leq 2.6M_{lp}/V_l$ 时，中间加劲肋的间距可取第②和第③两款间的线性插入值；⑤当 $\alpha > 5M_{lp}/V_l$ 时，可不设置中间加劲肋；⑥中间加劲肋应与消能梁段的腹板等高，当消能梁段截面的腹板高度不大于 640mm 时，可设置单侧加劲肋；消能梁段截面腹板高度大于 640mm 时，应在两侧设置加劲肋，一侧加劲肋的宽度不应小于 $(b_f/2-t_w)$，厚度不应小于 t_w 和10mm 的较大值；⑦加劲肋与消能梁段的腹板和翼缘之间可采用角焊缝连接，连接腹板的角焊缝的受拉承载力不应小于 fA_{st}，连接翼缘的角焊缝的受拉承载力不应小于 $fA_{st}/4$，A_{st} 为加劲肋的横截面面积。

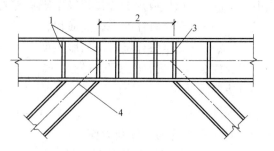

图 11-35 消能梁段的腹板加劲肋设置
1—双面全高设加劲肋 2—消能梁段上、下翼缘均设侧向支撑 3—腹板高大于 640mm 时设双面中间加劲肋 4—支撑中心线与消能梁段中心线交于消能梁段内

7) 消能梁段与柱的连接应符合下列规定：①消能梁段与柱翼缘应采用刚性连接，且应符合框架梁与柱刚接要求；②消能梁段与柱翼缘连接的一端采用加强型连接时，消能梁段的长度可从加强的端部算起，加强的端部梁腹板应设置加劲肋。

8) 支撑与消能梁段的连接应符合下列规定：①支撑轴线与梁轴线的交点，不得在消能梁段外；②抗震设计时，支撑与消能梁段连接的承载力不得小于支撑的承载力，当支撑端有弯矩时，支撑与梁连接的承载力应按抗压弯设计。

9) 消能梁段与支撑连接处，其上、下翼缘应设置侧向支撑，支撑的轴力设计值不应小于消能梁段翼缘的轴向极限承载力的 6%，即 $0.06f_yb_ft_f$。f_y 为消能梁段钢材的屈服强度，b_f、t_f 分别为消能梁段翼缘的宽度和厚度。

10) 与消能梁段同一跨框架梁的稳定不满足要求时，梁的上、下翼缘应设置侧向支撑，支撑的轴力设计值不应小于梁翼缘轴向承载力的 2%，即 $0.02f_yb_ft_f$，f_y 为框架梁钢材的抗拉强度设计值，b_f、t_f 分别为框架梁翼缘的宽度和厚度。

2. 偏心支撑消能梁段的设计

（1）消能梁段的抗剪承载力验算　在多遇地震作用下，消能梁段的抗剪承载力应按下式验算：

当 $N \leqslant 0.15Af$ 时

$$V \leqslant \frac{\phi V_l}{\gamma_{RE}} \tag{11-145}$$

当 $N > 0.15Af$ 时

$$V \leqslant \frac{\phi V_{lc}}{\gamma_{RE}} \tag{11-146}$$

式中　ϕ——系数，可取 0.9；

V、N——消能梁段的剪力设计值和轴力设计值；

γ_{RE}——消能梁段承载力抗震调整系数，取 0.85；

V_l、V_{lc}——消能梁段的受剪承载力和计入轴力影响的受剪承载力。

$$V_l = 0.58A_w f_y \text{ 或 } V_l = 2M_{lp}/a, \text{取小者} \tag{11-147}$$

$$V_{lc} = 0.58A_w f_y \sqrt{1 - \frac{N}{(Af)^2}} \text{ 或 } V_{lc} = 2.4\frac{M_{lp}}{a}\left(1 - \frac{N}{Af}\right) \tag{11-148}$$

式中　A、A_w——消能梁段的截面面积和腹板截面面积；

f、f_y——消能梁段钢材的抗拉强度设计值和屈服强度；

a——消能梁段的长度；

M_{lp}——消能梁段截面的全塑性受弯承载力。

$$M_{lp} = W_{np} f \tag{11-149}$$

式中　W_{np}——消能梁段的塑性截面模量。

（2）消能梁段的抗弯承载力验算　在多遇地震作用下，消能梁段的抗弯承载力应按下式验算：

当 $N \leqslant 0.15Af$ 时

$$\frac{M}{W} + \frac{N}{A} \leqslant f/\gamma_{RE} \tag{11-150}$$

当 $N > 0.15Af$ 时

$$\left(\frac{M}{h} + \frac{N}{2}\right)\frac{1}{b_f t_f} \leqslant f/\gamma_{RE} \tag{11-151}$$

式中　M——消能梁段的弯矩设计值；

W——消能梁段的截面模量；

h——消能梁段的截面高度；

b_f、t_f——消能梁段截面的翼缘宽度和厚度。

3. 偏心支撑杆件的设计

偏心支撑斜杆的承载力验算

$$N_{br} \leqslant \varphi A_{br} f/\gamma_{RE} \tag{11-152}$$

式中　A_{br}——支撑斜杆截面面积；

φ——由支撑斜杆长细比确定的轴心受压构件稳定系数；

γ_{RE}——支撑斜杆承载力抗震调整系数，取 0.85；

N_{br}——支撑斜杆轴力设计值，按下列规定取用。

由于在偏心支撑框架中，消能梁段是提供消能的最主要构件，因此在设计中应使消能梁段先屈服而支撑斜杆不屈曲。为了达到消能梁段屈服时支撑斜杆不屈曲，必须对支撑斜杆轴力设计值进行调整。式（11-152）中的 N_{br} 可由下式确定

$$N_{br} = \eta_{br}\frac{V_l}{V}N_{br,com} \tag{11-153}$$

式中　N_{br}——支撑的轴力设计值（kN）；

V——消能梁段的剪力设计值（kN）；

V_l——消能梁段不计入轴力影响的受剪承载力（kN）；

$N_{br,com}$——对应于消能梁段剪力设计值 V 的支撑组合的轴力设计值（kN）；

η_{br}——偏心支撑框架支撑内力设计值增大系数，其值在一级时不应小于 1.4，二级时不应小于 1.3，三级时不应小于 1.2，四级时不应小于 1.0。

4. 偏心支撑框架柱和框架梁的设计

偏心支撑框架柱的设计可按第 11.5 节进行，但其轴力设计值和弯矩设计值应按下列规定取用，以实现强柱弱梁的设计原则。

1）位于消能梁段同一跨的框架梁的弯矩设计值由下式计算

$$M_b = \eta_b\frac{V_l}{V}M_{b,com} \tag{11-154}$$

2）框架柱轴力设计值 N_c 应由下式计算

$$N_c = \eta_c\frac{V_l}{V}N_{c,com} \tag{11-155}$$

3）框架柱弯矩设计值 M_c 应由下式计算

$$M_c = \eta_c\frac{V_l}{V}M_{c,com} \tag{11-156}$$

式中　$N_{c,com}$、$M_{c,com}$——对应于消能梁段剪力设计值 V 的柱组合的弯矩计算值和轴力计算值；

M_b——位于消能梁段同一跨的框架梁的弯矩设计值；

M_c、N_c——框架柱的弯矩设计值和轴力设计值；

η_b、η_c——位于消能梁段同一跨的框架梁的弯矩设计值增大系数和柱内力设计值增大系数，其值在一级时不应小于 1.3，二、三、四级时不应小于 1.2。

11.6.4　防屈曲支撑框架的设计

1. 一般规定

防屈曲支撑框架体系是一种特殊的中心支撑框架体系，它与中心支撑框架体系的不同之处在于它的支撑斜杆采用防屈曲支撑构件。防屈曲支撑构件在受压和受拉时均能进入屈服消能，具有极佳的抗震性能。

防屈曲支撑框架一般采用梁柱刚接连接，支撑斜杆用螺栓或销轴与梁、柱连接，这样在

支撑斜杆进入完全屈服状态时，结构仍可具有必要的刚度。

防屈曲支撑框架中的支撑布置宜采用 V 形、人字形和单斜形等形式，不得设计为 K 形和 X 形。支撑 K 形布置时，会在框架柱中部支撑交汇处给柱带来侧向集中力的不利作用；X 形布置时，因防屈曲支撑截面较大，在交汇处难以实现。

防屈曲支撑框架应沿结构的两个主轴方向分别设置，在竖向宜连续布置，且形式一致，而支撑截面可由底层到高层逐步减小。

防屈曲支撑构件由核心单元和屈曲约束单元组成，如图 11-36 所示。核心单元的中部为屈服段，采用一字形、十字形或工字形截面。由于要求支撑在反复荷载下屈服，钢材宜采用低屈服强度钢材，伸长率不应小于 20%，并应具有工作温度条件下的冲击韧性合格保证，同时要求屈服强度值应稳定。屈曲约束单元的截面形式有方管和圆管，核心单元置于屈曲约束单元内，在屈曲约束单元内灌注砂浆或细石混凝土，使核心单元在受压时不会整体失稳而只能屈服。为了防止砂浆或混凝土与核心单元黏结，可在核心单元表面涂一层无黏结材料或设置非常狭小的空气层。由于防屈曲支撑在受压时不会整体失稳，因此在反复荷载作用下，具有与钢材一样的滞回曲线，曲线极为饱满，具有极佳的消能能力。

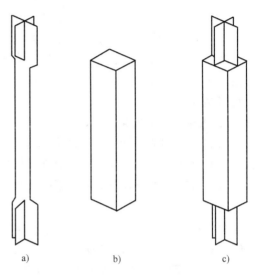

图 11-36 防屈曲支撑构件
a）核心单元 b）屈曲约束单元 c）支撑构件

2. 防屈曲支撑构件的设计与构造

（1）支撑构件的设计　防屈曲支撑设计时，采用的荷载和荷载组合与其他抗侧力结构的高层房屋钢结构相同。在考虑多遇地震或风荷载的组合情况下，防屈曲支撑应保持在弹性状态，在罕遇地震作用下，约束屈服段应进入全截面屈服，其他部位应保持弹性状态。

防屈曲支撑构件应设计成仅承受轴心力作用，其轴向受拉和受压承载力设计值应按下式计算

$$F_d = F_y = \alpha A_1 f_y \tag{11-157}$$

式中　α——材料强度折减系数，取 0.9；

F_y——约束屈服段的屈服承载力，$F_y = A_1 f_y$；

A_1，f_y——约束屈服段的截面面积和钢材的屈服强度。

防屈曲支撑不应发生整体屈曲，其控制条件是：

$$P_{cr}/(\xi \omega R_y F_y) = \frac{\pi E_0 I_0}{l^2}/(\xi \omega R_y A_1 f_y) \geqslant 1.1 \tag{11-158}$$

式中　P_{cr}——防屈曲支撑构件的整体弹性屈曲荷载；

E_0、I_0——屈曲约束单元材料的弹性模量和截面惯性矩；

l——防屈曲支撑构件的长度；

R_y——约束屈服段钢材的超强系数，当 f_y 由试验确定时，R_y 取 1.0；

ξ、ω——支撑的受压强度调整系数及受拉强度调整系数,其值的确定参见式(11-160)。

防屈曲支撑构件应不发生局部失稳,核心单元外伸段板件的宽厚比应满足下式

$$\frac{b}{t} \leqslant 15\sqrt{\frac{235}{f}} \tag{11-159}$$

式中 b、t——外伸段板件的外伸宽度和厚度。

（2）支撑构件的构造　防屈曲支撑构件的核心单元钢板不允许有对接接头,与屈曲约束单元间的间隙值应不小于核心单元截面边长的 1/250,一般情况下取 1~2mm。

防屈曲支撑的轴向变形能力应满足当防屈曲支撑框架产生 1.5 倍弹塑性层间位移角限值时在支撑轴向所需要的变形量。在构造上应在外部预留空间,防止支撑受压时在轴向与混凝土直接接触。

3. 防屈曲支撑框架的梁、柱及节点设计

（1）梁、柱的设计　防屈曲支撑框架的梁和柱的设计除应按一般框架的梁和柱考虑荷载和荷载组合外,尚应考虑防屈曲支撑构件全部屈服时的影响。

防屈曲支撑斜杆截面全部屈服时的最大轴力 D_b 为：

受拉时 $\qquad\qquad\qquad D_b = \omega R_y A_1 f_y \qquad\qquad$ (11-160a)

受压时 $\qquad\qquad\qquad D_b = \xi \omega R_y A_1 f_y \qquad\qquad$ (11-160b)

式中 ω——考虑应变强化的受拉强度调整系数,定义为支撑所在楼层的层间位移角达到弹塑性层间位移角的 1.5 倍时,支撑的最大受拉承载力与约束屈服段名义屈服承载力的比值,一般为 1.2~1.5,具体由试验确定；

ξ——支撑的受压强度调整系数,定义为支撑所在楼层的层间位移角达到弹塑性层间位移角的 1.5 倍时,支撑最大受压承载力与最大受拉承载力的比值,一般为 1.0~1.3,具体由试验确定。

支撑采用 V 形、人字形布置时,与支撑相连的梁应考虑拉、压不平衡力对横梁的不利影响。同时梁还应在不考虑支撑作用情况下,能抵抗恒、活载组合作用下的荷载效应。

与支撑构件相连的梁应具有足够的刚度,在荷载与 D_b 组合下,梁的挠度应不超过 $L/240$,L 为柱间梁的轴线距离。

防屈曲支撑框架的梁、柱截面的板件宽厚比应分别满足相关的规定。

（2）节点设计的一般规定　梁、柱在与支撑构件连接处,应设置加劲肋。节点板和加劲肋的强度和稳定性均应进行验算。

防屈曲支撑构件与梁、柱连接的承载力应不小于 $1.1\omega R_y A_1 f_y$（受拉）和 $1.1\xi\omega R_y A_1 f_y$（受压）。支撑采用 V 形、人字形布置时,其连接节点也应能承担 V 形、人字形支撑产生的不平衡力。

4. 防屈曲支撑框架结构分析及设计要点

防屈曲支撑框架结构的分析应按下述要求进行：

1）多遇地震和风荷载作用下,防屈曲支撑框架结构可采用线性分析方法。

2）罕遇地震作用下,防屈曲支撑框架结构的整体分析应采用弹塑性时程分析方法。防屈曲支撑的恢复力模型应由试验确定,试验方法应按有关规程的规定进行。

3）防屈曲支撑框架结构的层间弹塑性位移角限值可取 1/800。

防屈曲支撑框架结构的设计，可按下列程序进行：

1) 按仅考虑竖向荷载效应进行防屈曲支撑框架结构中梁柱的初步设计。
2) 采用反应谱法对防屈曲支撑约束屈服段的截面面积进行初步选择。
3) 校核多遇地震和风荷载作用下防屈曲支撑框架结构的承载力和刚度。
4) 采用弹塑性时程分析法校核罕遇地震作用下防屈曲支撑框架结构的弹塑性变形和消能机制。
5) 进行防屈曲支撑构件设计和支撑构件与梁、柱连接的设计。

11.7 连接设计

11.7.1 框架节点

1. 框架连接节点的一般规定

1) 多层框架主要构件及节点的连接应采用焊接、摩擦型高强度螺栓连接或栓-焊组合连接。栓-焊组合连接指在同一受力连接的不同部位分别采用高强度螺栓及焊接的组合连接，如同一梁与柱连接时其腹板与翼缘分别采用栓、焊的连接等，此时栓接部分的承载力应考虑先栓后焊的温度影响乘以折减系数 0.9。

2) 在节点连接中将同一力传至同一连接件上时，不允许同时采用两种方法连接（如又焊又栓等）。

3) 设计中应考虑安装及施焊的净空或条件以方便施工，对高空施工条件困难的现场焊接，其承载力应乘以 0.9 的折减系数。

4) 对较重要的或受力较复杂的节点，当按所传内力（不是按与母材等强）进行连接设计时，宜使连接的承载力留有 10%～15%的富裕度。

5) 多层框架结构体系中的梁柱连接节点应设计为刚接节点；柱-支撑结构体系中的梁柱连接节点可以设计为铰接节点。

6) 所有框架承重构件的现场拼接均应为等强拼接（用摩擦型高强度螺栓连接或焊接连接）。

7) 对按 8 度及 9 度抗震设防地区的多层框架，其梁柱节点尚应进行节点塑性区段（为梁端或柱段由构件端面算起 1/10 跨长或 2 倍截面高度的范围）的验算校核。

2. 框架梁柱连接节点的类型

框架梁柱连接节点的类型，从受力性能上分有刚性连接节点、铰接连接节点和半刚性连接节点；从连接方式上分有全焊连接节点、全栓连接节点和栓焊连接节点。

刚性连接节点中的梁柱夹角在外荷载作用下不会改变，即 $\Delta\theta = 0$；铰接连接节点中的梁或柱在节点处不能承受弯矩，即 $M = 0$；半刚性连接节点中的梁柱在节点处均能承受弯矩，同时梁柱夹角也会改变，这类节点力学性能的描述是给出梁端弯矩与梁柱夹角变化的数学关系，即 $M = f(\Delta\theta)$。

半刚性连接节点具有连接构造比较简单的优点，在多层房屋钢框架中时有采用；但从设计角度看，半刚性连接框架的设计极为复杂，这一不足影响了半刚性连接节点在多层房屋框架中的应用。

3. 刚性连接节点

（1）钢梁与钢柱直接连接节点　图 11-37 所示为钢梁用栓焊混合连接与柱相连的构造形式，应按下列规定设计：

1）梁翼缘与柱翼缘用全熔透对接焊缝连接，腹板用高强度螺栓摩擦型连接与焊于柱翼缘上的剪力板相连。剪力板与柱翼缘可用双面角焊缝连接并应在上下端采用围焊。剪力板的厚度应不小于梁腹板的厚度，当厚度大于 16mm 时，其与柱翼缘的连接应采用 K 形全熔透对接焊缝。

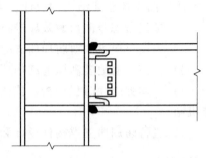

图 11-37　钢梁与钢柱标准型直接连接

2）在梁翼缘的对应位置，应在柱内设置横向加劲肋。

3）横向加劲肋与柱翼缘和腹板的连接，对抗震设防的结构，与柱翼缘采用坡口全熔透焊缝，与腹板可采用角焊缝；对非抗震设防的结构，均可采用角焊缝。

4）由柱翼缘与横向加劲肋包围的节点域应按相关规定进行计算。

5）梁与柱的连接应按多遇地震组合内力进行弹性设计。梁翼缘与柱翼缘的连接，因采用全熔透对接焊缝，可以不用计算；梁腹板与柱的连接应计算以下内容：①梁腹板与剪力板间的螺栓连接；②剪力板与柱翼缘间的连接焊缝；③剪力板的强度。梁与柱的连接应符合强节点弱杆件的条件。

6）梁翼缘与柱连接的坡口全熔透焊缝应按规定设置衬板，翼缘坡口两侧设置引弧板。在梁腹板上、下端应作焊缝通过孔，当梁与柱在现场连接时，其上端孔半径 r 应取 35mm，孔在与梁翼缘连接处，应以 $r=10$mm 的圆弧过渡；下端孔高度 50mm，半径 35mm。圆弧表面应光滑，不得采用火焰切割。

7）柱在梁翼缘上下各 500mm 的节点范围内，柱翼缘与柱腹板间的连接焊缝应采用坡口全熔透焊缝。

8）柱翼缘的厚度大于 16mm 时，为防止柱翼缘板发生层状撕裂，应采用 Z 向性能钢板。

（2）梁与带有悬臂段的柱的连接节点　悬臂段与柱的连接采用工厂全焊接连接。梁翼缘与柱翼缘的连接要求和钢梁与钢柱直接连接（图 11-37）一样，但下部焊缝通过孔的孔型与上部孔相同，且上下设置的衬板在焊接完成后可以去除并清根补焊。腹板与柱翼缘的连接要求与图 11-37 中剪力板与柱的连接一样。悬臂段与柱连接的其他要求与图 11-37 直接连接的相同。

梁与悬臂段的连接（图 11-38），实质上是梁的拼接，可采用翼缘焊接、腹板高强度螺栓连接或全部高强度螺栓连接。全部高强度螺栓连接有较好的抗震性能。

（3）钢梁与钢柱加强型连接节点　钢梁与钢柱加强型连接主要有以下几种形式：①翼缘板式连接（图 11-39a）；②梁翼缘端部加宽（图 11-39b）；③梁翼缘端部腋形扩大

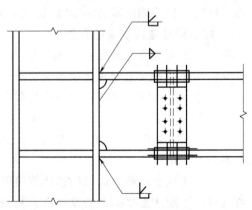

图 11-38　梁与带有悬臂段的柱的连接

(图 11-39c)。翼缘板式连接宜用于梁与工形柱的连接;梁翼缘端部加宽和梁翼缘端部腋形扩大连接宜用于梁与箱形柱的连接。

在大地震作用下,钢梁与钢柱加强型连接的塑性铰将不在构造比较复杂、应力集中比较严重的梁端部位出现,而向外移,有利于抗震性能的改善。

钢梁与箱形柱相连时,箱形柱在与钢梁翼缘连接处应设置横隔板。当箱形柱壁板的厚度大于16mm时,为了防止壁板出现层状撕裂,宜采用贯通式隔板,隔板外伸与梁翼缘相连(图 11-39b、c),外伸长度宜为 25~30mm。梁翼缘与隔板采用对接全熔透焊缝连接。

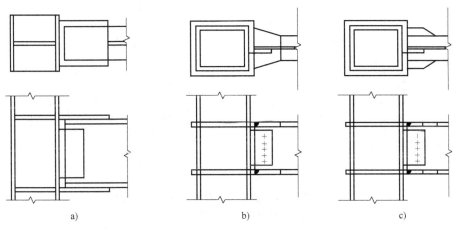

图 11-39 钢梁与钢柱加强型连接

(4) 柱两侧梁高不等时的连接节点 图 11-40 所示为柱两侧梁高不等时的不同连接形式。柱的腹板在每个梁的翼缘处均应设置水平加劲肋,加劲肋的间距不应小于 150mm,且不应小于水平加劲肋的宽度(图 11-40a、c)。当不能满足此要求时,应调整梁的端部高度(图 11-40b),腋部的坡度不得大于 1∶3。

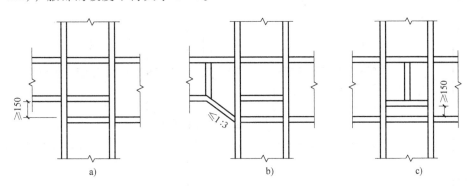

图 11-40 梁高不等时的梁柱连接

(5) 梁垂直于工字形柱腹板的梁柱连接节点 图 11-41 是梁端垂直于工字形柱腹板时的连接。连接中,应在梁翼缘的对应位置设置柱的横向加劲肋,在梁高范围内设置柱的竖向连接板。横向加劲肋应外伸 100mm,采取宽度渐变形式,避免应力集中。横梁与此悬臂段可采用栓焊混合连接(图 11-41a)或高强度螺栓连接(图 11-41b)。

(6) 其他类型梁和柱的梁柱刚性连接节点 其他类型梁和柱的梁柱刚性连接节点,如

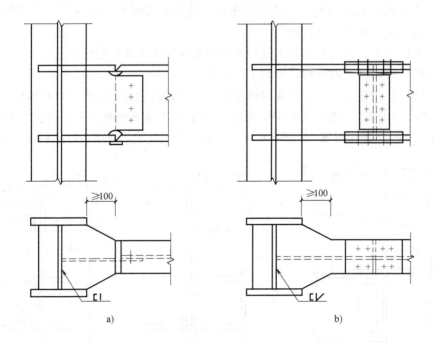

图 11-41 梁垂直于工字形柱腹板的梁柱连接
a) 梁直接与柱相连 b) 悬臂梁段与柱全部焊接

钢梁与钢管混凝土柱的连接、钢梁型钢混凝土柱的连接、钢筋混凝土梁与型钢柱、与钢管混凝土柱、与型钢混凝土柱的连接，可参阅有关专门规范或规程进行设计。

4. 铰接连接节点

图 11-42 所示为钢梁与钢柱的铰接连接节点。图 11-42b 表示柱两侧梁高不等且与柱腹板相连的情况。

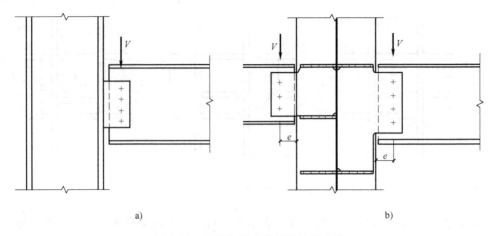

图 11-42 钢梁与钢柱的铰接连接节点

钢梁与钢柱铰接连接时，在节点处，梁的翼缘不传力，与柱不应连接，只有腹板与柱相连以传递剪力。因此在图 11-42a 的情况中，柱中不必设置水平加劲肋，但在图 11-42b 中，为了将梁的剪力传给柱子，需在柱中设置剪力板，板的一端与柱腹板相连，另一端与梁的腹板相连。为了加强剪力板面外刚度,在板的上、下端设置柱的水平加劲板。

连接用高强度螺栓的计算,除应承受梁端剪力外,尚应承受偏心弯矩 Ve 的作用。

5. 半刚性连接节点

半刚性连接节点是指在梁、柱端弯矩作用下,梁与柱在节点处的夹角会产生改变的节点形式,因此这类节点大多为采用高强度螺栓连接的节点。图 11-43 给出了几种半刚性连接节点的形式。

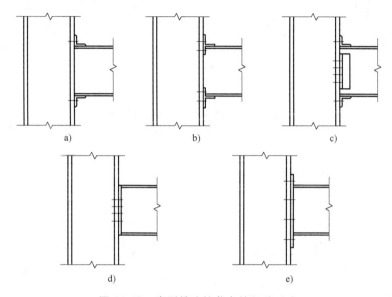

图 11-43 半刚性连接节点的几种形式

图 11-43a 为梁的上下翼缘用角钢与柱相连,图 11-43b 为梁的上下翼缘用 T 形钢与柱相连。可以看出,图 11-43b 连接的刚度大于图 11-43a 的连接。图 11-43c 为梁的上下翼缘、腹板用角钢与柱相连。一般情况下,这种连接的刚度较好。图 11-43d、e 为用端板将梁与柱连接。图 11-43e 连接中的端板上下伸出梁高,刚度较大。如端板厚度取得足够大,这种连接可以成为刚性连接。

关于半刚性连接的力学性能描述,即 $M=f(\Delta\theta)$ 的确切关系,可以参阅有关文献。

11.7.2 构件的拼接

1. 柱与柱的拼接

(1) 柱截面相同时的拼接 框架柱的安装拼接应设在弯矩较小的位置,宜位于框架梁上方 1.3m 附近。在抗震设防区,框架柱的拼接应采用与柱子本身等强度的连接,一般采用坡口全熔透焊缝,也可用高强度螺栓摩擦型连接。

在柱的工地接头处,应预先在柱上安装耳板作为临时固定和定位校正。耳板的厚度应根据阵风和其他的施工荷载确定,并不得小于 10mm。耳板仅设置在柱的一个方向的两侧(图 11-44),或柱接头受弯应力最大处。

对于工字形截面柱在工地接头,通常采用栓焊连接或全焊接连接。翼缘接头宜采用坡口全熔透焊缝,腹板可采用高强度螺栓连接。当采用全焊接接头时,上柱翼缘应开 V 形坡口,

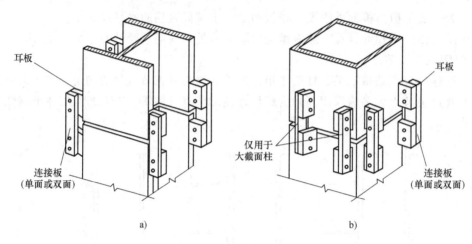

图 11-44 钢柱工地接头安装耳板
a) H 形柱　b) 箱形柱

腹板应开 K 形坡口（图 11-45）。

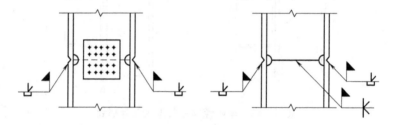

图 11-45　工字形柱工地接头

箱形柱的拼接应全部采用坡口全熔透焊缝，其坡口应采用如图 11-46 所示的形式。下部柱的上端应设置与柱口齐平的横隔板，厚度不小于 16mm，其边缘应与柱口截面一起刨平。在上节箱形柱安装单元的下部附近，尚应设置上柱隔板，其厚度不宜小于 10mm。柱在工地接头上下侧各 100mm 范围内，截面组装焊缝应采用坡口全熔透焊缝。

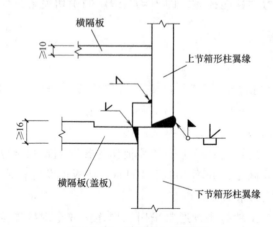

图 11-46　箱形柱工地连接

在非抗震设防区，柱接头处弯矩较小翼缘不产生拉力时，可不按等强度连接设计，焊缝可采用单边 V 形部分熔透对接焊缝。此时柱的上下端应磨平顶紧，并应与柱轴线垂直，这种柱接触面直接传递 25% 的压力和 25% 的弯矩。坡口焊缝的有效深度 t_c 不宜小于壁厚 t 的 1/2（图 11-47）。

（2）柱截面不同时的拼接

柱截面改变时，宜保持截面高度不变，而改变其板件的厚度。此时，柱子的拼接构造与柱截面不变时相同。当柱截面的高度改变时，可采用图 11-48 的拼

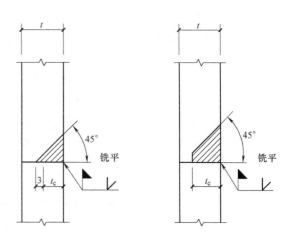

图 11-47 柱接头部分熔透焊缝

接构造。图 11-48a 为边柱的拼接，计算时应考虑柱上下轴线偏心产生的弯矩，图 11-48b 为中柱的拼接，在变截面段的两端均应设置隔板。图 11-48c 为柱接头设于梁的高度处时的拼接，变截面段的两端距梁翼缘不宜小于 150mm。

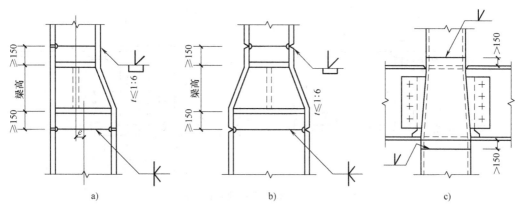

图 11-48 柱的变截面连接

2. 梁与梁的拼接

梁与梁的工地拼接可采用图 11-49 所示的形式。图 11-49a 为栓焊混合连接的拼接，梁翼

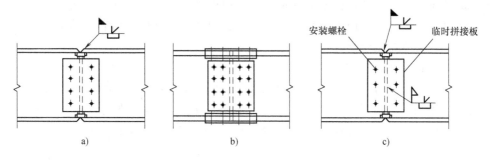

图 11-49 梁与梁的工地拼接形式

缘用全熔透焊缝连接，腹板用高强度螺栓连接。图11-49b为全高强度螺栓连接的拼接，梁翼缘和腹板均采用高强度螺栓连接。图11-49c为全焊缝连接的拼接，梁翼缘和腹板均采用全熔透焊缝连接。

主梁与次梁的连接有简支连接和刚性连接。简支连接即将主次梁的节点设计为铰接，次梁为简支梁，这种节点构造简便，制作安装方便，是实际工程中常用的主次梁节点连接形式（图11-50），如果次梁跨数较多、荷载较大、或结构为井子架、或次梁带有悬挑梁，则主次梁节点宜为刚性连接（图11-51），可以节约钢材，减少次梁的挠度。

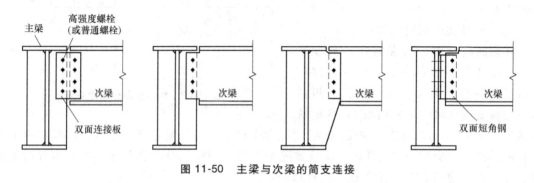

图11-50 主梁与次梁的简支连接

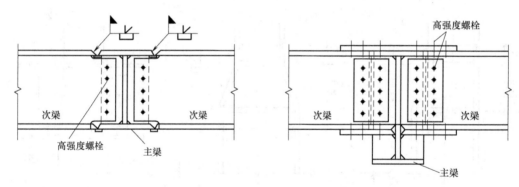

图11-51 主梁与次梁的刚性连接

3. 抗震剪力墙板与钢框架的连接

（1）钢板剪力墙　钢板剪力墙与钢框架的连接，宜保证钢板墙仅参与承担水平剪力，而不参与承担重力荷载及柱压缩变形引起的压力。因此，钢板剪力墙的上下左右四边均应采用高强度螺栓通过设置于周边框架的连接板，与周边钢框架的梁与柱相连接。

钢板剪力墙连接节点的极限承载力，应不小于钢板剪力墙屈服承载力的1.2倍，以避免大震作用下，连接节点先于支撑杆件破坏。

（2）钢板支撑剪力墙

1）钢板支撑剪力墙仅在节点处（支撑钢板端部）与框架结构相连。上节点（支撑钢板上部）通过连接钢板用高强度螺栓与上钢梁下翼缘连接板在施工现场连接，且每个节点的高强度螺栓不宜少于4个，螺栓布置应符合现行《钢结构设计标准》的要求；下节点与下钢梁上翼缘连接件之间，在现场用全熔透坡口焊缝连接（图11-52）。

2）钢板支撑剪力墙板与四周梁柱之间均留有不小于25mm空隙；剪力墙板与框架柱的

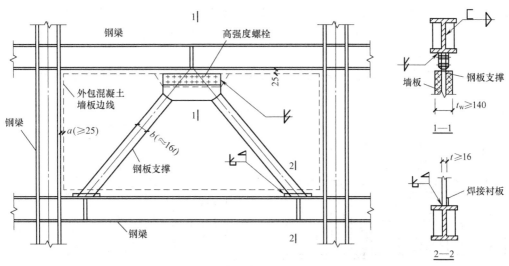

图 11-52 钢板支撑预制混凝土剪力墙的连接构造

间隙 a，还应满足下列要求

$$2[u] \leqslant a \leqslant 4[u]$$

式中　$[u]$——荷载标准值下框架的层间侧移容许值。

3）剪力墙墙板下端的缝隙，在浇注楼板时，应该用混凝土填实；剪力墙墙板上部与上框架梁之间的间隙以及两侧与框架柱之间的间隙，宜用隔声的弹性绝缘材料填充，并用轻型金属架及耐火板材覆盖。

4）钢板支撑剪力墙连接节点的极限承载力，应不小于钢板支撑屈服承载力的 1.2 倍，以避免大震作用下，连接节点先于支撑杆件破坏。

（3）带缝混凝土剪力墙　带缝混凝土剪力墙有开竖缝和开水平缝两种形式，常用带竖缝混凝土剪力墙。

1）带竖缝混凝土剪力墙板的两侧边与框架柱之间，应留有一定的空隙，使彼此之间无任何连接。

2）墙板的上端用连接件与钢梁用高强度螺栓连接；墙板下端除临时连接措施外，应全长埋于现浇混凝土楼板内，并通过楼板底面齿槽和钢梁顶面的焊接栓钉实现可靠连接；墙板四角还应采取充分可靠的措施与框架梁连接，如图 11-53 所示。

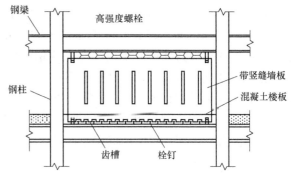

图 11-53 带竖缝混凝土剪力墙板与钢框架的连接

3）带竖缝混凝土剪力墙只承担水平荷载产生的剪力，不考虑承受框架竖向荷载承受的压力。

11.7.3　柱脚

1. 柱脚的形式

在多层钢结构房屋中，柱脚与基础的连接宜采用刚接，也可采用铰接。刚接柱脚要传递很大的轴向力、弯矩和剪力，因此框架柱脚要求有足够的刚度，并保证其受力性能。刚接柱脚可采用埋入式、外包式和外露式。外露式柱脚也可设计成铰接。

2. 埋入式柱脚

将钢柱底端直接插入混凝土基础或基础梁中，然后浇筑混凝土形成刚性固定基础。

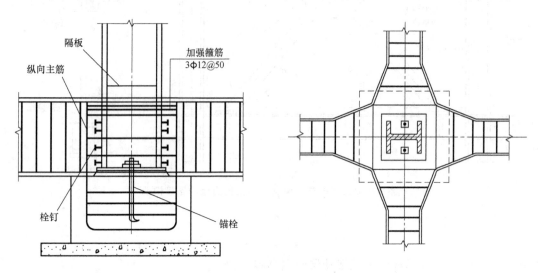

图 11-54 埋入式柱脚

1）埋入式柱脚（图 11-54）的埋深对轻型工字形柱，不得小于钢柱截面高度的 2 倍；对于大截面工字形和箱形柱，不得小于钢柱截面高度的 3 倍。

2）在钢柱埋入基础部分的顶部，应设置水平加劲肋或隔板。对于工字形截面柱，其水平加劲肋的外伸宽度的宽厚比不大于 $9\sqrt{235/f_y}$；对于箱形截面柱，其内部横隔板的宽厚比不大于 $30\sqrt{235/f_y}$。

3）在钢柱埋入基础部分，应设置圆柱头栓钉，栓钉的数量和布置按计算确定。但栓钉的直径应不小于 16mm，其水平和竖向中心距均不应大于 200mm。

4）埋入式柱脚的外围混凝土内应配置钢筋。主筋（竖向钢筋）的大小应按计算确定，但其配筋率不应小于 0.2%，且其配筋不宜小于 4ϕ22，并在上部设弯钩。主筋的锚固长度不应小于 35d（d 为钢筋直径），当主筋的中心距大于 200mm 时，应在每边的中间设置不小于 ϕ16 的架立筋。箍筋为 ϕ10@100，在埋入部分的顶部增设 3ϕ12@50 的三道加强箍筋。

5）埋入式柱脚钢柱翼缘的混凝土保护层厚度，对于中柱不得小于 180mm；对于边柱和角柱不得小于 250mm。

3. 外包式柱脚

将钢柱柱脚底板搁置在混凝土基础顶面，再由基础伸出钢筋混凝土短柱将钢柱柱脚包住，如图 11-55 所示。钢筋混凝土短柱的高度与埋入式柱脚的埋入深度要求相同，短柱内主筋、箍筋、加强箍筋及栓钉的设置与埋入式柱脚相同。

4. 外露式柱脚

由柱脚锚栓固定的外露式柱脚作为铰接柱脚构造简单、安装方便，仅承受轴心压力和水平剪力。图 11-56 是常用的铰接柱脚连接方式，其设计应符合下列规定：

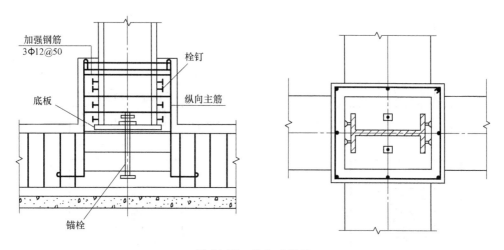

图 11-55 外包式柱脚

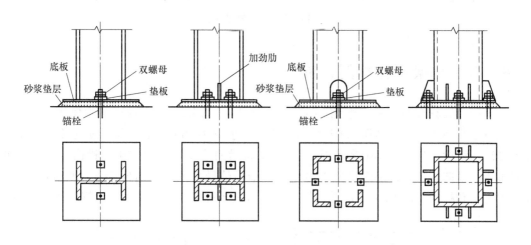

图 11-56 外露式柱脚铰接连接形式

1）钢柱底板尺寸应根据基础混凝土的抗压强度设计值确定。

2）当钢柱底板压应力出现负值时，应由锚栓来承受拉力。锚栓应采用屈服强度较低的材料，使柱脚在转动时具有足够的变形能力，所以宜采用 Q235 钢。锚栓直径应不小于 20mm，当锚栓直径大于 60mm 时，可按钢筋混凝土压弯构件中计算钢筋的方法确定锚栓的直径。

3）锚栓和支承托座应连接牢固，后者应能承受锚栓的拉力。

4）锚栓的内力应由其与混凝土之间的黏结力传递，所以锚栓埋入支座内的锚固长度不应小于 $25d$（d 为锚栓直径）。锚栓上端设置双螺帽以防螺栓松动，锚栓下端应设弯钩，当埋设深度受到限制时，锚栓应固定在锚栓或锚梁上。

5）柱脚底板的水平反力，由底板和基础混凝土间的摩擦力传递，摩擦系数取 0.4。当水平反力超过摩擦力时，应在底板下部焊接抗剪键（图 11-57）或外包钢筋混凝土。抗剪键的截面及埋深根据计算确定。

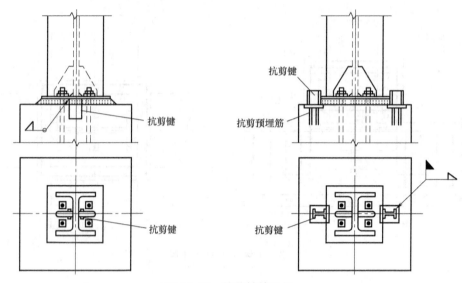

图 11-57 抗剪键的设置

11.8 多层框架设计算例分析

本工程为某行政办公楼,地上 4 层,结构高度为 14.2m。所在地区基本风压为 0.45kN/m^2,地面粗糙度 C,基本雪压 0.45kN/m^2,抗震设防烈度为 6 度,场地类别为 I 类,安全等级为二级,结构设计使用年限为 50 年。主体结构横向采用钢框架结构,横向承重,主梁沿横向布置;纵向较长,采用钢排架支撑结构。结构的局部平面及横向剖面如图 11-58 所示。本工程主梁和柱均采用 Q235B 钢材,焊接材料与之相适应,楼板采用压型钢板组合楼板。

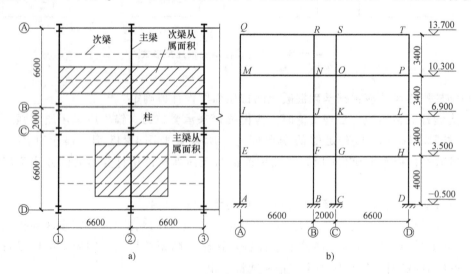

图 11-58 多层框架示意图

本设计算例计算过程详见本书配套资源,读者可登录机工教育服务网下载或致电读者服务热线索取。

思考题与习题

1. 多、高层房屋钢结构有哪些类别及体系？
2. 压型钢板组合楼板的设计特点与计算方法？需要验算哪些内容？
3. 高层钢结构梁与柱连接节点的主要形式有哪些？
4. 简述高层钢结构中竖向支撑的分类以及各自的受力特点。
5. 什么是偏心支撑？偏心支撑的特点和作用是什么？
6. 高层钢结构建筑防震缝设置的原则？
7. 多、高层房屋钢结构的抗震性能目标、抗震性能水准及设计方法是什么？
8. 简述连接的类型和各自的特点与设计方法。

第 12 章

钢板剪力墙设计

学习目标

掌握钢板剪力墙的构成、优缺点与分类，掌握各类钢板剪力墙的简化分析模型，了解钢板剪力墙的保温系统构造；了解钢板剪力墙的工程应用。

12.1 绪论

高层建筑在水平荷载作用下，结构顶点的水平位移与结构高度的四次方成比例增加，这就要求高层建筑需要较大的侧向刚度，使水平荷载作用下的层间位移在规范规定的范围之内。高层钢结构设计中，传统的抗侧力体系主要有纯抗弯钢框架、支撑钢框架、框剪结构、筒中筒结构等4种结构体系。其中，纯抗弯钢框架完全依赖梁柱节点的刚性连接来抵抗水平力，当结构超过 20 层以后，需要非常大的梁柱截面控制结构侧移，经济性很差。结构达到 40 层时，支撑框架被证明是有效的抗侧力体系，但缺点是在往复荷载作用下支撑易发生屈曲。近年来提出的防屈曲支撑可较好地抑制支撑屈曲并解决刚度可调的问题，但精致的构件制作导致高昂的价格，经济性同样不佳。

目前，在超高层结构设计中流行的框剪及筒中筒体系同样也存在一定缺陷，即钢筋混凝土剪力墙或核心筒与钢框架的延性及刚度严重不匹配。在强震作用下，作为第 1 道抗震防线的钢筋混凝土剪力墙或核心筒承担了 85% 的水平地震力，很快因开裂、压碎而导致刚度及延性急剧退化，不利于后期地震能量的消耗。此外，混凝土剪力墙或核心筒承担了相当大的重力荷载，进一步降低了混凝土的延性。针对混凝土剪力墙延性及耗能不足的缺点，20 世纪 70 年代发展起来了一种新型的抗侧力体系——钢板剪力墙。

12.2 钢板剪力墙的构成与优缺点

钢板剪力墙结构单元由内嵌钢板及边缘构件（梁、柱）组成（图 12-1），其内嵌钢板与框架的连接由鱼尾板过渡，即预先将鱼尾板与框架焊接，内嵌钢板再与鱼尾板焊接（双面角焊）或栓接。

当内嵌钢板沿结构某跨连续布置时，即形成钢板剪力墙体系。钢板剪力墙的整体受力特性类似于底端固接的竖向悬臂板梁：竖向边缘构件相当于翼缘，内嵌钢板相当于腹板；水平边缘构件则可近似等效为横向加劲肋。因为钢板是嵌入框架来参与抗侧移，一般不能脱离框架而独立地做成剪力墙,所以钢板剪力墙可被视为填充墙的范畴。

与传统抗侧力体系相比,钢板剪力墙具有下列优点:

1) 与纯抗弯钢框架比较,采用钢板剪力墙可节省用钢量 50% 以上。与普通支撑钢框架比较,相同的用钢量,即使在假定支撑不屈曲的条件下,支撑所能提供的抗侧刚度最多与钢板剪力墙持平。但不必担心钢板剪力墙的墙板屈曲会导致承载力与耗能能力的骤降,尽管墙板屈曲后的滞回曲线会有不同程度的捏缩,但总是优于支撑屈曲后,其拉压不对称造成耗能能力的急剧下滑。

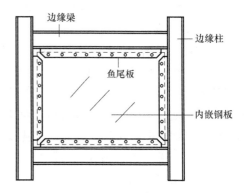

图 12-1 钢板剪力墙单元构成

2) 与防屈曲支撑复杂的制作工艺相比,钢板剪力墙不但相对便宜,且制作和施工都比较简单,因而其市场前景更佳。

3) 钢板剪力墙弥补了混凝土剪力墙或核心筒延性不足的弱点。试验表明,钢板剪力墙自身鲁棒性非常好,延性系数均在 8~13 之间,很难发生钢板剪力墙卸载的情况,相应外框架分担的水平力也不会大幅变化,有利于实现结构多道抗震防线的理念。

4) 采用钢板剪力墙结构,由于墙板厚度较钢筋混凝土墙要小很多,故能有效降低结构自重,减小地震响应,压缩基础费用。此外,还可增加室内使用面积,并使建筑布置更加灵活多变。

5) 相对现浇钢筋混凝土墙,钢板剪力墙能缩短制作及安装时间;其内嵌钢板与梁、柱的连接(焊接或栓接)方式简单易行,施工速度快;特别是对现有结构进行加固改造时,能不中断结构的使用,消除商业相关性。

虽然钢板剪力墙的优良性能已逐渐被工程师认可并将其应用于工程实践中,但它还是存在如下不足:

1) 非加劲薄钢板剪力墙在正常使用极限状态下容易发生整体弹性屈曲,从而产生平面外变形,对于建筑的功能性和居民的舒适性会产生一定的影响。对于加劲钢板剪力墙,如果加劲肋的布置较多,焊接工作会较繁琐,且残余应力的影响较大。

2) 钢板剪力墙结构的抗火性能较差,不加保护的钢结构构件的耐火极限仅为 10~20min,很容易遭到破坏。

3) 钢板剪力墙结构的造价较高,但随着工业化进程的发展,这种情况可望得到改善。

12.3 钢板剪力墙分类

钢板剪力墙按不同的分类标准,有如下的形式:按内填板的高厚比可分为薄钢板剪力墙和厚钢板剪力墙;按墙板上设置加劲肋与否可分为加劲钢板剪力墙和非加劲钢板剪力墙;按墙板是否开缝、开洞可分为开缝、开洞钢板剪力墙和非开缝、非开洞剪力墙;按内填钢板的材质可分为低屈服强度钢板剪力墙和高屈服强度钢板剪力墙;按墙板是否加设混凝土板可分为组合钢板剪力墙和防屈曲钢板剪力墙;按与周边框架的连接形式分为焊接钢板剪力墙和栓接钢板剪力墙;按周边框架的节点连接形式可分为铰接钢板剪力墙和刚接钢板剪力墙。

1. 薄钢板剪力墙和厚钢板剪力墙

按内嵌钢板高厚比 $\lambda = h/t$（h 为板高，t 为板厚）的大小，钢板剪力墙可分为厚钢板剪力墙和薄钢板剪力墙。

厚钢板剪力墙（高厚比 $\lambda < 250$）的弹性剪切屈曲荷载较高，有较大的弹性初始面内刚度，通过面内钢板抗剪承担水平力，边框和内填板共同承担整体倾覆力矩。大震作用下具有良好的延性及稳定的滞回性能，滞回环饱满。内填板在正常使用状态或风载作用下一般不会发生局部屈曲，即使发生屈服后屈曲也不会形成较大的拉力带，对周边框架梁柱的依赖程度小。极限承载力时波带宽大，非线性主要由材料弹塑性引起。厚板剪力墙采用低屈服强度钢材较适宜（抗侧力设计值较大时除外）。厚钢板剪力墙的最大不足是耗钢量大及成本高，其发展受到一定的限制。

薄钢板剪力墙（高厚比 $\lambda \geqslant 250$）在相对较小的水平荷载作用下即发生屈曲，其性能主要由拉力带的发展和边界条件控制，拉力带的发展使其具有很高的屈曲后强度和很好的延性。拉力带锚固在钢板剪力墙周边梁柱构件上，边框柱要承受附加弯矩。因此，在设计薄钢板剪力墙时对其周边构件要适当加强，以保证钢板剪力墙拉力带充分发挥作用。其滞回曲线不如厚钢板剪力墙饱满，常伴随着"捏缩"效应。由于板的初始缺陷，在理论屈曲荷载点观察不到钢板性能的变化，非线性由几何非线性和材料弹塑性共同引起，在板屈曲后拉伸屈服或框架形成塑性铰时达到极限承载力。在边框刚强的条件下，初始面外几何缺陷和残余应力对薄板墙的极限承载力影响很小。

2. 加劲和非加劲钢板剪力墙

加劲钢板剪力墙的设计原理是利用不同形式的加劲肋延缓钢板的屈曲，提高钢板的极限承载力及延性性能。对薄钢板剪力墙，可以通过设置加劲肋以改善其受力性能及延性。

加劲钢板剪力墙与边缘构件的连接可采用焊接或高强螺栓连接，通常剪力墙与边缘构件间采用鱼尾板过渡。加劲钢板剪力墙的加劲肋与内嵌钢板可采用焊接或螺栓连接。加劲钢板剪力墙的加劲肋宜按照图 12-2 所示形式布置。

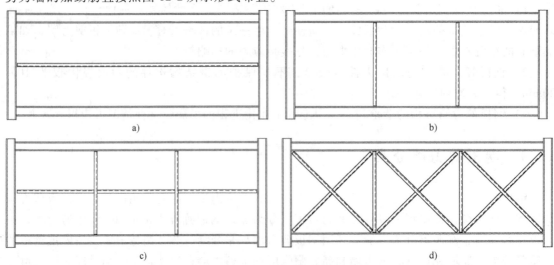

图 12-2 加劲肋的布置形式

a) 加劲肋仅水平布置 b) 加劲肋仅竖向布置 c) 加劲肋水平与竖向混合布置 d) 加劲肋斜向交叉布置

加劲钢板剪力墙的加劲肋可采用单板、热轧型钢或冷弯薄壁型钢等加劲构件,并可采用开口或闭口形式截面(图12-3、图12-4)。

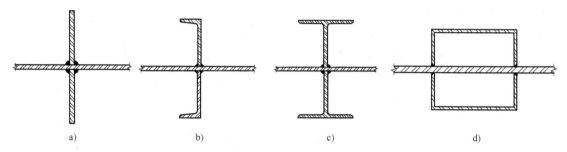

图 12-3 焊接加劲肋

a) 单板加劲肋 b) 热轧型钢加劲肋(角钢) c) 热轧型钢加劲肋(T形截面) d) 焊接钢板闭口加劲肋

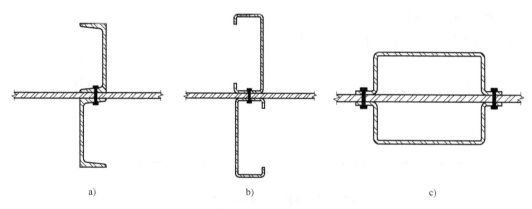

图 12-4 栓接加劲肋

a) 热轧型钢加劲肋 b) 冷弯薄壁型钢加劲肋 c) 冷弯薄壁型钢闭口加劲肋

3. 开缝、开洞钢板剪力墙

受混凝土开缝剪力墙的启示,日本学者提出了开缝钢板剪力墙结构体系。开缝钢板剪力墙以缝间板条的弯曲链杆为主要的耗能构件,在不需要强大加劲体系的前提下,使弯曲弹塑性变形主要集中在弯曲链杆的顶部和底部,从而实现延性耗能。国内关于开缝钢板剪力墙的试验研究表明,开缝钢板剪力墙的承载力和侧移刚度能满足正常使用阶段要求,当内填板的整体面外屈曲、缝间板条和边缘加劲肋的弯扭屈曲不先于弯曲链杆的端部弯曲屈服时,开缝薄钢板剪力墙有很好的延性和耗能能力。在内填板上开设洞口不仅可以满足门窗洞口等建筑需求,而且可以减小内填板宽度,调节内填板与框架的刚度比,避免薄板墙的"捏缩"效应,使构件有更高的安全储备。开洞钢板剪力墙是一种理想的水平抗侧力构件。

开缝钢板剪力墙墙板应采用合理的加劲措施约束其面外变形,可在开缝墙板两侧设置加劲肋,如图12-5所示。加劲肋可采用矩形钢管、工字形钢、槽钢或钢板(图12-6)。

4. 低屈服强度钢板剪力墙

如前所述,厚板剪力墙一般先屈服,后屈曲;薄板剪力墙则先屈曲,后屈服。有时为了提高钢板剪力墙的耗能能力及延性，钢板剪力墙也采用低屈服强度材料（f_y = 100~165MPa，约为普通钢材的一半）。此时，为了满足结构刚度要求，低屈服强度钢板剪力墙均采用较强的加劲肋予以加强；也可以通过改变板厚来满足不同的设计承载力及初始刚度要求。低屈服强度钢板剪力墙上还可以开一些圆形洞口，这样，不但可以调整钢板剪力墙的刚度，也方便设备管线的通过。低屈服强度钢板具有更加优良的滞回性能，更长的低周循环疲劳寿命和更好的焊接性等优点。

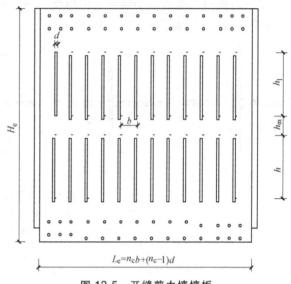

图 12-5 开缝剪力墙墙板

5. 组合钢板剪力墙

组合钢板剪力墙是在钢板一侧或两

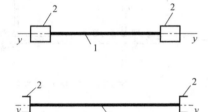

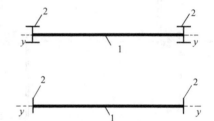

图 12-6 设置加劲肋的剪力墙平面
1—剪力墙板 2—加劲肋

侧覆盖钢筋混凝土，两种材料用抗剪栓钉连接（图 12-7）。组合钢板剪力墙根据混凝土墙板与周边梁、柱结合方式又分为"传统"的和"改进"的组合钢板剪力墙。"改进"型与"传统"复合墙的最大区别在于：混凝土墙板与周边梁、柱间预留适当的缝隙（根据结构在大震下的侧移大小确定）。这样，在较小的水平位移下，混凝土墙板并不直接承担水平力，而仅仅作为钢板的侧向约束，防止钢板发生面外屈曲，此时它对整体平面内刚度和承载力的贡献可忽略不计。随着水平位移的不断增加，混凝土墙板先在角部与边框梁、柱接触，随后，接触面不断增大，混凝土墙板开始与钢板协同工作。并且，此时混凝土墙板的加入，还可以补偿因部分钢板发生局部屈曲造成的刚度损失，从而减小了捏缩效应。试验结果显示"改进"型复合墙表现出更好的塑性变形能力，混凝土墙板的破坏也轻于"传统"复合墙。

6. 防屈曲耗能钢板剪力墙

防屈曲耗能钢板剪力墙与覆盖钢筋混凝土预制墙板的组合墙很相似。主要区别是在混凝土盖板上开椭圆形孔，以便螺栓有足够的滑移空间；连接螺栓的位置及分布根据内嵌钢板的面内变形及混凝土盖板的约束刚度确定，保证内嵌钢板在混凝土盖板的面外约束作用下，二者不发生面外局部失稳及整体失稳。防屈曲耗能钢板剪力墙，根据其设计要求可以分为大震滑移的防屈曲钢板剪力墙和完全滑移的防屈曲钢板剪力墙两种。大震滑移的防屈曲钢板剪力

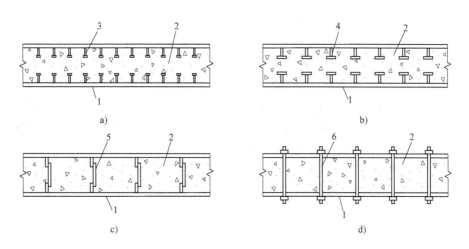

图 12-7 组合钢板剪力墙构造

1—外包钢板 2—混凝土 3—栓钉 4—T形加劲肋 5—缀板 6—对拉螺栓

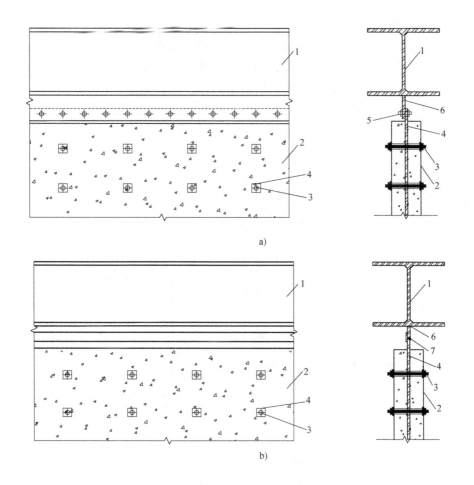

图 12-8 防屈曲钢板剪力墙与周边框架的连接方式

a) 螺栓连接方式 b) 焊接连接方式

1—钢梁 2—预制混凝土板 3—对拉螺栓 4—内嵌钢板 5—高强度螺栓 6—鱼尾板 7—焊缝

墙，需对高强度螺栓施加一定的预拉力；在小震作用下既能保证内嵌钢板不发生局部屈曲，也能使混凝土盖板与内嵌钢板通过二者之间的接触摩擦共同承担侧向力；在大震作用下螺栓滑移，内嵌钢板和外侧混凝土盖板之间产生相对滑动，在保证内嵌钢板不发生面外屈曲的情况下，钢板充分地发挥耗能作用。完全滑移的防屈曲钢板剪力墙，螺栓不施加预应力；在小震和大震作用下，混凝土盖板与内嵌钢板之间完全滑移。混凝土盖板对钢板仅提供面外约束，不参与面内受力；内嵌钢板提供面内刚度，在大震作用下发挥耗能作用。防屈曲钢板剪力墙与周边框架可采用图 12-8 中的连接方式。

防屈曲耗能钢板剪力墙的最大优点是由于其防屈曲功能，钢板在面内有较大的刚度，同时在大震作用下钢板有非常饱满的滞回曲线，其耗能效果发挥到了极致。防屈曲耗能钢板剪力墙概念的提出，将高层结构抗侧能力的贡献及钢板剪力墙的消能减震，达到了完美的统一。

12.4 钢板剪力墙简化分析模型

1. 非加劲钢板剪力墙简化分析模型

四边连接非加劲钢板剪力墙进行弹性内力与变形计算或弹塑性分析时，可采用混合杆系模型近似模拟钢板剪力墙的静力性能与滞回性能，即采用一系列倾斜、正交杆代替非加劲钢板剪力墙（图 12-9），单向倾斜的杆条数量不应少于 10 道。

两边连接非加劲钢板剪力墙进行结构体系的弹性内力与变形计算时，可采用交叉杆模拟钢板剪力墙（图 12-10），杆件为拉压杆。

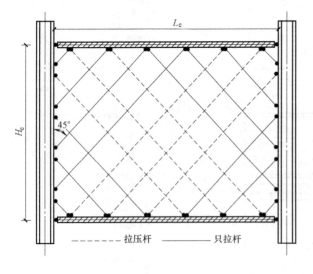

图 12-9 混合杆系模型

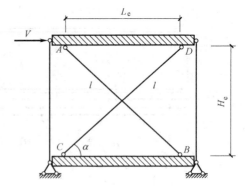

图 12-10 交叉杆模型

2. 防屈曲钢板剪力墙简化分析模型

四边连接防屈曲钢板剪力墙采用混合杆系模型模拟钢板剪力墙的静力性能与滞回性能（图 12-9），用一系列倾斜、正交杆代替防屈曲钢板剪力墙，杆条与竖直方向夹角取 45°，单向倾斜的杆条数目不小于 10 条，杆条中拉压杆和只拉杆数目比例为 4∶6。

两边连接防屈曲钢板剪力墙可采用等效交叉支撑模型（图 12-11）来模拟其力学性能。

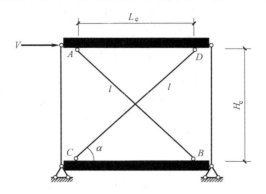

图 12-11　交叉支撑模型

3. 开缝钢板剪力墙简化分析模型

开缝钢板剪力墙可简化成与上下钢梁铰接连接的两根斜杆和两根竖杆（图 12-12）。

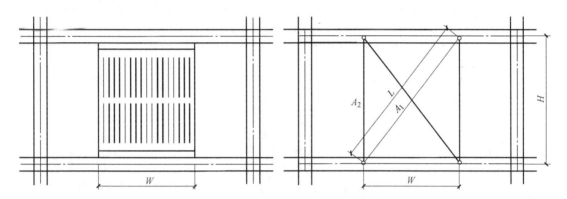

图 12-12　开缝钢板剪力墙简化计算模型

图中两根竖杆主要是为了抵消钢板剪力墙倾覆力矩导致钢梁的竖向错位变形，从而提高模型的精度。

12.5　钢板剪力墙保温系统构造

钢板剪力墙可采用的保温系统如下（见表 12-1~表 12-4）：

1）复合板内保温系统：给出了粘结层、保温层、面板、饰面层的多种组合方式和系统的基本构造，供设计选择。复合板为工厂预制。潮湿环境下，宜选用 XPS 或 PU 保温材料，纸面石膏板应选用耐水纸面石膏板，腻子层应选用耐水型腻子。粘结石膏不得用于潮湿环境和面砖饰面。

2）有机保温板内保温系统：给出了粘结层、保温层、抹面层和饰面层的多种组合方式和系统的基本构造，供设计选择。

3）无机保温板内保温系统：给出了粘结层、保温层、抹面层和不同饰面层的多种组合方式和系统的基本构造，供设计选用。

4）玻璃棉、岩棉、喷涂硬泡聚氨酯龙骨固定内保温系统：规定了玻璃棉、岩棉、喷涂硬泡聚氨酯龙骨固定内保温系统的基本构造，供设计选用。推荐采用的是离心法工艺生产的玻璃棉和摆锤法工艺生产的岩棉，不建议采用火焰法工艺生产的玻璃棉和沉降法工艺生产的岩棉。

表 12-1 复合板内保温系统

基层墙体①	系统基本构造			饰面层④	构造示意
	粘结层②	复合板③			
		保温层	面板		
墙体	胶黏剂或粘结石膏+锚栓	EPS板、XPS板、PU板，纸蜂窝填充憎水型膨胀珍珠岩保温板	纸面石膏板、无石棉纤维水泥平板、无石棉硅酸钙板	腻子层+涂料或墙纸（布）或面砖	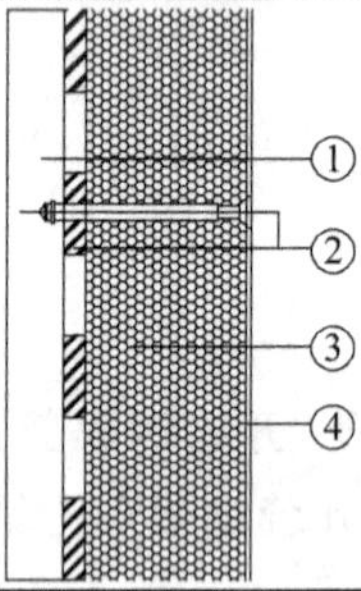 ①②③④

表 12-2 有机保温板内保温系统

基层墙体①	系统基本构造				构造示意
	粘结层②	保温层③	防护层		
			抹面层④	饰面层⑤	
墙体	胶黏剂或粘结石膏	EPS板、XPS板、PU板	做法一，6mm抹面胶浆复合涂塑中碱玻璃纤维网布做法二，用粉刷石膏8～10mm厚横向压入A型中碱玻璃纤维网布；涂刷2mm厚专用胶黏剂压入B型中碱玻璃纤维布	腻子层+涂料或墙纸（布）或面砖	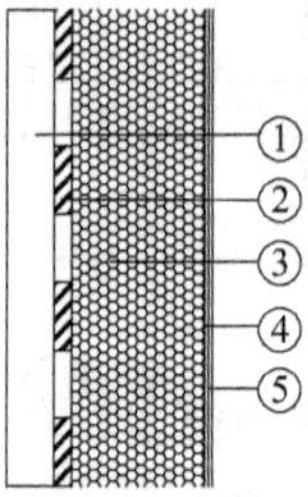 ①②③④⑤

表 12-3 无机保温板内保温系统

基层墙体①	系统基本构造				构造示意
	粘结层②	保温层③	防护层		
			抹面层④	饰面层⑤	
墙体	胶黏剂	无机保温板	抹面胶浆+耐碱玻璃纤维网布	腻子层+涂料或墙纸（布）或面砖	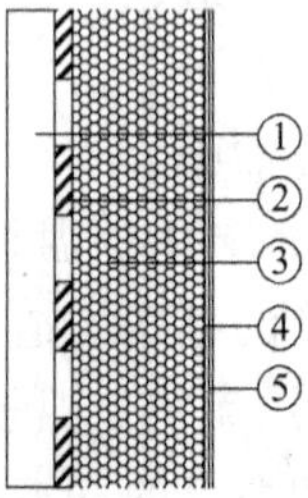 ①②③④⑤

表 12-4　玻璃棉、岩棉、喷涂硬泡聚氨酯龙骨固定内保温系统

基层墙体①	系统基本构造						构造示意
	保温层②	隔气层③	龙骨④	龙骨固定件⑤	防护层		
					面板⑥	饰面层⑦	
墙体	离心法玻璃棉板（或毡）或摆锤法岩棉板（或毡）或喷涂硬泡聚氨	PVC 聚丙烯薄膜、铝箔等	建筑用轻钢骨或复龙骨	敲击式或旋入式塑料螺栓	纸面石膏板或无石棉硅酸钙板或无石棉纤维水泥平板+自攻螺钉	腻子层+涂料或墙纸（布）或面砖	

12.6　钢板剪力墙的工程应用

全世界使用钢板剪力墙作为抗侧力体系的代表性建筑有：日本东京的 Nippon Steel Building（20 层，建成于 1970 年）和 Shinjuku Nomura Tower（53 层，建成于 1978 年），神户市的 Kobe City Hall（35 层，建成于 1988 年），美国加州的 Sylmar County Hospital（6 层，建成于 1971 年），达拉斯的 Hyatt Regency Hotel（30 层，建成于 1988 年），西雅图的 Federal Courthouse（24 层，建成于 2004 年），洛杉矶的 Convention Center Hotel（55 层，建成于 2010 年），中国天津的津塔（75 层，建成于 2010 年）和高银 117 大厦（117 层，在建），诺德英蓝国际金融中心（63 层，在建），北京的国际贸易中心三期主塔楼（74 层，建成于 2007 年）和中国尊（108 层，在建），昆明的世纪广场（46 层，建成于 2012 年）。

1. Kobe City Hall 工程

Kobe City Hall 工程（图 12-13）是位于日本高地震烈度区神户市的一幢地下 3 层、地上

图 12-13　阪神大地震后的 Kobe City Hall
a）震后破坏（1995 年）　b）震后修复后（1996 年）

35层（结构高度为129.4m）的应用钢板剪力墙结构的工程实例。该建筑建成于1988年，遭遇过1995年的阪神大地震。该建筑的抗侧力结构体系是由抗弯钢框架和剪力墙双重抗侧力体系组成的。位于地下的3层剪力墙由钢筋混凝土构成，组合钢板剪力墙应用于地上1、2层，加劲钢板剪力墙则应用于地上2层以上。该建筑的结构框架示意图如图12-14所示。

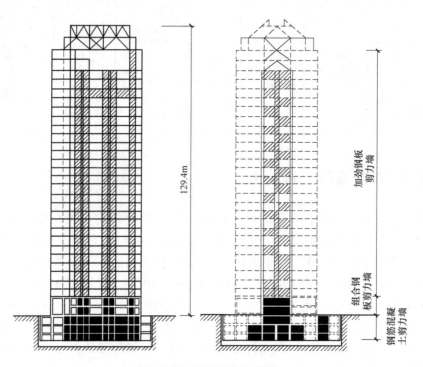

图12-14 结构框架示意图

研究人员在震后的调查中发现，该建筑除26层的加劲钢板剪力墙发生局部屈曲外，整体结构并未发生明显破坏，屋顶在正北、正西方向分别只有225mm和35mm的侧移。

2. Sylmar County Hospital 工程

1971年，在San Frenando地震中，钢筋混凝土结构的Olive View Hospital遭到了严重的破坏，在原地重建的6层Sylmar County Hospital是美国第一幢使用钢板剪力墙的建筑（图12-15）。该建筑的竖向重力荷载基本全部由钢框架来承担，侧向荷载则由位于底部2层的混凝土剪力墙和上部4层的钢板剪力墙承担。该建筑中的钢板剪力墙截面尺寸为宽25in（7.62m）、高15.5in（4.72m）、板厚5/8~3/4in（约16~19mm）。钢板剪力墙设置门窗开洞及加劲肋（图12-16）。钢板墙通过端板与柱采用螺栓连接。水平向的梁和加劲肋都与钢板墙双面焊接，从而形成一个箱形，按照设计师的思路，这样有利于在钢板墙的边缘形成刚性抗扭构件的同时提高钢板墙的抗屈曲承载力。

3. 天津津塔

天津津塔是当今世界上使用钢板剪力墙结构体系的最高建筑，如图12-17所示。天津津塔项目由一栋75层的塔楼和一栋30层的"门形"建筑组成，地下4层，所有建筑共享同一基础层，建筑面积580000m²。

天津津塔主楼高336.9m，采用"钢管混凝土柱框架+核心钢板剪力墙体系+外伸刚臂

图 12-15 Sylmar County Hospital 建筑效果图

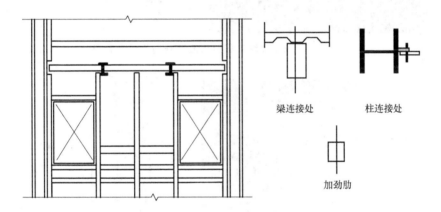

图 12-16 Sylmar County Hospital 加劲钢板剪力墙示意图

抗侧力体系"的结构体系。其中钢板剪力墙作为抗侧力体系的重要组成部分位于结构的核心筒区域。钢板剪力墙核心筒由内嵌钢板的宽翼缘钢梁和钢管混凝土柱组成。同时，天津津塔还在钢板剪力墙核心筒和外框之间设置了大型钢桁架，在外框内布置腰桁架，并且在第15、30、45、60 层处布置伸臂桁架加强层，以此起到对结构的加强作用。天津津塔中钢板剪力墙在其标准层平面中的布置示意图及钢板剪力墙局部立面示意图分别如图 12-17 所示。

4. 中国尊

中国尊（图 12-18）是目前世界上 8 度抗震设防烈度区在建的最高建筑，建筑高度为528m，体型呈中国古代用来盛酒的器具"尊"的形状。塔楼结构平面基本为方形，底部平面尺寸为 78m×78m，中上部平面尺寸略收进，"腰线"（平面最窄部位）约位于结构标高385m 处，平面尺寸为 54m×54m，向上到顶部平面尺寸又略放大，但顶部平面尺寸小于底部平面尺寸，约为 69m×69m。

图 12-17 天津津塔工程效果图及结构体系示意图

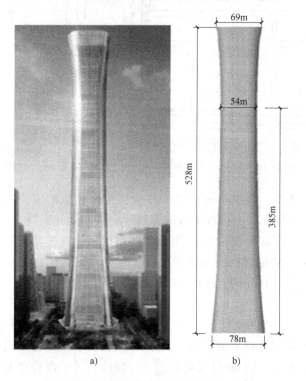

a)　　　　　　　　b)

图 12-18 中国尊建筑效果图和几何尺寸

a) 建筑效果图　b) 几何尺寸

中国尊在结构上采用了含有巨型柱、巨型斜撑及转换桁架的外框筒和含有组合钢板剪力墙的核心筒，形成了巨型钢-混凝土筒中筒结构体系。核心筒由含钢骨的型钢混凝土剪力墙组成，剪力墙部分全部采用C60高强混凝土，并在下部采用组合钢板剪力墙，组合钢板剪力墙内的钢板厚度由首层的60mm逐渐减至41层的30mm。

思考题与习题

1. 钢板剪力墙的定义是什么？简述其构成形式。
2. 与传统抗侧力体系相比，钢板剪力墙具有哪些缺点？
3. 钢板剪力墙如何分类？各自有何特点？
4. 非加劲钢板剪力墙分析模型如何简化？防屈曲钢板剪力墙与其有何不同和优势？
5. 加劲钢板剪力墙的加劲肋可采用哪些形式？
6. 钢板剪力墙可采用的保温系统构造有哪些？
7. 钢板剪力墙现阶段的工程应用有哪些？还有何可改进和完善的地方？

第 13 章

钢结构的制作、安装与防护

学习目标

掌握钢结构的主要制作流程，尤其是焊接工艺、连接方式和零部件组装；学习不同钢结构体系的安装，根据多种因素制定最优的安装方案；了解各种防火措施的安装要求，根据钢结构的防火规定，选择适合的防火保护措施；认识不同防腐蚀涂料，掌握其适用环境及优缺点。

13.1 钢结构的制作

钢结构的制作工序较多，加工的顺序需要周密安排，尽量避免工件倒流，以节省运输和周转时间。加工厂的制作设备和构件的制作要求各不相同，所以制作流程也略有不同。钢结构的工艺流程有放样、划线、切割、边缘和端部的加工、弯制成形、制孔、焊接、紧固件连接、组装等。

放样的过程：核对图样中构件的安装尺寸和孔距，以 1∶1 的大样放出节点，核对各部分尺寸，制作样板和样杆作为下料、弯制、铣、刨、制孔等加工的依据。

划线即利用样板和样杆或根据图样，在板料及型钢上画出孔的位置和零件形状的加工界线。切割的方法有氧割、机切、冲模落料和锯切等，施工中应根据各种切割方法的设备能力、切割精度、切割表面的质量情况和经济性等因素来选择具体的切割方法。

在钢结构制作中，需要边缘加工的部位有：吊车梁翼缘板、支座支承面等图样有要求的加工面，焊接坡口，尺寸要求严格的加劲板、隔板、腹板和有孔眼的节点板等。常见的边缘加工方法主要有：铲边、刨边、铣边、碳弧气刨、气割和坡口机加工等。

弯制成形是由热加工或冷加工来完成的。热加工是使钢材达到一定温度后进行的加工。常用的加热方法有两种，一种是在工业炉内加热，加热面积很大；另一种是利用乙炔焰进行局部加热，加热面积较小，方法简便。冷加工是在常温下对钢材进行加工制作，一般使用机械设备和专用工具进行加工。

制孔通常有钻孔和冲孔两种方法。钻孔是钢结构制造中普遍采用的方法，能用于几乎任何规格的钢板、型钢的孔加工。钻孔的原理是切削，孔的精度高，对孔壁损伤较小。冲孔一般只用于较薄钢板和非圆孔的加工，而且要求孔径一般不小于钢材的厚度。冲孔生产效率虽高，但由于孔的周围产生冷作硬化，孔壁质较差等原因，在钢结构制造中已较少采用。下面主要介绍钢结构的焊接、紧固件连接和组装。

13.1.1 焊接

焊接的实质是将两个分离的物体,借助于原子结构之间的作用力连接成一个整体。工作中,通常采用加压、加热或加压和加热并用的方法来克服原子之间的作用力,以达到牢固连接的目的。

1. 焊接方法

（1）钢结构焊接　钢结构常用的焊接方法有手工电弧焊、埋弧焊、电渣焊、CO_2 气体保护焊等（图13-1）。施工中,应根据施工条件、要求及相关情况进行选择,见表13-1。

表13-1　钢结构常用的焊接方法、特点及适用范围

焊接方法		特点	适用范围
手工电弧焊	直流焊机	焊接电流稳定,适用于各种焊条	要求较高的钢结构
	交流焊机	设备简易,操作灵活,可进行各种位置的焊接	普通钢结构
埋弧自动焊		电弧移动是由专门机构控制完成,生产效率高、焊接质量好、表面成型光滑美观、操作容易、焊接时无弧光、有害气体少	长度较大的对接或贴角焊缝
埋弧半自动焊		电弧移动是依靠手工操纵,操作较灵活	长度较短、弯曲焊缝
CO_2 气体保护焊		利用 CO_2 气体作为电弧的保护介质,生产效率高、焊接质量好、成本低、易于自动化,可进行全位置焊接	用于薄钢板
电渣焊		电渣焊的优点是:可焊的工件厚度大（从30mm到大于1000mm）,生产率高。电渣焊接头由于加热及冷却均较慢,热影响区宽、显微组织粗大、韧性、因此焊接以后一般须进行正火处理	主要用于在断面对接接头及丁字接头的焊接

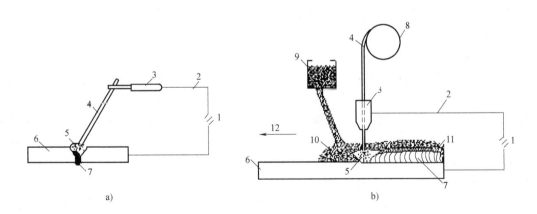

图13-1　焊接原理图
a）手工电弧焊　b）埋弧自动焊
1—电源　2—导线　3—夹具　4—焊条　5—电弧　6—焊件　7—焊缝
8—转盘　9—漏斗　10——熔剂　11—熔化的熔剂　12—移动方向

（2）栓焊　栓钉是钢构件与钢筋混凝土连接的重要部件，通过其抗拉、抗剪和锚固作用而形成良好的组合体。栓焊是在栓钉与母材之间通过电流，局部加热熔化栓钉和局部母材，并同时施加压力挤出液态金属，是栓钉整个截面与母材形成牢固结合的焊接方法。可分为电弧焊钉焊和储能焊钉焊两种。

1）电弧焊钉焊：是将栓钉端头置于陶瓷保护罩内与母材接触并通以直流电，以使栓钉与母材之间激发电弧，电弧产生的热量使栓钉和母材熔化，维持一定的电弧燃烧时间后将栓钉压入母材局部熔化区内。陶瓷保护罩的作用是集中电弧热量，隔离外部空气，保护电弧和熔化金属免受氮、氧的侵入，并防止熔融金属的飞溅。

2）储能焊钉焊：利用交流电使大容量的电容器充电后向栓钉与母材之间瞬时放电，达到熔化栓钉端头和母材的目的。由于电容放电能量的限制，一般用于小直径（≤12mm）栓钉的焊接。

2．焊接材料

钢结构工程中，常用的焊接材料有焊条、焊丝、焊剂及电渣焊熔嘴等，其与母材的匹配应符合要求，在使用前，应按其产品说明书及焊接工艺文件的规定进行烘焙和存放。

（1）焊条　焊条用于手工电弧焊。焊接时，它一方面传导焊接电流和引弧，同时其熔化后作为填充金属直接过渡到熔池里，与液态熔化的基本金属熔合而形成焊缝。焊缝质量的好坏，与焊条密切相关。

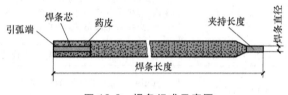

图13-2　焊条组成示意图

焊条是熔化电极，它由焊条芯和药皮两部分组成，如图13-2所示。

根据《碳钢焊条》的规定，焊条的型号由四部分组成：E表示焊条；前两位数字表示熔敷金属抗拉强度的最小值；第三位数字表示焊条的焊接位置，"0"及"1"表示焊条适用于全位置焊接（平、立、仰、横），"2"表示焊条适用于平焊及平角焊，"4"表示焊条适用于向下立焊；第三位数和第四位数相合时，表示焊接电流种类及药皮类型。

焊接型号举例：E4315，中"E"表示焊条；"43"表示熔敷金属的抗拉强度的最小值为$430N/mm^2$；"1"表示焊条适用于全位置焊接；"5"表示焊条药皮为低钠型，并可采用直流反接焊接。

（2）焊丝　焊丝是在埋弧焊、气体保护焊等焊接方法中，起到焊条作用、成盘供应的金属丝。在钢结构工程中，常用的焊丝有管状焊丝、有色金属焊丝和铸铁焊丝等。在实际工程中，用埋弧焊焊接低碳钢时，常用的焊丝牌号有H08、H08A、H15Mn等，其中以H08A的应用最为普遍；同一牌号的焊丝可加工成不同的直径；埋弧焊常用的焊丝直径有2.0mm、3.0mm、4.0mm、5.0mm和6.0mm五种；为了保证焊缝金属的力学性能，防止产生气孔，CO_2气体保护焊所用的焊丝必须含有较高的Mn、Si等脱氧元素。

（3）焊剂　焊剂是能够熔化形成熔渣（有的也产生气体），并对熔化金属起保护和冶金作用的一种颗粒状物质。主要用于钢结构的埋弧自动焊焊接。进行埋弧焊时，在给定焊接工艺规范的情况下，熔敷金属的力学性能主要取决于焊剂、焊丝以及二者的匹配。在选择焊接材料时，必须根据对焊缝性能的要求，选择匹配适宜的焊剂和焊丝。

焊剂与焊丝的选配主要是根据被焊钢材的类别及对焊接接头性能的要求进行焊丝的选

择,并选择适当的焊剂相配合。对低碳钢、低合金高强钢的焊接焊丝,应与母材强度相匹配;对耐热钢、不锈钢的焊接焊丝,应与母材成分相匹配;堆焊时应根据对堆焊层的技术要求、使用性能等,选择合金系统相近成分的焊丝并选用合适的焊剂。

3. 焊接施工要点

(1) 焊前预热　钢构件焊前预热可延长焊接时熔池凝固时间,避免氢致裂纹;减缓冷却速度,提高抗裂性;减少温度梯度,降低焊接应力;降低焊件结构的拘束度。钢材预热方法有火焰加热和电加热等。在对于钢材的屈服极限强度>460N/mm² 的焊接区域进行预热时,宜选用电加热法,原则上禁用火焰加热。

钢材预热时应尽可能使加热均匀一致。不同碳素结构钢厚度大于34mm 和低合金结构带钢厚度大于或等于30mm,工作地点温度不低于0℃时,应加温至100~150℃进行预热。预热的加热区域应在焊接坡口两侧,宽度应为焊件施焊处板厚的1.5 倍以上,且不应小于100mm。温度测量点,当为非封闭空间构件时,宜设在焊件受热面的背面离焊接坡口两侧不小于75mm 处;当为封闭空间构件时,宜设在正面离焊接坡口两侧不小于100mm 处。

(2) 引弧与熄弧　焊接中,使焊接材料(焊条、焊丝等)引燃电弧的过程叫引弧。引弧有碰击法和划擦法两种。碰击法是将焊条垂直于工件进行碰击,然后迅速保持一定距离;划擦法是将焊条端头轻轻滑过工件,然后保持一定距离。施工中,严禁在焊缝区以外的母材上打火引弧。在坡口内引弧的局部面积应熔焊一次,不得留下弧坑。引弧板的强度不应大于被焊钢材强度,且应具有与被焊钢材相近的焊接性。不应在焊缝区域以外的母材上引弧和熄弧。

(3) 焊接顺序　焊接顺序是影响焊接结构变形的主要因素之一,为防止钢结构焊接变形,必须制定合理的焊接顺序。常见的焊接顺序有逐步退焊法、分中逐步退焊法、跳焊法、交替焊法、分中对称焊法等。工字钢、角钢接头的焊接顺序一般采用分中对称焊法。

(4) 焊接方式　根据钢结构焊接位置的不同,可分为平焊、立焊、横焊和仰焊四种(见图13-3)。平焊易操作,劳动条件好,生产率高,焊缝质量易保证。立焊、横焊和仰焊时施焊困难,应尽量避免。

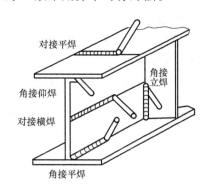

图 13-3　焊接的空间位置

平焊施工按照以下步骤进行:

1) 焊接前,应选择适合的焊接工艺、焊接电流、焊条直径、焊接速度、焊接电弧长度等,并通过焊接试验验证。焊接电流是根据焊件厚度、焊接层次、焊条牌号、直径、焊工的熟练程度等因素选择。

2) 平焊焊接时,要求等速焊接,保证焊缝高度、宽度均匀一致。

3) 焊接电弧长度应根据所用焊条的牌号不同而确定,一般要求电弧长度稳定不变,酸性焊条以 4mm 为宜,碱性焊条以 2~3mm 为宜。

4) 焊接时,焊条的运行角度应根据两焊件的厚度确定。焊条角度有两个方向:第一是焊条与焊接前进方向的夹角为 60°~75°,如图 13-4a 所示;第二是焊条与焊件左右侧夹角有两种情况,当两焊件厚度相等时,焊条与焊件的夹角均为 45°,如图 13-4b 所示;当两焊件厚度不等时,如图 13-4c 所示,焊条与较厚焊件一侧的夹角应大于焊条与较薄焊件一侧的夹角。

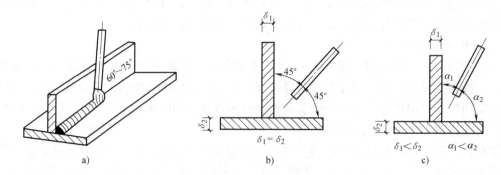

图 13-4 平焊焊条角度

a) 焊条与前进方向夹角为 60°~75° b) 焊条与焊件左右侧夹角（相等） c) 焊条与焊件左右侧夹角（不等）

5) 起焊时，在焊缝起点前方 15~20mm 处的焊道内引燃电弧，将电弧拉长 4~5mm，对母材进行预热后带回到起焊点，把熔池填满到要求的厚度后方可开始向前施焊。焊接过程中由于换焊条等因素再施焊时，其接头方法与起焊方法同。只是要先把熔池上的熔渣清除干净方可引弧。

6) 收弧时，每条焊缝应焊到末尾将弧坑填满后，往焊接方向的相反方向带弧，使弧坑甩在焊道里边，以防弧坑、咬肉。

7) 整条焊缝焊完后即可清除熔渣，经焊工自检确无问题才可转移地点继续焊接。

(5) 矫正及成品保护　钢结构焊接后，应对其焊接变形进行成品矫正。矫正一般采用热矫正，加热温度不宜大于 650℃。钢构件焊接完成后，应按照施工图的规定及《钢结构工程施工质量验收规范》进行验收，并做好成品保护。

4. 焊接质量检验

焊缝的质量等级不同，其检验的方法和数量也不相同，见表 13-2，具体检查方式应参考《钢结构焊接规范》。对于不同类型的焊接接头和不同的材料，可以根据图样要求或有关规定，选择一种或几种检验方法，以确保质量。

表 13-2　焊缝不同质量级别的检查方法

焊缝质量级别	检查方法	检查数量	备注
一级	外观检查	全部	有疑点时用磁粉复验
	超声波检查	全部	
	X 射线检查	抽查焊缝长度的 2%，应至少有一张底片	缺陷超出规范规定时，应加倍透照，如不合格，应 100% 的透照
二级	外观检查	全部	有疑点时，用 X 射线透照复验，如发现有超标缺陷，应用超声波全部检查
	超声波检查	抽查焊缝长度的 50%	
三级	外观检查	全部	

栓钉焊接后应进行弯曲试验抽查，栓钉弯曲 30°后焊缝和热影响区不得有肉眼可见裂纹。

13.1.2 紧固件连接

紧固件连接是通过螺栓、铆钉等产生紧固力，使构件连为一体的连接方法。紧固件连接包括铆接和螺栓连接两种，其中螺栓连接又可分为普通螺栓连接和高强度螺栓连接。

1. 铆接

铆接有强固铆接、密固铆接和紧固铆接三种。强固铆接要求能够承受足够的压力和抗剪力，但对铆接处的密封性能要求较差，如桥梁、起重机吊臂等的铆接。密固铆接除要求能够承受足够的压力和抗剪力外，还要求在铆接处密封性能好；紧固铆接的金属构件，不能承受大的压力和剪力，但对铆接处要求具有高度的密闭性，以防泄漏。目前，密固铆接和紧固铆接基本被焊接代替。

2. 普通螺栓连接

（1）普通螺栓的种类 钢结构普通螺栓连接就是将螺栓、螺母垫圈机械地和连接件连接在一起形成的一种连接形式。按照普通螺栓的形式，可以将其分为六角头螺栓、双头螺栓和地脚螺栓等（图13-5）。

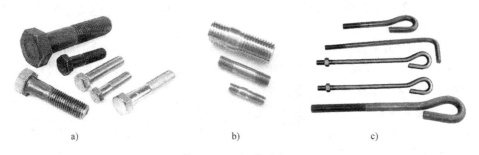

图 13-5 螺栓种类
a）六角头螺栓 b）双头螺栓 c）地脚螺栓

1）按照制造质量和产品等级，六角头螺栓可以分为A、B、C三个等级，其中A级螺栓为精致螺栓，B级螺栓为半精致螺栓，C级螺栓称为粗制螺栓。A、B级螺栓适用于连接部位需传递较大剪力的重要结构的安装，C级螺栓适用于钢结构安装中的临时固定。

2）双头螺栓一般称作螺栓，多用于连接厚板和不便使用六角螺栓连接的地方，如混凝土屋架、屋面梁悬挂单轨梁吊挂件等。

3）地脚螺栓分一般地脚螺栓、直角地脚螺栓、锤头螺栓和锚固地脚螺栓四种。一般地脚螺栓、直角地脚螺栓和锤头螺栓是在混凝土浇筑前预埋在基础之中，用以固定钢柱；锚固地脚螺栓是在已成型混凝土基础上经钻机成孔后，再安装、灌浆固定的一种地脚螺栓。

（2）普通螺栓连接的施工要点

1）装配要求。普通螺栓的装配应该符合以下要求：①螺栓头和螺母下面应放置平垫圈，以增大承压面积。②每个螺栓一端不得垫两个及以上的垫圈，并不得采用大螺母代替垫圈。螺栓拧紧后，外漏丝扣不应少于2扣。螺母间下的垫圈一般不应多于1个。③对于设计有要求防松动的螺栓、锚固螺栓应采用有防松装置的螺母（即双螺母）或弹簧垫圈，或用人工方法采取防松措施（如将螺栓外漏丝扣打毛）。④对于承受动荷载或重要部位的螺栓连接，应按设计要求放置弹簧垫圈，弹簧垫圈必须设置在螺母一侧。⑤对于工字钢、槽钢类型钢应尽量使用斜垫圈。使螺母和螺栓头部的支撑面垂直于螺杆。⑥双头螺栓的轴心线必须与工件垂直，通常用角尺进行检验。⑦装配双头螺栓时，首先将螺纹和螺孔的接触面清理干净，然后用手轻轻地把螺母拧到螺纹的终止处，如果遇到拧不紧的情况，不能用扳手强行拧紧，以免损坏螺纹。⑧螺母与螺钉装配时，要求螺母或螺钉与零件贴合的表面要光洁、平整、贴合处的表面应当经过加工，否则容易使连接件松动或使螺钉弯曲。此外，螺母或螺钉和接触的表面之间应保持清洁，螺孔内的脏物要清理干净。

2) 紧固力及其质量检查。普通螺栓对其紧固轴力以操作者的手感及连接接头的外形控制为准。考虑到螺栓受力均匀，尽量减少连接件变形对紧固轴力的影响，保证各节点连接螺栓的质量，螺栓紧固必须从中心开始，对称施拧；对大型接头应采用复拧，即两次紧固法，以保证各受力螺栓均匀。施拧时的紧固轴力应不超过相应的规定。

对永久螺栓拧紧的质量检验常采用锤敲或力矩扳手检验，要求螺栓不颤头和偏移，拧紧的真实性用塞尺检查，对接表面高度差不应超过 0.5mm。对接配件在平面上的差值超过 0.5~3mm 时，应对较高的配件高出部分作成 1∶10 的斜坡，斜坡不得用火焰切割。当高度差超过 3mm 时，必须设置和该结构相同钢号的钢板做成的垫板，并用连接配件相同的加工方法对垫板的两侧进行加工。

3) 防松措施。为了保证连接安全可靠，对螺纹连接必须采取有效的防松措施。常用的防松措施有安装弹簧垫圈和使用双螺母等增大摩擦力的方法；利用开口销与槽形螺母等阻止相对转动的机械防松方法；利用点焊、点铆或螺钉等固定螺母的不可拆卸方法。

3. 高强度螺栓连接

它是继铆接连接之后发展起来的新连接形式，已成为当今钢结构连接的主要手段之一。高强度螺栓是用优质碳素钢或低合金钢材料制成，不但强度高，且具有连接安装简便、迅速、能装能拆和安全可靠等优点。

(1) 高强度螺栓分类　高强度螺栓从外形上可分为大六角头和扭剪型两种（图 13-6）；按性能等级可分为 8.8、10.9、12.9 级等。高强度螺栓和与之配套的螺母和垫圈合称连接副，须经淬火和回火等热处理后方可使用。大六角头高强度螺栓连接副由螺栓、螺母和两个垫圈组成。扭剪型高强度螺栓连接副由螺栓、螺母和一个垫圈组成。

图 13-6　高强度螺栓
a) 大六角头　b) 扭剪型

(2) 高强度螺栓连接的施工要点

1) 施工规定：①螺栓连接的安装孔加工应准确，其偏差应控制在规定范围内，以达到孔径与螺栓的合理配合。②为了保证紧固后的螺栓达到规定的扭矩值，连接构件接触表面的摩擦系数应符合设计或施工规范的规定，同时构件接触表面不应存在过大的间隙。③螺栓紧固后应达到规定的终扭矩值，避免产生超拧和欠拧。对使用的电动扳手和示力扳手，应做定期校验检查，以达到设计规定的准确扭矩值。④检查时采用示力扳手，并按初拧标志的终止线，将螺母退回（逆时针）30°~50°后再拧至原位或大于原位，这样可防止螺栓被超拧而增加疲劳性，其终拧扭矩值不得大于设计规定偏差的±10%。⑤扭剪型高强度螺栓紧固后，不需用其他检测手段,其尾部梅花卡头被拧掉即为终拧结束。个别处仅能用普通扳手紧固时,其尾部梅花卡头应用钢锯锯掉,严禁用火焰切割或锤击,以免终拧扭矩值发生变化。

2) 高强度螺栓紧固过程中的检查。在高强度螺栓紧固过程中,应检查高强度螺栓的种类、等级、规格、长度、外观质量、紧固顺序等。紧固顺序应从节点中心向边缘依次进行,防止节点中螺栓预拉力损失不均,影响连接的刚度。紧固时,要分初拧和终拧两次紧固,对于大型节点,可分为初拧、复拧和终拧。进行初拧、复拧的目的是为了使摩擦面能密贴,且螺栓受力均匀。初拧轴力宜为60%~80%标准轴力,最低不小于30%的标准轴力,复拧扭矩值等于初拧扭矩值;终拧轴力为标准轴力。

对于常用螺栓(M20、M22、M24),初拧扭矩宜在200~300N·m之间;终拧是在初拧的基础上,将螺母拧转一定的角度,使螺栓轴向力达到施工预拉力。在螺栓安装当天需终拧完毕。防止螺纹被沾污和生锈,引起扭矩系数值发生变化。

(3) 高强度螺栓紧固检验

1) 对大六角高强度螺栓进行检查时,多采用小锤敲击法。检查时,可用手指紧按住螺母的一个边(其位置应尽量靠近螺母垫圈处),然后用0.3~0.5kg重的小锤敲击螺母相对应的另一个边(手按边的对边),如手指感到轻微颤动即为合格,颤动较大即为欠拧或漏拧,完全不颤动即为超拧。

2) 对大六角高强度螺栓进行扭矩检查时,扭矩检查应在终拧1h以后进行,并且应在24h以内检查完毕;扭矩检查为随机抽样,抽样数量为每个节点的螺栓连接副的10%,但不少于1个连接副。如发现不符合要求的,应重新抽样10%检查,如仍是不合格的,是欠拧、漏拧的,应该重新补拧,是超拧的应予更换螺栓;检查时,先在螺母与螺杆的相对应位置划一条细直线,然后将螺母拧松约60°,再拧到原位(即与该细直线重合)时测得的扭矩,该扭矩与检查扭矩的偏差在检查扭矩的±10%范围以内即为合格。

3) 扭剪型高强度螺栓施拧必须进行初(复)拧和终拧才行,初拧(复拧)后应做好标志,此标志是为了检查螺母转角量及有无共同转角量或螺栓空转的现象产生之用,应引起重视。

4) 扭剪型高强度螺栓连接副,因其结构特点,施工中梅花杆部分承受的是反扭矩,因而梅花头部分拧断,即螺栓连接副已施加了相同的扭矩,故检查只需目测梅花头拧断即为合格。但个别部位的螺栓无法使用专用扳手,则按相同直径的高强度大六角螺栓检验方法进行。

13.1.3 钢构件组装

钢结构零、部件的组装是指遵照施工图的要求,把已经加工完成的各零件或半成品等钢构件采用装配的手段组合成独立的成品。

根据钢构件的特性及组装程度,可分为部件组装、组装、预总装。

1) 部件组装是装配最小单元的组合,一般由三个或两个以上的零件按照施工图的要求装配成为半成品的结构部件。

2) 组装也称拼装、装配、组立,是把零件或半成品按照施工图的要求装配成独立的成品构件。

3) 预总装时根据施工总图的要求把相关的两个以上成品构件,在工厂制作场地上,按其各构件的空间位置总装起来。其目的是客观地反映出各构件的装配节点,以保证构件安装质量。目前,这种装配方法已广泛应用在高强度螺栓连接的钢结构构件制造中。

1. 组装方法

钢结构构件的组装方法及适用范围，见表 13-3。在实际选择构件组装方法时，必须根据构件的结构特性和技术要求，结合制造厂的加工能力、机械设备等情况，选择能有效控制组装精度、耗功少、效益高的方法进行。

表 13-3 钢结构构建的组装方法及适用范围

名称	装配方法	适用范围
地样法	用 1∶1 比例在装配平台上放出构件实样。然后根据零件在实样上的位置，分别组装起来成为构件	桁架、框架等小批量结构组装
仿形复制法	先用地样法组装成单面（单片）的结构，并且定位点焊，然后翻身作为复制胎膜，在上装配另一单面的结构	横断面互为对称的桁架结构，如钢屋架
立装	根据构件的特点，及其零件的稳定位置，选择自上而下或自下而上地装配	用于放置平稳，高度不大的结构或大直径圆筒
卧装	构件卧位放置进行装配	用于断面不大，但长度大的细长构件
胎膜装配法	把构件的零件用胎膜定位在其装配位置上的组装	用于制造构件批量大、精度高的产品

2. 组装要求

1）在钢构件组装前，清除连接表面及焊缝周边的铁锈、毛刺、油污及潮气等。

2）构件装配前，按照施工图要求复核其前道加工质量，并按要求归类堆放。

3）构件装配时，应按下列规定选择构件的基准面：①构件的外形有平面也有曲面时，应以平面作为装配基准面。②在零件上有若干个平面的情况下，应选择较大的平面作为装配基准面。③根据构件的用途，选择最重要的面作为装配基准面。④选择的装配基准面要使装配过程中最便于对零件定位和夹紧。

4）构件装配过程中，不允许采用强制的方法来组装构件；避免产生各种内应力，减少其装配变形。

5）构件装配时，应根据金属结构的实际情况，选用或制作相应的装配胎具（如组装平台、铁凳、胎架等）和工（夹）具，应尽量避免在结构上焊接临时固定件、支撑件。

6）当有隐蔽焊缝时，必须先施焊，经检验合格方可覆盖；复杂部位不易施焊时，亦须按工序次序分别先后组装和施焊。严禁不按次序组装和强力组对。

7）为减少大件组装焊接的变形，先组装主要结构的零件，并进行矫正，消除施焊产生的内应力，再从内向外或从里向表进行装配，将小件组装成整体构件。

3. 钢构件预总装规定

1）所有需预总装构件必须是经过质量检验部门验证合格的钢结构成品。

2）预总装胎膜按工业要求铺设，其刚度应有保证，预总装工作场地应配备适当的吊装机械和装配空间。

3）构件预总装时，必须在自然状态下进行，使其正确地装配在相关构件安装位置上。不允许采用强制的方法来组装构件，避免产生各种内应力，减少装配变形。

4）需在预总装时制孔的构件，必须在所有构件全部预总装完工后，又要通过整体检查，确认无误后，也可进行预总装制孔。

5）预总装完毕后，拆除全部的定位夹具后，方可拆装配的构件，以防止其吊卸产生的变形。

6）如构件预总装部位的尺寸有偏差，可对不到位的构件采用顶、拉等手段使其到位。

对因胎膜铺设不正确造成的偏差，可采用重新修正的方法。

7）对于因构件制孔不正确造成节点部位偏差，当孔偏差≤3mm时，可采用扩孔方法解决；当孔偏差>3mm时，可用电焊补孔打磨平整或采用重新钻孔方法解决。当补孔工作量较大时，可采用换节点连接板方法解决。

13.2 钢结构的安装

钢结构的蓬勃发展，体现了钢结构在建筑方面的综合效益。从一般钢结构发展到高层和超高层，大跨度空间钢结构（网架、网壳、空间桁架、悬索即杂交空间结构、张力膜结构、预应力钢结构、钢—混凝土组合结构、轻型钢结构等）。就安装方法而言应根据多种因素，在保证质量可靠、生产安全、成本低廉的条件下采取最优方案。

13.2.1 安装的一般规定

钢结构安装包括：结构安装前准备工作（钢柱基础的准备、构件的检查和弹线、构件吊装稳定性验算等）、确定钢结构安装工程施工方案（吊装方法、程序和起重机选择等）和进行各种构件的安装（绑扎→吊升→对位→临时固定→校正→最后固定）。

1）钢结构安装应在构件进场验收和焊接连接、紧固件连接、制作等分项工程验收合格的基础上进行。

2）构件运输、堆放和吊装必须采取切实可靠措施，防止构件变形或脱漆。如不慎构件产生变形或脱漆，应矫正或补漆后再安装。对稳定性较差的构件，起吊前应进行稳定性验算，必要时应进行临时加固。

3）钢结构表面应干净，结构主要表面不应有疤痕、泥沙等污垢。在钢结构安装工程中，由于构件堆放和施工现场都是露天，风吹雨淋，构件表面极易粘结泥沙、油污等脏物，不仅影响建筑物美观，时间长了还会侵蚀涂层，造成结构锈蚀。

4）安装的测量校正、高强度螺栓安装、负温度下施工及焊接工艺等，应在安装前进行试验或评定，并应在此基础上制定相应的施工工艺或方案。

13.2.2 安装前的准备

1）技术准备：制定安装技术方案，单层钢结构工程宜采用分件安装法，屋盖系统宜采用综合安装法。多层钢结构工程一般采用综合安装法。

2）施工机具及材料准备：包括吊装机械、各类辅助施工机具、钢构件、各类焊接材料及紧固件等。

3）柱基检查：柱基找平和标高控制，复核轴线并弹好安装对位线，检查地脚螺栓轴线位置、尺寸及质量。

4）构件清理：清理钢柱等先行吊装构件，编号并弹好安装就位线。

13.2.3 单层钢结构安装

1. 钢结构安装定位

建筑物的定位轴线与基础的标高等直接影响到钢结构的安装质量，应高度重视。

建筑物基础的轴线、支撑面标高、水平度、地脚螺栓的规格、露出长度、螺纹长度、位置（螺栓中心偏移）及其紧固均应符合设计要求，偏差小于规定值。

2. 钢柱基础浇筑

为了保证地脚螺栓位置准确，施工时可用钢制固定架（图13-7），将地脚螺栓安置在与基础模板分开的固定支架上，然后浇筑混凝土。为保证地脚螺栓的螺纹不受损伤，应涂黄油并加套管保护。

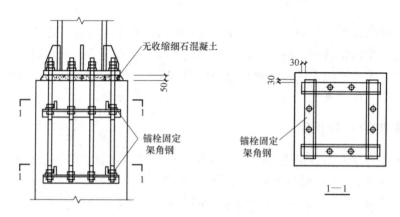

图13-7　柱脚锚栓固定支架

为保证基础顶面标高符合设计要求，可根据柱脚形式和施工条件，采用一次浇筑法或二次浇筑法将柱脚支撑面混凝土浇筑到设计标高。

3. 钢柱安装

对于质量在5t以内的钢柱，通常采用捆扎法吊装（图13-8），且多为一点捆扎；质量在5~20t的钢柱，通常在钢柱上设置钢吊耳的方法辅助吊装（图13-9）；对于质量在20t以上的重型钢柱，宜采用钢吊耳并利用工具式索具辅助吊装（图13-10）。

图13-8　捆扎法吊装

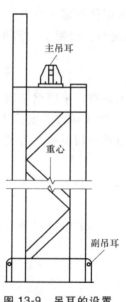

图13-9　吊耳的设置

图13-10　重大柱子加设横吊梁

对于质量较轻的钢柱（如轻钢厂房柱等），可以采用单机旋转法或滑行法起吊、就位（图 13-11、图 13-12）。

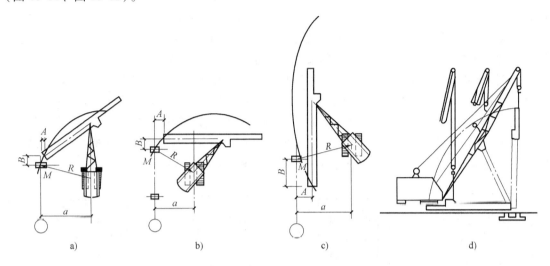

图 13-11　单机旋转法吊柱子

a）柱子斜向排放时的旋转法起吊　b）柱子横向排放时的旋转法起吊
c）柱子纵向排放时的旋转法起吊　d）柱子旋转起吊过程

对于大型、重型钢柱（如大型格构柱等）可采用双机抬吊法安装。对于高度高、质量大、截面小的钢柱，可采取分节吊装方法；但必须在下节柱基本固定后，再安装上节柱。

钢柱柱脚固定方法，一般有地脚螺栓固定和插入式杯口两种形式，后者主要用于大中型钢柱的固定。

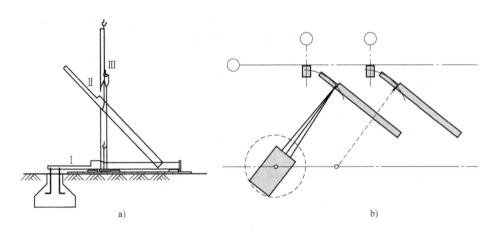

图 13-12　单机滑行法吊柱

a）起吊过程立面图　b）柱吊装的平面布置

钢柱起吊后，当柱脚距地脚螺栓或杯口约 30~40cm 时扶正，使柱脚安装螺栓孔对准螺栓（或柱脚对准杯口），缓慢落钩、就位。经过初校后，拧紧螺栓或打紧钢楔临时固定，即可脱钩。

钢柱安装临时固定后，应进行校正。校正内容包括标高、垂直度和位移等。钢柱的标高可通过设置标高块的方法进行控制，具体做法如下：先根据钢柱的质量和标高块材料强度，计算标高块的支承面积，标高块一般用钢垫板和无收缩砂浆制作。然后埋设临时支承标高块。根据钢柱底板的大小，标高块的布置方式不同，如图 13-13 所示。现场施工时，先量测钢柱牛腿面至柱底实际尺寸，并与牛腿设计标高相比较，实际的高差采用标高块调整。钢柱的垂直度用经纬仪检验，当有偏差，采用手拉葫芦、千斤顶等方法进行校正，底部空隙用钢片垫实（图 13-14）。钢柱的位移校正可采用千斤顶顶正。标高校正用千斤顶将底座稍许抬高，然后增减垫板厚度达到校正目的。柱脚校正完后应立即紧固地脚螺栓（或打紧杯口侧面的钢楔），并将承重钢垫板定位焊固定，防止走动。当吊车梁、托架、屋架等结构安装完毕，并经整体校正检查无误后，进行钢柱底板下灌浆（图 13-15）。

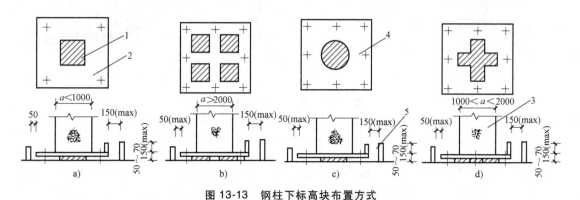

图 13-13 钢柱下标高块布置方式
1—标高块 2—钢柱底板 3—钢柱 4—地脚螺栓 5—灌浆槽

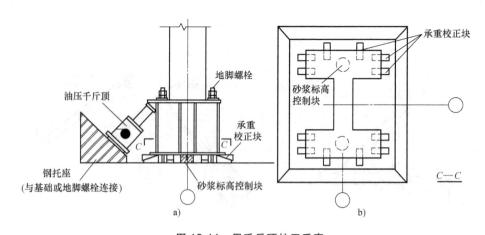

图 13-14 用千斤顶校正垂直

4. 钢吊车梁的安装

吊车梁安装应按设计规定进行，并符合下列要求：

1）安装吊车梁应在钢柱吊装完成且经最后的固定进行。安装时，应控制钢柱底板到牛腿面的标高和水平度，如产生偏差时，应用垫铁调整到所规定的垂直度。

2）吊车梁安装前后不许存在弯曲、扭曲等变形。

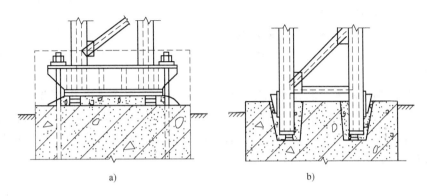

图 13-15 钢柱底脚固定形式
a) 用预埋地脚螺栓固定 b) 在杯口两次灌浆固定

3) 吊车梁一般采用与钢柱吊装相同的起重机械,单机吊装。对于重型或超长吊车梁,多由制造厂分节装车运到现场。分段构件在出厂前须经过预拼装和严格检查,合格后才可装车运出,以确保现场顺利拼装。重型吊车梁一般采用整体吊装法,吊车梁部件在地面拼装胎架上将全部连接部件调整找平,用螺栓栓接或焊接成整体。验收合格后,采用双机或三机抬吊法进行整体吊装。绑扎方法如图 13-16 所示。

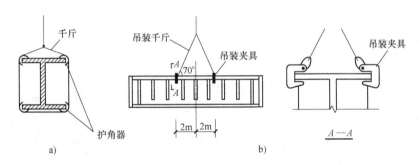

图 13-16 钢吊车梁的绑扎
a) 用钢丝绳捆扎 b) 利用工具式吊耳(吊装夹具)吊装

4) 固定后的吊车梁调整程序应合理:一般是先就位做临时固定,调整工作要待钢屋架及其他构件完全调整固定好之后进行。否则其他构件安装调整将会使钢柱(牛腿)移位,直接影响吊车梁的安装质量。

5) 吊车梁的安装质量,要受起重机轨道的约束,同时吊车梁的设计起拱上挠值的大小与轨道的水平度有一定的影响。

6) 吊车梁的校正应在屋面系统构件安装并永久连接后进行。起重机轨道的安装应在吊车梁安装符合规定后进行。起重机轨道的规格和技术条件应符合设计要求和国家现行有关标准的规定,如有变形应矫正后方可安装。

5. 钢屋架的吊装

1) 钢屋架可用自行起重机(尤其是履带式起重机)、塔式起重机和桅杆式起重机等进行吊装,按照屋架的跨度、质量和安装高度不同,宜选用不同的起重机械和吊装方法。

2) 为使屋架在吊起后不致发生摇摆和其他构件碰撞,起吊前在屋架两端应绑扎溜绳,随吊随放松，以此保持其正确位置。

3) 钢屋架的侧向稳定性较差，如果起重机械的起重机和起重臂长度允许时，最好经扩大拼装后进行组合吊装，即在地面上将两榀屋架及其上的天窗架、檩条、支撑等拼接成整体，一次进行吊装。

4) 钢屋架的侧向刚度较弱，在吊装前宜进行验算，必要时应绑扎几道杉木杆等进行临时加固，也可增加吊点或使用铁扁担。对吊点的选择应使屋架下弦处于受拉状态，如图13-17所示。捆扎采用千斤绳（钢丝绳）法时，应做好包角保护，绳索的安全系数取10；也可采用插片吊耳法，如图13-18所示。

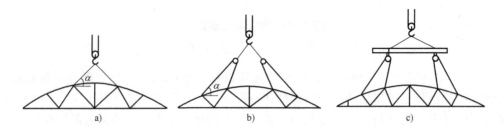

图13-17 屋架的吊点与绑扎
a) 两点绑扎 b) 四点绑扎 c) 使用铁扁担（$\alpha \geq 60°$）

5) 屋架吊装就位后，第一榀和第二榀屋架用缆索临时固定，通过松紧缆索可调整垂直度。第三榀以后可用临时固定支撑以便于进行校正。屋架临时固定后，应校正其垂直度和弦杆的平直度。屋架的垂直度可用经纬仪检验，弦杆的平直度则可用拉紧的测绳进行检验。临时固定用螺栓和冲钉连接，最后固定宜用电焊或高强度螺栓。

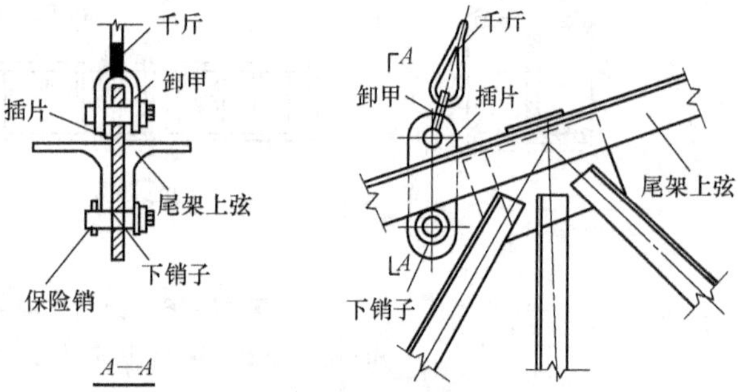

图13-18 利用插片式吊耳吊装屋架

6. 檩条与墙面梁安装

当安装完一个单元的屋架或屋面梁后，即应进行屋面支撑、檩条和墙梁的安装。墙梁也可在整个屋面结构安装完毕后进行。

对于薄壁轻钢檩条，由于质量轻，安装时可用起重机械或人力吊升。

檩条和墙梁安装比较简单，可直接用螺栓连接在檩条挡板或墙梁托板上。檩条的安装误差应在±5mm之内，弯曲偏差应在$L/750$（L为檩条跨度），且不得大于20mm。

墙梁安装后用拉杆螺栓调整垂直度，顺序由上向下逐根进行。

7. 彩钢板的安装

屋面檩条、墙梁安装完毕，就可以进行屋面、墙面彩钢板的安装。一般是先安装墙面彩钢板，后安装屋面彩钢板，以便于掩口部位的连接。

13.2.4 多、高层钢结构安装

1) 多层及高层钢结构安装的主要节点有柱-柱连接，柱-梁连接，梁-梁连接等。安装时，在每层的柱与梁调整到符合安装标准后方可终拧高强度螺栓和施焊；必须控制楼面的施工荷载，严禁在楼面堆放构件，严禁施工荷载（包括冰雪荷载）超过梁和楼板的承载能力。

2) 柱、梁、支撑等构件的长度尺寸应包括焊接收缩余量等变形值。

多层及高层钢结构的柱与柱、主梁与柱的接头，一般用焊接方法连接，焊缝的收缩值以及荷载对柱的压缩变形，对建筑物的外形尺寸有一定的影响。因此，柱与主梁的制作长度要做如下考虑：柱要考虑荷载对柱的压缩变形值和接头焊缝的收缩变形值；梁要考虑焊缝的收缩变形值。

3) 钢柱安装前应对下一节柱的标高与轴线进行复检。安装前，应在地面把钢爬梯等装在钢柱上，供登高作业用。钢柱两端设置临时固定用的连接板（图13-19）；上下节钢柱对准后，即用螺栓与连接板作临时固定。待钢柱永久对接完成验收合格后，再将连接板割除。

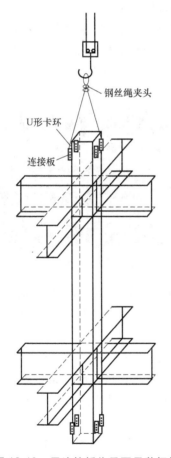

图13-19 用连接板作吊耳吊装钢柱

图13-20 框架结构吊装

钢梁安装前一般对钢柱上的连接件或混凝土核心筒壁上的预埋件进行预检。预检内容包括检查连接件平整度、摩擦面、螺栓孔。对预埋件的检查内容包括位置和平整度。安装到位后，先用与螺栓同直径的冲钉定位，然后用与永久螺栓同直径的普通螺栓作临时固定，普通

螺栓的数量不少于节点螺栓总数的三分之一，且不少于两只。临时固定完成后，方可拆除吊梁索具。待校正后对称进行栓接或焊接固定。钢框架结构安装示例如图 13-20 所示。

4) 多层及高层钢结构安装中，建筑物的高度可以按相对标高控制，也可按设计标高控制，在安装前要先决定采用哪一种方法。

13.2.5 钢网架结构安装

网架为空间结构，由杆件通过节点焊接或螺栓连接而成。

钢网架的杆件和节点的制作都在工厂进行，节点制作、杆件长度、小拼单元、分条或分块的网壳单元长度、总拼形状等偏差应满足规范要求。钢网架的拼装和焊接宜在专门的胎具上从中间向两端或四周进行，焊接工作宜在工厂或现场地面进行，以减少高空工作量。

网架安装方法有高空散装法、整体安装法、分条或分块吊装法、高空滑移法等。

（1）高空散装法　该法是在地面搭设满堂支架拼装平台，将网架的杆件或小拼单元吊至拼装平台上，直接在高空设计位置进行拼接。采用全支架拼装适用与各种类型的网架，也可根据结构的特点选用移动或滑动支架拼装及少支架的悬挑拼装。

（2）整体安装法　该法是在地面将网架就拼装成整体，利用机械吊装、提升或顶升就位，包括整体吊装法、整体提升法（图 13-21）和整体顶升法（图 13-22）。吊装常采用自行式起重机或桅杆式起重机，提升设备可采用千斤顶或升板机，顶升设备一般为千斤顶。

图 13-21　整体提升法

图 13-22　整体顶升法

（3）分条或分块吊装法　该法是将网架分割成条状或块状单元，然后分别吊装就位拼装成整体，适用于分割后刚度和受力状态改变较小的网架。分条或分块的大小应根据起重能力确定。

（4）高空滑移法　在拟建房屋一端搭设拼装平台，将网架拼装成条状单元，沿轨道利用卷扬机或千斤顶等机械将其托顶就位。按滑移方式分为逐条滑移法和逐条累积滑移法。

1) 逐条滑移法：在拼装平台上拼装好的条状网壳单元，在滑轨上单条一次直接滑到设计位置，再进行条间拼装。

2) 逐条累积滑移法：分条的网壳单元在滑轨上逐条累积拼接后滑移到设计位置（图 13-23）。

拼装平台：宽度大于两个节间滑轨，标高高于或等于网壳支座设计标高，当网壳跨度较大时，跨中宜设支撑架，增设滑轨、水平导向轮、卷扬机或手扳葫芦。

滑移法适用于两边平行的网架，在现场狭窄、运输不便的情况下，尤为适用。滑移时，滑移单元应保证成为几何不变体系。

图 13-23　五棵松体育馆屋盖桁架逐条累积滑移法施工

13.3　钢结构的防火

在高层建筑中，采用钢结构体系的日益增多，钢结构的防火问题也日益突出，由于钢结构耐火能力较差，在发生火灾时处于高温下会很快失效倒塌，耐火极限仅为 15min。因此，对高层建筑的承重钢结构必须采取有效的防火措施，提高钢结构的耐火极限，使其在火灾时温度不超过临界温度，从而保证钢结构的稳定性。

13.3.1　耐火极限

钢结构构件的抗火承载力极限状态：轴心受力构件截面屈服；受弯构件产生足够的塑性铰而成为可变机构；构件整体丧失稳定；构件达到不适于继续承载的变形。满足以上条件之一时，视为钢结构构件达到抗火承载力极限状态。钢结构整体的抗火承载力极限状态：结构产生足够的塑性铰形成可变机构或结构整体丧失稳定。

单、多层建筑和高层建筑中的各类钢构件、组合构件等的耐火极限不应低于表 13-4 和本章的相关规定。当低于规定的要求时，应采取外包覆不燃烧体或其他防火隔热的措施。

表 13-4　单、多层建筑和高层建筑构件的耐火极限

耐火等级 耐火极限/h 构件名称	单、多层建筑				高层建筑	
	一级	二级	三级	四级	一级	二级
承重墙	3.00	2.50	2.00	0.50	2.00	2.00
柱、柱间支撑	3.00	2.50	2.00	0.50	3.00	2.50
梁、桁架	2.00	1.50	1.00	0.50	2.00	1.50
楼板、楼面支撑	1.50	1.00	厂、库房 0.75	民用 0.50	厂、库房 0.50	民用 不要求	1.50	1.00
屋顶承重构件、屋面支撑、系杆	1.50	0.50	厂、库房 0.50	民用 不要求	不要求	1.50	1.00
疏散楼梯	1.50	1.00	厂、库房 0.75	民用 0.50	不要求		

注：对造纸厂房，变压器装配厂房、大型机械装配厂房、卷烟生产厂房、印刷厂房等及类似的厂房，当建筑耐火等级较高时，吊车梁体系的耐火极限不应低于表中梁的耐火极限要求。

13.3.2 防护措施及其选用原则

目前，钢结构的防火保护有多种方法，一种为被动防火法：钢结构防火涂料保护、防火板保护、外包混凝土防火保护、结构内通水冷却、柔性卷材防火保护等，这些方法为钢结构提供了足够的耐火时间，前三种方法应用较多；另一种为主动防火法，即提高钢材自身的防火性能或设置结构喷淋。

钢结构防火保护措施应按照安全可靠、经济实用的原则选用，并应考虑下述条件：

1) 在要求的耐火极限内能有效地保护钢构件。
2) 防火材料应易于和钢构件结合，并不对钢构件产生有害影响。
3) 当钢构件受火后发生允许变形时，防火保护材料不应发生结构性破坏，仍能保持原有的保护作用直至规定的耐火时间。
4) 施工方便，易于保证施工质量。
5) 防火保护材料不应对人体有毒害。

对钢结构采取的保护措施，从原理上可划分为两种：截流法和疏导法，见表13-5。

表13-5 截流法和疏导法的特点比较

防火方法		原理	保护用材料	适用范围
截流法	喷涂法	用喷涂机具将防火涂料直接喷涂到构件表面	各种防火涂料	任何钢结构
	包封法	用耐火材料把构件包裹起来	防火板材、混凝土、砖、砂浆	钢柱、钢梁
	屏蔽法	把钢构件包藏在耐火材料组成的墙体或吊顶内	防火板材	钢屋盖
	水喷淋	设喷淋管网，在构件表面形成水膜	水	大空间
疏导法	充水冷却法	蒸发消耗热量或通过循环把热量导走	充水循环	钢柱

无论用混凝土还是防火板防护，达到规定的防火要求都需要相当厚的保护层，这样必然会增加构件质量且占用较多室内空间，另外，这两种方法也不适用于轻钢结构、网架结构和异形钢结构等。在这种情况下，采用钢结构防火涂料较为合理。防火涂料施工简便、质量轻、造价低而且不受构件的几何形状和部位的限制。

在各类防火方法中，采用防火涂料进行阻燃的方法被认为是有效的措施之一，钢结构防火涂料在90%钢结构防火工程中发挥着重要的保护作用。将防火涂料涂敷于材料表面，除具有装饰和保护作用外，由于涂料本身的不燃性和难燃性，能阻止火灾发生时火焰的蔓延和延缓火势的扩展，较好地保护了基材。钢结构防火涂料按所使用的基料的不同可分为有机防火涂料和无机防火涂料两类，按涂层厚度分为超薄型、薄涂型和厚涂型三类。薄涂型钢结构涂料涂层厚度一般为3~7mm，有一定装饰效果，高温时涂层膨胀增厚，具有耐火隔热作用，耐火极限可达0.5~1.5h，这种涂料又称钢结构膨胀防火涂料。厚涂型钢结构防火涂料厚度一般为7~45mm，粒状表面，密度较小，导热系数低，耐火极限可达0.5~3.0h，这种涂料又称钢结构防火隔热涂料。

(1) 超薄膨胀型钢结构防火涂料　超薄膨胀型钢结构防火涂料是指防火涂层厚度在3mm以下，以溶剂型为主，具有良好的装饰和理化性能，受火时膨胀发泡形成致密、强度高的防火隔热层，该防火隔热层极大地延缓了被保护钢材的升温，提高钢结构构件的耐火极限。超薄膨胀型钢结构防火涂料一般使用在耐火极限要求在2.0h以内的建筑钢结构上。例如，可对一类建筑物中的梁楼板与屋顶承重构件，及二类建筑中的柱、梁、楼板等进行有效防火保护。该类防火涂料涂层超薄，工程中使用量较厚型、薄型钢结构防火涂料大大减少，既降低了工程总费用，又使钢结构得到了有效的防火保护。

（2）薄型钢结构防火涂料　薄型钢结构防火涂料是指防火涂层厚度为3～7mm，此类钢结构防火涂料主要以水溶型为主，具有较好的装饰性和理化性能，受火时能膨胀发泡，以膨胀发泡所形成的耐火隔热层延缓钢材的升温，保护钢构件。这类钢结构防火涂料一般是用合适的乳液聚合物作基料，再配以复合阻燃剂、防火添加剂、矿物纤维等组成。对这类防火涂料，要求选用的乳液聚合物必须对钢基材有良好的附着力、耐久性和耐水性。其装饰性优于厚浆型防火涂料，稍差于超薄型钢结构防火涂料，一般耐火极限在2h以内。因此常用在≤2h耐火极限的钢结构防火保护工程中，常采用喷涂施工。例如，可对高层民用建筑中的梁，一般工业与民用建筑中支承单层的柱、梁、楼板以及屋顶承重构件中的钢结构进行防火保护。

（3）厚型钢结构防火涂料　厚型钢结构防火涂料是指防火涂层厚度为7～45mm，其在火灾中利用材料的不燃性、低导热性或涂层中材料的吸热性，延缓钢材升温，保护钢材。这类防火涂料是用合适的胶黏剂，再配以无机轻质材料和增强材料组成，具有成本较低的优点。施工常采用喷涂或涂抹，一般用在耐火极限≥2h的钢结构防火保护。例如，高层民用建筑的柱、一般工业与民用建筑中的支撑多层的柱的耐火极限均应达到3h，需采用该厚型防火涂料保护。

钢结构防火隔热涂料的防火原理有三个：一是涂层对钢基材起屏蔽作用，使钢结构不至于直接暴露在火焰高温中；二是涂层吸热后部分物质分解放出的水蒸气或其他不燃气体，起到消耗热量、降低火焰温度和燃烧速度、稀释氧气的作用；三是涂层本身多孔轻质和受热后形成炭化泡沫层，阻止了热量迅速向钢基材传递，推迟了钢基材强度的降低，从而提高了钢结构的耐火极限。

钢结构防火涂料品种的选用规定：

1）高层建筑钢结构和单、多层钢结构的室内隐蔽构件，当规定的耐火极限为1.5h以上时，应选用非膨胀型钢结构防火涂料。

2）室内裸露钢结构、轻型屋盖钢结构和有装饰要求的钢结构，当规定的耐火极限低于1.5h时，可选用膨胀型钢结构防火涂料。

3）耐火极限要求不小于1.5h的钢结构和室外的钢结构工程，不宜选用膨胀型防火涂料。

4）露天钢结构应选用适合室外用的钢结构防火涂料，且至少应经过一年以上室外钢结构工程的应用验证，涂层性能无明显变化。

5）复层涂料应相互配套，底层涂料应能同普通的防锈漆配合使用，或者底层涂料自身具有防锈功能。

6）膨胀型防火涂料的保护层厚度应通过实际构件的耐火试验确定。

防火板的安装要求：防火板的包敷必须根据构件形状和所处部位进行包覆构造设计，在满足耐火要求的条件下充分考虑安装的牢固稳定。固定和稳定防火板的龙骨胶黏剂应为不燃材料。龙骨材料应便于构件、防火板连接。胶黏剂在高温下应能保持一定的强度，保证结构的稳定和完整。

采用复合防火保护的要求：必须根据构件形状和所处部位进行包敷构造设计，在满足耐火要求的条件下充分考虑保护层的牢固稳定。在包敷构造设计时，应充分考虑外层包敷的施工不应对内层防火层造成结构破坏或损伤。

采用柔性毡状隔热材料防火保护的要求：仅适用于平时不易受损且不受水湿的部位。包敷构造的外层应设金属保护壳。金属保护壳应固定在支撑构件上，支撑构件应固定在钢构件上。支撑构件应为不燃材料。在材料自重作用下，毡状材料不应发生体积压缩不均的现象。

13.3.3 构造

采用外包混凝土或砌筑砌体的防火保护结构宜按图 13-24 选用。采用外包混凝土的防火保护宜配构造钢筋。

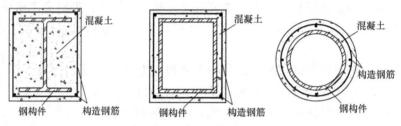

图 13-24 采用外包混凝土的钢构件防火保护构造

采用防火涂料的钢结构防火保护构造宜按图 13-25 选用。当钢结构采用非膨胀型防火涂料进行防火保护且符合下列情形之一时，涂层内应设置与钢构件相连接的钢丝网。

1）承受冲击、振动荷载的构件。
2）涂层厚度不小于 30mm 的构件。
3）粘结强度不大于 0.05MPa 的钢结构防火涂料。
4）腹板高度超过 500mm 的构件。
5）构件幅面较大且涂层长期暴露在室外。

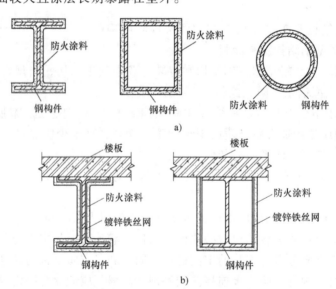

图 13-25 采用防火涂料的钢结构防火保护构造
a）不加钢丝网的防火涂料保护 b）加钢丝网的防火涂料保护

采用防火板的钢结构防火保护构造宜按图 13-26、图 13-27 所示选用。

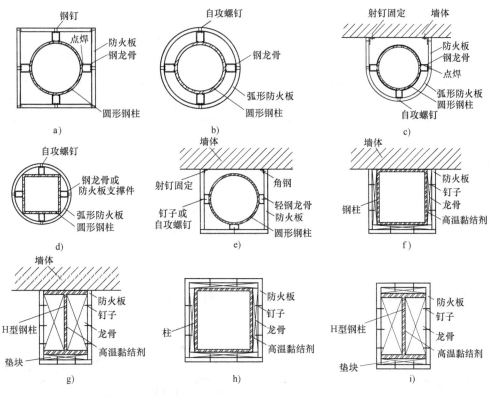

图 13-26 钢柱采用防火板的防火保护构造

a) 圆柱包矩形防火板 b) 圆柱包圆弧形防火板 c) 靠墙圆柱包弧形防火板 d) 矩形柱包圆弧形防火板 e) 靠墙圆柱包矩形防火板 f) 靠墙矩形柱包矩形防火板 g) 靠墙 H 型柱包矩形防火板 h) 独立矩形柱包矩形防火板 i) 独立 H 型柱包矩形防火板

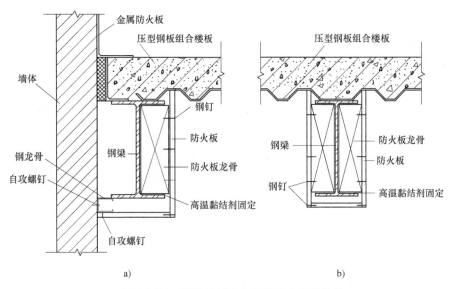

图 13-27 钢梁采用防火板的防火保护构造

a) 靠墙的梁 b) 一般位置的梁

采用柔性毡状隔热材料的钢结构防火保护构造宜按图13-28所示选用。

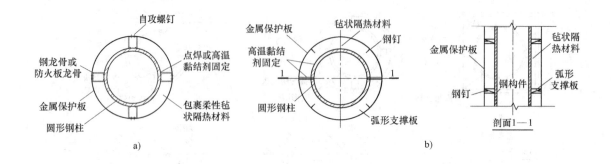

图 13-28　采用柔性毡状隔热材料的防火保护构造
a）用钢龙骨支撑　b）用圆弧形防火板支撑

钢结构采用复合防火保护的构造宜按图13-29～图13-31所示选用。

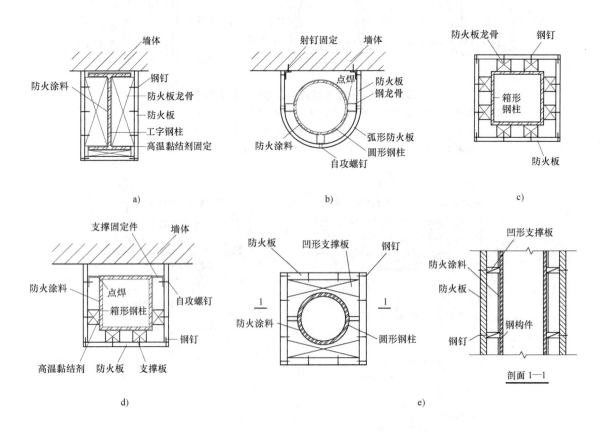

图 13-29　钢柱采用防火涂料和防火板的复合防火保护构造
a）靠墙的H型柱　b）靠墙的圆柱　c）一般位置的箱形柱　d）靠墙的箱形柱　e）一般位置的圆柱

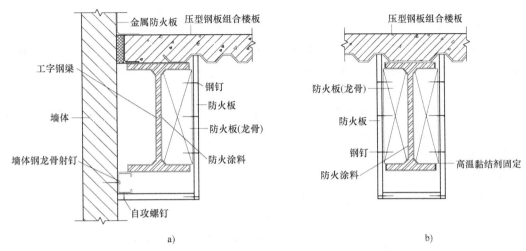

图 13-30 钢梁采用防火涂料和防火板的复合防火保护构造
a) 靠墙的梁 b) 一般位置的梁

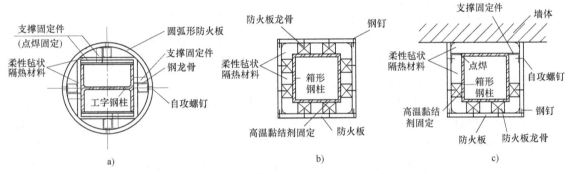

图 13-31 钢柱采用柔性毡和防火板的复合防火保护构造
a) H 型钢柱 b) 箱形柱 c) 靠墙箱形柱

13.4 钢结构的防腐

钢铁的腐蚀是自发的、不可避免的过程，但却是可以控制的。处于稳定状态的铁矿石，经过消耗能源冶炼成钢铁，在腐蚀环境中，钢铁自然地向低能位转化，最终回到稳定态（氧化铁和铁锈）。通过对钢铁采取有效的防护措施，可以减缓钢铁腐蚀的过程，延长钢结构的使用寿命。

13.4.1 防腐蚀设计

钢结构应遵循安全可靠、经济合理的原则，按下列要求进行防腐蚀设计：
1) 钢结构防腐蚀设计应根据环境腐蚀条件、防腐蚀设计年限、施工和维修条件等要求合理确定。
2) 防腐蚀设计应考虑环保节能的要求。
3) 钢结构除必须采取防腐蚀措施外，尚应尽量避免加速腐蚀的不良设计。

4）除有特殊要求外，一般不应因考虑锈蚀而再加大钢材截面的厚度。

5）防腐蚀设计中应考虑钢结构全寿命期内的检查、维护和大修。

钢结构的防腐蚀方案有：防腐蚀涂料；各种工艺形成的锌、铝等金属保护层；阴极保护措施；使用耐候钢。钢结构防腐蚀设计应综合考虑环境中介质的腐蚀性、环境条件、施工和维修条件等因素，因地制宜，综合选择防腐蚀方案或其组合。

对危及人身安全和维修困难的部位，以及重要的承重结构和构件应加强防护。对处于严重腐蚀的使用环境且仅靠涂装难以有效保护的主要承重钢结构构件，宜采用具有自身抗腐蚀能力的钢材或外包混凝土。

结构防腐蚀设计规定：

1）当采用型钢组合的杆件时，型钢间的空隙宽度宜满足防护层施工、检查和维修的要求。

2）不同金属材料接触会加速腐蚀时，应在接触部位采用隔离措施。

3）焊条、螺栓、垫圈、节点板等连接构件的耐腐蚀性能，不应低于主材材料。螺栓直径不应小于12mm。垫圈不应采用弹簧垫圈。螺栓、螺母和垫圈应采用镀锌等方法防护，安装后再采用与主体结构相同的防腐蚀方案。

4）当腐蚀性等级为高及很高时，不易维修的重要构件宜选用耐候钢制作。

5）设计使用年限大于或等于25年的建筑物，对不易维修的结构应加强防护。

6）避免出现难于检查、清理和涂漆之处，以及能积留湿气和大量灰尘的死角或凹槽。闭口截面构件应沿全长和端部焊接封闭。

7）柱脚在地面以下的部分应采用强度等级较低的混凝土包裹（保护层厚度不应小于50mm），并宜使包裹的混凝土高出地面不小于150mm。当柱脚底面在地面以上时，柱脚底面宜高出地面不小于100mm。

此外，钢材表面原始锈蚀等级和钢材除锈等级标准应符合《涂装前钢材表面锈蚀等级和除锈等级》的规定。

1）表面原始锈蚀等级为D级的钢材不应用作结构钢。

2）表面处理的清洁度要求不宜低于《涂装前钢材表面锈蚀等级和除锈等级》规定的Sa 2½级，表面粗糙度要求应符合防腐蚀方案的特性。

3）局部难以喷砂处理的部位可采用手工或动力工具，达到《涂装前钢材表面锈蚀等级和除锈等级》规定的St3级，并应具有合适的表面粗糙度，选用合适的防腐蚀产品。

4）喷砂或抛丸用的磨料等表面处理材料也应符合防腐蚀产品对表面清洁度和表面粗糙度的要求，并符合环保要求。

钢结构防腐蚀涂料的配套方案，可根据环境腐蚀条件、防腐蚀设计年限、施工和维修条件等要求设计。修补和焊缝部位的底漆应能适应表面处理的条件。

在钢结构设计文件中应注明使用单位在使用过程中对钢结构防腐蚀进行定期检查和维修的要求，建议制订防腐蚀维护计划。

13.4.2 防腐蚀涂料

涂料是一种透明的或着色的成膜材料，用以施工在被涂物表面上，保护表面免受环境影响。涂料俗称油漆，这是因为国内长久以来就使用桐油、生漆等来对钢铁和木材进行防腐蚀保护，在传统型涂料中使用原材料为亚麻油等，也使得油漆这一名称成为习惯上的称呼。但是，随着合成树脂的大量使用，称其为涂料比较正式。以下介绍几种常用的钢结构防腐蚀涂料。

（1）沥青涂料 沥青是防腐蚀涂料中重要的原材料，主要有天然沥青、石油沥青和煤焦沥青三种。前两种沥青在埋地管道中使用较广泛，在现代防腐蚀涂料中使用的主要是煤焦沥青。煤焦沥青耐水性强，有良好的表面湿润性，可以单独作为热熔性沥青瓷漆，适用于水下环境。

（2）醇酸树脂涂料 醇酸树脂是多元醇和多元酸的酯为主链，以脂肪酸或其他一元酸为侧链构成。用于涂料配置的酸醇树脂主要有纯干性油酸醇树脂、改性的干性油酸醇树脂和非干性油酸醇树脂。

（3）酚醛树脂涂料 主要有醇溶性酚醛树脂、改性酚醛树脂、纯酚醛树脂等。醇溶性酚醛树脂涂料抗腐蚀性能较好，但施工不便，柔韧性、附着力不好，应用受到一定限制。因此，常需要对酚醛树脂进行改性。纯酚醛树脂涂料附着力强，耐水、耐湿热、耐腐蚀、耐候性好。

（4）环氧树脂涂料 环氧涂料附着力好，对金属、混凝土、木材、玻璃等均有优良的附着力；耐碱、油和水，电绝缘性能优良，但抗老化性差。环氧防腐蚀涂料通常由环氧树脂和固化剂两个组分组成。固化剂的性质也影响到漆膜的性能。常用的固化剂有：

1）脂肪胺及其改性物，可常温固化，未改性的脂肪胺毒性较大。
2）芳香胺及其改性物，反应慢，常需加热固化，毒性较弱。
3）聚酰胺树脂，耐候性较好，毒性较小，弹性好，耐腐蚀性能稍差。

（5）氯磺化聚乙烯涂料 目前，用于防腐蚀涂料生产的氯磺化聚乙烯有两种规格：H-20和H-30。该类涂料具有优良的耐酸碱性、耐油性、耐溶剂性和耐水性，适合在低温的环境下使用，适用温度-50~120℃，并且具有优良的耐老化、耐臭氧性能，并具有弹性和抗冲击磨损。

（6）高氯化聚乙烯涂料 高氯化聚乙烯涂料是选用高密度、线性低分子、含氯量在60%以上的聚乙烯为主要成膜物质，配以改性树脂、各种助剂、颜料和填料制成，其性能特点如下：

1）优良的化学稳定性，耐酸、碱、盐、化学品，耐水和油。
2）良好的耐温性和耐候性，适用温度为-20~80℃，可以在-15℃环境温度下施工，耐湿热老化及臭氧。
3）耐菌、耐火，阻止细菌和真菌的生长，具有阻燃作用。
4）优异的力学性能，与金属的附着力好，抗冲击，柔韧性好。
5）施工性能好，单组分，施工方便，成膜厚。

（7）氯化橡胶涂料 氯化橡胶涂料被广泛应用于现代重工业的防腐蚀涂料中，可以用于各种大气环境下以及水下环境等。氯化橡胶与醇酸树脂和环氧酯等配合使用，可以改进耐候性、力学性能和施工性等。煤沥青也可以与氯化橡胶共用，制成低成本的氯化橡胶沥青涂料。

1）氯化橡胶涂料具有良好的耐水性能和防锈性能；耐酸性和耐碱性优良，可以用在混凝土等碱性底材上面；有良好的附着力，重涂性很好；干燥快，可在低温下施工。

2）氯化橡胶涂料是热塑性涂料，适用温度不宜高于 60~70℃；氯化橡胶不耐芳烃和某些溶剂；能耐矿物油，但长期接触动植物油和脂肪，漆膜会软化膨胀，化学品的浸溶也会破坏漆膜；成品往往残留较多的四氯化碳，污染大气。

3）氯化橡胶涂料的主要品种有氯化橡胶铁红防锈涂料，氯化橡胶铝粉防锈涂料，氯化橡胶云铁防锈涂料和氯化橡胶面漆。氯化橡胶面漆近来已经由丙烯酸面漆所替代。

（8）聚氨酯涂料　聚氨酯涂料是以聚氨基甲酸酯树脂为基料的涂料，具有优良的防腐蚀和力学性能。聚氨酯涂料的特点如下：

1）物理力学性能好，漆膜坚硬、柔韧、光亮、丰满、耐磨、附着力强。
2）耐腐蚀性能优异，耐油、酸、化学药品和工业废气。耐碱性稍低于环氧树脂涂料。
3）耐老化性由于环氧树脂涂料，常用作面漆，也可用作底漆。
4）能和多种树脂混溶，可在广泛的范围内调整配方，以满足各种使用要求。
5）可室温固化或加热固化，温度较低是（0℃）也能固化。

聚氨酯涂料按美国材料试验协会（ASTM）划分为五类：

1）改性氨酯油（ASTM-1）：单组分，油脂中的双键通过空气中的氧气而氧化聚合。
2）湿固化（ASTM-2）：单组分，依靠空气的湿气完成漆膜的固化。
3）封闭型（ASTM-3）：单组分，通过加热固化，主要用作绝缘漆和特殊的烤漆。
4）催化固化型（ASTM-4）：双组分，通过催化剂与预聚物反应物完成固化。
5）羟基固化型（ASYM-5）：双组分，多羟基组分与异氰酸酯组分固化。

在钢结构防腐蚀涂料中，主要为改性氨酯油、湿固化和羟基固化型三种涂料。

思考题与习题

1. 钢结构的制作流程有哪些？
2. 简述焊接的施工要点
3. 焊接的方式有哪几种？
4. 简要概括钢结构的安装规定。
5. 网架的安装方法有哪些？
6. 什么是钢结构的抗火承载力极限状态？
7. 常见的防火保护措施有什么？
8. 防火涂料的类型及各自的特点和适用范围。
9. 钢结构防腐蚀设计方案有哪些？如何选择防腐蚀设计方案？
10. 防腐蚀涂料有哪些？简述各自特点或适用环境。

附 录

附录 A 钢材性能及连接性能指标

表 A-1 钢材强度指标　　　　　　　　（单位：N/mm²）

钢材牌号		钢材厚度或直径 /mm	强度设计值			屈服强度 f_y	抗拉强度 f_u
			抗拉、抗压、抗弯 f	抗剪 f_v	端面承压（刨平顶紧）f_{ce}		
碳素结构钢	Q235	≤16	215	125	320	235	370
		>16, ≤40	205	120		225	
		>40, ≤100	200	115		215	
低合金高强度结构钢	Q355	≤16	305	175	400	355	470
		>16, ≤40	295	170		345	
		>40, ≤63	290	165		335	
		>63, ≤80	280	160		325	
		>80, ≤100	270	155		315	
	Q390	≤16	345	200	415	390	490
		>16, ≤40	330	190		380	
		>40, ≤63	310	180		360	
		>63, ≤100	295	170		340	
	Q420	≤16	375	215	440	420	520
		>16, ≤40	355	205		410	
		>40, ≤63	320	185		390	
		>63, ≤100	305	175		370	
	Q460	≤16	410	235	470	460	550
		>16, ≤40	390	225		450	
		>40, ≤63	355	205		430	
		>63, ≤100	340	195		410	

表 A-2　冷弯成型矩形钢管强度设计值

钢材牌号	抗拉、抗压、抗弯 f_a/(N/mm²)	抗剪 f_{av}/(N/mm²)	端面承压(刨平顶紧) f_{ce}/(N/mm²)
Q235	205	120	310
Q355	300	175	400

表 A-3　钢材的物理性能指标

弹性模量 E_a/(N/mm²)	剪变模量 G_a/(N/mm²)	线膨胀系数 α(以每℃计)	质量密度/(kg/m³)
2.06×10⁵	79×10³	12×10⁻⁶	7850

注：压型钢板采用冷轧钢板时，弹性模量取 1.90×10⁵N/mm²。

表 A-4　压型钢板强度标准值、设计值

牌号	强度标准值	强度设计值	
	抗拉、抗压、抗弯 f_{ak}/(N/mm²)	抗拉、抗压、抗弯 f_a/(N/mm²)	抗剪 f_{av}/(N/mm²)
S250	250	205	120
S350	350	290	170
S550	470	395	230

表 A-5　焊缝强度设计值

焊接方法和焊条型号	构件钢材		对接焊缝强度设计值				角焊缝强度设计值
	牌号	厚度或直径 /mm	抗压 f_c^w /(N/mm²)	抗拉 f_t^w/(N/mm²)		抗剪 f_v^w /(N/mm²)	抗拉、抗压和抗剪 f_f^w /(N/mm²)
				一级、二级	三级		
自动焊、半自动焊和 E43 型焊条的手工焊	Q235	≤16	215[205]	215[205]	185[175]	125[120]	160[140]
		>16,≤40	205	205	175	120	
		>40,≤400	200	200	170	115	
自动焊、半自动焊和 E50、E55 型焊条的手工焊	Q355	≤16	305[295]	305[295]	260[250]	180[170]	200[195]
		>16,≤40	295	295	250	170	
		>40,≤63	290	290	245	165	
		>63,≤80	280	280	240	160	
		>80,≤100	270	270	230	155	
	Q390	≤16	345	345	295	200	200(E50) 220(E55)
		>16,≤40	330	330	280	190	
		>40,≤63	310	310	265	180	
		>63,≤100	295	295	250	170	
	Q420	≤16	375	375	320	215	220(E55) 240(E60)
		>16,≤40	355	355	300	205	
		>40,≤63	320	320	270	185	
		>63,≤100	305	305	260	175	

（续）

焊接方法和焊条型号	构件钢材		对接焊缝强度设计值			角焊缝强度设计值
	牌号	厚度或直径 /mm	抗压 f_c^w /(N/mm²)	抗拉 f_t^w/(N/mm²)		抗拉、抗压和抗剪 f_f^w /(N/mm²)
				一级、二级	三级	抗剪 f_v^w /(N/mm²)
自动焊、半自动焊和 E55、E60 型焊条的手工焊	Q460	≤16	410	410	350	235	220(E55) 240(E60)
		>16,≤40	390	390	330	225	
		>40,≤63	355	355	300	205	
		>63,≤100	340	340	290	195	

注：1. 表中所列一级、二级、三级指焊缝质量等级。
2. 方括号中的数值用于冷成型薄壁型钢。

表 A-6　螺栓连接的强度设计值　　（单位：N/mm²）

螺栓的性能等级、锚栓和构件钢材的牌号		普通螺栓						锚栓	承压型连接高强度螺栓		
		C 级螺栓			A 级、B 级螺栓						
		抗拉 f_t^b	抗剪 f_v^b	承压 f_c^b	抗拉 f_t^b	抗剪 f_v^b	承压 f_c^b	抗拉 f_t^b	抗拉 f_t^b	抗剪 f_v^b	承压 f_c^b
普通螺栓	4.6 级、4.8 级	170	140	—	—	—	—	—	—	—	—
	5.6 级	—	—	—	210	190	—	—	—	—	—
	8.8 级	—	—	—	400	320	—	—	—	—	—
锚栓（C 级普通螺栓）	Q235	(165)	(125)	—	—	—	—	140	—	—	—
	Q355							180			
承压型连接高强度螺栓	8.8 级	—	—	—	—	—	—	—	400	250	—
	10.9 级	—	—	—	—	—	—	—	500	310	—
承压构件	Q235			305 (295)			405				470
	Q355			385 (370)			510				590
	Q390			400			530				615
	Q420			425			560				655
	Q460			450			590				695

注：1. A 级螺栓用于 d≤24mm 和 l≤10d 或 l≤150mm（按较小值）的螺栓；B 级螺栓用于 d>24mm 和 l>10d 或 l>150mm（按较小值）的螺栓。d 为公称直径，l 为螺杆公称长度。
2. 表中带括号的数值用于冷成型薄壁型钢。

表 A-7　高强度螺栓连接的设计预拉力　　（拉力单位：kN）

螺栓的性能等级	螺栓公称直径/mm					
	M16	M20	M22	M24	M27	M30
8.8 级	80	125	150	175	230	280
10.9 级	100	155	190	225	290	355

表 A-8　栓钉材料及力学性能

材料	极限抗拉强度/(N/mm²)	屈服强度/(N/mm²)	伸长率(%)
ML15、ML15Al	≥400	≥320	≥14

附录 B 螺栓的最大、最小容许间距

螺栓的最大、最小容许间距

名称	位置和方向			最大容许间距（取两者中的较小值）	最小容许间距
中心间距	外排（垂直内力方向或顺内力方向）			$8d_0$ 或 $12t$	$3d_0$
	中间排	垂直内力方向		$16d_0$ 或 $24t$	
		顺内力方向	构件受压力	$12d_0$ 或 $18t$	
			构件受拉力	$16d_0$ 或 $24t$	
	沿对角线方向			—	
中心至构件边缘距离	垂直内力方向	顺内力方向		$4d_0$ 或 $8t$	$2d_0$
		剪切或手工气割边			$1.5d_0$
		轧制边、自动气割或锯割边	高强度螺栓		
			其他螺栓或螺钉		$1.2d_0$

注：1. d_0 为螺栓孔或铆钉孔的直径，t 为外层较薄件厚度。
  2. 钢板边缘与刚性构件（如角钢、槽钢等）相连的螺栓或铆钉的最大间距，可按照中间排的数值采用。

附录 C 角钢上螺栓或铆钉线距表

角钢上螺栓或铆钉线距表　　　　　　　　　　　　　　（单位：mm）

单行排列	角钢肢宽	40	45	50	56	63	70	75	80	90	100	110	125
	线距 e	25	25	30	30	35	40	40	45	50	55	60	70
	钉孔最大直径	11.5	13.5	13.5	15.5	17.5	20	22	22	24	24	26	26
双行错排	角钢肢宽	125	140	160	180	200		双行并列	角钢肢宽	160	180	200
	e_1	55	60	70	70	80			e_1	60	70	80
	e_2	90	100	120	140	160			e_2	130	140	160
	钉孔最大直径	24	24	26	26	26			钉孔最大直径	24	24	26

附录 D 工字钢和槽钢腹板上螺栓线距表

工字钢和槽钢腹板上螺栓线距表　　　　　　　　　　　　（单位：mm）

工字钢型号	12	14	16	18	20	22	25	28	32	36	40	45	50	56	63
线距 c_{min}	40	45	45	45	50	50	55	60	60	65	70	75	75	75	75
槽钢型号	12	14	16	18	20	22	25	28	32	36	40	—	—	—	—
线距 c_{min}	40	45	50	50	55	55	60	65	70	75	—	—	—	—	—

附录 E 工字钢和槽钢翼缘上螺栓线距表

工字钢和槽钢翼缘上螺栓线距表 （单位：mm）

工字钢型号	12	14	16	18	20	22	25	28	32	36	40	45	50	56	63
线距 a_{min}	40	40	50	55	60	65	65	70	75	80	80	85	90	95	95
槽钢型号	12	14	16	18	20	22	25	28	32	36	40	—	—	—	—
线距 a_{min}	30	35	35	40	40	45	45	45	50	56	60	—	—	—	—

附录 F 单个高强度螺栓的预拉力设计值 P

单个高强度螺栓的预拉力设计值 P （单位：kN）

螺栓的性能等级	螺栓公称直径/mm					
	M16	M20	M22	M24	M27	M30
8.8 级	80	125	150	175	230	280
10.9 级	100	155	190	225	290	355

附录 G 钢材摩擦面的抗滑移系数 μ

钢材摩擦面的抗滑移系数 μ

连接处构件接触面的处理方法	构件的钢材牌号		
	Q235 钢	Q355 钢或 Q390 钢	Q420 钢或 Q460 钢
喷硬质石英砂或铸钢棱角砂	0.45	0.45	0.45
抛丸（喷砂）	0.35	0.40	0.40
钢丝刷清除浮锈或未经处理的干净轧制面	0.30	0.35	—

注：1. 钢丝刷除锈方向应与受力方向垂直。
　　2. 当连接构件采用不同钢材牌号时，μ 按相应较低强度者取值。
　　3. 采用其他方法处理时，其处理工艺及抗滑移系数值均需要通过试验确定。

附录 H 涂层连接面的抗滑移系数

涂层连接面的抗滑移系数

表面处理要求	涂层类别	涂装方法及涂层厚度/μm	抗滑移系数 μ
抛丸除锈,等级达到 Sa2$\frac{1}{2}$ 级	醇酸铁红	喷涂或手工涂刷,50～75	0.15
	聚氨酯富锌		
	环氧富锌		
	无机富锌	喷涂或手工涂刷,50～75	0.35
	水性无机富锌		
	锌加底漆	喷涂,30～60	0.45
	防滑、防锈硅酸锌漆	喷涂,80～120	

注：当设计要求使用其他涂层（热喷铝、镀锌等）时，其钢材表面处理要求，涂层厚度及抗滑移系数均需要由试验确定。

附录 I 轴心受压构件的稳定系数

表 I-1 a 类截面轴心受压构件的稳定系数 φ

λ/ε_k	0	1	2	3	4	5	6	7	8	9
0	1.000	1.000	1.000	1.000	0.999	0.999	0.998	0.998	0.997	0.996
10	0.995	0.994	0.993	0.992	0.991	0.989	0.988	0.986	0.985	0.983
20	0.981	0.979	0.977	0.976	0.974	0.972	0.970	0.968	0.966	0.964
30	0.963	0.961	0.959	0.957	0.954	0.952	0.950	0.948	0.946	0.944
40	0.941	0.939	0.937	0.934	0.932	0.929	0.927	0.924	0.921	0.918
50	0.916	0.913	0.910	0.907	0.903	0.900	0.897	0.893	0.890	0.886
60	0.883	0.879	0.875	0.871	0.867	0.862	0.858	0.854	0.849	0.844
70	0.839	0.834	0.829	0.824	0.818	0.813	0.807	0.801	0.795	0.789
80	0.783	0.776	0.770	0.763	0.756	0.749	0.742	0.735	0.728	0.721
90	0.713	0.706	0.698	0.691	0.683	0.676	0.668	0.660	0.653	0.645
100	0.637	0.630	0.622	0.614	0.607	0.599	0.592	0.584	0.577	0.569
110	0.562	0.555	0.548	0.541	0.534	0.527	0.520	0.513	0.507	0.500
120	0.494	0.487	0.481	0.475	0.469	0.463	0.457	0.451	0.445	0.439
130	0.434	0.428	0.423	0.417	0.412	0.407	0.402	0.397	0.392	0.387
140	0.382	0.378	0.373	0.368	0.364	0.360	0.355	0.351	0.347	0.343
150	0.339	0.335	0.331	0.327	0.323	0.319	0.316	0.312	0.308	0.305
160	0.302	0.298	0.295	0.292	0.288	0.285	0.282	0.279	0.276	0.273
170	0.270	0.267	0.264	0.261	0.259	0.256	0.253	0.250	0.248	0.245
180	0.243	0.240	0.238	0.235	0.233	0.231	0.228	0.226	0.224	0.222
190	0.219	0.217	0.215	0.213	0.211	0.209	0.207	0.205	0.203	0.201
200	0.199	0.197	0.196	0.194	0.192	0.190	0.188	0.187	0.185	0.183
210	0.182	0.180	0.178	0.177	0.175	0.174	0.172	0.171	0.169	0.168
220	0.166	0.165	0.163	0.162	0.161	0.159	0.158	0.157	0.155	0.154
230	0.153	0.151	0.150	0.149	0.148	0.147	0.145	0.144	0.143	0.142
240	0.141	0.140	0.139	0.137	0.136	0.135	0.134	0.133	0.132	0.131

表 I-2 b 类截面轴心受压构件的稳定系数 φ

λ/ε_k	0	1	2	3	4	5	6	7	8	9
0	1.000	1.000	1.000	0.999	0.999	0.998	0.997	0.996	0.995	0.994
10	0.992	0.991	0.989	0.987	0.985	0.983	0.981	0.978	0.976	0.973
20	0.970	0.967	0.963	0.960	0.957	0.953	0.950	0.946	0.943	0.939
30	0.936	0.932	0.929	0.925	0.921	0.918	0.914	0.910	0.906	0.903
40	0.899	0.895	0.891	0.886	0.882	0.878	0.874	0.870	0.865	0.861
50	0.856	0.852	0.847	0.842	0.837	0.833	0.828	0.823	0.818	0.812
60	0.807	0.802	0.796	0.791	0.785	0.780	0.774	0.768	0.762	0.757

(续)

λ/ε_k	0	1	2	3	4	5	6	7	8	9
70	0.751	0.745	0.738	0.732	0.726	0.720	0.713	0.707	0.701	0.694
80	0.687	0.681	0.674	0.668	0.661	0.654	0.648	0.641	0.634	0.628
90	0.621	0.614	0.607	0.601	0.594	0.587	0.581	0.574	0.568	0.561
100	0.555	0.548	0.542	0.535	0.529	0.523	0.517	0.511	0.504	0.498
110	0.492	0.487	0.481	0.475	0.469	0.464	0.458	0.453	0.447	0.442
120	0.436	0.431	0.426	0.421	0.416	0.411	0.406	0.401	0.396	0.392
130	0.387	0.383	0.378	0.374	0.369	0.365	0.361	0.357	0.352	0.348
140	0.344	0.340	0.337	0.333	0.329	0.325	0.322	0.318	0.314	0.311
150	0.308	0.304	0.301	0.297	0.294	0.291	0.288	0.285	0.282	0.279
160	0.276	0.273	0.270	0.267	0.264	0.262	0.259	0.256	0.253	0.251
170	0.248	0.246	0.243	0.241	0.238	0.236	0.234	0.231	0.229	0.227
180	0.225	0.222	0.220	0.218	0.216	0.214	0.212	0.210	0.208	0.206
190	0.204	0.202	0.200	0.198	0.196	0.195	0.193	0.191	0.189	0.188
200	0.186	0.184	0.183	0.181	0.179	0.178	0.176	0.175	0.173	0.172
210	0.170	0.169	0.167	0.166	0.164	0.163	0.162	0.160	0.159	0.158
220	0.156	0.155	0.154	0.152	0.151	0.150	0.149	0.147	0.146	0.145
230	0.144	0.143	0.142	0.141	0.139	0.138	0.137	0.136	0.135	0.134
240	0.133	0.132	0.131	0.130	0.129	0.128	0.127	0.126	0.125	0.124
250	0.123	—	—	—	—	—	—	—	—	—

表 I-3　c 类截面轴心受压构件的稳定系数 φ

λ/ε_k	0	1	2	3	4	5	6	7	8	9
0	1.000	1.000	1.000	0.999	0.999	0.998	0.997	0.996	0.995	0.993
10	0.992	0.990	0.988	0.986	0.983	0.981	0.978	0.976	0.973	0.970
20	0.966	0.959	0.953	0.947	0.940	0.934	0.928	0.921	0.915	0.909
30	0.902	0.896	0.890	0.883	0.877	0.871	0.865	0.858	0.852	0.845
40	0.839	0.833	0.826	0.820	0.813	0.807	0.800	0.794	0.787	0.781
50	0.774	0.768	0.761	0.755	0.748	0.742	0.735	0.728	0.722	0.715
60	0.709	0.702	0.695	0.689	0.682	0.675	0.669	0.662	0.656	0.649
70	0.642	0.636	0.629	0.623	0.616	0.610	0.603	0.597	0.591	0.584
80	0.578	0.572	0.565	0.559	0.553	0.547	0.541	0.535	0.529	0.523
90	0.517	0.511	0.505	0.499	0.494	0.488	0.483	0.477	0.471	0.467
100	0.462	0.458	0.453	0.449	0.445	0.440	0.436	0.432	0.427	0.423
110	0.419	0.415	0.411	0.407	0.402	0.398	0.394	0.390	0.386	0.383
120	0.379	0.375	0.371	0.367	0.363	0.360	0.356	0.352	0.349	0.345
130	0.342	0.338	0.335	0.332	0.328	0.325	0.322	0.318	0.315	0.312
140	0.309	0.306	0.303	0.300	0.297	0.294	0.291	0.288	0.285	0.282

（续）

λ/ε_k	0	1	2	3	4	5	6	7	8	9
150	0.279	0.277	0.274	0.271	0.269	0.266	0.263	0.261	0.258	0.256
160	0.253	0.251	0.248	0.246	0.244	0.241	0.239	0.237	0.235	0.232
170	0.230	0.228	0.226	0.224	0.222	0.220	0.218	0.216	0.214	0.212
180	0.210	0.208	0.206	0.204	0.203	0.201	0.199	0.197	0.195	0.194
190	0.192	0.190	0.189	0.187	0.185	0.184	0.182	0.181	0.179	0.178
200	0.176	0.175	0.173	0.172	0.170	0.169	0.167	0.166	0.165	0.163
210	0.162	0.161	0.159	0.158	0.157	0.155	0.154	0.153	0.152	0.151
220	0.149	0.148	0.147	0.146	0.145	0.144	0.142	0.141	0.140	0.139
230	0.138	0.137	0.136	0.135	0.134	0.133	0.132	0.131	0.130	0.129
240	0.128	0.127	0.126	0.125	0.124	0.123	0.123	0.122	0.121	0.120
250	0.119	—	—	—	—	—	—	—	—	—

表 I-4　d 类截面轴心受压构件的稳定系数 φ

λ/ε_k	0	1	2	3	4	5	6	7	8	9
0	1.000	1.000	0.999	0.999	0.998	0.996	0.994	0.992	0.990	0.987
10	0.984	0.981	0.978	0.974	0.969	0.965	0.960	0.955	0.949	0.944
20	0.937	0.927	0.918	0.909	0.900	0.891	0.883	0.874	0.865	0.857
30	0.848	0.840	0.831	0.823	0.815	0.807	0.798	0.790	0.782	0.774
40	0.766	0.758	0.751	0.743	0.735	0.727	0.720	0.712	0.705	0.697
50	0.690	0.682	0.675	0.668	0.660	0.653	0.646	0.639	0.632	0.625
60	0.618	0.611	0.605	0.598	0.591	0.585	0.578	0.571	0.565	0.559
70	0.552	0.546	0.540	0.534	0.528	0.521	0.516	0.510	0.504	0.498
80	0.492	0.487	0.481	0.476	0.470	0.465	0.459	0.454	0.449	0.444
90	0.439	0.434	0.429	0.424	0.419	0.414	0.409	0.405	0.401	0.397
100	0.393	0.390	0.386	0.383	0.380	0.376	0.373	0.369	0.366	0.363
110	0.359	0.356	0.353	0.350	0.346	0.343	0.340	0.337	0.334	0.331
120	0.328	0.325	0.322	0.319	0.316	0.313	0.310	0.307	0.304	0.301
130	0.298	0.296	0.293	0.290	0.288	0.285	0.282	0.280	0.277	0.275
140	0.272	0.270	0.267	0.265	0.262	0.260	0.257	0.255	0.253	0.250
150	0.248	0.246	0.244	0.242	0.239	0.237	0.235	0.233	0.231	0.229
160	0.227	0.225	0.223	0.221	0.219	0.217	0.215	0.213	0.211	0.210
170	0.208	0.206	0.204	0.202	0.201	0.199	0.197	0.196	0.194	0.192
180	0.191	0.189	0.187	0.186	0.184	0.183	0.181	0.180	0.178	0.177
190	0.175	0.174	0.173	0.171	0.170	0.168	0.167	0.166	0.164	0.163
200	0.162	—	—	—	—	—	—	—	—	—

附录 J 型 钢 表

表 J-1 普通工字钢

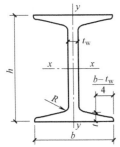

h——高度;
b——翼缘宽度;
t_w——腹板厚; 长度:型号 10~18
t——翼缘平均厚; 长 5~19m
I——截面二次矩; 型号 20~63
W——截面系数; 长 6~19m
i——回转半径;
S——半截面的净力矩;

型号	尺寸					截面积 A /cm²	质量 /(kg/m)	x-x 轴				y-y 轴		
	h /mm	b /mm	t_w /mm	t /mm	R /mm			I_x /cm⁴	W_x /cm³	i_x /cm	I_x/S_x /cm	I_y /cm⁴	W_y /cm³	i_y /cm
10	100	68	4.5	7.6	6.5	14.3	11.2	245	49	4.14	8.69	33	9.6	1.51
12.6	126	74	5.0	8.4	7.0	18.1	14.2	488	77	5.19	11.0	47	12.7	1.61
14	140	80	5.5	9.1	7.5	21.5	16.9	712	102	5.75	12.2	64	16.1	1.73
16	160	88	6.0	9.9	8.0	26.1	20.5	1127	141	6.57	13.9	93	21.1	1.89
18	180	94	6.5	10.7	8.5	30.7	24.1	1699	185	7.37	15.4	123	26.2	2.00
20a	200	100	7.0	11.4	9.0	35.5	27.9	2369	237	8.19	17.4	158	31.6	2.11
20b	200	102	9.0	11.4	9.0	39.5	31.1	2502	250	7.95	17.1	169	33.1	2.07
22a	220	110	7.5	12.3	9.5	42.1	33.0	3406	310	8.99	19.2	226	41.1	2.32
22b	220	112	9.5	12.3	9.5	46.5	36.5	3583	326	8.78	18.9	240	42.9	2.27
25a	250	116	8.0	13.0	10.0	48.5	38.1	5017	401	10.2	21.7	280	48.4	2.40
25b	250	118	10.0	13.0	10.0	53.5	42.0	5278	422	9.93	21.4	297	50.4	2.36
28a	280	122	8.5	13.7	10.5	55.4	43.5	7115	508	11.3	24.3	344	56.4	2.49
28b	280	124	10.5	13.7	10.5	61.0	47.9	7481	534	11.1	24.0	364	58.7	2.44
32a	320	130	9.5	15.0	11.5	67.1	52.7	11080	692	12.8	27.7	459	70.6	2.62
32b	320	132	11.5	15.0	11.5	73.5	57.7	11626	727	12.6	27.3	484	73.3	2.57
32c	320	134	13.5	15.0	11.5	79.9	62.7	12173	761	12.3	26.9	510	76.1	2.53
36a	360	136	10.0	15.8	12.0	76.4	60.0	15796	878	14.4	31.0	555	81.6	2.69
36b	360	138	12.0	15.8	12.0	83.6	65.6	16574	921	14.1	30.6	584	84.6	2.64
36c	360	140	14.0	15.8	12.0	90.8	71.3	17351	964	13.8	30.2	614	87.7	2.60
40a	400	142	10.5	16.5	12.5	86.1	67.6	21417	1086	15.9	34.4	660	92.9	2.77
40b	400	144	12.5	16.5	12.5	94.1	73.8	22781	1139	15.6	33.9	693	96.2	2.71
40c	400	146	14.5	16.5	12.5	102	80.1	23847	1192	15.3	33.5	727	99.7	2.67
45a	450	150	11.5	18.0	13.5	102	80.4	32241	1433	17.7	38.5	855	114	2.89
45b	450	152	13.5	18.0	13.5	111	87.4	33759	1500	17.4	38.1	895	118	2.84
45c	450	154	15.5	18.0	13.5	120	94.5	35278	1568	17.1	37.6	938	122	2.79
50a	500	158	12.0	20	14	119	93.6	46472	1859	19.7	42.9	1122	142	3.07
50b	500	160	14.0	20	14	129	101	48556	1942	19.4	42.3	1171	146	3.01
50c	500	162	16.0	20	14	139	109	50639	2026	19.1	41.9	1224	151	2.96
56a	560	166	12.5	21	14.5	135	106	65576	2342	22.0	47.9	1366	165	3.18
56b	560	168	14.5	21	14.5	147	115	68503	2447	21.6	47.3	1424	170	3.12
56c	560	170	16.5	21	14.5	158	124	71430	2551	21.3	46.8	1485	175	3.07
63a	630	176	13.0	22	15	155	122	94004	2984	24.7	53.8	1702	194	3.32
63b	630	178	15.0	22	15	167	131	98171	3117	24.2	53.2	1771	199	3.25
63c	630	180	17.0	22	15	180	141	102339	3249	23.9	52.6	1842	205	3.20

表 J-2 H 型钢和 T 型钢

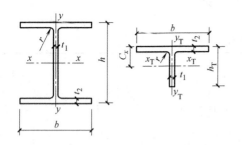

符号 h——H 型钢截面高度;b——翼缘宽度;t_1——腹板厚度;
t_2——翼缘厚度;
W——截面系数; i——回转半径;I——截面二次矩
对 T 型钢:截面高度 h_T,截面面积 A_T,质量 q_T,截面二次矩 I_{yT},等于相应 H 型钢的 1/2,HW、HM、HN 分别代表宽翼缘、中翼缘、窄翼缘 H 型钢;
TW、TM、TN 分别代表各自 H 型钢剖分的 T 型钢。

类别	H 型钢规格 ($h×b×t_1×t_2$) /mm	截面积 A /cm²	质量 q /(kg/m)	$x-x$ 轴 I_x /cm⁴	W_x /cm³	i_x /cm	$y-y$ 轴 I_y /cm⁴	W_y /cm³	i_y, i_{yT} /cm	重心 C_x /cm	x_T-x_T 轴 I_{xT} /cm⁴	i_{xT} /cm	T 型钢规格 ($h_T×b×t_1×t_2$)	类别
HW	100×100×6×8	21.90	17.2	383	76.5	4.18	134	26.7	2.47	1.00	16.1	1.21	50×100×6×8	TW
	125×125×6.5×9	30.31	23.8	847	136	5.29	294	47.0	3.11	1.19	35.0	1.52	62.5×125×6.5×9	
	150×150×7×10	40.55	31.9	1660	221	6.39	564	75.1	3.73	1.37	66.4	1.81	75×150×7×10	
	175×175×7.5×11	51.43	40.3	2900	331	7.50	984	112	4.37	1.55	115	2.11	87.5×175×7.5×11	
	200×200×8×12	64.28	50.5	4770	477	8.61	1600	160	4.99	1.73	185	2.40	100×200×8×12	
	#200×204×12×12	72.28	56.7	5030	503	8.35	1700	167	4.85	2.09	256	2.66	#100×204×12×12	
	250×250×9×14	92.18	72.4	10800	867	10.8	3650	292	6.29	2.08	412	2.99	125×250×9×14	
	#250×255×14×14	104.7	82.2	11500	919	10.5	3880	304	6.09	2.58	589	3.36	#125×255×14×14	
	#294×302×12×12	108.3	85.0	17000	1160	12.5	5520	365	7.14	2.83	858	3.98	#147×302×12×12	
	300×300×10×15	120.4	94.5	20500	1370	13.1	6760	450	7.49	2.47	798	3.64	150×300×10×15	
	300×305×15×15	135.4	106	21600	1440	12.6	7100	466	7.24	3.02	1110	4.06	150×305×15×15	
	#344×348×10×16	146.0	115	33300	1940	15.1	11200	646	8.78	2.67	1230	4.11	#172×348×10×16	
	350×350×12×19	173.9	137	40300	2300	15.2	13600	776	8.84	2.86	1520	4.18	175×350×12×19	
	#388×402×15×15	179.2	141	49200	2540	16.6	16300	809	9.52	3.69	2480	5.26	#194×402×15×15	
	#394×398×11×18	187.6	147	56400	2860	17.3	18900	951	10.0	3.01	2050	4.67	#197×398×11×18	
	400×400×13×21	219.5	172	66900	3340	17.5	22400	1120	10.1	3.21	2480	4.75	200×400×13×21	
	#400×408×21×21	251.5	197	71100	3560	16.8	23800	1170	9.73	4.07	3650	5.39	#200×408×21×21	
	#414×405×18×28	296.2	233	93000	4490	17.7	31000	1530	10.2	3.68	3620	4.95	#207×405×18×28	
	#428×407×20×35	361.4	284	119000	5580	18.2	39400	1930	10.4	3.90	4380	4.92	#214×407×20×35	
HM	148×100×6×9	27.25	21.4	1040	140	6.17	151	30.2	2.35	1.55	51.7	1.95	74×100×6×9	TM
	194×150×6×9	39.76	31.2	2740	283	8.30	508	67.7	3.57	1.78	125	2.50	97×150×6×9	
	244×175×7×11	56.24	44.1	6120	502	10.4	985	113	4.18	2.27	289	3.20	122×175×7×11	
	294×200×8×12	73.03	57.3	11400	779	12.5	1600	160	4.69	2.82	572	3.96	147×200×8×12	
	340×250×9×14	101.5	79.7	21700	1280	14.6	3650	292	6.00	3.09	1020	4.48	170×250×9×14	
	390×300×10×16	136.7	107	38900	2000	16.9	7210	481	7.26	3.40	1730	5.03	195×300×10×16	
	440×300×11×18	157.4	124	56100	2550	18.9	8110	541	7.18	4.05	2680	5.84	220×300×11×18	

（续）

类别	H型钢规格 ($h\times b\times t_1\times t_2$) /mm	截面积 A /cm²	质量 q /(kg/m)	I_x /cm⁴	W_x /cm³	i_x /cm	I_y /cm⁴	W_y /cm³	i_y, i_{yT} /cm	重心 C_x /cm	I_{xT} /cm⁴	i_{xT} /cm	T型钢规格 ($h_T\times b\times t_1\times t_2$)	类别
HM	482×300×11×15	146.4	115	60800	2520	20.4	6770	451	6.80	4.90	3420	6.83	241×300×11×15	TM
	488×300×11×18	164.4	129	71400	2930	20.8	8120	541	7.03	4.65	3620	6.64	244×300×11×18	
	582×300×12×17	174.5	137	103000	3530	24.3	7670	511	6.63	6.39	6360	8.54	291×300×12×17	
	588×300×12×20	192.5	151	118000	4020	24.8	9020	601	6.85	6.08	6710	8.35	294×300×12×20	
	#594×302×14×23	222.4	175	137000	4620	24.9	10600	701	6.90	6.33	7920	8.44	#297×302×14×23	
HN	100×50×5×7	12.16	9.5	192	38.5	3.98	14.9	5.96	1.11	1.27	11.9	1.40	50×50×5×7	TN
	125×60×6×8	17.01	13.3	417	66.8	4.95	29.3	9.75	1.31	1.63	27.5	1.80	62.5×120×6×8	
	150×75×5×7	18.16	14.3	679	90.6	6.12	49.6	13.2	1.65	1.78	42.7	2.17	75×75×5×7	
	175×90×5×8	23.21	18.2	1220	140	7.26	97.6	21.7	2.05	1.92	70.7	2.47	87.5×90×5×8	
	198×99×4.5×7	23.59	18.5	1610	163	8.27	114	23.0	2.20	2.13	94.0	2.82	99×99×4.5×7	
	200×100×5.5×8	27.5	21.7	1880	188	8.25	134	26.8	2.21	2.27	115	2.88	100×100×5.5×8	
	248×124×5×8	32.89	25.8	3560	287	10.4	255	41.1	2.78	2.62	208	3.56	124×124×5×8	
	250×125×6×9	37.87	29.7	4080	326	10.4	294	47.0	2.79	2.78	249	3.62	125×125×6×9	
	298×194×5.5×8	41.55	32.6	6460	433	12.4	443	59.4	3.26	3.22	395	4.36	149×149×5.5×8	
	300×150×6.5×9	47.53	37.3	7350	490	12.4	508	67.7	3.27	3.38	465	4.42	150×150×6.5×9	
	346×174×6×9	53.19	41.8	11200	649	14.5	792	91.0	3.86	3.68	618	5.06	173×174×6×9	
	350×175×7×11	63.66	50.0	13700	782	14.7	985	113	3.93	3.74	816	5.06	175×175×7×11	
	#400×150×8×13	71.12	55.8	18800	942	16.3	734	97.9	3.21	—	—	—	—	
	396×199×7×11	72.16	56.7	20000	1010	16.7	1450	145	4.48	4.17	1190	5.76	198×199×7×11	
	400×200×8×13	84.12	66.0	23700	1190	16.8	1740	174	4.54	4.23	1400	5.76	200×200×8×13	
	#450×150×9×14	83.41	65.5	27100	1200	18.0	793	106	3.08	—	—	—	—	
	446×199×8×12	84.95	66.7	29000	1300	18.5	1580	159	4.31	5.07	1880	6.65	223×199×8×12	
	450×200×9×14	97.41	76.5	33700	1500	18.6	1870	187	4.38	5.13	2160	6.66	225×200×9×14	
	#500×150×10×16	98.23	77.1	38500	1540	19.8	907	121	3.04	—	—	—	—	
	496×199×9×14	101.3	79.5	41900	1690	20.3	1840	185	4.27	5.90	2840	7.49	248×199×9×14	
	500×200×10×16	114.2	89	47800	1910	20.5	2140	214	4.33	5.96	3210	7.50	250×200×10×16	
	#506×201×11×19	131.3	103	56500	2230	20.8	2580	257	4.43	5.95	3670	7.48	#253×201×11×19	
	596×199×10×15	121.2	95.1	69300	2330	23.9	1980	199	4.04	7.76	5200	9.27	298×199×10×15	
	600×200×11×17	135.2	106	78200	2610	24.1	2280	228	4.11	7.81	5802	9.28	300×200×11×17	
	#606×201×12×20	153.3	120	91000	3000	24.4	2720	271	4.21	7.76	6580	9.26	#303×201×12×20	
	#692×300×13×20	211.5	166	172000	4980	26.8	9020	602	6.53	—	—	—	—	
	700×300×13×24	235.5	185	201000	5760	29.3	10800	722	6.18	—	—	—	—	

注："#"表示的规格为非常用规格。

表 J-3 普通槽钢

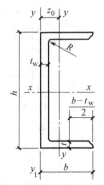

符号 同普通工字型钢,但 W_y 为对应于翼缘肢尖的截面系数

长度:型号 5~8,长 5~12m;
型号 10~18,长 5~19m;
型号 20~40,长 6~19m

型号	尺寸					截面积 /cm²	质量 /(kg/m)	x-x 轴			y-y 轴			y_1-y_1 轴	z_0/cm
	h /mm	b /mm	d /mm	t /mm	R /mm			I_x /cm⁴	W_x /cm³	i_x /cm	I_y /cm⁴	W_y /cm³	i_y /cm	I_{y1} /m⁴	
5	50	37	4.5	7.0	7.0	6.92	5.44	26	10.4	1.94	8.3	3.5	1.10	20.9	1.35
6.3	63	40	4.8	7.5	7.5	8.45	6.63	51	16.3	2.46	11.9	4.6	1.19	28.3	1.39
8	80	43	5.0	8.0	8.0	10.24	8.04	101	25.3	3.14	16.6	5.8	1.27	37.4	1.42
10	100	48	5.3	8.5	8.5	12.74	10.00	198	39.7	3.94	25.6	7.8	1.42	54.9	1.52
12.6	126	53	5.5	9.0	9.0	15.69	12.31	389	61.7	4.98	38.0	10.3	1.56	77.8	1.59
14a	140	58	6.0	9.5	9.5	18.51	14.53	564	80.5	5.52	53.2	13.0	1.70	107.2	1.71
14b	140	60	8.0	9.5	9.5	21.31	16.73	609	87.1	5.35	61.2	14.1	1.69	120.6	1.67
16a	160	63	6.5	10.0	10.0	21.95	17.23	866	108.3	6.28	73.4	16.3	1.83	144.1	1.79
16b	160	65	8.5	10.0	10.0	25.15	19.75	935	116.8	6.10	83.4	17.6	1.82	160.8	1.75
18a	180	68	7.0	10.5	10.5	25.69	20.17	1273	141.4	7.04	98.6	20.0	1.96	189.7	1.88
18b	180	70	9.0	10.5	10.5	29.29	22.99	1370	152.2	6.84	111.0	21.5	1.95	210.1	1.84
20a	200	73	7.0	11.0	11.0	28.83	22.63	1780	178.0	7.86	128.0	24.2	2.11	244.0	2.01
20b	200	75	9.0	11.0	11.0	32.83	25.77	1914	191.4	7.64	143.6	25.9	2.09	268.4	1.95
22a	220	77	7.0	11.5	11.5	31.84	24.99	2394	217.6	8.67	157.8	28.2	2.23	298.2	2.10
22b	220	79	9.0	11.5	11.5	36.24	28.45	2571	233.8	8.42	176.5	30.1	2.21	326.3	2.03
25a	250	78	7.0	12.0	12.0	34.91	27.40	3359	268.7	9.81	175.9	30.7	2.24	324.8	2.07
25b	250	80	9.0	12.0	12.0	39.91	31.33	3619	289.6	9.52	196.4	32.7	2.22	355.1	1.99
25c		82	11.0	12.0	12.0	44.91	35.25	3880	310.4	9.30	215.9	34.6	2.19	388.6	1.96
28a	280	82	7.5	12.5	12.5	40.02	31.42	4753	339.5	10.90	217.9	35.7	2.33	393.3	2.09
28b	280	84	9.5	12.5	12.5	45.62	35.81	5118	365.6	10.59	241.5	37.9	2.30	428.5	2.02
28c		86	11.5	12.5	12.5	51.22	40.21	5484	391.7	10.35	264.1	40.0	2.27	467.3	1.99
32a	320	88	8.0	14.0	14.0	48.50	38.07	7511	469.4	12.44	304.7	46.4	2.51	547.5	2.24
32b	320	90	10.0	14.0	14.0	54.90	43.10	8057	503.5	12.11	335.6	49.1	2.47	592.9	2.16
32c		92	12.0	14.0	14.0	61.30	48.12	8603	537.7	11.85	365.0	51.6	2.44	642.7	2.13
36a	360	96	9.0	16.0	16.0	60.89	47.80	11874	659.7	13.96	455.0	63.6	2.73	818.5	2.44
36b	360	98	11.0	16.0	16.0	68.09	53.45	12652	702.9	13.63	496.7	66.9	2.70	880.5	2.37
36c		100	13.0	16.0	16.0	75.29	59.10	13429	746.1	13.36	536.6	70.0	2.67	948.0	2.34
40a	400	100	10.5	18.0	18.0	75.04	58.91	17578	878.9	15.30	592.0	78.8	2.81	1057.9	2.49
40b	400	102	12.5	18.0	18.0	83.04	65.19	18644	932.2	14.98	640.6	82.6	2.78	1135.8	2.44
40c		104	14.5	18.0	18.0	91.04	71.47	19711	985.6	14.71	687.8	86.2	2.75	1220.3	2.42

表 J-4 等边角钢

单角钢 / 双角钢

角钢型号	圆角 R /mm	重心矩 z_0 /mm	截面积 A /cm²	质量 /(kg/m)	截面二次矩 I_x /cm⁴	截面系数 $W_x^{\max}$ /cm³	截面系数 $W_x^{\min}$ /cm³	回转半径 i_x /cm	回转半径 i_{x0} /cm	回转半径 i_{y0} /cm	当 a 为下列数值的 i_y/cm 6mm	8mm	10mm	12mm	14mm
∟20×4 3	3.5	6.0	1.13	0.89	0.40	0.66	0.29	0.59	0.75	0.39	1.08	1.17	1.25	1.34	1.43
4		6.4	1.46	1.15	0.50	0.78	0.36	0.58	0.73	0.38	1.11	1.19	1.28	1.37	1.46
∟25×4 3	3.5	7.3	1.43	1.12	0.82	1.12	0.46	0.76	0.95	0.49	1.27	1.36	1.44	1.53	1.61
4		7.6	1.86	1.46	1.03	1.34	0.59	0.74	0.93	0.48	1.30	1.38	1.47	1.55	1.64
∟30×4 3	4.5	8.5	1.75	1.37	1.46	1.72	0.68	0.91	1.15	0.59	1.47	1.55	1.63	1.71	1.80
4		8.9	2.28	1.79	1.84	2.08	0.87	0.90	1.13	0.58	1.49	1.57	1.65	1.74	1.82
∟36×4 3	4.5	10.0	2.11	1.66	2.58	2.59	0.99	1.11	1.39	0.71	1.70	1.78	1.86	1.94	2.03
4		10.4	2.76	2.16	3.29	3.18	1.28	1.09	1.38	0.70	1.73	1.80	1.89	1.97	2.05
5		10.7	3.38	2.65	3.95	3.68	1.56	1.08	1.36	0.70	1.75	1.83	1.91	1.99	2.08
∟40×4 3	5	10.9	2.36	1.85	3.59	3.28	1.23	1.23	1.55	0.79	1.86	1.94	2.01	2.09	2.18
4		11.3	3.09	2.42	4.60	4.05	1.60	1.22	1.54	0.79	1.88	1.96	2.04	2.12	2.20
5		11.7	3.79	2.98	5.53	4.72	1.96	1.21	1.52	0.78	1.90	1.98	2.06	2.14	2.23
∟45×5 3	5	12.2	2.66	2.09	5.17	4.25	1.58	1.39	1.76	0.90	2.06	2.14	2.21	2.29	2.37
4		12.6	3.49	2.74	6.65	5.29	2.05	1.38	1.74	0.89	2.08	2.16	2.24	2.32	2.40
5		13.0	4.29	3.37	8.04	6.20	2.51	1.37	1.72	0.88	2.10	2.18	2.26	2.34	2.42
6		13.3	5.08	3.99	9.33	6.99	2.95	1.36	1.71	0.88	2.12	2.20	2.28	2.36	2.44
∟50×5 3	5.5	13.4	2.97	2.33	7.18	5.36	1.96	1.55	1.96	1.00	2.26	2.33	2.41	2.48	2.56
4		13.8	3.90	3.06	9.26	6.70	2.56	1.54	1.94	0.99	2.28	2.36	2.43	2.51	2.59
5		14.2	4.80	3.77	11.21	7.90	3.13	1.53	1.92	0.98	2.30	2.38	2.45	2.53	2.61
6		14.6	5.69	4.46	13.05	8.95	3.68	1.51	1.91	0.98	2.32	2.40	2.48	2.56	2.64
∟56×5 3	6	14.8	3.34	2.62	10.19	6.86	2.48	1.75	2.20	1.13	2.50	2.57	2.64	2.72	2.80
4		15.3	4.39	3.45	13.18	8.63	3.24	1.73	2.18	1.11	2.52	2.59	2.67	2.74	2.82
5		15.7	5.42	4.25	16.02	10.22	3.97	1.72	2.17	1.10	2.54	2.61	2.69	2.77	2.85
8		16.8	8.37	6.57	23.63	14.06	6.03	1.68	2.11	1.09	2.60	2.67	2.75	2.83	2.91
∟63×6 4	7	17.0	4.98	3.91	19.03	11.22	4.13	1.96	2.46	1.26	2.79	2.87	2.94	3.02	3.09
5		17.4	6.14	4.82	23.17	13.33	5.08	1.94	2.45	1.25	2.82	2.89	2.96	3.04	3.12
6		17.8	7.29	5.72	27.12	15.26	6.00	1.93	2.43	1.24	2.83	2.91	2.98	3.06	3.14
8		18.5	9.51	7.47	34.45	18.59	7.75	1.90	2.39	1.23	2.87	2.95	3.03	3.10	3.18
10		19.3	11.66	9.15	41.09	21.34	9.39	1.88	2.36	1.22	2.91	2.99	3.07	3.15	3.23
∟70×6 4	8	18.6	5.57	4.37	26.39	4.16	5.14	2.18	2.74	1.40	3.07	3.14	3.21	3.29	3.36
5		19.1	6.88	5.40	32.21	16.89	6.32	2.16	2.73	1.39	3.09	3.16	3.24	3.31	3.39
6		19.5	8.16	6.41	37.77	19.39	7.48	2.15	2.71	1.38	3.11	3.18	3.26	3.33	3.41
7		19.9	9.42	7.40	43.09	21.68	8.59	2.14	2.69	1.38	3.13	3.20	3.28	3.36	3.43
8		20.3	10.67	8.37	48.17	23.79	9.68	2.13	2.68	1.37	3.15	3.22	3.30	3.38	3.46

(续)

角钢型号	圆角 R /mm	重心矩 z_0 /mm	截面积 A /cm²	质量 /(kg/m)	截面二次矩 I_x /cm⁴	截面系数		回转半径			当 a 为下列数值的 i_y/cm				
						W_x^{max} /cm³	W_x^{min} /cm³	i_x /cm	i_{x0} /cm	i_{y0} /cm	6mm	8mm	10mm	12mm	14mm
∟75×7 5	9	20.3	7.41	5.82	39.96	19.73	7.30	2.32	2.92	1.50	3.29	3.36	3.43	3.50	3.58
6		20.7	8.80	6.91	46.91	22.69	8.63	2.31	2.91	1.49	3.31	3.38	3.45	3.53	3.60
7		21.1	10.16	7.98	53.57	25.42	9.93	2.30	2.89	1.48	3.33	3.40	3.47	3.55	3.63
8		21.5	11.50	9.03	59.96	27.93	11.20	2.28	2.87	1.47	3.35	3.42	3.50	3.57	3.65
10		22.2	14.13	11.09	71.98	32.40	13.64	2.26	2.84	1.46	3.38	3.46	3.54	3.61	3.69
∟80×7 5	9	21.5	7.91	6.21	48.79	22.70	8.34	2.48	3.13	1.60	3.49	3.56	3.63	3.71	3.78
6		21.9	9.40	7.38	57.35	26.16	9.87	2.47	3.11	1.59	3.51	3.58	3.65	3.73	3.80
7		22.3	10.86	8.53	65.58	29.38	11.37	2.46	3.10	1.58	3.53	3.60	3.67	3.75	3.83
8		22.7	12.30	9.66	73.50	32.36	12.83	2.44	3.08	1.57	3.55	3.62	3.70	3.77	3.85
10		23.5	15.13	11.87	88.43	37.68	15.64	2.42	3.04	1.56	3.58	3.66	3.74	3.81	3.89
∟90×8 6	10	24.4	10.64	8.35	82.77	33.99	12.61	2.79	3.51	1.80	3.91	3.98	4.05	4.12	4.20
7		24.8	12.30	9.66	94.83	38.28	14.54	2.78	3.50	1.78	3.93	4.00	4.07	4.14	4.22
8		25.2	13.94	10.95	106.5	42.30	16.42	2.76	3.48	1.78	3.95	4.02	4.09	4.17	4.24
10		25.9	17.17	13.48	128.6	49.57	20.07	2.74	3.45	1.76	3.98	4.06	4.13	4.21	4.28
12		26.7	20.31	15.94	149.2	55.93	23.57	2.71	3.41	1.75	4.02	4.09	4.17	4.25	4.32
∟100×10 6	12	26.7	11.93	9.37	115.0	43.04	15.68	3.10	3.91	2.00	4.30	4.37	4.44	4.51	4.58
7		27.1	13.80	10.83	131.9	48.57	18.10	3.09	3.89	1.99	4.32	4.39	4.46	4.53	4.61
8		27.6	15.64	12.28	148.2	53.78	20.47	3.08	3.88	1.98	4.34	4.41	4.48	4.55	4.63
10		28.4	19.26	15.12	179.5	63.29	25.06	3.05	3.84	1.96	4.38	4.45	4.52	4.60	4.67
12		29.1	22.80	17.90	208.9	71.72	29.47	3.03	3.81	1.95	4.41	4.49	4.56	4.64	4.71
14		29.9	26.26	20.61	236.5	79.19	33.73	3.00	3.77	1.94	4.45	4.53	4.60	4.68	4.75
16		30.6	29.63	23.26	262.5	85.81	37.82	2.98	3.74	1.93	4.49	4.56	4.64	4.72	4.80
∟110×10 7	12	29.6	15.20	11.93	177.2	59.78	22.05	3.41	4.30	2.20	4.72	4.79	4.86	4.94	5.01
8		30.1	17.24	13.53	199.5	66.36	24.95	3.40	4.28	2.19	4.74	4.81	4.88	4.96	5.03
10		30.9	21.26	16.69	242.2	78.48	30.60	3.38	4.25	2.17	4.78	4.85	4.92	5.00	5.07
12		31.6	25.20	19.78	282.6	89.34	36.05	3.35	4.22	2.15	4.82	4.89	4.96	5.04	5.11
14		32.4	29.06	22.81	320.7	99.07	41.31	3.32	4.18	2.14	4.85	4.93	5.00	5.08	5.15
∟125×12 8	14	33.7	19.75	15.50	297.0	88.20	32.52	3.88	4.88	2.50	5.34	5.41	5.48	5.55	5.62
10		34.5	24.37	19.13	361.7	104.8	39.97	3.85	4.85	2.48	5.38	5.45	5.52	5.59	5.66
12		35.3	28.91	22.70	423.2	119.6	47.17	3.83	4.82	2.46	5.41	5.48	5.56	5.63	5.70
14		36.1	33.37	26.19	481.7	133.6	54.16	3.80	4.78	2.45	5.45	5.52	5.59	5.67	5.74

（续）

角钢型号	圆角 R /mm	重心矩 z_0 /mm	截面积 A /cm²	质量 /(kg/m)	截面二次矩 I_x /cm⁴	截面系数		回转半径			当 a 为下列数值的 i_y/cm				
						W_x^{max} /cm³	W_x^{min} /cm³	i_x /cm	i_{x0} /cm	i_{y0} /cm	6mm	8mm	10mm	12mm	14mm
∟140×14 10	14	38.2	27.37	1.49	514.7	134.6	0.58	4.34	5.46	2.78	5.98	6.05	6.12	6.20	6.27
12		39.0	32.51	25.52	603.7	154.6	59.80	4.31	5.43	2.77	6.02	6.09	6.16	6.23	6.31
∟140×14		39.8	37.57	29.49	688.8	173.0	68.75	4.28	5.40	2.75	6.06	6.13	6.20	6.27	6.34
16		40.6	42.54	33.39	770.2	189.9	77.46	4.26	5.36	2.74	6.09	6.16	6.23	6.31	6.38
10	16	43.1	31.50	24.73	779.5	180.8	66.70	4.97	6.27	3.20	6.78	6.85	6.92	6.99	7.06
12		43.9	37.44	29.39	916.6	208.6	78.98	4.95	6.24	3.18	6.82	6.89	6.96	7.03	7.10
∟160×14		44.7	43.30	33.99	1048	234.4	90.95	4.92	6.20	3.16	6.86	6.93	7.00	7.07	7.14
16		45.5	49.07	38.52	1175	258.3	102.6	4.89	6.17	3.14	6.89	6.96	7.03	7.10	7.18
12	16	48.9	42.24	33.16	1321	270.0	100.8	5.59	7.05	3.58	7.63	7.70	7.77	7.84	7.91
14		49.7	48.90	38.38	1514	304.6	116.3	5.57	7.02	3.57	7.67	7.74	7.81	7.88	7.95
∟180×16		50.5	55.47	43.54	1701	336.9	131.4	5.54	6.98	3.55	7.70	7.77	7.84	7.91	7.98
18		51.3	61.95	48.63	1881	367.1	146.1	5.51	6.94	3.53	7.73	7.80	7.87	7.95	8.02
14	18	54.6	54.64	42.89	2104	385.1	144.7	6.20	7.82	3.98	8.47	8.54	8.61	8.67	8.75
16		55.4	62.01	48.68	2366	427.0	163.7	6.18	7.79	3.96	8.50	8.57	8.64	8.71	8.78
200×18		56.2	69.30	54.40	2621	466.5	182.2	6.15	7.75	3.94	8.53	8.60	8.67	8.75	8.82
20		56.9	76.50	60.06	2867	503.6	200.4	6.12	7.72	3.93	8.57	8.64	8.71	8.78	8.85
24		58.4	90.66	71.17	3338	571.5	235.8	6.07	7.64	3.90	8.63	8.71	8.78	8.85	8.92

表 J-5 不等边角钢

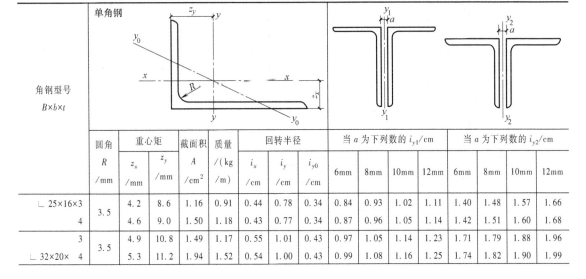

角钢型号 $B×b×t$	圆角 R /mm	重心矩		截面积 A /cm²	质量 /(kg/m)	回转半径			当 a 为下列数的 i_{y1}/cm				当 a 为下列数的 i_{y2}/cm			
		z_x /mm	z_y /mm			i_x /cm	i_y /cm	i_{y0} /cm	6mm	8mm	10mm	12mm	6mm	8mm	10mm	12mm
∟25×16×3	3.5	4.2	8.6	1.16	0.91	0.44	0.78	0.34	0.84	0.93	1.02	1.11	1.40	1.48	1.57	1.66
4		4.6	9.0	1.50	1.18	0.43	0.77	0.34	0.87	0.96	1.05	1.14	1.42	1.51	1.60	1.68
∟32×20× 3	3.5	4.9	10.8	1.49	1.17	0.55	1.01	0.43	0.97	1.05	1.14	1.23	1.71	1.79	1.88	1.96
4		5.3	11.2	1.94	1.52	0.54	1.00	0.43	0.99	1.08	1.16	1.25	1.74	1.82	1.90	1.99

（续）

角钢型号 $B\times b\times t$	圆角 R /mm	重心矩		截面积 A /cm²	质量 /(kg/m)	回转半径			当 a 为下列数的 i_{y1}/cm				当 a 为下列数的 i_{y2}/cm			
		z_x /mm	z_y /mm			i_x /cm	i_y /cm	i_{y0} /cm	6mm	8mm	10mm	12mm	6mm	8mm	10mm	12mm
∟40×25×3	4	5.9	13.2	1.89	1.48	0.70	1.28	0.54	1.13	1.21	1.30	1.38	2.07	2.14	2.23	2.31
4		6.3	13.7	2.47	1.94	0.69	1.26	0.54	1.16	1.24	1.32	1.41	2.09	2.17	2.25	2.34
∟45×28×4 3	5	6.4	14.7	2.15	1.69	0.79	1.44	0.61	1.23	1.31	1.39	1.47	2.28	2.36	2.44	2.52
		6.8	15.1	2.81	2.20	0.78	1.43	0.60	1.25	1.33	1.41	1.50	2.31	2.39	2.47	2.55
∟50×32×4 3	5.5	7.3	16.0	2.43	1.91	0.91	1.60	0.70	1.37	1.45	1.53	1.61	2.49	2.56	2.64	2.72
		7.7	16.5	3.18	2.49	0.90	1.59	0.69	1.40	1.47	1.55	1.64	2.51	2.59	2.67	2.75
∟56×36×4 3	6	8.0	17.8	2.74	2.15	1.03	1.80	0.79	1.51	1.59	1.66	1.74	2.75	2.82	2.90	2.98
		8.5	18.2	3.59	2.82	1.02	1.79	0.78	1.53	1.61	1.69	1.77	2.77	2.85	2.93	3.01
5		8.8	18.7	4.42	3.47	1.01	1.77	0.78	1.56	1.63	1.71	1.79	2.80	2.88	2.96	3.04
∟63×40×5 4	7	9.2	20.4	4.06	3.19	1.14	2.02	0.88	1.66	1.74	1.81	1.89	3.09	3.16	3.24	3.32
		9.5	20.8	4.99	3.92	1.12	2.00	0.87	1.68	1.76	1.84	1.92	3.11	3.19	3.27	3.35
6		9.9	21.2	5.91	4.64	1.11	1.99	0.86	1.71	1.78	1.86	1.94	3.13	3.21	3.29	3.37
7		10.3	21.6	6.80	5.34	1.10	1.97	0.86	1.73	1.81	1.89	1.97	3.16	3.24	3.32	3.40
∟70×45×6 4	7.5	10.2	22.3	4.55	3.57	1.29	2.25	0.99	1.84	1.91	1.99	2.07	3.39	3.46	3.54	3.62
5		10.6	22.8	5.61	4.40	1.28	2.23	0.98	1.86	1.94	2.01	2.09	3.41	3.49	3.57	3.64
		11.0	23.2	6.64	5.22	1.26	2.22	0.97	1.88	1.96	2.04	2.11	3.44	3.51	3.59	3.67
7		11.3	23.6	7.66	6.01	1.25	2.20	0.97	1.90	1.98	2.06	2.14	3.46	3.54	3.61	3.69
∟75×50×8 5	8	11.7	24.0	6.13	4.81	1.43	2.39	1.09	2.06	2.13	2.20	2.28	3.60	3.68	3.76	3.83
6		12.1	24.4	7.26	5.70	1.42	2.38	1.08	2.08	2.15	2.23	2.30	3.63	3.70	3.78	3.86
		12.9	25.2	9.47	7.43	1.40	2.35	1.07	2.12	2.19	2.27	2.35	3.67	3.75	3.83	3.91
10		13.6	26.0	11.6	9.10	1.38	2.33	1.06	2.16	2.24	2.31	2.40	3.71	3.79	3.87	3.95
∟80×50×7 5	8	11.4	26.0	6.38	5.00	1.42	2.57	1.10	2.02	2.09	2.17	2.24	3.88	3.95	4.03	4.10
6		11.8	26.5	7.56	5.93	1.41	2.55	1.09	2.04	2.11	2.19	2.27	3.90	3.98	4.05	4.13
		12.1	26.9	8.72	6.85	1.39	2.54	1.08	2.06	2.13	2.21	2.29	3.92	4.00	4.08	4.16
8		12.5	27.3	9.87	7.75	1.38	2.52	1.07	2.08	2.15	2.23	2.31	3.94	4.02	4.10	4.18
∟90×56×7 5	9	12.5	29.1	7.21	5.66	1.59	2.90	1.23	2.22	2.29	2.36	2.44	4.32	4.39	4.47	4.55
6		12.9	29.5	8.56	6.72	1.58	2.88	1.22	2.24	2.31	2.39	2.46	4.34	4.42	4.50	4.57
		13.3	30.0	9.88	7.76	1.57	2.87	1.22	2.26	2.33	2.41	2.49	4.37	4.44	4.52	4.60
8		13.6	30.4	11.2	8.78	1.56	2.85	1.21	2.28	2.35	2.43	2.51	4.39	4.47	4.54	4.62

(续)

单角钢

角钢型号 $B \times b \times t$	圆角 R /mm	重心矩 z_x /mm	重心矩 z_y /mm	截面积 A /cm²	质量 /(kg/m)	回转半径 i_x /cm	回转半径 i_y /cm	回转半径 i_{y0} /cm	当a为下列数的i_{y1}/cm 6mm	8mm	10mm	12mm	当a为下列数的i_{y2}/cm 6mm	8mm	10mm	12mm
∟100×63×6	10	14.3	32.4	9.62	7.55	1.79	3.21	1.38	2.49	2.56	2.63	2.71	4.77	4.85	4.92	5.00
∟100×63×7	10	14.7	32.8	11.1	8.72	1.78	3.20	1.37	2.51	2.58	2.65	2.73	4.80	4.87	4.95	5.03
8	10	15.0	33.2	12.6	9.88	1.77	3.18	1.37	2.53	2.60	2.67	2.75	4.82	4.90	4.97	5.05
10	10	15.8	34.0	15.5	12.1	1.75	3.15	1.35	2.57	2.64	2.72	2.79	4.86	4.94	5.02	5.10
∟100×80×6	10	19.7	29.5	10.6	8.35	2.40	3.17	1.73	3.31	3.38	3.45	3.52	4.54	4.62	4.69	4.76
∟100×80×7	10	20.1	30.0	12.3	9.66	2.39	3.16	1.71	3.32	3.39	3.47	3.54	4.57	4.64	4.71	4.79
8	10	20.5	30.4	13.9	10.9	2.37	3.15	1.71	3.34	3.41	3.49	3.56	4.59	4.66	4.73	4.81
10	10	21.3	31.2	17.2	13.5	2.35	3.12	1.69	3.38	3.45	3.53	3.60	4.63	4.70	4.78	4.85
∟110×70×6	10	15.7	35.3	10.6	8.35	2.01	3.54	1.54	2.74	2.81	2.88	2.96	5.21	5.29	5.36	5.44
∟110×70×7	10	16.1	35.7	12.3	9.66	2.00	3.53	1.53	2.76	2.83	2.90	2.98	5.24	5.31	5.39	5.46
8	10	16.5	36.2	13.9	10.9	1.98	3.51	1.53	2.78	2.85	2.92	3.00	5.26	5.34	5.41	5.49
10	10	17.2	37.0	17.2	13.5	1.96	3.48	1.51	2.82	2.89	2.96	3.04	5.30	5.38	5.46	5.53
∟125×80×7	11	18.0	40.1	14.1	11.1	2.30	4.02	1.76	3.13	3.18	3.25	3.33	5.90	5.97	6.04	6.12
∟125×80×8	11	18.4	40.6	16.0	12.6	2.29	4.01	1.75	3.13	3.20	3.27	3.35	5.92	5.99	6.07	6.14
10	11	19.2	41.4	19.7	15.5	2.26	3.98	1.74	3.17	3.24	3.31	3.39	5.96	6.04	6.11	6.19
12	11	20.0	42.2	23.4	18.3	2.24	3.95	1.72	3.20	3.28	3.35	3.43	6.00	6.08	6.16	6.23
∟140×90×8	12	20.4	45.0	18.0	14.2	2.59	4.50	1.98	3.49	3.56	3.63	3.70	6.58	6.65	6.73	6.80
10	12	21.2	45.8	22.3	17.5	2.56	4.47	1.96	3.52	3.59	3.66	3.73	6.62	6.70	6.77	6.85
140×90×12	12	21.9	46.6	26.4	20.7	2.54	4.44	1.95	3.56	3.63	3.70	3.77	6.66	6.74	6.81	6.89
14	12	22.7	47.4	30.5	23.9	2.51	4.42	1.94	3.59	3.66	3.74	3.81	6.70	6.78	6.86	6.93
∟160×100×10	13	22.8	52.4	25.3	19.9	2.85	5.14	2.19	3.84	3.91	3.98	4.05	7.55	7.63	7.70	7.78
12	13	23.6	53.2	30.1	23.6	2.82	5.11	2.18	3.87	3.94	4.01	4.09	7.60	7.67	7.75	7.82
∟160×100×14	13	24.3	54.0	34.7	27.2	2.80	5.08	2.16	3.91	3.98	4.05	4.12	7.64	7.71	7.79	7.86
16	13	25.1	54.8	39.3	30.8	2.77	5.05	2.15	3.94	4.02	4.09	4.16	7.68	7.75	7.83	7.90
10	14	24.4	58.9	28.4	22.3	3.13	5.81	2.42	4.16	4.23	4.30	4.36	8.49	8.56	8.63	8.71
12	14	25.2	59.8	33.7	26.5	3.10	5.78	2.40	4.19	4.26	4.33	4.40	8.53	8.60	8.68	8.75
∟180×110×14	14	25.9	60.6	39.0	30.6	3.08	5.75	2.39	4.23	4.30	4.37	4.44	8.57	8.64	8.72	8.79
16	14	26.7	61.4	44.1	34.6	3.05	5.72	2.37	4.26	4.33	4.40	4.47	8.61	8.68	8.76	8.84
12	14	28.3	65.4	37.9	29.8	3.57	6.44	2.75	4.75	4.82	4.88	4.95	9.39	9.47	9.54	9.62
14	14	29.1	66.2	43.9	34.4	3.54	6.41	2.73	4.78	4.85	4.92	4.99	9.43	9.51	9.58	9.66
∟200×125×16	14	29.9	67.0	49.7	39.0	3.52	6.38	2.71	4.81	4.88	4.95	5.02	9.47	9.55	9.62	9.70
18	14	30.6	67.8	55.5	43.6	3.49	6.35	2.70	4.85	4.92	4.99	5.06	9.51	9.59	9.66	9.74

注:单个角钢的截面二次矩、单个角钢的截面系数计算公式如下

$I_x = Ai_x^2, I_y = Ai_y^2; W_x^{max} = I_x/z_x, W_x^{min} = I_x/(b-z_x); W_y^{max} = I_y/z_y, W_y^{min} = I_y/(B-z_y)$

表 J-6　热轧无缝钢管

I——截面二次矩
W——截面系数
i——截面回转半径

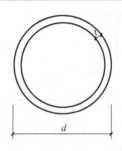

尺寸		截面面积 A /cm²	质量 /(kg/m)	截面特性			尺寸		截面面积 A /cm²	质量 /(kg/m)	截面特性		
d/mm	t/mm			I/cm⁴	W/cm³	i/cm	d/mm	t/mm			I/cm⁴	W/cm³	i/cm
32	2.5	2.32	1.82	2.54	1.59	1.05	63.5	3.0	5.70	4.48	26.15	8.24	2.14
	3.0	2.73	2.15	2.90	1.82	1.03		3.5	6.60	5.18	29.79	9.38	2.12
	3.5	3.13	2.46	3.23	2.02	1.02		4.0	7.48	5.87	33.24	10.47	2.11
	4.0	3.52	2.76	3.52	2.20	1.00		4.5	8.34	6.55	36.50	11.50	2.09
38	2.5	2.79	2.19	4.41	2.32	1.26		5.0	9.19	7.21	39.60	12.47	2.08
	3.0	3.30	2.59	5.09	2.68	1.24		5.5	10.02	7.87	42.52	13.39	2.06
	3.5	3.79	2.98	5.70	3.00	1.23		6.0	10.84	8.51	45.28	14.26	2.04
	4.0	4.27	3.35	6.26	3.29	1.21	68	3.0	6.13	4.81	32.42	9.54	2.30
42	2.5	3.10	2.44	6.07	2.89	1.40		3.5	7.09	5.57	36.99	10.88	2.28
	3.0	3.68	2.89	7.03	3.35	1.38		4.0	8.04	6.31	41.34	12.16	2.27
	3.5	4.23	3.32	7.91	3.77	1.37		4.5	8.98	7.05	45.47	13.37	2.25
	4.0	4.78	3.75	8.71	4.15	1.35		5.0	9.90	7.77	49.41	14.53	2.23
45	2.5	3.34	2.62	7.56	3.36	1.51		5.5	10.80	8.48	53.14	15.63	2.22
	3.0	3.96	3.11	8.77	3.90	1.49		6.0	11.69	9.17	56.68	16.67	2.20
	3.5	4.56	3.58	9.89	4.40	1.47	70	3.0	6.31	4.96	35.50	10.14	2.37
	4.0	5.15	4.04	10.93	4.86	1.46		3.5	7.31	5.74	40.53	11.58	2.35
50	2.5	3.73	2.93	10.55	4.22	1.68		4.0	8.29	6.51	45.33	12.95	2.34
	3.0	4.43	3.48	12.28	4.91	1.67		4.5	9.26	7.27	49.89	14.26	2.32
	3.5	5.11	4.01	13.90	5.56	1.65		5.0	10.21	8.01	54.24	15.50	2.30
	4.0	5.78	4.54	15.41	6.16	1.63		5.5	11.14	8.75	58.38	16.68	2.29
	4.5	6.43	5.05	16.81	6.72	1.62		6.0	12.06	9.47	62.31	17.80	2.27
	5.0	7.07	5.55	18.11	7.25	1.60	73	3.0	6.60	5.18	40.48	11.09	2.48
54	3.0	4.81	3.77	15.68	5.81	1.81		3.5	7.64	6.00	46.26	12.67	2.46
	3.5	5.55	4.36	17.79	6.59	1.79		4.0	8.67	6.81	51.78	14.19	2.44
	4.0	6.28	4.93	19.76	7.32	1.77		4.5	9.68	7.60	57.04	15.63	2.43
	4.5	7.00	5.49	21.61	8.00	1.76		5.0	10.68	8.38	62.07	17.01	2.41
	5.0	7.70	6.04	23.34	8.64	1.74		5.5	11.66	9.16	66.87	18.32	2.39
	5.5	8.38	6.58	24.96	9.24	1.73		6.0	12.63	9.91	71.43	19.57	2.38
	6.0	9.05	7.10	26.46	9.80	1.71	76	3.0	6.88	5.40	45.91	12.08	2.58
57	3.0	5.09	4.00	18.61	6.53	1.91		3.5	7.97	6.26	52.50	13.82	2.57
	3.5	5.88	4.62	21.14	7.42	1.90		4.0	9.05	7.10	58.81	15.48	2.55
	4.0	6.66	5.23	23.52	8.25	1.88		4.5	10.11	7.93	64.85	17.07	2.53
	4.5	7.42	5.83	25.76	9.04	1.86		5.0	11.15	8.75	70.62	18.59	2.52
	5.0	8.17	6.41	27.86	9.78	1.85		5.5	12.18	9.56	76.14	20.04	2.50
	5.5	8.90	6.99	29.84	10.47	1.83		6.0	13.19	10.36	81.41	21.42	2.48
	6.0	9.61	7.55	31.69	11.12	1.82	83	3.5	8.74	6.86	69.19	16.67	2.81
60	3.0	5.37	4.22	21.88	7.29	2.02		4.0	9.93	7.79	77.64	18.71	2.80
	3.5	6.21	4.88	24.88	8.29	2.00		4.5	11.10	8.71	85.76	20.67	2.78
	4.0	7.04	5.52	27.73	9.24	1.98		5.0	12.25	9.62	93.56	22.54	2.76
	4.5	7.85	6.16	30.41	10.14	1.97		5.5	13.39	10.51	101.04	24.35	2.75
	5.0	8.64	6.78	32.94	10.98	1.95		6.0	14.51	11.39	108.22	26.08	2.73
	5.5	9.42	7.39	35.32	11.77	1.94		6.5	15.62	12.26	115.10	27.74	2.71
	6.0	10.18	7.99	37.56	12.52	1.92		7.0	16.71	13.12	121.69	29.32	2.70

（续）

尺寸 d/mm	t/mm	截面面积 A /cm²	质量 /(kg/m)	截面特性 I/cm⁴	W/cm³	i/cm	尺寸 d/mm	t/mm	截面面积 A /cm²	质量 /(kg/m)	截面特性 I/cm⁴	W/cm³	i/cm
89	3.5	9.40	7.38	86.05	19.34	3.03	133	4.0	16.21	12.73	337.53	50.76	4.56
	4.0	10.68	8.38	96.68	21.73	3.01		4.5	18.17	14.26	375.42	56.45	4.55
	4.5	11.95	9.38	106.92	24.03	2.99		5.0	20.11	15.78	412.40	62.02	4.53
	5.0	13.19	10.36	116.79	26.24	2.98		5.5	22.03	17.29	448.50	67.44	4.51
	5.5	14.43	11.33	126.29	28.38	2.96		6.0	23.94	18.79	483.72	72.74	4.50
	6.0	15.65	12.28	135.43	30.43	2.94		6.5	25.83	20.28	518.07	77.91	4.48
	6.5	16.85	13.22	144.22	32.41	2.93		7.0	27.71	21.75	551.58	82.94	4.46
	7.0	18.03	14.16	152.67	34.31	2.91		7.5	29.57	23.21	584.25	87.86	4.45
95	3.5	10.06	7.90	105.45	22.20	3.24		8.0	31.42	24.66	616.11	92.65	4.43
	4.0	11.44	8.98	118.60	24.97	3.22	140	4.5	19.16	15.04	440.12	62.87	4.79
	4.5	12.79	10.04	131.31	27.64	3.20		5.0	21.21	16.65	483.76	69.11	4.78
	5.0	14.14	11.10	143.58	30.23	3.19		5.5	23.24	18.24	526.40	75.20	4.76
	5.5	15.46	12.14	155.43	32.72	3.17		6.0	25.26	19.83	568.06	81.15	4.74
	6.0	16.78	13.17	166.86	35.13	3.15		6.5	27.26	21.40	608.76	86.97	4.73
	6.5	18.07	14.19	177.89	37.45	3.14		7.0	29.25	22.96	648.51	92.64	4.71
	7.0	19.35	15.19	188.51	39.69	3.12		7.5	31.22	24.51	687.32	98.19	4.69
102	3.5	10.83	8.50	131.52	25.79	3.48		8.0	33.18	26.04	725.21	103.60	4.68
	4.0	12.32	9.67	148.09	29.04	3.47		9.0	37.04	29.08	798.29	114.04	4.64
	4.5	13.78	10.82	164.14	32.18	3.45		10.0	40.84	32.06	867.86	123.98	4.61
	5.0	15.24	11.96	179.68	35.23	3.43	146	4.5	20.00	15.70	501.16	68.65	5.01
	5.5	16.67	13.09	194.72	38.18	3.42		5.0	22.15	17.39	551.10	75.49	4.99
	6.0	18.10	14.21	209.28	41.03	3.40		5.5	24.28	19.06	599.95	82.19	4.97
	6.5	19.50	15.31	223.35	43.79	3.38		6.0	26.39	20.72	647.73	88.73	4.95
	7.0	20.89	16.40	236.96	46.46	3.37		6.5	28.49	22.36	694.44	95.13	4.94
114	4.0	13.82	10.85	209.35	36.73	3.89		7.0	30.57	24.00	740.12	101.39	4.92
	4.5	15.48	12.15	232.41	40.77	3.87		7.5	32.63	25.62	784.77	107.50	4.90
	5.0	17.12	13.44	254.81	44.70	3.86		8.0	34.68	27.23	828.41	113.48	4.89
	5.5	18.75	14.72	276.58	48.52	3.84		9.0	38.74	30.41	912.71	125.03	4.85
	6.0	20.36	15.98	297.73	52.23	3.82		10.0	42.73	33.54	993.16	136.05	4.82
	6.5	21.95	17.23	318.26	55.84	3.81	152	4.5	20.85	16.37	567.61	74.69	5.22
	7.0	23.53	18.47	338.19	59.33	3.79		5.0	23.09	18.13	624.43	82.16	5.20
	7.5	25.09	19.70	357.58	62.73	3.77		5.5	25.31	19.87	680.06	89.48	5.18
	8.0	26.64	20.91	376.30	66.02	3.76		6.0	27.52	21.60	734.52	96.65	5.17
121	4.0	14.70	11.54	251.87	41.63	4.14		6.5	29.71	23.32	787.82	103.66	5.15
	4.5	16.47	12.93	279.83	46.25	4.12		7.0	31.89	25.03	839.99	110.52	5.14
	5.0	18.22	14.30	307.05	50.75	4.11		7.5	34.05	26.73	891.03	117.24	5.12
	5.5	19.96	15.67	333.54	55.13	4.09		8.0	36.19	28.41	940.97	123.81	5.10
	6.0	21.68	17.02	359.32	59.39	4.07		9.0	40.43	31.74	1037.59	136.53	5.07
	6.5	23.38	18.35	384.40	63.54	4.05		10.0	44.61	35.02	1129.99	148.68	5.03
	7.0	25.07	19.68	408.80	67.57	4.04	159	4.5	21.84	17.15	652.27	82.05	5.46
	7.5	26.74	20.99	432.51	71.49	4.02		5.0	24.19	18.99	717.88	90.30	5.45
	8.0	28.40	22.29	455.57	75.30	4.01		5.5	26.52	20.82	782.18	98.39	5.43
127	4.0	15.46	12.13	292.61	46.08	4.35		6.0	28.84	22.64	845.19	106.31	5.41
	4.5	17.32	13.59	325.29	51.23	4.33		6.5	31.14	24.45	906.92	114.08	5.40
	5.0	19.16	15.04	357.14	56.24	4.32		7.0	33.43	26.24	967.41	121.69	5.38
	5.5	20.99	16.48	388.19	61.13	4.30		7.5	35.70	28.02	1026.65	129.14	5.36
	6.0	22.81	17.90	418.44	65.90	4.28		8.0	37.95	29.79	1084.67	136.44	5.35
	6.5	24.61	19.32	447.92	70.54	4.27		9.0	42.41	33.29	1197.12	150.58	5.31
	7.0	26.39	20.72	476.63	75.06	4.25		10.0	46.81	36.75	1304.88	164.14	5.28
	7.5	28.16	22.10	504.58	79.46	4.23							
	8.0	29.91	23.48	531.80	83.75	4.22							

附录 K 截面塑性发展系数表

截面塑性发展系数 γ_x、γ_y

项次	截面形式	γ_x	γ_y
1			1.2
2		1.05	1.05
3		$\gamma_{x1} = 1.05$ $\gamma_{x2} = 1.2$	1.2
4			1.05
5		1.2	1.2
6		1.15	1.15
7		1.0	1.05
8			1.0

附录 L 结构或构件的变形容许值

受弯构件的挠度容许值

项次	构件类别	挠度容许值 $[\nu_T]$	$[\nu_Q]$
1	吊车梁和吊车桁架（按自重和起重量最大的一台吊车计算挠度） 1）手动起重机和单梁起重机（含悬挂起重机） 2）轻级工作制桥式起重机 3）中级工作制桥式起重机 4）重级工作制桥式起重机	$l/500$ $l/750$ $l/900$ $l/1000$	—
2	手动或电动葫芦的轨道梁	$l/400$	—
3	有重轨（重量等于或大于38kg/m）轨道的工作平台梁 有轻轨（重量等于或小于24kg/m）轨道的工作平台梁	$l/600$ $l/400$	—
4	楼（屋）盖梁或桁架、工作平台梁（第3项除外）和平台板 1）主梁或桁架（包括设有悬挂起重设备的梁和桁架） 2）仅支承压型金属板屋面和冷弯型钢檩条 3）除支承压型金属板屋面和冷弯型钢檩条外，尚有吊顶 4）抹灰顶棚的次梁 5）除第1）款~第4）款外的其他梁（包括楼梯梁） 6）屋盖檩条 支承压型金属板屋面者 支承其他屋面材料者 有吊顶 7）平台板	$l/400$ $l/180$ $l/240$ $l/250$ $l/250$ $l/150$ $l/200$ $l/240$ $l/150$	$l/500$ — — $l/350$ $l/300$ — — — —
5	墙架构件（风荷载不考虑阵风系数） 1）支柱（水平方向） 2）抗风桁架（作为连续支柱的支承时，水平位移） 3）砌体墙的横梁（水平方向） 4）支承压型金属板的横梁（水平方向） 5）支承其他墙面材料的横梁（水平方向） 6）带有玻璃窗的横梁（竖直和水平方向）	— — — — — $l/200$	$l/400$ $l/1000$ $l/300$ $l/100$ $l/200$ $l/200$

注：1. l 为受弯构件的跨度（对悬臂梁和伸臂梁为悬臂长度的2倍）。
2. $[\nu_T]$ 为永久和可变荷载标准值产生的挠度（如有起拱应减去拱度）的容许值，$[\nu_Q]$ 为可变荷载标准值产生的挠度的容许值。
3. 当吊车梁或吊车桁架跨度大于12m时，其挠度容许值 $[\nu_T]$ 应乘以0.9的系数。
4. 当墙面采用延性材料或与结构采用柔性连接时，墙架构件的支柱水平位移容许值可采用 $l/300$，抗风桁架（作为连续支柱的支承时）水平位移容许值可采用 $l/800$。

附表 M 柱的计算长度系数

1. 无侧移框架柱的计算长度系数 μ 应按表 M-1 取值，同时符合下列规定：

1）当横梁与柱铰接时，取横梁线刚度为零。

2）对低层框架柱，当柱与基础铰接时，应取 $K_2 = 0$，当柱与基础刚接时，应取 $K_2 = 10$，平板支座可取 $K_2 = 0.1$。

3）当与柱刚接的横梁所受轴心压力 N_b 较大时，横梁线刚度折减系数 α_N 应按下列公式计算：

横梁远端与柱刚接和横梁远端与柱铰接时：

$$\alpha_N = 1 - N_b / N_{Eb}$$

横梁远端嵌固时：

$$\alpha_N = 1 - N_b / (2 N_{Eb})$$

$$N_{Eb} = \pi^2 E I_b / l^2$$

式中　I_b——横梁截面惯性矩（mm^4）；

　　　l——横梁长度（mm）。

表 M-1　无侧移框架柱的计算长度系数 μ

K_2 \ K_1	0	0.05	0.1	0.2	0.3	0.4	0.5	1	2	3	4	5	≥10
0	1.000	0.990	0.981	0.964	0.949	0.935	0.922	0.875	0.820	0.791	0.773	0.760	0.732
0.05	0.990	0.981	0.971	0.955	0.940	0.926	0.914	0.867	0.814	0.784	0.766	0.754	0.726
0.1	0.981	0.971	0.962	0.946	0.931	0.918	0.906	0.860	0.807	0.778	0.760	0.748	0.721
0.2	0.964	0.955	0.946	0.930	0.916	0.903	0.891	0.846	0.795	0.767	0.749	0.737	0.711
0.3	0.949	0.940	0.931	0.916	0.902	0.889	0.878	0.834	0.784	0.756	0.739	0.728	0.701
0.4	0.935	0.926	0.918	0.903	0.889	0.877	0.866	0.823	0.774	0.747	0.730	0.719	0.693
0.5	0.922	0.914	0.906	0.891	0.878	0.866	0.855	0.813	0.765	0.738	0.721	0.710	0.685
1	0.875	0.867	0.860	0.846	0.834	0.823	0.813	0.774	0.729	0.704	0.688	0.677	0.654
2	0.820	0.814	0.807	0.795	0.784	0.774	0.765	0.729	0.686	0.663	0.648	0.638	0.615
3	0.791	0.784	0.778	0.767	0.756	0.747	0.738	0.704	0.663	0.640	0.625	0.616	0.593
4	0.773	0.766	0.760	0.749	0.739	0.730	0.721	0.688	0.648	0.625	0.611	0.601	0.580
5	0.760	0.754	0.748	0.737	0.728	0.719	0.710	0.677	0.638	0.616	0.601	0.592	0.570
≥10	0.732	0.726	0.721	0.711	0.701	0.693	0.685	0.654	0.615	0.593	0.580	0.570	0.549

注：表中的计算长度系数 μ 值系按下式计算得出：

$$\left[\left(\frac{\pi}{\mu}\right)^2 + 2(K_1 + K_2) - 4K_1 K_2\right] \frac{\pi}{\mu} \cdot \sin\frac{\pi}{\mu} - 2\left[(K_1 + K_2)\left(\frac{\pi}{\mu}\right)^2 + 4K_1 K_2\right] \cos\frac{\pi}{\mu} + 8K_1 K_2 = 0$$

式中，K_1、K_2 分别为相交于柱上端、柱下端的横梁线刚度之和与柱线刚度之和的比值。当梁远端为铰接时，应将横梁线刚度乘以 1.5；当横梁远端为嵌固时，则将横梁线刚度乘以 2。

2. 有侧移框架柱的计算长度系数 μ 应按表 M-2 取值，同时符合下列规定：

1) 当横梁与柱铰接时，取横梁线刚度为零。

2) 对低层框架柱，当柱与基础铰接时，应取 $K_2 = 0$，当柱与基础刚接时，应取 $K_2 = 10$，平板支座可取 $K_2 = 0.1$。

3) 当与柱刚接的横梁所受轴心压力 N_b 较大时，横梁线刚度折减系数 α_N 应按下列公式计算：

横梁远端与柱刚接时：

$$\alpha_N = 1 - N_b/(4N_{Eb})$$

横梁远端与柱铰接时：

$$\alpha_N = 1 - N_b/N_{Eb}$$

横梁远端嵌固时：

$$\alpha_N = 1 - N_b/(2N_{Eb})$$

表 M-2　有侧移框架柱的计算长度系数 μ

K_2 \ K_1	0	0.05	0.1	0.2	0.3	0.4	0.5	1	2	3	4	5	≥10
0	∞	6.02	4.46	3.42	3.01	2.78	2.64	2.33	2.17	2.11	2.08	2.07	2.03
0.05	6.02	4.16	3.47	2.86	2.58	2.42	2.31	2.07	1.94	1.90	1.87	1.86	1.83
0.1	4.46	3.47	3.01	2.56	2.33	2.20	2.11	1.90	1.79	1.75	1.73	1.72	1.70
0.2	3.42	2.86	2.56	2.23	2.05	1.94	1.87	1.70	1.60	1.57	1.55	1.54	1.52
0.3	3.01	2.58	2.33	2.05	1.90	1.80	1.74	1.58	1.49	1.46	1.45	1.44	1.42
0.4	2.78	2.42	2.20	1.94	1.80	1.71	1.65	1.50	1.42	1.39	1.37	1.37	1.35
0.5	2.64	2.31	2.11	1.87	1.74	1.65	1.59	1.45	1.37	1.34	1.32	1.32	1.30
1	2.33	2.07	1.90	1.70	1.58	1.50	1.45	1.32	1.24	1.21	1.20	1.19	1.17
2	2.17	1.94	1.79	1.60	1.49	1.42	1.37	1.24	1.16	1.14	1.12	1.12	1.10
3	2.11	1.90	1.75	1.57	1.46	1.39	1.34	1.21	1.14	1.11	1.10	1.09	1.07
4	2.08	1.87	1.73	1.55	1.45	1.37	1.32	1.20	1.12	1.10	1.08	1.08	1.06
5	2.07	1.86	1.72	1.54	1.44	1.37	1.32	1.19	1.12	1.09	1.08	1.07	1.05
≥10	2.03	1.83	1.70	1.52	1.42	1.35	1.30	1.17	1.10	1.07	1.06	1.05	1.03

注：表中的计算长度系数 μ 值系按下式计算得出：

$$\left[36K_1K_2 - \left(\frac{\pi}{\mu}\right)^2\right]\sin\frac{\pi}{\mu} + 6(K_1+K_2)\frac{\pi}{\mu}\cdot\cos\frac{\pi}{\mu} = 0$$

式中，K_1、K_2 分别为相交于柱上端、柱下端的横梁线刚度之和与柱线刚度之和的比值。当横梁远端为铰接时，应将横梁线刚度乘以 0.5；当横梁远端为嵌固时，则应乘以 2/3。

3. 柱上端为自由的单阶柱下段的计算长度系数 μ_2 应按表 M-3 取值。

表 M-3 柱上端为自由的单阶柱下段的计算长度系数 μ_2

η_1 \ K_1	0.06	0.08	0.10	0.12	0.14	0.16	0.18	0.20	0.22	0.24	0.26	0.28	0.3	0.4	0.5	0.6	0.7	0.8
0.2	2.00	2.01	2.01	2.01	2.01	2.01	2.01	2.02	2.02	2.02	2.02	2.02	2.02	2.03	2.04	2.05	2.06	2.07
0.3	2.01	2.02	2.02	2.02	2.03	2.03	2.03	2.04	2.04	2.05	2.05	2.05	2.06	2.08	2.10	2.12	2.13	2.15
0.4	2.02	2.03	2.04	2.04	2.05	2.06	2.06	2.07	2.08	2.09	2.09	2.10	2.11	2.14	2.18	2.21	2.25	2.28
0.5	2.04	2.05	2.06	2.07	2.09	2.10	2.11	2.12	2.13	2.15	2.16	2.17	2.18	2.24	2.29	2.35	2.40	2.45
0.6	2.06	2.08	2.10	2.12	2.14	2.16	2.18	2.19	2.21	2.23	2.25	2.26	2.28	2.36	2.44	2.52	2.59	2.66
0.7	2.10	2.13	2.16	2.18	2.21	2.24	2.26	2.29	2.31	2.34	2.36	2.38	2.41	2.52	2.62	2.72	2.81	2.90
0.8	2.15	2.20	2.24	2.27	2.31	2.34	2.38	2.41	2.44	2.47	2.50	2.53	2.56	2.70	2.82	2.94	3.06	3.16
0.9	2.24	2.29	2.35	2.39	2.44	2.48	2.52	2.56	2.60	2.63	2.67	2.71	2.74	2.90	3.05	3.19	3.32	3.44
1.0	2.36	2.43	2.48	2.54	2.59	2.64	2.69	2.73	2.77	2.82	2.86	2.90	2.94	3.12	3.29	3.45	3.59	3.74
1.2	2.69	2.76	2.83	2.89	2.95	3.01	3.07	3.12	3.17	3.22	3.27	3.32	3.37	3.59	3.80	3.99	4.17	4.34
1.4	3.07	3.14	3.22	3.29	3.36	3.42	3.48	3.55	3.61	3.66	3.72	3.78	3.83	4.09	4.33	4.56	4.77	4.97
1.6	3.47	3.55	3.63	3.71	3.78	3.85	3.92	3.99	4.07	4.12	4.18	4.25	4.31	4.61	4.88	5.14	5.38	5.62
1.8	3.88	3.97	4.05	4.13	4.21	4.29	4.37	4.44	4.52	4.59	4.66	4.73	4.80	5.13	5.44	5.73	6.00	6.26
2.0	4.29	4.39	4.48	4.57	4.65	4.74	4.82	4.90	4.99	5.07	5.14	5.22	5.30	5.66	6.00	6.32	6.63	6.92
2.2	4.71	4.81	4.91	5.00	5.10	5.19	5.28	5.37	5.46	5.54	5.63	5.71	5.80	6.19	6.57	6.92	7.26	7.58
2.4	5.13	5.24	5.34	5.44	5.54	5.64	5.74	5.84	5.93	6.03	6.12	6.21	6.30	6.73	7.14	7.52	7.89	8.24
2.6	5.55	5.66	5.77	5.88	5.99	6.10	6.20	6.31	6.41	6.51	6.61	6.71	6.80	7.27	7.71	8.13	8.52	8.90
2.8	5.97	6.09	6.21	6.33	6.44	6.55	6.67	6.78	6.89	6.99	7.10	7.21	7.31	7.81	8.28	8.73	9.16	9.57
3.0	6.39	6.52	6.64	6.77	6.89	7.01	7.13	7.25	7.37	7.48	7.59	7.71	7.82	8.35	8.86	9.34	9.80	10.24

简图：

$K_1 = \dfrac{I_1}{I_2} \cdot \dfrac{H_2}{H_1}$

$\eta_2 = \dfrac{H_1}{H_2}\sqrt{\dfrac{N_1}{N_2} \cdot \dfrac{I_2}{I_1}}$

N_1——上段柱的轴心力；
N_2——下段柱的轴心力

注：表中的计算长度系数 μ_2 值系按下式计算得出：

$$\eta_1 K_1 \cdot \tan\dfrac{\pi}{\mu_2} \cdot \tan\dfrac{\pi\eta_1}{\mu_2} - 1 = 0$$

4. 柱上端可移动但不转动的单阶柱下段的计算长度系数 μ_2

柱上端可移动但不转动的单阶柱下段的计算长度系数 μ_2 应按表 M-4 取值。

表 M-4　柱上端可移动但不转动的单阶柱下段的计算长度系数 μ_2

简图：

$K_1 = \dfrac{I_1}{I_2} \cdot \dfrac{H_2}{H_1}$

$\eta_2 = \dfrac{H_1}{H_2}\sqrt{\dfrac{N_1}{N_2} \cdot \dfrac{I_2}{I_1}}$

N_1——上段柱的轴心力；
N_2——下段柱的轴心力

η_1 \ K_1	0.06	0.08	0.10	0.12	0.14	0.16	0.18	0.20	0.22	0.24	0.26	0.28	0.3	0.4	0.5	0.6	0.7	0.8
0.2	1.96	1.94	1.93	1.91	1.90	1.89	1.88	1.86	1.85	1.84	1.83	1.82	1.81	1.76	1.72	1.68	1.65	1.62
0.3	1.96	1.94	1.93	1.92	1.91	1.89	1.88	1.87	1.86	1.85	1.84	1.83	1.82	1.77	1.73	1.70	1.66	1.63
0.4	1.96	1.95	1.94	1.92	1.91	1.90	1.89	1.88	1.87	1.86	1.85	1.84	1.83	1.79	1.75	1.72	1.68	1.66
0.5	1.96	1.95	1.94	1.93	1.92	1.91	1.90	1.89	1.88	1.87	1.86	1.85	1.85	1.81	1.77	1.74	1.71	1.69
0.6	1.97	1.96	1.95	1.94	1.93	1.92	1.91	1.90	1.90	1.89	1.88	1.87	1.87	1.83	1.80	1.78	1.75	1.73
0.7	1.97	1.97	1.96	1.95	1.94	1.94	1.93	1.92	1.92	1.91	1.90	1.90	1.89	1.86	1.84	1.82	1.80	1.78
0.8	1.98	1.98	1.97	1.96	1.96	1.95	1.95	1.94	1.94	1.93	1.93	1.93	1.92	1.90	1.88	1.87	1.86	1.84
0.9	1.99	1.99	1.98	1.98	1.98	1.97	1.97	1.97	1.97	1.96	1.96	1.96	1.96	1.95	1.94	1.93	1.92	1.92
1.0	2.00	2.00	2.00	2.00	2.00	2.00	2.00	2.00	2.00	2.00	2.00	2.00	2.00	2.00	2.00	2.00	2.00	2.00
1.2	2.03	2.04	2.04	2.05	2.06	2.07	2.07	2.08	2.08	2.09	2.10	2.10	2.11	2.13	2.15	2.17	2.18	2.20
1.4	2.07	2.09	2.11	2.12	2.14	2.16	2.17	2.18	2.20	2.21	2.22	2.23	2.24	2.29	2.33	2.37	2.40	2.42
1.6	2.13	2.16	2.19	2.22	2.25	2.27	2.30	2.32	2.34	2.36	2.37	2.39	2.41	2.48	2.54	2.59	2.63	2.67
1.8	2.22	2.27	2.31	2.35	2.39	2.42	2.45	2.48	2.50	2.53	2.55	2.57	2.59	2.69	2.76	2.83	2.88	2.93
2.0	2.35	2.41	2.46	2.50	2.55	2.59	2.62	2.66	2.69	2.72	2.75	2.77	2.80	2.91	3.00	3.08	3.14	3.20
2.2	2.51	2.57	2.63	2.68	2.73	2.77	2.81	2.85	2.89	2.92	2.95	2.98	3.01	3.14	3.25	3.33	3.41	3.47
2.4	2.68	2.75	2.81	2.87	2.92	2.97	3.01	3.05	3.09	3.13	3.17	3.20	3.24	3.38	3.50	3.59	3.68	3.75
2.6	2.87	2.94	3.00	3.06	3.12	3.17	3.22	3.27	3.31	3.35	3.39	3.43	3.46	3.62	3.75	3.86	3.95	4.03
2.8	3.06	3.14	3.20	3.27	3.33	3.38	3.43	3.48	3.53	3.58	3.62	3.66	3.70	3.87	4.01	4.13	4.23	4.32
3.0	3.26	3.34	3.41	3.47	3.54	3.60	3.65	3.70	3.75	3.80	3.85	3.89	3.93	4.12	4.27	4.40	4.51	4.61

注：表中的计算长度系数 μ_2 值系按下式计算得出：

$$\tan\dfrac{\pi\eta_1}{\mu_2} + \eta_1 K_1 \cdot \tan\dfrac{\pi}{\mu_2} = 0$$

5. 柱上端为自由的双阶柱下段的计算长度系数 μ_3 应按下列公式计算，也可按表 M-5 取值。

表 M-5 柱上端为自由的双阶柱的计算长度系数 μ_3

η_1	K_1 / K_2 / η_2		0.05										0.10									
		0.2	0.3	0.4	0.5	0.6	0.7	0.8	0.9	1.0	1.1	1.2	0.2	0.3	0.4	0.5	0.6	0.7	0.8	0.9	1.0	1.1	1.2
0.2	0.2 / 0.2	2.02	2.03	2.04	2.05	2.05	2.06	2.07	2.08	2.09	2.10	2.10	2.03	2.03	2.04	2.05	2.06	2.07	2.08	2.08	2.09	2.10	2.11
	0.4 / 0.4	2.08	2.11	2.15	2.19	2.22	2.25	2.29	2.32	2.35	2.39	2.42	2.09	2.12	2.16	2.19	2.23	2.26	2.29	2.33	2.36	2.39	2.42
	0.6 / 0.6	2.20	2.29	2.37	2.45	2.52	2.60	2.67	2.73	2.80	2.87	2.93	2.21	2.30	2.38	2.46	2.53	2.60	2.67	2.74	2.81	2.87	2.93
	0.8 / 0.8	2.42	2.57	2.71	2.83	2.95	3.06	3.17	3.27	3.37	3.47	3.56	2.44	2.58	2.71	2.84	2.96	3.07	3.17	3.28	3.37	3.47	3.56
	1.0 / 1.0	2.75	2.95	3.13	3.30	3.45	3.60	3.74	3.87	4.00	4.13	4.25	2.76	2.96	3.16	3.30	3.46	3.60	3.74	3.88	4.01	4.13	4.25
	1.2 / 1.2	3.13	3.38	3.60	3.80	4.00	4.18	4.35	4.51	4.67	4.82	4.97	3.15	3.39	3.61	3.81	4.00	4.18	4.35	4.52	4.68	4.83	4.98
0.4	0.2	2.04	2.05	2.05	2.06	2.07	2.08	2.09	2.10	2.11	2.11	2.12	2.07	2.07	2.08	2.08	2.09	2.10	2.11	2.12	2.12	2.13	2.14
	0.4	2.10	2.14	2.17	2.20	2.24	2.27	2.31	2.34	2.37	2.40	2.43	2.14	2.17	2.20	2.23	2.26	2.30	2.33	2.36	2.39	2.42	2.46
	0.6	2.24	2.32	2.40	2.47	2.54	2.62	2.68	2.75	2.82	2.88	2.94	2.28	2.36	2.43	2.50	2.57	2.64	2.71	2.77	2.84	2.90	2.96
	0.8	2.47	2.60	2.73	2.85	2.97	3.08	3.19	3.29	3.38	3.48	3.57	2.53	2.65	2.77	2.88	3.00	3.10	3.21	3.31	3.40	3.50	3.59
	1.0	2.79	2.98	3.15	3.32	3.47	3.62	3.75	3.89	4.02	4.14	4.26	2.85	3.02	3.19	3.34	3.49	3.64	3.77	3.91	4.03	4.16	4.28
	1.2	3.18	3.41	3.62	3.82	4.01	4.19	4.36	4.53	4.68	4.83	4.98	3.24	3.45	3.65	3.85	4.03	4.21	4.38	4.54	4.70	4.85	4.99
0.6	0.2	2.09	2.09	2.10	2.10	2.11	2.12	2.12	2.13	2.14	2.15	2.15	2.17	2.17	2.18	2.18	2.18	2.18	2.19	2.20	2.20	2.20	2.21
	0.4	2.17	2.19	2.22	2.25	2.28	2.31	2.34	2.38	2.41	2.44	2.47	2.26	2.28	2.31	2.33	2.35	2.38	2.41	2.44	2.47	2.49	2.52
	0.6	2.32	2.38	2.45	2.52	2.59	2.66	2.72	2.79	2.85	2.91	2.97	2.48	2.54	2.60	2.66	2.72	2.78	2.84	2.90	2.96	3.02	3.02
	0.8	2.56	2.67	2.79	2.90	3.01	3.11	3.22	3.32	3.41	3.50	3.60	2.72	2.83	2.94	3.04	3.15	3.25	3.35	3.46	3.55	3.63	3.64
	1.0	2.88	3.04	3.20	3.36	3.50	3.65	3.78	3.91	4.04	4.16	4.28	3.06	3.21	3.37	3.52	3.66	3.80	3.93	4.08	4.15	4.20	4.31
	1.2	3.26	3.46	3.66	3.86	4.04	4.22	4.39	4.55	4.70	4.85	5.00	3.40	3.56	3.74	3.91	4.09	4.26	4.42	4.58	4.73	4.88	5.03
0.8	0.2	2.17	2.18	2.19	2.20	2.21	2.22	2.22	2.23	2.23	2.24	2.24	2.31	2.30	2.31	2.31	2.35	2.37	2.37	2.36	2.36	2.37	2.37
	0.4	2.37	2.34	2.34	2.36	2.38	2.40	2.43	2.45	2.48	2.51	2.54	2.63	2.59	2.55	2.54	2.54	2.55	2.57	2.59	2.61	2.63	2.65
	0.6	2.52	2.56	2.60	2.61	2.67	2.73	2.79	2.85	2.91	2.96	3.02	2.71	2.76	2.76	2.78	2.82	2.86	2.91	2.96	3.01	3.07	3.12
	0.8	2.74	2.79	2.88	2.98	3.08	3.17	3.27	3.36	3.46	3.55	3.63	2.86	2.97	3.06	3.13	3.20	3.29	3.38	3.46	3.54	3.63	3.71
	1.0	3.04	3.15	3.26	3.42	3.56	3.69	3.82	3.95	4.07	4.19	4.31	3.22	3.35	3.44	3.55	3.67	3.79	3.90	4.03	4.15	4.26	4.37
	1.2	3.39	3.55	3.73	3.91	4.08	4.25	4.42	4.58	4.73	4.88	5.02	3.52	3.65	3.86	4.02	4.18	4.34	4.49	4.64	4.79	4.94	5.08
1.0	0.2	2.29	2.24	2.22	2.21	2.21	2.22	2.23	2.22	2.23	2.23	2.24	2.63	2.49	2.43	2.40	2.38	2.37	2.37	2.36	2.36	2.37	2.37
	0.4	2.37	2.41	2.34	2.36	2.38	2.40	2.43	2.45	2.48	2.51	2.54	2.71	2.64	2.55	2.54	2.54	2.55	2.57	2.59	2.61	2.63	2.65
	0.6	2.52	2.57	2.56	2.59	2.63	2.67	2.72	2.77	2.82	2.87	2.92	2.86	2.78	2.76	2.78	2.82	2.86	2.91	2.96	3.01	3.07	3.12
	0.8	2.75	2.79	2.88	2.98	3.08	3.17	3.27	3.36	3.44	3.53	3.61	3.03	3.01	3.06	3.13	3.20	3.29	3.38	3.46	3.54	3.63	3.71
	1.0	3.04	3.15	3.28	3.41	3.53	3.65	3.77	3.89	4.01	4.13	4.24	3.36	3.37	3.44	3.55	3.67	3.79	3.90	4.03	4.15	4.26	4.37
	1.2	3.39	3.55	3.73	3.91	4.08	4.25	4.42	4.58	4.73	4.88	5.02	3.65	3.73	3.86	4.02	4.18	4.34	4.49	4.64	4.79	4.94	5.08
1.2	0.2	2.69	2.57	2.51	2.48	2.46	2.45	2.45	2.44	2.44	2.44	2.44	3.18	2.95	2.84	2.77	2.73	2.70	2.68	2.67	2.66	2.65	2.65
	0.4	2.75	2.64	2.60	2.59	2.59	2.59	2.60	2.62	2.63	2.65	2.67	3.24	3.03	2.93	2.88	2.85	2.84	2.84	2.84	2.85	2.86	2.87
	0.6	2.86	2.78	2.77	2.79	2.83	2.87	2.91	2.96	3.01	3.06	3.10	3.36	3.16	3.09	3.07	3.08	3.09	3.12	3.15	3.19	3.23	3.27
	0.8	3.04	3.01	3.05	3.11	3.19	3.27	3.35	3.44	3.52	3.61	3.69	3.52	3.37	3.34	3.36	3.41	3.46	3.53	3.60	3.67	3.75	3.82
	1.0	3.29	3.32	3.41	3.52	3.64	3.76	3.89	4.01	4.13	4.24	4.35	3.74	3.64	3.67	3.74	3.83	3.93	4.03	4.14	4.25	4.35	4.46
	1.2	3.60	3.69	3.83	3.99	4.15	4.31	4.47	4.62	4.77	4.92	5.06	4.00	3.97	4.05	4.17	4.31	4.45	4.59	4.73	4.87	5.01	5.14
1.4	0.2	3.16	3.00	2.92	2.87	2.84	2.81	2.80	2.79	2.78	2.77	2.77	3.77	3.47	3.32	3.23	3.17	3.12	3.09	3.07	3.05	3.04	3.03
	0.4	3.21	3.05	2.98	2.94	2.92	2.90	2.90	2.90	2.91	2.92	2.92	3.82	3.53	3.39	3.31	3.26	3.22	3.20	3.19	3.19	3.19	3.19
	0.6	3.30	3.15	3.10	3.08	3.08	3.10	3.12	3.15	3.18	3.22	3.26	3.91	3.64	3.51	3.45	3.42	3.42	3.42	3.45	3.48	3.50	3.50
	0.8	3.43	3.32	3.30	3.33	3.37	3.43	3.49	3.56	3.63	3.71	3.78	4.04	3.80	3.71	3.68	3.69	3.72	3.76	3.81	3.86	3.92	3.98
	1.0	3.62	3.57	3.60	3.68	3.77	3.87	3.98	4.09	4.20	4.31	4.42	4.21	4.02	3.97	3.99	4.05	4.12	4.20	4.29	4.39	4.48	4.58
	1.2	3.88	3.88	3.98	4.11	4.25	4.39	4.54	4.68	4.83	4.97	5.10	4.43	4.30	4.31	4.38	4.48	4.60	4.72	4.85	4.98	5.11	5.24
	0.2	3.66	3.46	3.36	3.29	3.25	3.23	3.20	3.18	3.17	3.17	3.16	4.37	4.01	3.82	3.71	3.63	3.58	3.54	3.51	3.49	3.47	3.45
	0.4	3.70	3.50	3.40	3.35	3.31	3.29	3.27	3.26	3.26	3.26	3.26	4.41	4.06	3.88	3.77	3.70	3.66	3.63	3.59	3.58	3.58	3.57
	0.6	3.77	3.58	3.49	3.45	3.43	3.42	3.42	3.43	3.45	3.47	3.49	4.48	4.15	3.98	3.89	3.83	3.80	3.79	3.78	3.79	3.80	3.81
	0.8	3.87	3.70	3.64	3.63	3.64	3.67	3.70	3.75	3.81	3.86	3.92	4.59	4.28	4.13	4.07	4.04	4.04	4.06	4.08	4.12	4.16	4.21
	1.0	4.02	3.89	3.87	3.90	3.96	4.04	4.12	4.22	4.31	4.41	4.51	4.74	4.45	4.35	4.32	4.34	4.38	4.43	4.50	4.58	4.66	4.74
	1.2	4.23	4.15	4.19	4.27	4.39	4.51	4.64	4.77	4.91	5.04	5.17	4.92	4.69	4.63	4.65	4.72	4.80	4.90	5.10	5.13	5.24	5.36

简图：

$$K_1 = \frac{I_1}{I_3} \cdot \frac{H_3}{H_1}$$

$$K_2 = \frac{I_2}{I_3} \cdot \frac{H_3}{H_2}$$

$$\eta_1 = \frac{H_1}{H_3}\sqrt{\frac{N_1}{N_3} \cdot \frac{I_3}{I_1}}$$

$$\eta_2 = \frac{H_2}{H_3}\sqrt{\frac{N_2}{N_3} \cdot \frac{I_3}{I_2}}$$

N_1——上段柱的轴心力；

N_2——中段柱的轴心力；

N_3——下段柱的轴心力

(续)

注：表中的计算长度系数 μ_3 值系按下式计算得出：

$$\frac{\eta_1 K_1}{\eta_2 K_2} + \eta_1 K_1 \cdot \tan\frac{\pi\eta_1}{\mu_3} \cdot \tan\frac{\pi}{\mu_3} + \eta_2 K_2 \cdot \tan\frac{\pi\eta_2}{\mu_3} \cdot \tan\frac{\pi}{\mu_3} - 1 = 0$$

$K_1 = \dfrac{I_1}{I_3} \cdot \dfrac{H_3}{H_1}$

$K_2 = \dfrac{I_2}{I_3} \cdot \dfrac{H_3}{H_2}$

$\eta_1 = \dfrac{H_1}{H_3}\sqrt{\dfrac{N_1}{N_3} \cdot \dfrac{I_3}{I_1}}$

$\eta_2 = \dfrac{H_2}{H_3}\sqrt{\dfrac{N_2}{N_3} \cdot \dfrac{I_3}{I_2}}$

N_1——上段柱的轴心力；
N_2——中段柱的轴心力；
N_3——下段柱的轴心力

6. 柱顶可移动但不转动的双阶柱下段的计算长度系数 μ_3 应按表 M-6 取值。

表 M-6 柱顶可移动但不转动的双阶柱下段的计算长度系数 μ_3

简图	η_1	η_2	$K_1 \backslash K_2$	0.2	0.3	0.4	0.5	0.6	0.7	0.8	0.9	1.0	1.1	1.2		0.2	0.3	0.4	0.5	0.6	0.7	0.8	0.9	1.0	1.1	1.2
								0.05												0.10						
	0.2	0.2		1.99	1.99	2.00	2.00	2.01	2.02	2.02	2.03	2.04	2.05	2.06		1.96	1.96	1.97	1.97	1.98	1.98	1.99	2.00	2.00	2.01	2.02
		0.4		2.03	2.06	2.09	2.12	2.16	2.19	2.22	2.25	2.29	2.32	2.35		2.00	2.02	2.05	2.08	2.11	2.14	2.17	2.20	2.23	2.26	2.29
		0.6		2.12	2.20	2.28	2.36	2.43	2.50	2.57	2.64	2.71	2.77	2.83		2.07	2.14	2.22	2.29	2.36	2.43	2.50	2.56	2.63	2.69	2.75
		0.8		2.28	2.43	2.57	2.70	2.82	2.94	3.04	3.15	3.25	3.34	3.43		2.20	2.35	2.48	2.61	2.73	2.84	2.94	3.05	3.14	3.24	3.33
		1.0		2.53	2.76	2.96	3.13	3.29	3.44	3.59	3.72	3.85	3.98	4.10		2.41	2.64	2.83	3.01	3.17	3.32	3.46	3.59	3.72	3.85	3.97
		1.2		2.86	3.15	3.39	3.61	3.80	3.99	4.16	4.33	4.49	4.64	4.79		2.70	2.99	3.23	3.45	3.65	3.84	4.01	4.18	4.34	4.49	4.64
	0.4	0.2		1.99	1.99	2.00	2.01	2.01	2.02	2.03	2.04	2.05	2.05	2.06		1.96	1.97	1.97	1.98	1.98	1.99	2.00	2.01	2.01	2.02	2.03
		0.4		2.03	2.06	2.09	2.13	2.16	2.19	2.23	2.26	2.29	2.32	2.35		2.00	2.03	2.06	2.09	2.12	2.15	2.18	2.21	2.24	2.27	2.30
		0.6		2.12	2.20	2.28	2.36	2.44	2.51	2.58	2.64	2.71	2.77	2.84		2.08	2.15	2.23	2.30	2.37	2.44	2.51	2.57	2.64	2.70	2.76
		0.8		2.29	2.44	2.58	2.71	2.83	2.94	3.05	3.15	3.25	3.35	3.44		2.21	2.36	2.49	2.62	2.73	2.85	2.95	3.05	3.15	3.24	3.34
		1.0		2.54	2.77	2.96	3.14	3.30	3.45	3.59	3.73	3.85	3.98	4.10		2.43	2.65	2.84	3.02	3.18	3.33	3.47	3.60	3.73	3.85	3.97
		1.2		2.87	3.15	3.40	3.62	3.81	3.99	4.17	4.34	4.49	4.65	4.79		2.71	3.00	3.24	3.46	3.66	3.85	4.02	4.19	4.34	4.49	4.64
	0.6	0.2		1.99	1.98	2.00	2.01	2.02	2.03	2.04	2.04	2.05	2.06	2.07		1.97	1.97	1.98	1.99	2.00	2.00	2.01	2.02	2.02	2.03	2.04
		0.4		2.04	2.07	2.10	2.14	2.17	2.20	2.23	2.27	2.30	2.33	2.36		2.01	2.04	2.07	2.10	2.13	2.16	2.19	2.22	2.26	2.29	2.32
		0.6		2.13	2.21	2.29	2.37	2.45	2.52	2.59	2.65	2.72	2.78	2.84		2.09	2.17	2.24	2.32	2.39	2.46	2.52	2.59	2.65	2.71	2.77
		0.8		2.30	2.45	2.59	2.72	2.84	2.95	3.06	3.16	3.26	3.35	3.44		2.23	2.38	2.51	2.64	2.75	2.86	2.97	3.07	3.16	3.26	3.35
		1.0		2.56	2.78	2.97	3.15	3.31	3.46	3.60	3.73	3.86	3.99	4.11		2.45	2.68	2.86	3.03	3.19	3.34	3.48	3.61	3.74	3.86	3.98
		1.2		2.89	3.17	3.41	3.62	3.82	4.00	4.17	4.34	4.50	4.65	4.80		2.74	3.02	3.26	3.48	3.67	3.86	4.03	4.20	4.35	4.50	4.65
	0.8	0.2		2.00	2.01	2.02	2.02	2.03	2.04	2.05	2.05	2.06	2.07	2.08		1.99	1.99	2.00	2.01	2.01	2.02	2.03	2.04	2.04	2.05	2.06
		0.4		2.05	2.08	2.10	2.14	2.17	2.20	2.23	2.28	2.31	2.34	2.37		2.03	2.06	2.09	2.12	2.15	2.19	2.22	2.25	2.28	2.31	2.34
		0.6		2.15	2.23	2.31	2.39	2.46	2.53	2.60	2.67	2.73	2.79	2.85		2.12	2.19	2.27	2.34	2.41	2.48	2.55	2.61	2.67	2.73	2.79
		0.8		2.32	2.47	2.61	2.73	2.85	2.96	3.07	3.17	3.27	3.36	3.45		2.27	2.41	2.54	2.66	2.78	2.89	2.99	3.09	3.18	3.28	3.37
		1.0		2.59	2.80	2.99	3.16	3.32	3.47	3.61	3.74	3.87	3.99	4.11		2.49	2.70	2.89	3.06	3.21	3.36	3.50	3.63	3.76	3.88	4.00
		1.2		2.92	3.19	3.42	3.63	3.83	4.01	4.18	4.35	4.51	4.66	4.81		2.78	3.05	3.29	3.50	3.69	3.88	4.05	4.21	4.37	4.52	4.66
	1.0	0.2		2.02	2.02	2.03	2.04	2.05	2.06	2.06	2.07	2.08	2.09	2.09		2.01	2.02	2.03	2.04	2.04	2.05	2.06	2.07	2.07	2.08	2.09
		0.4		2.07	2.10	2.14	2.17	2.20	2.23	2.26	2.28	2.31	2.34	2.37		2.06	2.10	2.13	2.16	2.19	2.22	2.25	2.28	2.31	2.34	2.37
		0.6		2.17	2.26	2.33	2.41	2.48	2.55	2.62	2.68	2.75	2.81	2.87		2.16	2.24	2.31	2.38	2.45	2.51	2.58	2.64	2.70	2.76	2.82
		0.8		2.36	2.50	2.63	2.76	2.87	2.98	3.08	3.19	3.28	3.38	3.47		2.32	2.46	2.58	2.70	2.81	2.92	3.02	3.12	3.21	3.30	3.39
		1.0		2.62	2.83	3.01	3.18	3.34	3.48	3.62	3.75	3.88	4.01	4.12		2.55	2.75	2.93	3.09	3.25	3.39	3.53	3.66	3.78	3.90	4.02
		1.2		2.95	3.21	3.44	3.65	3.82	4.02	4.20	4.36	4.52	4.67	4.81		2.84	3.10	3.32	3.53	3.72	3.90	4.07	4.23	4.39	4.54	4.68

$K_1 = \dfrac{I_1}{I_3} \cdot \dfrac{H_3}{H_1}$

$K_2 = \dfrac{I_2}{I_3} \cdot \dfrac{H_3}{H_2}$

$\eta_1 = \dfrac{H_1}{H_3}\sqrt{\dfrac{N_1}{N_3} \cdot \dfrac{I_3}{I_1}}$

$\eta_2 = \dfrac{H_2}{H_3}\sqrt{\dfrac{N_2}{N_3} \cdot \dfrac{I_3}{I_2}}$

N_1——上段柱的轴心力;
N_2——中段柱的轴心力;
N_3——下段柱的轴心力。

(续)

简图		K_1 K_2 η_2	0.2	0.3	0.4	0.5	0.6	0.7	0.8	0.9	1.0	1.1	1.2	K_1 K_2 η_2	0.2	0.3	0.4	0.5	0.6	0.7	0.8	0.9	1.0	1.1	1.2
	η_1						0.05											0.10							
	1.2	0.2	2.04	2.05	2.06	2.06	2.07	2.08	2.09	2.09	2.10	2.11	2.12	0.2	2.07	2.08	2.08	2.09	2.09	2.10	2.11	2.11	2.12	2.13	2.13
		0.4	2.10	2.13	2.17	2.20	2.23	2.26	2.29	2.32	2.35	2.38	2.41	0.4	2.13	2.16	2.18	2.21	2.24	2.27	2.30	2.33	2.35	2.38	2.41
		0.6	2.22	2.29	2.37	2.44	2.51	2.58	2.64	2.71	2.77	2.83	2.89	0.6	2.24	2.30	2.37	2.43	2.50	2.56	2.63	2.68	2.74	2.80	2.86
		0.8	2.41	2.54	2.67	2.78	2.90	3.00	3.11	3.20	3.30	3.39	3.48	0.8	2.41	2.53	2.64	2.75	2.86	2.96	3.06	3.15	3.24	3.33	3.42
		1.0	2.68	2.87	3.04	3.21	3.36	3.50	3.64	3.77	3.90	4.02	4.14	1.0	2.64	2.82	2.98	3.14	3.29	3.43	3.56	3.69	3.81	3.93	4.04
		1.2	3.00	3.25	3.47	3.67	3.86	4.04	4.21	4.37	4.53	4.68	4.83	1.2	2.92	3.16	3.37	3.57	3.76	3.93	4.10	4.26	4.41	4.56	4.70
	1.4	0.2	2.10	2.10	2.10	2.11	2.11	2.12	2.13	2.13	2.14	2.15	2.15	0.2	2.20	2.18	2.17	2.17	2.17	2.18	2.18	2.19	2.19	2.20	2.20
		0.4	2.17	2.19	2.21	2.23	2.26	2.30	2.33	2.36	2.39	2.41	2.44	0.4	2.26	2.26	2.27	2.29	2.32	2.34	2.37	2.39	2.42	2.44	2.47
		0.6	2.29	2.35	2.41	2.48	2.55	2.61	2.67	2.74	2.80	2.86	2.91	0.6	2.37	2.41	2.46	2.51	2.57	2.63	2.68	2.74	2.80	2.85	2.91
		0.8	2.48	2.60	2.71	2.82	2.93	3.03	3.13	3.23	3.32	3.41	3.50	0.8	2.53	2.62	2.72	2.82	2.92	3.01	3.11	3.20	3.29	3.37	3.46
		1.0	2.74	2.92	3.08	3.24	3.39	3.53	3.66	3.79	3.92	4.04	4.15	1.0	2.75	2.90	3.05	3.20	3.34	3.47	3.60	3.72	3.84	3.96	4.07
		1.2	3.06	3.29	3.50	3.70	3.89	4.06	4.23	4.39	4.55	4.70	4.84	1.2	3.02	3.23	3.43	3.62	3.80	3.97	4.13	4.29	4.44	4.59	4.73
	η_1						0.20											0.30							
	0.2	0.2	1.93	1.93	1.93	1.93	1.93	1.93	1.94	1.94	1.95	1.95	1.96	0.2	1.92	1.91	1.90	1.89	1.89	1.89	1.90	1.90	1.90	1.90	1.91
		0.4	1.97	1.98	2.00	2.03	2.05	2.08	2.11	2.13	2.16	2.19	2.22	0.4	1.95	1.95	1.96	1.97	1.99	2.01	2.04	2.06	2.08	2.11	2.13
		0.6	2.03	2.08	2.14	2.21	2.27	2.33	2.40	2.46	2.52	2.58	2.63	0.6	1.99	2.03	2.08	2.13	2.18	2.24	2.29	2.35	2.41	2.46	2.52
		0.8	2.13	2.25	2.37	2.48	2.59	2.70	2.80	2.90	2.99	3.08	3.17	0.8	2.07	2.16	2.27	2.37	2.47	2.57	2.66	2.75	2.84	2.93	3.01
		1.0	2.29	2.49	2.67	2.83	2.99	3.13	3.27	3.40	3.53	3.64	3.75	1.0	2.20	2.37	2.53	2.69	2.83	2.97	3.10	3.23	3.35	3.46	3.57
		1.2	2.52	2.79	3.02	3.22	3.43	3.61	3.78	3.94	4.10	4.24	4.39	1.2	2.39	2.63	2.85	3.05	3.24	3.42	3.58	3.74	3.89	4.03	4.17
	0.4	0.2	1.93	1.93	1.93	1.93	1.94	1.94	1.95	1.95	1.96	1.96	1.97	0.2	1.92	1.91	1.91	1.90	1.90	1.91	1.91	1.91	1.92	1.92	1.92
		0.4	1.97	1.98	2.00	2.03	2.05	2.08	2.11	2.13	2.16	2.19	2.22	0.4	1.95	1.96	1.97	1.99	2.01	2.03	2.05	2.08	2.10	2.12	2.15
		0.6	2.03	2.08	2.14	2.21	2.27	2.33	2.40	2.46	2.52	2.58	2.63	0.6	2.00	2.04	2.09	2.14	2.20	2.26	2.31	2.37	2.42	2.48	2.53
		0.8	2.13	2.25	2.37	2.48	2.59	2.70	2.80	2.90	2.99	3.08	3.17	0.8	2.08	2.18	2.28	2.39	2.49	2.59	2.68	2.77	2.86	2.95	3.03
		1.0	2.29	2.49	2.67	2.83	2.99	3.13	3.27	3.40	3.53	3.64	3.75	1.0	2.22	2.39	2.55	2.71	2.85	2.99	3.12	3.24	3.36	3.48	3.59
		1.2	2.52	2.79	3.02	3.23	3.43	3.61	3.78	3.94	4.10	4.24	4.39	1.2	2.41	2.65	2.87	3.07	3.26	3.43	3.60	3.75	3.90	4.04	4.18
	0.6	0.2	1.95	1.95	1.95	1.95	1.96	1.96	1.97	1.94	1.98	1.98	1.99	0.2	1.93	1.93	1.92	1.92	1.93	1.93	1.93	1.94	1.94	1.95	1.95
		0.4	1.98	2.00	2.02	2.05	2.08	2.10	2.13	2.16	2.19	2.21	2.24	0.4	1.96	1.97	1.99	2.01	2.03	2.06	2.08	2.11	2.13	2.16	2.18
		0.6	2.04	2.10	2.17	2.23	2.30	2.36	2.42	2.48	2.54	2.60	2.66	0.6	2.02	2.06	2.12	2.17	2.23	2.29	2.35	2.40	2.46	2.51	2.57
		0.8	2.15	2.27	2.39	2.51	2.62	2.72	2.82	2.92	3.01	3.10	3.19	0.8	2.11	2.21	2.32	2.42	2.52	2.62	2.71	2.80	2.89	2.98	3.06
		1.0	2.32	2.52	2.70	2.86	3.01	3.16	3.29	3.42	3.55	3.66	3.78	1.0	2.25	2.42	2.59	2.74	2.88	3.02	3.15	3.27	3.39	3.50	3.61
		1.2	2.55	2.82	3.05	3.26	3.45	3.63	3.80	3.96	4.11	4.26	4.40	1.2	2.44	2.69	2.91	3.11	3.29	3.46	3.62	3.78	3.93	4.07	4.20

$K_1 = \dfrac{I_1}{I_3} \cdot \dfrac{H_3}{H_1}$

$K_2 = \dfrac{I_2}{I_3} \cdot \dfrac{H_3}{H_2}$

$\eta_1 = \dfrac{H_1}{H_3}\sqrt{\dfrac{N_1}{N_3} \cdot \dfrac{I_3}{I_1}}$

$\eta_2 = \dfrac{H_2}{H_3}\sqrt{\dfrac{N_2}{N_3} \cdot \dfrac{I_3}{I_2}}$

N_1——上段柱的轴心力；
N_2——中段柱的轴心力；
N_3——下段柱的轴心力

（续）

	K_1					0.20										0.30						
	K_2	0.2	0.3	0.4	0.5	0.6	0.7	0.8	0.9	1.0	1.1	1.2	0.2	0.3	0.4	0.5	0.6	0.7	0.8	0.9	1.0	1.1	1.2
η_1	η_2																						
0.6	1.2	2.55	2.82	3.05	3.26	3.45	3.63	3.80	3.96	4.11	4.26	4.40	2.44	2.69	2.91	3.11	3.29	3.46	3.62	3.78	3.93	4.07	4.20
0.8	0.2	1.97	1.97	1.98	1.98	1.99	1.99	2.00	2.01	2.01	2.02	2.03	1.96	1.95	1.96	1.96	1.97	1.97	1.98	1.98	1.99	1.99	2.00
	0.4	2.00	2.03	2.06	2.08	2.11	2.14	2.17	2.20	2.22	2.25	2.28	1.99	2.01	2.03	2.05	2.08	2.10	2.13	2.15	2.18	2.21	2.23
	0.6	2.08	2.14	2.21	2.27	2.34	2.40	2.46	2.52	2.58	2.64	2.69	2.05	2.10	2.16	2.22	2.28	2.34	2.40	2.45	2.51	2.56	2.81
	0.8	2.19	2.32	2.44	2.55	2.66	2.76	2.86	2.96	3.05	3.13	3.22	2.15	2.26	2.37	2.47	2.57	2.67	2.76	2.85	2.94	3.02	3.10
	1.0	2.37	2.57	2.74	2.90	3.05	3.19	3.33	3.45	3.58	3.69	3.81	2.30	2.48	2.64	2.79	2.93	3.07	3.19	3.31	3.43	3.54	3.65
	1.2	2.61	2.87	3.09	3.30	3.49	3.66	3.83	3.99	4.14	4.29	4.42	2.50	2.74	2.96	3.15	3.33	3.50	3.66	3.81	3.96	4.10	4.23
1.0	0.2	2.01	2.02	2.03	2.03	2.04	2.05	2.05	2.06	2.07	2.07	2.08	2.01	2.02	2.02	2.03	2.04	2.04	2.05	2.06	2.06	2.07	2.07
	0.4	2.06	2.09	2.11	2.14	2.17	2.20	2.23	2.25	2.28	2.31	2.33	2.05	2.08	2.10	2.13	2.16	2.18	2.21	2.23	2.26	2.28	2.31
	0.6	2.14	2.21	2.27	2.34	2.40	2.46	2.52	2.58	2.63	2.69	2.74	2.13	2.19	2.25	2.30	2.36	2.42	2.47	2.53	2.58	2.63	2.68
	0.8	2.27	2.39	2.51	2.62	2.72	2.82	2.91	3.00	3.09	3.18	3.26	2.24	2.35	2.45	2.55	2.65	2.74	2.83	2.92	3.00	3.08	3.16
	1.0	2.46	2.64	2.81	2.96	3.10	3.24	3.37	3.50	3.61	3.73	3.84	2.40	2.57	2.72	2.86	3.00	3.13	3.25	3.37	3.48	3.59	3.70
	1.2	2.69	2.94	3.15	3.35	3.53	3.71	3.87	4.02	4.17	4.32	4.46	2.60	2.83	3.03	3.22	3.39	3.56	3.71	3.86	4.01	4.14	4.28
1.2	0.2	2.23	2.12	2.12	2.13	2.13	2.14	2.15	2.15	2.16	2.14	2.16	2.17	2.16	2.16	2.16	2.16	2.16	2.17	2.17	2.18	2.18	2.19
	0.4	2.18	2.19	2.21	2.24	2.26	2.29	2.31	2.34	2.36	2.38	2.41	2.22	2.22	2.24	2.26	2.28	2.30	2.32	2.34	2.36	2.39	2.41
	0.6	2.27	2.32	2.37	2.43	2.49	2.54	2.60	2.65	2.70	2.76	2.81	2.29	2.33	2.38	2.43	2.48	2.53	2.58	2.62	2.67	2.72	2.77
	0.8	2.41	2.50	2.60	2.70	2.80	2.89	2.98	3.07	3.15	3.23	3.32	2.41	2.49	2.58	2.67	2.75	2.84	2.92	3.00	3.08	3.16	3.23
	1.0	2.59	2.74	2.89	3.04	3.17	3.30	3.43	3.55	3.66	3.78	3.89	2.58	2.69	2.83	2.96	3.09	3.21	3.33	3.44	3.55	3.66	3.76
	1.2	2.81	3.03	3.23	3.42	3.59	3.76	3.92	4.07	4.22	4.36	4.49	2.74	2.94	3.13	3.30	3.47	3.63	3.78	3.92	4.06	4.20	4.33
1.4	0.2	2.35	2.31	2.29	2.28	2.27	2.27	2.27	2.27	2.27	2.28	2.28	2.45	2.40	2.37	2.35	2.35	2.34	2.34	2.34	2.34	2.34	2.34
	0.4	2.40	2.37	2.37	2.38	2.39	2.41	2.43	2.45	2.47	2.49	2.51	2.48	2.45	2.44	2.44	2.45	2.46	2.48	2.49	2.51	2.53	2.55
	0.6	2.48	2.49	2.52	2.56	2.61	2.65	2.70	2.75	2.80	2.85	2.89	2.55	2.54	2.56	2.60	2.63	2.67	2.71	2.75	2.80	2.84	2.88
	0.8	2.60	2.66	2.73	2.82	2.90	2.98	3.07	3.15	3.23	3.31	3.38	2.64	2.68	2.74	2.81	2.89	2.96	3.04	3.11	3.18	3.25	3.33
	1.0	2.77	2.88	3.01	3.14	3.26	3.38	3.50	3.62	3.73	3.84	3.94	2.77	2.87	2.98	3.09	3.20	3.32	3.43	3.53	3.64	3.74	3.84
	1.2	2.97	3.15	3.33	3.50	3.67	3.83	3.98	4.13	4.27	4.41	4.54	2.94	3.09	3.26	3.41	3.57	3.72	3.86	4.00	4.13	4.26	4.39

注：表中的计算长度系数 μ_3 值系按下式计算得出：

$$\frac{\eta_1 K_1}{\eta_2 K_2} \cdot \cot\frac{\pi\eta_1}{\mu_3} \cdot \cot\frac{\pi\eta_2}{\mu_3} \cdot \frac{\pi\eta_1 K_1}{\eta_2 K_2} \cdot \cot\frac{\pi\eta_1}{\mu_3} + \frac{1}{(\eta_2 K_2)^2} \cdot \cot\frac{\pi\eta_2}{\mu_3} \cdot \cot\frac{\pi}{\mu_3} - 1 = 0$$

$K_1 = \dfrac{I_1}{I_3} \cdot \dfrac{H_3}{H_1}$

$K_2 = \dfrac{I_2}{I_3} \cdot \dfrac{H_3}{H_2}$

$\eta_1 = \dfrac{H_1}{H_3}\sqrt{\dfrac{N_1}{N_3} \cdot \dfrac{I_3}{I_1}}$

$\eta_2 = \dfrac{H_2}{H_3}\sqrt{\dfrac{N_2}{N_3} \cdot \dfrac{I_3}{I_2}}$

N_1——上段柱的轴心力；
N_2——中段柱的轴心力；
N_3——下段柱的轴心力。

参 考 文 献

[1] 沈祖炎,陈扬骥,陈以一. 钢结构基本原理 [M]. 北京:中国建筑工业出版社,2000.
[2] 陈绍蕃,顾强. 钢结构:上册 [M]. 北京:中国建筑工业出版社,2003.
[3] 魏明钟. 钢结构 [M]. 武汉:武汉理工大学出版社,2002.
[4] 夏志斌,姚谏. 钢结构——原理与设计 [M]. 北京:中国建筑工业出版社,2004.
[5] 李星荣,魏才昂,等. 钢结构连接节点设计手册 [M]. 北京:中国建筑工业出版社,2005.
[6] 姚谏,赵滇生. 钢结构设计及工程应用 [M]. 北京:中国建筑工业出版社,2008.
[7] 《钢结构设计手册》编辑委员会. 钢结构设计手册 [M]. 3版. 北京:中国建筑工业出版社,2004.
[8] 赵熙元. 建筑钢结构设计手册 [M]. 北京:冶金工业出版社,1995.
[9] 陈绍藩. 房屋建筑钢结构设计 [M]. 北京:中国建筑工业出版社,2007.
[10] 王肇民. 建筑钢结构设计 [M]. 上海:同济大学出版社,2002.
[11] 董军. 钢结构基本原理 [M]. 重庆:重庆大学出版社,2011.
[12] 施岚青. 二级注册结构工程师专业考试复习教程 [M]. 北京:中国建筑工业出版社,2016.
[13] 李国强,陆烨,李元齐. 钢结构研究和应用的新进展 [M]. 北京:中国建筑工业出版社,2009.
[14] 肖光宏. 钢结构 [M]. 重庆:重庆大学出版社,2011.
[15] 刘声扬,王汝恒. 钢结构——原理与设计 [M]. 武汉:武汉理工大学出版社,2010.
[16] 韩轩. 钢结构材料标准速查与选用指南 [M]. 北京:中国建材工业出版社,2011.
[17] 王静峰. 钢结构课程设计指导与设计范例 [M]. 武汉:武汉理工大学出版社,2010.
[18] 赵顺波. 钢结构设计原理 [M]. 2版. 郑州:郑州大学出版社,2013.
[19] 李天,赵顺波. 建筑钢结构设计 [M]. 郑州:郑州大学出版社,2010.
[20] 赵顺波. 钢结构设计原理 [M]. 郑州:郑州大学出版社,2007.
[21] 丁阳. 钢结构设计原理 [M]. 天津:天津大学出版社,2012.
[22] 王仕统,郑廷银. 现代高层钢结构分析与设计 [M]. 北京:机械工业出版社,2018.
[23] 李国强. 多高层建筑钢结构设计 [M]. 北京:中国建筑工业出版社,2004.
[24] 穆静波. 土木工程施工(含移动端教学视频)[M]. 北京:机械工业出版社,2018.
[25] 张耀庭,潘鹏. 建筑结构抗震设计 [M]. 北京:机械工业出版社,2018.